# ŒUVRES SCIENTIFIQUES

DE

# R. JULES JANSSEN

**★ ★**

JULES JANSSEN

1824-1907

(Extrait du *Bulletin de la Société française de photographie*).

Jules JANSSEN

MEMBRE DE L'INSTITUT DE FRANCE
ET DU BUREAU DES LONGITUDES
DIRECTEUR DE L'OBSERVATOIRE D'ASTRONOMIE PHYSIQUE
DE MEUDON

# ŒUVRES SCIENTIFIQUES

RECUEILLIES ET PUBLIÉES

PAR

## Henri DEHÉRAIN

Conservateur de la Bibliothèque de l'Institut de France

## TOME II

PARIS

SOCIÉTÉ D'ÉDITIONS

GÉOGRAPHIQUES, MARITIMES ET COLONIALES

184, BOULEVARD SAINT-GERMAIN, (VIᵉ)

1930

# 1886

## I

## NOTE SUR LA CONSTITUTION DES TACHES SOLAIRES ET SUR LA PHOTOGRAPHIE ENVISAGÉE COMME INSTRUMENT DE DÉCOUVERTES EN ASTRONOMIE.

J'ai l'honneur de présenter à l'Académie une image photographique de la grande tache qui était visible sur le Soleil le 22 juin 1885.

Cette tache, qui mesure près de 2′ pour le noyau principal, est une des plus grandes qui aient été observées ; mais, pour nous, le principal intérêt de cette photographie réside dans un fait de structure qu'elle révèle avec une très grande netteté.

On sait que la région lumineuse qui entoure la pénombre des taches apparaît, dans les lunettes, comme un amas de matière plus brillante. Or, la photographie que nous mettons sous les yeux de l'Académie donne une précieuse analyse du phénomène et montre que ces amas n'ont pas une constitution différente de celle de la photosphère en général et qu'ils sont formés, comme celle-ci, par des éléments granulaires dont la sphère paraît être la forme normale. L'augmentation si sensible d'éclat que présentent ces plaques qui entourent les pénombres, la photographie l'explique en montrant que, dans ces régions, les éléments granulaires sont plus serrés, possèdent plus d'éclat et que le fond lui-même est plus lumineux.

Là ne s'arrêtent pas les indications de notre image photographique. On voit, en effet, que les stries des pénombres sont constituées elles-mêmes par une granulation disposée en cha-

pelets. Mais, tandis que sur les bords de la pénombre, la granulation est très brillante et très serrée, dans la pénombre même
cette granulation est moins lumineuse, plus rare, laissant des
vides obscurs entre les files de grains. On remarque que les grains
deviennent moins lumineux et moins gros, en général, vers le
noyau où ils paraissent se dissoudre.

La tache en question présente deux *ponts* très remarquables et un amas isolé et très brillant de matière qui les réunit.
Or la photographie nous montre que cet amas et les ponts qui
s'y rattachent sont formés d'éléments granulaires semblables
à tout le reste.

Nous possédons déjà plusieurs photographies, dans les dernières obtenues et les plus parfaites, qui révèlent des faits semblables touchant les stries, les pénombres et leurs bords. Il est
donc infiniment probable que ces faits ont un grand caractère
de généralité. Cependant, je ne voudrais rien affirmer à cet
égard avant que des observations plus nombreuses soient venues en donner la démonstration.

Le Soleil a été étudié depuis si longtemps et par des observateurs si habiles qu'on a dû sans doute entrevoir ces faits
quand des circonstances atmosphériques très favorables s'y
prêtaient, mais la Photographie seule pouvait les révéler avec
certitude.

Il est très important de savoir que la matière lumineuse qui
forme la surface solaire a partout la même constitution. Il y
aura, relativement à la Mécanique solaire, des conséquences à
tirer de ces faits, mais pour le moment, je désire seulement
attirer l'attention de l'Académie sur le fait photographique,
très important à mes yeux, qui nous révèle ces phénomènes.

Il faut bien remarquer, en effet, que l'image fixée sur la plaque photographique a été formée avec des rayons violets de la
région G. Ces rayons impressionnent faiblement la rétine. Dans
les lunettes astronomiques qui sont achromatisées pour des
rayons beaucoup moins réfrangibles, l'image des rayons violets
est non seulement très peu visible, mais encore elle n'aurait
aucune netteté. On voit donc que l'image photographique des
phénomènes dont nous venons de parler serait d'une vision à

peu près impossible dans les lunettes, et, quant aux détails déli-cats de structure qui font tout l'intérêt de ces phénomènes, ils seraient absolument invisibles.

C'est là un fait de la plus haute importance, puisqu'il montre que des objets célestes qui, à raison de la nature de leur radiation très réfrangible, échapperaient à notre investigation par les lunettes, peuvent être révélés par la photographie.

Nos photographies solaires nous offrent des exemples nombreux du fait que j'avance ici, et c'est même par elles que mon attention a été d'abord attirée sur ce point, mais j'ai eu ensuite l'occasion de le vérifier avec les photographies d'étoiles. Ainsi, par exemple, en 1881 et 1882, une photographie de la constellation d'Orion notamment m'a montré que des étoiles, à peine visibles dans mon télescope de o m. 5o d'ouverture, venaient très accusées sur la plaque photographique.

C'est que le rayonnement de ces étoiles était beaucoup plus riche en rayons photographiques qu'en rayons oculaires.

Dans une Note présentée à l'Académie le 31 décembre 1877, dans la Notice insérée dans l'*Annuaire du Bureau des Longitudes pour l'année* 1879, et dans le Discours d'ouverture du Congrès de l'Association française pour l'avancement des Sciences, tenu à la Rochelle en 1882, je disais que la Photographie n'offrait pas seulement, comme on le croyait généralement, le moyen de fixer les images lumineuses, mais qu'elle constituait une méthode de découvertes dans les Sciences, et spécialement en Astronomie. J'ajoutais que la couche sensible de la plaque photographique, en raison de cette admirable propriété de nous donner la fixation des images, de les former avec un ensemble de rayons beaucoup plus étendu que ceux qui affectent notre rétine, et enfin de permettre l'accumulation des actions radiantes pendant un temps, pour ainsi dire, illimité ; que cette couche sensible, disais-je, devait être considérée comme la véritable rétine du savant.

Je termine donc en exprimant le vœu que cette belle méthode photographique soit pratiquée de plus en plus par ceux qui se vouent aux progrès de l'Astronomie physique ; il y a là une si grande moisson à faire que nous n'aurons jamais trop d'ouvriers.

Cette carrière leur promet de beaux travaux et d'importantes
découvertes (1).

*C. R. Acad. Sc.*, Séance du 11 janvier 1886, T. 102, p. 80.


## II

## PRÉSENTATION D'UNE HÉLIOGRAVURE REPRÉSEN-TANT LES EXPÉRIENCES AÉROSTATIQUES DE CHA-LAIS-MEUDON.

L'Académie se rappelle encore les importantes expériences
aérostatiques exécutées les 22 et 23 septembre 1885, par
MM. Renard à Chalais-Meudon.

En raison de l'intérêt scientifique, et j'ajouterai même national, qui s'attachait à ces expériences, j'avais fait prendre, à
l'Observatoire de Meudon, les dispositions nécessaires pour en
obtenir des photographies.

Le 23 septembre, on obtint, au moment où le ballon rentrait
à Chalais, un bon cliché qui a servi à faire l'héliogravure que
j'ai l'honneur de mettre sous les yeux de l'Académie. Cette
héliogravure due à M. Arents, ancien photographe de l'Observatoire de Meudon, est remarquablement réussie.

Quand on pense avec quel intérêt on consulte aujourd'hui les
anciennes gravures représentant les premières ascensions des
frères Montgolfier, on ne peut douter que cette image fidèle,
qui donne en quelque sorte le procès-verbal de cette belle ascension, ne devienne précieuse dans l'avenir.

Depuis les importants travaux de MM. Tissandier, les expériences de Chalais constituent le progrès le plus considérable
qui ait été accompli dans le domaine de cette science, si française par son origine et si considérable par son objet, puisqu'elle
se propose d'ouvrir à l'homme le domaine de l'atmosphère.

---

(1) Le beau résultat que MM. Henry viennent d'obtenir en constatant
par la Photographie l'existence d'une nébuleuse dans les Pléiades prouve
l'exactitude de ces idées, idées que j'émettais déjà en 1877.

Je suis persuadé qu'on me saura gré d'avoir voulu en consacrer le souvenir.

*C. R. Acad. Sc.*, Séance du 25 janvier 1886, T. 102, p. 190.

## III

## OBSERVATIONS RELATIVES A UNE COMMUNICATION DE M. G.-M. STANOÏÉVITCH, SUR L'ORIGINE DU RÉSEAU PHOTOSPHÉRIQUE SOLAIRE.

La note précédente que M. Stanoïévitch m'a prié de présenter à l'Académie est intéressante en ce sens qu'elle appelle plus particulièrement l'attention sur les déformations que l'atmosphère solaire peut produire dans les images des objets situés à la surface du Soleil. Mais ce serait dépasser la mesure que de lui attribuer la production même du réseau photosphérique. Il existe un ensemble de faits qu'il n'est pas nécessaire de discuter ici, et qui s'opposent à une telle conclusion.

*C. R. Acad. Sc.*, Séance du 12 avril 1886, T. 102, p. 857.

## IV

## SUR LES SPECTRES D'ABSORPTION DE L'OXYGÈNE.

J'ai l'honneur de rendre compte à l'Académie de la suite de mes recherches sur les spectres d'absorption des gaz.

Depuis ma dernière Communication, je me suis principalement occupé de l'oxygène.

L'étude spectrale de l'oxygène m'a conduit à découvrir dans ce gaz plusieurs ordres de phénomènes d'absorption :

Tout d'abord, l'action élective qui se traduit par un système de raies fines que M. Egoroff a reconnues le premier, et dont j'ai tenu à lui laisser confirmer l'existence. Ce sont notamment les groupes A, B et $\alpha$, suivant cet auteur.

Mais en outre, et c'est ici que les phénomènes prennent un haut intérêt, il existe un autre système, constitué non plus par des lignes facilement individualisables, mais par des bandes estompées qui paraissent très difficilement résolubles. Ce système apparaît beaucoup plus tard que le premier pour les pressions modérées, mais il se développe rapidement avec l'accroissement de la densité, et l'emporte bientôt sur celui-là.

Les deux systèmes sont si différents par les conditions de leur production qu'on peut obtenir la manifestation du premier sans avoir celle du second, et réciproquement.

Mais ce qui est d'une haute importance pour la Mécanique moléculaire et, comme on le verra bientôt, pour la Physique céleste, c'est la loi suivant laquelle ces phénomènes d'absorption se développent quand on fait varier à la fois la densité et l'épaisseur du milieu traversé par le faisceau lumineux. On constate alors que les bandes se développent beaucoup plus rapidement que suivant le produit de ces deux facteurs. On trouve en effet que, pour représenter les phénomènes, il faut multiplier l'épaisseur traversée, non par la densité du milieu, mais par le carré de cette densité.

C'est ainsi, par exemple, qu'il nous a été donné d'obtenir ces bandes dans un tube de o m. 42 de longueur contenant de l'oxygène à 70 atmosphères seulement, tandis que le calcul indiquerait près de 860 atmosphères, si, en partant de l'expérience avec le tube de 60 mètres, on voulait satisfaire à la loi du produit de la longueur par la densité, c'est-à-dire à la condition de faire traverser au faisceau la même quantité pondérale de matière.

Les bandes dont nous parlons sont celles que nous avons déjà signalées dans notre dernière Communication. Nous nous demandions alors comment ces bandes, obtenues avec des épaisseurs d'oxygène beaucoup plus faibles que celles que la lumière solaire est obligée de traverser pour parvenir jusqu'à nous, ne se montrent pas très accusées dans le spectre solaire.

Nous avons maintenant l'explication de ce fait qui découle de la loi sur les variations de ces actions suivant le carré de la densité du milieu où elles se produisent, ainsi que nous le montrerons.

Tels sont les traits généraux du phénomène qui nous occupe. Nous aurions maintenant à entrer dans les détails de sa description exacte et des applications, ainsi que de la recherche que nous nous réservons de faire de phénomènes analogues chez les autres gaz ; mais, avant d'aborder ces points, il me paraît que je dois avant tout faire connaître la série des expériences qui ont servi à démontrer que le phénomène en question appartient bien au gaz oxygène.

Ce sera l'objet d'une prochaine Communication.

M. Stanoïévitch a continué à m'assister dans ces études.

*C. R. Acad. Sc.*, Séance du 15 juin 1886, T. 102, p. 1352.

# 1887

## I

## ALLOCUTION PRONONCÉE A L'OCCASION DE LA MORT DE M. THOLLON

La mort de M. Thollon enlève à la Science un observateur aussi consciencieux que distingué, et dont les travaux, de plus en plus estimés, étaient toujours accueillis avec un vif intérêt. Les sciences spectrologiques, en particulier, font en lui une grande perte.

On sait que M. Thollon s'était d'abord fait connaître par la construction du spectroscope le plus puissant et, sans doute aussi, le plus parfait qui ait été obtenu jusqu'à lui. On sait également avec quel talent il sut s'en servir. Il s'était voué à ces études. De temps en temps, il nous faisait connaître des portions très consciencieusement étudiées du spectre solaire si énormément dilaté et si riche en détails que son instrument lui donnait. C'est au cours de ces études que M. Thollon fit une observation du plus haut intérêt, que l'histoire de la Science doit retenir. Il constata que, dans le spectre en question, il était de la plus grande facilité de distinguer les raies d'origine solaire de celles dues à l'atmosphère terrestre en portant successivement la fente du spectroscope au bord et au centre de l'image solaire tombant sur cette fente. Dans ces conditions, les raies d'origine solaire subissent des déplacements que la fixité des raies *telluriques* voisines rend très sensibles et absolument certains.

Au moment où elle fut faite, cette observation constituait, et constitue encore aujourd'hui, la preuve la plus décisive en faveur de la réalité du principe posé par notre illustre Confrère M. Fizeau sur les modifications que le mouvement de la source lumineuse apporte à la réfrangibilité des rayons, et par suite à la position des raies spectrales. Par là, M. Thollon montrait que la considération des raies telluriques fournit la meilleure méthode pour démontrer l'exactitude de ce beau principe, resté toujours un peu indécis tant qu'on a voulu constater le déplacement des raies par des procédés tirés des instruments et qu'on ne s'est pas placé dans des conditions d'observation où les deux espèces de rayons se produisent en même temps et se servent mutuellement de repères. Dernièrement notre éminent Confrère, M. Cornu, appréciant toute l'importance de l'observation de M. Thollon, imagina un dispositif très élégant qui rend le phénomène plus sensible et plus saisissant encore.

Depuis plusieurs années déjà, M. Thollon travaillait à Nice. M. Bischoffsheim lui avait donné l'hospitalité scientifique dans le bel Observatoire qu'il y a élevé en faveur de l'Astronomie.

Depuis longtemps, M. Thollon s'occupait de la construction d'une grande Carte solaire, où la distinction des raies telluriques et solaires aurait été indiquée. Cette Carte, à laquelle il donnait tous ses soins, toutes ses forces, et dont il m'avait entretenu à diverses reprises, il voulait en faire un monument élevé à la Science. Mais il avait senti dans ces derniers temps qu'il lui serait difficile de réaliser entièrement ce projet.

Ce savant meurt donc au milieu de ses plus importants et de ses plus chers travaux. C'est une perte très sensible pour la Physique céleste, et qui sera encore plus vivement sentie par tous ceux qui avaient pu apprécier la droiture de son caractère, l'élévation de ses sentiments et son amour si grand et si désintéressé pour la Science.

*C. R. Acad. Sc.*, Séance du 12 avril 1887, T. 104, p. 1047.

## II

## ALLOCUTION ADRESSÉE AUX MEMBRES DE LA CONFÉRENCE INTERNATIONALE DE PHOTOGRAPHIE CÉLESTE, A LA SÉANCE DE L'ACADÉMIE DES SCIENCES DU 18 AVRIL 1887.

Les Membres de la Conférence internationale de Photographie céleste assistent à la séance.

M. Janssen, Président de l'Académie, prend la parole en ces termes :

MESSIEURS,

L'Académie vous souhaite la plus cordiale bienvenue. Elle vous remercie d'avoir répondu avec un empressement si grand et si unanime à son appel. Si l'on considère le nombre de nos hôtes et la situation, l'illustration de la plupart d'entre eux, on peut dire que l'attente de l'Académie a été dépassée et que le succès de l'entreprise dont elle a accepté le patronage est assuré.

Cette entreprise, Messieurs, est digne d'un aussi illustre concours. La Carte des cieux, déduite de documents impersonnels, permanents, où les astres eux-mêmes enregistrent leur situation et leur éclat, formera un monument sans précédents dans la Science. Pour moi qui, depuis plus de douze années déjà, à l'exemple de savants illustres, les Arago, les Faye, ai pressenti ce rôle et cherché à diriger l'Astronomie dans cette voie, je m'en réjouis tout particulièrement.

Aujourd'hui la cause est enfin gagnée : les astronomes paraissent comprendre tous les services qu'ils peuvent attendre de la Photographie. Un des plus grands sera de les affranchir de longues et souvent pénibles observations, et de leur rendre toute la liberté de leur esprit pour l'étude et la solution des hautes questions que l'étude de l'univers pose aujourd'hui si belles et si nombreuses.

Aussi, Messieurs, croyez-le bien, votre présence ici a une

portée qui dépasse de beaucoup celle de l'objet spécial qui vous amène. Vous venez consacrer une méthode nouvelle, vous venez affirmer une révolution qui ne sera pas moins féconde que celle qui a signalé l'introduction des lunettes en Astronomie. Alors, comme aujourd'hui, il y eut bien des résistances opposées ; alors, comme aujourd'hui, la vérité a triomphé à l'immense profit de la Science.

Que l'Astronomie entre donc à pleines voiles dans cette voie féconde. Elle y trouvera, outre ce qu'elle y cherche actuellement, des découvertes imprévues ; car l'esprit humain n'a jamais employé, sans fruits inattendus, une méthode profondément nouvelle, sans parler même de tout ce qu'il y a de fécond dans les comparaisons que permettent les moyens multiples d'atteindre un même but.

Messieurs, l'Académie n'est pas seule à se féliciter de votre présence à Paris. Je suis sûr d'être également l'interprète des intentions de tous les Directeurs de nos établissements scientifiques, en vous assurant qu'ils se disposent à vous recevoir avec le plus vif empressement.

En particulier, je vous serais reconnaissant, Messieurs, si vous vouliez bien honorer l'Observatoire de Meudon d'une visite. Cet établissement va être terminé d'ici peu de temps. Il sera muni d'instruments d'une puissance au moins égale à ceux des plus grands observatoires d'Europe.

C'est d'abord un télescope, dont le miroir a 1 mètre de diamètre, déjà construit par MM. Henry, et qui leur a paru d'une rare perfection.

Ce miroir possède un foyer qui n'est égal qu'à trois fois son diamètre. C'est une condition de construction toute spéciale, qui donne aux images d'une grandeur sensible un éclat qui ne pourrait être atteint par aucun autre instrument. Ce télescope est destiné plus spécialement à l'étude optique, spectroscopique ou photographique des plus faibles nébuleuses, des queues de comètes, etc..

Comme équatorial, l'observatoire possédera un instrument à lunettes jumelles rendues solidaires et de même foyer. L'une, de o m. 81 d'ouverture, destinée à la Spectroscopie et aux études ordinaires de l'Astronomie ; l'autre, de o m. 62 d'ouverture, destinée à la Photographie (quand on fera de la photographie, la lunette astronomique servira de chercheur à l'autre). L'optique de ce magnifique appareil, le plus grand de ce genre construit jusqu'ici, est entre les mains de MM. Henry, et le mécanisme se construit chez M. Gautier. On comprend tout l'intérêt que présentera un semblable instrument, ayant une lunette photographique de 16 mètres à 17 mètres de longueur, pour la photographie de la Lune, des amas d'étoiles, des étoiles doubles.

En même temps, les instruments qui servent à nos études solaires photographiques seront mieux installés.

Mais, ce qui donnera à l'Observatoire de Meudon un intérêt tout spécial parmi les établissements de ce genre, ce sont ses installations pour l'étude des gaz et des vapeurs sous grandes épaisseurs. L'observatoire possède déjà un Laboratoire de 100 mètres de long, où est disposée une série de tubes pouvant supporter de hautes pressions, avec tous les appareils optiques nécessaires pour l'étude des spectres d'absorption. Ces études s'adressent spécialement aux gaz ou vapeurs, tels que l'oxygène, l'azote, l'hydrogène, la vapeur d'eau, etc., dont la recherche, dans les atmosphères stellaires et planétaires, se rattache à des problèmes si importants et si actuels de philosophie naturelle.

Je ne puis ici faire une analyse, même succincte, des travaux commencés dans cet ordre de recherches, j'en détache seulement un fait qui montre combien l'analyse spectrale renferme encore de données imprévues et promet de connaissances nouvelles. L'étude de l'oxygène montre, en effet, que ce gaz présente deux ordres de phénomènes d'absorption, que le second système consistant en bandes sombres se développe suivant le carré de la densité du gaz expérimenté. Cette loi conduit à des conséquences importantes par rapport aux phénomènes spectraux que peuvent présenter les astres. On trouve, par exemple, en s'appuyant sur cette loi du carré de la densité, qu'une nébuleuse d'un diamètre égal à dix fois le diamètre de l'orbite terrestre et contenant de l'oxygène à une très faible densité pourrait être traversée par un faisceau de lumière sans que son spectre présentât les bandes de ce gaz, fait qui montre déjà, et sans aller plus loin, combien nous devons être réservés pour conclure de l'absence d'un gaz ou d'une vapeur dans un astre sur la seule indication des apparences de son spectre.

Messieurs, je vous souhaite de nouveau la bienvenue, et vous invite à prendre place parmi nos Confrères.

*C. R. Acad. Sc.*, Séance du 18 avril 1887, T. 104, p. 1067.


## III

## OBSERVATION DE DEUX CAS DE RAGE

M. de Lesseps m'a prié de communiquer à l'Académie un cas de rage qui s'est produit dans les écuries de son fils, M. Charles de Lesseps.

Dans ces écuries se trouvaient, il y a un mois environ, deux chiens dont l'un donna des signes inquiétants qui attirèrent l'attention du premier cocher. Cet homme qui avait à la main des excoriations, eut l'imprudence d'introduire cette main même dans la gueule du chien pour l'examiner. L'état du chien s'aggrava bientôt, il se sauva de l'écurie et ne reparut plus. Le premier cocher, persuadé avec raison que le chien était devenu enragé, se mit en traitement dans l'établissement de M. Pasteur et aujourd'hui est parfaitement guéri.

Mais, la même écurie contenait, comme nous le disions au commencement, un second chien compagnon du premier. Ce chien lécha à la figure le second cocher et, paraît-il, en des points où la chair était à nu. Bientôt cet animal donne à son tour des signes inquiétants ; on le place chez un vétérinaire et il y meurt de la rage. Le second cocher en apprenant cette terminaison funeste, se frappe : il présente bientôt à son tour les symptômes les plus effrayants de la rage. On le fait entrer dans un hôpital et il y meurt bientôt.

Les deux personnes dont nous parlons ont donc été placées dans des conditions semblables pour contracter la terrible maladie ; mais la première s'est fait traiter et a été sauvée ; la seconde, malheureusement, ne l'a pas été et est morte misérablement.

Messieurs, il me semble que les événements conspirent avec nous pour souhaiter la bienvenue à notre illustre confrère, M. Pasteur, qui revient aujourd'hui parmi nous et en bonne santé, puisqu'ils nous donnent, comme à point nommé, un exemple aussi démonstratif de l'efficacité de la méthode préventive de la rage. Déplorons seulement que les démonstrations, en ces terribles matières, ne puissent être obtenues, dans toute leur évidence et leur clarté, qu'au prix de vies humaines.

*C. R. Acad. Sc.*, Séance du 18 avril 1887, T. 104, p. 1135.


## IV


## ALLOCUTION PRONONCÉE A L'OCCASION DE LA MORT DE M. BOUSSINGAULT, MEMBRE DE LA SECTION D'ÉCONOMIE RURALE.


Messieurs,


Il y a quinze jours, l'Académie perdait son Président et levait sa séance en signe de deuil. Aujourd'hui, nous allons encore nous séparer pour un motif aussi douloureux. Samedi dernier, en effet, nos Confrères rendaient les derniers devoirs au doyen de notre Section d'Économie rurale, M. Boussingault.

Les obsèques de notre Confrère, par l'éclat de la représentation officielle, le grand et éminent concours qu'elles avaient attiré, ont été dignes de sa grande illustration et des services qu'il avait rendus à la Science et au Pays.

Parmi les nombreux discours qui ont été prononcés, je signale à l'Académie celui de M. Schlœsing qui a parlé au nom de la Section d'Économie rurale et celui de M. Troost au nom du Conseil d'hygiène. Ces deux discours figureront aux *Comptes rendus* de cette séance.

M. Boussingault fut un grand savant, un voyageur illustre, un descendant de de Saussure, un émule de Humboldt, un collaborateur de Dumas, un maître enfin dont les travaux et les découvertes ont changé la face de la Science agronomique et lui ont donné ses bases les plus précises et les plus sûres.

Le grand rôle qu'il a joué dans la création de cette Science avait été admirablement préparé par ce voyage, resté célèbre, dans l'Amérique équatoriale, voyage si riche en péripéties diverses, mais qui eut en définitive pour résultat de mettre le jeune et ardent savant à toutes les écoles, en présence des manifestations les plus diverses d'une nature grandiose ; et, par les phénomènes dont il était témoin, les réflexions et les méditations qu'ils provoquaient chez cet esprit supérieur, de le préparer admirablement au rôle qu'il allait bientôt jouer dans la Science agronomique.

Ce rôle, Messieurs, a été défini avec toute autorité par nos Confrères. Il s'éleva à la hauteur de celui d'un législateur. Aux données vagues, aux appréciations souvent arbitraires, M. Boussingault montra la nécessité de substituer une étude rigoureuse qualitative et pondérale des données et des résultats. C'est en appliquant lui-même les principes féconds qu'il enseignait qu'il fut conduit aux grandes découvertes auxquelles son nom restera attaché.

Vers la fin de sa longue carrière, quand fut venu le moment de jeter un regard en arrière sur son œuvre, M. Boussingault eut la suprême satisfaction de voir que les principaux résultats de ses travaux avaient tous été confirmés, que ses vues générales étaient universellement admises, et que la Science qu'il avait tant contribué à édifier prenait un magnifique essor.

Aujourd'hui, cette carrière si pleine est terminée. Le nom de Boussingault entre dans la postérité. Il comptera parmi les plus glorieux pour l'Académie, pour la France et pour cette Science agronomique si belle et si utile qui lui doit tant.

*C. R. Acad. Sc.*, Séance du 16 mai 1887, T. 104, p. 1135.

V

# ALLCCUTION PRONONCÉE A L'OCCASION DE LA MORT DE M. VULPIAN, SECRÉTAIRE PERPÉTUEL

Messieurs,

L'Académie est bien cruellement éprouvée en ce moment. Il n'y a pas un mois, nous perdions notre Président, peu après, c'était le doyen de la Section d'Économie rurale, aujourd'hui, c'est notre Secrétaire perpétuel. Notre Secrétaire nommé d'hier est enlevé au moment où il allait mettre exclusivement au service de l'Académie une science consommée, un grand caractère, une renommée qui commandait partout l'admiration et le respect.

Les obsèques de M. Vulpian ont eu lieu samedi. Parmi les discours prononcés, je signalerai celui de M. le Secrétaire perpétuel prononcé au nom de l'Académie et comme Collègue, ceux de MM. Charcot et Brown-Séquard, au nom de la Section de Médecine et de la Société de Biologie. Ces discours figureront aux *Comptes rendus*.

Ces obsèques, Messieurs, par le concours si considérable qu'elles avaient attiré, par le recueillement et la tristesse empreinte sur tous les visages, ont montré combien était universel et profond le sentiment de la perte irréparable que la Science et le corps médical font en M. Vulpian.

Il faut en convenir, Messieurs, le caractère de notre Confrère ne nous fut pas tout d'abord suffisamment connu. Ce furent ses fonctions de Secrétaire qui le mirent en lumière. Jusque-là ce confrère, si grave, si réservé, fuyant presque les occasions de se communiquer, ne nous avait laissé voir que la profondeur et l'étendue de sa science ; mais ceux qui le connaissaient plus intimement ou qui avaient eu l'occasion de juger ce beau caractère ne s'y trompaient pas.

On le vit bien samedi dernier. Tous les orateurs qui ont parlé sur cette tombe si prématurément ouverte n'ont pu se défendre d'une grande émotion dès qu'ils ont eu à toucher à l'homme moral. En particulier, le Confrère que la direction de ses beaux travaux a rendu souvent l'émule de M. Vulpian et qui a partagé avec lui l'honneur de porter dans la connaissance de ces maladies du système nerveux, naguère encore si obscures, une lumière comparable à celle que Laënnec a su faire pour les maladies des poumons et du cœur, ce Confrère, dis-je, ayant à rappeler de chers souvenirs de jeunesse et à retracer ses luttes loyales avec l'émule si généreux, chevaleresque même, qu'il avait toujours trouvé en M. Vulpian, éprouva une émotion qui alla jusqu'à l'extrême et remua profondément l'Assemblée.

Voilà, Messieurs, la vraie grandeur : c'est celle qui excite l'admiration de nos rivaux eux-mêmes et provoque un hommage aussi touchant. Et tout dernièrement encore, Messieurs, n'eûmes-nous pas une manifestation éclatante de cette haute conscience ? Devant les attaques incompréhensibles dont les travaux d'un illustre Confrère étaient l'objet, ne vîmes-nous pas M. Vulpian se révolter, et, dans son indignation, frapper des coups que l'autorité de son caractère et de sa science rendaient terribles ? Hélas ! c'était là le dernier éclat de cette voix courageuse qui ne se fera plus entendre en faveur de la justice et de la vérité.

Maintenant, nous ne pouvons plus que conserver votre souvenir, Confrère si regrettable. Il sera toujours entouré, parmi nous, de l'hommage qui lui est dû. Nous y joindrons le grand et constant regret que vous ayez été enlevé si prématurément du poste où nous vous avions élevé, et que vous occupiez avec tant d'honneur et de profit pour l'Académie.

*C. R. Acad. Sc.*, Séance du 23 mai 1887, T. 104, p. 1397.

# VI

## NOTE SUR LES TRAVAUX RÉCENTS EXÉCUTÉS
## A L'OBSERVATOIRE DE MEUDON

Je pense que l'Académie entendra avec intérêt le compte rendu des principaux travaux qui sont en cours à l'Observatoire de Meudon.

*Photographie solaire.* — La collection des photographies solaires de l'Observatoire est actuellement considérable. Elle représente déjà l'histoire de la surface solaire pendant les dix dernières années.

Tout en cherchant à constituer des Annales du Soleil, on a porté surtout ses efforts vers le perfectionnement de la méthode qui sert à obtenir ces images solaires. Nous sommes arrivés actuellement à obtenir sur le même cliché les détails des parties les moins lumineuses, telles que les bords du disque, les pénombres des taches, en même temps que ceux des parties les plus éclatantes.

J'ai l'honneur de mettre sous les yeux de l'Académie, un agrandissement de la tache du 22 juin 1885 et de celle qui a paru en juin dernier. Ces agrandissements, qui sont à une échelle décuple environ de celle des originaux, ont été obtenus avec l'appareil que M. Delessert a généreusement offert à l'Observatoire.

La tache du 22 juin 1885 est extrêmement intéressante. Elle offre un spécimen de presque tous les phénomènes que les taches peuvent présenter. J'ai déjà entretenu l'Académie d'une circonstance remarquable présentée par cette tache. Les stries de la pénombre et la facule qui l'entoure sont constituées par des granulations semblables, comme forme et dimensions, à celles qui constituent la surface entière du Soleil. Or, sur la magnifique tache ronde de juillet dernier, le même phénomène se reproduit. Et j'ajoute que cette circonstance semble d'autant mieux se réaliser sur les utres clichés que la netteté des images est plus grande. Nous pouvons donc considérer déjà comme presque démontré que la surface entière du Soleil est constituée d'une manière uniforme, et que ces éléments que nous nommons granulations, sont en effet les éléments constitutifs de toutes les parties de la surface de l'astre.

J'aurai à revenir sur ce fait important et sur la constitution physique et chimique de cette granulation élémentaire, mais je tenais dès aujourd'hui à constater ce résultat, entièrement dû à la Photographie.

*Prochaine éclipse.* — L'éclipse totale, qui va se produire le 19 de ce mois dans l'Europe orientale et en Asie, sera observée par un nombre considérable d'astronomes. Bien que la moisson de découvertes par l'application de l'analyse spectrale à ces grands phénomènes commence à s'épuiser, il reste encore néanmoins d'importantes études à faire, principalement sur les régions circumsolaires. J'aurais souhaité de pouvoir prendre part à ces observations, mais l'état de ma santé et mes devoirs académiques ne l'ont pas permis. Je me félicite que MM. Young, Tacchini et autres éminents observateurs aient pu le faire. J'ai néanmoins la satisfaction d'annoncer à l'Académie que l'Observatoire de Meudon sera représenté dans cette circonstance. J'ai chargé M. Stanoïévitch, élève de l'Observatoire, de prendre, par la méthode de photométrie photographique que j'ai proposée, la mesure de l'intensité lumineuse de la couronne.

La couronne et les autres phénomènes circumsolaires forment actuellement l'objet principal des études provoquées par une éclipse totale. Il y a donc un intérêt réel à obtenir le rapport exact (qui n'a jamais été obtenu) du pouvoir lumineux de ces phénomènes avec celui du globe solaire lui-même.

La Photographie peut aujourd'hui nous donner exactement ce rapport, par l'emploi d'une méthode très simple.

L'Académie se rappelle que j'ai proposé, il y a déjà plusieurs années, une méthode photométrique basée sur la Photographie, pour obtenir les valeurs relatives de l'intensité de deux sources lumineuses. Cette méthode est fondée sur ce principe que les intensités de deux sources lumineuses sont entre elles dans le rapport des temps que ces sources emploient pour accomplir des travaux photographiques égaux. J'aurai à revenir sur le principe et les applications de cette méthode ; aujourd'hui, je n'ai à en parler que par rapport à l'intensité lumineuse de l'auréole solaire qui va se montrer le 19 août prochain, c'est-à-dire dans quelques jours.

Pour cette application spéciale, j'ai fait construire un appareil basé sur le même principe que celui du revolver photographique, qui, comme on le sait, a été imaginé à l'occasion du passage de Vénus en 1874, et dont notre Confrère M. Marey a tiré un si admirable parti pour la disposition de ses instruments et de ses expériences. Cet appareil donne une série d'images, ou plutôt de secteurs à teinte plate, impressionnés par la lumière de la source à étudier pendant des temps successivement croissants de 1 à 10. Lorsque l'expérience a été faite successivement avec les deux sources à comparer, il ne reste plus qu'à chercher dans les deux séries d'images, celles qui présentent des intensités égales. Le rapport des temps correspondants donne celui des pouvoirs lumineux photographiques des sources comparées.

M. Stanoïévitch a donc emporté l'appareil dont je viens de parler. J'espère que le temps favorisera ses observations. Son savoir et son habileté feront le reste.


*Études sur les lois de l'absorption élective chez les gaz.* — Les études sur les gaz, dont j'ai entretenu l'Académie, se poursuivent régulièrement.

On se rappelle que, pour l'oxygène, j'avais constaté que l'absorption élective se manifestait par deux ordres de phénomènes : un système de raies et un système de bandes. D'après les nouvelles recherches, le système de bandes serait régi par la loi du carré de la densité, tandis que le système des raies serait soumis à celle de la simple densité, c'est-à-dire que, tandis que les raies obscures ont une intensité qui semble proportionnelle au produit de la longueur de la colonne gazeuse par sa densité, les bandes ont une intensité qui est proportionnelle au produit de cette même longueur par le carré de la densité gazeuse.

Cette dualité si singulière des lois de l'absorption dans l'oxygène permet d'obtenir tantôt les raies sans les bandes, tantôt les bandes sans les raies et, comme cas singulier, les deux phénomènes simultanés.

J'ai pu constater la prédiction des bandes de l'oxygène par l'action de l'atmosphère terrestre ; je me réserve de les rechercher dans les enveloppes gazeuses du Soleil.

Tous ces résultats ne sont qu'énoncés ici, afin de me permettre une étude ultérieure suffisamment approfondie. J'aurai l'honneur de rendre compte à l'Académie des expériences et des observations qui ont servi à constater ces faits nouveaux.

*C. R. Acad. Sc.*, Séance du 16 août 1887, T. 105, p. 325.


# VII

## NOTE SUR L'ÉCLIPSE DU 19 AOUT 1887.

Dans la dernière séance, j'ai eu l'honneur d'entretenir l'Académie d'une mission que j'avais confiée à M. Stanoïévitch, pour l'observation de l'éclipse totale du 19 de ce mois.

Je pense que l'Académie accueillera avec intérêt les nouvelles actuellement connues, relatives aux observations de ce phénomène.

On sait que cette éclipse était visible, dans sa totalité, dans l'Europe orientale et l'Asie. En Asie, et notamment dans une zone qui s'étend de Tobolsk à Irkoustk et au delà, le phénomène se présentait aux astronomes et aux physiciens dans les conditions les plus favorables. Le Soleil y était élevé, la totalité atteignait son maximum et les chances de ciel pur paraissaient plus grandes aussi.

Malheureusement la longueur et les difficultés, bien diminuées cependant aujourd'hui, d'un voyage en Sibérie, ont arrêté presque tous les observateurs. C'est dans la Prusse orientale et dans la Russie d'Europe qu'ils s'étaient concentrés.

Peu de phénomènes de cet ordre ont provoqué un concours

d'observateurs aussi éminents, aussi nombreux, et des études aussi variées.

En Spectroscopie, on devait poursuivre l'étude des régions circumsolaires et de la couche remarquable sous-chromosphérique qui donne le renversement du spectre solaire.

La Photographie devait être appliquée, dans presque toutes les stations, à obtenir soit le spectre, soit l'image même de la couronne.

La recherche des planètes intra-mercurielles figurait aussi, et avec raison, dans le programme des études. On se rappelle que, en 1883, à l'île Caroline, cette recherche nous a donné un résultat négatif. Il est bien probable que les observations futures conduiront au même résultat ; mais il est indispensable qu'elles aient lieu, et je pense qu'il est encore réservé à la Photographie de donner la solution définitive de la question.

D'intéressantes études devaient être faites aussi pour obtenir une meilleure détermination du diamètre solaire.

Enfin, on voulait tenter d'une manière sérieuse l'application de l'aérostation à l'étude de certains phénomènes produits par l'occultation solaire.

Malheureusement, toutes ces études ont été très compromises. Les nouvelles que j'ai de la Prusse orientale sont très défavorables. D'un autre côté, M. Struve a bien voulu me donner, par télégraphe, des nouvelles de la Russie d'Europe, et, sans être tout à fait aussi fâcheuses, elles ne sont pas satisfaisantes. C'est un résultat extrêmement regrettable. En Prusse et en Russie, on avait fait les plus beaux préparatifs. Je sais qu'en Russie, grâce à la haute influence de M. Struve, les savants ont reçu la plus généreuse hospitalité et toutes les facilités désirables.

J'ai reçu de M. Stanoïévitch, un télégramme qui m'informe que, à la station de Petrowsk, notre envoyé a pu prendre des photographies et faire quelques observations.

Il est très probable que les peines de tant d'observateurs éminents eussent été beaucoup mieux récompensées dans les stations sibériennes, si supérieures encore sous les autres rapports. Concluons-en, une fois de plus, que la nature ne livre ses secrets qu'à ceux qui ne reculent devant aucun effort pour les lui arracher.

*C. R. Acad. Sc.*, Séance du 22 août 1887, T. 105, p. 365.

# VIII

## LA PHOTOGRAPHIE CÉLESTE

*Conférence faite à Toulouse, au Congrès de l'Association française
pour l'avancement des Sciences, le 23 septembre 1887.*

MESSIEURS,

L'Astronomie traverse en ce moment une période qui peut
être considérée comme une des plus remarquables de son histoire.

Des découvertes considérables et inattendues, des méthodes
d'observation et d'étude absolument nouvelles sont sur le point
d'opérer une transformation complète de cette science.

Cette transformation commence avec le siècle par l'introduction en Astronomie des grandes découvertes de la physique. Parmi elles, il convient de citer la polarisation et l'analyse spectrale, cette dernière, surtout, qui a ouvert des horizons si nouveaux et si étendus qu'aujourd'hui encore, il ne nous
est pas possible d'en pressentir les bornes.

Mais la polarisation, l'analyse spectrale, en augmentant d'une
manière si considérable le domaine des investigations de l'Astronomie, n'avaient fait en quelque sorte qu'ajouter de magnifiques chapitres au livre déjà écrit. C'était comme de belles ailes
ajoutées au corps du bâtiment principal qui subsistait tout entier.

Aujourd'hui, Messieurs, une transformation plus profonde
est sur le point de s'opérer.

Ce sont les méthodes mêmes de l'observation astronomique
qui vont être profondément modifiées. A l'époque que carac-

térise le grand nom de Galilée, l'application de la lunette à l'Astronomie avait produit une révolution complète dans cette
science. C'est, en effet, à cet admirable instrument, associé aux
mécanismes de haute précision que nos artistes ont su construire, que nous devons les méthodes et les connaissances de
l'Astronomie actuelle.

Aujourd'hui une révolution peut-être plus grande encore est
sur le point de s'accomplir, et c'est à l'introduction de la photographie qu'on la devra. Or, Messieurs, cette introduction à
l'égard même de la méthode d'observations qui formaient la
base et le corps de la science est un fait acquis, au moins pour
la majeure partie d'entre elles.

A cet égard, le Congrès astronomique, qui a eu lieu à Paris
au printemps dernier, a une importance capitale.

Sur l'invitation de l'Académie des Sciences, les astronomes
les plus compétents, les plus illustres même, se sont réunis à
Paris : par l'importance et l'unanimité de leurs décisions, ils
ont marqué le point de départ d'une ère nouvelle, celle où la
photographie est définitivement acceptée comme méthode d'observations et de recherches.

Cet événement scientifique donne donc un intérêt tout particulier et tout actuel à cette question des applications de la
photographie à l'Astronomie, et c'est pourquoi votre Bureau
m'a fait l'honneur de me demander de vous en exposer les principes généraux.

J'ai été heureux d'accepter. Je suis, en effet, un de ceux qui
en France ont pressenti l'importance de ces nouvelles méthodes
et qui ont tâché de donner l'exemple ; aussi suis-je particulièrement heureux des décisions qui viennent d'être prises et des
succès obtenus.

Je dirai plus : dans ma pensée l'Astronomie ne constitue ici
qu'un cas particulier. La photographie est destinée à devenir la
grande collaboratrice de toutes les observations scientifiques.
J'espère donc que cette exposition de l'application de la photographie à l'Astronomie et des succès qu'elle y a obtenus enga-
gera les savants jeunes et pleins d'avenir que compte l'Association à tenter à leur tour des applications semblables aux

branches des sciences qu'ils cultivent, et cela au grand bénéfice de ces sciences elles-mêmes.

Il faut bien l'avouer, les sciences, et en particulier l'Astronomie, n'ont pas su s'emparer des découvertes de Niepce et Daguerre comme elles auraient dû le faire dans leur intérêt. Il y eut de très bonne heure contre la photographie une sorte de préjugé, préjugé qui conduisait à l'indifférence chez les savants et à l'hostilité chez la plupart des artistes. Aujourd'hui encore, nous ne nous sommes pas entièrement affranchis de ces sentiments. Et cependant, quelle tentation aurait dû éprouver tout astronome d'obtenir l'image d'un astre tracée par l'astre lui-même sur cette merveilleuse pellicule d'iodure d'argent que Daguerre engendrait à la surface de ses plaques, pellicule qui n'avait peut-être pas un millième de millimètre d'épaisseur, et qui sous l'action de la vapeur mercurielle, décelait avec la dernière délicatesse toutes les actions lumineuses qui l'avaient touchée.

En particulier, quel intérêt d'abord, quelle importance ensuite n'y avait-il pas d'obtenir une image de cette lune que sa proximité, son absence d'atmosphère placent dans des conditions si favorables pour l'observation, cette Lune où la vue simple découvre ces grandes taches qui répondent aux séparations dans nos continents, et où la plus médiocre lunette montre de si curieux accidents géologiques et topographiques ?

Et remarquez qu'Arago, auquel il faut rendre ici un hommage particulier, avait même pris soin dans son rapport à la Chambre des Députés pour faire donner à Daguerre et à Niepce fils une pension nationale, avait pris soin, dis-je, d'indiquer en termes précis cette première et si intéressante application.

Voici le passage :

« La préparation sur laquelle Daguerre opère est un réactif beaucoup plus sensible à l'action de la lumière que tous ceux dont on s'était servi jusqu'ici. Jamais les rayons de la Lune, nous ne disons pas à l'état naturel, mais condensés au foyer de la plus grande lentille, au foyer du plus large miroir réfléchissant, n'avaient produit d'effet physique perceptible.

Les lames de plaqué préparées par Daguerre blanchissent au contraire à tel point sous l'action de ces mêmes rayons et des opérations qui lui succèdent qu'il est permis d'espérer qu'on pourra faire des cartes photographiques de notre satellite. C'est dire qu'en quelques minutes, on exécutera un des travaux les plus longs, les plus minutieux, les plus délicats de l'Astronomie. »

A l'Académie, sur le même sujet, il s'était exprimé en ces termes :

« Le trait par lequel la méthode Daguerre se distingue principalement de la méthode Niepce, c'est la promptitude.

« Les objets sont dessinés avant que les ombres aient eu le temps de se déplacer. Les demi-teintes, toutes les circonstances de la perspective aérienne se trouvent reproduites avec un degré de vérité et de finesse dont l'art du dessin ne semblait pas susceptible. Je ne doute pas qu'on ne parvienne à former une image exactement nuancée de la pleine Lune si l'on adapte la plaque imprégnée de la nouvelle substance à la lunette conduite par une horloge d'une machine parallactique . »

Vous voyez que le programme était complet et toutes les difficultés prévues et aplanies.

Mais Daguerre n'était pas astronome et ne pouvait sentir l'importance de ces applications ; les astronomes, eux, n'étaient pas daguerriens. On ne fit rien de notable en Europe.

Mais heureusement la parole d'Arago traversa l'Atlantique et porta ses fruits sur une terre où se développait avec une rapidité inouïe une race énergique, amoureuse de toutes les libertés et de tous les progrès : j'ai nommé l'Amérique. C'est en Amérique, en effet, que commencèrent d'abord les applications de la photographie à l'astronomie. Là se rencontra un homme d'un esprit profondément original et d'une initiative hardie, qui a été précurseur dans maintes directions de la science, ainsi qu'en témoigne le livre de ses œuvres publié récemment. C'est W. Draper. J.-W. Draper, frappé comme il convenait de la beauté de la découverte de Daguerre, se mit immédiatement à chercher à la perfectionner et à en développer les applications scientifiques. C'est lui qui remarqua ce fait si curieux de la réapparition des images daguerriennes sur des plaques nettoyées et développées de nouveau. C'est encore à lui que revient l'honneur d'avoir fixé par le daguerréotype ces rayons situés au delà du rouge qu'Herschel avait découverts avec le thermomètre.

W. Draper eut donc l'idée, quelques mois après la publication du procédé de Daguerre, de prendre un daguerréotype de la Lune, et il y réussit.

Il nous dit en effet dans ses mémoires qu'il n'a éprouvé aucune difficulté ; le seul obstacle, dit-il, est le mouvement de la Lune, mais il le tourne au moyen d'un héliostat et forme son image avec une lentille. En trente minutes, dit-il, j'ai obtenu une très bonne impression. Au moyen d'autres arrangements, il obtint des images ayant près d'un pouce de diamètre où les taches sombres et les grands accidents géologiques de notre satellite étaient parfaitement perceptibles.

Ces images furent présentées l'année même au Lycée d'histoire naturelle de New-York.

Malheureusement, comme tous les esprits que la recherche attire et domine, Draper ne continua pas ces essais jusqu'au point où ils auraient pu devenir réellement utiles à la science.

La photographie lunaire attendit dix années avant qu'on fit de nouveaux efforts en sa faveur.

Mais cette fois l'opération fut faite par un astronome et en suivant exactement le programme d'Arago.

C'est encore en Amérique qu'elle eut lieu.

On venait d'installer à Harvard College le grand équatorial, portant une lunette de près de 40 centimètres d'ouverture due à Mertz et qui partageait alors avec sa sœur de Pulkowa l'admiration des astronomes.

M. Bond, le directeur, eut l'idée d'étrenner en quelque sorte son magnifique instrument par des essais de daguerréotypie astronomique. Assisté par un photographe habile de Boston, il obtint des images daguerriennes de la Lune, qui figurèrent à l'Exposition de 1851 et excitèrent un grand intérêt et une grande admiration.

J'ai eu l'occasion dans un de mes voyages en Amérique, en
1857, de regarder précisément la Lune dans cette puissante
lunette, et j'ai encore le souvenir des admirables images qu'elle
donnait.

Les images daguerriennes obtenues par Bond étaient certainement bien loin des images oculaires que j'ai vues.

Tout d'abord parce que l'objectif n'était pas construit pour
la photographie, et ensuite à cause de l'imperfection de ces premiers procédés. Mais, quoi qu'il en soit, ces essais doivent être
considérés comme très importants ; ils portèrent leurs fruits et
excitèrent l'émulation d'autres observateurs qui, eux, devaient
élever des monuments durables à la science.

En effet, à partir des essais de Bond, nous voyons les travaux
sur la photographie lunaire se succéder sans interruption. L'invention du collodion, qui permettait des poses beaucoup plus
courtes, apportait des facilités toutes nouvelles. Dès lors, c'est
l'Angleterre qui relève le gant jeté par l'Amérique.

Citons en passant les noms de Phillips, de Read, de Crookes,
de Grubb (qui eut l'ingénieuse idée de corriger le mouvement
de la Lune en déclinaison par un mécanisme spécial), etc.,
etc..

Cette période établit la jonction entre Bond et Warren de
la Rue, qui marque une époque dans la sélénographie photographique,

M. Warren de la Rue, après de longues préparations, exécuta
un travail considérable et fort remarquable de photographie
lunaire.

Il s'attacha à obtenir une série d'images embrassant les diverses phases d'une lunaison, de manière à obtenir une description
complète de notre satellite.

Les négatifs qui avaient environ 3 centimètres de diamètre,
obtenus avec un télescope construit par lui et parfaitement entraîné, pouvaient supporter un grossissement de vingt fois.

Ici nous commençons à avoir d'intéressants détails sur la structure des cratères lunaires, comme par exemple ces terrasses qui
s'étagent à la partie interne du cratère de Tycho et qui rappellent celles que j'ai visitées dans le cratère du Kilœa, dans les îles

Sandwich, le plus grand sans doute qui existe sur notre planète (il a plus de 9 kilomètres de diamètre).

L'imprévu eut comme toujours sa part dans ces intéressantes études. M. Warren de la Rue constata sur ses photographies des effets de lumière qui lui parurent indiquer qu'il existait dans les parties basses, dans le fond des vallées, un reste d'atmosphère.

Il eût été bien intéressant de développer ces aperçus ; mais M. Warren de la Rue, distrait de la Lune par d'autres travaux, laissa à un autre observateur le soin de continuer ses études sélénographiques.

C'est encore en Amérique, avec MM. Rutherfurd et Draper, que l'étude photographique de la Lune fut reprise.

M. Warren de la Rue s'était servi d'un télescope ; M. Rutherfurd employa une lunette qu'il achromatisa pour les rayons chimiques, comme on disait alors, au moyen d'un troisième verre placé sur l'objectif, et qui transporte le centre du faisceau actif, principalement calculé pour l'œil, au point où l'action photographique est à son maximum.

Les images lunaires de M. Rutherfurd sont encore plus parfaites que celles de M. Warren de la Rue.

Il paraît que M. Henri Draper obtint aussi, mais avec un télescope, de très belles photographies lunaires. Je n'ai pas eu l'occasion de les examiner.

Il faut encore ajouter à cette liste les belles photographies lunaires obtenues à Melbourne, en Australie, par M. Ellery. Elles rivalisent avec les meilleures.

Nous allons projeter quelques-unes des photographies lunaires de MM. Warren de la Rue et Rutherfurd :

N° 1. — Voici d'abord une photographie de Lune lorsqu'elle est nouvelle, avant le premier quartier. On distingue la mer des crises et un curieux filet de lumière qui dessine le contour au delà d'une grande dépression.

N° 2. — Ici la lumière a fait des progrès. Les principales mers commencent à apparaître. Les cratères des bords, vivement éclairés, se dessinent admirablement ; on voit combien ils sont profonds.

No 3. — La Lune est ici presque pleine, et cependant les grandes dépressions, que nous appelons les mers, continuent à rester
presque noires, bien que leur fond soit éclairé par des rayons perpendiculaires. Il en faut conclure que le fond de ces mers absorbe
d'une manière considérable les rayons actiniques, tandis qu'au
contraire la matière qui forme ces grands rayons qu'on voit partir de tous les cratères est très brillante.

Il y a là des indications révélées par la photographie dont la
géologie devra tirer un grand parti.

No 4. — Le moment de la pleine Lune est dépassé, la Lune
commence à décroître.

No 5. — Le phénomène s'accentue encore. Remarquons, en
passant, le grand plateau qui domine la mer des crises. C'est le
plus haut de la Lune.

La position de la lumière est favorable pour bien voir les cratères de l'hémisphère sud à l'Orient de Tycho. Comparons maintenant ces photographies avec celles de M. Rutherfurd.

No 6. — En voici une de M. Rutherfurd au premier quartier ; les détails sont évidemment plus complets.

Voilà la mer des crises et le grand plateau dont je parlais tout
à l'heure. Sur ce plateau, on voit de très intéressants détails ; ce
sont des cratères minuscules pour la Lune, mais fort grands encore, car la plupart ont plus d'un kilomètre de diamètre. Ces
photographies représentent à peu près la limite de grandeur des
détails que la photographie nous a donnés jusqu'à présent. Nous
allons voir maintenant que cela est insuffisant.

En effet, quel but principal nous proposons-nous en cherchant à obtenir ces images photographiques de la Lune ?

Tout d'abord d'obtenir une description topographique de
notre satellite qui permette de substituer l'étude recueillie et
sans fatigue du cabinet à l'étude fatigante, précaire, fugitive,
dans les lunettes, et ensuite de préparer des documents incontestables, de date certaine, qui permettent de constater d'une
manière irrécusable les changements qui pourront se produire à
la surface de la Lune.

Pour atteindre le premier but, il faut évidemment que nos

photographies lunaires ne soient pas trop inférieures aux images que nous obtenons dans nos lunettes.

Or, actuellement, ce n'est pas le cas.

Nos grands instruments actuels peuvent nous montrer, avec des grossissements de mille huit cents fois qui sont encore bons, des objets ayant moins de 100 mètres de diamètre. Par exemple, si nos exercices de mobilisation et de manœuvres s'étaient passés à la surface de la Lune, au lieu d'avoir été exécutés autour de cette ville de Toulouse où je parle, nos lunettes, dans des circonstances atmosphériques favorables, auraient pu nous les montrer parfaitement.

Or, nos photographies lunaires actuelles ne peuvent accuser que des objets bien éclairés ayant plus d'un kilomètre de diamètre.

Quant aux changements qui pourront se produire à la surface de la Lune, il est évident que si les forces sélénologiques venaient à modifier un contour de mer ou à faire disparaître le grand plateau de la mer des crises, ou même à faire surgir sur ce plateau un épanchement de matière ayant plus d'un kilomètre de diamètre, nous pourrions le constater avec nos cartes photographiques actuelles ; mais il faut bien remarquer que dans l'état de refroidissement auquel la Lune est parvenue, nous ne devons espérer que de bien légères modifications dans les reliefs actuels. Il faut donc que nos images photographiques lunaires soient assez détaillées et assez parfaites pour les mettre sûrement en évidence.

Mais ces documents, ces cartes à grand point, délicates et fidèles, nous les aurons bientôt.

Pour ne parler que de la France, les Observatoires de Paris et de Meudon posséderont bientôt des lunettes photographiques qui donneront directement des images lunaires de plus de 15 centimètres de diamètre, sur lesquelles les détails dont je parle seront nettement perceptibles.

Alors, il ne sera même pas nécessaire que des accidents comparables à ceux d'Ischia et du Krakatoa se produisent à la surface de la Lune, pour que nous puissions en obtenir la preuve photographique, c'est-à-dire irrécusable.

La photographie lunaire, pour atteindre son but, n'aura pas mis un demi-siècle.

Les photographies du Soleil sont à la fois les plus faciles et les plus difficiles à obtenir.

Elles sont les plus faciles, si l'on veut se contenter de la reproduction générale de la surface de l'astre avec la silhouette des taches et de leurs pénombres. Elles sont les plus difficiles si l'on veut parvenir jusqu'à la reproduction parfaitement nette des derniers éléments qui forment la surface lumineuse de la photosphère.

En effet, Messieurs, le Soleil possède une telle puissance lumineuse, que la paresse ou l'insensibilité relative de la substance photographique ne peut jamais devenir un obstacle, et qu'il est absolument inutile d'employer ces mécanismes au moyen desquels on oblige les instruments générateurs des images à suivre les astres. Mais aussi, cette puissance lumineuse même devient un obstacle pour l'obtention des images très parfaites à cause de certains effets où figure l'irradiation qu'elle produit, et qui tend à confondre les éléments si délicats dont la surface solaire est formée.

C'est ce que montre l'histoire de la photographie solaire. On obtint de très bonne heure d'assez bonnes images de cet astre, mais ce n'est que dans ces derniers temps, je pourrais dire dans ces derniers mois, qu'on est parvenu à découvrir par la photographie la véritable constitution des derniers éléments de la photosphère, des facules, des taches et de leurs stries.

Si l'on voulait compter la première opération photographique où le disque solaire est intervenu, il faudrait remonter jusqu'à l'éclipse du 8 juillet 1842, sur laquelle Arago a écrit une si intéressante notice.

Peu avant que le Soleil fût totalement éclipsé, M. Majocchi, à Milan, obtint un daguerréotype montrant le mince croissant solaire ; pendant la totalité, il tenta la même épreuve, mais il n'obtint aucune image, ce qui devait nécessairement arriver, étant donnée la méthode employée.

En 1842, pendant l'éclipse du 8 juillet, M. Majocchi n'avait photographié que le Soleil partiellement éclipsé.

La première photographie solaire complète .est due à MM. Fizeau et Foucault. Elle date du 2 avril 1845. C'est un daguerréotype, bien entendu. Elle est fort intéressante, car, indépendamment des taches, elle montre, d'une manière frappante, combien les bords du Soleil sont moins lumineux que la région centrale, ce qui indiquait indubitablement l'existence d'une couche gazeuse absorbante autour de la photosphère.

Voilà encore une indication qu'il eût été bien intéressant de développer.

Après ce bel essai, nous attendrons, comme pour la Lune, une dizaine d'années avant que cette étude fût reprise et encore seulement à titre d'essai.

M. Reade, utilisant le grand télescope de Wandsworth, obtint quelques grandes images solaires, montrant, dit-il, l'aspect *moutonné* de la surface. C'était un premier acheminement vers la granulation.

Nous trouvons ensuite un essai très intéressant de M. Porro, ce constructeur si plein d'initiative et d'idées, qui n'a pas eu le sort qu'il méritait. M. Porro, assisté des conseils de M. Faye, obtint, avec une lunette d'un foyer de 15 mètres, une photographie solaire de 14 centimètres de diamètre environ, qui montrait, dit M. Faye, les marbrures les plus délicates qui sillonnent les bords du Soleil.

Ce fut encore un essai sans suite.

Citons encore les photographies de M. Challis, à Cambridge, obtenues en diaphragmant jusqu'à 35 millimètres (ce qui est optiquement très condamnable) l'objectif du grand équatorial de l'Observatoire.

Ici, nous arrivons à John Herschel. La photographie solaire, au point de vue de la statistique des taches, lui a de grandes obligations. Sur ses instances, un service de photographie solaire fut organisé à Kew et c'est M. Warren de la Rue qui s'en chargea.

A partir de 1858, on obtint journellement à Kew des photographies solaires de 10 centimètres environ de diamètre.

Ces photographies, bien orientées, avaient une grandeur suffisante pour l'étude des taches au point de vue de leur position et de leur étendue.

Ces séries photographiques ont été mesurées avec soin et publiées. Elles ont fourni à MM. Warren de la Rue et Lœwy la matière d'importantes études sur cette partie de l'étude des taches qu'on pourrait nommer leur statistique.

Ce service photohéliographique de Kew a été le point de départ de services analogues organisés à Lisbonne, à Wilna, et, depuis, en beaucoup d'autres endroits.

C'est donc un grand service rendu par J. Herschel et W. de la Rue.

Ainsi que je le disais, ces études, poursuivies à Kew et dans les autres points où on avait installé des services semblables, avaient une haute utilité pour l'histoire des taches ; mais elles n'étaient pas dirigées vers l'étude par la photographie de la constitution intime de la surface solaire et des phénomènes autres que les taches qui s'y produisent.

Dans cette direction, on doit citer les photographies de M. Rutherfurd, très parfaites, ainsi que celles de M. Vogel qui, d'après leurs auteurs, montrent les granulations, les grains de riz, les feuilles de saule, etc..

Je ne doute pas que ces photographies ne fussent très parfaites pour leur petit diamètre, mais ce diamètre est trop faible pour que la granulation puisse être complètement reproduite et étudiée.

La question en était donc là lorsque les études de photographie solaire que j'ai eu l'occasion de faire à propos du passage de Vénus attirèrent mon attention sur ce point.

Il me parut que si les photographies de la Lune ont un grand intérêt, celles du Soleil ont une importance astronomique infiniment plus considérable. La Lune n'est qu'un satellite de la Terre, dont le mouvement et la vie se sont retirés. Le Soleil, au contraire, a une importance immense, non seulement parce qu'il est le centre, le régulateur et le dispensateur des forces du système, mais surtout parce que l'étude du Soleil nous ouvre la connaissance de celle de l'Univers entier, par les analogies que sa constitution présente nécessairement avec celle des étoiles répandues dans tout l'Univers.

L'étude du Soleil est la plus féconde que l'Astronomie physique puisse se proposer. Or, parmi ces études solaires, figure en première ligne celle des phénomènes que nous offre sa surface. D'un autre côté, l'étude de cette surface par les lunettes est extrêmement fatigante, pénible, dangereuse même ; s'il s'agit des phénomènes les plus délicats, qui sont aujourd'hui les plus importants au point de vue de nos progrès dans la connaissance de la constitution de l'astre, il faut attendre les rares instants pendant lesquels l'atmosphère est exceptionnellement favorable. (M. Langley me disait, dans une conversation, que les détails donnés par les photographies obtenues à l'Observatoire de Meudon, il les avait peut-être vus cinq ou six fois seulement durant vingt années d'observations.) L'instant passé, le phénomène qu'il s'agissait de saisir, et qu'on n'a pas eu le temps d'étudier suffisamment, est perdu sans retour. On ne pourra peut-être plus le revoir pour la vérification d'une idée que la vue première avait fait naître. Il faut alors attendre patiemment d'autres occasions qui ne seront jamais identiques.

L'étude du Soleil, poursuivie dans ces conditions, ne pourrait jamais conduire à des résultats qu'avec un temps énorme, et j'ajoute (nous n'en aurons que trop de preuves tout à l'heure) que les résultats obtenus, soit par une observation fugitive, soit par le dessin lui-même, sont toujours plus ou moins contestables.

Au contraire, s'il était possible d'obtenir de la surface solaire des images aussi bonnes que celles que les plus grands instruments nous donnent, de manière à substituer l'étude calme et reposée du cabinet à celle qu'on peut faire dans les instruments, quels services rendus !

Le plus grand ne serait pas seulement d'affranchir l'observateur de la fatigue et des dangers de l'observation directe — les astronomes et, en général, les savants comptent peu avec la peine et le danger — non, le plus grand service serait d'avoir fixé les phénomènes de manière à pouvoir les étudier à loisir, de manière à pouvoir y revenir si une idée y sollicite, en un mot d'avoir sous la main l'histoire complète de l'astre.

Voilà, Messieurs, l'idée qui nous a guidé et soutenu à Meudon, pour chercher à élever au Soleil un monument digne de lui.

Je ne puis entrer ici dans tous les détails des recherches qui nous ont conduit au but. Je dirai seulement que c'est en réalisant trois conditions principales que le résultat a pu être atteint : premièrement, en employant une substance photographique donnant un maximum d'action aussi limité et aussi accusé que possible dans le spectre, et en disposant l'achromatisme de l'objectif pour ce point ; secondement, en grandissant suffisamment les images pour que les détails recherchés puissent s'y manifester librement ; troisièmement, en dosant exactement le temps de l'action lumineuse qui est nécessaire à la manifestation de la granulation solaire.

Pour la première condition de l'achromatisme de la lunette, j'ai été heureux de rencontrer un opticien qui était un véritable savant, Prazmowski, dont la mort a été si regrettable. Prazmowski calcula son achromatisme pour un point très voisin de G, point où les verres que nous employions donnaient un maximum très accusé. Le collodion, obtenu par M. Arents avec du coton-poudre préparé à haute température, était par sa composition, mis en harmonie d'action avec celle de l'objectif.

Quant au temps de pose, on construisit un appareil très spécial et très complet où l'accélération que donnent les ressorts est exactement compensée, où la pesanteur l'est également, et qui permet un dosage rigoureux du temps de pose. Ce temps est en général d'un trois millième de seconde pour la lumière naturelle du Soleil sans concentration. Il est du reste nécessairement variable avec la hauteur du Soleil et les circonstances atmosphériques.

*Résultats.* — Quand on satisfait exactement à ces conditions impérieuses de succès, on obtient alors des images de la surface solaire qui nous révèlent la véritable constitution de ses éléments.

*Figure des granulations.* — Cette surface est couverte d'une fine granulation dont les formes, les dimensions ne sont pas en accord avec les idées qu'on avait émises sur elle. Les images photographiques ne confirment nullement l'idée que la photosphère soit formée d'éléments dont les formes rappelleraient celles des feuilles de saule, grains de riz, etc..

Ces formes, qui peuvent se rencontrer accidentellement, n'expriment nullement une loi générale.

Les images photographiques nous conduisent à des idées beaucoup plus simples et plus rationnelles sur la constitution de la photosphère.

Elles nous conduisent à admettre que les éléments granulaires sont engendrés par des corps très analogues à nos nuages atmosphériques, et que, comme eux, ils flottent dans un milieu moins dense. Ces nuages par eux-mêmes tendent à prendre la forme sphérique, laquelle se remarque dans les éléments les plus petits ; mais l'action de courants gazeux les déforme plus ou moins.

Des études toutes récentes ont montré que les stries des pénombres, que les facules des taches sont également formées d'éléments granulaires, en sorte que cet élément, dont la véritable forme a été révélée par la photographie, paraît être l'élément primordial de toutes les parties de la photosphère.

Ces photographies ont fait faire immédiatement une découverte importante. C'est que la surface solaire est divisée en une sorte de réseau polygonal, dessiné par les formes très différentes de la granulation. Les contours des polygones sont marqués par la forme étirée, allongée, que les éléments granulaires y prennent ; les parties centrales, au contraire, par la netteté et la forme plus ou moins circulaire des contours de ces éléments. Ce réseau montre que les points où les éruptions gazeuses se produisent à la surface de l'astre forment un ensemble géométrique.

Du reste, ces photographies permettent d'étudier ces phénomènes à loisir, de les mesurer avec précision, de les comparer entre eux.

Le nombre de ces éléments granulaires sur une photographie solaire est si prodigieux qu'il faudrait à un dessinateur habile plusieurs années pour nous en donner un dessin qui, malgré tout le soin possible, n'aurait ni l'exactitude ni l'authenticité d'une reproduction photographique prise en un tiers de millième de seconde.

C'est, du reste, cette instantanéité qui donne tout l'intérêt à ces images, car ces phénomènes solaires sont si prodigieusement rapides, qu'ils se modifient en un instant, ainsi qu'en témoignent les photographies prises à de très courts intervalles, une seconde, par exemple.

Le mouvement de la Terre dans son orbite, qui est cependant cinquante à soixante fois plus rapide que celui d'un de nos projectiles modernes, ne pourrait même donner une idée des mouvements de cette matière photosphérique et des forces prodigieuses qui l'animent.

Un résultat bien important encore de ces photographies, c'est qu'elles ont montré que le pouvoir lumineux du Soleil réside principalement dans ces granulations dont nous parlons. Or, ces éléments ne représentent qu'une petite partie de la surface de l'astre. On peut donc dire que le pouvoir lumineux principal du Soleil ne réside que dans une petite portion de la surface.

La question, si souvent débattue, de la variation que ce pouvoir lumineux peut éprouver dépend donc principalement de ce nouvel élément qu'on n'avait pas considéré jusqu'ici.

J'aurais, Messieurs, à appeler votre attention sur un grand nombre d'autres questions que soulèvent ces photographies ; mais le temps nous presse.

Ce court historique terminé, nous allons maintenant mettre en parallèle l'histoire de la surface solaire obtenue au moyen du dessin et des descriptions avec celle que la photographie nous a déjà donnée, et surtout celle qu'elle nous prépare.

Cette histoire a commencé avec la découverte des taches. Les taches sont les plus grands accidents de cette surface ; leur découverte est toute moderne ; elle date de l'invention des lunettes, et cependant elle eût pu être faite sans ce secours. Nous savons aujourd'hui que les Chinois les connaissaient depuis fort longtemps, ainsi qu'en témoignent leurs encyclopédies. On les observa certainement en Europe lorsque les circonstances étaient favorables, mais on ignora la véritable nature de ces phénomènes jusqu'à Fabricius et Galilée.

Voici un curieux dessin historique, c'est celui de Fabricius ;

il date de 1611. C'est avec ce groupe qu'il fit sa mémorable découverte.

Voici un autre dessin qui est de Galilée. On sait que Galilée s'appropria en quelque sorte cette mémorable découverte par la sagacité avec laquelle il sut reconnaître leur véritable nature.

La succession de ces dessins montre le mouvement du Soleil, dont Galilée trouva approximativement la durée de rotation.

La découverte de la rotation du Soleil, qui a une si grande importance dans la mécanique du système planétaire, fut le fruit immédiat de la découverte des taches.

Après Galilée, plaçons encore sous vos yeux un curieux extrait du célèbre ouvrage sur les taches du Jésuite Scheiner, *la Rosa ursina*, qui date de 1626. Le dessin représente une même tache dans ses différentes positions avec les effets de perspective qu'elle présente.

Voici maintenant un important dessin du célèbre William Herschel ; il date de 1801. Il montre non seulement des taches, mais il indique par quelle idée théorique Herschel expliquait le noyau et la pénombre, et la possibilité de l'habitabilité du Soleil : idées insoutenables aujourd'hui.

Voici une série de taches dessinées par son fils John Herschel, en 1837. Elle montre la plupart des accidents que les taches peuvent présenter.

Nous allons examiner maintenant quelques dessins de taches dus aux plus habiles dessinateurs et observateurs de ces temps-ci. Nous aurons là d'excellents termes de comparaison pour les deux méthodes.

Voici d'abord de curieuses taches dont les dessins sont dus au savant directeur de l'Observatoire de Rome, M. Tacchini, qui s'est si hautement distingué par ses études de spectroscopie solaire. Elles montrent ces ponts immenses de nature incandescente qui surplombent souvent le gouffre du noyau. En voici une autre qui montre de curieux effets de spirale. Ensuite un dessin de tache de M. Nasmyth, si connu par ses travaux sur la Lune.

Ici, nous voyons non seulement les pénombres, les ponts et

autres accidents de la photosphère, mais nous avons reproduit
ces fameuses feuilles de saule dont certains observateurs pré-
tendaient que la surface entière du Soleil était formée. Elles se
voient surtout dans les pénombres ; nous verrons tout à l'heure
la vérité à cet égard.

Voici un superbe dessin dû à M. Langley, qui a fait dernièrement de si importantes études thermo-électriques. Ce beau dessin se montre dans tous les traités sur le Soleil.

On y voit la granulation, et il faut remarquer que les formes
de cette granulation sont tout à fait différentes de celles indi-
quées par M. Nasmyth. Au lieu de ces éléments allongés en forme
de feuilles de saule, nous avons des grains de formes très irrégu-
lières ; la constitution des pénombres est aussi totalement différente.

Pour M. Spœrer, la constitution des pénombres est encore
différente ; elle se rapproche d'éléments réguliers, allongés, rappelant la forme de ces pâtes d'Italie qu'on appelle macaroni.

Cette courte revue est suffisante pour nous montrer combien peu s'accordent les observateurs même les plus habiles
sur les formes de ces phénomènes solaires, ce qui démontre bien
que la véritable manière de les étudier est d'en obtenir d'abord
des images dessinées par le Soleil lui-même.

Reprenons une de ces photographies solaires obtenues à Meudon et nous verrons qu'elle corrige et explique les diverses formes
obtenues par les observateurs.

*Granulation*. — Nous voyons, en effet, sur la photographie
solaire du 22 juin 1886, que toutes les formes données aux éléments granulaires par les observateurs s'expliquent facilement.
La granulation dans les points où la photosphère est dans un
état de calme relatif affecte la forme ovaloïde, rappelant celle
des grains de riz ; dans les points où les courants gazeux viennent étirer plus ou moins les grains, leur forme s'approche alors
de celle des feuilles de saule. Enfin, nous voyons dans les photographies qui n'atteignent pas une très grande perfection les stries
des pénombres et les facules prendre les formes données par les
dessinateurs ; mais en même temps, nous voyons que ces formes

ne sont que des apparences que les images plus parfaites corrigent et expliquent.

En résumé, nous pouvons dire que, tandis que la photographie lunaire est encore dans un état d'infériorité par rapport aux images que les instruments nous fournissent, la photographie solaire, au contraire, a déjà dépassé de beaucoup les données de ces instruments. Ses images sont très supérieures aux images oculaires, et l'étude de ces images photographiques solaires nous a fait faire des découvertes importantes qui doivent nous engager à poursuivre activement cette étude.

Après avoir exposé les travaux accomplis sur la Lune et le Soleil, l'orateur s'occupe des étoiles, des nébuleuses et des comètes ; il résume ensuite son exposition ainsi qu'il suit :

Messieurs, résumons-nous.

Nous venons de passer une trop rapide et trop incomplète revue des applications que l'art de fixer les images oculaires a reçues dans la science du ciel.

Nous avons vu que, né du génie et de la collaboration de deux Français, cet art, qui devait être si utile aux sciences, ne rencontra d'abord qu'une sorte d'indifférence chez les savants européens, qu'Arago cependant, dont les nobles efforts avaient obtenu pour les inventeurs une récompense nationale, avait pleinement pressenti toute l'importance scientifique de la nouvelle découverte et avait tracé un premier programme de ses applications.

Nous avons vu ces applications commencer par l'image de notre satellite. Sa proximité, les accidents si curieux et si marqués que nous présente sa surface invitaient à tenter cette curieuse épreuve. On croyait d'abord que la faiblesse des rayons lunaires, qui ne donnaient qu'une chaleur à peine sensible au foyer des plus puissants télescopes, serait un obstacle à peu près insurmontable. Cependant entre les mains mêmes de l'inventeur des premiers procédés, la lumière lunaire laissa une empreinte évidente. Ce premier et informe essai ne résolvait qu'une question de principe.

Peu après et sur un autre continent, l'expérience fut reprise et on obtint une image encore bien imparfaite, reproduisant néanmoins les grands accidents de la surface lunaire.

Bientôt, un astronome s'emparant de la question, des images plus satisfaisantes furent obtenues. En même temps, la méthode même, qui servait de base à ces applications, recevait d'importants perfectionnements. Le temps nécessaire à l'action lumineuse était considérablement diminué et les obstacles résultant du mouvement diurne diminués dans le même rapport. On s'occupa alors sérieusement de la question, et, grâce aux efforts de deux observateurs surtout, tous deux amateurs cependant, et dont les noms resteront attachés à ces études, on obtint une série d'images qui ont doté la science d'une première et précieuse description de notre satellite. Mais nous avons vu que, malgré tout le mérite de ces travaux, le but que la sélénographie doit se proposer pour répondre aux exigences de la science actuelle n'est pas encore atteint. C'est que dans l'état de refroidissement et de solidification avancés où le globe lunaire est parvenu, en raison même de son peu de masse, les modifications et les changements que sa surface pourra nous présenter avec le temps ne pourront avoir qu'une très minime importance.

On en peut juger par la difficulté que présenterait, pour un observateur placé sur la Lune, la constatation des modifications insignifiantes que les forces souterraines font actuellement éprouver à la surface de notre globe. On arrive par des considérations de ce genre à déterminer le degré de précision que la sélénographie doit atteindre pour permettre de saisir les changements que le temps peut apporter dans la configuration de notre satellite.

Mais, grâce à l'intervention des grands instruments dont la construction se poursuit actuellement sur les deux continents, on peut espérer que la science possédera bientôt une description suffisamment précise, d'une authenticité incontestable, qui ouvrira aux astronomes, aux physiciens, aux géologues une carrière où leurs études viendront se confondre et d'où jailliront des lumières toutes nouvelles.

Mais la photographie lunaire, malgré son intérêt, n'était en quelque sorte qu'une introduction à des travaux d'une importance astronomique infiniment plus considérable. Nous voulons parler du Soleil.

Pour la Lune, le but est limité, puisqu'il consiste seulement dans la description une fois faite d'une surface dont la figure et les reliefs sont en quelque sorte immuables, et qui sera valable pour de longs espaces de temps.

Pour le Soleil, au contraire, il faut des images qui non seulement soient assez précises et délicates pour reproduire les phénomènes dans tous leurs détails, mais en outre assez fréquentes pour permettre d'en suivre les incessantes transformations.

Le but est aussi autrement important, car, au lieu de la topographie d'un modeste petit globe, cadavre d'astre et satellite d'un monde plus modeste encore, il s'agit de pénétrer, par l'étude des phénomènes extérieurs, la constitution d'un astre qui est le centre, le régulateur, le dispensateur des forces et de la vie de notre système tout entier, et. dont la constitution nous offre l'image et le type de celle de ces myriades de soleils répandus dans l'immensité de l'univers.

Mais cette immense étude a des faces bien multiples : elle sollicite à la fois le géomètre, l'astronome, le physicien, le chimiste et bientôt sans doute le géologue.

L'étude physique de l'astre central a commencé par celle de sa surface et des grands accidents qu'elle nous présente. C'est aussi par les représentations de ces accidents que la photographie solaire a débuté. Bientôt, elle a été en état, non seulement de rivaliser avec les représentations que la main humaine nous en donnait, mais elle n'a pas tardé à les surpasser. Nous avons pu voir, par la comparaison des dessins dus aux plus célèbres astronomes ou aux plus habiles observateurs, combien l'image photographique l'emporte en exactitude et en vérité. Mais bientôt, nous avons vu l'art de fixer les images s'élever plus haut et devenir un instrument de découvertes, soit en nous révélant la constitution véritable des derniers éléments de la photosphère et en nous montrant l'uniformité de leur constitution dans toutes les parties de la surface de l'astre et dans tous les accidents qui la modifient, soit en nous dévoilant l'existence de ce réseau photo-

sphérique qui avait échappé à la puissance des plus grands instruments.

Ces heureux résultats nous ont montré que le temps était
arrivé d'élever à la science solaire un monument digne d'elle, en
enregistrant jour par jour les phénomènes dont la surface de
l'astre est le siège. Il y faudra joindre l'étude de la puissance de
son rayonnement et aussi celle de sa qualité, par le moyen de ces
images prismatiques qui ont une si grande importance pour la
connaissance de la nature intime de la matière solaire et des
modifications physiques qu'elle pourra éprouver.

Ce sont là, Messieurs, des monuments que la science actuelle
a le devoir d'élever et auxquels les découvertes que nous expo-
sons la convient.

Ces annales solaires ont autant d'importance que les annales
des histoires humaines, car si celles-ci intéressent la politique
des nations, celles-là préparent à l'homme la connaissance de
l'univers avec tous les fruits de puissance et de jouissance intellectuelles qui en découlent.

Mais parallèlement à ces études sur l'astre central de notre
système, la science en poursuit d'autres qui ne peuvent en être
séparées.

Le Soleil, en effet, n'est qu'une étoile, et si sa proximité relative, si la puissance de ses rayonnements donnent des facilités
si particulières et un intérêt si grand à son étude, c'est surtout à
titre de spécimen d'étoile qu'il doit intéresser celui qui aspire à
la connaissance de l'univers. Sous ce rapport, l'étude du Soleil
n'est en quelque sorte qu'une préparation, et si nous devons
nous appliquer avec une énergie si persévérante à la connaissance de notre système, c'est pour en sortir ensuite mieux armés
et plus forts.

Mais la science astronomique n'a pas attendu ces progrès
pour commencer l'étude du ciel.

L'énumération des étoiles, la fixation de leurs positions et de
la puissance de leur rayonnement ont, depuis l'origine même de
l'Astronomie, attiré l'attention des astronomes. Nous avons vu
que la photographie s'applique avec un égal succès à ce nouvel
objet. Elle nous donne des images qui, si elles sont prises avec

les précautions que la science indique, permettent des mesures qui rivalisent au moins avec celles qu'on obtient dans l'observation directe (1). La puissance rayonnante des astres y est donnée d'une manière différente, il est vrai, que par l'observation oculaire, mais en revanche d'une manière plus constante et plus sûre. Ici, l'avantage immense, c'est qu'on obtient en quelques instants des cartes qui eussent demandé des années d'observations : avantage inestimable, puisqu'il permettra de réaliser, dans un temps relativement court, un inventaire complet de toutes les richesses célestes. Nous avons vu, il est vrai, que ces cartes photographiques ne pourront être transformées en catalogues qu'à la suite de mesures et de calculs longs et pénibles ; mais ceci est une affaire, en quelque sorte, de bureaucratie scientifique et n'enlève rien à l'avantage de cette simultanéité dans l'obtention des images.

Vous savez, Messieurs, que l'observateur du ciel découvre, au delà de ces étoiles, ces mystérieux amas de matière cosmique auxquels se rattachent les problèmes les plus hauts et les plus obscurs de la formation de l'univers. Leur prodigieux éloignement nous laisse peu d'espoir de saisir, dans ces astres, des mouvements assez prononcés pour en tirer des conclusions certaines. C'est ici que l'art photographique devient un auxiliaire d'un prix inestimable. Déjà les images de quelques-uns de ces corps ont laissé bien loin les dessins dus aux plus célèbres astronomes, et si nous pouvons espérer faire quelques progrès dans cette étude et laisser aux générations futures des documents délicats et certains, c'est à la photographie seule qu'on le devra.

Nous avons dit aussi quelques mots des comètes et constaté que, sur ce sujet, la photographie n'était encore qu'à des essais.

Voilà, Messieurs, bien en raccourci, malgré la longueur de ce discours, le tableau des principales applications que la photographie a reçues en astronomie. Vous avez pu voir, comme je le disais, qu'elle y prépare une révolution.

---

(1) Dans cet ordre d'idées, l'orateur a analysé les travaux de Bond, de Rutherfurd, de Gould, de MM. Henry frères. Il a montré comment ces derniers travaux ont déterminé le projet de construction d'une carte photographique du ciel.

Mais les applications de la photographie ne doivent pas se borner à cette science. Je voudrais que la science tout entière ne vît là qu'un exemple, le plus éloquent sans doute, et qu'elle utilisât pleinement cette grande découverte. Oui, utilisons pour les progrès de nos connaissances cette admirable rétine qui nous garde les images qui viennent s'y peindre, en y conservant le rapport exact de position des parties, et donne la mesure de leur éclat relatif, qui voit même des objets que notre œil est impuissant à percevoir et qui, par l'accumulation pour ainsi dire indéfinie des actions qu'elle permet, nous révèle des phénomènes que leur faiblesse lumineuse semblait nous rendre à jamais inaccessibles.

Messieurs, je disais à cette place même, dans le discours inaugural de 1882 : « La couche sensible photographique est la véritable rétine du savant. »

Qu'il me soit donc permis en finissant de m'adresser à ces jeunes savants pleins de talent et d'avenir que groupe notre belle Association maintenant unifiée, si forte et si puissante, et de leur dire : « Emparez-vous hardiment de cette découverte française, de ce fruit du génie national que nous avons trop négligé jusqu'ici. Appliquez-le à toutes les branches que vous cultivez et vous récolterez bientôt pour vous un honneur légitime, pour la science de belles conquêtes, pour notre chère patrie une gloire nouvelle. »

*Revue Scientifique*, numéro du 14 janvier 1888, p. 33.


## IX

## SUR L'APPLICATION DE LA PHOTOGRAPHIE
## A LA MÉTÉOROLOGIE

J'ai l'honneur de présenter à l'Académie une série de photographies à grand format qui ont été prises au Pic du Midi, pendant la première semaine d'octobre dernier, en vue de l'enregistrement des phénomènes météorologiques.

Ayant été amené à séjourner au sommet du pic, à l'observatoire dirigé par M. Vaussenat, pour y faire des observations destinées à servir de contrôle à mes études sur l'absorption élective de l'oxygène et ces études m'ayant mis en rapport avec un habile photographe de Pau, M. Lamazouère, qui se trouvait alors au pic, j'ai eu la pensée d'utiliser la présence de ce praticien pour obtenir la photographie des phénomènes atmosphériques dont cette station élevée offre des tableaux parfois si saisissants.

Mon but était surtout d'attirer l'attention des météorologistes et des observateurs sur les applications si importantes, à mon sens, que la Photographie peut recevoir ici.

M. Lamazouère ayant bien voulu se placer sous ma direction, nous avons fait venir un grand nombre de plaques 3o-4o et des produits, et nous avons commencé à prendre des images de tous les phénomènes intéressants dont nous étions les témoins pendant une semaine.

Les photographies que j'ai l'honneur de mettre sous les yeux de l'Académie sont le fruit de ce travail.

C'est, tout d'abord, une série de quatre photographies formant panorama et présentant le développement de toute la chaîne pyrénéenne telle qu'elle est vue du pic. L'instant choisi est celui du lever du Soleil (le 4 octobre), alors que les rayons de l'astre n'ont pas encore produit leur action sur la couche presque continue de nuages qui occupe les vallées et ne laisse saillir que la partie élevée des massifs. Cette couche s'étend ici depuis l'Océan jusqu'à la partie orientale de la chaîne. A mesure que le Soleil s'élève et que son action se prononce sur la couche nuageuse en question, on voyait celle-ci s'élever ; souvent des courants d'air plus chaud, perçant la couche, entraînaient la matière nébulaire et l'on voyait des flocons s'élever du sein de la masse, affectant les formes les plus singulières et les plus bizarres. En même temps, et ainsi que je viens de le dire, on voyait la couche générale s'élever et la chaîne pyrénéenne présenter alors l'aspect d'une mer tourmentée, de laquelle n'émergent que quelques rares sommets formant autant d'îlots. C'est le phénomène que présente la photographie n° 10 de la collection. De la cou-

che de nuages qui figure comme les vagues d'une mer furieuse,
on voit émerger, au premier plan, le pic de la Picarde ; plus loin,
l'Arbizon et, aux limites de l'horizon, les massifs du pic Poset
et ceux du Clarabide et du Néthou.

Quand ce phénomène se produit, il est suivi d'autres phénomènes dont il serait bien intéressant de pénétrer complètement
les causes météorologiques. Ou bien les nuages se dissipent sous
l'action solaire, ou bien ils s'élèvent et forment une couche beaucoup plus élevée, ou bien encore ils se résolvent en brouillard
qui enveloppe toute la chaîne et en cache complètement la vue.
Dans ces phénomènes interviennent non seulement les conditions météorologiques de la région qui en est le théâtre, mais
encore des éléments étrangers que les vents apportent et qui
ont une si grande influence en Météorologie. J'ai été témoin de
cette action en plusieurs circonstances ; notamment à la station élevée de Simla, dans l'Himalaya, en 1868. Pendant le mois
de décembre, l'atmosphère était tout à fait calme. La sécheresse
était extrême, la viande ne s'y corrompait jamais et le papier y
donnait des manifestations électriques au toucher. Or, dans ces
conditions, l'action solaire sur l'atmosphère qui m'entourait
avait une netteté et une régularité remarquables. Le peu de
vapeurs émises par la végétation alpestre des vallées se conden-
sait au coucher du Soleil et formait dans les fonds une légère couche nuageuse. Au lever, cette couche s'élevait peu à peu et,
pénétrant dans un air très sec, elle se dissipait rapidement.
Cependant l'hygromètre décelait sa présence. A mesure que le
Soleil baissait, ces vapeurs se reformaient et regagnaient le fond
des vallées, pour repasser par les mêmes manifestations le jour
suivant.

Ce régime si régulier cessa en janvier ; alors les vents nous
amenèrent des mers de l'Inde des torrents de vapeur aqueuse et
tous les phénomènes furent bouleversés. Ce fut alors que commencèrent ces grands orages dont l'Europe ne peut donner une
idée. Pour analyser le nouvel état atmosphérique, il eût fallu
connaître exactement l'importance des facteurs étrangers qui
venaient modifier les éléments locaux. Mais il est évident qu'une
série de photographies très complète et judicieusement prise eût

fourni de précieux éléments de discussion, en la combinant avec l'ensemble des observations météorologiques.

Les photographies n<sup>os</sup> 7 et 11 montrent des effets très intéressants de coucher de Soleil.

Une autre présente une vue du côté Est de la chaîne, dans laquelle le Soleil a été rendu positif par excès de pose.

La photographie n° 5 montre les pentes neigeuses du Pic du Midi sur lesquelles on voit, si l'on y donne une grande attention, une série de petits points noirs qui se suivent. Ces points, si difficiles à voir, ne sont autre chose que l'image des ascensionnistes de l'Association française pour l'avancement des Sciences, qui, le 4 octobre, sont venus nous visiter au sommet du Pic. Prévenu de leur visite, j'avais fait disposer les appareils pour obtenir cette photographie instantanée, qui leur sera offerte.

La station du Pic du Midi est admirablement placée pour des études de ce genre. Je ferai ce qui dépendra de moi pour que M. Vaussenat, son directeur, si courageux et si admirablement dévoué, puisse s'y livrer. Il est bien à désirer que le mandat de M. Vaussenat, qui expire cette année, lui soit continué.

Il paraît que plusieurs stations météorologiques élevées des Etats-Unis vont être abandonnées. Cela paraît bien regrettable, et d'autant plus que ce genre de stations se prête à des observations spéciales d'un haut intérêt et notamment à ces études par la Photographie qui prêtera, avant peu, à la Science météorologique un concours aussi précieux que celui qu'elle donne déjà aux autres Sciences.

Pour me résumer, je dirai que la Photographie apportera à la Météorologie envisagée, ainsi qu'on tend, avec si juste raison, à le faire actuellement, comme une science indépendante qui devra être cultivée pour elle-même, qu'elle lui apportera, dis-je, des éléments de discussion précieux et variés :

1° En donnant des phénomènes des images d'ensemble sur lesquelles ces phénomènes peuvent être discutés, et qui donnent une valeur toute nouvelle aux éléments météorologiques observés ;

2° En permettant dans des cas particuliers, et par l'emploi de méthodes appropriées, des mesures de distances, de hauteur, de dimensions des nuages, des météores, etc. ;

3° En ouvrant aux études toute une voie de mesures photométriques de la lumière des astres dans ses rapports avec l'atmosphère ;

4° En permettant de léguer à l'avenir un ensemble de documents utilisables, quel que soit le point de vue que les progrès de la Science amènent à considérer.

*C. R. Acad. Sc.*, Séance du 12 décembre 1887, T. 105, p. 1164.

## X

### SÉANCE PUBLIQUE ANNUELLE DE L'ACADÉMIE DES SCIENCES DU LUNDI 26 DÉCEMBRE 1887. (1)

M. Janssen, Président de l'Académie, prononce l'allocution suivante :

MESSIEURS,

C'est un usage bien légitime que celui qui prescrit au Président de rappeler le souvenir des Membres que l'Académie a perdus dans le cours de l'année, avant la proclamation des noms des lauréats.

L'Académie entend ainsi s'acquitter de toutes les dettes qui lui sont chères. Si elle applaudit avec joie aux succès de ceux qui entrent dans la carrière, elle aime aussi à se rappeler le mérite et les services de ceux des siens qui en sont sortis.

C'est ainsi qu'elle mêle et qu'elle associe, comme ils sont mêlés et associés dans la vie, l'avenir et le passé, l'espérance et le souvenir, la couronne de chêne dont on ceint un front jeune et glorieux, et la couronne d'immortelles qui se dépose sur une tombe.

_______________

(1) M. Janssen fut en 1887 vice-président de l'Académie, mais en raison du décès du président, qui était Gosselin, il eut l'honneur de présider la Séance publique annuelle.

Donnons donc d'abord un souvenir à ceux que nous venons de perdre.

Messieurs, nos deuils commencent avec l'année elle-même. Le 15 janvier, l'Académie me chargeait de la représenter à ces obsèques d'Auxerre que la France entière faisait à Paul Bert. La soudaineté de cette mort, l'évanouissement des grandes espérances que la mission de Paul Bert avait fait concevoir, causaient encore une émotion nouvelle. Aujourd'hui, cette émotion est calmée, mais en même temps le sentiment de la perte que la France et la Science ont faite n'a fait que grandir.

Paul Bert avait un amour passionné pour tout ce qui touchait à la grandeur de la France. L'importance de grands débouchés pour le commerce et l'activité nationale l'avait toujours frappé. Aussi, ayant été amené à défendre notre colonie du Tonkin, s'enflamma-t-il à l'idée de joindre l'exemple au précepte, et de mettre sa science, son activité, sa haute intelligence au service d'une grande œuvre civilisatrice et française. Nul mieux que lui, en effet, ne pouvait la mener à bien. Si la mort ne lui a pas permis d'achever son œuvre, si même il est tombé presque au début de sa tâche, il a du moins donné, en tombant, un grand exemple. Il a montré que, quand il s'agit des intérêts de la Patrie, aucune situation, aucun lien ne doit nous retenir, que nous nous devons à elle tout entiers, et à tous les instants, heureux de lui faire tous les sacrifices. Par ce grand exemple, par ce sacrifice suprême, le nom de Paul Bert est entré dans la gloire la plus haute et la plus pure.

Messieurs, il y a des héroïsmes de tout genre. Le courage déployé par M. Gosselin, votre ancien Président, pour remplir les devoirs de sa charge, était presque surhumain. Ce n'est que par l'emploi de substances toxiques, qui abrégèrent rapidement sa vie, qu'il trouvait le moyen de dompter momentanément ses souffrances et de pouvoir occuper le fauteuil dont il était si fier et qui était, en effet, le couronnement de cette belle et méritante carrière.

M. Gosselin fut un chirurgien éminent, un esprit ouvert à tous les progrès, un professeur émérite qui eut, par ses leçons et le nombre si considérable des élèves qu'il a formés, une grande influence sur l'art chirurgical de son époque. Mais ce qui honore surtout sa mémoire, ce furent l'élévation de ses sentiments, son attachement invincible à ses devoirs, l'affection paternelle qu'il portait à tous ses élèves, et les nobles exemples qu'il leur donnait par sa vie tout entière. Aussi, Messieurs, ne pouvons-nous qu'applaudir à la détermination qui vient d'être prise par les disciples, les amis, les admirateurs de M. Gosselin, qui se sont réunis dans les mêmes sentiments de haute estime et de reconnaissance pour faire frapper une médaille qui rappelle sa mémoire.

A peine avions-nous rendu nos devoirs funéraires à M. Gosselin, que nous perdions le doyen de la Section d'Économie rurale. Ici, il est vrai, la mort ne tranchait pas une vie cruellement abrégée par la maladie ; elle terminait une belle et longue carrière parvenue aux limites presque extrêmes qu'il nous est donné d'atteindre, et cette carrière avait produit tous les fruits qu'on peut attendre de la Science et du Génie mis en présence de la nature dans les conditions les plus rares et les plus favorables. Quand M. Boussingault s'éteignit, sa vie avait été pleine d'œuvres et de jours. Son nom restera comme celui d'un des fondateurs de la Science agronomique et une des plus hautes gloires de notre Académie. L'avenir ne fera que le grandir.

Le mois de mai fut cruel pour l'Académie : il avait déjà vu les obsèques de M. Gosselin et de M. Boussingault, il devait voir encore celles de notre Secrétaire perpétuel. Cette fois, le coup était bien imprévu. M. Vulpian venait d'être élevé à ces hautes fonctions du Secrétariat, que l'éclat de ses travaux et l'autorité de son caractère justifiaient pleinement. Toutes ces précieuses qualités, toute sa renommée, toute la considération qui s'attachait à son nom, allaient être mises au service des intérêts de l'Académie. La mort a tout brisé ! Mais l'Académie conservera précieusement sa mémoire. Si quelque chose peut nous consoler, c'est la pensée qu'il a été remplacé par celui pour lequel il professait une si haute admiration, par le savant illustre et déjà immortel que nous sommes si fiers et si heureux de voir à notre tête.

Heureusement, Messieurs, depuis le mois de mai, l'Académie n'a pas fait de nouvelles pertes. Souhaitons qu'il en soit ainsi aussi longtemps que possible. Et, puisque nous faisons des vœux de longue vie, je suis sûr que vous vous associerez à moi pour adresser un nouveau compliment à notre illustre Confrère, M. Cheivreul, au doyen de tout l'Institut, dont la France fêtait le centenaire il y a déjà un an et demi. La part que M. Chevreul continue à prendre à nos discussions et la voix si respectée qu'il sait y élever souvent nous sont un sûr garant que nous le posséderons longtemps encore.

Disons maintenant un mot des donations et de quelques-uns des travaux les plus remarquables de l'année qui vient de s'écouler.

Parmi les noms de nos généreux donateurs, il convient de rappeler celui du grand ingénieur qui, de son vivant, contribua si largement au progrès de la navigation aérienne, soit par ses travaux, soit par ses libéralités : vous avez déjà nommé M. Giffard. M. Giffard n'avait pas oublié l'Académie dans ses legs. L'accomplissement de formalités seulement terminées aujourd'hui va nous permettre de disposer de ces dons suivant les intentions du donateur.

L'année qui vient de s'écouler sera marquée, dans l'ordre d'idées qui nous occupe, par une libéralité d'une importance tout à fait exceptionnelle. M. Leconte, possesseur d'une fortune considérable, vient de la léguer tout entière à l'Académie, à charge de décerner un prix qui, d'abord triennal, pourra devenir biennal et même annuel, par suite de la capitalisation de la valeur des récompenses non décernées. La valeur de cette récompense sera considérable, elle atteindra environ le décuple de celle des prix que nous donnons habituellement. M. Leconte appelle à concourir toutes les Sciences : mathématiques, physiques, naturelles et médicales.

Il demande, et avec raison, une grande découverte ; mais, comme les grandes découvertes sont rares, il se contentera, à défaut de celles-ci, d'une application utile et féconde de ces Sciences.

Messieurs, un détail touchant.

M. Leconte demande à l'Académie, dans son testament, s'il

ne serait pas possible de donner à ce prix le nom de sa mère.
L'Académie cherchera certainement à exaucer un vœu qui
atteste d'aussi pieux sentiments. Dans l'esprit de M. Leconte,
cette substitution n'est sans doute qu'une restitution. Nul doute
que, dans son esprit, il estime avoir tant reçu de sa mère, en ten-
dresse, en soins, en dévouement, peut-être même en sage et
judicieuse direction, qu'il veut lui reporter les fruits des succès
dont l'origine est toute en elle. Voilà un bel hommage rendu par
ce fils mourant. Messieurs, je ne sais si je me trompe, mais il
me semble que, de toutes les couronnes que notre généreux
donateur a instituées, c'est cette mère qui reçoit la plus belle.

Puisque nous parlons des grandes donations, je ne puis m'empêcher de saisir cette occasion pour rappeler ici une création
bien connue, mais qui, cette année, a reçu une double consécration. Je veux parler de l'observatoire de Nice, fondé par M. Bischoffsheim.

C'est à l'Observatoire de Nice, en effet, que l'Association géodésique internationale a tenu son Congrès cette année, et c'est
pour cette fondation que l'Académie accorde à M. Bischoffsheim
la médaille Arago, qu'elle décerne pour la première fois. Qu'il
me soit permis d'ajouter que, comme astronome et comme
patriote, je suis doublement heureux de cette belle fondation,
qui sera si utile à notre Science et si honorable pour notre pays.

Messieurs, je suis sûr que vous estimerez avec moi qu'en rendant hommage à la générosité du fondateur, nous ne devons pas
oublier le grand artiste qui a été son collaborateur ; celui qui,
après avoir donné l'Opéra à l'Art, donne aujourd'hui à la Science
un monument plein de caractère et de grandeur.

Messieurs, cette année marquera dans les annales des applications de la Photographie.

Vous savez, Messieurs, combien cette belle invention, d'origine toute française, gagne chaque jour de terrain dans ses applications aux Sciences. Celles qui concernent l'Astronomie ont une
importance toute particulière. Dès l'origine du daguerréotype,
on commença à prendre des images de la Lune et des Étoiles.
Ces études ont conduit, après bien des efforts, à l'obtention de
ces belles images lunaires auxquelles se rattachent les noms de

MM. Warren de la Rue et de Rutherfurd. Mais si pour la Lune le problème est relativement simple en ce sens qu'il s'agit seulement d'obtenir une bonne description topographique, pour le Soleil, la question est beaucoup plus importante : tout d'abord, en raison du rôle immense de notre astre central dans notre système, puis à cause de l'importance des phénomènes dont sa surface est incessamment le siège. Tandis que pour la Lune il ne s'agit que d'obtenir la description d'une surface devenue presque invariable dans ses accidents par suite du refroidissement et de l'absence d'atmosphère, pour le Soleil, au contraire, il faut réaliser des images journalières et souvent plus fréquentes encore pour saisir dans leurs transformations les gigantesques phénomènes dont la photosphère est le siège.

La Photographie s'est montrée tout à fait à la hauteur de cette tâche. Non seulement, on a pu obtenir des images assez précises pour enregistrer les plus délicats phénomènes photosphériques, mais encore la Photographie est devenue ici un instrument de découvertes.

Elle a révélé l'existence de ce curieux réseau qui divise si singulièrement la surface solaire en régions d'activité inégales ; elle a montré quelle était la véritable forme des éléments de la photosphère et, tout dernièrement, elle a révélé l'unité si remarquable de tous ces éléments, qu'on les considère dans la surface même, dans les facules, dans les pénombres, et jusque dans les stries de ces pénombres. •

Mais la Photographie céleste n'avait pas encore donné relativement aux étoiles, malgré les intéressants travaux de Bond, de Rutherfurd, de Gould, etc., des résultats comparables à ceux que MM. Henry ont obtenus dernièrement. Ces travaux si remarquables, nous les couronnons dans cette séance même. Ils ont enfin appelé l'attention sur l'opportunité d'un travail concerté pour obtenir la Carte du ciel. M. le Directeur de l'Observatoire de Paris a pris cette initiative, et il a demandé à l'Académie de prendre l'œuvre sous son haut patronage. Le succès a pleinement répondu à notre attente. Au mois d'avril dernier, la plupart des Directeurs des Observatoires étrangers, acceptant avec empressement l'invitation de l'Académie, se réunissaient à Paris en Congrès. Dans ce Congrès, qui comptait tant d'illustrations, furent arrêtées les bases des méthodes qui seront employées dans la confection d'une Carte photographique du ciel à notre époque. On a décidé également la construction d'un Catalogue. En outre, le Congrès, frappé de l'importance des autres applications de la Photographie céleste, a chargé deux de ses membres de préparer également une entente internationale à l'égard de ces autres applications. Ces résolutions, prises par une assemblée qui comprenait l'élite des astronomes du monde entier, peuvent être considérées comme consacrant une révolution dans la Science astronomique. La Photographie est appelée désormais à jouer un rôle prépondérant dans les observations. Je ne doute pas, pour ma part, que l'Astronomie n'en reçoive une transformation peut-être plus féconde encore que celle que l'invention des lunettes lui a fait éprouver.

Je ne voudrais pas terminer cette énumération sans appeler encore l'attention de cette Assemblée sur une belle découverte d'ordre chimique, qui va être couronnée tout à l'heure. Il s'agit du fluor, qui a été isolé pour la première fois par M. Moissan, professeur à l'Ecole de Pharmacie. L'importance de ce résultat est singulièrement rehaussée par les difficultés qui ont été surmontées pour l'obtenir, et par les importantes conséquences qu'il promet.

J'aurais encore beaucoup d'autres travaux à signaler parmi le nombre si considérable de ceux que nous récompensons. Que les Auteurs nous pardonnent, ils savent combien nous leur sommes sympathiques, combien nous applaudissons à leurs succès. Ils savent que c'est uniquement le défaut du temps matériel nécessaire qui nous force à nous priver du plaisir d'analyser publiquement leurs Ouvrages. Le compte rendu de cette séance y suppléera.

En résumé, Messieurs, nous pouvons jeter un regard de satisfaction sur la situation de plus en plus brillante que les amis des lumières nous créent. Nous n'avons jamais été dotés par l'initiative privée de ressources aussi puissantes. Ce résultat nous montre que l'importance de la Science est comprise chaque jour davantage dans notre cher pays. Souhaitons que ce sentiment se développe de plus en plus. N'était-il pas à craindre, en effet, Messieurs, que ces hautes études, honneur, il est vrai, de l'esprit humain, mais aussi apanage d'une bien petite élite dans l'ancienne société, disparussent ou tout au moins s'amoindrissent considérablement au milieu des transformations sociales si profondes que nous avons éprouvées ?

Heureusement, les sciences, et en particulier les sciences mathématiques et physiques, qui ont jeté tant d'éclat sur les XVII$^e$ et XVIII$^e$ siècles, ont en même temps préparé les applications merveilleuses du XIX$^e$.

Oui, ce sont les Galilée, les Descartes, les Leibnitz, les Newton, les Huygens, les d'Alembert, les Lavoisier, les Volta, les Lagrange et les Laplace qui ont ouvert la carrière aux Papin, aux Watt, aux Ampère, aux Morse, aux Stephenson, aux Breguet et à tous les grands ingénieurs de notre siècle. Supprimez les premiers, et les seconds s'agitent dans le vide. Les merveilles du XIX$^e$ siècle ont leur origine et leur source dans les travaux des siècles précédents, comme les fruits d'un arbre ont leurs principes dans les racines qui plongent dans les profondeurs du sol.

Il existe, il est vrai, une école qui, tout en rendant hommage à l'importance de ces grands résultats, voudrait qu'on dirigeât l'étude de la Science uniquement en vue de ses applications.

Ce serait là, Messieurs, l'erreur la plus funeste qu'on pût commettre. La Science, comme l'Art, ne donne ses hautes faveurs qu'à ceux qui la cultivent pour elle-même ; et encore, à quel prix les donne-t-elle !

L'Histoire nous montre, en effet, de quels efforts, de quels labeurs et de quelle dépense de génie la Science fait payer ses rares présents qu'on appelle les *grandes découvertes*. Souvent, des vies entières se succèdent et se consument avant que le but soit atteint. Il a fallu Copernic, Tycho, Kepler et Galilée pour préparer Newton ; et Lavoisier résume les efforts des siècles qui l'ont précédé.

Sans doute, qu'importe le sacrifice de ces grandes vies, si le but sublime est atteint ! Elles sont payées de la gloire, et l'humanité hérite de la vérité et des conséquences fécondes qui en découlent. Mais croire que l'on peut user de ces conséquences sans jamais renouveler la source d'où elles émanent, ce serait, pour continuer l'image de tout à l'heure, s'imaginer pouvoir cueillir indéfiniment les fruits d'un arbre sans lui fournir de principes réparateurs.

Une science cultivée uniquement en vue des applications tomberait bientôt en décadence ; et cette décadence serait même si rapide que cette science, abaissée, ne donnerait bientôt plus aucun de ces fruits d'utilité immédiate qu'on attendait d'elle.

Il faut bien le savoir : alors même qu'on ne voudrait voir dans la Science qu'un admirable instrument mis en nos mains pour dompter les forces de la nature et en faire de dociles serviteurs, et qu'on n'estimerait que les résultats d'utilité matérielle qu'elle peut donner, on devrait encore, dans l'intérêt même de la grandeur et de la perpétuité de ces résultats, cultiver une haute science théorique.

Mais la question est encore plus haute, puisque la culture de la Science touche aux intérêts de la grandeur intellectuelle et morale de l'homme, c'est-à-dire aux intérêts qui doivent primer tous les autres.

Élevons donc la voix. Qui, plus que l'Académie des Sciences, a le droit et le devoir de le faire ? Élevons la voix pour proclamer des vérités si importantes et si nécessaires. Que ces vérités soient entendues de tous ceux qui peuvent apporter une pierre à l'édifice. Tout d'abord, de ceux qui siègent dans les conseils de la nation et qui ont charge de l'avenir et de la grandeur de la France ; puis, des citoyens à l'âme grande et généreuse, comme nos donateurs qui veulent le bien de leur pays ; enfin, de notre admirable jeunesse qui cherche une carrière à son activité et à ses talents.

La France n'a-t-elle pas aussi, à cet égard, des obligations plus pressantes et plus directes encore qu'aucune autre nation ? N'y a-t-il pas plus de dix siècles que notre pays est créancier du monde par les Sciences et les Lettres ?

Or, Messieurs, j'en ai le sûr pressentiment, la Science est appelée à jouer le rôle prépondérant dans le monde qui se prépare actuellement. Ne perdons pas notre rang, redoublons d'efforts, il y va, non seulement de notre influence et de notre gloire, mais peut-être de notre existence et de notre raison d'être dans le concert des nations.

Je donne la parole à notre illustre Secrétaire perpétuel pour la proclamation des prix, et ensuite pour la lecture de sa belle Étude sur la vie et les travaux du premier créateur de notre flotte cuirassée, le grand ingénieur Dupuy de Lôme.

*C. R. Acad. Sc.*, T. 105, p. 1299.


XI

## RAPPORT SUR L'ATTRIBUTION DE LA MÉDAILLE ARAGO (1)

La Commission propose à l'Académie de décerner cette Médaille à M. Bischoffsheim. Les libéralités nombreuses de M. Bischoffsheim l'ont fait connaître depuis longtemps des savants et des amis des Sciences. Nous ne parlerons ici que de la plus magnifique, parce que c'est celle qui a déterminé le choix de la Commission, à savoir la fondation de l'Observatoire de Nice.

Cet Observatoire, érigé entièrement des deniers de M. Bischoffsheim, constitue aujourd'hui l'un des plus beaux établissements consacrés à l'Astronomie.

On sait qu'il a été placé sur une colline voisine de la ville de Nice, le mont Gros, sous un climat qui, sans être tout à fait aussi favorable que celui de certains points de l'Algérie, est cependant remarquable par la fréquence des jours où l'on peut observer.

L'Observatoire a été construit sur les plans et sous la direction du grand architecte auquel nous devons l'Opéra. Sous ce rapport, il constitue une exception peut-être unique, car il réunit le mérite exceptionnel de l'architecture aux conditions que la Science exige.

______

(1) Commissaires : MM. Hervé Mangon, Bertrand, Pasteur, Hermite, Faye, Fizeau, Fremy, Peligot, de Quatrefages ; Janssen, rapporteur.

Parmi les instruments remarquables que compte l'Observatoire de Nice, il convient de citer le grand équatorial, portant une lunette de o m. 76 d'ouverture, dont le mécanisme est dû à M. Gautier et la partie optique à MM. Henry. Ce bel instrument rivalise avec avantage même avec celui qui vient d'être installé à Pulkowa. L'Astronomie française se trouve ainsi dotée, grâce à M. Bischoffsheim, du premier grand instrument qu'elle possède. Ajoutons, avec satisfaction, qu'elle en aura bientôt un second plus puissant encore, quand celui qu'on construit pour l'Observatoire de Meudon sera terminé. Citons encore le cercle méridien installé à l'Observatoire de Nice, dû à MM. Brunner frères et qui paraît tout à fait digne du talent consommé de ces habiles constructeurs.

Il convient de rappeler encore, parmi les objets qui à Nice doivent spécialement attirer l'attention, la grande coupole de 22 mètres de diamètre qui, grâce à un heureux artifice, a été transformée en un flotteur, ce qui supprime toutes les difficultés tenant aux frottements et aux défauts d'horizontalité. Cette remarquable construction est due à l'ingénieur auquel on en doit tant d'autres, à M. Eiffel.

Disons enfin que M. Bischoffsheim n'a rien épargné pour faire de cet observatoire un établissement hors ligne, indépendant de l'État et entièrement doté par son fondateur.

La Commission a pensé qu'une générosité qui se manifeste par des œuvres aussi nombreuses et aussi éclatantes méritait une récompense exceptionnelle, et elle vous propose, en conséquence, de décerner à M. Bischoffsheim la Médaille Arago, que l'Académie accorde pour la première fois.

Cette proposition est adoptée.

*C. R. Acad. Sc.*, Séance du 26 décembre 1887, T. 105, p. 1378.

# 1888

1

## REMARQUES SUR UNE COMMUNICATION DE M. G.-M. STANOÏEVITCH SUR L'ÉCLIPSE TOTALE DU SOLEIL DU 19 AOUT 1887, OBSERVÉE EN RUSSIE (PETROWSK)

M. Stanoïevitch, ancien élève de l'Observatoire de Meudon, m'avait donné des preuves si réelles de capacité que je n'ai pas hésité à proposer au Gouvernement serbe de lui confier la mission d'observer l'éclipse totale du 19 août de l'année dernière. Ainsi que j'ai eu l'honneur d'en informer l'Académie, j'avais donné à M. Stanoïevitch un programme et des instruments. On sait que le temps a bien mal favorisé les observateurs. La station choisie par M. Stanoïevitch a été une des plus favorisées ou tout au moins une des moins maltraitées. M. Stanoïevitch a fait tout ce qu'il était possible pour tirer le meilleur parti possible des circonstances. Je suis persuadé qu'il aura un succès complet s'il lui est donné d'observer les prochaines éclipses totales.

La mesure par la photométrie photographique de la valeur de l'intensité lumineuse de la couronne pendant la totalité pour l'éclipse du 19 août ne peut pas être déduite des observations de M. Stanoïevitch à Pétrowsk, tant à cause de l'état du ciel pendant la totalité que de certaines actions d'humidité sur les plaques photographiques. C'est une des principales questions dont il sera opportun de s'occuper dans l'avenir.

Il est certain que des mesures de ce genre, exécutées avec soin, pendant une série assez longue d'éclipses totales, seraient très propres à nous renseigner (en tenant compte, bien entendu, des variations des diamètres apparents relatifs de la Lune et du Soleil) sur la valeur absolue et les variations du pouvoir lumineux de la couronne solaire, dont l'étude est maintenant tout à fait à l'ordre du jour.

*C. R. Acad. Sc.*, Séance du 2 janvier 1888, T. 106, p. 46.

## II

## SUR DES PHOTOGRAPHIES MÉTÉOROLOGIQUES PRISES AU PIC DU MIDI

On sait que le Général de Nansouty, assisté de M. Vaussenat, avec une persévérance admirable, est parvenu à fonder au Pic du Midi, un observatoire météorologique et astronomique. Quand cet observatoire a été fondé, il l'a mis entre les mains du Gouvernement, de sorte qu'aujourd'hui cet établissement dirigé par M. Vaussenat est ouvert à tous les travailleurs. L'intérêt qu'il présente est très grand, notamment au point de vue météorologique. En effet, le Pic du Midi est en quelque sorte une sentinelle avancée de la chaîne des Pyrénées ; il permet, d'une part, de suivre les phénomènes météorologiques sur cette chaîne, et, d'autre part, d'observer les transformations de ces phénomènes dans les immenses plaines qui sont devant lui, car de là, la vue s'étend d'un côté jusqu'à l'Océan, et de l'autre, presque jusqu'à la Méditerranée.

J'étais allé au Pic du Midi, en vue d'observations astronomiques. Je désirais y poursuivre mes études sur l'oxygène, en vue de saisir, parmi les phénomènes d'absorption du gaz oxygène, des caractères permettant de rechercher sa présence dans les planètes, dans le Soleil et dans les Étoiles. Comme on le voit, cette étude offre un intérêt considérable et tout à fait d'actualité, car c'est maintenant seulement que nous sommes en état de savoir si, dans les planètes, dans les mondes qui nous entourent, il y a de l'eau et des gaz comme ceux qui forment l'atmosphère de la Terre, si enfin les conditions de la vie sont semblables à celles que la nature a créées à la surface de notre globe.

C'est pour chercher à atteindre ce but, qui est un des plus importants que l'Astronomie physique puisse se proposer, que je m'étais rendu au Pic du Midi.

Pour arriver à ce résultat, il faut connaître les caractères spectraux des différents gaz, azote, oxygène et hydrogène. Jusqu'ici le gaz oxygène avait résisté ; on n'avait pu reconnaître, dans le Soleil, par exemple, les caractères de la présence de ce gaz. J'avais donc pensé à profiter de la hauteur de cette montagne qui permet, lorsque le Soleil se couche, de plonger très profondément au-dessous de l'horizon, pour étudier les rayons solaires quand ils ont traversé une épaisseur considérable de l'atmosphère terrestre, et je dirai, d'une manière générale, que mes observations ont réussi.

Je trouvai au Pic un photographe de Pau, M. La Mazouère, qui était venu prendre des vues du panorama de la chaîne. Je lui demandai de se mettre sous ma direction pendant un temps déterminé, et de prendre avec ses appareils l'image de tous les phénomènes que je lui signalerais. De cette collaboration est résulté un nombre assez considérable de photographies, dont le but spécial n'était pas d'obtenir des vues de cette contrée pittoresque, mais bien de saisir les phénomènes météorologiques très importants dont on est témoin au Pic du Midi.

Je montrerai d'abord un panorama représentant toute la chaîne des Pyrénées telle qu'on la voit de la station du Pic du Midi. La vue part du golfe de Gascogne et s'étend jusque près de Perpignan. L'horizon est immense. La photographie a été prise à 6 heures du matin ; l'heure avait été choisie à dessein. Au moment où je me trouvais au Pic, au mois d'octobre (le 4), le Soleil se levait vers 6 heures : il fallait choisir ce moment pour avoir non seulement assez de lumière afin que la photographie pût être prise, mais encore pour qu'elle fût prise avant que les rayons de l'astre eussent produit leur action sur la couche de nuages répandus pendant la nuit sur toute la chaîne. La série de photographies que j'ai prises dans ces conditions constitue le panorama que vous avez sous les yeux. On voit que les grands massifs de la chaîne émergent d'un océan de vapeurs.

A ce panorama se trouve jointe une série de photographies
dont une, entre autres, que nous appellerons « la mer de nuages », a été prise une heure après la première. Elle permet de
voir quel a été le sens de l'action solaire. Sous cette action, les
nuages se sont élevés, et il n'y a plus que les points les plus élevés de la chaîne qui émergent. Dans le fond, on aperçoit divers
massifs. Cette photographie a un grand intérêt si on la rapproche du panorama précédent.

En voici une autre qui montre une opposition de lumière
extrême entre les régions encore éclairées par le Soleil et les
points de la vallée qui sont soustraits à ses rayons. Dans celle-ci,
on voit des nuages qui viennent de la Méditerranée.

Voici maintenant un curieux effet de nuit. Le Soleil venait de
se coucher et le ciel était, sur certains points, éclairé d'une façon
violente par les derniers rayons. Enfin, en voici une qui représente les abords du Pic du Midi, les chaînes éloignées et en même
temps une ascension.

L'Association française est venue nous visiter pendant que
nous étions au Pic du Midi, et j'ai fait prendre une photographie au moment où ces Messieurs gravissaient une pente couverte de neige, qui permettait de les saisir plus facilement.

En résumé, je crois qu'il y a là quelque chose de très important. Il me paraît que le moment est venu de faire intervenir la
photographie, qui rend déjà de si grands services à toutes les
sciences, dans les phénomènes météorologiques, de manière à
fixer ces phénomènes et à pouvoir les discuter, au lieu de se contenter d'indications vagues, fugitives et souvent inexactes,
comme celles qu'on peut recueillir de visu avec de simples notes.

Il est évident que le problème météorologique dans son ensemble est formé de deux parties distinctes. D'une part, on observe
le thermomètre, le baromètre, l'hygromètre, les différents éléments d'humidité ou de pression qui constituent l'état atmosphérique, l'état du vent, etc.. Eh bien, si en même temps, on
prend la photographie des phénomènes qu'on a sous les yeux, on
a la résultante des éléments constatés. Dans le premier membre
de cette sorte d'équation, les données météorologiques sont
représentées par le thermomètre, l'hygromètre, l'humidité, etc. ;

dans le second, on possède d'une manière exacte les effets que ces éléments-là ont produits. Par conséquent, ce que j'appellerai le second membre de l'équation est des plus importants, en ce sens qu'il permet de voir, en le comparant au premier, si celui-ci renferme des éléments encore inconnus.

Ainsi que je le disais dans la note que j'ai eu l'honneur de présenter à l'Académie des Sciences, lorsque je me trouvais dans les Indes, à Simla, sur un des points moyens de l'Himalaya, j'ai été témoin pendant une partie de l'année, de phénomènes qui avaient une régularité parfaite, extraordinaire même. C'était au mois de décembre et au commencement de janvier : les vents ne soufflaient pas encore ; la mousson n'avait pas commencé à se faire sentir, de sorte que l'atmosphère dans laquelle je me trouvais était dans une immobilité complète. Le soir, l'humidité descendant dans la vallée formait des nuages légers qui servaient à entretenir la végétation ; puis, lorsque le Soleil se levait, le phénomène que je signalais à l'égard des Pyrénées se produisait invariablement. Les vapeurs s'élevaient ; on en constatait la présence dans l'atmosphère au moyen de l'hygromètre ; au contraire, lorsque le Soleil commençait à descendre, les vapeurs commençaient à se condenser de nouveau, puis elles descendaient dans la vallée ; elles allaient en quelque sorte se coucher. Les choses recommençaient le lendemain et ainsi de suite, indéfiniment.

Ici, l'équation était complète ; elle s'expliquait parfaitement. En même temps que ces phénomènes météorologiques, il y avait aussi les animaux, les aigles et les magnifiques corbeaux de l'Himalaya qui étaient intéressants à étudier : ils planaient le jour et rentraient le soir ; les nuages faisaient la même chose. Voilà donc un état régulier qui, je le répète, s'explique très bien. Plus tard, lorsque le vent souffle du Bengale, les choses changent complètement. On assiste à des orages d'une violence extrême. J'ai été témoin, un jour d'orage, d'un fait singulier. Un cèdre haut de 35 mètres environ fut frappé de la foudre et coupé à 3 mètres, puis à 5o centimètres du sol. La portion du tronc comprise entre ces deux espaces éclata et les morceaux furent projetés à une quarantaine de mètres de distance, et ces morceaux, deux hommes n'auraient pu les soulever. J'ai pu constater dans ce cas-là, l'action de la foudre : elle est très simple, elle ne fait que convertir en vapeurs les sucs, l'humidité qui se trouvent dans les fibres du bois. L'intérieur de l'arbre qui avait éclaté n'avait pas la moindre trace de brûlure ; l'arbre ne brûle que quand il est sec. L'électricité avait donc, comme je viens de le dire, converti l'eau en vapeur, et cette dernière avait fait éclater le cèdre avec un bruit formidable que n'égalerait peut-être pas la décharge de vingt pièces d'artillerie. Je n'ai jamais entendu une détonation pareille.

Eh bien, si l'on possédait de cette station de Simla, une série de photographies avec les indications météorologiques en regard, je dis que nous aurions là des éléments de discussion très précieux pour la météorologie.

La météorologie est une science qui tend à se constituer d'une façon tout à fait indépendante. Jusqu'ici, elle n'avait été étudiée qu'au point de vue de son utilité immédiate pour certaines sciences qui en avaient besoin. Ce sont les astronomes qui ont commencé : ils ont employé le baromètre et le thermomètre pour leurs observations : plus tard, ce furent les médecins, et enfin les navigateurs. Aujourd'hui, on observe les phénomènes météorologiques surtout au point de vue des avertissements utiles à donner, soit dans les ports, soit dans l'intérieur des contrées. Mais la météorologie tend, je le répète, à se constituer comme une science absolument séparée, indépendante, et qui se suffit à elle-même. Eh bien, je recommande, dans ce cas, l'emploi de la photographie, parce que je suis persuadé qu'on trouvera là des éléments de nature à faire avancer très rapidement la science météorologique.

Société de Géographie, Séance du 6 janvier 1888, *Compte rendu des Séances*, p. 38.

## III

## NOTE SUR L'ÉCLIPSE TOTALE DE LUNE
## DU 28 JANVIER 1888

Les grands progrès de la Spectroscopie et de la Photographie donnent aujourd'hui aux éclipses de Lune un intérêt nouveau. Aussi, à Meudon, avions-nous pris les dispositions nécessaires pour observer l'éclipse totale de Lune de samedi dernier, et aborder, à cette occasion, certaines études sur l'atmosphère terrestre.

En premier lieu, j'avais disposé des appareils pour obtenir la comparaison du pouvoir lumineux photographique de la Lune pendant la totalité avec celui de la pleine Lune, ce qui aurait conduit à d'intéressantes données sur la quantité de lumière que notre atmosphère envoie dans le cône d'ombre au point où la Lune le traverse. Mais ces expériences exigent un ciel très pur, ce qui n'a eu lieu à aucun moment de la totalité à Paris.

En second lieu, je voulais faire une observation relative à un point de Spectroscopie tellurique qui se rapporte aux bandes d'absorption de l'oxygène.

J'ai déjà eu l'occasion de dire à l'Académie que, si les raies de ce gaz se montraient toujours dans le spectre solaire, il en était tout autrement des bandes dont j'ai annoncé la découverte. Celles-ci sont absentes du spectre solaire tant que le Soleil a une hauteur notable au-dessus de l'horizon et ne se montrent que quand l'astre en est très rapproché. Pour la bande située un peu au delà de F, on éprouve même beaucoup de difficulté à la constater dans ces conditions. C'est que cette bande exige pour sa manifestation bien sensible que les rayons lumineux aient traversé une énorme épaisseur de l'atmosphère terrestre.

Or, au moment d'une éclipse totale de Lune, c'est précisément ce qui arrive aux rayons solaires qui, après avoir pénétré dans l'atmosphère de la Terre, rasent la surface de celle-ci et sortent ensuite pour pénétrer dans le cône d'ombre. Ces rayons ont alors passé à travers une épaisseur de notre atmosphère double de celle qui est traversée par ceux que nous recevons au Soleil couchant.

L'analyse de la lumière qui nous est renvoyée par la surface lunaire, quand notre satellite est plongé dans les rayons en question et dans ceux qui en approchent, sera donc très favorable à la manifestation de ces bandes de difficile production.

Il est vrai que quand la Lune est ainsi éclairée par la lumière solaire qui a subi une absorption aussi considérable, elle n'a plus qu'un pouvoir lumineux bien faible, et qu'il faut, en conséquence, des instruments possédant une bien grande puissance de concentration pour que l'analyse de la lumière puisse se réaliser avec succès.

C'est ainsi que j'en avais jugé, et l'expérience que j'ai instituée samedi dernier pendant la totalité avait surtout pour but une étude préliminaire des dispositifs. Cette expérience sera reprise aux prochaines éclipses totales de Lune, aussitôt que les grands instruments de l'Observatoire seront terminés, et notamment le grand télescope de 1 mètre de diamètre et de très court foyer, qui sera particulièrement propre à ce genre d'études.

N'est-il pas remarquable de voir que, dans certaines circonstances qui peuvent être réalisées pendant les éclipses, nous puissions constater à la surface de la Lune des propriétés de l'atmosphère terrestre que l'observation directe de celle-ci serait presque impuissante à nous révéler ?

*C. R. Acad. Sc.*, Séance du 30 janvier 1888, T. 106, p. 325.


# IV

## ALLOCUTION PRONONCÉE A L'OCCASION DE LA MORT DU GÉNÉRAL PERRIER, MEMBRE DE LA SECTION DE GÉOGRAPHIE ET NAVIGATION.

MESSIEURS,

Une lettre que je reçois à l'instant de M. Faye m'annonce une nouvelle qui surprendra bien douloureusement l'Académie : le Général Perrier est mort !

Je suis encore sous le coup de l'émotion que me cause cette nouvelle si inattendue et si cruelle pour moi. J'étais, en effet, particulièrement lié avec notre Confrère. J'aimais en lui ce caractère loyal, énergique, passionné pour la grandeur de son pays. J'admirais la persévérance de cette volonté qui l'avait conduit à exécuter une si longue suite de remarquables travaux, et qui avait fait du petit officier, modeste adjoint du Colonel Levret, le Général Directeur du grand Service géographique de l'Armée, le restaurateur de la Géodésie française et son représentant le plus éminent à l'étranger.

Je n'aurais pas en ce moment, Messieurs, la présence d'esprit nécessaire pour analyser ici tous les travaux de notre Confrère. Mais, d'ailleurs, est-ce bien nécessaire ? Les plus importants ne sont-ils pas dans toutes les mémoires ? Ne vous rappelez-vous pas encore l'émotion de satisfaction que le pays tout entier a ressentie, quand il apprit la réussite complète de cette opération géodésique grandiose qui unissait l'Espagne à notre Algérie par-dessus la Méditerranée, et faisait passer par la France un arc de méridien s'étendant du Nord de l'Angleterre jusqu'au Sahara, c'est-à-dire un arc dépassant en étendue les plus grands arcs mesurés jusqu'alors. Ce beau résultat frappa tous les esprits et rendit le nom de Perrier populaire. Mais combien ce succès avait été préparé par de longs et consciencieux travaux qui ne lui cèdent point en importance : la triangulation et le nivellement de la Corse et son rattachement au continent ; les belles opérations exécutées en Algérie, qui ont demandé quinze années de travail et ont conduit à la mesure d'un arc de parallèle de près de 10° d'étendue, arc qui offre un intérêt tout particulier pour l'étude de la figure de la Terre ; et encore cette revision de la méridienne de France, pour laquelle on a su utiliser tous les progrès réalisés depuis le commencement du siècle dans la construction des instruments et dans les méthodes d'observation et de calcul ! Et il faut ajouter que le Général Perrier avait su faire école, qu'il avait formé de savants et dévoués officiers qui furent ses collaborateurs et sur lesquels nous comptons maintenant pour continuer son œuvre.

Aussi, les mérites du Général Perrier avaient-ils fixé d'une

manière toute particulière l'attention du Département de la
Guerre et l'avaient-ils déterminé à lui confier un poste qui a,
aujourd'hui, une importance considérable : je veux parler de ce
grand Service géographique comprenant la Géodésie, la Topographie, la Cartographie. Entre les mains de notre Confrère, ce
Service avait été complètement transformé et avait pris les
plus grands développements ; il rendait d'inappréciables services à l'armée et au pays.

Il est cruel de penser que ce poste si important va être privé
de celui qui en était l'âme, et que notre Confrère nous est enlevé
en pleine force et au moment où nous nous plaisions à compter
sur son énergique patriotisme. Souhaitons que la perte que nous
faisons, et qui est si grande pour la Science et l'Académie, ne soit
pas irréparable pour l'Armée et pour la France.

*C. R. Acad. Sc.*, Séance du 20 février 1888, T. 106, p. 519.


## V

## SUR LES OBSERVATIONS MÉTÉOROLOGIQUES
## FAITES A RIO DE JANEIRO

M. le Président présente à l'Académie, de la part de S. M. l'Empereur du Brésil, deux volumes contenant les observations
météorologiques faites à Rio de Janeiro, pendant les années 1886
et 1887. Il accompagne cette présentation des remarques suivantes :

L'immense étendue de l'Empire du Brésil et sa situation de
ce côté de la chaine des Andes donnent, pour nous, un grand
intérêt aux observations qu'on y instituera, surtout si le réseau
des stations est bien combiné et suffisamment étendu.

N'oublions pas qu'il y a à faire pour l'Amérique du Sud ce
qui a été si admirablement réalisé dans l'Amérique du Nord. La
République Argentine est déjà entrée dans cette voie, et on doit
l'en féliciter. Mais, dans ce concert d'efforts, le Brésil est appelé
à tenir la tête par l'importance et le nombre des données qu'il

peut apporter à la météorologie du grand bassin atlantique.

Nous savons que telle est la pensée du Gouvernement brésilien et des savants auxquels il a confié le soin de préparer ce vaste système d'observations, et nous ne pouvons que les en féliciter.

La météorologie a une importance qu'on ne saurait mesurer, même encore aujourd'hui. La connaissance des lois qui régissent les phénomènes de l'atmosphère et leur utilisation par l'agriculture, l'industrie, la navigation marine ou aérienne contribueront peut-être autant à développer la richesse et les apports des nations que la connaissance et l'exploitation des richesses du sol.

Aussi, aujourd'hui que la science météorologique a conquis son indépendance, doit-on souhaiter bien vivement que les Gouvernements en comprennent tout l'avenir, et que ceux qui la cultivent sachent utiliser les précieuses ressources que les autres sciences, et en particulier l'électricité, la photographie, l'aérostation, mettent à leur disposition pour la faire progresser rapidement.

*C. R. Acad. Sc.*, Séance du 19 mars 1888, T. 106, p. 817.


# VI

## SUR LES SPECTRES DE L'OXYGÈNE

Il vient de se produire récemment la constatation d'un fait qui fournit une démonstration remarquable de la loi sur la production des bandes obscures que j'ai découvertes dans le spectre de l'oxygène.

L'Académie se rappelle que j'ai annoncé (1) que les phénomènes d'absorption élective dans le gaz oxygène se traduisent par deux systèmes spectraux très différents :

Un premier système, constitué par des raies fines et qui obéit à la loi du produit de l'épaisseur gazeuse traversée par la densité du gaz ;

---

(1) *Comptes rendus*, T. 102, p. 1352.

Un second système, formé par des bandes estompées beaucoup plus difficilement résolubles, qui est régi par la loi du produit de l'épaisseur par le carré de la densité.

Cette seconde loi étant toute nouvelle en analyse spectrale, j'ai dû m'attacher, d'une part, à instituer toutes les expériences nécessaires pour démontrer que ce système de bandes obscures appartenait bien à l'oxygène, et ensuite toutes celles qu'exigeait la constatation de cette loi nouvelle.

Ces expériences ont embrassé une échelle très étendue, depuis plus de 100 atmosphères jusqu'à quelques-unes seulement, et avec des longueurs de tubes allant de 0 m. 42 jusqu'à 60 mètres.

En même temps, j'entrepris de longues observations sur l'atmosphère, observations mises en rapport avec les expériences des tubes.

Ces observations, et notamment celles que je faisais pendant l'automne dernier au pic du Midi, m'ont démontré que toutes les bandes du spectre de l'oxygène se retrouvent dans le spectre de la lumière solaire, à la condition de faire traverser à celle-ci des épaisseurs suffisantes du milieu atmosphérique. Mais j'ai fait plus : j'ai comparé, en m'aidant de la Photographie, les intensités des bandes du spectre atmosphérique avec celles que donnaient les tubes, et je me suis assuré que les intensités de ces bandes atmosphériques, avec certaines corrections, satisfaisaient encore à la loi du carré. Il en résultait que cette loi était vérifiée depuis une densité nulle de l'oxygène, jusqu'à celle qui correspond à plus de 100 atmosphères.

Or, j'apprends, par le numéro de mars dernier des *Annales* de M. Wiedemann, que M. Olszewski, en liquéfiant de l'oxygène, a eu l'idée d'en examiner le spectre, et qu'il y a constaté l'existence des bandes dont j'ai entretenu l'Académie à plusieurs reprises. M. Olszewski dit les avoir reconnues avec une épaisseur de 7 millimètres d'oxygène liquide. D'après la loi dont je parle, et en admettant une densité de l'oxygène voisine de celle de l'eau, il faudrait une épaisseur de ce liquide de 4 millimètres à 5 millimètres pour que la plus forte bande, celle qui est voisine de D, commençât à être perceptible.

On voit qu'il y a là une confirmation bien remarquable de la loi que j'ai énoncée.

Les recherches que je poursuis sur les spectres du gaz, et spécialement celles sur l'oxygène, embrassaient, ainsi que je l'ai dit, l'étude des effets de la densité depuis les plus faibles jusqu'aux plus élevées, c'est-à-dire jusqu'à la liquidité et à la solidification.

Un des buts principaux de ces études est de permettre la recherche de la présence de l'oxygène dans le Soleil et les autres astres. Cette étude, pour laquelle j'ai pris date (*Comptes rendus*, 16 août 1887), a déjà été commencée l'année dernière, elle sera continuée.

J'espère donc qu'on me permettra de poursuivre ces recherches en y mettant le temps et le soin qu'elles exigent.

*C. R. Acad. Sc.*, Séance du 16 avril 1888, T. 106, p. 1118.


# VII


## ALLOCUTION PRONONCÉE A L'OCCASION DE LA MORT DE M. HERVÉ MANGON, VICE-PRÉSIDENT DE L'ACADÉMIE DES SCIENCES.

MESSIEURS,

Mardi dernier, l'Académie perdait son Vice-Président, M. Hervé Mangon, et vendredi, nous assistions à ses obsèques. Ces obsèques avaient attiré un bien grand et bien touchant concours, concours tout spontané ; car notre Confrère, dont les idées étaient si arrêtées et les goûts de simplicité si absolus, avait expressément refusé les honneurs officiels auxquels les hautes situations qu'il avait occupées lui donnaient droit ; sa famille même, si elle eût déféré complètement à son désir, aurait porté à son terme extrême la simplicité des cérémonies et du service funèbre.

Mais, si les obsèques de M. Mangon n'eurent en quelque sorte

aucun caractère officiel, par contre, elles prirent, par le concours si empressé, si nombreux, si imposant, si recueilli qu'elles
provoquèrent, un caractère de grandeur simple, vraie et touchante.

Notre Confrère, Messieurs, méritait cet hommage. Il est, en
effet, bien peu d'hommes qui aient donné plus d'eux-mêmes à
leur pays ; qui se soient fait de leurs devoirs une idée plus élevée et plus sévère ; qui, dans l'accomplissement des fonctions
officielles ou publiques, aient apporté plus de conscience, de
haute probité morale, de dévouement, et un amour plus grand
et plus désintéressé du bien public.

Notre Confrère, ayant voulu, et cela ne nous étonne pas,
qu'aucun discours ne fût prononcé sur sa tombe, les quelques
paroles que vous allez entendre seront, quant à présent du moins,
les seules qui auront été dites à sa mémoire.

M. Hervé Mangon naquit à Paris, le 31 juillet 1821.

Il passa par l'École Polytechnique et sortit dans celle des
Ponts et Chaussées, où il devint professeur. Le jeune ingénieur
avait tourné ses études de très bonne heure vers les applications du Génie civil à l'Agriculture, et s'y était distingué ; aussi,
quand la création d'un cours d'Hydraulique agricole fut décidée, en chargea-t-on M. Mangon. Comme complément de son
enseignement, le professeur fondait ce laboratoire d'essais qui
prit un si heureux développement, où se firent tant d'utiles analyses, et qui contribua à l'avancement de la Science par les travaux originaux qui s'y exécutèrent. Pour compléter ses connaissances, M. Mangon voulut étudier l'Agriculture à l'étranger. Il
fit plusieurs voyages en Angleterre, et c'est là que, frappé des
heureux effets qu'on retirait alors du drainage, il étudia à fond
cette question et fit ensuite tous ses efforts pour importer chez
nous cette pratique agricole. Le premier travail original sur le
drainage qui parut en France lui est dû, et bientôt après, un
Traité beaucoup plus considérable lui valut la croix et le prix
décennal fondé par M. Morogues. En même temps, il portait
son attention sur les irrigations, et le résultat remarquable de
ses longues et consciencieuses études mérite d'être rapporté.

Les irrigations dans les régions du Midi se font avec une grande parcimonie ; on n'y emploie que de très petites quantités d'eau. Dans le Nord, au contraire, en Angleterre, en Écosse, et chez nous dans les Vosges et le Jura, les irrigations, pour atteindre leur but, doivent mettre en jeu d'énormes volumes d'eau. Là où 1 mètre cube suffirait dans le Midi, il en faut employer 5o, 100 et quelquefois 200 dans les régions du Nord.

Quelle est la raison d'un aussi formidable écart ? M. Mangon nous la révèle. Dans le Midi, les irrigations n'ont guère à fournir aux prairies que l'eau de végétation. Dans le Nord, elles doivent, en outre, jouer le rôle d'engrais. Pour ce qui concerne l'azote, par exemple, M. Mangon nous montre qu'une prairie des Vosges qui n'a point été fumée a emprunté la presque totalité de l'azote contenu dans sa récolte à ses eaux d'irrigation.

Ce rôle si curieux et si important au point de vue des éléments de constitution que les eaux peuvent apporter aux plantes, M. Mangon l'a mis en pleine évidence dans un important Mémoire publié en 1863, et qui est devenu un de ses principaux titres pour entrer à l'Académie. Il fit encore de très intéressantes études sur la composition et le volume des limons entraînés par les cours d'eau. Il nous montre la grandeur du travail exécuté par les fleuves et rivières et la nécessité de rendre ce travail utile à l'Agriculture au lieu de le laisser s'exécuter à ses dépens.

Toutes ces belles études, les applications qu'elles recevaient au bénéfice de l'Agriculture, attirèrent l'attention générale. Elles déterminèrent, en 1864, la création, au Conservatoire des Arts et Métiers, d'une chaire nouvelle de Travaux agricoles : M. Mangon y fut nommé. Cet enseignement nouveau, il en avait laborieusement rassemblé depuis vingt ans les éléments, et il y ajouta sans cesse. L'ensemble des matières enseignées porta le nom de *Génie rural*, qui leur est resté. Les leçons de M. Mangon étaient préparées avec un soin extrême ; un de nos Confrères de sa Section me disait qu'après plus de quinze années de ce professorat, chacune de ses leçons était encore l'objet d'un travail considérable destiné à maintenir le Cours au niveau des derniers perfectionnements ; aussi, doit-on dire que cet enseignement attira un concours d'auditeurs qui alla sans cesse croissant. Cet enseignement, pour lequel il avait tant de sollicitude, ne ralentissait pas cependant son ardeur à remplir d'autres fonctions nombreuses et importantes, pour lesquelles sa compétence le désignait. C'est ainsi que nous le voyons Rapporteur dans une foule de concours agricoles, d'expositions locales, nationales et universelles. Partout M. Mangon se signale par des études si compétentes, si consciencieuses et si impartiales qu'elles lui attiraient la confiance et le respect de tous.

Aussi, quand M. Mangon entra à l'Académie, eût-il dans sa Section une grande influence par l'étendue et la sûreté de ses connaissances.

Le Génie civil avait conduit M. Mangon au Génie rural ; celui-ci le conduisit à la Météorologie par la connexion si intime qui existe entre les phénomènes de l'atmosphère et ceux de la végétation. Notre Confrère eut toujours un intérêt passionné pour la Météorologie. Il ne cessa de chercher à en répandre l'étude, à en perfectionner les méthodes et les instruments. Nous pourrions signaler parmi ses inventions cet ingénieux pluvioscope qui permet d'enregistrer la durée d'une ondée, son abondance et jusqu'aux gouttes d'eau qu'elle fournit.

Donnant l'exemple, il avait lui-même créé dans sa propriété de Bricourt un observatoire météorologique, où les meilleurs instruments étaient mis au service des meilleures méthodes d'observation.

Mais le grand service qu'il rendit à la Météorologie fut la part tout à fait prépondérante qu'il prit à la création du Bureau Central.

Le Verrier avait eu une admirable initiative que la Science ne devra jamais oublier. Mais la Météorologie est devenue une Science trop importante pour ne pas être cultivée à part. L'esprit de ses méthodes, le but qu'elle poursuit réclament pour ceux qui la cultivent une indépendance complète. Notre regretté Confrère Ch. Sainte-Claire Deville avait depuis longtemps réclamé cette indépendance et la Science lui doit beaucoup aussi ; mais M. Mangon, favorisé par les circonstances, fut assez heureux pour réaliser ce desideratum. C'est un grand service qui restera attaché à sa mémoire. M. Mangon en rendit encore un autre à son pays quand, pendant le siège, il mettait au service de l'Administration des Postes son expérience de météorologiste pour présider à la sortie des ballons. Il faut reconnaître qu'aucun de ceux dont il régla le départ ne se perdit et que la plupart même atteignirent la région qui avait été prédite d'avance.

C'est ainsi que M. Tissandier atterrit dans la ville même qui lui avait été annoncée. Quant à moi, je n'ai pas oublié que M. Mangon, que j'avais consulté la veille de mon départ, m'avait indiqué la direction générale du vent qui nous emporta le lendemain.

Les services rendus par les ballons pendant le siège avaient attiré son attention, comme la nôtre, sur l'aérostation. Il lui porta aussi un vif intérêt ; il comprenait toute son importance, soit comme moyen de transport, soit comme instrument d'exploration de l'atmosphère et de progrès en Météorologie ; car tous les progrès l'intéressaient comme toutes les conquêtes de la Science, comme tout ce qui touchait à l'honneur du Pays. C'est à ce titre qu'il s'intéressa si vivement à cette belle expédition du cap Horn, qu'il patronna avec ardeur, qu'il fit décider et doter. On sait quelle abondante récolte de données et de matériaux concernant le Magnétisme, la Physique du globe, la Géologie, la Zoologie, elle valut à la Science. Il faut même reconnaître que, de toutes les expéditions instituées alors par les diverses nations dans le but de faire en différents points du globe des études simultanées de Magnétisme et de Météorologie, l'expédition française du cap Horn fut, sans contredit, une des plus fructueuses.

Messieurs, tant de travaux d'ordres divers, poursuivis avec une ardeur toujours nouvelle et une conscience scrupuleuse, et qui représentaient un labeur incessant et excessif de près d'un demi-siècle, avaient épuisé les forces de notre Confrère. Aussi, lorsqu'à cet état déjà si grave vinrent s'ajouter les fatigues et les émotions de la carrière où notre Confrère s'était engagé en ces dernières années, sa situation devint critique. Nous avions espéré, néanmoins, que ses forces lui permettraient d'exercer cette présidence de l'année prochaine, qui sera particulièrement importante. Il n'en devait pas être ainsi ; la maladie fit de rapides progrès, et notre Confrère s'éteignit doucement entre les mains de la femme supérieure qui fut sa compagne intellectuelle et si dévouée, compagne qu'il devait à la famille dont le chef a été une des illustrations de cette Académie.

Disons, Messieurs, en terminant, que notre Confrère a bien mérité de la Science et du Pays par un ensemble considérable de services rendus.

M. Mangon a été, depuis sa jeunesse, ardemment dévoué aux applications de la Science à l'Agriculture. Il a cherché à introduire en France toutes les pratiques agricoles utiles ; il a élucidé des points importants de la Science agronomique ; il a rassemblé les éléments d'un grand enseignement de cette Science et, par ses travaux, ses leçons, ses écrits, il l'a fondé. L'émancipation de la Météorologie française, demandée et poursuivie d'abord par Ch. Sainte-Claire Deville, est son ouvrage. L'Aéronautique du siège, les missions scientifiques et tant d'autres parties de la Science lui doivent d'importants services.

Aussi, Messieurs, tous ces mérites, rehaussés par un caractère d'une rare élévation, assureront-ils au nom de notre Confrère, la reconnaissance et le respect de la postérité.

*C. R. Acad. Sc.*, Séance du 22 mai 1888, T. 106, p. 1455.


## VIII

### DE L'ART DE RÉPANDRE
### LES NOTIONS SCIENTIFIQUES

Présidant la « Deuxième Réunion des collaborateurs de *La Nature* », qui eut lieu le 24 mai 1888 à l'Hôtel Continental, Janssen, après avoir remercié de son compliment et félicité Gaston Tissandier, Directeur fondateur de la Revue, s'exprima en ces termes :

« ...Oui, mon cher Tissandier, ce qui distingue particulièrement cette publication de *La Nature*, c'est la compétence des auteurs qui y écrivent. Ingres, pour affirmer la nécessité de fortes études chez celui qui se destine à la peinture, Ingres disait : « Le dessin est la probité de l'art. » Je dirais volontiers, à mon tour :

« La compétence est la probité de l'écrivain scientifique. » Cette compétence, condition première de tout travail sérieux, ne suffit pas encore, tant cet art de mettre les principes de la science à la portée du grand nombre, est difficile. Pour réussir, il faut non seulement posséder à fond la doctrine, non seulement s'être élevé jusqu'à la philosophie qui la résume et la domine, mais il faut encore avoir dans l'esprit assez d'étendue et de souplesse pour se mettre à la place de celui qu'on veut instruire. Il faut savoir dépouiller le langage technique pour prendre celui qui est familier à son lecteur, quitter ses habitudes de raisonnement, et créer des démonstrations et un enchaînement d'idées qui conduisent celui-ci d'une manière simple et facile à l'intelligence des vérités qu'on veut lui faire comprendre. Messieurs, cet art-là est un grand art, quand il est pratiqué d'une manière supérieure. C'est un art qui demande un génie particulier, génie qui sans doute n'est pas à la hauteur du génie de l'invention, mais qui, s'il est moins éclatant et moins souverain, n'en a pas moins une utilité incomparable, par les jouissances qu'il nous procure et les bienfaits qu'il répand. Aussi, Messieurs, les savants eux-mêmes ont si bien compris la haute utilité de cette diffusion de la science, qu'ils ont souvent voulu y concourir eux-mêmes. C'est ainsi que, pour ne parler que de ceux que je vois autour de moi, je puis citer mon ami, M. Dehérain, qui, sous ce rapport, a rendu à la science de si éminents services qui ne doivent pas être oubliés ; M. Albert Gaudry, notre savant paléontologiste, qui est à la tête de sa science et que je lis toujours avec tant de fruit et de plaisir ; M. de Saporta, dont les ouvrages sur les flores passées ont tant d'autorité.

« Messieurs, il faut bien le reconnaître, dans nos sociétés modernes, où l'opinion gouverne en souveraine, le génie créateur risquerait peut-être d'être méconnu si des voix capables de le comprendre ne montraient à tous la beauté et l'utilité de ses efforts. Ces voix, Messieurs, ne jouent-elles pas, par rapport aux découvertes scientifiques, le rôle de ces cours d'eau qui descendent des hauts sommets et vont dans la plaine répandre le précieux liquide qui doit la rafraîchir et la fertiliser ?

« Soyons donc reconnaissants envers ceux qui, comme vous,

Messieurs, mettent au service d'une si belle cause leur science
et leur talent. »


## IX


## REMARQUES SUR LES COMMUNICATIONS DE MM. FAYE ET FIZEAU, « SUR LES CANAUX DE LA PLANÈTE MARS ».


Je voudrais, à l'occasion des Communications précédentes,
présenter quelques réflexions sur l'état de nos connaissances
sur l'atmosphère de la planète Mars.

Ces connaissances sont encore très peu avancées, et quant à la
cause qui produit la couleur rougeâtre que présente la planète
dans son ensemble, on peut la considérer comme encore inconnue, malgré toutes les explications qui ont été proposées. Il ne
paraît pas que cette couleur puisse être expliquée par une action
absorbante spéciale de l'atmosphère de la planète ; car, dans ce
cas, l'action absorbante de cette atmosphère s'exercerait avec
plus d'énergie vers les bords du disque de l'astre, et l'on a très
généralement observé le contraire.

Il est donc probable que l'atmosphère de Mars est très transparente et peu importante relativement à la nôtre. Cette vue est
corroborée par la considération de la masse de Mars, qui est près
de dix fois plus petite que celle de la Terre, ce qui permet de
supposer un refroidissement et un état géologique beaucoup
plus avancés que ceux relatifs à notre globe. Je crois, en effet,
qu'on peut admettre, comme une loi générale, que les planètes
appartenant à des régions voisines présentent un degré de refroidissement et d'avancement des phases géologiques et météorologiques où la masse joue un rôle très important.

Mais ce ne sont là que des indications générales et plausibles.
Je crois que, pour faire avancer ces questions, il faut y introduire largement les deux grandes méthodes qui ont révolutionné l'Astronomie physique : l'Analyse spectrale et la Photographie.

Les dessins qui sont soumis aujourd'hui à l'Académie sont fort beaux, et, quand il s'agit de comparer des phénomènes qui se sont manifestés à de courts intervalles, ils ont toute l'autorité nécessaire. Mais il serait bien urgent de chercher à obtenir, avec les ressources que nous offrent les grands instruments dont nous disposons aujourd'hui, des images photographiques assez parfaites pour remplacer les dessins.

Je crois que, quand il s'agit de phénomènes aussi délicats que ceux qui ont été découverts à Milan et à Nice, la Photographie, malheureusement, ne peut encore lutter avec la vue, mais il faut entrer résolument dans cette voie pour préparer l'avenir. Si, à la place des dessins si nombreux et dus presque tous à des hommes éminents, nous avions des images photographiques même moins détaillées, nous pourrions déjà en tirer, sur les changements qui ont lieu à la surface de Mars, des notions incomparablement plus certaines que celles dont nous sommes obligés de nous contenter.

Pour se rendre compte de la vérité de ce que j'avance ici, il n'y a qu'à comparer la série des dessins, tous dus à des astronomes célèbres, qui ont été faits de la nébuleuse d'Orion. On verra quelle créance on peut accorder à ce genre de témoignages quand ils se rapportent à des intervalles très éloignés et qu'ils émanent d'observateurs différents.

Mais l'analyse spectrale me paraît d'une application particulièrement intéressante pour la solution des questions qui ont été soulevées dans cette séance.

La découverte du spectre de la vapeur d'eau a déjà permis à d'éminents observateurs, MM. Huggins et Vogel, et à moi-même dès 1867, en m'appuyant sur l'expérience de la Villette, de constater la présence de la vapeur d'eau dans l'atmosphère de Mars (1). Il y aura à revenir sur ces observations et à les développer.

Mais je désire faire remarquer dès maintenant que la découverte des bandes obscures du spectre de l'oxygène peut permettre la recherche de ce gaz dans l'atmosphère de Mars.

_______

(1) *Comptes rendus*, T. 64, p. 1308.

Les groupes A, B, α du spectre de l'oxygène ne s'y prêteraient pas, car l'atmosphère terrestre les fait naître avec une grande énergie, même au zénith, tandis que les bandes obscures de ce gaz ne sont produites par notre atmosphère que lorsque l'astre est à quelques degrés au-dessus de l'horizon.

Il faudrait donc rechercher si, quand Mars est assez élevé sur l'horizon, le spectre des bords de la planète présente les bandes obscures en question. C'est une recherche délicate, mais qui n'est pas au-dessus de nos moyens actuels d'observation ; elle donnerait une indication bien précieuse sur la composition de l'atmosphère de la planète en question.

La suggestion de M. Fizeau relativement aux glaciers de Mars est évidemment très ingénieuse et très belle ; elle s'ajoute aux autres considérations pour solliciter les astronomes à poursuivre avec ardeur ces belles études et à y employer toutes les ressources que la Science met aujourd'hui à leur disposition.

*C. R. Acad. Sc.*, Séance du 25 juin 1888, T. 106, p. 1762.

<br>

## X

### EN L'HONNEUR DE LA PHOTOGRAPHIE

Discours prononcé au Banquet annuel de la Société Française de Photographie, juin 1888.

Messieurs,

Je dois tout d'abord remercier M. Davanne, qui préside ce banquet, de ses paroles, beaucoup trop élogieuses à mon égard. Je n'en retiens que le sentiment qui les a dictées, auquel je suis très sensible. Oui, mon cher Président, je crois que vos sentiments pour moi et l'amour que vous portez à cet art auquel vous avez rendu tant de services éminents et désintéressés vous ont porté à exagérer mes mérites.

Et pour parler un langage qui est de mise ici, je dirai que

l'optique de votre amitié vous a porté au grandissement et que vous avez fait à votre insu comme ces photographes habiles qui, avec une petite carte de visite, savent faire un grand portrait.

Je n'ai, en effet, d'autres mérites, Messieurs, que d'avoir été l'un des premiers à sentir tout ce qu'il y avait d'avenir dans les applications scientifiques de la Photographie et d'avoir cherché avec persévérance à les réaliser.

Messieurs, en m'invitant à venir m'asseoir au milieu de vous, vous ne m'avez pas seulement fait beaucoup d'honneur, vous m'avez ménagé encore un grand plaisir. S'il y a, en effet, pour moi un grand honneur à être l'hôte de maîtres tels que vous, j'éprouve, en outre, je l'avoue, une satisfaction très vive à me voir au milieu de ceux qui ont su réaliser, et au delà, l'avenir que j'entrevoyais à la Photographie ; à applaudir à des succès qui confirment si pleinement mes prévisions et à pouvoir me persuader, grâce à vous, que j'avais tout à fait raison. De tout cela, je suis heureux et fier.

En effet, Messieurs, aujourd'hui, l'utilité des applications de la Photographie est pleinement reconnue. De tous côtés, on travaille à l'envi à les étendre. L'industrie, la science, l'art en profitent largement.

Pour ne parler que de l'Astronomie, n'est-ce pas à cette date même, l'année dernière, qu'à la suite d'un grand Congrès qui avait réuni à Paris l'élite des astronomes du monde entier, la Photographie était reconnue officiellement comme l'auxiliaire de l'Astronomie et chargée de l'exécution de la Carte du Ciel ?

Et en même temps qu'on reconnaît l'importance des applications de votre art, on commence à comprendre que la Photographie elle-même peut être l'objet d'études du caractère scientifique le plus élevé.

Je vous félicite donc, Messieurs, de vivre à l'époque actuelle. Vos efforts sont encouragés, vos succès sont appréciés et applaudis comme ils le méritent. Et pour emprunter une comparaison à l'histoire religieuse, je dirais volontiers que vous appartenez à ce que l'on a appelé l'*Église triomphante*. Mais il y a eu aussi chez vous une église militante, une église des catacombes, que la plupart d'entre vous n'ont pas connue. Et maintenant votre

église triomphe comme l'Église chrétienne a triomphé avec Cons-
tantin.

Oui, Messieurs, il y a eu une époque, qui n'est pas encore bien
éloignée, où la Photographie avait contre elle beaucoup de préjugés, où l'utilité de ses applications était contestée et où un
homme de science provoquait de l'étonnement et quelquefois
même un certain dédain quand on le voyait s'occuper sérieusement de photographie.

Quant à moi, j'ai connu ces difficultés, je me suis trouvé aux
prises avec ces préjugés, et il m'a fallu un certain courage pour
persévérer. Et cependant, Messieurs, quand je pressentais si
clairement l'immense avenir des applications de la Photographie à l'Astronomie, comment ne pas les tenter ? Et quand mes
études me démontraient qu'on pouvait obtenir, en un instant
presque indivisible, une image du Soleil contenant des détails
jusqu'alors inconnus, d'une délicatesse et d'une fidélité à défier
tout l'art et toute la patience d'un dessinateur, comment résister à la tentation de doter la Science de pareils documents, et
de commencer pour l'avenir ces annales du Soleil qui seront le
point de départ et l'origine des annales physiques de l'Univers ?

J'ai donc lutté contre le préjugé singulier qui régnait encore
parmi les savants. Mais il m'a fallu le sentiment de la grandeur
du service à rendre à une science que j'aime passionnément, et
ma foi dans l'avenir, pour persévérer.

Cet avenir, Messieurs, il vous appartient désormais. L'opinion est pour vous : elle a été désarmée par la beauté des résultats, et vaincue par les merveilles dont vous la rendez témoin
tous les jours.

Les hommes de Science ont enfin compris que la Photographie est leur plus sûr auxiliaire et que, suivant une expression
dont je me suis servi, et qu'on voulait bien rappeler tout à
l'heure, la pellicule sensible photographique est la vraie rétine
du savant.

Oui, Messieurs, elle est la véritable rétine scientifique, car elle
possède toutes les propriétés que la Science peut désirer : elle
garde fidèlement les images qui viennent s'y peindre, et au besoin

elle les reproduit et les multiplie indéfiniment ; elle embrasse dans l'ensemble des radiations une étendue plus que double de celle que l'œil peut percevoir, et bientôt, peut-être, elle les embrassera toutes ; elle jouit enfin de cette admirable propriété de permettre l'accumulation des actions, et, tandis que notre rétine efface toute impression qui a plus d'un dixième de seconde de date, la rétine photographique les conserve et les accumule pendant un temps presque illimité.

De sorte que, grâce à elle, il n'est point de phénomène lumineux si fugitif qu'elle ne fixe, de radiation si étrangère à notre œil qu'elle ne perçoive, de manifestation de lumière si faible qu'elle ne décèle.

Oui, Messieurs, la Photographie nous mettra bientôt en rapport avec ce monde mystérieux de radiations qui nous entoure, et qui est la manifestation des forces les plus intimes qui agitent la matière et le monde physique d'une manière bien autrement efficace et complète que ne peut le faire l'organe, cependant admirable, dont la nature nous a doués.

Mais de toutes ces belles propriétés, la plus importante peut-être est celle qui regarde la conservation et la multiplication des images.

Messieurs, comme on l'a dit si justement, les progrès intellectuels et moraux de l'humanité sont dus, pour une part énorme, à l'art de fixer la pensée par l'écriture. Par la vertu de cet art admirable, chaque âge, chaque génération reçoit sans effort, en héritage, le trésor de connaissances, de pensées et de sentiments que lui ont légué les âges qui l'ont précédée. Cette génération ajoute son apport à cet ensemble, et c'est ainsi que l'humanité progresse tant que la chaîne intellectuelle n'est pas rompue. Eh bien, Messieurs, la Photographie joue, à l'égard du monde extérieur, du monde physique qui nous entoure, un rôle semblable à celui de l'écriture.

Par l'écriture, la pensée est fixée ; elle a pris une forme sensible qui lui permettra de renaître dans une autre intelligence telle qu'elle avait été conçue à son origine. Par la Photographie, les images des objets et des phénomènes sont fixées, et les générations qui nous suivront pourront assister aux mêmes manifestations visuelles que si les phénomènes se passaient sous leurs yeux. La Photographie noue la chaîne des phénomènes à travers les temps comme l'écriture noue la chaîne des pensées et des sentiments à travers les âges.

Et comme l'écriture, la Photographie a son imprimerie, puisqu'elle peut multiplier ses images indéfiniment.

En un mot, la Photographie est à la vue ce que l'écriture est à la pensée. Et s'il y avait une différence, elle serait à l'avantage de la Photographie. L'écriture, en effet, retient toujours dans son expression une part de convention dont la Photographie est affranchie ; et tandis que l'écriture est obligée d'emprunter un langage particulier, la Photographie parle la langue universelle.

Messieurs, buvons à la grande collaboratrice de la Science, à la sœur cadette de l'écriture et de l'imprimerie, à la grande découverte d'origine française.

*Bulletin de la Société française de Photographie*, juin 1888.


## XI


## ALLOCUTION PRONONCÉE A L'OCCASION DE LA MORT DE M. DEBRAY (1), MEMBRE DE LA SECTION DE CHIMIE.


Messieurs,

Nous sommes encore sous l'impression de la triste cérémonie d'hier.

Certes, Messieurs, si la Section de Chimie avait à redouter une perte, ce n'était pas celle qui vient de la frapper. M. Debray était un de ses Membres les plus jeunes, les plus actifs, les plus récemment élus.

C'est que notre Confrère nous est enlevé dans la force de l'âge

______

(1) Debray, Jules-Henri, né à Amiens, le 26 juillet 1827, décédé à Paris, le 19 juillet 1888.

et du talent et qu'il suit de bien près dans la tombe celui qui
joua un si grand rôle dans sa vie scientifique et dans ses affec-
tions, celui qui, il y a dix ans, quand vous accordiez à M. Debray
vos suffrages, en était aussi heureux que s'ils se fussent adressés
à lui-même.

Il est, en effet, impossible, Messieurs, de séparer le nom de
Henri Deville, qui a jeté tant d'éclat sur l'École Normale et la
Chimie française, de celui de son cher et éminent Collaborateur.

Cette collaboration, qui devait être si longue, si fidèle, et
donner de si importants résultats, commence pour ainsi dire à
l'origine des deux carrières. Quand Deville entrait à l'École
Normale, il y trouvait M. Debray, qui devint son préparateur et
lui rendit, dès l'abord, des services si distingués, si appréciés,
notamment dans ses recherches sur l'aluminium, que dès l'année suivante, il se l'associa comme collaborateur.

Je ne puis, dans ce court hommage rendu à la mémoire de
notre Confrère, analyser tous ses travaux ; j'espère que l'occasion s'en présentera pour des voix plus autorisées. Son œuvre,
en effet, est considérable ; la Science lui doit d'excellentes études sur le glucinium, le molybdène, le tungstène, la Minéralogie
synthétique où il continue l'œuvre des Berthier, des Ebelmen,
des Daubrée, des Fremy, etc..

Mais on peut dire que l'œuvre principale de M. Debray est
caractérisée par ses longs et remarquables travaux sur le platine et les métaux qui l'accompagnent dans ses minerais, et par
la fixation des lois précises de la dissociation.

Pour ce qui concerne le platine et les métaux de sa mine, la
compétence et l'autorité de M. Debray étaient hors de pair et
reconnues universellement. Ce champ d'études était en quelque sorte son champ de prédilection, et ce champ, il l'explora
pendant plus de vingt ans avec son ami H. Deville. C'est ainsi
que les deux éminents chimistes créèrent une nouvelle métal-
lurgie du platine et des métaux qui l'accompagnent, assignè-
rent des méthodes pour leur fusion et déterminèrent un grand
nombre de leurs propriétés physiques et chimiques.

Mais, de toutes ces études, la plus importante aux yeux mêmes
de l'auteur, et la postérité sera de son avis, c'est celle qu'il a faite

sur la dissociation. H. Deville avait ouvert une admirable carrière par la découverte de la dissociation et des conditions physiques qui y président et en règlent la manifestation.

Les expériences du grand chimiste montraient bien les conditions fondamentales qui permettent ou limitent le phénomène ;
mais elles avaient été faites, et cela arrive bien souvent aux
inventeurs, elles avaient été faites, dis-je, dans des conditions
où, si le sens des phénomènes était évident, leur mesure était
impossible, et cette mesure importait au plus haut point pour
formuler les lois d'une manière précise. Ce fut la tâche de
M. Debray. M. Debray sut choisir avec un grand discernement
les composés qui se prêtaient à des phénomènes très simples et à
des mesures rigoureuses.

Citons, par exemple, ses belles expériences sur le carbonate
de chaux, où il montre que ce sel, soumis en vase clos à l'action
de la chaleur, commence à se décomposer vers le rouge ; mais
que, vers 860°, sa décomposition cesse dès que l'acide carbonique dégagé acquiert une tension de 85 millimètres. Si l'on augmente la température, la tendance à la décomposition est plus
prononcée, et à 1040°, elle n'est équilibrée que par une tension
du gaz six fois plus forte, et égale à 520 millimètres. Ainsi, la
tension de l'élément gazeux, nommée ici *tension de dissociation*,
limite la décomposition, croît avec la température ; elle reste
constante pour une température donnée et elle est absolument
indépendante de la quantité de carbonate de chaux actuellement décomposée.

L'auteur fait remarquer avec raison l'analogie frappante de
ces phénomènes avec ceux que présentent les dissolutions salines
qui seraient surmontées d'un espace limité et qu'on soumet-
trait à des températures variables. L'analogie est encore complète avec les lois qui président à la vaporisation partielle d'un
liquide de composition définie, tel que l'eau, l'alcool, l'éther
soumis en vase clos à des températures croissantes. Ces expériences ont donc le grand mérite de ramener les lois de la décomposition chimique aux lois physiques de la vaporisation.

Dans ce même ordre d'idées, les travaux de M. Debray sur les
sels hydratés sont aussi très remarquables ; il y montre nette-

ment que les divers hydrates d'un sel constituent des composés de stabilités très différentes, ayant une résistance variable à la dissociation, résistance expliquée et mesurée par la loi des *tensions de dissociation*.

La découverte de ces lois jette donc un jour inattendu sur une foule de phénomènes. Entre autres applications, elle a fourni à MM. Troost et Hautefeuille l'occasion d'un beau travail qui a fait la lumière sur les questions, naguère si obscures, de la véritable nature des singulières combinaisons de l'hydrogène avec le sodium et le palladium.

Puisque je viens de prononcer le nom de M. Troost, je ne voudrais pas oublier de rappeler qu'il a été, lui aussi, un ami et un éminent collaborateur de H. Deville et que nous nous rappelons tous la sensation produite dans le monde savant par leur beau travail sur la densité de la vapeur de soufre.

Quand M. Debray publia ces lois sur la dissociation, H. Deville fut sans doute heureux de voir que sa belle découverte recevait de si heureux développements ; mais je suis sûr qu'il fut plus heureux encore de penser qu'elle avait fourni à celui qu'il aimait si sincèrement l'occasion d'un travail qui fera vivre son nom.

Tous ces travaux de notre Confrère et cette longue collaboration désignaient M. Debray pour devenir le successeur de son maître et ami. Aussi, quand les forces de H. Deville, minées par un labeur incessant, par les funestes effets d'expériences sur des substances délétères, et, il faut le dire aussi, par des soucis qu'on aurait voulu lui voir épargnés et dont la gloire n'affranchit pas, quand ses forces, dis-je, l'abandonnèrent, ce fut M. Debray qui lui succéda à la Faculté et à l'École Normale.

Il s'efforça de continuer les traditions de bienveillance, de dévouement à la jeunesse dont son maître lui avait donné un si bel exemple. C'était un héritage bien beau, mais lourd à porter. Ce laboratoire de M. Deville avait été pendant un tiers de siècle un lieu où l'hospitalité scientifique ne fut jamais refusée, et où l'on trouvait, avec les encouragements, les conseils du maître, des ressources données sans compter et qui allaient même souvent jusqu'à compromettre l'équilibre du budget officiel.

Heureusement, les gouvernants d'alors, comprenant la noble origine de ces irrégularités, s'honoraient de les réparer.

Qui ne se rappelle encore ces matinées du dimanche à l'École Normale, où la jeunesse scientifique était accueillie avec tant de bienveillance et où l'on coudoyait tant d'hommes éminents dans toutes les carrières ?

M. Debray sut continuer ces traditions. La bienveillance et la bonté naturelles de son caractère l'y avaient préparé.

Nombre de travaux remarquables furent exécutés dans son laboratoire.

Citons, entre autres, ce beau travail sur le fluor que nous devons à M. Moissan, élève de notre éminent Confrère Dehérain, et qui trouva dans le laboratoire de M. Debray toutes les ressources nécessaires.

Aussi M. Debray avait-il, lui aussi, une grande influence sur la jeunesse et sa mort laisse-t-elle, sous ce rapport, un grand vide.

Cher Confrère, vous avez été, pendant un tiers de siècle, le digne et fidèle collaborateur d'un homme de génie qui vous aimait et vous appréciait hautement. Vous avez mis d'abord, sans compter, votre activité, votre science, votre talent au service de ses idées et de son admirable initiative ; vous avez su ensuite vous élever à sa hauteur en complétant ses découvertes et en leur donnant les plus heureux développements. Par là vous vous êtes associé à sa brillante carrière. Mais vous avez fait plus encore ; vous avez rendu à ce grand ami de précieux services, en modérant souvent sa nature vive et fougueuse par l'influence de votre caractère qui puisait dans une bonté naturelle et une haute raison ses qualités de bienveillance et de conciliation. Ces services, H. Deville les sentait vivement ; il aimait à les reconnaître et il exprimait tous ses sentiments à votre égard dans cette douce formule : « Pour moi, disait-il, Debray est un frère. »

La postérité ne séparera pas ceux que la Science et l'Amitié ont si longuement et si doucement unis, et le nom de Debray restera associé au nom de Deville pour lui rappeler de beaux travaux et de brillantes découvertes.

*C. R. Acad. Sc.*, Séance du 23 juillet 1888, T. 107, p. 201.

## XII

## SUR L'APPLICATION DE L'ANALYSE SPECTRALE A LA MÉCANIQUE MOLÉCULAIRE ET SUR LES SPECTRES DE L'OXYGÈNE.

L'analyse spectrale constitue l'une des méthodes les plus fécondes d'investigation dont le physicien puisse disposer pour l'étude de la constitution des corps, soit au point de vue chimique, soit au point de vue de la mécanique moléculaire.

Jusqu'ici l'analyse spectrale a été principalement appliquée à la détermination de l'espèce chimique.

Nous nous proposons de montrer dans ce travail qu'elle est non moins féconde pour l'étude des questions de mécanique moléculaire.

Les études suivantes sur les spectres de l'oxygène dans leurs rapports avec les densités de ce gaz sont un essai tenté dans cette direction.

1. *Laboratoire et instruments d'expérience.* — La disposition du lieu et des bâtiments à l'Observatoire de Meudon a permis la création d'un laboratoire qui a environ 100 mètres de long et contient tous les instruments nécessaires pour l'étude des gaz sous de grandes épaisseurs et de hautes pressions et notamment :

Un tube en fer et deux en acier doublé de cuivre rouge, ayant 60 mètres de long et pouvant supporter une pression de 200 atmosphères.

De nombreux tubes de longueurs et de diamètres variés permettant d'étudier les gaz sous des pressions qui dans des cas spéciaux peuvent aller au delà de 1.500 atmosphères.

Il y a lieu de signaler une balance pouvant peser 40 kilogrammes à un centigramme près. Cette balance permet de déterminer la densité d'un gaz indépendamment des pressions et par la seule considération des poids. Le tube, contenant le gaz sous pression, est équilibré sur la balance. On fait sortir le gaz, on rétablit l'équilibre par des poids marqués, ce qui fait connaître le poids du gaz sorti, et ce poids combiné avec la capacité du tube préalablement déterminée (après les corrections nécessaires) permet de conclure la densité.

Les sources de lumière employées dans le laboratoire sont la lumière de Drummond, la lumière électrique, la lumière solaire.

2. *Spectres de l'oxygène.* — Ces études devaient commencer par l'oxygène. Ce gaz, en effet, par les phénomènes de modifications moléculaires qu'il présente, notamment celle qui donne lieu à l'ozone, paraissait être le gaz qui promettait les résultats les plus intéressants pour une étude de structure moléculaire par l'analyse spectrale.

Au moment où j'ai commencé ces études en 1885, M. Egoroff était occupé à vérifier si les groupes A et B du spectre solaire appartenaient effectivement, comme il l'avait soupçonné, au gaz oxygène.

Malgré les facilités que me donnaient les moyens puissants dont je disposais, j'ai tenu à lui laisser poursuivre cette étude commencée, estimant qu'on n'a pas le droit de toucher à un sujet abordé par un auteur tant que cet auteur manifeste l'intention de poursuivre ses études. Ces habitudes de délicatesse scientifique ne sont pas malheureusement assez suivies.

Les premières études sur le gaz oxygène ont été faites avec le tube en fer de 60 mètres, fermé à ses extrémités par des glaces doublées. La lumière employée fut la lumière de Drummond (becs multiples disposés en ligne verticale). Le faisceau est rendu parallèle avant son entrée dans le tube et à sa sortie, il est concentré sur la fente du spectroscope.

Variation apparente des spectres avec la pression.

Le groupe B du spectre solaire commence à être nettement perceptible avec 2 atmosphères d'oxygène. Le groupe A commence à l'être beaucoup plus tôt.

Ces groupes se développent naturellement en intensité avec l'augmentation de pression.

*Bandes obscures.* — Mais de 6 à 12 atmosphères, on voit apparaître un phénomène spectral nouveau : ce sont des bandes obscures estompées, paraissant très difficilement résolubles.

La première se montre près de D du côté du violet.

Une seconde entre C et D.

Une troisième près de F du côté du violet.

· On peut en développer d'autres par l'augmentation de pression, mais nous considérerons seulement ces trois bandes d'absorption pour le moment. Voici la position de ces bandes (il faut remarquer qu'elles augmentent de largeur et d'intensité avec la pression et l'épaisseur de gaz traversé, suivant la loi générale de ces phénomènes).

Bande du rouge, o μ 632 à o μ 622.

Bande du jaune près de D, o μ 580 à o μ 572.

Bande du bleu près de F, o μ 482 à o μ 478.

Il paraissait d'abord singulier qu'un gaz donnât naissance à des *bandes* paraissant très semblables à celles que donnent les corps solides ou liquides, et en outre, que ces bandes fussent associées, dans le même corps, à un autre système de raies, comme B, A ; aussi ces bandes singulières ont-elles attiré notre attention tout d'abord, et avons-nous cherché à faire une étude approfondie de la question de principe qu'elles soulevaient.

Il fallait avant tout démontrer qu'elles appartenaient bien au gaz oxygène, et qu'elles n'étaient point dues à la présence de vapeurs ou gaz étrangers, produits soit dans la préparation de l'oxygène, soit dans les opérations qui ont pour but de le comprimer. Nous avons alors préparé l'oxygène par des moyens variés : par le chlorate de potasse, en purifiant et desséchant avec soin le gaz produit ; par l'oxyde de mercure ; par l'eau oxygénée, etc.. Les bandes ont toujours persisté. Nous avons ensuite institué une expérience propre à montrer la non-intervention des carbures d'hydrogène dans la production du phénomène.

Le gaz oxygène, au sortir de la pompe et avant son entrée dans le tube en expérience, était forcé de passer dans une couronne formée par un tube capillaire de cuivre rouge, couronne qui était portée à la température du rouge vif.

Dans ces conditions, l'oxygène subissait l'action d'une très haute température capable de décomposer complètement les carbures d'hydrogène qu'il eût pu contenir. Or, les bandes ont encore fait leur apparition aux mêmes pressions.

Nous avons encore voulu nous démontrer par une expérience directe que l'action des pompes n'intervient pas dans la production des bandes.

Aux deux extrémités du tube de 60 mètres, on a branché des tubes flexibles mettant ces extrémités en communication, au moyen de robinets, avec la pompe foulante.

Ces dispositions prises, on a foulé dans le tube 6 atmosphères d'oxygène de manière que la bande de D fût aussi faible que possible, quoique encore perceptible.

La pompe fut alors mise en action ; elle prenait le gaz à une extrémité du tube pour le faire rentrer par l'autre extrémité.

Dans cette opération, la pression dans le tube de 60 mètres n'augmentait pas, puisque ce tube empruntait à lui-même le gaz que la pompe lui envoyait ; les bandes ne pouvaient donc pas augmenter en intensité du fait de l'augmentation de la pression.

Mais si l'action de la pompe eût été capable d'intervenir dans la production des bandes, l'expérience l'eût mise infailliblement en évidence, puisque cette action pouvait être continuée aussi longtemps qu'on voulait. Or, après six heures d'action de la pompe, les bandes présentaient le même aspect qu'au début de l'expérience.

Les bandes sont donc indépendantes de l'action des pompes.

En résumé :

Les bandes persistent quelle que soit la provenance de l'oxygène employé. Elles ne peuvent être attribuées ni à la présence de carbures d'hydrogène qui auraient échappé aux moyens de purification du gaz, ni à une action inconnue, mais possible de la pompe.

Les motifs pour les attribuer à l'action de l'oxygène prenaient donc déjà une grande force. Cependant, comme l'oxygène fait partie de l'atmosphère terrestre, on devait, avant de considérer la question comme résolue, examiner les circonstances de la production des bandes dans leurs rapports avec l'atmosphère.

Or, de ce côté, surgissait une grande difficulté.

En effet, l'oxygène contenu dans l'atmosphère terrestre,

représentant environ la cinquième partie du poids de cette atmosphère, équivaut à une couche gazeuse de 1.500 mètres environ de hauteur à la pression d'une atmosphère ou de 250 mètres à 6 atmosphères.

L'action de l'atmosphère, d'après ces données, devrait donc être plus que quadruple de celle du tube de 60 mètres.

Comment se fait-il que le spectre solaire aux environs de midi et même quand le Soleil est assez loin du méridien ne présente aucune des bandes en question ?

Cette considération ne laissait que deux alternatives : ou d'admettre que l'action qui produisait les bandes suivait une loi différente de celle acceptée jusqu'ici, c'est-à-dire, celle de la proportionnalité au produit de l'épaisseur gazeuse traversée par la densité du gaz, ou bien que des gaz étrangers et actifs n'avaient pas été éliminés.

Les précautions prises pour écarter toute action possible des corps étrangers m'ont paru assez complètes pour chercher ailleurs la cause du phénomène.

J'ai alors varié mes expériences avec des tubes de longueurs différentes, chargés de gaz à des pressions variables.

Ces expériences m'ont conduit, en effet, à soupçonner une influence particulière de la pression, et, par suite, de la densité sur la production du phénomène.

Pour mettre nettement en évidence cette influence de la densité, j'ai institué l'expérience suivante. A côté du tube de 60 mètres a été placé un tube de 20 mètres de même diamètre et pouvant être mis en rapport avec lui par des prismes à réflexion totale.

La lumière de la source traversait le tube de 60 mètres, se réfléchissait deux fois, pénétrait alors dans celui de 20 mètres et était analysée à la sortie de celui-ci.

Les choses ainsi disposées, on fit le vide dans le tube de 60 mètres et on foula au contraire de l'oxygène dans celui de 20 jusqu'à ce que les bandes commençassent à se montrer. Il a fallu pour cela 12 atmosphères. Ceci fait, on ouvrit le robinet de communication entre les deux tubes. L'oxygène se répandit dans le tube de 60 mètres et se partagea entre les deux tubes. La pres-

sion tomba à 3 atmosphères et *les bandes disparurent complètement.*

Cette expérience mettait nettement en évidence l'influence de
la densité.

En effet, dans la seconde phase de l'expérience, le faisceau
lumineux avait traversé une quantité de matière gazeuse équivalente à celle de la première phase, puisque, si la densité était
devenue quatre fois plus faible, l'épaisseur gazeuse était quatre fois plus grande. La disparition des bandes ne pouvait donc
être attribuée qu'à l'abaissement de la pression, qui n'était pas
compensée par une augmentation proportionnelle de l'épaisseur
gazeuse traversée.

Cette influence particulière de la densité nettement mise en
évidence, il restait à trouver la loi suivant laquelle elle agissait.

On institua alors une série d'expériences dans lesquelles on fit
varier tout à la fois la longueur des tubes et la pression du gaz.
Mais pour donner une base précise à ces expériences, on adopta
comme point où la force d'absorption est toujours la même, le
moment où une bande est *naissante,* c'est-à-dire commence à
être perceptible lorsque le spectre est *en mouvement.*

Ce moment de la naissance d'une bande n'est évidemment
qu'un phénomène relatif qui dépend de l'intensité lumineuse,
de la sensibilité de l'œil, etc.. On s'est attaché à conserver ces
conditions sensiblement les mêmes dans les expériences.

Ceci posé, voici un premier tableau où sont résumées les expériences sur l'apparition de la bande près de D quand la longueur
des tubes varie :

| Longueur des tubes | Pression sous laquelle la bande est naissante | Pression calculée d'après le produit de l'épaisseur par la densité $e\delta$ |
|---|---|---|
| mètres | atm. | |
| 60 | 6 | 6 |
| 20 | 10-12 | 18 |
| 5 | 23 | 72 |
| 1.47 | 38 | 240 |
| 0.75 | 50-55 | 480 |
| 0.42 | 70-75 | 858 |

La première colonne contient les longueurs des tubes contenant l'oxygène, la deuxième les pressions sous lesquelles la
bande près de D est naissante. La troisième contient les pressions qui eussent dû être observées si la loi du produit de l'épaisseur gazeuse par la densité régissait le phénomène.

On voit que l'écart entre les nombres de cette troisième colonne
et ceux de la seconde se prononce dès les premières expériences
et que quand la longueur du tube tombe au-dessous d'un mètre,
il est énorme.

La loi du produit de l'épaisseur par la densité ou par la première puissance de la densité est donc insoutenable.

On voit de suite que ce doit être une puissance $n$ de la densité supérieure à la première qui doit permettre de représenter le phénomène.

Soit donc F la force en question, $\delta$ la densité du gaz et $e$ l'épaisseur gazeuse traversée ; on aura $F = e\delta^n$. Et pour deux expériences dans lesquelles les épaisseurs seront $e'$ et $e''$ et les densités $\delta'$ et $\delta''$, on aura $e'\delta'^n = e''$.

Pour obtenir la valeur de $n$ prenons les logarithmes :

$$\log e' + n \log \delta' = \log e'' + n \log \delta'' ;$$
$$\text{d'où } n = \frac{\log e'' - \log e'}{\log \delta' - \log \delta''}.$$

Il faut maintenant substituer dans cette équation les valeurs
de $e'$, $e''$, $\delta'$, $\delta''$ pour deux expériences bien choisies.

Nous prendrons celles qui se rapportent aux termes extrêmes
de notre série, ce qui donne plus de chances d'exactitude ; ce
sont les expériences avec le tube de 60 mètres et celui de 0 m. 42.

On a alors :

$$n = \frac{\log 60 - \log 0.42}{\log 72 - \log 6} = \frac{2.1549020}{1.0731070} = 2.008.$$

Ainsi $n = 2$.

Il est même bien remarquable que cette valeur se trouve
déterminée avec une précision aussi considérable.

Pour démontrer que cette valeur de $n$ est bien celle qui
répond à l'expression du phénomène, nous avons calculé quelles
devraient être, pour les expériences précitées, les densités cor-

respondant à une valeur de $n$ plus grande ou plus petite d'un dixième d'unité, ce qui conduit au tableau suivant (1) :

| Longueur des tubes | Pressions observées | Densités calculées suivant $c\delta^{1.9}$ | Densités calculées suivant $c\delta^2$ | Densités calculées suivant $c\delta^{2.1}$ |
|---|---|---|---|---|
| m. | atm. | | | |
| 60 | 6 | 6 | 6 | 6 |
| 20 | 10-12 | 10,7 | 10,4 | 10,1 |
| 5 | 23 | 22,2 | 20,7 | 19,6 |
| 1,47 | 38 | 42,2 | 38,3 | 35,1 |
| 0,75 | 50-55 | 60,1 | 53,6 | 48,0 |
| 0,42 | 70-75 | 81,7 | 71,7 | 63,7 |

On voit que pour les pressions élevées, les différences entre les densités calculées par les formules $c\delta^{1.9}$ et $c\delta^{2.1}$ et l'observation se prononcent assez pour qu'on doive les rejeter.

C'est donc bien la formule $c\delta^2$ qui représente le phénomène, c'est-à-dire, que l'action du gaz oxygène pour les bandes (nous avons donné les nombres pour la bande près de D, mais les autres bandes étudiées conduisent à la même loi) est, pour une même épaisseur, proportionnelle au carré de la densité.

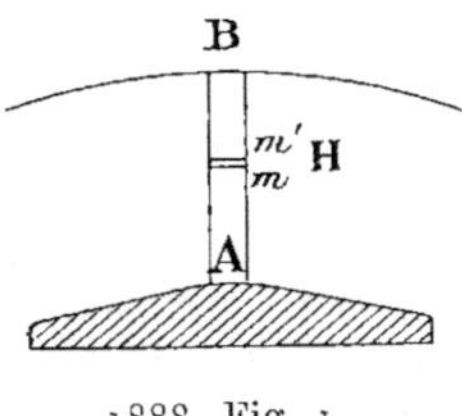

1888. Fig. 1.

Armé de cette connaissance de la loi, nous allons reprendre l'étude de l'atmosphère terrestre, non seulement afin de voir si la difficulté qui nous avait arrêtés se trouve levée, mais même pour y chercher une confirmation de la loi.

Cherchons d'abord, d'après la loi du carré de la densité, quelle est l'action de l'atmosphère sur un faisceau de lumière qui la traverse normalement.

Soit A B une colonne d'air considérée dans l'atmosphère ; $m\,m''$ une tranche infiniment mince à la hauteur H ; $\delta$ la densité de l'atmosphère en ce point.

---

(1) On donne ici les pressions observées, parce que c'est par le moyen des manomètres qu'on a commencé ce travail. Les densités déterminées par la méthodes des pesées seront données plus tard.

La force d'absorption F aura pour différentielle :

$$dF = -\delta^2 dH.$$

Mais la densité $\delta$ est proportionnelle à la pression barométrique $h$ ou à $\delta = Kh$.

$$\text{et } dF = -K^2 h^2 dH.$$

Cette équation intégrée, de $h = 0$ à $h = 760$ et en remarquant que $K = \dfrac{1}{760}$ et prenant $dH = 18336 \log e \dfrac{dh}{h}$, conduit à la valeur :

$$F = 3.981^{m}.$$

Mais ce résultat suppose l'atmosphère entièrement formée d'oxygène à la densité de l'air ; l'oxygène n'en représente que le cinquième, ou plutôt le 0,208, dont le carré est 0,043 ; il faut multiplier par ce nombre et on a F = 172 mètres.

Ainsi l'action de l'atmosphère sur un faisceau qui la traverse normalement équivaut à celle d'une colonne d'oxygène de 172 mètres environ à la pression d'une atmosphère.

Or, notre tube de 60 mètres commençant à donner les bandes à la pression de 6 atmosphères est équivalent d'après la loi du carré à $60 \times 6^2 = 2160$ mètres d'oxygène à la même pression, c'est-à-dire, que le tube équivaut dans ces conditions à plus de douze fois l'action de l'atmosphère.

Nous avons maintenant l'explication péremptoire de l'absence des bandes dans le spectre solaire pendant le milieu de la journée.

Mais quand le Soleil est abaissé sur l'horizon ses rayons traversent alors des épaisseurs atmosphériques qui peuvent devenir considérables et équivaloir et au delà les actions naissantes constatées dans nos tubes.

On retrouve, en effet, dans le spectre du Soleil levant ou couchant, les bandes que nous avons décrites, et quand l'astre est à l'horizon, et surtout quand il est au-dessous, plusieurs de ces bandes acquièrent une extrême intensité.

Le spectre solaire en présente d'autres qui appartiennent également à l'oxygène, mais la présente étude ne porte que sur les trois bandes dont nous avons parlé et dont la considération est suffisante pour asseoir la loi.

Puisque l'atmosphère dans des circonstances favorables peut donner naissance au phénomène dont nous cherchons la loi, nous devons la faire pour en obtenir une nouvelle confirmation — confirmation qui sera précieuse parce qu'elle regarde les basses pressions, depuis la densité nulle jusqu'à un cinquième d'atmosphère environ.

Dans ce but, nous avons institué une série d'observations du spectre solaire soit par l'examen optique, soit par la photographie.

Ces études ont été poursuivies à Meudon, aux Alpes, et à l'Observatoire du Pic du Midi.

La bande du rouge et celle du jaune près de D sont déjà nettement visibles quand le Soleil est à plusieurs degrés au-dessus de l'horizon. Celle du bleu près de F demande une épaisseur atmosphérique traversée beaucoup plus grande. Je l'ai obtenue photographiquement et assez forte au Pic du Midi avec le Soleil abaissé d'un à deux degrés au-dessous de l'horizon.

Pour la vérification précise de la loi, il faut calculer d'abord par une formule générale les actions subies d'après cette loi par un rayon lumineux qui traverse l'atmosphère suivant une direction déterminée, et chercher ensuite quel angle le rayon doit faire avec la verticale pour subir une action équivalente à celle, par exemple, du tube de 60 mètres chargé d'oxygène à 6 atmosphères, lequel donne, comme on sait, la bande de D naissante.

Cette hauteur du Soleil déterminée, il faut obtenir une série de spectres solaires comparables à ceux des tubes et correspondant à des hauteurs progressives et déterminées du Soleil, et dans cette série chercher la hauteur pour laquelle la bande en question est évanouissante.

Cette recherche a été faite, mais les calculs ne sont pas encore terminés ; nous pouvons dire seulement que la loi y trouve une nouvelle confirmation.

Mais cette loi a reçu dernièrement une confirmation inattendue d'une expérience sur l'oxygène liquide de M. Olszewski, si cette expérience est exacte. M. Olszewski, en liquéfiant l'oxygène, a annoncé qu'il avait constaté la présence des bandes dont j'ai annoncé l'existence avec une épaisseur de liquide de 7 millimètres environ. Or, si nous admettons, comme on le fait généralement, pour la densité de l'oxygène liquide une densité très voisine de celle de l'eau, nous trouverons que cette densité serait six cent quatre-vingt-quinze fois plus grande que celle de l'oxygène à la densité correspondante à une atmosphère.

On a en conséquence :

$$60 \times \bar{6}^2 = x . \overline{695}^2$$

$$n = \frac{60 . \bar{6}^2}{\overline{695}^2} = 0^{mm}0045 ;$$

c'est-à-dire, que la bande de D serait naissante pour une épaisseur de 4.5 millimètres d'oxygène gazeux ayant cette densité.

Or, si la bande est naissante pour 4 1/2 millimètres, elle doit être accusée pour 7 millimètres, et c'est ce que M. Olszewski annonce avoir trouvé.

Dans ce travail, nous avons parlé seulement de la bande près de D, mais la loi en question se vérifie également pour les bandes du rouge et du bleu que nous avons considérées.

Ainsi, cette loi se trouve actuellement vérifiée depuis une densité nulle de l'oxygène jusqu'à celle qui égale celle de l'eau, c'est-à-dire, entre les termes les plus extrêmes qu'on puisse considérer.

Le groupe de la raie B qui se résout en raies paraît suivre, au contraire, la loi générale de la proportionnalité du produit de l'épaisseur traversé par la densité.

Nous nous en sommes assurés jusqu'à 100 atmosphères.

Il convient de faire remarquer les horizons que cette loi nouvelle du carré ouvre en analyse spectrale et en mécanique moléculaire. Pour nous, elle ne représente que le début des études qui auront pour objet la constitution moléculaire des corps par les actions que ces corps exercent sur la lumière quand on les soumet à l'action de forces variées.

Pour l'oxygène notamment, elle nous fait soupçonner que la

constitution moléculaire de ce corps n'est pas simple et qu'il y a lieu de faire de nouvelles recherches à cet égard.

*Report of the British Association for the Advancement of Science,* 58th. Meeting, Bath, september 1888, p. 547.


## XIII

## ANALYSE CHRONOMÉTRIQUE
## DES PHÉNOMÈNES ÉLECTRIQUES LUMINEUX

Le principe du revolver photographique proposé par l'auteur en 1874 à propos du Passage de Vénus, et qui a été appliqué depuis si heureusement par M. Marey à l'analyse des mouvements du vol des oiseaux, peut donner également la solution de divers problèmes de physique et de mécanique, et notamment celui où l'on se propose d'analyser les circonstances de la propagation des phénomènes lumineux dans les étincelles électriques, les décharges, la foudre, etc..

L'appareil consiste en une chambre photographique portant deux objectifs de même ouverture et foyer. L'un des objectifs donne les images sur un disque animé d'un mouvement de rotation rapide et portant une pellicule photographique sensible. L'autre objectif donne les images sur une pellicule semblable, mais fixe.

Quand l'appareil est en mouvement, on en excite l'étincelle, ou bien, si les étincelles se succèdent d'elles-mêmes, on découvre un instant les objectifs.

Deux images se forment ainsi, l'une sur le disque fixe, et celle-ci est l'image normale, tandis que celle du disque mobile sera plus ou moins déformée si le phénomène ne s'est pas produit assez instantanément pour ne pas être influencé par le mouvement.

La comparaison de cette dernière image avec l'image normale conduira à reconnaître et à mesurer le temps écoulé pendant la production successive des diverses parties de l'étincelle.

On n'a exécuté encore que quelques expériences. Elles ont été faites sur des étincelles produites avec une bobine de Ruhmkorff, et déjà on a pu constater que dans la production des étincelles à plusieurs branches partant d'un même pôle, la production des diverses branches n'est pas simultanée, mais successive.

Pour une même étincelle, la manifestation du phénomène lumineux donne lieu à des circonstances singulières sur lesquelles nous aurons à revenir.

Ces expériences seront poursuivies. Elles seront appliquées notamment à l'étude des phénomènes de la foudre.

*Report of the British Association for the Advancement of Science,* 58th. Meeting, Bath, september 1888, p. 615.


XIV

## SUR LE SPECTRE TELLURIQUE DANS LES HAUTES STATIONS, ET EN PARTICULIER SUR LE SPECTRE DE L'OXYGÈNE.

Je viens rendre compte à l'Académie des résultats d'une ascension exécutée sur le massif du mont Blanc, et dans des circonstances qui lui donnent peut-être un intérêt particulier.

Cette ascension avait pour but de rechercher comment les groupes de lignes obscures, produits par l'oxygène dans le spectre solaire, diminuent d'intensité avec l'élévation de la station, de manière à élucider cette importante question, à savoir : si les groupes en question sont totalement dus à l'action de l'oxygène contenu dans l'atmosphère terrestre, ou bien si, au contraire, l'atmosphère solaire prend une certaine part dans le phénomène ; en un mot, si la lumière solaire analysée avant son entrée dans l'atmosphère terrestre présente ou ne présente pas dans son spectre les bandes et raies de l'oxygène.

L'oxygène joue un rôle si important dans la formation de la croûte terrestre, dans les phénomènes de la vie à la surface de notre globe, et bien vraisemblablement dans l'univers entier, que les questions qui se rapportent à sa présence dans les astres ont une importance capitale.

Pour le moment, la question que je me proposais était nettement définie. Il ne s'agissait pas de décider si l'oxygène entre dans la constitution du globe solaire lui-même, ce qui est une question spéciale et tout autre, mais seulement de rechercher si l'atmosphère solaire contient ce gaz dans un état où il produirait les phénomènes d'absorption semblables à ceux que l'oxygène atmosphérique imprime à la lumière qui le traverse.

On sait que ce sont principalement les groupes A, B et α du spectre solaire dont la présence est attribuée à l'action de l'oxygène. Ces groupes sont distribués dans la partie la moins réfrangible du spectre, dans l'orangé et le rouge. Or, c'est aussi dans cette région que se trouvent les groupes les plus importants de la vapeur aqueuse. Pour éviter toute confusion, j'ai résolu de faire les observations par un temps très froid, circonstance qui, combinée avec l'élévation de la station, devait amener l'élimination à peu près complète des groupes de la vapeur d'eau, et laisserait les phénomènes dus à l'oxygène dans toute leur netteté.

La présence de grands glaciers m'a paru aussi très favorable à la pureté de l'atmosphère. C'est ainsi que j'ai été conduit à m'élever sur une haute station des Alpes et à choisir, pour cette ascension, un moment avancé de la saison.

La station dite des *Grands Mulets*, située sur le massif du mont Blanc et sur la route qui conduit à la cime de cette montagne, réalisait la plupart des conditions que je recherchais. Située à plus de 3000 mètres au-dessus du niveau des mers, elle est entourée de grands glaciers, et à cette époque de l'année (octobre), la température de l'atmosphère qui l'entoure s'abaisse, en général, beaucoup au-dessous du zéro de l'échelle thermométrique. En outre, il existe, aux *Grands Mulets*, un refuge qui permet, à la rigueur, d'y séjourner quelques jours.

Je résolus donc de faire l'ascension des *Grands Mulets* avec mes instruments, et d'y attendre une journée favorable aux observations.

Mais cette ascension présentait, à cette époque de l'année, des difficultés particulières. Le refuge était déjà abandonné et il était tombé récemment une grande quantité de neige qui avait effacé les sentiers, masquait les crevasses et devait rendre la marche extrêmement difficile. Enfin, le froid, déjà rigoureux dans ces hautes régions, nécessitait des dispositions spéciales pour y permettre un séjour prolongé.

Je fis venir le chef des guides, que j'avais choisi parmi les plus expérimentés, et, après avoir examiné ensemble la question d'une manière approfondie, il convint que l'expédition, quoique très difficile, n'était pas absolument impossible, et nous arrêtâmes les dispositions qu'il convenait d'adopter.

J'envoyai, tout d'abord, une escouade de guides et montagnards les plus expérimentés, dont le guide chef prit la direction, pour reconnaître la route et faire la trace que devait suivre l'expédition, depuis Pierre à l'Échelle, qui est situé à l'entrée du glacier, jusqu'à la cabane des Grands Mulets où devaient avoir lieu les observations. Ce travail préliminaire fut extrêmement pénible et non sans danger. Les hommes avaient souvent de la neige jusqu'à la ceinture et ils ne purent qu'indiquer la route que nous devions suivre le lendemain. La longueur du chemin de Pierre-Pointue aux Grands Mulets et ses difficultés au milieu des blocs de glace que produit la rencontre du glacier des Bossons avec celui de Taconnaz étant au-dessus de mes forces physiques, j'avais combiné un appareil qui permettait de me porter au moins une bonne partie du chemin.

Cet appareil consiste en une sorte d'échelle longue de 3 mètres à 3 m. 5o, dont les extrémités reposent sur les épaules de quatre ou six porteurs ; le voyageur est placé entre deux échelons, au centre, sur un siège léger suspendu par des courroies, de manière que les montants ne lui touchent pas les aisselles et que ses bras soient libres et en dehors de ceux-ci. Dans les endroits où il est absolument nécessaire de marcher, le voyageur peut mettre pied à terre sans quitter sa position au centre de l'échelle, et il se trouve alors soutenu sous les aisselles par les montants de l'appareil, ce qui diminue énormément sa fatigue. Si une crevasse se présente, l'échelle peut être posée dessus et en faciliter le passage. Enfin, quand les circonstances l'exigent, le voyageur, enveloppé d'épaisses couvertures, peut s'étendre sur l'appareil et être porté à bout de bras par la troupe de ses porteurs. Cette petite machine a réalisé en grande partie les espérances que j'avais fondées sur elle, mais les difficultés que nous avons rencontrées ont néanmoins exigé des efforts dont je parlerai tout à l'heure.

Les instruments, sortis de leurs caisses, avaient été distribués

1888. Fig. 2.

Ascension scientifique aux Grands Mulets (Mont Blanc). Janssen dans sa chaise à porteur. (Cette figure est extraite du *Tour du Monde*, 1888).

en fractions qui permettaient leur transport à dos d'homme et en tenant compte des difficultés de l'ascension. On portait également au chalet les vivres nécessaires pour un séjour de plusieurs jours à la troupe nombreuse qui devait y séjourner.

Tous ces préparatifs terminés, nous partîmes de Chamonix, le 12 au matin, avec des mulets pour le voyageur et les bagages jusqu'à Pierre Pointue, afin de ménager les forces des porteurs. On passa la nuit au chalet de Pierre-Pointue et le 13, à 6 heures du matin, l'expédition se mit en route. Du chalet de Pierre-Pointue au point dit *Pierre à l'Echelle*, la route s'élève à travers des pentes rapides de rochers appartenant à l'aiguille du Midi et aux moraines du glacier des Bossons.

La route longe alors le pied de l'aiguille du Midi, endroit que les guides estiment dangereux, en raison des avalanches et des chutes de pierres. C'est alors qu'on s'engagea sur le glacier même, en un point où les glaces forment une sorte de plaine légèrement ondulée et peu fissurée ; là, le voyageur put être porté et l'on avança régulièrement et sans trop de fatigue. Mais, parvenus au point que les guides nomment la *jonction*, les difficultés augmentèrent beaucoup. La traversée des crevasses, les montées et descentes incessantes au milieu de ces blocs de glace jetés pêle-mêle et noyés dans la neige, demandaient une gymnastique et des efforts que la jeunesse seule semble en état de fournir. Avec beaucoup de persévérance, avec des repos fréquents, et grâce au dévouement des guides, nous arrivâmes, après plusieurs heures d'efforts, à sortir de ce chaos. Il s'agissait alors de franchir les pentes du glacier de Taconnaz qui passent devant le rocher des Grands Mulets, où l'on a assis la cabane. Il y a là encore de grandes fissures ; la route les contourne et s'élève en contours nombreux jusqu'au pied du rocher. Là, les seules difficultés que nous avons rencontrées résidaient dans l'épaisseur des neiges et dans l'étroitesse du chemin qui ne permettait pas l'emploi de l'échelle.

Nous fûmes surpris par la nuit avant d'avoir atteint les Grands Mulets. On continua alors l'ascension à l'aide des lanternes. Sur une pente où le chemin plus large permettait l'emploi de l'appareil, je pus être porté quelques instants, ce qui me soulagea un peu. Je mis pied à terre au pied du rocher, et dix minutes après, j'entrais à la cabane, où des guides nous avaient précédés et préparé le feu et les aliments. Mais les efforts extraordinaires que j'avais été obligé de faire pour accomplir cette ascension, dans ces circonstances, ne me permirent point de prendre de nourriture. Nous avions mis treize heures, du chalet de Pierre-Pointue, pour parvenir au chalet des Grands Mulets. Dans la bonne saison, cette route est parcourue en quatre et cinq heures.

La cabane dite des *Grands Mulets* est une construction en pierres sèches et charpentes, adossée à un rocher qui s'élève entre les deux glaciers des Bossons et de Taconnaz, formés par les pentes du mont Blanc et avant leur jonction. Ce refuge, suffisant pour l'usage des touristes pendant la belle saison, devra être amélioré beaucoup, si l'on veut pouvoir y faire un séjour prolongé, surtout en automne et en hiver. Cette station, cependant, présente un haut intérêt, soit pour des études du genre de celles que je poursuis, soit pour celles qui se rapportent aux phénomènes physiques et mécaniques présentés par les glaciers ; car elle est située au centre des grands phénomènes glaciaires et les domine entièrement.

Le lendemain de notre arrivée (14 octobre), les instruments furent disposés et les observations préliminaires faites.

Je craignais d'être obligé d'attendre assez longtemps une belle journée, lorsque, pendant la nuit même qui suivit le jour des préparatifs, le ciel s'éclaircit et nous présagea un temps très favorable pour le lendemain. En effet, le 15, le Soleil se levait dans un ciel d'une pureté admirable, et telle, paraît-il, qu'on n'en avait point observé depuis le commencement de l'année. Je pus instituer une série continue d'observations, depuis 10 heures du matin jusqu'au coucher.

Dans un spectroscope à plusieurs prismes, qui me sert d'ordinaire pour ces études, je suivais, avec l'élévation du Soleil, la décroissance d'intensité des bandes de l'oxygène et des groupes de raies produites par ce gaz dans le spectre solaire.

Je constatai d'abord que les raies et bandes de la vapeur d'eau paraissaient absolument absentes du spectre. C'était une circonstance très favorable et que j'avais d'ailleurs recherchée. Les raies de la vapeur d'eau se mêlent en effet à celles de l'oxygène, de manière à compromettre la sûreté des spécifications. Ce premier point acquis, je donnai alors toute mon attention aux lignes et bandes de l'oxygène.

Au passage au méridien, je constatai que les bandes de l'oxygène dont j'ai entretenu l'Académie, à savoir celle du rouge, celle du jaune, celle du bleu, étaient tout à fait absentes du spectre. Il ne paraît donc pas que, dans la production de ces bandes dans le spectre solaire, quand celui-ci les présente, on puisse attribuer une portion quelconque du phénomène au Soleil.

Ce résultat est très conforme à la loi de formation de ces bandes, suivant le carré de la densité, car le calcul montre, en effet, que l'action de l'atmosphère terrestre, au delà de 3.000 mètres, doit être énormément plus faible que celle qui est nécessaire pour rendre ces bandes naissantes dans les tubes.

Ainsi, déjà au point de vue des bandes, l'action solaire peut être écartée.

Mais les raies de l'oxygène telles que les groupes A, B, α sont formées par des lignes dont la plupart sont très sombres.

Pour ces lignes, qui, du reste, obéissent à une loi différente de formation, l'action solaire peut-elle être également écartée ?

L'étude de ces groupes à la station des Grands Mulets me paraît permettre de répondre à cette seconde question.

J'ai, en effet, constaté un très grand affaiblissement de la raie B et surtout des lignes et doublets voisins, de même pour le groupe α ; A était difficilement visible.

En rapprochant cette observation de celles que j'avais faites avec la lumière solaire à Meudon, avant mon départ et au retour, c'est-à-dire avec un Soleil sensiblement de même hauteur, mais à une station située à environ 3000 mètres au-dessous, on peut conclure que les groupes en question disparaîtraient complètement du spectre solaire, si l'on observait aux limites de l'atmosphère terrestre.

Le lendemain 16, ayant été encore favorisé par un ciel d'une pureté égale, j'ai repris toutes ces observations, et elles se sont pleinement confirmées.

J'ai pu obtenir des photographies de ces spectres, à l'aide de l'appareil qui m'avait déjà servi au pic du Midi l'année dernière.

Ainsi, les raies et bandes dues à l'oxygène que le spectre nous présente sont dues exclusivement à l'atmosphère terrestre. L'atmosphère solaire n'intervient pas dans le phénomène. Il est exclusivement tellurique.

Devons-nous en conclure que l'oxygène n'entre pas dans la composition du globe solaire ? Au début de l'analyse spectrale, on aurait été tenté de tirer cette conclusion ; aujourd'hui, nous avons appris à être plus réservés.

L'oxygène qui existerait dans les couches profondes situées au-dessous de la photosphère et des taches ne donnerait pas de manifestations accessibles à nos méthodes actuelles d'analyse spectrale. Ajoutons même, en présence des spectres multiples de ce gaz et des propriétés moléculaires si singulières qu'il présente, que nous ne savons pas si de grandes variations de température n'amèneraient pas des changements complets dans les manifestations spectrales de ce corps.

Ce que nous pouvons dire, c'est que l'oxygène n'existe pas dans l'atmosphère solaire à un état où il produirait les manifestations spectrales qu'il nous donne dans l'atmosphère terrestre.

C'est une étape de l'histoire de l'oxygène dans ses rapports avec le Soleil. C'est une première base sur laquelle la Science pourra s'appuyer pour conduire plus loin ses investigations.

*C. R. Acad. Sc.*, Séance du 29 octobre 1888, T. 107, p. 672.

Cette communication a été reproduite dans la *Revue Scientifique* (numéro du 15 décembre 1888), sous le titre suivant : *Le spectre de l'oxygène et l'atmosphère terrestre*. L'auteur y a joint les remarques qui suivent.

L'Astronomie et surtout l'Astronomie physique seront conduites à faire usage de plus en plus des stations élevées.

L'ancienne Astronomie recherchait volontiers pour les observatoires des lieux ou des édifices élevés. Cette circonstance s'expliquait par la pratique des observations à l'horizon.

Plus tard, on abandonna complètement ces observations viciées par les erreurs de la réfraction, et on n'accorda d'importance qu'aux observations faites à plus de 30° de hauteur, observations qui peuvent se faire partout.

Mais, depuis que les merveilleux progrès de l'optique et des arts mécaniques ont permis la construction d'instruments de plus en plus grands et qui bientôt seront colossaux — car, indépendamment des magnifiques instruments de Nice et de Pulkowa, nous aurons sous peu, à Meudon, une lunette de plus de 80 centimètres d'ouverture et de 17 mètres de foyer, et un télescope de 1 mètre de diamètre ; et l'Amérique veut dépasser encore ces dimensions ; — depuis, dis-je, l'emploi de ces grands instruments, les conditions de l'observation se trouvent changées.

Nous sommes conduits à demander une atmosphère d'une

pureté et d'une qualité exceptionnelles, autrement ces grands pouvoirs ne peuvent être utilisés, et ceci nous conduit à remonter sur la montagne comme les anciens astronomes, mais pour un tout autre motif.

La montagne et surtout certaines montagnes vont donc jouer un grand rôle dans l'Astronomie qui se prépare. Cette Astronomie résoudra sans doute de bien hautes questions. Avec elle la science des cieux va enfin s'attaquer à ce grand problème, vieux comme la science elle-même, et qui date des premières réflexions de l'homme sur la voûte céleste et sur les astres qui en font la splendeur, à savoir : si les astres que nous voyons sont habités, si la vie existe en dehors de la Terre, et si des êtres semblables à nous habitent d'autres mondes. Problème toujours posé, jamais résolu, malgré les admirables progrès de l'Astronomie. Cette science, en effet, nous a appris la géométrie des cieux avec les Grecs et les Arabes. Avec Képler, Newton, Laplace, elles nous a révélé les grandes lois qui président aux mouvements célestes. Mais, malgré tout ce que ces découvertes ont de sublime, le problème de la vie extra-terrestre restait toujours insoluble, et il semblait même que sa solution fuyait devant nous et se dérobait en raison même de nos efforts.

Il était réservé à l'Astronomie physique de créer des méthodes qui permissent d'attaquer le grand problème.

Ces méthodes, nous commençons à les appliquer ; j'espère que la science pourra bientôt répondre à ces grandes questions. Est-ce à dire que les astronomes montreront les habitants des planètes dans leurs lunettes ? Assurément non. Il y a à cette solution directe des difficultés qu'on peut estimer insurmontables et qui ne dépendent pas des progrès de l'optique. Mais la science a d'autres voies, plus lentes, il est vrai, mais aussi sûres et d'une portée philosophique autrement considérable. Elle procède en faisant en quelque sorte le siège régulier de la place, et elle l'enserre de telles parallèles que celle-ci sera bientôt forcée de se rendre sans qu'il soit nécessaire de donner l'assaut.

C'est en poursuivant l'étude de l'ensemble complet des conditions astronomiques, géologiques, physiques, chimiques et enfin biologiques, offertes par les planètes du système solaire, que la science arrivera à se prononcer sur leur habitabilité avec une entière certitude.

Cette grande étude est déjà très avancée. Les conditions astronomiques sont connues et déterminées ; elles entraînent avec elles presque toute la géologie, puisque l'unité chimique vient d'être démontrée par l'Astronomie physique. Mais la science non contente d'avoir montré l'origine commune des planètes, d'avoir constaté que ce sont des globes comme le nôtre, ayant des continents, des mers, une atmosphère, des satellites, non contente d'avoir montré l'identité des matériaux, va maintenant porter ses investigations sur la composition des atmosphères planétaires.

Déjà, on a découvert le spectre de la vapeur d'eau, qui permettra de constater la présence de cet élément capital de la vie dans les atmosphères planétaires.

On vient aussi de faire sur l'oxygène, sur ce gaz vital par excellence, des découvertes qui permettront d'en rechercher également la présence.

Quand ces études seront terminées, quand la science aura déterminé rigoureusement les conditions astronomiques dans lesquelles chaque planète se trouve placée, quand elle aura assigné la période géologique, la constitution chimique de l'astre, la nature des gaz qui forment son atmosphère et celle des fluides qui composent ses océans, alors elle pourra se prononcer avec certitude sur la question de l'habitabilité et sur sa nature, car ce sont là les facteurs qui la règlent et la déterminent.

C'est un beau problème que nous sommes sur le point de résoudre. C'est peut-être le plus haut que l'intelligence humaine se soit proposé.

Oui, c'est un beau problème ; mais ce qui est peut-être plus beau encore que le problème lui-même, ce sont les efforts persévérants, les ressources étonnantes, les méthodes admirables et le génie mis en œuvre pour le résoudre. Ah ! sans doute, l'âme humaine, en fournissant une telle carrière, avait le pressentiment des horizons de grandeur inconnue que cette connaissance lui ouvrira.

Dans cette grande œuvre qui s'achève, la science française a pris une grande part. Souhaitons qu'elle l'augmente encore et qu'elle inscrive définitivement son nom parmi ceux des nations savantes qui auront doté l'intelligence humaine de cette sublime conquête.

La même étude a été publiée sous le titre : *Une expédition au Massif du Mont Blanc*, dans l'*Annuaire du Bureau des Longitudes* pour l'an 1889, p. 724 ; sous le titre : *Ascension scientifique au refuge des Grands Mulets (Mont Blanc)*, dans le *Tour du Monde*, 1888, p. 387 ; sous le titre : *Une Expédition scientifique au Massif du Mont Blanc* dans l'*Annuaire du Club Alpin français*, 15e année, 1888 p. 3, avec plusieurs dessins exécutés d'après des photographies prises par Janssen.

Une partie s'en retrouve également dans un *Discours prononcé au Banquet annuel de la Section d'Auvergne du Club Alpin français, à Clermont-Ferrand, le 2 décembre* 1888, et qui fut publié dans *Le Moniteur du Puy-de-Dôme*, numéro du 5 décembre 1888.

## XV

### SOCIÉTÉ PHILOMATHIQUE, CÉLÉBRATION DU CENTENAIRE. BANQUET DU 10 DÉCEMBRE 1888.

Réponse de M. Janssen au toast de M. Léon Vaillant, Professeur au Muséum d'Histoire Naturelle.

Messieurs, le toast qui m'est porté s'adresse à l'Académie des Sciences, dont j'ai l'insigne honneur d'être en ce moment le Président.

J'en reporte donc tout l'honneur à l'Académie.

Mais je suis doublement heureux de ma fonction puisqu'elle m'attire en ce moment l'honneur de recevoir pour l'Académie l'hommage de la Société Philomathique, et je suis particulièrement touché que ce soit un cher et ancien Collègue de la Société, que j'ai si bien connu et apprécié quand je fréquentais assidûment ses séances, qui ait été chargé de me l'adresser.

La Société Philomathique a toujours été chère à l'Académie. D'abord parce que la plupart de ses membres et souvent les plus illustres vous ont appartenu avant d'entrer dans son sein, parce que vous les lui aviez en quelque sorte préparés et que bien souvent vous les avez révélés au monde savant et désignés à son choix ; ensuite, parce que les académiciens qui ont d'abord été vos collègues se rappellent toujours avec complaisance le temps heureux où ils étaient philomathiciens, les rapports charmants pleins de cordialité et d'abandon qu'ils avaient parmi vous et l'époque toujours chère et certainement toujours regrettée par eux où ils faisaient leurs premières armes, et où l'ambition, la noble ambition de la gloire ne leur était encore connue que par ses promesses et ses enchantements. Pour moi, je ne me reporte jamais à l'époque où j'ai eu l'honneur d'être reçu parmi vous, sans un souvenir ému et reconnaissant. Oui, Messieurs, j'ai conservé un souvenir reconnaissant envers une société qui m'a permis d'être en rapport sur un pied d'indulgente égalité avec les Claude Bernard, les Foucault, les Bour, et tant d'autres éminents esprits. Quelles délicieuses et fructueuses soirées, celles que je passais alors dans le vieux local de la rue de Nesles, quand, en quelques instants, je voyais élucider les questions les plus hautes et les plus diverses, sur le ton charmant de la causerie, avec cet abandon, cet imprévu, ce laisser-aller même, qui donne au commerce avec le génie un double charme : celui de le voir en quelque sorte en déshabillé et d'assister aux opérations mêmes qui le conduisent à la découverte de la vérité, et celui d'être bienveillamment admis à y prendre part ! Quelles excitations pour un jeune savant !

Messieurs, croyez-le bien, je n'ai plus retrouvé ces merveilleuses soirées. Aussi, à un quart de siècle de distance, leur souvenir est-il resté en moi toujours aussi vif et aussi vivant.

Mais il est encore une autre cause et qui tient à l'organisation même de la Société Philomathique, qui donnait à nos réunions leur charme souverain : c'était leur intimité même.

On se connaissait, on s'appréciait et dans la discussion, on ne craignait pas de dire toute sa pensée, tout ce qui venait à l'esprit sans se préoccuper de se tromper et sans crainte d'avoir tort.

Ah ! Messieurs, l'Académie des Sciences a fait un grand sacrifice quand elle a ouvert ses portes au public. Sans doute, elle a gagné en influence ; elle a fait venir à elle un nombre beaucoup plus considérable de communications et elle s'est mise à même d'être plus grandement utile au pays et à la science. Mais, en même temps, elle a banni de son sein ces discussions amicales dont l'abandon, le naturel, l'imprévu faisaient tout le charme. Aujourd'hui toute parole académique est guettée, recueillie et commentée par la presse pour être livrée au public. On sait cela et on ne parle plus qu'officiellement et le moins possible.

Gardez, Messieurs, gardez ce salutaire rempart qui vous isole du public et vous permet de vous appartenir complètement. Jouissez de ces discussions fécondes, de ces causeries pleines d'abandon qui sont surtout goûtées à l'âge de l'expansion et de l'ardeur. Le moment où, avec plus d'honneurs, vous aurez en somme moins de jouissances réelles, viendra toujours assez tôt. Conservez aussi jalousement ces statuts fondamentaux de votre Société qui réunit ici en un faisceau toutes les branches de la science.

Sans doute les sociétés spéciales sont grandement utiles. Les sciences ont pris de nos jours une telle extension que pour suivre une branche déterminée, il faut se grouper et se réunir entre les adeptes de la même science, mais, à côté de cette nécessité en quelque sorte professionnelle, il y en a une autre qu'il importe de ne pas perdre de vue si on ne veut pas compromettre l'avenir des idées générales et la philosophie même de la science.

Bien plus, Messieurs, il y a un fait bien remarquable qui se dégage de plus en plus de l'histoire de la science contemporaine, c'est que les plus grandes découvertes se font actuellement sur les frontières de sciences dont les objets paraissaient fort différents. C'est ainsi que les physiciens ont, depuis vingt-cinq ans, révolutionné l'Astronomie et que la médecine est en train de l'être par les admirables travaux d'un chimiste.

N'est-ce pas le signe qu'il est temps de rapprocher davantage encore les connaissances acquises dans les directions diverses pour les féconder par le contact et faire de nouvelles conquêtes.

Les temps ne sont donc pas éloignés où une société comme la

vôtre, qui offre un lien si favorable et si naturel pour établir ces points de contact, reprendra une haute raison d'être.

Elle ne remplacera pas les sociétés particulières qui seront toujours indispensables, mais elle formera comme un centre commun où les savants viendront, sous l'égide de l'amitié et avec une liberté qu'on n'a plus à l'Académie, échanger leurs connaissances, généraliser leurs idées, établir ces contacts féconds qui seront de plus en plus riches en découvertes.

Messieurs, en m'associant à l'opinion exprimée avec tant d'autorité par notre cher et illustre Président, je bois au développement de la Société Philomathique, aux rapports scientifiques charmés par l'amitié et fécondés par la communication et les échanges.

*Bulletin de la Société Philomathique de Paris*, 8ᵉ série, T. I, (1888-1889), p. 10.

XVI

## SÉANCE PUBLIQUE ANNUELLE
## DE L'ACADÉMIE DES SCIENCES DU 24 DÉCEMBRE 1888

Discours de M. JANSSEN, Président de l'Académie.

MESSIEURS,

Avant de procéder à la proclamation de nos prix, avant de vous rendre compte des faits qui, pendant l'année écoulée, intéressent l'Académie et la Science, je dois vous rappeler le souvenir de ceux de nos Confrères que nous avons eu la douleur de perdre depuis notre dernière séance annuelle.

C'est tout d'abord le Général Perrier, qui succombait en février dernier à une affection du cœur, à l'âge de 54 ans.

La France perdait en lui un serviteur loyal, énergique, passionné pour la grandeur de son pays.

La persévérance de sa volonté lui avait fait surmonter tous les obstacles. Au début, modeste adjoint du Colonel Levret, il s'était élevé, en se formant pour ainsi dire lui-même, jusqu'au poste éminent de Général Directeur du grand Service géographique de l'Armée.

Notre Confrère doit être considéré comme le restaurateur de la Géodésie française, tant par l'impulsion toute nouvelle qu'il sut lui imprimer, que par les élèves qu'il a formés, élèves devenus ensuite ses collaborateurs, et qui aujourd'hui continuent dignement son œuvre.

Dans cette œuvre du Général Perrier, rappelons ce beau travail de la mesure d'un arc de parallèle exécuté en Algérie, qui demanda quinze années de travail, et aussi la revision de la méridienne de France, pour laquelle on a su utiliser tous les progrès réalisés à l'époque actuelle. Mais ce qui a fait surtout connaitre le nom du Général Perrier et l'a rendu même populaire, ce furent l'exécution et la réussite de cette opération grandiose réputée jusque-là presque irréalisable, à savoir, la réunion géodésique de l'Espagne avec l'Algérie par dessus la Méditerranée.

Ce beau succès donnait à la Géodésie un arc continu s'étendant du Nord de l'Angleterre jusqu'au Sahara, c'est-à-dire dépassant en étendue les plus grands arcs mesurés jusqu'alors.

Le Général avait été mis à la tête du Service géographique de la Guerre, qui comprend la Géodésie, la Topographie, la Cartographie. Il sut développer considérablement ce Service qui, entre ses mains, rendit les plus grands services à l'armée et au pays.

Président toujours réélu du Conseil Général de l'Hérault, le Général Perrier s'occupa activement des intérêts de son département, sans oublier ceux de la Science. C'est à lui, en effet, qu'on doit la création de l'Observatoire météorologique du mont Ventoux.

Ses concitoyens, fiers de lui et reconnaissants des services qu'il leur avait rendus, ont formé le projet de lui élever une statue. Nous nous associons de cœur à un hommage si mérité.

Messieurs, notre Bureau est bien éprouvé. L'année dernière, il perdait son Président dans la personne de M. Gosselin et son Secrétaire perpétuel dans celle de M. Vulpian. Cette année, c'est notre Vice-Président, M. Hervé Mangon, qui nous est enlevé.

En appelant M. Mangon au Bureau, nous espérions que sa santé, déjà bien ébranlée, se remettrait et qu'il pourrait présider l'Académie pendant cette Exposition de 1889, qui l'intéressait si vivement. Il ne devait pas en être ainsi : M. Mangon s'éteignait le 16 mai, épuisé, on peut le dire, par l'excès des travaux de tous genres qui avaient surchargé sa vie.

M. Mangon fut un grand ingénieur rural ; il en restera comme le modèle et le type. C'est à lui que nous devons l'introduction du drainage en France. Son beau travail sur les prairies restera son titre le plus solide à la reconnaissance des savants et des agriculteurs. Dans cette étude, M. Mangon montre que les eaux d'irrigation, dans les pays du Nord, ont un rôle tout différent de celui qu'elles prennent dans les régions du Midi. Dans le Midi, les irrigations n'ont guère à fournir aux prairies que l'eau de végétation. Il en est tout autrement dans le Nord où elles doivent, en outre, jouer le rôle d'engrais. La diversité de ces deux rôles amène une différence énorme dans les quantités de liquide qui doivent intervenir dans les deux cas. Là où dans le Midi, 1 mètre cube d'eau suffirait pour irriguer suffisamment, il faut en employer 50, 100 et quelquefois 200 dans les Vosges et le Jura. Une fois que la raison de cette nécessité de l'irrigation à grands volumes a été ainsi démontrée scientifiquement, on s'est efforcé de la réaliser au grand bénéfice de l'Agriculture.

L'enseignement fut aussi grandement redevable à M. Mangon. Il avait transformé le cours d'hydraulique agricole inauguré à l'École des Ponts et Chaussées par M. Nadault de Buffon. Plus tard, il créa au Conservatoire des Arts et Métiers un enseignement complet des travaux agricoles, qui prit le nom de *génie rural*. Cet enseignement, par l'importance qu'il y attachait à juste titre, par les soins constants qu'il lui donna, par les services qu'il rendit, doit être considéré comme l'œuvre capitale de sa vie.

Enfin, la Météorologie est aussi sa débitrice. La Météorologie l'avait toujours attiré ; mais, vers la fin de sa vie, il s'y était adonné avec l'ardeur qu'il mettait à tout ce qu'il croyait hautement utile.

Dans cet ordre d'idées, il faut citer surtout la part prépondérante qu'il prit à la création du Bureau météorologique central. Ce grand Service, placé sous la direction de notre Confrère M. Mascart, rend actuellement les plus importants services à la science et au pays.

M. Mangon avait été depuis sa jeunesse ardemment dévoué aux applications de la Science à l'Agriculture. Il a cherché à introduire en France toutes les pratiques agricoles utiles ; il a élucidé des points importants de la Science agronomique ; il a rassemblé les éléments d'un grand enseignement de cette Science, et par ses travaux, ses leçons, ses écrits, il l'a fondé. L'émancipation de la Météorologie française, demandée et poursuivie d'abord par Ch. Sainte-Claire Deville, est son ouvrage.

Il est bien peu d'hommes qui aient donné plus d'eux-mêmes à leur pays, qui se soient fait de leurs devoirs une idée plus élevée et plus sévère, qui dans l'accomplissement de fonctions officielles ou publiques aient apporté plus de conscience, de haute probité morale et un amour plus grand du bien public.

Après le Général Perrier qui mourait à 54 ans, nous perdions M. Debray, qui n'en avait que 61 et suivait de bien près dans la tombe l'ami qui avait joué le plus grand rôle dans son affection et sa vie, Henri Sainte-Claire Deville.

Les noms de ces deux chimistes resteront associés dans la Science, comme eux-mêmes l'ont été presque constamment dans leurs études.

Parmi les travaux qui feront vivre le nom de M. Debray, il faut citer surtout ceux qui se rapportent à l'étude des métaux de la mine du platine et à la dissociation.

La dissociation, découverte dans ses grands traits par Henri Deville, fournit à M. Debray l'occasion d'un très beau travail.

Les composés chimiques qui sont formés d'éléments dont les volatilités sont très différentes peuvent être décomposés ou dissociés par une application convenable de chaleur.

Ceci est le fait connu, pour ainsi parler, de toute antiquité.

Mais ce phénomène si important en chimie est soumis à des lois qui règlent sa manifestation.

Henri Sainte-Claire Deville avait découvert les conditions fondamentales qui permettent ou limitent le phénomène. M. Debray s'attacha à obtenir les mesures. En reprenant les expériences de son grand ami, il sut choisir avec un grand discernement les composés qui se prêtaient à des mesures précises.

En prenant, par exemple, un sel à acide très volatil comme le carbonate de chaux, il montre que ce sel, soumis en vase clos à l'action de la chaleur, commence à se décomposer vers le rouge, mais que cette décomposition, loin de continuer alors jusqu'à séparation complète des deux constituants, s'arrête pour une température donnée dès que l'acide carbonique dégagé acquiert une certaine tension ; que si la température augmente, la décomposition recommence, pour s'arrêter encore dès que la tension a acquis une valeur convenable et qu'aussi à chaque température correspond une tension que règle la quantité de sel décomposé.

Cette tension, qui joue un si grand rôle dans le phénomène, a été nommée avec raison *tension de dissociation*.

On peut remarquer l'analogie de ce phénomène avec celui que présente une dissolution saline surmontée d'un espace limité et soumise à des températures variables.

Cette analogie est encore complète avec les lois qui président à la vaporisation partielle d'un liquide soumis en vase clos à une chaleur croissante.

Ces expériences ont donc le grand mérite de ramener les lois de la décomposition chimique aux lois physiques de la vaporisation.

Le nom de Debray leur restera attaché.

Messieurs, je dois encore signaler la perte que l'Académie a faite dans la personne de M. Rudolf Clausius, notre Correspondant dans la Section de Mécanique, décédé à Bonn, le 24 août.

Le nom de Clausius est trop connu et trop célèbre pour qu'il soit nécessaire de rien ajouter à l'expression du sentiment de la perte si considérable que l'Académie et le monde savant font en cette occasion.

Je signalerai encore les pertes si regrettables que nous avons faites dans la personne de M. Asa Gray, Correspondant dans la Section de Botanique, et dans celle du savant physicien suédois, M. Edlund, qui était désigné pour appartenir incessamment à l'Académie.

L'Agronomie et la Science ont fait, en la personne de M. Houzeau, une perte que nous avons tous ressentie.

Après avoir payé ce trop léger tribut à la mémoire de ceux que nous avons perdus, il me reste une tâche plus douce à remplir : c'est celle d'offrir nos félicitations à notre Confrère, M. l'Amiral Jurien de la Gravière, élu Membre de l'Académie française, le 26 janvier dernier.

Notre Confrère, par les grands commandements qu'il a exercés et les souvenirs qu'ils ont laissés dans la flotte, par l'importance de ses ouvrages, dont le cadre embrasse maintenant les temps anciens et modernes, et qui joignent au mérite du fond et d'une science militaire consommée celui d'un style élégant et facile, méritait pleinement cet honneur qui ne nous surprend pas et que nous avions prévu depuis longtemps.

Messieurs, parmi les couronnes que nous allons donner, il en est une des plus belles et des plus difficiles à obtenir qui sera posée sur un front féminin.

Mme de Kowalewski a remporté cette année le grand prix des Sciences mathématiques. Nos Confrères de la Section de Géométrie, après examen du Mémoire, présenté au concours, ont reconnu dans ce travail, non seulement la preuve d'un savoir étendu et profond, mais encore la marque d'un grand esprit d'invention.

Mme de Kowalewski est professeur à l'Université de Stockholm, où elle forme de savant élèves. Elle descend du roi de Hongrie Mathias Corvin, qui non seulement fut un grand guerrier, mais qui fut encore un protecteur éclairé des Sciences, des Lettres et des Arts.

Ce sont évidemment ces dernières qualités dont Mme de Kowalewski a tenu à hériter de son illustre ancêtre, et nous l'en félicitons.

Messieurs, parmi les prix dont l'Académie dispose pour l'année prochaine, je dois signaler celui qui résulte de la magnifique donation de M. Leconte. Ce prix est de la valeur de 5o.ooo francs.

L'Académie dispose en outre de cinq prix de 1o.ooo francs chacun pour des travaux se rapportant à la Physique, à la Chimie, à l'Histoire naturelle. Jamais Académie n'a été dotée d'une manière aussi magnifique. D'un autre côté, jamais peut-être les Sciences n'ont offert un champ aussi vaste et aussi riche aux efforts des travailleurs et des savants. Les Sciences mathématiques font en ce moment de rapides progrès, l'Astronomie est renouvelée par l'application de l'Analyse spectrale et de la Photographie, l'Électricité va recevoir les plus grandioses applications. La Médecine, l'Histoire naturelle seront bientôt transformées à leur tour par les récentes découvertes de la Microbiologie. Nous pouvons donc, avec pleine confiance, faire appel à ceux qui, après nous, se présentent pour entrer dans la carrière. La moisson sera belle et, comme il arrive toujours dans le champ de la Science, les vérités qu'ils trouveront seront d'un ordre plus général et plus beau encore que celles que nous avons été cependant si heureux de découvrir.

Je viens de dire que les découvertes de la Microbiologie allaient recevoir de belles applications en Médecine et en Histoire naturelle. Ceci m'amène à parler de ces récentes découvertes à propos de l'inauguration, il y a quelques semaines, de l'établissement où ces belles études seront centralisées : je veux parler de l'Institut Pasteur. C'est le 14 novembre dernier que cet Institut a été inauguré.

Tout le monde avait compris que le succès définitif de la méthode découverte par M. Pasteur pour préserver de la rage était un succès éclatant pour la Science française ; aussi l'assistance était-elle considérable. Elle comprenait ce que Paris compte de plus distingué dans les pouvoirs publics, l'Administration, les Lettres, les Sciences, les Arts, les Professions libérales. M. le Président de la République et plusieurs de ses Ministres, en y assistant, semblaient en quelque sorte apporter l'hommage de la France entière. L'inauguration de l'Institut marque le commencement d'une ère nouvelle pour les doctrines découlant des travaux et des découvertes de M. Pasteur.

Après avoir traversé leur période militante, après avoir eu à résister à toutes les attaques, il semble que ces doctrines entrent maintenant dans une période d'apaisement et de calme féconds. Les convictions presque universellement faites aujourd'hui, on va se livrer aux applications. De tous côtés, en effet, se lèvent des adeptes pour s'emparer des découvertes de l'initiateur et en poursuivre les conséquences.

Ce sont des horizons qui s'ouvrent devant nous et dont il nous est impossible de mesurer l'étendue ; car l'application à la rage, quelque bienfaisante et admirable qu'elle soit, ne constitue qu'un chapitre bien limité du Livre qui se prépare et dont on devra surtout à M. Pasteur, et ce sera sa gloire, de belles pages et la magistrale introduction.

On peut pressentir dès maintenant l'importance des applications de ces découvertes à la Médecine ; mais je suis particulièrement frappé des horizons qu'elles ouvrent en Physiologie. Il semble que leur plus grand service est d'avoir révélé l'importance de ce monde merveilleux de petits êtres qui jouent un rôle si considérable dans la Nature. Je me persuade que l'étude qui embrasserait celle de la vie, depuis le monde microscopique jusqu'à celui des animaux supérieurs, pour en faire comme une chaîne continue, conduirait à une philosophie nouvelle formulant des lois d'une généralité, d'une simplicité, d'une beauté incomparables.

Rapprochement remarquable : il y a trente ans à peine, un physicien analysait les métaux de l'atmosphère solaire, et cette grande découverte devenait le point de départ d'une révolution dans l'Astronomie. La Chimie prenait possession des cieux. Aujourd'hui, un chimiste nous ouvre le monde des êtres microscopiques. Aux conquêtes dans le monde de l'infiniment grand succède la conquête du monde des infiniment petits. Après l'analyse de la nébuleuse dont les soleils sont la poussière, la révélation de mondes, aussi vastes peut-être, car y a-t-il une grandeur absolue ? et qui tiennent sur la pointe d'une aiguille.

C'est ainsi que la Science marche sans cesse, tantôt dans une direction, tantôt dans une autre tout opposée ; tantôt d'une manière lente et régulière, tantôt par bonds soudains et imprévus, et qu'il est impossible de dire quelles seront les découvertes de l'avenir et de poser des bornes aux conquêtes de l'esprit humain.

Messieurs, dans ces grandes découvertes auxquelles assiste notre siècle, l'Académie a une belle part ; mais, si vous revendiquez les travaux glorieux que vos noms rappellent, c'est pour en reporter tout l'honneur à notre cher pays ; car, ainsi que je le disais récemment à Tours devant la statue du Général Meusnier, l'Académie a deux passions : celle de la France, celle de la Vérité.

Ah ! Messieurs, au milieu des tristesses et des douleurs de l'heure présente, quand nous voyons cette France que nous voudrions si forte et si unie, saisie comme par un esprit de vertige, se diviser, se déchirer elle-même et compromettre, s'il était possible, son rôle dans le monde, n'est-il pas consolant de penser qu'à côté de cette France, qui nous donne tant d'inquiétudes et tant d'angoisses, il y en a une autre, celle qui est représentée par tous ces ouvriers obscurs ou illustres qui font sa force et sa gloire.

Oui, il y a heureusement la France des Lettres, des Sciences, des Arts, de l'Agriculture, de l'Industrie, qui prodigue et donne sans compter son labeur, son talent, son génie.

Réjouissons-nous, Messieurs, d'appartenir à cette seconde France. C'est elle qui nous donne notre meilleure part d'influence dans le monde ; c'est elle qui nous a valu notre gloire la plus durable ; c'est par elle encore que nous pourrons accomplir cette mission de civilisation, de justice, de droit sur laquelle le monde compte toujours et qu'il ne sera donné à personne de nous enlever.

*C. R. Acad. Sc.*, Séance du 24 décembre 1888, t. 107, p. 1031.

# 1889

I

DISCOURS PRONONCÉ AU 13ᵉ DINER DE LA CONFÉ-
RENCE « SCIENTIA », OFFERT A M. GUSTAVE EIFFEL,
LE SAMEDI 13 AVRIL 1889.

Quand on a du talent, de l'expérience, une volonté forte,
on arrive presque toujours à triompher des obstacles. Le succès est plus assuré encore si celui qui lutte est animé du sentiment patriotique, s'il aime à se dire que son œuvre ajoutera
quelque chose d'important à la renommée de son pays, et que
son succès sera un succès national. Mais il est des circonstances
où ces éléments déjà si puissants prennent une force irrésistible, c'est quand celui qui aime passionnément son pays voit
ce pays injustement déprécié ; c'est quand, par un de ces entraî-
nements dont le monde donne tant d'exemples, et dont nous
avons bénéficié nous-mêmes, peut-être plus qu'aucun autre
peuple, on flatte la victoire, et on va jusqu'à refuser au vaincu
d'un jour ses mérites les plus réels et ses supériorités les plus
incontestables.

Alors, si des circonstances favorables se présentent, et s'il
se rencontre un homme d'un grand talent, d'un caractère hardi
et entreprenant, il s'éprendra de l'idée de venger en quelque
sorte sa patrie, par la réalisation d'une œuvre grandiose, unique,
réputée presque impossible ; et, pour assurer son succès, il ne
reculera devant aucune difficulté, supportera tous les déboires,
restera sourd à toutes les critiques, et marchera obstinément
vers son but, jusqu'au jour où, l'œuvre enfin terminée, son
mérite, sa hardiesse, sa grandeur, éclatent à tous les yeux, désar-

ment la critique, et changent la ligne du blâme en un concert général de louanges et d'admiration.

N'est-ce pas là, en quelques mots, l'histoire de la conception, de l'acceptation, de l'érection et du succès du grand édifice du Champ de Mars ?

Cependant, il serait injuste de dire que ces sentiments, M. Eiffel ait été le seul à les éprouver. Tous ceux qui travaillent actuellement au Champ de Mars les ressentent, et c'est là sans doute le secret des merveilles qu'on nous y prépare.

Oui, tout le monde a compris que notre Exposition, en raison surtout de la date choisie, n'aurait de succès que par les prodiges d'art et d'industrie qu'on y accomplirait. Il fallait désarmer le monde à force de mérite et de talent, et tout nous indique qu'en effet le monde sera désarmé.

Bientôt, de toutes les parties du monde, on viendra admirer les œuvres de cette nation étonnante, si merveilleusement douée, qui s'abandonne avec tant de facilité, qui se reprend avec tant de ressort, qui, au milieu des plus grandes péripéties de succès et de revers, reste toujours jeune, toujours généreuse, toujours sympathique, et qui n'aurait besoin que d'un peu de sagesse, de sens politique, d'esprit de suite et de conduite pour se trouver encore, et tout naturellement, à la tête des nations pour qui elle demeure comme une énigme et un perpétuel sujet de surprise et d'étonnement.

Mais laissons nos préoccupations, et ne pensons qu'à l'hôte que nous fêtons.

Cet hôte triomphe aujourd'hui, mais combien ce triomphe s'est fait attendre ! On ne peut pas dire qu'on le lui ait escompté d'avance et qu'on l'ait fait jouir avant l'heure de son succès.

Et ceci me rappelle un dîner de la *Scientia* donné il y a déjà plus d'une année. Ce dîner était offert à M. Berger, un des directeurs généraux de l'Exposition, et M. Eiffel y assistait. La tour s'élevait alors au premier étage, et la critique sévissait dans toute sa force. Si la construction n'atteignait que son premier étage, la critique, elle, avait complété tous les siens, et elle se dressait de toute sa hauteur. Et notez que c'est précisément au moment où les plus grandes difficultés avaient été heureuse-

ment et habilement surmontées, que l'esprit de blâme se donnait toute carrière, montrant ainsi autant d'âpreté que d'aveu-
glement. Il faut s'arrêter un instant sur ces difficultés.

On sait que la tour est essentiellement formée de quatre
montants, prenant leurs points d'appui sur des massifs de
maçonnerie, s'élevant d'abord obliquement, pour se redresser
ensuite et se réunir au-dessus du second étage où ils ne forment qu'un seul corps jusqu'au sommet. La construction de ces
pieds, qui devaient s'élancer en porte-à-faux depuis leurs bases
jusqu'au premier étage, à 6o mètres de hauteur, c'est-à-dire à
la hauteur de trois hautes maisons superposées, présentait des
difficultés considérables. Des échaufaudages d'appui, des tirants
d'amarrage scellés dans la maçonnerie, ont permis de s'élever
jusqu'au point voulu. Là se trouvaient déjà préparées les poutres horizontales qui devaient relier les quatre montants pour
constituer la base sur laquelle seraient édifiées toutes les constructions du premier étage.

Or, l'édification de masses métalliques si considérables, montées en quelque sorte dans le vide, ne peut se faire avec une
précision qui dispense de toute rectification au moment de
l'assemblage. Le procédé employé pour obtenir ces rectifica-
tions montre bien la hardiesse et la puissance des moyens dont
l'ingénieur dispose aujourd'hui. En effet, M. Eiffel n'hésita
pas à soulever ces énormes pieds de la tour et à leur donner les
mouvements nécessaires pour qu'ils se présentassent à l'assemblage dans les conditions voulues. Or, surélever d'immenses
pièces métalliques s'élevant en porte-à-faux presque à la hauteur des tours Notre-Dame sans compromettre l'équilibre précaire qu'elles recevaient des échaufaudages était on ne peut plus
délicat. L'opération réussit cependant. Des presses hydrauli-
ques, agissant par l'intermédiaire de cylindres d'acier sur chacun des arbalétriers formant un des pieds de la tour et les soule-
vant tous à la fois, permirent à ce pied de venir se présenter à
l'assemblage ; et les trous nombreux percés d'avance pour les
rivets l'avaient été avec tant de précision qu'on put opérer rapidement la mise en rapport et réduire à un instant le moment
psychologique de cette étonnante opération.

Les quatre grands montants réunis, on peut dire que la difficulté maîtresse de l'œuvre était surmontée, et que la tour était virtuellemeat élevée.

Il faut admirer comme elles le méritent, ces grandes opérations du génie civil contemporain ; elles montrent tout ce qu'on peut attendre de l'art des constructions, quand celles-ci s'appuient sur la science.

Eh bien, c'est précisément, comme je viens de le dire, au moment où cette belle opération si délicate et si hardie venait d'avoir un plein succès, que l'œuvre était le plus vivement attaquée.

Pour moi, j'en étais presque indigné, et je me rappelle qu'au banquet dont je viens de parler, je ne pus retenir ma voix et que je voulus assurer M. Eiffel qu'il avait au moins avec lui quelques hommes qui admiraient son œuvre, qui appréciaient son courage et qui lui prédisaient le succès final et le retour de l'opinion.

Depuis, M. Eiffel a bien voulu me dire que mon témoignage lui avait été sensible et l'avait quelque peu réconforté.

Je n'ai pas eu à réformer mon jugement. De l'avis des plus compétents, l'érection de la tour n'a pas été seulement une œuvre remarquable par les dimensions de l'édifice. Les études, la conduite des travaux, le chantier, comme on dit en terme d'ingénieur, ont été conduits avec un ensemble et une précision admirables. C'est que M. Eiffel, pour l'exécution de tous ces travaux qui l'avaient déjà rendu célèbre, avait su s'entourer depuis longtemps d'un état-major remarquable et se former de longue main des collaborateurs qui, aujourd'hui, sont consommés. C'est une armée qu'il a conduite sur vingt champs de bataille, et qui, maintenant, pour la hardiesse, la précision, l'habileté, est sans rivale.

Voilà ce qui explique comment ce grand ouvrage a passé par toutes les phases de son érection, depuis l'avant-projet jusqu'à l'exécution finale, sans erreurs, sans mécomptes et avec une étonnante précision.

Je viens de prononcer le mot d'armée, et je l'ai fait à dessein. Je voudrais qu'il y eût entre les promoteurs de ces grands travaux et ceux qui les exécutent quelque chose des liens moraux qui dans toutes les armées, ayant accompli de grandes choses, ont uni les soldats à leur général, qui était pour eux un orgueil et une passion.

. Croyez-le, on n'établira pas, entre tous les organes de ces grandes sociétés du travail, l'harmonie et l'entente qui en font la force, par les seules considérations d'argent et de salaire. Il faut exciter de plus nobles mobiles et faire comprendre aux travailleurs que celui, quel qu'il soit, qui a concouru à l'accomplissement d'une œuvre utile ou remarquable, a droit à une part d'honneur et d'estime. J'ai entendu dire que M. Eiffel avait l'intention de faire inscrire sur la tour les noms de ses collaborateurs et des ouvriers qui l'ont assisté depuis le commencement du travail.

Je trouve cette pensée aussi juste que généreuse. C'est une initiative qu'on ne saurait trop louer ; elle est bien à sa place à propos d'un édifice élevé à la gloire de l'industrie métallique et que décorent déjà les noms des savants et des ingénieurs français produits par le siècle qui finit aujourd'hui.

Je voudrais encore dire un mot des usages scientifiques de la tour. Elle en aura de plusieurs ordres ainsi qu'on l'a indiqué, et je suis persuadé qu'on en découvrira auxquels on n'avait pas pensé tout d'abord.

Il est incontestable que c'est au point de vue météorologique qu'elle pourra rendre à la science les plus réels services. Une des plus grandes difficultés des observations météorologiques réside dans l'influence perturbatrice de la station même où l'on observe. Comment connaître par exemple la véritable direction du vent si un obstacle tout local le fait dévier ? Et comment conclure la vraie température de l'air avec un thermomètre influencé par le rayonnement des objets environnants ? Aussi les éléments météorologiques des grands centres habités se prennent-ils en général en dehors même de ces centres, et encore est-il nécessaire de s'élever toujours à une certaine hauteur au-dessus du sol.

La tour donne une solution immédiate de ces questions. Elle s'élève à une grande hauteur, et par la nature de sa construction, elle ne modifie en rien les éléments météorologiques à observer.

Il est vrai que 3oo mètres ne sont pas négligeables au point de vue de la chute de la pluie, de la température et de la pression ; mais cette circonstance donne un intérêt de plus pour l'institution d'expériences comparatives sur les variations dues à l'altitude.

Je n'insiste pas sur les autres usages scientifiques qui ont été signalés avec raison. Je dirai seulement que la Tour pourrait donner lieu à de très intéressantes observations électriques. Il est certain qu'il se fera presque constamment des échanges entre le sol et l'atmosphère par ce grand paratonnerre métallique de 3oo mètres. Ces conditions sont uniques, et il y aurait un très grand intérêt à prendre des dispositions pour étudier le passage du flux électrique à la pointe terminale de la Tour. Ce flux sera souvent énorme et même d'observation dangereuse, mais on pourrait prendre des dispositions spéciales pour éviter tout accident, et alors on obtiendrait des résultats du plus grand intérêt.

Je voudrais encore recommander l'institution d'un service de photographies météorologiques. Une belle série de photographies nous donnerait les formes, les mouvements, les modifications qu'éprouvent les nuages et les accidents de l'atmosphère depuis le lever du Soleil jusqu'à son coucher. Ce serait l'histoire écrite du ciel parisien dans un rayon qui n'a jamais été considéré.

Enfin je pourrais signaler aussi d'intéressantes observations d'Astronomie physique, et en particulier l'étude du spectre tellurique, qui se ferait là dans des conditions exceptionnelles.

Ainsi la Tour sera utile à la science ; ce n'est de sa part que de la reconnaissance, car sans la science, jamais elle n'aurait pu être élevée. Le génie civil est fils de la science, aussi la science doit-elle le soutenir et le défendre chaque fois qu'il se réclame d'elle.

Mais déjà la science avait rendu justice au grand édifice du Champ de Mars.

Le grand savant dont les restes recevaient aujourd'hui même

l'hommage de la France à Notre-Dame aimait à voir s'élever votre Tour, et, chose remarquable, elle eut sa dernière visite et sa dernière admiration.

«Que c'est beau !» dit-il, en la voyant à sa dernière sortie. Après quoi il tomba dans cette prostration et cette douce agonie qui n'était que l'épuisement d'un corps qui avait franchi d'une manière si extraordinaire les limites imposées à la vie.

M. Chevreul, le centenaire, saluant le monument élevé à la gloire du siècle, dont il était la vivante personnification, vous ne pouviez désirer un hommage ni plus flatteur, ni mieux en situation. Voilà qui peut vous consoler de bien des critiques.

Ainsi la Tour du Champ de Mars aura, indépendamment de son usage principal qui est de faire jouir le public d'un panorama unique par l'élévation du point de vue et l'intérêt des objets environnants, des usages scientifiques très intéressants et très variés.

Mais, il est un point de vue que nous ne devons pas oublier, parce qu'il est peut-être celui qui doit dominer tous les autres. Je veux dire que la Tour du Champ de Mars, par la grandeur de ses dimensions, par les difficultés que son érection présentait, et par les problèmes de construction dont elle nous offre les heureuses solutions, réalise une démonstration palpable de la puissance et de la sûreté des procédés des constructions métalliques dont le génie civil dispose aujourd'hui. Cette démonstration, quelle occasion plus naturelle pour la donner, que cette Exposition qui est précisément un grand tournoi où les nations viennent en quelque sorte se mesurer et montrer leurs forces respectives, en science, en art, en industrie ! Et, du reste, oublie-t-on que les hommes n'ont jamais voulu se renfermer uniquement dans la construction d'édifices d'une utilité matérielle et immédiate ? Oublie-t-on qu'indépendamment du sentiment religieux qui a fait élever tant d'admirables édifices, on a vu, à toutes les époques de l'histoire, des monuments consacrés à la gloire militaire ou à la domination politique ? Or, si la guerre a voulu consacrer ses triomphes, pourquoi la paix ne consacrerait-elle pas les siens ? Les luttes armées et sanglantes des nations sont-elles donc plus belles et plus saintes que les luttes pacifiques du génie de l'homme avec la nature, pour en faire l'instrument de sa grandeur matérielle et morale ? Ces combats demandent-ils donc moins d'activité, de courage et de génie, et leurs fruits sont-ils moins durables et moins beaux ?

Cessons donc de marchander à ces luttes si nobles et si fécondes les signes sensibles qui les doivent glorifier. Célébrons au contraire des victoires où le vainqueur n'expie jamais son triomphe, où le vaincu voit complaisamment sa défaite, car ce vaincu, c'est cette grande nature, c'est cette *alma mater*, qui veut que nous lui fassions violence, qui ne nous résiste que pour nous rendre dignes de la victoire, et nous récompense de nos triomphes par la profusion de ses dons, par l'exaltation de toutes nos énergies et le sentiment légitime de notre grandeur intellectuelle.

Voilà les vrais combats que l'homme devra livrer de plus en plus, voilà les triomphes auxquels on ne dressera jamais assez d'arcs et de colonnes. Voilà l'avenir vers lequel le monde doit marcher. Ce sera l'honneur de la France d'avoir donné ce noble exemple, et la gloire de M. Eiffel de lui avoir permis de le donner.

*Treizième dîner de la Conférence Scientia.* Une broch. in-8º, Paris, 1889, p. 5.

Discours reproduit dans la *Revue scientifique*, numéro du 20 avril 1889, p. 490.


## II


## SUR LE PHONOGRAPHE DE M. EDISON


Au Congrès que l'Association britannique pour l'avancement des Sciences tenait à Bath, en septembre dernier, j'ai eu l'occasion d'entendre et d'employer le nouveau phonographe de M. Edison (1).

---

(1) A la prière de M. le colonel Gouraud, j'ai envoyé un phonogramme à M. Edison. Ce *phonogramme* a été le suivant : « Le problème de reproduire artficiellement la voix humaine est un des plus étonnants de ceux que

Les perfectionnements de l'appareil me parurent si remarquables que j'engageai le représentant de M. Edison, M. le Colonel Gouraud, à présenter le phonographe à l'Académie.

Mais le désir de montrer l'appareil avec les derniers perfectionnements que l'inventeur y a apportés tout récemment en a fait retarder la présentation.

M. Edison a exprimé à son représentant le désir que j'accompagne cette présentation de quelques mots d'explication, ce que je fais très volontiers.

Les perfectionnements apportés au nouveau phonographe portent principalement sur trois points.

Tout d'abord, l'organe unique destiné à produire, sous l'influence de la voix ou des instruments, les impressions sur le cylindre et à reproduire ensuite les sons par l'action du cylindre, a été dédoublé.

Ce dédoublement me paraît très heureux et très important. Il a permis d'approprier d'une manière beaucoup plus précise l'organe à la fonction spéciale qu'il doit remplir.

Ainsi, dans le nouvel appareil, l'inscription de la membrane vibrante se fait au moyen d'un style dont la pointe est façonnée de manière à entamer et couper la matière assez ductile et de consistance bien appropriée qui forme les nouveaux cylindres.

Il résulte de cette action du style inscripteur un copeau d'une délicatesse extrême et sur le cylindre un sillon qui traduit les mouvements les plus délicats de la membrane vibrant sous l'action de son générateur.

Si le style inscripteur a été construit de manière à produire un sillon traduisant aussi rigoureusement que possible les mouvements de la membrane vibrante, le style et la membrane reproducteurs du son ont été combinés au contraire pour recevoir de ce sillon leurs mouvements vibratoires sans altérer celui-ci, et M. Edison a si bien atteint ce but qu'on peut reproduire un

l'homme ait pu se proposer. Le génie de M. Edison nous en donne la solution et son nom sera béni de tous ceux qui pourront entendre encore la voix aimée de ceux qu'ils auront perdus. » C'est la première voix française qui sous cette forme si nouvelle, traversa l'Atlantique.

nombre presque illimité de fois la parole inscrite sans altération sensible.

Ce sont précisément les organes dont je viens de parler qui ont reçu les perfectionnements récents auxquels je faisais allusion en commençant. Je ne me crois pas autorisé à entrer à leur égard dans plus de détails.

La substitution à la feuille d'étain d'une manière plastique, qui se laisse découper avec une grande précision et sans exiger d'effort appréciable, est aussi fort heureuse.

Le troisième perfectionnement très important regarde les mouvements. Dans l'ancien appareil, c'était le cylindre inscripteur qui se déplaçait ; dans le nouveau, c'est le petit appareil qui porte les membranes et les styles. Le mouvement est donné par l'électricité. Un régulateur à boules muni d'un frein permet d'obtenir des vitesses variables et, par suite, une émission des sons plus ou moins rapide. Mais, dans tous les cas, l'appareil est construit d'une manière si parfaite qu'on peut rapidement mettre en accord le mouvement de translation des styles et celui de rotation du cylindre, accord qui doit être rigoureux pour la bonne émission des sons et la conservation des cylindres qui portent les inscriptions.

Ainsi l'on peut ralentir ou précipiter l'émission des sons ou l'interrompre et la reprendre à tel point qu'on veut ou encore recommencer l'émission tout entière autant de fois qu'on le désire.

Le phonographe paraît surtout apte à reproduire avec une perfection surprenante les sons aigus ; cependant, je dois reconnaître que les sons de la voix d'une tonalité assez basse ont été très bien reproduits.

Il ne faut pas perdre de vue que M. Edison a cherché, dans son nouvel instrument, à obtenir la perfection dans la reproduction des sons et non leur puissance : aussi doit-on toujours se servir des tuyaux acoustiques pour obtenir une bonne audition du phonographe.

Il est très intéressant de constater que le phonographe vibrant peut non seulement enregistrer tous les sons de l'échelle musicale et ceux qui sont amenés par le parler des diverses langues, mais encore les sons de tout un orchestre qui se présentent simultanément à l'inscription. Il y a là une constatation du plus haut intérêt au point de vue théorique, car elle nous révèle les merveilleuses propriétés des membranes élastiques. Il faut reconnaître que le téléphone nous avait déjà grandement instruits à cet égard.

Je suis persuadé que, indépendamment des usages que le nouvel instrument recevra et qui se multiplieront au delà même de ce que nous pouvons prévoir aujourd'hui, le phonographe deviendra le point de départ d'importantes études théoriques d'Acoustique et de Mécanique moléculaire.

C'est donc un beau problème que M. Edison a résolu, et tous les amis du Progrès et de la Science lui doivent un tribut d'admiration et de reconnaissance.

*C. R. Acad. Sc.*, Séance du 23 avril 1889, T. 108, p. 833. — Reproduit dans la *Revue Scientifique*, n° du 27 avril 1889, p. 513.


# III

## SUR L'ORIGINE TELLURIQUE DES RAIES
## DE L'OXYGÈNE DANS LE SPECTRE SOLAIRE

M. Eiffel ayant mis très obligeamment la tour du Champ de Mars à ma disposition pour les expériences et observations que je voudrais y instituer, j'ai eu la pensée de profiter de la source si puissante de lumière qui vient d'y être installée pour certaines études du spectre tellurique et, en particulier, celle qui se rapporte à l'origine des raies du spectre de l'oxygène dans le spectre solaire.

Nous savons aujourd'hui qu'il existe dans le spectre solaire plusieurs groupes de raies qui sont dues à l'oxygène que contient notre atmosphère ; mais on peut se demander si ces groupes sont dus exclusivement à l'action de notre atmosphère et si l'atmosphère solaire n'y entre pour rien ou bien si leur origine est double ; en un mot, si elles sont purement telluriques ou telluro-solaires.

Pour résoudre cette question, on peut recourir à un certain nombre de méthodes.

Une des plus sûres est celle de la vibration, dont l'origine remonte à la belle conception de M. Fizeau et qui a été appliquée par M. Thollon et perfectionnée par M. Cornu.

Elle paraît d'une application assez difficile dans le cas présent.

On peut aussi observer la diminution d'intensité que subissent les groupes à mesure qu'on s'élève dans l'atmosphère et, par des comparaisons aussi soignées que possible, et surtout par la grande pratique des observations, juger si la diminution d'intensité des raies permet de conclure à leur disparition complète aux limites de l'atmosphère. C'est la méthode employée dans la dernière expédition au massif du mont Blanc (Grands-Mulets).

On peut encore procéder par une comparaison d'égalité en installant une puissante lumière à spectre continu à une distance de l'analyseur qui soit telle que l'épaisseur atmosphérique traversée représente l'action de l'atmosphère terrestre sur les rayons solaires aux environs du zénith.

Or, cette dernière circonstance s'est très heureusement trouvée réalisée par les situations respectives de la tour Eiffel et de l'Observatoire de Meudon.

La tour est à une distance de l'observatoire d'environ 7.700 mètres, qui représente à peu près l'épaisseur d'une atmosphère ayant même poids que l'atmosphère terrestre et une densité uniforme et égale à celle de la couche atmosphérique voisine du sol.

En outre, la puissance considérable de l'appareil lumineux installé actuellement au sommet de la tour permettait l'emploi de l'instrument qui m'avait servi à Meudon et aux Grands-Mulets pour le Soleil.

J'ai néanmoins fait usage d'une lentille collectrice devant la fente, afin d'amener le spectre à avoir une intensité tout à fait comparable à celle du spectre solaire dans le même instrument.

Dans ces conditions, le spectre s'est montré d'une vivacité extrême. Le champ spectral s'étendait au delà de A.

Le groupe B m'a paru aussi intense qu'avec le Soleil méridien d'été.

Le groupe A était également fort accusé.

On distinguait encore d'autres groupes, et notamment ceux de la vapeur d'eau ; leur intensité m'a paru répondre à l'état hygrométrique de la colonne atmosphérique traversée.

J'aurais voulu étudier les groupes de l'oxygène avec le grand spectromètre de MM. Brunner et le réseau que je tiens de M. Rowland, mais le temps limité pendant lequel on m'a envoyé la lumière ne l'a pas permis. J'espère pouvoir le faire une autre fois.

Aucune bande de l'oxygène ne s'est montrée dans le spectre visible. Cependant l'épaisseur de la couche traversée était équivalente à une colonne de plus de 260 mètres d'oxygène à 6 atmosphères de pression, c'est-à-dire à la pression pour laquelle le tube de notre laboratoire les montre avec une longueur de 60 mètres seulement, ou quatre fois plus petite. Ceci montre bien que, pour l'oxygène, les raies obéissent à une tout autre loi que les bandes.

En effet, tandis que pour les raies l'expérience de dimanche dernier nous montre qu'il paraît indifférent d'employer une colonne de gaz à densité constante ou une colonne équivalente en poids, mais à densité variable ; pour les bandes, au contraire, l'absorption ayant lieu suivant le carré de la densité, le calcul montre qu'il faudrait, à la surface du sol, une épaisseur atmosphérique de plus de 50 kilomètres pour les produire.

Je ne considère l'expérience de dimanche dernier que comme apportant un fait de plus à un ensemble d'études, fait qui demande à être précisé et développé.

Mais il est certain, pour moi, que la hauteur à laquelle la tour du Champ-de-Mars permet de placer le foyer lumineux et la puissance de ce foyer nous promettent des expériences de l'ordre de celles qui viennent d'être faites et du plus haut intérêt.

Avant de terminer, je désire remercier M. Eiffel de la libéralité avec laquelle il met son bel édifice à la disposition de la

Science. Je remercie également MM. Sautter et Lemonnier de leur obligeance.

*C. R. Acad. Sc.*, Séance du 20 mai 1889, T. 108, p. 1035.


## IV

## DISCOURS PRONONCÉ A LA SÉANCE GÉNÉRALE DU CONGRÈS INTERNATIONAL AÉRONAUTIQUE ET COLOMBOPHILE, TENUE A PARIS, AU PALAIS DU TROCADÉRO, LE 31 JUILLET 1889, PAR M. JANSSEN, PRÉSIDENT DU CONGRÈS.

Messieurs,

J'ai tout d'abord à vous remercier de vos suffrages, j'en suis extrêmement honoré et reconnaissant. Aussi, croyez bien que je ferai tous mes efforts pour répondre à votre attente, et remplir la tâche, particulièrement importante dans les circonstances actuelles, que vous venez de me confier.

Les deux Congrès, dont les membres se sont réunis pour cette séance d'ouverture, auront certainement une grande influence sur l'avenir des études dont ils s'occupent.

Il semble, en effet, Messieurs, que les progrès qu'on pouvait attendre des efforts isolés ou réunis par petits groupes, ont été à peu près réalisés, et que le moment est venu de rapprocher, d'une manière plus intime, tous ceux qui parcourent vos carrières, afin que, de cette entente et de ce concert, il jaillisse des lumières et des forces nouvelles.

Tout d'abord, une vue plus claire et plus précise du but à atteindre et des voies propres à y conduire. Ensuite la création de moyens plus puissants d'encouragements et d'étude. Enfin l'obtention de cette force qui résulte de l'union et du nombre, et qui vous permettra de vous imposer à l'attention du Gouvernement, pour en obtenir la protection et les encouragements indispensables aujourd'hui, et à l'opinion publique

que vous conquerrez complètement, quand elle verra le caractère scientifique élevé de vos études, quand elle comprendra la beauté et la grandeur des problèmes dont vous cherchez la solution dans l'intérêt de l'humanité, et j'ajoute à l'honneur de l'esprit humain.

Messieurs, les sujets qui vous occupent paraissent d'abord bien différents, et cependant, pour un esprit attentif, ils ont des points de contact pleins d'intérêt, et qui peuvent devenir bien féconds.

Je ne rappellerai pas que, dans une circonstance mémorable, vous avez associé vos efforts, et que c'est cette collaboration qui a permis à une capitale assiégée de rester en rapport avec le reste du pays.

C'est une collaboration d'un autre genre dont je veux parler. Je voudrais que, tandis que les uns travaillent, par les voies de la génération et de l'éducation, à perfectionner les facultés et les instincts d'un oiseau qui réalise une machine volante si admirable, les ingénieurs aéronautiques y voient un sujet d'études fécond. Bien entendu qu'il ne s'agit pas ici d'une imitation superficielle, mais d'une étude persévérante et approfondie, poursuivie jusqu'au moment où le génie saura en dégager les principes généraux que la nature y a cachés, et qui s'appliqueront non seulement à la machine artificielle des aviateurs, mais qui auront encore des conséquences pour l'aéronautique tout entière.

Messieurs, l'art de se servir de l'oiseau, auquel je viens de faire allusion, pour transmettre des nouvelles, paraît bien ancien. Peut-être en trouverait-on des traces dans ces vieilles civilisations de l'Orient où l'on trouve l'origine de tant d'arts et de découvertes. Pour nous, qui avons tout reçu de la Grèce, c'est elle encore qui nous offre un exemple authentique de cet emploi si ingénieux. On raconte, en effet, qu'un jeune athlète, vainqueur aux jeux Olympiques, annonça aux siens sa victoire, au moyen d'un pigeon qu'il avait emporté avec lui, et qu'il lâcha après lui avoir attaché à la patte un bout de ruban écarlate, signe du triomphe.

De la Grèce, cet art dut passer chez les Romains, car nous

retrouvons des exemples de l'emploi des pigeons messagers au temps des Empereurs.

Pendant le moyen âge, l'Occident ne paraît pas avoir pratiqué l'art colombophile, mais il semble qu'il s'était conservé en Orient, car les Croisés le trouvèrent pratiqué par les Musulmans au siège de Jérusalem.

Mais à la Renaissance, l'emploi des pigeons recommença à être pratiqué, et précisément dans la contrée qui a été notre initiatrice dans l'art colombophile. En 1575, en effet, au siège de Leyde, nous voyons que les assiégés recevaient des nouvelles et des encouragements du Prince d'Orange, par le moyen des pigeons. Peu après, en 1594, c'est précisément la ville qui devait faire un si large usage des messagers ailés, qui nous en offre un nouvel exemple. Paris assiégé par Henri IV se servait de pigeons pour franchir les lignes de l'assiégeant. Il paraît même que le futur et avisé monarque avait fait dresser des faucons pour donner la chasse à ces messagers aériens.

Les pigeons eurent encore un autre usage, et après avoir servi d'auxiliaires aux armées, ils devinrent aussi ceux de la finance. En 1815, une maison de banque déjà célèbre dans le monde entier, se servit de ces messagers pour être informée, la première, de l'issue de la lutte engagée entre Napoléon et les alliés. Des pigeons secrètement apportés de Londres, furent lâchés à l'issue de la grande journée de Waterloo, non loin du champ de bataille, et portèrent à leur maître une nouvelle qui changeait si profondément l'équilibre des crédits respectifs des fonds publics des nations en présence, et permettait des opérations dont les bénéfices durent être considérables.

La connaissance de l'admirable instinct des pigeons est donc bien ancienne, et nous en voyons des applications à toutes les époques de l'histoire.

Mais, Messieurs, ce qu'il faut bien remarquer, c'est que depuis l'antiquité jusqu'à notre époque, l'emploi des pigeons comme messagers reste toujours intermittent, et à l'état, en quelque sorte, de fait isolé. Il n'est jamais entré d'une manière générale et permanente dans le service des armées.

Cet état de choses va changer avec le siège de Paris, pendant la guerre Franco-Allemande. Paris, complètement investi, isolé au milieu de la France, et faisant tant d'efforts infructueux pour rester en rapport avec elle, a dû à l'emploi combiné des pigeons et des ballons, de recevoir des nouvelles de la défense nationale, et il n'a pas tenu aux hommes éminents et dévoués qui dirigeaient ce service, que ces précieuses informations n'eussent été mieux utilisées et ne servissent à coordonner, d'une manière plus complète, les actions et les efforts.

Quoi qu'il en soit, la démonstration était si complète que c'est du siège de Paris que date le grand essor de l'art colombophile. Toutes les nations, et particulièrement celles qui paraissent devoir se rencontrer encore sur les champs de bataille, ont voulu doter leurs armées d'un moyen aussi précieux d'informations. De là, Messieurs, le grand développement actuel de l'art d'élever les pigeons messagers. En France seulement, il existe aujourd'hui plus de deux cents sociétés qui cultivent le sport colombophile.

Je dis le sport, car il faut bien le comprendre, Messieurs, l'art d'élever des pigeons messagers ne peut être uniquement soutenu par l'espoir de doter les forces nationales de précieux auxiliaires pour l'éventualité d'une guerre dont l'échéance est incertaine, et peut-être, ce que nous devons tous souhaiter, encore reculée. Il lui faut encore l'intérêt des concours fréquents et le stimulant du succès et de la victoire. Mais n'oublions pas que si ces sociétés paraissent constituées en vue du sport, leur principale raison d'être à nos yeux, comme à ceux de tous leurs membres, certainement, réside dans leur utilité nationale et dans l'admirable réserve qu'elles préparent, et dans laquelle le Gouvernement viendra puiser au jour du danger. C'est à ce titre, Messieurs, que ces sociétés ont droit à toutes nos sympathies, c'est à ce titre qu'elles doivent être encouragées et protégées par leurs Gouvernements respectifs, c'est à ce titre, encore, que toutes les administrations doivent s'efforcer de les aider, et de leur donner toutes les facilités désirables et possibles.

Messieurs, votre réunion en Congrès et les mesures que vous saurez adopter pour établir dans chaque contrée, entre toutes les sociétés colombophiles, des liens qui leur manquent actuellement, aideront puissamment à atteindre ce but. Il faut que des voix autorisées puissent parler au nom de tous, chaque fois qu'il s'agira de questions où l'intérêt de tous est engagé.

La création d'un Comité central, à l'image de celui que nous avons au Club alpin, me paraîtrait devoir aider puissamment à atteindre ce but. Ce Comité, émanation des syndicats et des sociétés de province, leur servirait de lien, et souvent de guide. Il pourrait proposer à l'étude des sociétés ces questions si intéressantes du perfectionnement des races et de l'éducation, de l'hygiène, des meilleures dispositions à adopter pour les colombiers, des mesures à prendre pour rendre les conditions des concours absolument irréprochables. Il s'établirait ainsi entre les sociétés une émulation et des concours qui seraient l'image de ceux que les sociétés provoquent entre leurs membres, mais qui auraient des résultats bien autrement efficaces. Enfin, le Comité agissant au nom de tous, soit à l'égard du Gouvernement, soit auprès des grandes Administrations, élèverait une voix qui serait écoutée.

Par là, Messieurs, tout en conservant votre pleine liberté, votre initiative, votre autonomie, vous acquerrez une importance et une force qui rejailliraient sur chacun de vous, et dont votre art si attachant et si utile bénéficierait tout entier. A mon sens, Messieurs, si j'avais un conseil à vous donner, c'est celui que je considérerais comme le plus important, et il s'applique aussi bien à l'aérostation qu'à l'art des colombophiles.

Je viens de parler de l'aérostation ; c'est vers elle maintenant que je dois me tourner.

L'aérostation me paraît à une époque remarquable, mais critique, de son développement. Après l'enthousiasme indescriptible que la découverte mémorable des frères Montgolfier avait provoqué, il y eut une période d'indifférence et comme de désillusion. C'est qu'on avait cru tout d'abord qu'il suffisait d'avoir découvert l'art de s'élever dans les airs, pour que le problème de la possession de l'atmosphère fût résolu. Il n'en était rien. Aujourd'hui la question de construire une machine se soutenant dans l'atmosphère par l'application des principes de l'hydrostatique est une des plus simples et des plus faciles que la science et l'industrie actuelle puissent se proposer. Mais le problème de se diriger dans l'atmosphère, soit par une connaissance approfondie des courants, de leur maniement habile, soit surtout par l'emploi d'une force et de dispositions mécaniques capables, même dans une mesure modeste, de vaincre les courants atmosphériques, est tout autre. Celui-là est d'une difficulté extrême. Extrême plus encore, peut-être, est la difficulté que cherchent à vaincre ceux qui veulent tout devoir à l'effort mécanique, et qui, à l'exemple des oiseaux, demandent à leur appareil, et la sustention, et la progression.

Et cependant, l'enthousiasme de 1783 était légitime, comme aurait été légitime, celui d'un peuple dont le territoire aurait été enserré de toutes parts par la mer, et qui aurait assisté tout à coup au lancer de la première embarcation.

Mesurez maintenant le temps qu'il a fallu à l'homme pour asseoir la navigation maritime sur les bases actuelles, depuis l'époque de ses premières tentatives, jusqu'au moment où nous voyons ces grands paquebots emportant à travers les Océans, avec la vitesse d'un train de chemin de fer, et sans se soucier ni des vents contraires, ni des tempêtes, un chargement et une population qui offre comme l'image et la réduction d'une de nos grandes cités avec sa vie, ses habitudes et tous les raffinements de son luxe et de ses plaisirs, et demandons-nous si nous sommes en retard pour la solution du problème de la navigation aérienne infiniment plus difficile que l'autre et dont l'origine date d'un siècle à peine.

Il n'y a là, Messieurs, qu'un malentendu et une impatience illégitime.

Eh bien ! Messieurs, malgré la difficulté du problème, je ne demande pas, pour la conquête de l'atmosphère, un temps comparable à celui que l'homme a employé pour réaliser celle de la mer. L'admirable développement des sciences, et la puissance des moyens industriels dont elles disposent aujourd'hui, hâteront singulièrement la solution.

Pour revenir à cette navigation maritime, qui est comme notre point de départ et notre modèle, voyez la lenteur des

premiers progrès, et peu à peu, à mesure que l'homme s'éclaire
et dispose de moyens plus puissants, considérez la rapidité toujours plus grande des transformations. Après avoir mis tant de
siècles pour enfanter la dernière expression du navire à voiles,
il n'en a pas fallu un seul pour opérer la mémorable révolution
réalisée par l'application de la vapeur.

Aujourd'hui, quelle chose est impossible à l'homme ? Il élève
des tours qui touchent aux nuages, il perce des montagnes et des
isthmes, il se joue des Océans et des tempêtes, il déplace avec
des fils, le siège des forces naturelles, et sa pensée fait le tour de
la terre.

C'est que l'homme nous offre aujourd'hui comme l'image
d'une intelligence qui aurait la faculté de perfectionner sans
cesse ses organes, et d'augmenter indéfiniment leur puissance,
en sorte que ses moyens d'action resteraient toujours à la hauteur de la hardiesse croissante de ses conceptions.

Messieurs, j'en ai la conviction profonde, et croyez bien qu'en
parlant ainsi, je ne me laisse pas égarer par mon imagination,
ni entraîner par le désir de vous faire une prédiction agréable,
non, Messieurs, c'est un esprit habitué à ne considérer que les
éléments positifs et certains des questions et à n'admettre que
les conséquences qui en découlent rigoureusement ; c'est, en un
mot, l'homme de science qui parle ici. Eh bien ! je n'hésite pas
à dire que le XX<sup>e</sup> siècle, auquel nous touchons presque et dont
nous pouvons dès maintenant saluer l'aurore, verra réalisées
les grandes applications de la navigation aérienne et l'atmosphère terrestre sillonnée par des appareils qui en prendront
définitivement possession, soit pour en faire l'étude journalière
et systématique, soit pour établir entre les nations des communications et des rapports qui se joueront des continents, des
mers et des océans, et deux siècles à peine auront suffi pour obtenir ce résultat prodigieux.

Il en est parmi vous qui verront l'aurore de ce grand jour
et qui pourront se rendre le témoignage de l'avoir préparé.
Gloire à eux ! Que le sentiment de travailler à une aussi belle
tâche les soutienne dans leurs efforts et leur donne le succès.
Quant à nous, parvenu déjà presqu'au terme que l'âge et un

travail d'un demi-siècle tout entier consacré à la science doivent mettre à nos efforts, nous ne pouvons que les accompagner de nos vœux et jouir d'avance de leurs triomphes. Il y a peut-être autant de grandeur et souvent plus de jouissances à admirer que se rendre digne de l'être.

Permettez-moi, avant de terminer, de vous dire, comme à nos collègues MM. les Colombophiles, que j'attends beaucoup de ce Congrès, mais à la condition qu'on s'unisse et qu'on arrête des dispositions analogues à celles que je recommandais tout à l'heure.

La difficulté des questions que vous avez à considérer et à résoudre et l'état d'isolement et d'impuissance dans lequel chacun travaille aujourd'hui les rend encore plus urgentes. Elles changeront la face de vos études. Vous serez récompensés de l'acceptation de cette discipline toute volontaire par le sentiment de travailler plus efficacement à la solution des questions les plus belles et les plus fécondes que l'homme se soit jamais proposé de résoudre.

*L'Aéronaute*, 22ᵉ année, nᵒ d'août 1889, p. 175. Discours reproduit dans l'*Annuaire du Bureau des Longitudes* pour l'an 1890, p. 734.


## V


## DISCOURS PRONONCÉ A LA PREMIÈRE SÉANCE DU CONGRÈS INTERNATIONAL DE PHOTOGRAPHIE, TENUE A PARIS, AU PALAIS DU TROCADÉRO, LE 6 AOUT 1889, PAR M. JANSSEN, PRÉSIDENT DU COMITÉ D'ORGANISATION DU CONGRÈS.


MESSIEURS,

J'ai tout d'abord à vous remercier de vos suffrages. J'en suis extrêmement honoré. Vous pouvez compter, Messieurs, sur tout mon dévouement.

Avant de vous exposer l'objet de ce Congrès, et de vous entretenir des résultats que nous en attendons, je dois d'abord souhaiter la bienvenue à nos collègues étrangers, parmi lesquels il y a tant d'hommes éminents qui nous ont fait l'honneur de répondre à notre appel et nous ont donné le grand plaisir de leur visite. Je puis les assurer que nous nous efforcerons de rendre leur séjour parmi nous aussi agréable que possible, et nous espérons qu'il naîtra de ces relations des amitiés durables qui survivront à ce Congrès.

Messieurs, de toutes les réunions qui ont lieu actuellement à Paris, celle-ci est peut-être une des plus importantes et des mieux motivées.

En effet, Messieurs, la photographie a pris aujourd'hui un développement immense. Elle a pénétré partout, et partout elle devient un merveilleux agent d'étude, de progrès et de vulgarisation.

Mais, Messieurs, par le fait même de cette extension et de la multiplicité des branches que l'art de la photographie a vu naître, et qui se sont développées isolément, il s'est produit dans la langue, dans les méthodes, dans la construction et l'usage des instruments, des diversités de tout genre qui amèneraient bientôt à la confusion, si l'on n'y portait remède.

En outre, Messieurs, l'art photographique, malgré son état florissant et l'admirable ensemble de méthodes dont il s'est enrichi, attend encore ses bases scientifiques.

Aussi devons-nous nous efforcer de les lui donner et de lui faire prendre son rang parmi les sciences.

Pour atteindre ce but, la première condition à remplir est, tout d'abord, de doter la photographie des unités qui lui sont indispensables.

La question des unités est toujours une des plus importantes à considérer dans les arts et les sciences, et on peut dire qu'un art n'est bien constitué que quand il possède des moyens sûrs et constants de mesurer et de définir ses opérations, c'est-à-dire, quand il est en possession de ses unités.

Pour la photographie, il ne semble pas qu'il puisse y avoir de doute sur l'adoption de l'unité qui doit servir de mesure à l'agent fondamental de ses opérations : la lumière. C'est la physique qui la lui fournira, et il semble que celle que nous devons à M. Violle réunit toutes les conditions désirables. Mais en même temps, il paraît indispensable d'adjoindre à cette unité tout à fait scientifique, mais qui ne peut être employée couramment, d'autres unités qu'on rattacherait à l'unité fondamentale par des définitions suffisamment exactes, mais qui seraient d'un usage courant et facile et, par là, permettraient d'introduire une précision encore inconnue dans les opérations du laboratoire.

Mais la mesure de l'action lumineuse n'est que le point de départ : vos études et vos définitions doivent encore porter tant sur les organes qui, dans les appareils photographiques, règlent l'admission de la lumière, que sur ceux qui sont destinés à mesurer la durée de son action.

Messieurs, toute opération photographique est à deux termes. C'est, d'une part, l'agent lumineux ou radiant, modifié dans ses directions et réglé dans son action par les appareils optiques, et, d'autre part, la substance sensible qui reçoit cette action et en conserve une trace durable. Or, il est aussi important pour le résultat final de posséder des moyens d'estimer scientifiquement le degré de sensibilité des substances photographiques que de pouvoir mesurer l'action de l'agent qui les modifie. Le Congrès aura donc à porter aussi son attention sur ce point important.

Le matériel photographique devra également vous occuper. Depuis l'origine de la photographie, il a subi des transformations incessantes, et les constructeurs ont réalisé aujourd'hui des progrès bien remarquables. Mais il n'y a eu aucune entente entre eux. Il en est résulté la production des modèles les plus différents qui s'opposent aux échanges et aux combinaisons les plus nécessaires dans les opérations. Là encore, il faudra unifier, simplifier, uniformiser autant que possible.

Mais de toutes les réformes qui devront attirer l'attention du Congrès, aucune n'est plus urgente que celle qui se rapporte au langage. Comme je disais tout à l'heure, par suite de la multiplication et de l'extrême diversité des procédés et des méthodes

auxquelles la photographie a donné naissance, la langue s'est
surchargée d'une foule d'expressions qui ont été créées en dehors de toute règle fixe et, bien souvent, contrairement au véritable sens étymologique. Il en résulte qu'aujourd'hui les expressions employées par les auteurs pour désigner des procédés qu'ils
ont inventés ou proposés ne peuvent donner que bien rarement
une idée exacte de la nature de ces procédés et des principes qui
leur servent de base. Il y a donc lieu, Messieurs, de poser, dès
maintenant, les bases d'une terminologie rationnelle.

La langue grecque qui est aujourd'hui la véritable langue
internationale où puisent les arts et les sciences, et qui se prête
si admirablement à la formation des mots composés exprimant
une idée principale avec toutes les modifications qu'elle peut
recevoir, restera toujours notre base d'emprunt ; mais nous
devons revenir à une application plus exacte du sens étymologique, et surtout conserver aux dérivés d'un même radical
une signification invariable et respecter le sens des mots quand
il est déjà fixé par un long usage dans les arts voisins du nôtre.

Par là, Messieurs, votre langue acquerra la clarté, la précision, l'uniformité que toute langue bien faite doit posséder.
Elle cessera d'être un idiome à part, compréhensible seulement
pour quelques praticiens, mais elle se rattachera à l'ensemble
des autres langues scientifiques, et prendra parmi elles la place à
laquelle elle a droit par l'importance des phénomènes et des
applications qu'elle est appelée à définir et à exprimer.

Messieurs, une des questions les plus importantes et qui préoccupe à juste titre les esprits à l'heure actuelle est celle de la propriété des œuvres photographiques. Le desideratum pour tous
les esprits libéraux et éclairés est que les œuvres photographiques soient complètement assimilées aux œuvres d'art et protégées au même titre. C'est là une solution vers laquelle nous
marchons évidemment, mais qui n'est pas encore acquise.

Vous aurez à examiner cette question et vous vous associerez
sans doute au vœu qui vous sera proposé par le Comité d'organisation.

Ce Comité vous soumettra en outre les solutions qui lui ont
paru les plus équitables relativement aux questions délicates qui

concernent la propriété des clichés de portraits et le droit de leur reproduction.

Tels sont, Messieurs, les principaux points des institutions et des réformes qui vont être soumis à vos études et appeler vos résolutions.

Vous voyez, Messieurs, quelles sont l'importance et l'étendue de votre tâche. Aucun effort aussi considérable n'aura été fait en faveur de la photographie.

Il s'agit en effet de la doter de ses bases scientifiques, d'unifier ses méthodes et ses instruments, de fixer sa langue.

Cette belle tâche, Messieurs, vous l'accomplirez. Le nombre, l'éminence, l'esprit de progrès de ceux qui ont répondu à notre apppel en sont un sûr garant.

Nous comprenons tous, en effet, qu'en travaillant à élever et à étendre l'action de la photographie, nous travaillons à doter l'industrie, les arts, les sciences du plus admirable instrument de découvertes, de progrès et de diffusion qu'ils aient jamais possédé, et nous pouvons être assurés que la postérité ne l'oubliera pas.

Messieurs, je déclare ouvert le Congrès de Photographie.

Exposition Universelle Internationale de 1889. Congrès international de Photographie tenu à Paris du 6 au 17 août 1889. *Procès-verbaux et Résolutions*, p. 5.

VI

## CONFÉRENCE SUR LA PHOTOGRAPHIE FAITE A L'ISSUE DU CONGRÈS INTERNATIONAL DE PHOTOGRAPHIE, LE 17 AOUT 1889.

MESSIEURS,

Le Comité d'organisation du Congrès m'a fait l'honneur de me demander de résumer devant vous les points les plus importants qui ont fait la matière des délibérations de cette Assemblée. Cette conférence a pour but de répondre à ce désir.

Il est certain, en effet, qu'il peut y avoir utilité à revoir ensemble quelques-unes des principales questions qui ont occupé le Congrès, soit pour en résumer la discussion, soit pour en compléter l'étude. Je compte même profiter de cette occasion pour faire connaître, à l'égard de quelques-unes de ces questions, ma manière particulière de les envisager, et donner de la Photographie dans ses rapports avec la Science et l'Art des notions peut-être plus justes et plus vraies. Mais avant tout, Messieurs, je tiens, comme Président de ce Congrès, à constater le grand succès de notre réunion et l'importance des conséquences qui en résulteront pour l'avenir de la Photographie.

Ce succès, Messieurs, est dû tout d'abord à l'empressement avec lequel nos collègues étrangers ont répondu à notre appel, et nous devons les en remercier. Mais il est dû encore et surtout au concours que nous ont prêté les éminents savants et praticiens, qui ont fait l'honneur et la force de vos Commissions.

Les questions difficiles et multiples que le Congrès devait résoudre ont été, de la part de vos commissaires, l'objet d'études si complètes et si approfondies, que l'Assemblée n'a eu, en général, qu'à les adopter.

Messieurs, parmi les questions dont le Congrès a eu à s'occuper, une des plus importantes est celle qui regarde la langue photographique.

Par suite de la multiplication et de l'extrême diversité des méthodes et des procédés auxquels la Photographie a donné naissance, la langue s'est surchargée d'une foule d'expressions qui ont été créées en dehors de toute règle fixe, et bien souvent contrairement au véritable sens étymologique. Il en résulte qu'aujourd'hui les expressions employées par les auteurs pour désigner les procédés qu'ils ont inventés ou proposés, ne peuvent donner que bien rarement une idée même approchée de la nature de ces procédés, et des principes qui leur servent de base. Il y a donc lieu, Messieurs, si nous voulons avoir une langue compréhensible, de poser les bases d'une terminologie rationnelle.

La langue grecque, qui aujourd'hui est la véritable langue

internationale où puisent les Arts et les Sciences, et qui se prête si admirablement à la formation des mots composés exprimant une idée principale avec toutes les modifications qu'elle peut recevoir, restera toujours notre base d'emprunts ; mais nous devons revenir à une application plus exacte du sens étymologique, surtout employer dans nos mots composés les dérivés d'un même radical toujours avec le même sens, et enfin respecter le sens des mots quand il est déjà fixé par un long usage dans les Arts voisins du nôtre.

Par là, Messieurs, votre langue acquerra la clarté, la précision, l'uniformité que toute langue bien faite doit posséder. Elle cessera d'être un idiome à part, compréhensible seulement pour quelques praticiens ; mais elle se rattachera à l'ensemble des autres langues scientifiques, et elle prendra parmi elles une place à laquelle elle a droit par l'importance des phénomènes et des applications qu'elle est appelée à définir et à exprimer. Sous ce rapport, Messieurs, je crois que le Congrès a très heureusement préparé la réforme désirée, en posant les bases d'une terminologie simple, rationnelle et fidèle au sens étymologique.

Comme l'agent fondamental de toutes vos opérations est la lumière, le Congrès a décidé que le radical grec φῶς, qui a donné par son génitif le mot *photo* dans les langues scientifiques, figurerait toujours dans les mots composés exprimant une action dont la lumière est l'agent. Et comme le but même de votre Art est d'obtenir, par le moyen de cet agent, des images, des dessins, des écritures, vous avez admis également que le mot *graphie*, dérivé d'un mot grec qui embrasse dans sa signification l'art de l'écriture et du dessin, terminerait vos mots composés. Entre ces deux expressions, on fera entrer celles qui sont destinées à définir plus spécialement, et à caractériser les principales méthodes dans lesquelles se divisent aujourd'hui les Arts photographiques.

On vous a proposé également un moyen ingénieux de transposition, pour distinguer entre les opérations qui ont pour but la reproduction d'un objet déterminé et celles où, au contraire, c'est l'objet considéré comme source de lumière qui est l'agent actif. C'est ainsi, par exemple, que le mot *héliophotographie* désignerait les méthodes ayant pour but d'obtenir des photographies du disque solaire, et *photohéliographie* celles dont la lumière solaire serait elle-même la base et l'agent.

Après la langue, un des objets les plus importants est celui de l'introduction en Photographie d'une unité de lumière.

La question des unités est toujours une des plus importantes à considérer dans les Arts et les Sciences, et l'on peut dire qu'un art n'est bien constitué que quand il possède des moyens sûrs et constants de mesurer et de définir ses opérations, c'est-à-dire quand il est en possession de ses unités.

Pour la Photographie, il ne pouvait y avoir de doute sur l'adoption de l'unité fondamentale de lumière, c'est la Physique qui doit la lui fournir, et nous la devons à M. Violle, qui a eu l'heureuse idée de la demander à un phénomène bien constant, assez facilement réalisable dans un laboratoire de Physique : la fusion du platine. Ainsi, tandis que la fusion de la glace nous donne les repères les mieux déterminés de l'échelle thermométrique, celle du platine nous fournira son unité de rayonnement également définie comme quantité et qualité.

Mais, Messieurs, si la fusion du platine donne à la Photographie, comme à la Physique, une unité de lumière bien définie, il s'en faut que cette unité réponde aux besoins courants des laboratoires.

Il est donc indispensable qu'à côté de cet étalon, qui ne doit servir que comme terme sûr de comparaison, on institue ce qu'on pourrait appeler des *unités courantes*, d'un usage très simple, très pratique, et dont on puisse limiter suffisamment les écarts au moyen de comparaisons plus ou moins fréquentes avec l'étalon.

Vous avez décidé que la lampe à l'acétate d'amyle constituerait une de ces unités.

Je crois qu'il y aura lieu d'en instituer encore d'autres. Les bougies, qui fournissent un moyen si facile de produire la lumière, pourront donner matière à d'intéressantes études sous ce rapport. Il ne s'agira sans doute que d'en faire fabriquer dans des conditions de matière, de nature de mèches, de grosseur bien définies.

Les Sociétés de Photographie pourront faire procéder à des comparaisons mensuelles, et publier les résultats dans leurs *Bulletins*.

Tout cela est matière à études ultérieures.

Messieurs, si la sûreté et la comparabilité des opérations photographiques exigent l'intervention d'une unité de lumière, ces opérations réclament aussi impérieusement l'institution de méthodes permettant d'apprécier et de mesurer la sensibilité des préparations. En effet, la formation de l'image photographique a deux termes : d'une part, la puissance de l'agent créateur, et de l'autre, la facilité plus ou moins grande avec laquelle la pellicule reçoit et révèle son action.

J'ai eu la satisfaction de voir que la Commission a fait entrer dans la méthode qu'elle propose pour mesurer les sensibilités, le principe de Photométrie photographique que j'ai proposé depuis plusieurs années, à savoir que les intensités photographiques de deux sources sont entre elles en raison inverse des temps qui leur sont nécessaires pour accomplir des travaux photographiques égaux. Par travaux photographiques égaux, il faut entendre les actions qui amènent, après développement, sur une même plaque ou sur des plaques de même sensibilité, des teintes égales.

Ainsi, une source lumineuse sera deux, trois, quatre, etc., fois plus puissante qu'une autre, s'il lui suffit de la moitié, du tiers, du quart, etc., du temps employé par la seconde pour amener, sur des plaques également sensibles, des teintes de même degré d'opacité.

Ce principe, dont j'ai vérifié l'exactitude, permet de comparer au point de vue photographique, non seulement les puissances des sources lumineuses, mais encore les sensibilités respectives des plaques, puisqu'il suffit, dans ce cas, de faire agir la lumière d'une même source sur les plaques à comparer, et de régler cette action de manière à obtenir sur ces plaques des teintes égales. Les rapports de sensibilité seront entre eux dans le rapport inverse des temps respectivement employés.

Dans la pratique, on s'attache à produire avec cette source unique et chacune des plaques à comparer, des séries de bandes

correspondant à des temps de pose croissant suivant une loi
déterminée. On cherche ensuite, dans les séries obtenues, les
bandes de teintes égales. Les sensibilités seront en raison inverse
des temps qui leur correspondent respectivement.

Une des applications les plus importantes qu'on puisse faire
de ces principes de Photométrie photographique est celle qui
regarde les pouvoirs lumineux des étoiles.

Mais il faut d'abord employer un mode d'observation qui
permette d'obtenir, avec les étoiles, ces teintes plates qui se
prêtent si efficacement aux comparaisons photométriques.
Pour cela, j'ai proposé de placer la plaque photographique,
non au foyer de la lunette ou du télescope, mais un peu en avant,
de manière à couper le cône des rayons avant son sommet.

On obtient ainsi, au lieu d'un point, comme au foyer de l'instrument, un cercle de quelques millimètres de diamètre. Si l'instrument est bon, ce cercle est de teinte uniforme. Je le nomme
*cercle stellaire*. Avec les étoiles des premières grandeurs et un
instrument de pouvoir modéré, c'est-à-dire de 15 centimètres
à 25 centimètres d'ouverture, il suffit de quelques secondes
pour l'obtenir. On peut donc facilement produire sur la même
plaque une série de cercles à poses croissantes et graduées. En
répétant la même série avec la seconde étoile à comparer, il ne
restera plus qu'à chercher, après développement, dans les deux
séries, deux cercles d'égale intensité. Les pouvoirs lumineux
photographiques des deux étoiles seront entre eux en raison
inverse des temps respectivement employés à la production des
cercles en question.

Cette méthode, dont les résultats ont été communiqués à
l'Académie, a été appliquée, il y a déjà sept ou huit ans, à l'étude
des pouvoirs rayonnants de quelques étoiles ; notamment, elle
a servi à obtenir une comparaison entre la puissance lumineuse
de notre Soleil et celle de la plus grande étoile du ciel, Sirius.
Cette comparaison a conduit à cette conclusion remarquable,
à savoir que cette belle étoile est, en effet, un soleil beaucoup
plus important que le nôtre, et qu'elle possède, au point de vue
des rayons photographiques, qui sont, comme on sait, l'indice
d'une haute température, une puissance huit à dix fois plus

grande que celle de notre Soleil. Je crois donc, Messieurs, que ce principe qui, à l'exemple du principe de la Photométrie oculaire, prend pour base des comparaisons l'égalité des teintes, mais qui substitue à la mesure des distances celle du temps des actions photographiques, pourra servir de base à la Photométrie photographique, et cette Photométrie nouvelle est appelée, suivant moi, au plus brillant avenir.

Messieurs, une des questions les plus importantes et qui intéressent le plus l'avenir de la Photographie, est celle de ses rapports avec l'Art.

Le Congrès s'en est occupé au point de vue de la propriété des œuvres photographiques ; mais cette question ne peut être traitée et résolue définitivement que si l'on aborde et si l'on résout complètement cette autre question qui domine le sujet, à savoir : une œuvre photographique peut-elle être une œuvre d'art ?

Comme j'ai toujours été profondément convaincu que la Photographie était destinée à devenir une des grandes branches de l'Art dans son sens le plus élevé, je vous demanderai la permission d'exposer ici quelques-unes des raisons qui servent de base à mon opinion.

Messieurs, fils et petit-fils d'artiste, et destiné par mes parents à la carrière de la peinture, j'ai reçu dans ma jeunesse une éducation artistique développée, et, quoique entraîné plus tard dans une direction qui semble bien opposée à la première, j'ai conservé pour les choses de l'Art le goût le plus vif, et je suis tout heureux et tout honoré des relations d'amitié que veulent bien me conserver plusieurs des grands artistes de mon temps.

J'ai donc pu me former, sur la nature de l'Art, des idées puisées aux bonnes sources. Or, voici ce qui constitue une œuvre d'art. Une œuvre d'art est une œuvre personnelle. Sans doute, le point de départ de l'Art, c'est la nature ; mais l'Art ne consiste pas dans la reproduction littérale et en quelque sorte matérielle de la nature ; il faut, pour qu'il y ait œuvre d'art, que cette production ou ce thème dont la nature est la base et le point de départ, porte en lui un sentiment particulier et personnel que l'artiste a fait passer dans son œuvre, et qui lui permet d'éveiller en nous des idées et des émotions, et de nous donner un plaisir d'ordre intellectuel, que la nature elle-même n'eût pas donné, au moins à ce degré.

Plus ces sensations, ces émotions, ces jouissances ont un caractère élevé, plus l'Art lui-même est élevé, et c'est ainsi que l'on a appelé *beaux-arts* ceux qui possèdent ce caractère par excellence.

Aussi peut-on dire que l'Art est une transfiguration : l'Art est donc une chose essentiellement personnelle ; et Victor Hugo a-t-il pu dire : « La Science c'est *nous*, l'Art c'est *moi*. » Il peut y avoir de l'art dans les choses les plus humbles, et l'art peut être absent des plus ambitieuses. Un vase de l'ordre le plus modeste et de la matière la plus commune, peut être façonné avec un tel sentiment de la forme et de la beauté des lignes, qu'il devienne une précieuse œuvre d'art. Un autre vase, formé de la matière la plus précieuse, peut n'avoir rien à démêler avec l'Art.

Armés de cette définition, voyons si une photographie peut devenir une œuvre d'art.

Messieurs, elle sera une œuvre d'art à deux conditions :

Il faut d'abord que le procédé, la méthode qui fournit l'image, ait en elle assez d'élasticité pour se prêter à une influence personnelle de celui qui la prend.

Premier point.

Il faut ensuite que celui qui fait l'image photographique ait un sentiment personnel assez puissant, et qu'il soit assez maître des ressources de son instrument et des méthodes, pour l'imprimer à son œuvre.

Examinons ces deux.points.

On a dit, pensant faire un éloge de la Photographie, qu'elle donnait une représentation mathématiquement exacte des objets.

Arago lui-même pensait que les valeurs des ombres et des lumières étaient dans les véritables rapports photométriques.

Or, aujourd'hui, nous savons que l'image photographique

n'est rigoureusement exacte, ni sous le rapport des lignes, ni sous le rapport des valeurs relatives des ombres et des lumières.

Nos collègues qui construisent des objectifs le savent surabondamment, étant constamment aux prises avec les difficultés du problème, et obligés qu'ils sont de sacrifier certains côtés de la situation pour mieux résoudre les autres.

Du reste, un court parallèle entre la constitution de l'œil humain et l'objectif photographique suffit pour se convaincre de la difficulté de la question, et de l'impossibilité d'une solution complète et rigoureuse.

L'œil humain possède son objectif, c'est le cristallin. Mais, d'une part, cet objectif est noyé dans un milieu aqueux qui agit sur les rayons incidents dont la réfraction est déjà commencée par la surface cornéenne, et, d'autre part, la forme concave de la surface rétinienne facilite singulièrement la mise au point des foyers en dehors de l'axe optique général. Ajoutez à ces conditions, déjà si favorables, la constitution du cristallin, formé de couches à réfraction croissante, de la circonférence vers le centre, ce qui lui donne de si admirables propriétés d'achromatisme, et enfin, par dessus tout, cette faculté du cristallin de changer de courbure sous l'action du muscle ciliaire, et, par là, d'accommoder ses courbures aux exigences de la vue à courte ou à longue distance.

L'objectif photographique doit former l'ensemble des foyers sur un seul et même plan, et cela non seulement pour tous les objets situés à une même distance de l'objectif, mais encore pour la série de ceux qui se rapportent à tous les plans que la vue peut embrasser, et, pour résoudre un tel problème, il est enfermé dans la condition impérieuse de matières une fois choisies et de formes invariables.

Comment, dans ces conditions, l'objectif photographique pourrait-il donner des images parfaites, alors que l'œil lui-même n'en donne pas ?

Messieurs, cette nécessité de sacrifier certains côtés du problème optique que l'objectif doit résoudre est une condition favorable au point de vue de l'Art. L'Art applique constamment le principe du sacrifice de certains éléments de l'œuvre

pour la mise en valeur de ceux qu'on veut produire en pleine
lumière. C'est ainsi qu'une figure qui forme l'objet principal
du tableau, sera placée au milieu d'accessoires ou de lointains
absolument sacrifiés. Un objectif qui donnerait, suivant ce principe, des lointains un peu vagues et n'ayant pas cette mise au
point précise et sèche qu'on recherche souvent à tort, rentrerait
sous ce rapport dans les conditions même de l'Art.

Ainsi, sous le rapport de la constitution en quelque sorte ana-
tomique de l'image, le constructeur peut faire servir son impuissance relative à réaliser d'heureuses conditions au point de vue
de la valeur artistique de son image. Et ceci montre que nos
constructeurs doivent ajouter à leur habileté, comme opticiens,
des connaissances d'art et un sentiment sûr et délicat de l'esthétique.

Mais, Messieurs, si la construction de l'objectif photographique se prête à des modifications qui peuvent lui faire acquérir d'heureuses qualités, les préparations sensibles ne s'y prêtent pas moins. Aujourd'hui, on prépare des plaques qui repro-
duisent telle ou telle partie du spectre, c'est-à-dire qui sont sensibles à telle ou telle couleur. En outre, n'oublions pas cette
belle propriété, commune à toutes ces préparations, de modifier
constamment la valeur relative des ombres et des clairs sous
l'action persistante de l'agent lumineux, de telle sorte que, avec
une action suffisamment prolongée, l'image est entièrement
renversée.

Que d'heureuses conditions pour donner à l'image photographique les qualités que le goût de l'opérateur veut lui imprimer ! Par-dessus tout, constatons l'action maîtresse de celui qui
manie la chambre, et prend l'image, pour lui imprimer les qualités qui en feront une véritable œuvre d'art.

En effet, qui ne sait qu'on peut donner à une image photographique un charme particulier par le choix judicieux du
point de vue, et surtout par celui du moment où le paysage est
bien éclairé ?

Il faut avoir le sentiment des rapports secrets qui existent
entre le paysage qu'on voit et celui que donnera la chambre
après qu'elle l'aura transformé et transposé.

Si l'on est maître de ses procédés, si l'on a ce sentiment, on fera une œuvre personnelle, et ceci est tellement vrai que si cet artiste, dont le goût, l'expérience et le savoir lui font obtenir une œuvre intéressante et pleine de charme, si cet artiste, dis-je, avait à ses côtés un praticien ignorant toutes ces choses, celui-ci n'obtiendrait, comme on le voit si souvent, qu'une image sèche, désagréable en tous points, et qu'un homme de goût déclarerait absolument sans intérêt.

Ainsi, Messieurs, la Photographie peut être une œuvre d'art, parce qu'elle peut revêtir un caractère personnel, d'une part, et que ce caractère peut être tel qu'il éveille en nous des sensations de l'ordre de celles que l'Art nous donne. Seulement, je reconnais qu'il y a presque tout à faire dans cette direction.

La Photographie donnera naissance à une Ecole d'art, comme le dessin, comme la peinture, la *fresque* et l'*huile*.

Ce que je conseillerais de faire, ce serait précisément de chercher à constituer cette École d'art photographique. Mais on ne fera rien dans cette direction, si l'on ne fait pas faire d'abord aux élèves des études de dessin et de peinture. Il ne faut aborder la chambre que quand on a déjà un sentiment esthétique développé.

Quand il se sera produit des photographies qui seront, du sentiment même des artistes, des œuvres d'art, la loi suivra de près

Mais il est bien évident que, même sans que la Photographie soit une œuvre d'art proprement dite, elle est toujours une œuvre qui mérite d'être protégée, comme on protège des œuvres littéraires, qui souvent, n'ont rien à démêler avec la véritable littérature.

Ce que je voulais bien établir, Messieurs, c'est que la Photographie peut être exercée comme on exerce un art, et qu'on peut être un véritable artiste dans le sens le plus élevé, en tenant une chambre, comme on l'est en tenant une palette ou des crayons, et ici encore, je ne crains pas que l'avenir me donne tort.

Messieurs, si la Photographie a de larges contacts avec l'Art elle en a encore de plus nombreux, de plus importants avec la Science.

Il y aurait un bien beau tableau à tracer de l'ensemble de

toutes les applications que la Photographie, avec toutes ses branches, va mettre bientôt au service des Sciences.

Il faudrait montrer tout d'abord l'immense ensemble des documents que l'art nouveau permettra d'accumuler dans l'ordre de chaque Science, et la multiplication indéfinie de ces documents avec les conséquences qui en résulteront pour la diffusion des connaissances.

Il faudrait ensuite aborder le chapitre des découvertes que la Photographie a déjà fait faire à la Science, et celles bien autrement importantes qu'elle lui réserve.

Ce tableau général serait ensuite repris dans ses divisions principales, pour pénétrer dans le détail des applications photographiques à chaque Science en particulier.

En Astronomie, par exemple, il y aurait un magnifique programme à esquisser.

Il faudrait montrer, suivant l'ordre historique, les services que la Photographie a déjà rendus pour la description de la surface de notre satellite, et ceux bien autrement importants que, par l'intervention des grands *instruments*, elle va lui rendre incessamment.

En Photographie solaire, on verrait l'intervention de la nouvelle méthode ayant déjà fait faire de belles découvertes sur la constitution de la photosphère ; sur l'existence du réseau photosphérique, entièrement dû à la Photographie ; sur l'unité des éléments de la surface solaire, et enfin l'inestimable prix de ces photographies donnant, jour par jour, l'état de la surface de l'astre et des changements incessants dont elle est le siège, et permettant ainsi d'écrire les annales du Soleil, qui, pour nous, est le spécimen le plus précieux des étoiles répandues dans l'immensité des cieux.

Mais la Photographie lunaire et solaire n'a été en quelque sorte que le début de la Photographie astronomique ; elle a ouvert les voies et montré toute l'importance.

Aujourd'hui, la Photographie stellaire vient d'être constituée, et un Congrès des principaux Astronomes du monde entier en a arrêté le programme et les moyens de réalisation. Il résultera de ce beau concert d'efforts une Carte du Ciel étoilé, qui sera le plus beau monument que la Science astronomique ait jamais élevé, et c'est à la Photographie qu'on le devra.

Après les étoiles, si l'on voulait poursuivre l'énumération des travaux dont la Photographie astronomique aura à s'occuper, il faudrait parler des nébuleuses, dont on a déjà obtenu de si belles images, et de l'importance immense de ces documents pour constater et mesurer, dans l'avenir, les changements dont ces astres sont le théâtre, et auxquels se rattachent les plus hautes questions de genèse stellaire.

Notre programme devrait encore aborder l'analyse des applications à l'étude des comètes, des étoiles filantes, etc.. Il lui faudrait même aborder un sujet spécial et d'une haute importance, celui de la Photographie spectrale.

A l'image d'un astre, la Science joint aujourd'hui, comme corollaire indispensable, le spectre des rayons qu'il envoie, c'est-à-dire l'inventaire exact et complet de l'ensemble des radiations qu'il émet. Cet inventaire a une immense importance depuis les découvertes qui nous ont révélé la signification chimique, physique et sans doute bien plus étendue encore de chacun de ces rayons.

C'est en quelque sorte une nouvelle étude du ciel entier, mais bien autrement efficace que la première, pour nous révéler la constitution intime des astres répandus dans l'espace céleste.

Ce programme, tout vaste qu'il est, serait encore incomplet si l'on n'y faisait entrer les études de Photométrie dont la Photographie permet d'aborder des côtés absolument interdits à la Photométrie oculaire.

Messieurs, je ne sais si l'on pourrait épuiser la revue de ces applications astronomiques, et je ne parle pas du chapitre des découvertes que l'on réalisera en se servant de certaines propriétés des plaques photographiques.

Mais l'Astronomie n'est qu'une branche dans l'ensemble de ces applications scientifiques.

Il y a la Physique, la Chimie ; il y a la Médecine, la Physiologie, il y a les Sciences naturelles, c'est-à-dire, Messieurs, qu'il y a la Nature entière dont il faut refaire l'étude. Nous pouvons laisser à nos successeurs un ensemble de documents d'une

immense valeur, nous pouvons mettre sous leurs yeux et livrer
à leurs études la Nature actuelle tout entière, et, par là, leur permettre d'embrasser, dans leurs études, toute une suite de siècles qui les auront précédés avec la succession de leurs phénomènes. Quelle matière à découvertes, quels éléments pour la
connaissance des lois de l'univers !

Et quand on pense, Messieurs, que dans tout ceci nous n'avons
pas fait la part des transformations et des découvertes dont
s'enrichira la méthode photographique elle-même !

Le monde des radiations révélé par notre organe visuel n'est
qu'un petit coin de ce grand monde des radiations qui nous
entoure, depuis la chaleur rayonnée par la glace jusqu'au rayon
ultra-violet que l'œil photographique seul peut percevoir.

Quels admirables moyens d'investigations ! et combien notre
pauvre organe est dépassé ! Avais-je tort, Messieurs, de dire que
la pellicule photographique est la *vraie rétine* du savant ?

Je voudrais communiquer à nos jeunes savants ma foi et mon
ardeur.

Qu'ils s'élancent dans la carrière ; qu'ils s'emparent de ces
admirables moyens d'étude. Je leur annonce des découvertes
à côté desquelles les nôtres pâliront, et n'auront que le mérite
de leur avoir servi de fondement et de préparation nécessaire,
car la Science devient de plus en plus belle, à mesure qu'elle
avance, et l'édifice intellectuel qu'elle élève ne rayonnera de
toute sa divine splendeur que quand il aura reçu son dernier
couronnement.


## VII


## DISCOURS PRONONCÉ A LA FÊTE DU CINQUANTE-NAIRE DE LA DIVULGATION DE LA PHOTOGRAPHIE, LE 19 AOUT 1889.


MESSIEURS,

M. le Ministre de l'Instruction publique aurait vivement
désiré assister à cette fête, donnée en l'honneur d'une décou-

verte française ; il en a été empêché, mais il a tenu à s'y faire représenter : je l'en remercie. Je remercie également M. le Directeur des Beaux-Arts, dont le concours est acquis à tout ce qui peut servir les intérêts qui lui sont confiés, et qui a compris depuis longtemps que la Photographie était un des plus précieux auxiliaires de l'art, en attendant qu'elle soit reconnue elle-même comme un art, ce qui ne tardera pas, Messieurs.

Je remercie aussi nos Collègues étrangers, MM. Gyldén, Petersen, le prince de Molfetta, La Manna, Warnerke et tant d'autres hommes éminents que je voudrais tous nommer, qui nous ont donné un concours si précieux pendant le Congrès. On pourrait peut-être s'étonner de voir M. Gyldén, un géomètre, parmi les amis de la Photographie ; pour moi, je n'en suis pas surpris, sachant qu'un esprit éminent sait discerner le mérite des inventions, alors même qu'elles sont les plus étrangères au sujet ordinaire de ses études.

Je suis sûr, Messieurs, de répondre encore à vos intentions, en adressant à nos Collègues français du Comité d'organisation du Congrès nos plus chaleureux remerciements ; ce sont eux qui ont tout préparé, tout organisé, et auxquels revient la meilleure part du succès : mon éminent et si savant Confrère, M. Wolf ; M. Davanne auquel la Photographie doit tant, et que j'ai tant de plaisir à voir en face de moi ; M. Pector, notre si distingué et si sympathique Secrétaire général, qui nous a si vaillamment secondés ; MM. les membres et les rapporteurs des Commissions, qui ont mis tant de science et de talent dans la préparation des résolutions, que nous n'avons eu presque qu'à approuver.

Enfin, Messieurs, je souhaite la bienvenue à l'homme dont les découvertes tiennent actuellement le monde dans une émotion d'étonnement et d'admiration : j'ai nommé M. Edison.

C'est moi, Messieurs, qui ai fait connaître à l'illustre inventeur notre banquet de ce soir et qui l'ai prié d'y assister. Il m'a semblé que celui qui vient de créer la *Phonographie*, c'est-à-dire la photographie de la parole, devait avoir sa place au milieu de ceux qui célèbrent l'invention de la photographie de la lumière. M. Edison au cinquantenaire de la découverte de Niepce et Daguerre, n'est-ce pas le génie de l'Amérique donnant la main au génie de la France ?

Messieurs, au glorieux Edison !

Venons maintenant à l'objet de cette fête.

Messieurs, il y a juste un demi-siècle la Photographie était présentée au monde par Arago.

Il existe encore, Messieurs, des témoins de cette séance mémorable, où le grand Secrétaire perpétuel de l'Académie tenait une assemblée suspendue à ses lèvres pendant qu'il lui révélait la découverte qui excitait tant d'admiration et d'ardente curiosité.

Quand on connut tous les détails de la méthode et ses résultats, ce fut un enthousiasme général. L'écho en dure encore aujourd'hui.

Comment ne pas admirer, en effet, cette découverte où tout était si extraordinaire et si merveilleux ? Cette image créée par la lumière elle-même sur une pellicule d'iodure d'argent qui n'avait peut-être pas un millième de millimètre d'épaisseur, image qui, d'abord absolument invisible, apparaissait peu à peu sous l'action de la vapeur mercurielle comme par une sorte de pouvoir magique et qui alors se montrait si fidèle au modèle, si riche en détails délicats, si admirablement dégradée dans les parties où la lumière l'était elle-même ! L'enthousiasme fut donc bien légitime. Arago le partagea peut-être même trop complètement, car lui, qui était si bon juge des mérites et qui cherchait l'équité dans le partage de la gloire, ne fit pas alors à la mémoire de Niepce la part à laquelle elle avait droit.

Oui, Messieurs, le premier initiateur, l'homme de génie, modeste et persévérant, qui avait déjà découvert l'héliogravure et avait consumé sa modeste fortune, sa santé, les intérêts de sa famille, à jeter les bases de l'admirable invention qui emplit le monde aujourd'hui, n'avait-il pas au moins le droit de voir associer son nom au nom de celui qu'il avait initié à ses pensées et à ses découvertes ? Mais la justice s'est faite avec le temps et la postérité en a jugé ainsi ; car aujourd'hui, si nous applaudissons au buste qu'on a placé à Cormeilles, nous saluons la statue qu'on élève à Chalon.

Messieurs, vous avez bien fait de célébrer le cinquantenaire ; vous avez bien fait de ne pas attendre le siècle et de vous arrêter au jubilé.

Notre meilleure raison, Messieurs, à plusieurs de mes Collègues et à moi, c'est qu'avec les plus fortes illusions que nous puissions nous faire sur notre longévité, nous ne pouvons pas espérer voir l'an 1939, et cependant nous croyons avoir quelques droits au plaisir de célébrer la gloire de la Photographie. En effet, Messieurs, nous avons vu, nous, sa naissance et nous avons été les témoins des préjugés qu'elle a eu à vaincre, des luttes qu'elle a eu à soutenir, et nous avons même quelque peu combattu pour elle, car c'est aussi bien dans le camp de la Science que dans celui de l'Art qu'elle a rencontré des oppositions.

Il était donc juste que nous ayons le plaisir de constater un succès où je n'ai, pour moi, à réclamer qu'une part modeste ; mais où vous, Messieurs, et ici je parle surtout pour M. Davanne et quelques vieux amis de la Photographie, vous pouvez revendiquer beaucoup.

Cette fête sera donc, si vous voulez, le jubilé des premiers fidèles, des apôtres, de ceux qui ont reçu la première initiation et combattu pour répandre la doctrine. N'était-il pas juste qu'ils fussent à l'honneur ?

Mais il y aura le centenaire, Messieurs, et nous avons ici de jeunes collègues qui le verront. Il leur appartiendra même d'en prendre l'initiative et ils y auront, à juste titre, une place d'honneur. Je leur recommande cette grande fête et je leur envie le plaisir qu'ils éprouveront à la préparer et à jouir de son succès.

Oui, Messieurs, ce sera une grande fête. Alors la Photographie sera devenue l'œil universel. On la trouvera appliquée à tous les arts, à toutes les sciences, dont elle constituera même des branches toutes nouvelles. Le savant en aura fait son auxiliaire journalier et indispensable, l'artiste aura appris à manier

la chambre comme il manie actuellement le crayon et le pin-
ceau.

Ah ! Messieurs, ce sera une grande et belle fête, une manifestation touchante, un grand acte de la reconnaissance universelle.

Toutes les nations voudront y prendre part, toutes nous
enverront des délégués.

On ira, sans doute, comme à un pieux pèlerinage, visiter ce
petit village de Gras, près de Chalon-sur-Saône, et cette modeste
maison qui a abrité les premiers essais d'un homme pauvre et
modeste, mais grand par la volonté, la dignité du caractère,
le génie. On voudra voir ensuite au musée de Chalon ces instruments si imparfaits et si primitifs qui ont servi à l'éclosion
de la grande pensée et l'on mesurera alors l'immensité du chemin parcouru.

Espérons, Messieurs, qu'alors, les nations comprenant mieux
leurs vrais intérêts et leur solidarité en face de la civilisation,
bien des haines seront éteintes, bien des préjugés dissipés, et
que rien d'amer ne viendra se mêler à cet hommage rendu au
génie de la France.

Messieurs, buvons à la mémoire de Niepce et de Daguerre,
à la France, à son génie et à la continuation de son rôle à la
tête de la civilisation.

*Bulletin de la Société française de Photographie,* 2e série, T. V,
n° 10 ; octobre 1889.


# VIII


## SUR LES SPECTRES DE L'OXYGÈNE


Je désire entretenir la Société internationale d'Astronomie
des résultats récents obtenus dans mes recherches sur l'absorption des gaz pour la lumière.

Ainsi que j'ai déjà eu l'occasion de l'annoncer, ces recherches en ce qui concerne l'oxygène ont tout d'abord révélé un fait qui a une haute importance théorique, à savoir que ce gaz présente deux systèmes de raies ou de bandes bien distincts et répondant à des lois d'absorption différentes.

Tout d'abord un système de raies sombres fines comprenant les groupes $A$, $B$, $\alpha$, etc., du spectre solaire. Ce système suivrait la loi du produit de la densité du gaz par l'épaisseur de la couche traversée, c'est-à-dire que le phénomène d'absorption reste constant si le produit en question reste le même.

Mais à côté de ce système de raies fines, l'oxygène présente un système de bandes sombres estompées et jusqu'ici non résolues en raies distinctes, système qui obéit à la loi du produit de l'épaisseur de la couche par le carré de sa densité.

L'importance de la coexistence pour un même gaz, de deux manifestations du pouvoir absorbant aussi distinctes et aussi imprévues étant considérable, on s'est attaché à la constater avec le plus grand soin.

. On a d'abord institué une série d'expériences pour démontrer que les bandes en question étaient bien dues à l'oxygène. Ces expériences ont déjà été décrites.

Les bandes en question sont distribuées dans le spectre depuis l'infra-rouge jusqu'à l'ultra-violet.

Mais les mesures n'ont porté que sur trois bandes, savoir :

Bande du rouge de la longueur d'onde $0.632\ \mu$ à $0.622\ \mu$

Bande du jaune près D $0.580\ \mu$ à $0.572\ \mu$.

Bande du bleu près F $0.482\ \mu$ à $0.478\ \mu$.

Il faut bien remarquer que ces limites sont variables avec l'intensité de l'absorption et que ces bandes paraissent s'élargir avec l'augmentation du pouvoir absorbant.

Voici comment a été établie la loi qui régit l'apparition des bandes.

On a observé à quelles densités une même bande apparaissait dans des tubes de diverses longueurs, et pour connaître cette densité, on mettait le tube en question en rapport avec un petit tube témoin de capacité connue qu'on portait ensuite sur la balance et dont on déterminait le poids avant et après la sortie du gaz.

La série des tubes employée a été la suivante :

| Longueur des tubes | Densité pour laquelle la bande est naissante [1] | Densité calculée d'après le produit de l'épaisseur par la densité |
|---|---|---|
| 60 mètres . . . . . . . . . . . . | 6 | 6 |
| 20 — . . . . . . . . . . . . | 10 à 12 | 18 |
| 5 — . . . . . . . . . . . . | 23 | 72 |
| 1,17 — . . . . . . . . . . . . | 38 | 240 |
| 0,75 — . . . . . . . . . . . . | 50 à 55 | 480 |
| 0,12 — . . . . . . . . . . . . | 70 à 75 | 858 |

On voit que l'écart entre les nombres de la deuxième colonne et ceux de la troisième se prononce dès les premières lignes et que quand la longueur du tube tombe au-dessous d'un mètre, il est énorme.

La loi du produit de l'épaisseur par la densité est donc insoutenable.

Si l'on admet que le phénomène peut être représenté par une fonction où entre simplement une puissance de la densité, il faut alors que ce soit une puissance $n$ de la densité supérieure à la première qui représente le phénomène.

Soit donc $F$ la force d'absorption du gaz, $\delta$ sa densité, $e$ l'épaisseur gazeuse traversée, on aura :

$$F = e\delta^n$$

et pour deux expériences dans lesquelles les épaisseurs seront $e'$ et $e''$ et les densités $\delta'$ et $\delta''$, on aura $e\,\delta'^n = e''\,\delta''^n$ ou en prenant les logarithmes

$$\log e' + n \log \delta' = \log e'' + n \log \delta''$$

$$\text{d'où } n = \frac{\log e'' - \log e'}{\log \delta' - \log \delta''}$$

Il faut substituer dans cette équation les valeurs de $e'$, $e''$, $\delta'$, $\delta''$ pour deux expériences bien choisies.

---

[1] La densité de l'oxygène supportant une atmosphère étant prise pour unité.

Nous prendrons celles qui se rapportent aux termes extrêmes du tableau, ce qui donne plus de chances d'exactitude. Ce sont les expériences avec le tube de 60 mètres et celui de 0 m. 42.

On a :

$$n = \frac{\log 60 - \log 0.42}{\log 71 - \log 6} = \frac{2.1549020}{1.0731070} = 2.008$$

ainsi $n = 2$.

Il est remarquable que cette valeur se trouve déterminée avec une précision aussi considérable.

Reprenons le tableau des expériences en mettant en regard les densités calculées suivant la formule $e\delta^2$ et les formules $e\delta^{1,9}$ et $e\delta^{2,1}$.

| Longueur des tubes | Densités observées | Densités suivant $e\delta^{1,9}$ | Densités suivant $e\delta^2$ | Densités suivant $e\delta^{2,1}$ |
|---|---|---|---|---|
| $60^m$ | 6 | 6 | 6 | 6 |
| 20 | 10 | 10.7 | 10.4 | 10.1 |
| 5 | 23 | 22.2 | 20.7 | 19.6 |
| 1.47 | 38 | 42.2 | 38.3 | 35.1 |
| 0.75 | 50 à 55 | 60.1 | 53.6 | 48 |
| 0.42 | 70 à 75 | 81.7 | 71.7 | 63.7 |

Pour les pressions élevées, les différences entre les densités données par les formules $e\delta^{1,9}$ et $e\delta^{2,1}$ se prononcent assez pour être rejetées. C'est donc bien la formule $e\delta^2$ qui représente le phénomène.

L'atmosphère représente environ une couche d'oxygène qui aurait 1.660 mètres d'épaisseur. Or, un tube de 60 mètres contenant 6 atmosphères d'oxygène représente une couche de 360 mètres d'épaisseur à 1 atmosphère. Une telle couche donnant la bande du jaune, il semblerait que l'atmosphère valant une couche d'oxygène de 1.660 mètres dut la donner *a fortiori*, ce qui n'est pas, car les bandes de l'oxygène sont tout à fait absentes dans le spectre du soleil vers midi. Ceci s'explique aisément par la loi du carré. En effet, soit $F$ la force d'absorption, elle aura pour différentielle :

$$dF = -\,\delta^2 dH$$

mais $\delta = Kh$ et $dH = -\,18336 \log e \dfrac{dh}{h}$

on a : $dF = +\,K^2 h^2 \,.\, 18336 \log e \dfrac{dh}{h}$

$$= K^2 \,.\, 18336 \log eh\, dh, \text{ mais } K = \frac{1}{760},$$

$$= \frac{18336}{(760)^2} \,.\, 0.1342945 \,.\, hdh.$$

Cette équation intégrée de $h = 0$ à $h = 760$ donne :

$$F = 3.981^{m}$$

mais l'oxygène ne représente que les 0.208 du poids de l'atmosphère, on a donc :

$$F = 172^{m}.$$

Ainsi l'action de l'atmosphère sur un faisceau qui la traverse normalement équivaut à celle d'une colonne de 172 mètres seulement. Le tube de 60 mètres chargé de 6 atmosphères d'oxygène équivaut d'après la loi du carré à 2160 mètres d'oxygène à la même pression de 1 atmosphère. L'absence des bandes dans le spectre du milieu de la journée se trouve donc parfaitement expliquée.

On fait une étude complète du spectre solaire pour les diverses hauteurs de l'astre au-dessus de l'horizon en rapport avec les bandes de l'oxygène, cette étude se poursuit à ce moment.

On fait également une étude des raies qui appartiennent aux groupes $A$, $B$, $\alpha$. On trouve jusqu'ici que ces raies suivent très sensiblement la loi de la proportionnalité du produit de la densité par l'épaisseur traversée.

Ainsi le groupe $B$ qui se montre naissant entre 1,8 et 2 atmosphères dans le tube de 60 mètres, se montre également naissant dans celui de 10 mètres et qui est six fois plus court, vers 10 atmosphères.

Le groupe $A$ apparaît sous l'action d'une colonne d'air de

45 à 5o mètres ce qui correspond à une colonne d'oxygène pur
de 9 à 10 mètres. En effet, avec une colonne d'oxygène de cette
longueur, on constate qu'il est naissant.

Ces expériences se poursuivent et se précisent.

L'absorption élective de l'oxygène sur la lumière présente
donc deux modes d'action bien distinctes.

1º Une absorption qui se traduit par des raies fines et qui
paraît très sensiblement proportionnelle au produit de l'épaisseur de la colonne gazeuse traversée par sa densité.

2º Une autre qui se manifeste par des bandes sombres, jusqu'ici non résolubles en raies distinctes et qui suit la loi du produit de l'épaisseur par le carré de la densité.

La coexistence de deux modes d'action si différents et dont
l'un est absolument nouveau, m'a paru assez importante pour
mériter d'être assise sur des bases expérimentales solides, c'est
pourquoi je tiens à donner à ce travail tout le soin et l'exactitude désirable.

Communication faite à la Réunion de la Société internationale d'Astronomie à Bruxelles, le 11 septembre 1889, *Viertel-
jahrschrift der Astronomischen Gesellschaft*, 25. Jahrgang, 1890,
erstes Heft, p. 2.

Cette communication reproduit partiellement celle faite à la
Session de Bath de l'Association britannique pour l'avancement des sciences, Cf. ci-dessus, année 1888, article XII, p. 95.


## IX


## DISCOURS PRONONCÉ A LA SÉANCE D'OUVERTURE DU CONGRÈS DE PHOTOGRAPHIE CÉLESTE, TENU A PARIS DU 20 AU 24 SEPTEMBRE 1889, PAR M. JANSSEN, PRÉSIDENT DU CONGRÈS.


Messieurs,

Les applications de la Photographie à l'Astronomie entrent
actuellement dans une phase nouvelle.

Les débuts, il faut bien le reconnaître, ont été longs et difficiles. Il fallait, non seulement fixer les bases de ces applications en découvrant les procédés, en créant les méthodes dont l'ensemble forme la Photographie astronomique, mais encore démontrer aux astronomes l'importance des services à rendre à la Science, et vaincre l'opinion défavorable qui s'attachait à la Photographie elle-même.

Cette période embrasse tout le temps qui s'est écoulé depuis la publication du procédé de Daguerre, en 1839, jusqu'à ces dernières années.

Ce furent d'abord les belles images de la Lune de Warren de la Rue et de Rutherfurd, puis celles du Soleil obtenues à l'Observatoire de Meudon, enfin les magnifiques photographies stellaires de MM. Henry frères, auxquelles il convient d'ajouter les belles images des nébuleuses de MM. Common et Roberts, qui triomphèrent des dernières résistances, et conquirent à la Photographie son titre de collaboratrice acceptée, officielle, de la Science astronomique.

Aujourd'hui, il n'est peut-être pas un astronome qui conteste les services que la Photographie peut rendre à la Science des astres.

A cet égard, le Congrès qui s'est tenu en 1887 a marqué une ère nouvelle en consacrant l'emploi de la Photographie pour l'étude du ciel étoilé.

Mais la Carte du Ciel ne représente qu'une partie dans le grand ensemble des travaux astronomiques et la Photographie a été appliquée avec grand succès à l'étude de la Lune, du Soleil, des comètes, des nébuleuses mêmes, avant qu'elle ait montré de quel secours elle pouvait être pour la réalisation d'une Carte du Ciel étoilé.

Il y a donc lieu de faire pour la Photographie céleste, en général, ce qui a été si heureusement réalisé pour la Carte du Ciel, c'est-à-dire d'établir une entente entre les divers observateurs s'occupant d'un même objet, afin de choisir les meilleures méthodes, de rendre plus immédiatement comparables les résultats ; surtout d'assurer la conservation des travaux, pour préparer à nos successeurs des matériaux complets de discussion et d'études, ce qui est, comme on sait, un des buts les plus importants d'une Science dont les progrès relèvent surtout du temps et de la longue succession des observations. Cette entente, je l'ai déjà réclamée dès 1884, et j'ai eu l'honneur d'écrire au Comité des études solaires d'Angleterre une lettre dans laquelle j'indiquais la nécessité de la création d'un Comité international d'études solaires, le plan sur lequel il pourrait être établi et le but qu'il aurait à poursuivre.

Aujourd'hui, il y a lieu de reprendre et d'étendre cette idée.

Si l'on jette un coup d'œil sur l'état actuel de la Photographie céleste, on voit combien il est nécessaire de s'entendre et de coordonner les efforts.

En Photographie solaire par exemple, on remarque presque autant de formats différents d'images que d'observatoires, et la même variété dans les méthodes employées pour les obtenir. Et, d'un autre côté, la surface solaire n'est pas photographiée d'une manière systématique et assez fréquente pour permettre de suivre la succession des phénomènes qu'elle présente, et donner l'assurance qu'aucun passage de corps étranger devant l'astre ne puisse échapper.

Le Soleil nous présente des phénomènes d'ordres divers, qui doivent faire l'objet d'études photographiques différentes.

Ce sont d'abord les grands accidents de la surface ou les taches. C'est l'étude des taches qui nous a appris à peu près tout ce que nous savions sur la constitution du globe solaire jusqu'à il y a trente ans. Cette étude doit être continuée, et, pour atteindre ce but, des images d'un diamètre de o m. 10 à o m. 15 paraissent largement suffisantes. Mais il est indiqué que le format adopté doit être partout le même, afin de faciliter les études et de rendre les statistiques comparables entre elles. On sait, en effet, que le nombre apparent des petites taches varie avec le diamètre et la perfection des images.

Il faudra également que les observatoires prenant part à ce travail soient répartis sur la surface du globe, de manière que les images obtenues soient assez nombreuses et surtout régulière-ment espacées.

Mais il est des phénomènes solaires beaucoup plus délicats : ce sont ceux qui regardent la constitution même de la photosphère et des éléments qui la constituent. C'est ici que la Photographie a révélé des faits que les plus grands instruments avaient été impuissants à montrer. Mais, pour cette étude, il faut nécessairement obtenir de grandes images, et un diamètre de o m. 25 à o m. 3o paraît être une dimension indispensable. Ce ne sont que les observatoires importants ou spécialement munis pour la Photographie qui doivent entreprendre ce travail. Ici, encore, il serait bon d'adopter un format uniforme.

La richesse du nombre et l'espacement régulier dont nous parlions tout à l'heure pour les images de petites dimensions sont encore ici d'une grande importance, si l'on veut pouvoir suivre les transformations si rapides que nous présentent les éléments de la photosphère, et il faut dire que c'est l'étude de ces transformations qui nous révélera la constitution intime du globe solaire, comme celle des taches nous a fait connaître les lois de sa rotation.

Mais ces grandes images auront encore une autre utilité : elles permettront d'enregistrer, et cette fois d'une manière incontestable, les passages devant le Soleil des planètes intramercurielles ou de corps circumsolaires, s'il venait à s'en produire. Mais cette recherche, pour être concluante, exigera des séries nombreuses où les images ne laisseront entre elles que des intervalles de temps ne dépassant pas deux à trois heures.

C'est une étude qui aura une grande importance pour la connaissance des régions circumsolaires ; mais on ne doit pas se dissimuler qu'elle exigera un grand concours et d'assez grands sacrifices.

Il ne faut pas séparer de ces études photographiques de la surface solaire celles de son spectre.

Le spectre solaire obtenu à grande échelle, et notamment avec les réseaux si parfaits qu'on construit aujourd'hui, constitue l'instrument le plus admirable non seulement pour pénétrer la nature chimique, la température, les mouvements des couches solaires dont la lumière concourt à former le spectre, mais en outre pour nous dévoiler une Chimie, une Physique et

une Mécanique solaires dont nos phénomènes terrestres ne nous
donnent qu'une bien faible idée.

Ces spectres solaires, obtenus ainsi dans des conditions comparables et bien définies, auraient encore l'immense utilité de
constituer des documents qui permettront dans l'avenir de saisir les modifications que le temps amènera nécessairement dans
ces grands phénomènes solaires qui sont à notre portée, qui se
prêtent si admirablement à nos études et qui contiennent les lois
de l'évolution des astres et l'image des harmonies de l'Univers.


**La Lune.** — Malgré les remarquables travaux dont la Lune
a été l'objet, elle est encore bien loin de pouvoir être étudiée
topographiquement et géologiquement, si l'on peut s'exprimer
ainsi, sur les images photographiques qui en ont été obtenues.
Avec les grands instruments dont on dispose actuellement, il
faudrait s'attacher à obtenir, pour une même lunaison, par
exemple, une série ininterrompue d'images de grand format,
distantes entre elles d'un court espace de temps, de manière à
suivre, à la surface de notre satellite, les progrès de l'ombre ou
ceux de la lumière, et d'en déduire les formes exactes et détaillées des accidents de la surface. Quelques séries de ce genre cons-
titueraient un atlas d'un prix inestimable pour l'étude reposée
de la Lune, tant au point de vue géologique que topographique
ou même cosmogénique. Il va sans dire que de semblables documents, recueillis de nouveau à certains intervalles suffisamment
longs, permettraient de constater et de suivre les modifications
que la surface de notre satellite doit nécessairement éprouver
avec le temps.

On pourrait également s'attacher à obtenir isolément des
images à grande échelle de telle ou telle portion de la surface
lunaire.

A côté de ces photographies, il sera sans doute convenable
d'en obtenir d'un format plus modéré, mais réalisées avec des
instruments très parfaits. Elles seraient destinées aux mesures,
et serviraient à fournir des repères précis pour les photographies
descriptives.

Enfin, la Photographie permettrait encore, comme je l'ai

déjà fait, et comme j'aurai l'occasion de l'expliquer, d'obtenir une comparaison photométrique des diverses portions de sa surface éclairée.

**Planètes.** — La photographie des planètes est fort en retard sur celle des autres astres. Cela tient, d'une part, aux petites dimensions apparentes de ces astres et, d'autre part, à la présence de leurs atmosphères.

Ce sont des difficultés qu'on pourra vaincre par l'emploi des grands instruments. Ces images photographiques seront précieuses tant au point de vue d'une description fidèle, et qui permettra des comparaisons sûres, qu'à celui des mesures qu'elles fourniront et qui, sans doute, mettront fin à l'incertitude des mesures oculaires micrométriques ou héliométriques.

**Étoiles filantes.** — Si la photographie des planètes est grandement à perfectionner, celle des bolides et étoiles filantes est tout entière à créer. Le mouvement rapide, le faible pouvoir lumineux et la nature même de la lumière émise par ces corps sont autant d'obstacles à l'obtention de leur image photographique. Et cependant, il y aurait un haut intérêt à obtenir ces images, qui conduiraient, d'une part, à des dénombrements exacts et, d'autre part, à la fixation rigoureuse des points radiants. Il y a là un problème de Physique photographique d'un haut intérêt, et je ne doute pas que le Congrès ne veuille le recommander.

**Comètes.** — C'est à peine si la Photographie cométaire a été abordée.

La première photographie de comète a été obtenue à Meudon : c'est celle de la comète $b$ 1881. Depuis, on en a obtenu de très intéressantes au Cap de Bonne-Espérance et ailleurs.

Le grand intérêt de ces études sera dans l'obtention de séries de photographies d'une même apparition, photographies assez détaillées et assez parfaites pour permettre de suivre les transformations si curieuses et encore si peu expliquées que la tête des comètes subit à mesure que l'astre s'approche du Soleil.

L'étude comparée d'un certain nombre de ces séries conduira sans aucun doute, surtout si on peut la combiner avec celle des spectres, à la découverte des causes qui président à ces transformations et, par suite, à la connaissance de la véritable nature de ces astres.

**Amas d'étoiles.** — Mais une étude de Photographie céleste qui a encore une haute importance est celle des amas d'étoiles.

Ces travaux devront être surtout conduits de manière à préparer pour l'avenir des matériaux d'études et de comparaison. Ils exigent aussi des instruments puissants et à long foyer, de manière à séparer nettement, dans ces groupes, les étoiles qui les composent.

Nul doute que, quand il s'agit d'un amas qui représente un système isolé d'étoiles, on ne parvienne à mettre en évidence des mouvements intestins dont les étoiles doubles nous donnent une image.

C'est une découverte qui aura de hautes conséquences pour la Cosmogonie, et elle ne peut être réalisée que par la Photographie.

**Spectres des étoiles.** — S'il est d'une importance capitale, pour la Science du Ciel, d'obtenir par les images photographiques la position et la grandeur des étoiles qu'il nous présente, il est peut-être encore plus fécond, pour la connaissance de l'univers, d'obtenir de ces étoiles ces spectres qui nous donnent des informations si précieuses sur leur constitution et leur histoire.

Ce sera un travail long et difficile ; la Photographie seule pourra l'aborder efficacement et surtout nous permettre de travailler utilement pour nos successeurs. Comme la lumière perd en intensité ce qu'elle fait gagner en surface éclairée, le spectre d'une étoile doit demander un temps d'action incomparablement plus long que celui qui est nécessaire pour obtenir l'image de l'étoile elle-même. Une Carte photographique spectrale des étoiles d'une région du ciel sera donc toujours en retard d'un certain nombre de grandeurs sur la Carte des étoiles de cette région. C'est par l'emploi des grands instruments, de pellicules photographiques très sensibles, de longues poses et surtout d'un ciel exceptionnellement favorable dans les hautes stations, qu'on pourra pousser un peu loin les grandeurs obtenues. Tout ceci doit être laissé aux ressources, à la persévérance, à l'habileté individuelles ; mais ce qui peut être l'objet d'une entente bien nécessaire, ce sont les mesures propres à assurer la conservation, pour l'avenir, de documents aussi précieux.

**Photométrie des étoiles.** — Le Comité de la Carte du Ciel s'occupe naturellement de la photométrie stellaire. Mais la photométrie photographique est un sujet qui regarde essentiellement la Photographie céleste. Le Congrès devra donc s'en occuper : j'aurai l'honneur de lui proposer une méthode dont j'ai déjà éprouvé l'efficacité et la simplicité. Elle me paraît très propre à fournir un classement rigoureux des grandeurs au point de vue photographique. Elle a déjà conduit à comparer, sous ce rapport, les intensités du Soleil et d'autres étoiles, notamment de Sirius.

**Nébuleuses.** — Enfin, nous devons parler des nébuleuses.

Il semble que c'est surtout dans l'étude de ces astres que la Photographie est appelée à rendre les plus signalés services ; mais c'est là aussi qu'une entente est le plus nécessaire.

Une image photographique d'une nébuleuse n'est qu'une représentation relative dont l'étendue et les détails varient avec la sensibilité de la plaque, le temps de pose, la puissance de l'instrument, l'état de l'atmosphère, etc.. Il faut donc, si nous voulons préparer pour l'avenir des documents qui puissent servir de base à des comparaisons certaines, que les conditions dans lesquelles nos images sont obtenues soient si bien définies qu'on puisse, dans l'avenir, les réaliser à nouveau ou, au moins, tenir compte des différences. Il y aura donc lieu, pour le Congrès, d'arrêter des dispositions permettant d'atteindre ce but capital. Là encore, j'aurai l'honneur de soumettre des propositions au Congrès.

Enfin, Messieurs, vous aurez à discuter sur les méthodes et les instruments qui conviennent le mieux pour chaque genre de recherches. Mais surtout vous aurez à arrêter les dispositions qui seront les plus propres à assurer la conservation des clichés et leur reproduction, afin de rendre les travaux aussi profitables que possible dans le temps présent, et d'assurer à nos successeurs l'usage de documents qui seront sans doute leurs meilleurs instruments de progrès et de découvertes.

*Annuaire du Bureau des Longitudes* pour l'an 1890, p. 722.


## X

### NOTE SUR L'ÉCLIPSE DU 22 DÉCEMBRE 1889

Le 22 décembre prochain aura lieu une éclipse totale de Soleil dont la durée est peu considérable, mais qui cependant doit être utilisée pour les progrès de la Physique solaire. Je viens rendre compte à l'Académie de ce qui a été fait à l'Observatoire de Meudon dans cette circonstance.

M. de la Baume-Pluvinel, recommandé par le Bureau des Longitudes et déjà connu par d'intéressantes publications photographiques et un voyage en Russie pour l'observation de l'éclipse de 1887, est venu nous demander un programme et des instruments.

Après une sérieuse préparation, M. de la Baume emporte les instruments suivants :

1º Un appareil parallactique portant cinq chambres photographiques, combinées de manière à obtenir de la couronne des images avec des degrés variés de l'action lumineuse.

2º Le télescope de 40 centimètres d'ouverture à court foyer qui m'a servi en 1871, aux Indes, pour la constatation de la couronne solaire et qui doit servir à M. de la Baume pour obtenir la photographie du spectre de la couronne.

3º Enfin un appareil de photométrie photographique, destiné à mesurer l'intensité lumineuse de la couronne.

Cet appareil est fondé sur le principe dont j'ai eu déjà l'occasion d'entretenir l'Académie, à savoir que les intensités de

deux sources sont entre elles en raison inverse des temps qui
leur sont nécessaires pour accomplir des travaux photographiques égaux ou pratiquement pour produire sur une même plaque photographique des teintes d'égale intensité. L'instrument produit automatiquement sur une plaque dix secteurs de
teintes croissantes d'intensité qui fournissent autant de points
de comparaison.

Une disposition a été prise pour que M. de la Baume puisse
obtenir immédiatement avant et après la totalité la même série
de secteurs avec la lumière solaire, et obtenir ainsi les éléments
d'une comparaison faite dans les mêmes conditions atmosphériques.

J'ajouterai maintenant qu'il serait bien désirable qu'on pro-
fitât de cette éclipse pour obtenir une confirmation décisive de
l'efficacité de la méthode que M. Huggins a proposée pour photographier la couronne en dehors des éclipses.

La plupart des observateurs de l'éclipse, et notamment M. de
la Baume, vont photographier la couronne pendant la totalité.
Or, si, au moment même où l'on obtiendra ces images de la couronne en Amérique et en Afrique, on prenait en Europe, par la
méthode de M. Huggins, des images correspondantes, on créerait des éléments décisifs de comparaison.

Il est bien évident que les effets de parallaxe qui résultent
de la distance qui sépare les stations d'Europe et d'Amérique
sont absolument insensibles vis-à-vis des phénomènes si grandioses qui constituent la couronne solaire.

D'un autre côté, il est d'une importance si considérable que
nous possédions une méthode pour étudier journellement les
phénomènes de la couronne et suivre leurs transformations, que
nous ne devons négliger aucune occasion de nous démontrer l'efficacité de celle que l'éminent astronome anglais a proposée.

*C. R. Acad. Sc.*, Séance du 16 décembre 1889, T. 109, p. 928.

# 1890

## I

## LETTRE RELATIVE A L'OBSERVATION DE L'ÉCLIPSE DU 22 DÉCEMBRE 1889, PAR M. DE LA BAUME-PLUVINEL.

M. Janssen adresse à M. le Secrétaire perpétuel la lettre suivante :

Biskra (Algérie), 9 janvier 1890.

« M. de la Baume-Pluvinel, qui était allé dans la mer des Antilles pour observer l'éclipse du 22 décembre dernier, emportant des instruments et un programme de l'Observatoire de Meudon et muni d'une Mission du Ministère de l'Instruction publique, m'a télégraphié pour me faire savoir qu'il avait observé l'éclipse ; que, si les photographies de la couronne et de son spectre paraissaient laisser à désirer, les observations destinées à donner une mesure photométrique par la photographie de l'intensité lumineuse de la couronne avaient réussi.

Je suis persuadé que ce résultat intéressera l'Académie, et je vous prie de vouloir bien lui en faire part. »

*C. R. Acad. Sc.*, Séance du 20 janvier 1890, T. 110, p. 118.

## II

## NOTE SUR DES TRAVAUX RÉCENTS EXÉCUTÉS EN ALGÉRIE

Je désire entretenir l'Académie de quelques résultats obtenus dans le voyage que je viens de faire en Algérie.

Ce voyage, qui a duré quatre mois et demi, avait pour but divers objets se rapportant principalement aux études que je poursuis sur l'analyse spectrale des gaz et vapeurs de l'atmosphère terrestre.

On a déjà obtenu par la Photographie la description du spectre solaire. Il convient de rappeler à cet égard les travaux de Rutherfurd, de Draper et surtout de M. Rowland, qui est actuellement occupé à nous donner un spectre s'étendant du rouge à l'ultra-violet et admirable de précision et de richesse.

Ces spectres se rapportent au Soleil circumméridien, c'est-à-dire quand la lumière solaire a subi aussi peu que possible l'action de l'atmosphère terrestre. Dans ces spectres, les raies que j'ai proposé de nommer *telluriques* et qui représentent l'action de notre atmosphère sont donc aussi peu accusées que possible.

Or, si l'on veut mettre en évidence cette action si importante de notre atmosphère sur la lumière solaire, et arriver à faire non seulement la part de cette action en général, mais encore celle de chacun des éléments : oxygène, azote, vapeur d'eau, acide carbonique, etc., en particulier, il est nécessaire d'obtenir l'ensemble de ce même spectre solaire, non plus seulement au méridien, mais à l'horizon, c'est-à-dire là où l'action de notre atmosphère est le plus prononcée.

Le rapprochement et la discussion de ces deux ordres de spectres permettront de faire avec une entière sûreté la part tellurique du phénomène. Il ne restera plus qu'à chercher, dans ce spectre tellurique, ce qui regarde chacun des éléments de l'atmosphère au moyen des spectres reconnus de ces éléments.

Quand j'ai commencé mes travaux sur l'action de l'atmosphère terrestre sur la lumière solaire, j'ai eu naturellement à étudier le spectre solaire à l'horizon, et j'ai publié quelques cartes se rapportant à cet objet.

Mais alors, la photographie spectrale des régions jaune et rouge n'existait pas, et ce sont précisément celles où les phénomènes telluriques sont le plus importants.

Aujourd'hui, grâce à l'emploi de la gélatine et des substances qui la sensibilisent pour les régions les moins réfrangibles du spectre oculaire, on peut reprendre ce travail fondamental et obtenir l'ensemble du spectre solaire normal à l'horizon. Tel a été l'objet principal de mon voyage en Algérie.

J'ai choisi la station de Biskra, à l'entrée du désert, station qui est desservie par un chemin de fer.

M. le Ministre de la Guerre avait bien voulu me recommander d'une manière toute spéciale à M. le Commandant du 19e Corps d'Armée, et, grâce à cette recommandation, j'ai rencontré de la part de l'armée l'empressement le plus gracieux et dont je dois la remercier ici. A Biskra, le Génie mit à ma disposition un petit fort situé sur un rocher, en dehors de la ville et où la vue s'étendait d'une manière illimitée, vers le Sud, sur le désert. Tous les matins vers 4 heures, une voiture venait me prendre à l'hôtel et me conduisait au fort, où j'attendais le lever du Soleil et où je restais jusqu'au coucher.

J'ai travaillé là depuis le commencement du mois de janvier jusqu'à la moitié d'avril.

Les spectres photographiés étaient obtenus à l'aide d'un photospectromètre à réseau de Rowland, muni de lunettes de 1 m. 10 environ de foyer et d'un objectif de concentration de 2 m. 20 de distance focale. J'ai cherché à obtenir les mêmes régions spectrales dans les divers ordres, suivant les exigences ou les facilités que présentaient les plaques sensibles.

Ce travail considérable n'est naturellement pas terminé, mais je dois dire que, sans la pureté du ciel dans ces régions et la continuité des jours favorables, il m'eût été tout à fait impossible de rien obtenir d'important.

Dans ce travail, j'ai été successivement aidé par MM. Stanoïévitch et Gabriel Gaupillat.

Dans une excursion que j'ai faite, grâce au concours de l'armée, à l'Orient de Tuggurth dans le Souf, j'ai pu étudier les spectres des régions les plus sèches peut-être du globe. Un autre objet intéressant a été l'obtention, par la Photographie, des images des phénomènes si variés et si curieux du mirage dans les régions des grands chotts qui se trouvent entre le Souf et Biskra, le chott Melrir, Merouan, etc. La Photographie permettra de discuter, sur documents certains et mesurables, les

conditions qui président à la production de ces singuliers phénomènes dont les apparences et les causes sont beaucoup plus
multiples qu'on ne le croit.

Enfin, je dois dire à l'Académie que je me suis trouvé à El-
Oued précisément au moment où l'envoyé des Touareg venait
faire à la France des propositions de paix et d'amitié.

Il ne m'appartient pas de dire ici sur quelles bases les négociations avec ces peuplades, qui détiennent les routes de l'intérieur, sont entamées. Il faut, à cet égard, nous en rapporter à
la sagesse de notre Gouvernement, du Gouverneur de l'Algérie
et des officiers habiles et si dévoués qui commandent dans ces
régions. Mais je puis dire, sans commettre d'indiscrétion, que
les faits déplorables qui ont si tragiquement mis fin à la Mission
Flatters ne sont pas encore complètement connus, que l'envoyé
des Touareg a fait à cet égard d'importantes révélations, et que
les principales de ces tribus, très désireuses de vivre en paix et
de nouer des relations avec nous, sont disposées à nous donner
toutes les satisfactions que nous exigerons pour leur accorder
l'aman et rentrer en grâce.

Je puis dire, sans m'étendre davantage, que le fait qui vient
de se passer, et que j'ai eu sous les yeux, peut être considéré
comme destiné à avoir des conséquences très importantes.

*C. R. Acad. Sc.*, Séance du 27 mai 1890, T. 110, p. 1067.

## III

## SUR L'ÉCLIPSE PARTIELLE DE SOLEIL DU 17 JUIN 1890

### Première Communication

Je pense que l'Académie apprendra avec satisfaction que M. de
la Baume, envoyé par l'Observatoire de Meudon à Candie, avec
une mission du Ministre de l'Instruction publique, a réussi dans
ses observations. J'ai reçu en effet, de M. le Consul de France à
la Canée, un télégramme qui m'informe que le temps a été favo-

rable, et qu'on a pu obtenir des photographies de l'anneau et de son spectre.

La mission de M. de la Baume se rapportait aux deux chefs suivants :

1° Obtenir de l'éclipse, pendant la phase annulaire, une série de photographies sur plaques argentées pouvant se prêter à des mesures de diamètres des astres en conjonction. Pour cet objet, M. de la Baume emportait une excellente lunette construite par M. Steinheil, de Munich, et donnant des images solaires de 10 centimètres de diamètre. Cette lunette nous avait servi en 1874, pour l'observation du passage de Vénus.

2° Obtenir le spectre photographique de l'anneau, au moment où celui-ci est réduit à une très petite épaisseur.

L'objet de cette observation était de voir si le spectre de l'extrême bord du disque solaire présente les bandes de l'oxygène.

On sait que le spectre solaire, même pour les régions circumzénithales, contient les raies de l'oxygène. C'est la présence de l'oxygène de notre atmosphère qui produit ce phénomène ; et il est si accusé qu'il serait difficile de décider si une portion du phénomène ne pourrait être attribuée à l'action de l'atmosphère solaire. Il existe, il est vrai, tout un ensemble de moyens qui pourraient conduire à la solution de cette importante question. Mais parmi ces moyens figure l'observation des bandes obscures de l'oxygène. En effet, ces bandes ne se montrent dans le spectre solaire que quand l'astre est à moins de 10° de l'horizon. Il en résulte que, quand le Soleil est élevé, si le spectre du bord de l'astre, c'est-à-dire des points où l'action de son atmosphère doit être la plus forte, montre les bandes en question, on sera en droit d'attribuer leur présence à celle de l'oxygène de l'atmosphère de notre astre central.

Or une éclipse annulaire fournit un moyen facile et sûr d'obtenir le spectre du bord du disque solaire, et c'était là précisément l'objet principal des observations dont M. de la Baume avait bien voulu se charger, à notre demande.

D'après le télégramme cité plus haut, il est permis d'espérer que la mission de M. de la Baume aura pleinement réussi.

A Meudon, nous avions pris les dispositions pour obtenir des

photographies avec l'appareil qui donne des images solaires de
30 centimètres de diamètre.

Le temps, comme on le sait, n'a pas été favorable ; mais je
désire attirer de nouveau l'attention de l'Académie sur l'intérêt que peuvent présenter des photographies d'éclipses solaires
partielles, quand elles sont assez parfaites pour montrer les
granulations de la surface de l'astre éclipsé.

Voici, à cet égard, ce que je disais à propos de l'éclipse du
19 juillet 1879, observée à Marseille :

« On voit qu'on obtient actuellement par la Photographie, la
granulation de la surface solaire. Supposons donc qu'on ait pris
une large épreuve d'éclipse partielle où cette granulation soit
bien visible. Si le globe lunaire est absolument dépouillé de toute
couche gazeuse, la granulation solaire conservera ses formes et
son aspect jusqu'au bord occultant lunaire. Si, au contraire, une
couche gazeuse de quelque importance se trouve interposée,
elle agira dans les conditions les plus favorables pour produire
des déformations par réfraction. L'existence et la valeur de ces
déformations des éléments granulaires au bord occultant de la
Lune deviendront, dans ces circonstances, des criteriums très
sûrs de la présence de la densité de cette atmosphère. » (*Comptes
rendus*, 1879, t. LXXXIX, p. 341.)

Cette étude a été réalisée pendant l'éclipse partielle du 17 juin
1882, et j'ai l'honneur de mettre sous les yeux de l'Académie un
positif de verre obtenu avec un cliché pris dans cette circonstance.

On voit sur cette photographie la granulation de la surface
solaire conserver sa netteté et sa définition jusqu'au bord lunaire
(il y a seulement près du bord de la Lune un peu plus de lumière
qu'à 10″ ou 20″ plus loin, et cette lumière va rapidement en
diminuant d'intensité ; c'est un effet sur lequel il y aura à revenir).

Il y a là une nouvelle preuve de la rareté excessive de l'atmosphère lunaire, si cette atmosphère existe.

J'ai remarqué, d'après ce qui a été rapporté par le *New-York*

*Herald* des observations faites à Nice, qu'il y aurait eu une quinzaine de secondes de différence pour l'entrée, entre les observations de MM. Perrotin et Charlois. Si cette différence existe réellement, elle ne me surprendrait pas, sachant par expérience combien il est difficile d'apprécier le moment où le disque solaire est touché par celui de la Lune. Mais ceci me conduit à rappeler aux astronomes combien le revolver photographique donnerait une solution facile et sûre de la question. Une dizaine d'images prises aux instants prévus des contacts d'entrée et de sortie permettrait d'obtenir ces contacts à une seconde près, et par là de nous donner d'excellents éléments de correction pour nos Tables.

*C. R. Acad. Sc.*, Séance du 23 juin 1890, T. 110, p. 1290.

### SECONDE COMMUNICATION

Je viens de recevoir, ce matin même, une lettre de M. A. de la Baume-Pluvinel qui donne des détails de son observation :

« …Ma dépêche de mardi dernier vous a déjà appris que j'ai pu exécuter complètement le programme que nous avions arrêté à Paris.

Le beau temps n'était pas en question ; car en Crète à cette époque de l'année, les nuages sont inconnus. A Athènes cependant, il n'en a pas été de même et il paraît que l'observation de l'éclipse a été contrariée par la pluie.

Le bateau qui devait me conduire de Syra à Candie ayant eu du retard, je ne serais arrivé à destination que la veille de l'éclipse. Aussi, pour avoir plus de temps pour monter et essayer mes instruments, je me suis arrêté à la Canée où j'ai pu m'installer rapidement, grâce à l'accueil empressé de M. Blanc notre Consul.

Il est vrai qu'à La Canée, l'éclipse n'était pas centrale et que la phase annulaire ne durait que trois minutes au lieu de quatre, mais ces inconvénients étaient rachetés par la facilité d'installation.

Un quart d'heure avant la phase annulaire, j'ai commencé

à ioder et bromer les plaques daguerriennes ; puis j'ai suivi le phénomène au spectroscope, en examinant l'image du Soleil sur l'obturateur de la fente.

Par suite des irrégularités du contour lunaire, quelques points brillants du bord du Soleil ont apparu isolément ; mais bientôt les cornes se sont rejointes, et j'ai commencé aussitôt à promener le point de contact sur la fente du spectroscope, de manière à obtenir un spectre de 1 centimètre de hauteur environ. Au bout de vingt secondes, chaque point du spectre avait été exposé pendant deux secondes environ, et, d'après mes essais préliminaires, ce temps de pose devait être suffisant.

Je me suis ensuite transporté à la lunette photographique et j'ai pris aussi rapidement que possible, cinq photographies de l'éclipse.

Mais l'orientation de l'appareil était si difficile, à cause des mouvements brusques du pied que je n'ai pu exposer que deux plaques pendant la phase annulaire.

L'une de ces épreuves est médiocre, car les bords du Soleil et de la Lune n'ont pas partout la même intensité ; mais, l'autre épreuve est satisfaisante dans toutes ses parties et permettra, j'espère, de faire des mesures précises. Les trois autres épreuves de la phase partielle, prises immédiatement après le troisième contact, sont plus ou moins ternes ; mais elles se prêteront cependant à des mesures, car le diamètre de la Lune y est mesurable suivant certaines orientations.

D'autres plaques ont été exposées dans le spectroscope immédiatement après avoir obtenu les plaques daguerriennes. Ces plaques ainsi que des plaques de comparaison prises en dehors de l'éclipse, ont été développées le soir du phénomène et ont donné de bons spectres ; mais jusqu'ici, je n'ai pu trouver aucune différence entre le spectre de l'anneau et le spectre ordinaire du Soleil. Cependant, la lumière du Soleil, pendant la phase annulaire, paraissait avoir une couleur verte particulière et ne ressemblait pas à la lumière solaire simplement atténuée. Cet effet m'a particulièrement frappé lorsque je suis sorti de la tente photographique, après y avoir préparé, pendant un quart d'heure, les plaques daguerriennes. En tous cas, la diminution de la lumière a été considérable, ce qui tient à la pureté de l'atmosphère et, par suite, à la diffusion des rayons solaires.

Il est certain qu'une éclipse totale, avec de telles conditions atmosphériques, aurait été des plus intéressantes.

Un abaissement de température très sensible s'est produit pendant l'éclipse. Il paraît d'après les renseignements que j'ai recueillis, que le thermomètre est descendu de 33°4 C. à 27°4 C. On dit également que deux étoiles étaient visibles pendant la phase annulaire.

Mes instruments ont été montés dans la cour du Consulat de France, à Kalépa, près de La Canée, et la tente photographique a été dressée tout près des instruments, dans une écurie.

J'ai déterminé l'heure locale chaque fois par des hauteurs correspondantes du Soleil et d'Étoiles.

Un bateau de guerre anglais m'a également donné l'heure. »

Il résulte de cette intéressante communication que M. de La Baume-Pluvinel a été favorisé dans ses observations par un ciel d'une pureté tout à fait exceptionnelle, ce qui donne une valeur très grande aux documents qu'il a habilement recueillis.

Les photographies de la phase annulaire et partielle, obtenues avec l'instrument très parfait qui nous avait servi au moment du passage de Vénus en 1874, se prêteront à des mesures relatives précises des diamètres du Soleil et de la Lune.

M. de La Baume-Pluvinel nous dit qu'il n'a pu constater de différence entre le spectre du bord solaire pendant la phase annulaire et celui des régions centrales du disque de l'astre (il s'agit évidemment ici des bandes de l'oxygène dont l'étude entrait dans le programme des observations). C'est un résultat que j'attendais et qui confirme, par un mode tout différent, mes observations aux Grands-Mulets.

Il y aura lieu, toutefois, pour une discussion définitive, d'attendre l'arrivée de M. de La Baume-Pluvinel.

*C. R. Acad. Sc.*, Séance du 30 juin 1890, T. 110, p. 1353.

# IV

## GAY-LUSSAC AÉRONAUTE

Lettre adressée à M. Charles SIBILLOT.

Meudon, le 26 juin 1890.

J'approuve pleinement le projet dont vous m'entretenez. Le nom de Gay-Lussac restera attaché à l'histoire de l'aéronautique.

Il est le premier qui ait réellement visité scientifiquement les hautes régions de notre atmosphère.

Son voyage a été exécuté avec un courage calme et une présence d'esprit admirable. Mais c'était plutôt une prise de possession qu'une exploration complète.

Ces ascensions à grande hauteur inaugurées si magistralement au commencement du siècle, auraient dû se succéder sans interruption. Aujourd'hui, nous aurions sur l'atmosphère supérieure, où s'élaborent tant de phénomènes dont nous ne constatons que la résultante à la surface de la Terre, des connaissances qui eussent jeté les bases de la météorologie.

Cette science ne pourra se dire complète que quand ses observations embrasseront l'atmosphère toute entière.

Nous devons donc reprendre les ascensions de Gay-Lussac avec tous les moyens dont la science dispose aujourd'hui.

Nul doute, pour moi, que le nom de Gay-Lussac ne grandisse encore de toute l'importance des résultats qu'on recueillera sur ses traces et à son exemple.

JANSSEN.

Lettre préface de *Gay-Lussac, aéronaute*, par Charles Sibillot. Orléans, 1890, brochure présentée au Congrès de l'Association française pour l'Avancement des Sciences, 19e Session, Limoges, 7-17 août 1890.

## V

# COMPTE RENDU D'UNE ASCENSION SCIENTIFIQUE AU MONT BLANC (1)

Je viens rendre compte à l'Académie d'une récente ascension au Mont Blanc, laquelle avait pour but de résoudre la question très controversée de la présence de l'oxygène dans l'atmosphère solaire, et aussi de démontrer la possibilité, pour les savants qui ne sont pas alpinistes, de se faire transporter dans les hautes stations où il y a aujourd'hui tant d'études de la plus haute importance à faire, au point de vue de la Météorologie, de la Physique et même de l'Astronomie.

Pour les savants qui voudraient suivre mon exemple, je demanderai à l'Académie de me permettre de donner quelques détails sur les moyens que j'ai employés pour parvenir au sommet du Mont Blanc.

### 1. *Récit de l'ascension.*

L'Académie se rappelle qu'il y a deux années, à la fin d'octobre 1888, j'avais entrepris l'ascension du Mont Blanc jusqu'à la cabane dite des *Grands Mulets*, qui est sise à une altitude d'environ 3 000 mètres sur des rochers portant ce nom, et qu'on rencontre au-dessus de la jonction de deux des glaciers qui descendent des pentes nord de la montagne dans la vallée de Chamonix, à savoir ceux des Bossons et de Tacconaz.

Les observations faites alors permirent de constater, dans les groupes de raies dus à l'action de l'oxygène atmosphérique, une diminution en rapport avec la hauteur de la station, et qui indiquait déjà nettement qu'aux limites de notre atmosphère ces

---

(1) Ce mémoire figure dans *Lectures académiques, Discours* (p. 71-92). Mais l'ascension de Janssen au sommet du Mont Blanc a été une circonstance si importante de sa carrière, que nous avons estimé devoir le reproduire ici.

groupes devaient disparaître entièrement, et que, par conséquent, l'atmosphère solaire n'intervenait pas dans la production du phénomène.

Mais la station des *Grands-Mulets* n'est placée qu'aux trois-
cinquièmes de la hauteur du *Mont Blanc*. Aussi, m'étais-je toujours promis de compléter cette première observation par une
observation corroborative faite au sommet même de la montagne.

Cette ascension présentait, il est vrai, surtout pour moi, des
difficultés qui paraissaient insurmontables. Déjà, l'expédition
des Grands-Mulets m'avait coûté une fatigue extrême, et il
semblait qu'une course qui exigeait des efforts deux à trois fois
plus grands, et dans un milieu de plus en plus raréfié, était absolument impossible.

Mais j'ai toujours pensé qu'il est bien peu de difficultés qui
ne puissent être surmontées par une volonté forte et une étude
suffisamment approfondie.

C'est ce qui est arrivé ici. J'ai commencé par exclure toute
pensée d'ascension à pied. L'ascension au moyen d'un véhicule
approprié présentait l'immense avantage, en n'exigeant de l'observateur aucun effort corporel, de lui laisser toutes ses forces
pour le travail intellectuel, ce qui était d'un prix inestimable
dans ces hautes régions, où les fatigues physiques usent les dernières réserves de l'organisme et rendent toute pensée et tout
travail de tête sinon impossibles, du moins extrêmement difficiles.

Il restait à choisir ce véhicule. Après y avoir mûrement réflé-
chi et avoir examiné tous les modes de transport, je m'arrêtai
au traîneau. Le traîneau, remorqué par des cordes, laisse aux
hommes la liberté complète de leurs mouvements et leur permet d'assurer le pied suivant les exigences de la route.

En outre, il permet d'employer un nombre d'hommes aussi
considérable qu'on le veut, ce qui est d'une grande importance
pour rendre les faux pas et les chutes partielles d'hommes sans
danger pour eux-mêmes et pour la troupe tout entière.

Une chaise à porteur, quelle que fût sa forme, mettant les
mouvements des hommes dans la dépendance de ceux de leurs

camarades, aurait pour effet de rendre très dangereux les passages des arêtes et, d'ailleurs, elle se prêterait beaucoup moins bien à la montée ou à la descente des pentes très inclinées qu'on rencontre si souvent dans l'ascension du Mont Blanc.

Le traîneau que j'ai employé avait été confectionné à l'Observatoire de Meudon. Sa forme rappelle d'une manière générale celle des traîneaux lapons, mais j'avais fait ajouter dans les deux tiers de sa longueur et vers la tête une main courante très solidement fixée, qui a servi soit à moi-même, soit à mes guides pour maintenir le traîneau en bonne position ou pour se retenir en cas de faux pas.

J'avais, en outre, fait confectionner une longue échelle de corde, à échelons en bois, qui pouvait se fixer au traîneau. Cette disposition devait donner beaucoup de facilité aux hommes pour tirer le traîneau, en leur permettant de se ranger sur deux files et d'avoir la liberté entière de leurs mouvements.

Mais après avoir trouvé le mode, les formes précises et les agrès du véhicule à employer, je n'avais pas encore levé toutes les difficultés. Les guides de Chamonix et les guides en général n'ont pour fonctions que de *conduire* les voyageurs ; tout au plus, dans les mauvais pas, leur donnent-ils une assistance corporelle. Il fallait donc leur faire accepter ce mode si nouveau d'ascension et les persuader de la possibilité de franchir, avec ce véhicule, les pentes si rapides et les arêtes si étroites qu'on rencontre à partir du petit plateau jusqu'au sommet. Sous ce rapport, mon ascension de 1888 aux Grands-Mulets avait porté ses fruits. La chaise en forme d'échelle que nous avions employée et qui, contre leur premier avis, avait bien fonctionné dans le glacier leur avait donné une certaine confiance en moi.

Enfin, après beaucoup d'objections d'une part et d'explications de l'autre, je parvins à convaincre un nombre plus que suffisant de guides ou porteurs, parmi lesquels je pus même opérer une sélection.

Du reste, je dois dire que, sur des observations qui me furent faites et qui me parurent fondées, on ajouta au traîneau une base plus large avec brancards.

L'expédition fut donc décidée. Elle comprenait vingt-deux

guides ou porteurs destinés soit à remorquer le traineau, soit à porter les instruments et les provisions. Je partais de Chamonix le dimanche 17 août à 7 heures du matin, avec M. Ch. Durier, vice-président du Club-Alpin, et nous arrivions au chalet de Pierre-Pointue vers 10 heures. Du chalet aux Grands-Mulets, on employa la chaise échelle formée, comme je l'ai expliqué dans la Note de 1888, de deux longs brancards de 4 mètres environ, reliés vers le centre par deux traverses, qui forment un espace carré au milieu duquel le voyageur est placé sur un siège suspendu par deux courroies ; une traverse également suspendue soutient les pieds. Les porteurs, tant à l'avant qu'à l'arrière, placent les brancards sur leurs épaules, et le tout constitue une file étroite d'hommes qui peut passer par les chemins les plus resserrés et même les plus rapides ; car alors les porteurs de l'avant peuvent quitter les brancards de l'épaule et les soutenir à bout de bras. C'est la même manœuvre qu'on adopte pour les descentes. Quant à la traversée des crevasses, cette chaise s'y prête particulièrement bien à cause de sa longueur. Ainsi je dirai que, pendant la traversée de la jonction, au point où les glaciers des Bossons et de Tacconaz se heurtent en se réunissant et produisent là un chaos de blocs qui se dressent dans toutes les positions, je n'ai pas été obligé une seule fois de descendre de la chaise.

Cependant, nous eûmes quelquefois à franchir des parois tellement inclinées que la chaise était dans une position presque verticale. Le siège, en raison de son mode de suspension, restait toujours dans sa position normale. Du reste, je me plais à dire ici que les porteurs levèrent toutes ces difficultés, dont on ne peut se former une idée que quand on est au milieu de ces chaos de glaces, avec un entrain superbe, et nous arrivions à la cabane des Grands-Mulets à 5ʰ30ᵐ, c'est-à-dire moins de six heures après notre départ du chalet de *Pierre-Pointue.*

La Station des Grands-Mulets aura bientôt un chalet-observatoire, élevé à ma demande par le Club-Alpin français.

Le lendemain lundi, nous quittons les Grands-Mulets à 5 heures du matin et alors nous prenons le traineau.

Nous traversons d'abord le rocher sur lequel elle est construite

1890. Fig. 1. — Ascension de Janssen au Mont Blanc en traîneau.

et nous passons devant l'ancienne cabane, puis nous entrons dans les neiges.

Nous cheminons d'abord au pied de l'aiguille Pischner qui n'est qu'une prolongation de celle des Grands-Mulets, et bientôt nous arrivons à la grande crevasse du Dôme. La présence de cette crevasse large et profonde, qui barre le chemin, nous oblige à des détours et nous force à longer des pentes aux pieds desquelles se trouve la crevasse. Ici, le traîneau ne porte que d'un côté ; le côté qui est au-dessus du vide doit être soutenu par les épaules des porteurs, et il leur faut une bien grande habitude du glacier pour assurer le pied sur ces pentes si rapides et si glissantes.

C'est alors que je commençai à juger mes guides, à les classer dans mon esprit, et à préparer le choix de l'élite que je destinais à l'ascension bien autrement difficile du sommet. Le glacier, qui descend des flancs nord du Mont Blanc, n'a pas une inclinaison régulière et uniforme ; il présente, au contraire, comme la plupart des glaciers, des ressauts à pentes rapides et quelquefois des murs presque verticaux. C'est un escalier gigantesque dont les marches, à partir des Grands-Mulets, sont : le petit plateau, le grand plateau, la plate-forme du pied des Bosses et la série des grands accidents qui défendent le sommet. Telle était la succession des obstacles que nous avions à franchir.

Le mur qui conduit au petit plateau a sans doute une forte inclinaison, mais il peut être attaqué de front. L'échelle de corde dont j'ai parlé facilita beaucoup l'escalade de ces grandes pentes. Les hommes rangés sur deux files, et à bonne distance les uns des autres, en saisissaient les échelons sans se gêner mutuellement.

Pour parer au danger d'une chute qui aurait pu entraîner celle de toute la colonne, deux guides grimpaient en avant, enfonçaient dans la neige et la glace un piolet jusqu'à la tête, et enroulaient autour du manche deux tours d'une longue corde, dont ils tenaient fortement l'extrémité. Au fur et à mesure que le traîneau s'élevait, ils tiraient la corde à eux, de manière qu'elle fût toujours tendue ; en cas d'accident, cette corde ainsi maintenue et rendue solidaire du piolet profondément enfoncé aurait pu soutenir et le traîneau et tous ceux qui le remorquaient. C'est ainsi que nous avons franchi les pentes si rapides qui conduisent au petit plateau, au grand plateau et à la plate-forme des Bosses.

Quant à moi, affranchi de tout effort physique, et quand je n'avais pas à donner un conseil à mes guides sur la manière d'attaquer les difficultés de l'ascension, j'étais tout entier à l'admirable spectacle qu'offrent ces grandes solitudes glacées. Au pied du Dôme du Goûter, le mouvement descendant du glacier a accumulé d'énormes blocs de glace composant une architecture fantastique, rappelant les assises puissantes des palais des Pharaons. Mais combien celles-ci sont plus impressionnantes dans ces hautes solitudes, où elles figurent comme l'entrée grandiose de palais mystérieux cachés dans les flancs du colosse de granit !

Vers une heure de l'après-midi, nous arrivions à la cabane des Bosses, dont l'érection est due à M. Vallot, et qui est appelée à rendre de grands services aux ascensionnistes.

Les guides désarmèrent le traîneau et rentrèrent les objets les plus précieux, car l'exiguïté de la cabane ne permettait pas de mettre le matériel à l'abri. Ils prirent ensuite leurs dispositions pour leur repas et passer la nuit.

Quant à moi, je fis immédiatement quelques observations spectroscopiques, le Soleil étant encore très élevé.

Nous pensions reprendre l'ascension le lendemain, et parvenir au sommet de bonne heure. Mais, dans la soirée (18 août), le temps se gâta tout à coup, et, la nuit, la tourmente fut terrible.

Nous ressentions, dans ces hautes régions, les effets de la trombe-cyclone du 19 août qui a commencé ses ravages à Oyonnax (département de l'Ain), puis à Saint-Claude, les Rousses, le Brassus, et les a terminés à Croy (station du chemin de fer de Lausanne à Pontarlier) (d'après une Note sur le cyclone que M. le professeur Forel, de Morges, a bien voulu m'envoyer, et dont je le remercie ici).

Pendant la nuit du 18 au 19, la journée du 19, celle du 20, nous n'avons cessé, avec certaines accalmies, d'éprouver les effets de la tourmente. J'ai tout à fait reconnu, dans les allures et les sons des violents coups de vent que nous éprouvions, ceux du grand typhon que nous essuyâmes en 1874, en rade de Hong-Kong, lorsque je conduisis la Mission française au Japon pour le passage de la planète Vénus ; typhon qui détruisit une partie de la ville et ravagea la mer de Chine.

La violence des rafales était si grande qu'il y avait danger pour nos guides à sortir quand elles soufflaient, et tous les objets, même de poids considérable, qu'on avait été obligé de laisser dehors furent enlevés et transportés jusqu'au grand plateau.

Il eût été du plus haut intérêt, pour la théorie de ces phénomènes, que des observations suivies sur la violence et la direction du vent, l'électricité, la pression barométrique, la température, pussent être faites d'une manière continue pendant toute la durée de cette grande perturbation atmosphérique.

Ces observations, rapprochées des faits qui ont été recueillis sur le trajet du cyclone, auraient jeté une vive lumière sur la question du lieu d'origine, de la formation et de l'extinction de ces terribles phénomènes.

Pour cela, il faut établir, dans ces hautes régions et le plus près possible du sommet, un observatoire suffisamment bien aménagé pour qu'on puisse y vivre convenablement le temps qu'on désirera y rester et, en outre, y placer les instruments nécessaires, soit à l'observation directe, soit à l'enregistrement pendant une assez longue période de temps ; car on ne peut se dissimuler qu'il se produira de longs intervalles pendant lesquels l'intempérie de ces hautes stations ne permettra pas l'ascension.

Je reviendrai sur cette question ; mais ce qui paraît déjà acquis, c'est que la violence de la tourmente a été, dans cette station si élevée, tout à fait comparable à celle qu'elle était, dans les plaines, à plus de 4.000 mètres plus bas.

Cependant, je dois dire que, d'après le son rendu par le vent au moment des grandes rafales, la vitesse devait être notablement inférieure à celle du vent des rafales du cyclone de Hong-Kong. Il est vrai que ce cyclone a produit des effets destructeurs bien autrement considérables que ceux qu'on vient de constater de la part du cyclone du 19 août.

Il paraît donc résulter de cette observation que ces phénomènes intéressent une énorme épaisseur de l'atmosphère, ce qui, d'ailleurs, n'a rien que de très naturel.

Quant à la question de savoir si les premières perturbations atmosphériques se sont fait sentir dans nos hautes régions avant de se montrer dans la plaine, c'est là une question qu'il serait de la plus haute importance de résoudre avec certitude ; mais elle est fort délicate. Pour la résoudre, il faudrait pouvoir disposer des indications d'enregistreurs bien réglés, répartis sur le parcours du cyclone, au Mont Blanc, et dans quelques stations intermédiaires, comme les Grands-Mulets, Chamonix etc. ; car il est évident que, si le phénomène prend naissance dans les hautes régions de l'atmosphère, il ne doit pas employer un temps bien considérable à descendre, et, dès lors, il faut des observations très précises, surtout au point de vue du temps, pour décider la question.

Je reviens maintenant à l'ascension au sommet.

J'avais toujours pensé, en raison du caractère cyclonique du phénomène, que cette tourmente ne durerait pas au delà de quelques jours, et je persévérai. M. Vallot, n'étant pas de cet avis, profita de l'amélioration de la matinée du jeudi 21 et redescendit à Chamonix.

Le temps continua en effet à s'améliorer, et, après son départ, je pus faire, vers midi, dans la cabane devenue plus libre, avec le spectroscope Duboscq, des observations soignées. Mon ami M. Ch. Durier, qui n'avait pas voulu me quitter et comptait monter aussi au sommet, m'assistait dans ces observations pour certaines constatations d'intensités relatives sur lesquelles j'étais bien aise d'avoir un avis absolument impartial et dégagé de toute idée préconçue. Enfin, le temps devenant de plus en plus beau, on se prépara pour le lendemain.

Il ne me restait que douze hommes et Frédéric Payot, que son âge et son expérience du Mont Blanc désignaient comme leur chef. Les autres, fatigués de leur séjour dans la cabane pendant la tourmente et n'ayant pas, sans doute, la même foi dans la réussite, avaient demandé à redescendre, ce qui leur avait été accordé.

J'avais harangué ensuite mes douze fidèles, mes douze apôtres comme je les appelais en riant, et leur avais prédit le succès (1).

Le vendredi 22 août, l'aurore présagea une journée d'une beauté exceptionnelle. Payot, qui avait été examiner l'horizon et que je questionnais, me dit :

« Tous les signes au ciel et sur la montagne présagent un beau jour. » Et il ajouta : « Les corneilles sont revenues. — C'est la paix avec le ciel qu'elles nous apportent, lui répondis-je. D'ailleurs, un instinct secret me dit que la journée sera belle et que nous réussirons. Préparez tout pour le départ. »

De grand matin, on avait envoyé tailler des pas sur l'arête de la grande Bosse, mais le froid était si vif qu'un des guides eut un pied gelé. Nous le laissâmes à la cabane. (Heureusement, son pied se guérit quelques jours plus tard.)

Les préparatifs terminés, nous ne nous mîmes en marche cependant que vers $8^h45^m$, afin de donner au Soleil, qui était ardent, le temps d'amollir les neiges des arêtes, glacées par le grand froid de la nuit.

De l'endroit où se trouve la cabane des Bosses, les points les plus difficiles à franchir sont : l'arête de la grande Bosse, celle de la petite et celle des rochers de la Tournette.

Ces arêtes sont formées par la rencontre des murailles presque verticales, qui, du côté italien, s'élèvent du glacier de Miage en contre-bas, d'environ 2.000 mètres, et, du côté français, de celles qui descendent au grand plateau de 800 mètres plus bas. Ces murailles se coupent sous un angle si aigu qu'un homme a besoin d'y tailler des pas pour s'y tenir, et leur inclinaison, en certains points, dépasse 50° avec l'horizon.

---

(1) Voici leurs noms : Comte (Alfred), Farini (Joseph), Favret-Lambert, Burne (Théophile), Comte (Jean), Charlet (Joseph), Darbeley (Gaspard), Tournier (Ambroise), Monard (Michel), Comte (Louis), Simon (Jules), Simon (Jules, des Bois).

Telle était la nature des obstacles que nous avions à franchir ; il est surprenant que nous ayons pu le faire avec un traîneau.

Cependant, mes guides m'avaient amené jusqu'à l'endroit le plus rapide de l'arête de la grande Bosse. Là, je mis pied à terre ou plutôt dans la neige, et je cherchai à m'élever ; mais, malgré des efforts presque surhumains, je tombai la face dans la neige après une ascension d'une vingtaine de mètres ; je repris haleine et voulus continuer la montée ; ce me fut impossible, et, sur ce nouveau calvaire, je retombais après chaque nouvelle tentative. Mes guides virent bien qu'il fallait absolument hisser le traîneau. C'est alors que je pus constater toute l'énergie de ces hommes réellement admirables quand un grand objet excite leur dévouement. Ils avaient compris le but scientifique de mon expédition et ils m'avaient vu faire tous les efforts possibles pour y atteindre ; aussi, dès ce moment, se chargèrent-ils de tout. Sans se préoccuper des dangers qu'ils couraient eux-mêmes, sans penser aux précipices qui nous entouraient, ils s'emparèrent du traîneau, le hissèrent sur ces arêtes plus étroites que la largeur même de l'appareil.

Admirant leurs efforts, je les encourageais par mes paroles, mais surtout par la confiance absolue qu'ils lisaient sur mon visage. Aussi, quand nous eûmes franchi le dernier de ces obstacles et que le sommet nous appartint enfin, il y eut une explosion générale d'enthousiasme ; tous se félicitaient et venaient me serrer les mains.

J'embrassai l'un d'eux, Frédéric Farini, qui, constamment à mes côtés, m'avait donné des preuves d'un dévouement absolu. Frédéric Payot vint aussi à moi, et me témoigna son enthousiasme dans des termes que je ne rapporterai pas ici.

Nous reprîmes la marche et arrivâmes enfin au sommet. M. Ch. Durier, dont j'admirais l'énergie calme et tranquille, y arrivait aussi. Nos guides agitèrent le drapeau, et Chamonix leur répondit par le canon d'usage.

Je ne saurais dire l'émotion qui s'est emparée de moi quand, parvenu au sommet, ma vue embrassa tout à coup le cercle immense qui se déroulait autour de moi.

Le temps était admirable, la pureté de l'atmosphère telle, que ma vue pénétrait jusqu'au fond des dernières vallées. L'extrême horizon seul était voilé d'une brume légère. J'avais sous les yeux tout le Sud-Est de la France, le Nord de l'Italie et les Apennins, la Suisse et sa mer de montagnes et de glaciers.

Ces collines, ces vallées, ces plaines, ces cités colorées en bleu par l'énorme épaisseur d'atmosphère qui m'en séparait, me donnaient l'impression d'un monde vivant au fond d'un immense Océan aux eaux d'un bleu céleste ; il me semblait même entendre les bruits et l'agitation qui s'en élevaient et venaient mourir à mes pieds. Puis, si ma vue, quittant ces merveilleux lointains, se reportait autour de moi, le contraste était frappant : c'était un monde de glaciers, de pics déchirés, de déserts de neige, de blancs précipices, sur lesquels régnait un silence saisissant. Alors je me figurais avoir sous les yeux une de ces scènes que nous pouvons imaginer quand la Terre aura vieilli, que le froid en aura chassé la vie, et que sur sa face glacée régnera le grand silence de la fin.

Les impressions excitées par cet inoubliable tableau eussent été inépuisables, mais je m'y dérobai, et commençai mes observations. Elles se rapportaient à la Spectroscopie, au point de vue de l'horizon dont on pourrait disposer sur la cime, à l'étude d'un emplacement pour un observatoire, à celles de la transparence de l'atmosphère, etc..

Ces études trop rapidement conduites à mon gré, mais qui eussent exigé un abri permanent pour être faites avec tout le soin désirable, il fallut songer à la descente. Le froid était très vif, mes guides ne pouvaient y rester exposés plus longtemps sans danger.

La descente est beaucoup plus rapide que la montée sur les pentes ordinaires et en dehors des arêtes. Mais sur celles-ci, elle est plus dangereuse. La manœuvre des cordes attachées aux piolets enfoncés dans la glace en atténua beaucoup les risques.

Nous arrivâmes vers 2 heures à la cabane des Bosses, et, après quelques préparatifs nécessaires, nous partîmes pour celle des Grands-Mulets.

Le succès nous avait enhardis. Dédaignant le chemin ordinaire et nous servant de nos piolets comme points d'attache, nous descendions des pentes de 60° et 70°. Quant aux pentes douces, elles étaient franchies en glissades avec une rapidité étonnante. Cependant, dans les passages réellement dangereux, j'exigeais qu'on mît toute la prudence voulue, tenant par-dessus tout à ce qu'il n'arrivât aucun accident à mes chers compagnons.

Nous étions aux Grands-Mulets pour le dîner.

Nous eûmes comme compagnon de table M. Olivier, docteur ès sciences, directeur de *La Revue générale des Sciences*, qui, pour son début d'alpiniste, venait aussi de faire l'ascension du Mont Blanc. M. Olivier s'était tiré de cette ascension, dont il ne soupçonnait peut-être pas tout d'abord les difficultés et les fatigues, avec une énergie que je ne pus m'empêcher d'admirer.

La matinée du lendemain fut tout entière consacrée à des observations spectroscopiques comparatives que je désirais reprendre pour corroborer celles que j'avais faites au haut de la montagne. Aussi ne quittâmes-nous les Grands-Mulets qu'à $1^h30^m$.

A 5 heures, je rencontrais, au chalet de la cascade du Dard, Mme Janssen et ma fille venues au devant de moi avec M. le Baron de Viry et quelques amis. A 7 heures, nous étions à Chamonix, où nous fûmes reçus avec un intérêt et, puis-je le dire, un enthousiasme qui nous ont été au cœur à M. Ch. Durier et à moi.

Le soir, nous réunissions nos guides pour leur offrir un punch d'honneur, les remercier de leur dévouement et nous féliciter ensemble d'une expédition entreprise dans des conditions si nouvelles et qui, je l'espère, portera ses fruits.

## 2. Etudes spectrales.

Ainsi que je viens de le dire dans le récit de l'ascension, la question dont je poursuivais la solution dans ma dernière ascension aux *Grands-Mulets*, sur les flancs du Mont Blanc, il y a deux années, se rapportait à la présence de l'oxygène dans les enveloppes gazeuses extérieures du Soleil. La question de l'existence de l'oxygène dans l'atmosphère solaire est une des plus importantes que la Physique céleste puisse se proposer, en raison du rôle immense que joue ce corps dans les phénomènes géologiques, chimiques, et surtout dans ceux d'où dépend la vie sous toutes ses formes. Aussi s'en est-on occupé depuis longtemps déjà, mais on sait aussi que la question était toujours restée indécise.

La découverte toute récente des phénomènes remarquables d'absorption que l'oxygène produit sur un faisceau lumineux qui le traverse sous épaisseur suffisante permettait de reprendre la question dans des conditions nouvelles.

Or, on sait que l'action de l'oxygène sur la lumière se traduit par deux systèmes d'absorption : d'une part, un système de raies fines plus ou moins obscures, telles que les groupes A, B, $\alpha$, etc., et, d'autre part, des bandes obscures jusqu'ici non résolubles dans le rouge, le jaune, le vert, le bleu, etc.. Ces deux systèmes, suivant des lois d'absorption différentes, donnent lieu, au point de vue qui nous occupe, à des observations très différentes.

Les bandes obscures étant absentes du spectre solaire dès que l'astre est un peu élevé sur l'horizon, on peut rechercher si le spectre du disque solaire vers les bords, c'est-à-dire dans les points où l'action absorbante de l'atmosphère solaire doit être portée à son maximum d'effet, présente les bandes de l'oxygène. C'est une observation qui est singulièrement facilitée par les éclipses annulaires du Soleil, et l'on sait que pendant celle qui eut lieu cette année même, et qui, à Candie, fut favorisée par un temps si exceptionnellement favorable, M. de la Baume-Pluvinel, qui avait bien voulu se charger de cette observation, obtint un résultat tout à fait négatif, c'est-à-dire un spectre de l'extrême bord solaire où les bandes de l'oxygène étaient complètement absentes. Ainsi la considération des bandes n'est pas favorable à l'hypothèse de l'existence de l'oxygène dans l'atmosphère solaire.

Mais l'étude des raies peut, elle aussi, conduire à la solution cherchée.

En effet, les bandes du spectre de l'oxygène n'existant pas

dans le spectre solaire dès que l'astre est un peu élevé, on peut rechercher directement leur présence dans le Soleil par l'étude de son spectre, sans que l'action de l'atmosphère terrestre vienne compliquer les résultats.

Il en est tout autrement des raies. Les groupes A, B, α se montrent même très accusés dans le spectre solaire circumzénithal, c'est-à-dire en toutes circonstances.

Il faut donc ici, ou bien se procurer une action qui soit égale à celle de notre atmosphère et voir si cette action produit dans le spectre des raies de même intensité que celles qu'on observe dans le spectre solaire circumzénithal, et c'est ce qui a été fait dans l'expérience instituée entre la tour Eiffel et l'Observatoire de Meudon (1), ou bien diminuer dans une mesure connue l'action de l'atmosphère terrestre et voir si ces diminutions sont telles qu'elles conduiraient à une extinction totale aux limites de l'atmosphère. C'est la méthode dont l'emploi a été commencé il y a deux ans aux Grands-Mulets et qui a été complétée cette année au sommet du Mont Blanc.

Les observations embrassent actuellement trois stations : Meudon, les Grands-Mulets, une station près du sommet du Mont Blanc.

Il va sans dire que, pour rendre les observations comparables, j'ai eu le soin d'employer les mêmes instruments dans chacune des stations.

Le premier instrument, déjà employé en 1888 aux Grands-Mulets, est un spectroscope de Duboscq à deux prismes qui montre B formé d'une ligne très noire et large, avec une bande ombrée qui représente la série des doublets non séparés par l'instrument.

Ce spectroscope avait pour moi l'avantage d'un long usage, spécialement dans les études de laboratoire sur les spectres des gaz dans leurs rapports avec le spectre solaire.

Le second instrument est un spectroscope à réseau de Rowland et lunettes de 0,75 de foyer, montrant toutes les lignes des groupes A, B, α et spécialement les doublets de B.

_______

(1) *Comptes rendus*, t. CVIII, p. 1035.

Avec le spectroscope de Duboscq, on juge le phénomène dans son ensemble, et pour B, par exemple, c'est l'intensité et la largeur de l'ombre et celles de la ligne noire qui les accompagne, comparées à la ligne fixe C de l'hydrogène, qui servent aux comparaisons.

Avec le spectroscope à réseau, on possède des éléments nouveaux. On sait que les doublets de B, par exemple, vont en décroissant d'intensité au fur et à mesure qu'ils s'éloignent de la tête de B.

J'ai mis à profit cette décroissance d'intensité pour l'estimation de la diminution des actions absorbantes de l'atmosphère avec l'élévation de la station.

Si l'on s'élève, en effet, dans l'atmosphère, on voit les doublets les plus faibles et les plus éloignés de la tête de B s'affaiblir de plus en plus, pour disparaître avec une hauteur suffisante de la station.

C'est ainsi qu'à Meudon, où l'action de l'atmosphère est très sensiblement entière, on observe dix doublets bien visibles. Mais aux Grands-Mulets, le système est déjà bien réduit ou du moins les derniers doublets sont si faibles que l'observation en est difficile. Au sommet, je n'ai pas pu faire d'observation avec cet instrument. Pendant la tourmente, on ne pouvait songer à des observations à l'extérieur, puisque les guides eux-mêmes avaient la plus grande peine à se tenir. L'intérieur de la cabane de M. Vallot était trop exigu pour permettre le déploiement de l'instrument. C'est une observation qui sera intéressante à reprendre quand on aura érigé vers le sommet un observatoire mieux installé.

Mais, j'estime que l'observation avec le spectroscope de Duboscq, qui, elle, a pu être faite dans d'excellentes conditions à Meudon, à Chamonix, aux Grands-Mulets et près du sommet, est très concluante.

Je dois même ajouter que la diminution d'intensité du groupe B entre les Grands-Mulets et la station des Bosses, près du sommet, m'a surpris, et que je l'ai trouvée plus forte que ne semble le comporter la hauteur et la densité de la colonne atmosphérique qui relie ces deux stations.

Le lendemain, 23 août, étant à la station des Grands-Mulets, de retour du sommet, j'ai repris vers midi les observations avec mes deux instruments.

En résumé, les observations spectroscopiques faites pendant cette ascension à la cime du Mont Blanc complètent et confirment celles que j'avais commencées, il y a deux ans, à la station des Grands-Mulets, à 3.050 mètres d'altitude, et l'ensemble de ces observations, c'est-à-dire celles qui ont été faites entre la tour Eiffel et Meudon, celles de M. de la Baume à Candie, celles faites au laboratoire de Meudon, et enfin les observations de cette année au Mont Blanc se réunissent pour conduire à faire admettre l'absence de l'oxygène dans les enveloppes gazeuses solaires qui surmontent la photosphère, tout au moins de l'oxygène avec la constitution qui lui permet d'exercer sur la lumière les phénomènes d'absorption qu'il produit dans notre atmosphère et qui se traduisent dans le spectre solaire par les systèmes de raies et de bandes que nous connaissons. Je considère que c'est là une vérité qui est définitivement acquise.

On peut déjà tirer de cette vérité certaines conclusions touchant la constitution de l'atmosphère solaire.

Il est certain que, si l'oxygène existait simultanément avec l'hydrogène dans les enveloppes extérieures du Soleil et accompagnait ce dernier jusqu'aux limites si reculées où on l'observe, c'est-à-dire jusque dans l'atmosphère coronale, le refroidissement ultérieur dans une période de temps que nous ne pouvons encore assigner, mais qui paraît devoir se produire fatalement quand notre grand foyer central commencera à épuiser les immenses réserves de forces dont il dispose encore, ce refroidissement, dis-je, aurait pour effet, si l'oxygène et l'hydrogène étaient en présence, de provoquer leur combinaison. De la vapeur d'eau se formerait alors dans ces enveloppes gazeuses, et la présence de cette vapeur, d'après ce que nous connaissons de ses propriétés, aurait pour effet d'opposer au rayonnement solaire, principalement à ses radiations calorifiques, un obstacle considérable. Ainsi l'affaiblissement de la radiation solaire serait encore accéléré par la formation de cette vapeur.

N'y a-t-il pas là encore une harmonie nouvelle reconnue dans cet ensemble déjà si admirable de dispositions, qui tendent à assurer à notre grand foyer central la plus longue durée possible à des fonctions d'où dépend la vie du système planétaire tout entier ?

### 3. *Observations physiologiques.*

Je donnerai ici quelques détails sur mon état physiologique pendant mon séjour d'une semaine sur les flancs du Mont Blanc près de sa cime et à sa cime elle-même, c'est-à-dire entre 3.000 mètres et 4.800 mètres d'altitude.

Je suis le premier, je crois, qui soit parvenu au sommet du Mont Blanc sans avoir eu à faire aucun effort corporel, et, ce qui est très remarquable, il paraît que je suis également le seul qui ait joui, dans cette circonstance, de l'intégrité de ses forces intellectuelles.

Ce résultat remarquable, et j'ajoute précieux par les indications qu'il donne aux observateurs qui auront à séjourner dans les hautes stations, me paraît devoir être entièrement attribué à l'absence d'effort physique pendant toute cette expédition.

Il serait déjà bien improbable que j'eusse été affranchi des malaises si constants des hautes stations par l'effet d'une disposition toute spéciale de mon tempérament, par une sorte d'idiosyncrasie ; mais cette supposition elle-même ne pourrait se soutenir, car chaque fois que j'ai eu des efforts corporels à faire dans mes ascensions antérieures, j'ai éprouvé des troubles, assez légers il est vrai, mais constants et de la nature de ceux dont se plaignent ordinairement les alpinistes dans les hautes régions. Il y a deux années, pendant mon ascension aux Grands-Mulets, ascension pendant laquelle j'ai eu à faire de grands efforts, j'ai ressenti les effets du mal de montagne pendant le jour qui a suivi l'ascension, et, ce qui est très remarquable, dès que je voulais réfléchir sur mes observations et faire un travail intellectuel un peu suivi, j'éprouvais une sorte de syncope et de faiblesse subite. Ce n'est que par des inspirations très fréquentes que je me rétablissais, et j'avais même pris l'habitude de respirer ainsi très fréquemment avant de chercher à penser.

Ceci montre bien que les actes intellectuels, comme les actes physiques, exigent une dépense de force et, notamment, la présence de l'oxygène dans le sang.

Il en fut tout autrement pendant la dernière ascension.

J'ai passé quatre jours dans la cabane des Bosses et, pendant ces quatre jours, je n'ai pas éprouvé un seul instant de malaise.

L'appétit était resté intact, quoique l'alimentation fût plutôt, comme quantité, inférieure à celle qui m'est ordinaire. Mais les forces intellectuelles étaient intactes, plutôt même surexcitées, et la nuit, après le premier sommeil, je me mettais à penser longuement et je m'y livrais avec plaisir. J'ai trouvé là des solutions, que je crois justes, à des difficultés que je n'aurais sans doute pas résolues dans la plaine.

Mais il ne fallait me livrer à aucun travail corporel, car aussitôt la respiration me manquait et j'aurais éprouvé sans doute, en persistant, les troubles des hautes stations. A la cime du Mont Blanc, je n'ai éprouvé non plus aucun malaise, et mes facultés intellectuelles étaient entières. J'éprouvais seulement une légère excitation, sans doute due au contentement et bien naturelle après les péripéties de l'ascension.

La conclusion de ces observations me paraît être que le travail intellectuel n'est nullement impossible dans les hautes stations, à la condition de bannir tout effort physique. Il faut réserver toutes ses forces pour la dépense qu'exige la pensée (ce qui ne veut pas dire, bien entendu, que la pensée elle-même soit d'ordre physique).

Les hautes stations s'imposent de plus en plus pour la science des phénomènes de l'atmosphère, pour la Physique du globe, pour l'Astronomie elle-même. Il est d'un haut intérêt de savoir que les observateurs pourront y jouir de toutes leurs facultés, en s'imposant seulement d'y vivre dans des conditions déterminées.

### 4. *Projet d'observatoire au Mont Blanc.*

Je crois qu'il y aurait un intérêt de premier ordre, pour l'Astronomie physique, pour la Physique terrestre, pour la Météoro-

logie, et j'ajoute pour certains avertissements d'ordre météorologique, qu'un observatoire fût érigé au sommet ou tout au
moins tout près du sommet du Mont Blanc.

Je sais qu'on m'opposera la difficulté d'édifier une semblable
construction sur un sommet si élevé, où l'on ne parvient qu'avec
de grandes difficulés et où règnent souvent des tempêtes si violentes.

Toutes ces difficultés sont réelles, mais elles ne sont nullement insurmontables. C'est l'opinion qui est résultée pour moi
de mon ascension et des études que j'ai faites à ce sujet.

Je ne puis dès maintenant entrer dans une discussion approfondie ; je me contenterai de faire remarquer qu'aujourd'hui
avec les moyens dont nos ingénieurs disposent, et j'ajoute
avec des montagnards tels que ceux que nous avons dans la vallée de Chamonix et dans les vallées voisines, ce problème sera
résolu quand on voudra.

Actuellement, on applique partout, et spécialement en Suisse,
les moyens mécaniques à la conquête des sommets. La Science
suit ce mouvement et l'on commence à sentir toute l'importance des études dans les hautes stations.

La France, qui a la bonne fortune de posséder sur le Mont
Blanc la plus haute et l'une des mieux situées des stations de
montagnes en Europe, ne peut se désintéresser d'une entreprise
qui répond si bien aux besoins scientifiques actuels.

Quant à l'Académie, qui s'est toujours montrée si jalouse de
tout ce qui peut ajouter à l'honneur scientifique de la France, je
lui demande de vouloir bien donner à ce projet sa haute appro-
bation et son appui.

*C. R. Acad. Sc.*, Séance du 22 septembre 1890, T. 111, p. 431.
Ce Mémoire a été reproduit avec quelques variantes dans
*L'Astronomie*, 9e année, n° 11, novembre 1890, dans l'*Annuaire
du Club Alpin français*, 17e volume, 1890, et dans l'*Annuaire
du Bureau des Longitudes* pour l'an 1891.

# VI

## LE SPECTRE DE L'ATMOSPHÈRE TERRESTRE

On a déjà obtenu par la Photographie la description du spectre solaire. Il convient de rappeler à cet égard les travaux de Rutherfurd, de Draper et surtout de M. Rowland, qui est actuellement occupé à nous donner un spectre s'étendant du rouge à l'ultra-violet et admirable de précision et de richesse.

Ces spectres se rapportent au Soleil circumméridien, c'est-à-dire quand la lumière solaire a subi aussi peu que possible l'action de l'atmosphère terrestre. Dans ces spectres, les raies que j'ai proposé de nommer *telluriques* et qui représentent l'action de notre atmosphère sont donc aussi peu accusées que possible.

Or, si l'on veut mettre en évidence cette action si importante de notre atmosphère sur la lumière solaire, et arriver à faire non seulement la part de cette action en général, mais encore celle de chacun des éléments : oxygène, azote, vapeur d'eau, acide carbonique, etc., en particulier, il est nécessaire d'obtenir l'ensemble de ce même spectre solaire, non plus seulement au méridien, mais à l'horizon, c'est-à-dire là où l'action de notre atmosphère est le plus prononcée.

Le rapprochement et la discussion de ces deux ordres de spectres permettront de faire avec une entière sûreté la part tellurique du phénomène. Il ne restera plus qu'à chercher, dans ce spectre tellurique, ce qui regarde chacun des éléments de l'atmosphère au moyen des spectres reconnus de ces éléments.

Quand j'ai commencé mes travaux sur l'action de l'atmosphère terrestre sur la lumière solaire, j'ai eu naturellement à étudier le spectre solaire à l'horizon, et j'ai publié quelques cartes se rapportant à cet objet.

Mais alors, la Photographie spectrale des régions jaune et rouge n'existait pas, et ce sont précisément celles où les phénomènes telluriques sont le plus importants.

Aujourd'hui, grâce à l'emploi de la gélatine et des substances qui la sensibilisent pour les régions les moins réfrangibles du spectre oculaire, on peut reprendre ce travail fondamental et obtenir l'ensemble du spectre solaire normal à l'horizon. Tel a été l'objet de mon voyage en Algérie.

J'ai choisi la station de Biskra, à l'entrée du désert, station qui est desservie par un chemin de fer.

M. le Ministre de la Guerre avait bien voulu me recommander d'une manière spéciale à M. le Commandant du 19e Corps d'armée, et, grâce à cette recommandation, j'ai rencontré de la part de l'armée, l'empressement le plus gracieux et dont je dois la remercier ici. A Biskra, le Génie mit à ma disposition un petit fort situé sur un rocher, en dehors de la ville, et où la vue s'étendait d'une manière illimitée, vers le Sud, sur le désert. Tous les matins vers 4 heures, une voiture venait me prendre à l'hôtel et me conduisait au fort, où j'attendais le lever du Soleil et où je restais jusqu'au coucher.

J'ai travaillé là depuis le commencement du mois de janvier jusqu'à la moitié d'avril.

Les spectres photographiés étaient obtenus à l'aide d'un photo-spectromètre à réseau de Rowland, muni de lunettes de 1 m. 10 environ de foyer et d'un objectif de concentration de 2 m. 20 de distance focale. J'ai cherché à obtenir les mêmes régions spectrales dans les divers ordres, suivant les exigences ou les facilités que présentaient les plaques sensibles.

Ce travail considérable n'est naturellement pas terminé, mais je dois dire que, sans la pureté du ciel dans ces régions et la continuité des jours favorables, il m'eût été tout à fait impossible de rien obtenir d'important.

Dans ce travail, j'ai été successivement aidé par MM. Stanoïé-vitch et Gabriel Gaupillat.

Dans une excursion que j'ai faite, grâce au concours de l'armée, à l'Orient de Tuggurth dans le Souf, j'ai pu étudier les spectres des régions les plus sèches peut-être du globe. Un autre objet intéressant a été l'obtention, par la Photographie, des images des phénomènes si variés et si curieux du mirage dans les régions des grands chotts qui se trouvent entre le Souf et Biskra, le chott Melrir, Merouan, etc.. La Photographie permettra de distinguer, sur documents certains et mesurables, les conditions qui président à la production de ces singuliers phénomènes dont les apparences et les causes sont beaucoup plus multiples qu'on ne le croit.

*L'Astronomie*, 9e année, n° 9, septembre 1890.


# VII

## DISCOURS PRONONCÉ PAR M. JANSSEN, A LA SÉANCE DU 5 DÉCEMBRE 1890, DE LA SOCIÉTÉ FRANÇAISE DE PHOTOGRAPHIE.

MESSIEURS,

En prenant possession de ce fauteuil, je désire, tout d'abord, vous dire combien je suis sensible à l'honneur que vous m'avez fait en m'y appelant, et surtout en m'y appelant par le mode que vous avez employé.

Vous avez bien voulu vous souvenir que j'ai été un des plus anciens amis de la Photographie ; que je l'ai constamment appréciée et défendue, et que, puisant dans ma foi en sa fécondité et son avenir la force de braver les préjugés, je n'ai pas craint d'en faire une des bases principales de mes études astronomiques.

Aujourd'hui la Photographie n'a plus besoin d'avocats et de soutiens. Elle a conquis l'opinion, elle est reconnue comme l'indispensable auxiliaire des sciences, des arts, et de l'industrie.

Il y a plus. Si l'on considère l'étonnante extension que nous lui voyons prendre tous les jours, et l'empressement avec lequel, aujourd'hui, chacun vient à l'envi réclamer son concours, on serait presque tenté de croire à un enthousiasme excessif et passager ; mais on se rassure pleinement en se rappelant l'inépuisable fécondité du principe qui sert de base à cette admirable découverte, fille du génie de la France.

Nous pouvons donc, Messieurs, regarder avec une pleine

satisfaction actuelle, mais en même temps nous avons le devoir de préparer l'avenir, et de considérer la tâche qui incombe à l'heure présente.

Cette tâche me paraît surtout se rapporter au point de vue scientifique et artistique.

D'une manière générale, on peut dire que les applications de la Photographie se divisent en scientifiques, artistiques, industrielles et commerciales. Mais la Photographie peut encore être envisagée sous deux points de vue nouveaux.

Elle peut être considérée simplement comme un moyen d'obtenir et de multiplier des documents utiles se rapportant à toutes les branches qu'elle embrasse. Mais on peut lui demander davantage.

Pour les sciences, on peut en faire un instrument d'investigations et de découvertes. Pour l'art, on peut lui demander de nous en donner une expression nouvelle.

C'est le point de vue, Messieurs, sous lequel j'ai surtout envisagé la Photographie. C'est celui qui me paraît le plus fécond, et c'est dans cette direction que je ne cesserai d'appeler votre attention et vos efforts, parce que c'est là que se trouvent les grands horizons vers lesquels, suivant moi, nous devons marcher.

Du côté scientifique, je ne dirai qu'un mot. Les applications et les études se poursuivent régulièrement; elles s'étendent rapidement, il n'y a en quelque sorte qu'à les abandonner à elles-mêmes.

Nous devons cependant souhaiter dans l'intérêt de nos études, qu'on nous dote de préparations encore plus sensibles, donnant des images d'un tissu plus fin et plus délicat, et embrassant une étendue spectrale plus grande, surtout du côté des rayons invisibles, dits de chaleur obscure, dont la fixation photographique nous permettrait de si fécondes investigations.

Mais, Messieurs, c'est surtout du côté de l'art que nous avons les plus grands progrès à accomplir. Je reconnais que, dès maintenant, les œuvres photographiques présentent déjà un caractère assez personnel pour mériter cette assimilation aux œuvres d'art qui leur est légitimement due, et qui ne tardera pas à leur être accordée, car l'opinion à cet égard s'éclaire tous les jours, et nos Congrès peuvent faire beaucoup sous ce rapport. Mais j'ambitionne, pour la Photographie, quelque chose de plus.

Je voudrais qu'il se créât une branche spécialement vouée à l'art, et que, à l'exemple des jeunes savants de notre génération qui s'emparent de plus en plus de la photographie pour en faire l'instrument journalier de leurs travaux et lui demander de véritables découvertes, les jeunes artistes, laissant là des préjugés dont on rougira bientôt, vinssent résolument s'emparer de la chambre noire pour en faire d'abord l'auxiliaire avoué de leurs études, et plus tard pour nous apporter des œuvres, fruits d'une connaissance approfondie des procédés photographiques et d'un grand sentiment esthétique. Ce jour-là, Messieurs, nous aurons une branche nouvelle de l'art, qui nous donnera de belles jouissances, et la nature sera glorifiée une fois de plus et par une voix qui n'avait pas encore été entendue.

Voilà, Messieurs, des perspectives que nous ne devons pas quitter des yeux.

J'aurais voulu vous en parler avec l'ampleur qu'elles comportent, mais le temps accordé à cette courte allocution ne le permet pas. Je ne puis que les signaler ; je vous demanderai la permission d'y revenir à l'occasion.

Messieurs, en prenant ce fauteuil, je dois rendre en votre nom à la mémoire de celui qui l'occupait avant moi, un hommage qui est certainement dans vos cœurs.

Il le méritait pleinement. Nul, Messieurs, n'a été plus dévoué à votre Société que M. Peligot ; et quand ce grand chimiste auquel nous devons la découverte de l'uranium, qui eut de grandes conséquences théoriques, celle de l'alcool amylique, qui ouvrait une voie immense en chimie organique, et tant d'éminents travaux, et d'éminents services rendus aux arts et à l'industrie ; quand ce grand savant, dis-je, et cet infatigable travailleur fut mis par la maladie dans l'impossibilité de venir parmi vous, il en ressentit un profond chagrin. Il m'en parlait souvent à l'Académie. Et je puis vous apporter ici le témoignage des hautes destinées qu'il entrevoyait pour la Photographie, de sa gratitude envers votre Société, et du bonheur qu'il aurait eu de se trouver au milieu de vous jusqu'à la fin. C'est une mémoire qui sera toujours honorée ici, comme elle l'est à l'Académie et dans le monde de la Science, et si ce savant n'a pas aussi directement servi votre art, il a mérité néanmoins de succéder aux Regnault, aux Balard, tant par son illustration que par l'intérêt profond qu'il portait à vos travaux.

*Bulletin de la Société française de Photographie*, décembre 1890.

# 1891

## I

## REMARQUES A L'OCCASION DU LEGS DE M. CAHOURS A L'ACADÉMIE DES SCIENCES (1)

Le legs qui vient d'être fait à l'Académie, par notre si éminent et si regretté Confrère, me paraît avoir une portée considérable, non seulement par son importance, mais surtout par la voie qu'il ouvre et l'exemple qu'il donne à tous ceux qui désormais voudront encourager les Sciences par leurs libéralités.

M. Cahours, qu'un jugement sûr et une longue expérience avaient mis à même de connaître les plus urgentes nécessités de la Science, était arrivé, comme la plupart d'entre nous, à sentir la nécessité d'introduire une forme nouvelle dans l'institution des récompenses scientifiques.

Nos prix continueront toujours à répondre à un grand et noble besoin ; leur valeur, la difficulté de les obtenir, l'éclat qu'ils tirent de l'illustration du corps qui les décerne en feront toujours les plus hautes et les plus enviées des récompenses.

Mais la valeur même des travaux qu'il faut produire pour y prétendre en interdit la recherche aux débutants. C'est un tournoi qui n'est accessible qu'aux talents mûris et formés.

Or, derrière ces savants qui ont déjà le pied assuré dans la carrière, il y a tous les jeunes gens doués de précieuses aptitudes, poussés par leur goût pour la Science pure, mais détournés trop souvent de cette carrière enviée par les difficultés de l'exis-

---

(1) Par son testament en date du 7 juillet 1886, Auguste Cahours légua à l'Académie une somme de 100 000 francs, avec mission d'en distribuer les intérêts chaque année à des jeunes gens qui se seront déjà fait connaître par quelques travaux intéressants, et plus particulièrement par des recherches de chimie.

tence et prenant à regret une direction donnant des résultats plus immédiats. Et cependant, parmi eux, combien de talents en germes qui, bien cultivés, eussent fait l'honneur et la force de la Science !

Il faut bien le dire, c'est au sortir des études que se trouvent les plus difficiles épreuves pour ceux qui veulent se vouer à la Science pure, et ces difficultés augmentent tous les jours par la marche si rapidement ascendante des exigences de la vie.

Il faut porter un prompt remède à cet état de choses, si l'on ne veut voir tarir, dans ses sources mêmes, le recrutement de la haute Science.

Cette vérité, du reste, commence à être généralement sentie. Le Gouvernement a déjà créé des institutions, des bourses, des encouragements, qui répondent en partie à ce besoin. De généreux donateurs sont entrés également dans cette voie. Je citerai notamment la noble fondation de Mlle Dosne qui fait élever en ce moment un hôtel où des jeunes gens, ayant montré des aptitudes distinguées pour la haute Administration, le Barreau, l'Histoire, recevront, pendant trois années, tous les moyens de poursuivre de hautes et paisibles études.

Disons donc bien haut, et, en parlant ainsi, nous ne sommes que le faible écho des plus illustres Membres de l'Académie, disons que c'est en suivant la voie si noblement ouverte par Cahours qu'on servira le plus efficacement les intérêts et l'avenir de la Science.

*C. R. Acad. Sc.*, Séance du 27 avril 1891, T. 112, p. 910.


## II

## SUR LE PASSAGE DE MERCURE

Le passage de la planète Mercure sur le Soleil, qui a eu lieu le 10 mai dernier, se présentait, malheureusement pour nos régions, dans de très mauvaises conditions.

Malgré ces circonstances défavorables, nous nous étions préparés, à Meudon, à faire certaines constatations touchant les phénomènes de la sortie et de la visibilité du disque de la planète en dehors du Soleil.

Mais l'état du ciel à Paris, au moment du phénomène, a absolument empêché toute observation.

L'Académie se rappelle sans doute qu'en 1874, à la station du Japon, j'avais constaté la visibilité du disque de Vénus, sur le fond du ciel, alors que la planète était encore à 2′ ou 3′ du bord solaire. Ce phénomène indiquait la présence d'un fond lumineux situé derrière la planète et sur lequel celle-ci se détachait en sombre. C'était évidemment l'atmosphère coronale dont l'illumination produisait le phénomène, et la présence de cette atmosphère se trouvait ainsi confirmée par un phénomène tout différent de ceux des éclipses totales et à l'abri des objections que ceux-ci ont soulevées.

Il sera intéressant de reprendre cette observation au prochain passage de Mercure.

Mais il est encore une observation d'un haut intérêt et que je désire signaler ici.

On se rappelle que M. Huggins, notre éminent Correspondant, a proposé une méthode pour obtenir la photographie de la couronne en dehors des éclipses. Cette méthode a soulevé certaines objections ; cependant il serait bien important qu'elle répondît à notre attente.

Or, le passage de Mercure fournirait un moyen de contrôle intéressant. Si la planète se voyait sur l'image photographique tout à fait en dehors du Soleil et à une distance où les lunettes ne peuvent plus en déceler la présence, on aurait un témoignage de l'origine réellement solaire des phénomènes photographiés.

Mais c'est ici, pour les phénomènes de cet ordre, qu'il y a lieu d'insister sur l'importance des hautes stations et de la facilité considérable qu'une atmosphère pure et dégagée de vapeurs apportera pour le succès de ces études.

Il y aurait lieu d'étudier aussi si, au moyen d'ascensions en ballon, à grande hauteur, on ne pourrait pas, au moyen de dispositions instrumentales convenablement combinées, obtenir, surtout par la photographie, des constatations du genre de celles dont je parle, quand les conditions atmosphériques s'annoncent défavorables.

*C. R. Acad. Sc.*, Séance du 19 mai 1891, T. 112, p. 1098.

## III

## NOTE SUR UN PROJET D'OBSERVATOIRE AU MONT BLANC

L'Académie se rappelle que, dans sa séance du 22 septembre 1890, j'avais l'honneur de lui rendre compte d'une ascension au Mont Blanc, exécutée principalement en vue de résoudre la question de la présence de l'oxygène dans les enveloppes extérieures du Soleil.

Dans ce compte rendu, j'émettais l'idée de l'érection d'un Observatoire au sommet du Mont Blanc, et j'indiquais succinctement les avantages que la Science pourrait retirer d'un semblable établissement. En même temps, je ne dissimulais point les difficultés de l'entreprise qui, cependant, ne me paraissaient pas insurmontables.

L'appel que j'adressais ainsi aux amis des Sciences a été entendu.

Notre Confrère M. Bischoffsheim, auquel on doit le bel Observatoire de Nice, et qui a aidé aux progrès des Sciences en tant de circonstances diverses, M. le Prince Roland Bonaparte, qui cultive, avec distinction, la Géologie, M. le Baron de Rothschild, notre Confrère de l'Académie des Beaux-Arts, qu'on trouve toujours disposé en faveur des entreprises d'utilité générale, enfin M. Eiffel, le célèbre ingénieur, m'ont spontanément offert leur concours.

J'avais donc les moyens d'entreprendre l'étude de la question pour laquelle je sollicitais la bienveillance et l'appui de l'Académie. Or, comme une construction du genre de celle qui nous occupe doit nécessairement reposer sur le rocher solide, il fallait avant tout se rendre compte de l'épaisseur de la croûte de glace qui recouvre le sommet. Pour obtenir cette connaissance préliminaire indispensable, nous nous sommes mis, M. Eiffel et moi, en rapport avec un ingénieur suisse, M. Imfeld, très habile dans ce genre de travaux, et nous l'avons chargé de cette mission.

Un sondage profond au sommet du Mont Blanc est une opération qui présente des difficultés sérieuses et même des dangers, en raison des orages et des tourmentes dont la cime est souvent le théâtre. Pour se mettre à l'abri de ces dangers, M. Imfeld compte réaliser le sondage en pratiquant une galerie horizontale dans la glace même, à une distance convenable du sommet, et suivre cette galerie jusqu'à la rencontre du rocher. Aussitôt que la galerie sera amorcée, ses travailleurs se trouveront ainsi à l'abri des tourmentes et même du froid, car il est facile dans une galerie de ce genre de s'en garantir.

Les avis sont très partagés sur l'épaisseur de la couche de glace au sommet. M. Fréd. Payot, l'ancien guide-chef, qui m'a assisté si efficacement dans mon expédition de l'année dernière et dont l'expérience est si grande, l'estime peu considérable. Ce serait aussi l'impression de M. Imfeld. Quoi qu'il en soit, les travaux dont cet ingénieur vient de se charger vont nous édifier à cet égard. Indépendamment de toute entreprise ultérieure, je crois que les géologues et les météorologistes seront intéressés à être fixés sur ce point. Le Mont Blanc est une montagne si célèbre que tout ce qui la concerne présente de l'intérêt.

C'est à ce titre que j'ai pensé devoir informer l'Académie de la prochaine exécution de ces travaux.

*C. R. Acad. Sc.*, Séance du 27 juillet 1891, T. 113, p. 179.

## IV

# DISCOURS DE M. JANSSEN AU CONGRÈS INTERNATIONAL DE PHOTOGRAPHIE TENU A BRUXELLES EN 1891.

MESSIEURS,

C'est comme Président de la Commission permanente chargée, par le Congrès de 1889, de préparer la réunion du Congrès actuel que j'occupe momentanément ce fauteuil.

Cette Commission avait pour mandat d'assurer l'application des décisions du Congrès, de continuer l'étude de certaines questions laissées sans solution par celui-ci et de préparer le programme de vos travaux.

Nous avons à vous rendre compte de la manière dont la Commission s'est acquittée de sa tâche, à faire procéder à l'élection du Bureau de ce Congrès et à remettre ensuite entre ses mains les pouvoirs qui nous ont été confiés.

Messieurs, le Congrès qui a été réuni à Paris il y a deux années restera comme un grand événement dans l'histoire de la Photographie. Il a véritablement inauguré pour elle une ère nouvelle.

Depuis bien longtemps, les différentes Sciences et les Arts ont leurs réunions périodiques, réunions qui revêtent un caractère soit national et en quelque sorte de famille, soit international et universel. Ces réunions, indépendamment des relations personnelles qu'elles établissent, des ententes fructueuses qu'elles amènent, ont encore pour effet d'élever le niveau des études, de placer plus haut le but à atteindre et d'affirmer aux yeux de tous leur caractère d'utilité universelle.

Votre Art, Messieurs, était resté jusqu'ici en dehors de ces indispensables manifestations. Les diverses branches de la Photographie se développaient isolément, en dehors de toute entente générale, de tout concert, et ceci à l'égard même des branches les plus voisines et dont les points de contact étaient les plus évidents. Chacune d'elles avait créé ses méthodes, ses procédés, sa langue, comme si elle existait seule. Il était résulté de cet état de choses, une confusion dans les procédés de mesure, dans les unités, dans le langage, qui tendait tous les jours à augmenter et menaçait de devenir intolérable.

C'est alors, Messieurs, qu'à l'occasion de ce grand Concours de 1889 auquel la France conviait les nations pour venir chez elle, en un tournoi tout pacifique, rivaliser en montrant les merveilles de leurs Arts et constater, à un siècle de distance, la grandeur de la révolution accomplie par les peuples dans la voie de la haute civilisation, c'est alors, dis-je, que la Photographie trouva l'occasion d'entrer à son tour dans ce grand concours d'efforts et qu'un Congrès général de Photographie prit sa place parmi les nombreux Congrès qui furent institués à cette occasion.

Les organisateurs de ce Congrès firent tous leurs efforts pour obtenir la participation, chez toutes les nations, des représentants les plus autorisés de votre Art et de tous ceux qui s'en occupent ou s'y intéressent à un titre quelconque, mais distingué.

Le Congrès réuni, ils s'efforcèrent de donner à leurs hôtes une hospitalité qui répondit à leurs sentiments et à l'honneur qu'ils recevaient de ces Collègues étrangers dont beaucoup étaient des illustrations.

Nous n'avons, Messieurs, qu'à constater le grand succès du Congrès.

Grâce aux hommes éminents par leur science, leurs lumières ou leurs compétences spéciales qui, dans chaque direction et pour chacune des questions à résoudre, voulurent bien nous donner leur concours, nous obtînmes des rapports si profondément étudiés, si hautement traités et marqués en même temps d'un caractère pratique si sage, que l'assemblée, dans la plupart des cas, n'a eu qu'à les adopter.

Messieurs, les matières dont le Congrès avait à s'occuper étaient aussi importantes que variées ; ce ne doit point surprendre, puisque c'était la première fois que la Photographie tenait des assises générales et que tout était à créer.

Il fallait, avant tout, doter votre art à l'égard de la lumière, qui est l'agent et la base même de toutes vos opérations, d'une unité fixe, bien définie et toujours retrouvable. Pour obtenir cette unité première, base de toutes les autres, on s'est adressé à la Science qui possède sur la nature et les propriétés de l'agent lumineux les données les plus profondes et les plus sûres, à la Physique. L'avenir montrera qu'on a bien fait.

Il fallait ensuite créer des méthodes, tant pour la mesure des sensibilités des préparations photographiques, que pour celles qui regardent la puissance éclairante des objets à reproduire.

Il fallait encore porter la définition et la mesure dans ces appareils optiques créateurs des images et dont les propriétés doivent être complètement étudiées et définies, si l'on veut les choisir avec discernement et les approprier judicieusement aux divers buts à atteindre.

Mais les qualités, au point de vue optique, de l'image formée sur la couche sensible n'est encore qu'un des termes de la question ; il faut encore que la durée de l'action lumineuse soit réglée d'une manière précise et mesurable, si l'on veut faire d'utiles comparaisons et profiter de l'expérience acquise.

Ici encore, le Congrès a posé les principes de la question.

Messieurs, un des objets qui appelaient au plus haut point la sollicitude du Congrès était celui qui regarde la langue photographique.

Par suite de la multiplicité des directions dans lesquelles l'art photographique s'est développé, et surtout en raison de l'isolement dans lequel chaque branche s'est tenue, il s'est produit une diversité de langage dans laquelle on ne pouvait trouver aucune règle fixe et même, bien rarement, des termes conformes à l'étymologie et donnant une idée exacte de la méthode ou des procédés qu'ils étaient appelés à définir.

Le Congrès est revenu aux vrais principes.

Il a conservé et consacré le principe d'emprunts à la langue grecque, source commune et universellement acceptée, où puisent les Sciences et les Arts. Il a posé ensuite les règles qui devront désormais présider à la formation des mots appelés à définir les divers procédés de l'art photographique.

L'agent fondamental de toutes vos opérations étant la lumière, et cet agent étant désigné universellement dans le langage scientifique par le mot *pho*, de φῶς, la lumière, et *photo*, génitif de φῶς, le Congrès l'a conservé pour exprimer toute action dont la lumière est l'agent. Et, comme le but même de votre art est d'obtenir, par le moyen de cet agent, des images, des dessins, des écritures, il a admis également que le mot *graphie*, dérivé du mot grec γραφειν, qui embrasse dans sa signification l'art de l'écriture et du dessin, terminerait les mots composés. Entre ces deux expressions, on fera entrer celles qui sont destinées à caractériser plus spécialement les procédés particuliers dont se compose l'art photographique.

Les principes adoptés sont donc simples et paraissent incontestables. Vous aurez, sans doute, à compléter cette œuvre, mais je crois que vous tiendrez à en conserver les bases.

Le Congrès s'est encore occupé des questions concernant le matériel photographique : l'adaptation des objectifs aux chambres, les formats des plaques, etc.. Ce sont des sujets qui paraissent plus secondaires, mais nécessaires. Ici encore, sur plusieurs points, vous aurez à compléter l'œuvre du Congrès de 1889.

Mais un des objets les plus importants qui appelaient la sollicitude du Congrès de 1889 est celui qui concerne la reconnaissance des œuvres photographiques comme œuvres d'art et la protection à leur accorder à ce titre. Le Congrès a émis des vœux qui tendent à ce but, mais notre législation n'a pas encore consacré ce principe si juste et si nécessaire. Votre tâche sera de continuer à cet égard les efforts de vos prédécesseurs.

Messieurs, telle est, résumée à grands traits, l'œuvre du Congrès de 1889. Vous voyez combien ce Congrès avait une tâche complexe et difficile.

Cependant, il n'est que juste de reconnaître que, sur la presque universalité des questions qui lui étaient soumises, il a pris des décisions sages, éclairées, marquées à la fois du caractère d'une Science élevée et d'un grand sens pratique. Cela tient, Messieurs, à la fois, comme je le disais tout à l'heure, aux lumières des Commissaires et à leur grande compétence professionnelle. Aussi ces premières assises de la législation qui doit nous régir doivent-elles être considérées comme acquises. C'est le point de départ qui doit être accepté des Congrès qui suivront. Le Congrès de 1889 a posé les principes, aux autres de les perfectionner et de les étendre. Vous voudrez certainement, Messieurs, dans l'œuvre de continuation qui vous incombe, respecter les principales résolutions prises. Que si même, dans ces résolutions, certains points vous paraissaient défectueux, il convient de n'y pas toucher quant à présent, laissant au temps le soin de montrer, avec l'autorité qui s'attache à l'expérience, les changements importants qui devront être opérés. Cette manière de procéder vous paraîtra sage et nécessaire, car vous estimerez que ce n'est pas en touchant prématurément à une œuvre même imparfaite, mais qui a eu le mérite de faire succéder l'ordre, l'harmonie, à la confusion et au chaos, qu'on fonde quelque chose, et qu'en voulant prématurément perfectionner, vous ébranleriez l'édifice, vous jetteriez l'indécision et la division dans les esprits ; et que le but même pour lequel nous sommes réunis, et qui doit réclamer toute notre sollicitude, pourrait peut-être se trouver compromis sans retour.

Mais, Messieurs, je connais l'esprit qui nous anime. Le sentiment des intérêts supérieurs qui nous sont confiés dominera tout. Tous nous voudrons faire les sacrifices nécessaires pour obtenir cette entente, cette union, cette concorde indispensable au succès final.

Votre tâche, Messieurs, est grande et belle. Le programme de nos travaux est riche en questions importantes à résoudre, en services à rendre. La Commission que j'ai l'honneur de représenter ici a accompli de longs et consciencieux travaux pour préparer la matière de vos délibérations, et ce Volume en témoigne suffisamment ; vous y trouverez les études auxquelles elle s'est livrée sur la valeur comparative des étalons de lumière, sur l'étalon Violle et sa comparaison avec l'étalon pratique, sur la mesure de la sensibilité des plaques photographiques et sur le degré de précision qu'on peut atteindre avec les échelles de teintes.

La Commission, pour répondre à des désirs exprimés, vous

propose d'ajouter de nouveaux numéros à la série normale des montures des objectifs, ainsi qu'à celle des formats des plaques. Vous aurez aussi à examiner quelques propositions relatives aux formules photographiques.

La question des douanes, qui ne nous paraît pas encore résolue à notre entière satisfaction, appellera aussi votre attention. Mais un des objets les plus importants de vos travaux est celui qui concerne les objectifs photographiques. Le Congrès de 1889 a fixé la définition qui regarde la plus importante de leurs caractéristiques, c'est-à-dire la longueur focale ; mais il reste à définir les autres éléments encore très importants de leur constitution : l'astigmatisme, la distorsion, la clarté, etc.. Ce sont là des données fort importantes à connaître et qui sont les bases mêmes de l'emploi raisonné et judicieux de ces organes principaux de vos travaux.

Messieurs, vous trouverez encore dans ce volume, un très remarquable Rapport de M. Perrot de Chaumeux sur la question dont je viens de parler, à savoir, la propriété artistique, sujet digne de toute votre sollicitude.

Il ne s'agit pas seulement ici d'une protection légitime à accorder à des œuvres qui constituent une propriété incontestable ; il s'agit surtout, à mon sens, de constater le niveau élevé que vos œuvres atteignent déjà, qu'elles réaliseront de plus en plus, et, par une législation juste et féconde, d'encourager votre art à suivre une des plus belles directions où il puisse s'engager.

Mais, il y a plus, l'assimilation des œuvres photographiques aux œuvres d'art ne représente même qu'une des faces de la question. La Photographie a des aspects plus nombreux. Tantôt, elle se fait l'auxiliaire habile de l'industrie ; tantôt elle devient scientifique par l'objet de ses recherches et les connaissances qu'elle exige ; tantôt elle relève de l'Art, quand elle vise à nous donner, par ses représentations de la nature, l'émotion et le charme dont celle-ci est la source. Mais toujours l'œuvre photographique exige des efforts, un emploi de l'intelligence ou du sentiment qui en font une œuvre intellectuelle qui doit être protégée au même titre que toutes les autres œuvres intellectuelles.

C'est là, Messieurs, la vraie doctrine. Continuons donc de demander l'assimilation aux œuvres de l'Art, puisque c'est à ce titre que notre législation peut nous accorder la protection dont nous avons besoin. Mais n'oublions pas que la Photographie embrasse un cadre beaucoup plus étendu, et dont le mot : œuvre intellectuelle seul peut résumer tous les aspects. Enfin, Messieurs, vous aurez à examiner, et, je l'espère, vous accueillerez favorablement une proposition qui vous sera présentée par un de nos plus distingués et sympathiques collègues de la Commission permanente, proposition qui intéresse au plus haut degré l'avenir de nos réunions, et celui même de la Photographie. Je veux parler de la constitution d'une Société internationale de Photographie. Maintenant que nous nous sommes connus et appréciés, il ne faut pas que ces rapports si amicaux, si utiles, et j'ajouterai même si nécessaires, soient brisés.

Prenons donc occasion de notre réunion actuelle pour fonder une Société permanente, groupant tous ceux qui pratiquent la Photographie ou s'y intéressent. Les sessions de cette Société, tenues à intervalles fixes, dans une ville qui changerait à chaque réunion, fourniraient l'occasion de se connaître personnellement, d'établir des rapports, de lier des amitiés. Tous les travaux nouveaux et dignes de fixer l'attention y seraient exposés, ce qui permettrait aux membres de se mettre rapidement au courant des progrès accomplis. Enfin, cette Société, ou plutôt cette Association, pour lui donner un nom qui caractérise mieux la nature des liens qu'elle serait appelée à établir, cette Association, dis-je, par des publications très fréquentes, faisant connaître tout ce qui se produirait d'important et de nouveau dans toutes les parties de votre Art, réaliserait un des progrès les plus nécessaires et les plus désirés du monde photographique.

Messieurs, vous voudrez réaliser cette œuvre qu'on attend de vous et qui vous attirera, à juste titre, la reconnaissance de tous les amis de la Photographie.

En terminant, Messieurs, il nous reste à constater devant vous l'excellence des rapports que nous avons eus avec nos collègues belges pour la préparation de ce Congrès, à les remercier de l'hospitalité si cordiale que nous recevons dans cette ville, où les arts photographiques sont si florissants et qui, par le développement qu'elle a su leur donner, les grands services qu'elle leur a rendus, méritait pleinement l'honneur que vous lui faites en venant y tenir le second Congrès international de Photographie.

*Bulletin de la Société française de Photographie*, octobre 1891.


# V

## NOTE SUR L'OBSERVATOIRE DU MONT BLANC

Je pense que l'Académie recevra avec intérêt des nouvelles des travaux entrepris au Mont Blanc en vue d'y ériger un observatoire.

Dans une Note du 27 juillet 1891, j'informais l'Académie de notre projet de faire procéder près du sommet de la montagne à des travaux de sondage, en vue de déterminer l'épaisseur de la croûte de neige qui recouvre la roche et de se renseigner sur l'importance des fondations nécessaires pour asseoir la construction.

Ces travaux ont été commencés au mois d'août dernier. M. Eiffel a bien voulu s'en charger et a commis M. Imfeld, ingénieur suisse distingué, à leur exécution.

On a attaqué le sommet du côté de Chamonix, à 12 mètres environ en distance verticale, et on a creusé une galerie horizontale dirigée du Nord vers le Sud et qui a atteint 23 mètres environ de longueur. En ce moment, le fond de la galerie correspondait à peu près au sommet du Mont Blanc. On n'avait pas cessé de trouver la neige, de plus en plus durcie, il est vrai, mais non constituée en glace véritable.

Pour assurer la sécurité de nos travailleurs, nous jugeâmes prudent, M. Eiffel et moi, de faire placer à l'entrée de la galerie une cabane enfoncée dans la neige et formant tête de galerie. Cette cabane offre un abri aux travailleurs en cas de mauvais temps et protège le tunnel contre l'envahissement des neiges.

En outre, elle nous renseignera sur les mouvements des neiges vers le sommet.

Ces travaux occupèrent une grande partie du mois d'août. Malheureusement, ils ont été contrariés par le mauvais temps.

Alors M. Imfeld, rappelé chez lui par des affaires urgentes, demanda à quitter le travail et j'en pris la direction.

J'ai dit que, au moment où M. Imfeld quittait Chamonix, la

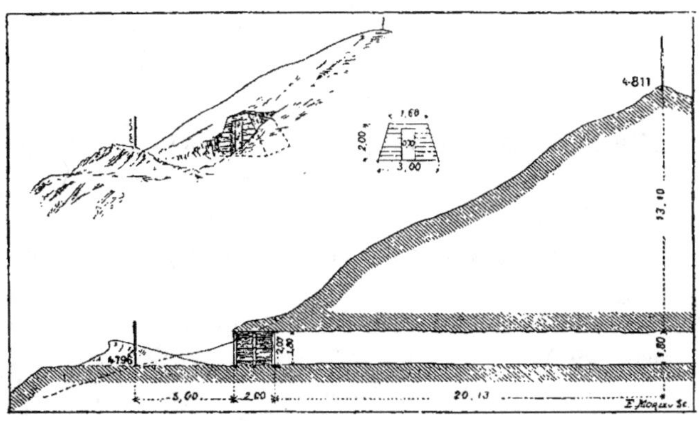

1891. Fig. 1.

La galerie d'exploration au sommet du Mont Blanc, creusée à 4 796 mètres d'altitude et détails de la cabane construite à l'entrée du tunnel. (D'après un dessin communiqué à *La Nature* par G. Eiffel).

tête de la galerie atteignait l'aplomb de la tête Est du Mont Blanc.

Cette tête est fort étroite dans la direction nord-sud, mais très allongée, au contraire, dans celle de l'Est à l'Ouest.

Nous avions toujours eu le projet, dès que la galerie aurait atteint la verticale du sommet, de pousser des galeries latérales dans le sens de l'arête allongée qui forme la tête du Mont Blanc, c'est-à-dire de l'Est à l'Ouest. C'est dans cette direction, en effet, qu'on a le plus de chances de trouver les têtes des rochers, s'il en existe, qui s'élèvent jusqu'à cette faible distance de 12 mètres de la surface.

La nouvelle galerie que je fis creuser fut donc dirigée de l'Est à l'Ouest avec inclinaison vers le côté qui regarde l'Italie, côté

où se montrent les roches les plus voisines de la cime. Elle a
23 mètres de longueur comme la première, et les deux réunies
offrent un parcours total de 46 mètres.

J'ai fait prendre, de distance en distance, dans ces galeries,
des échantillons de neige qu'on a placés dans des flacons, et
dont le contenu sera examiné au point de vue des poussières
minérales qu'ils pourraient contenir.

1891. Fig. 2.

Cabane construite à l'entrée de la galerie d'exploration du Mont Blanc.
(D'après un dessin communiqué à *La Nature* par G. Eiffel.)

Un phénomène intéressant d'acoustique s'est manifesté dans
ces galeries. La voix s'y éteint rapidement avec la distance. A
20 mètres, nos travailleurs avaient beaucoup de peine à se parler. D'un autre côté, on a constaté que le son traverse très facilement d'assez grandes épaisseurs de cette neige compacte ;
ainsi, pendant que les ouvriers érigeaient l'édicule, ils enten-
daient distinctement les coups de pic des travailleurs de la galerie située à 12 mètres de profondeur sous nos pieds.

Maintenant je dirai que ces galeries n'ont rencontré aucune
roche sur leur parcours.

Ce résultat n'a rien qui doive surprendre si l'on réfléchit que la tête du Mont Blanc a une centaine de mètres de longueur et qu'une galerie de 1 mètre de large a bien des chances de passer entre deux aiguilles. En outre, il est fort possible que la croûte glacée qui recouvre le paquet d'aiguilles formant, suivant toutes les probabilités, la tête du Mont Blanc ait plus de 12 mètres d'épaisseur. Aussi, tout en poursuivant cette recherche des rochers au sommet, recherche qui devra être continuée, ai-je songé en même temps à une solution de la question dans des conditions toutes nouvelles.

Je ne regarde pas, en effet, l'établissement d'une construction assise sur la neige dure et permanente qui forme la cime du Mont Blanc comme impossible.

Mais il est évident qu'une construction faite dans des conditions si nouvelles doit pouvoir satisfaire à des exigences toutes spéciales.

Il faut tout d'abord prévoir des mouvements dans la croûte glacée qui forme le sommet, mouvements qui peuvent se produire soit dans le sens vertical, soit dans les sens latéraux.

La construction qui sera placée dans ces conditions devra donc être munie d'organes spéciaux, permettant les déplacements rectificateurs destinés à lui faire reprendre sa position primitive et normale si elle venait à en être écartée.

J'ai déjà étudié la question et, sans entrer ici dans les détails, je dirai que je me suis assuré, par des études sur la résistance de la neige durcie, que des plans rigides, placés sous la construction et sur lesquels s'appuieraient des vis formant vérins, offriraient une résistance allant au delà de 3.000 kilogrammes par mètre carré, résistance beaucoup plus grande qu'il n'est nécessaire pour relever une construction de ce genre. L'édifice relevé, on foulerait de la neige dans le vide produit, on relèverait les vérins et l'on serait prêt pour une nouvelle opération. Par des moyens analogues, on pourrait obtenir des mouvements latéraux, en faisant, bien entendu, une tranchée dans la neige du côté vers lequel on voudrait se déplacer.

Il est évident qu'une construction de ce genre doit avoir toutes ses parties liées de manière qu'elle puisse subir, sans danger pour elle-même, ces déplacements d'ensemble nécessaires à prévoir ici. En outre, et pour lui permettre de résister aux vents si violents qui règnent quelquefois au sommet du Mont Blanc, il serait indispensable de l'enfouir profondément dans la croûte glacée. On obtiendrait ce résultat en lui donnant deux étages dont l'inférieur et même une portion du supérieur seraient placés sous le niveau de la neige.

Les pièces en sous-sol, éclairées par des dalles de verre, ser-

1891. Fig. 3.

Edicule de bois construit au sommet du Mont Blanc (4 811 mètres d'altitude.)
(D'après un dessin communiqué à *La Nature* par Janssen.)

viraient de dortoirs, de magasins, etc.. Munies de doubles parois, elles seraient très habitables et beaucoup moins exposées que les pièces du haut à l'action des intempéries. Telles sont les lignes générales du projet que je propose.

Pour marcher de suite dans la voie que je viens d'indiquer, j'ai voulu ériger dès cette année au sommet du Mont Blanc un édicule destiné à passer l'hiver et à nous renseigner sur les mouvements avec lesquels nous aurions à compter.

Mais la saison était déjà avancée, et l'avis général était que l'époque des travaux au sommet était passée.

Cependant, en exposant l'intérêt de cette entreprise à mes travailleurs, je les déterminai à la tenter. Nous fîmes rapidement la petite cabane et, heureusement favorisés par un beau temps d'arrière-saison, l'édicule put être érigé.

Il est muni de madriers se prolongeant sous la neige et reliés à un fort cadre de planches épaisses sur lequel on a foulé la neige, afin d'intéresser un gros bloc glacé à sa stabilité.

Avant mon départ de Chamonix, l'édicule était en place depuis une vingtaine de jours et rien n'indiquait qu'il eût subi un déplacement sensible.

L'année prochaine, je compte placer au sommet une construction plus importante et avec laquelle on pourra déjà, je l'espère, se rendre compte des éléments du problème et commencer des observations.

Je tiens à constater ici que ces travaux n'ont coûté heureusement la vie à personne et que nos travailleurs sont tous en bonne santé. Il y a eu malheureusement à déplorer une mort bien regrettable, celle du médecin Jacottet, si aimé à Chamonix, et plein d'avenir. M. Jacottet avait demandé à M. Imfeld à l'accompagner dans une de ses ascensions, désirant vivement aller au sommet qu'il voulait voir depuis longtemps. C'est là qu'il contracta, paraît-il, la maladie qui l'a emporté d'une manière foudroyante. Il n'était pas attaché à l'expédition.

En terminant, je tiens à remercier M. Eiffel, le grand ingénieur, de son généreux concours, ainsi que ceux qui ont été sous ses ordres ; aussi M. Vallot, qui a voulu mettre son chalet-observatoire des Bosses à la disposition de nos travailleurs, et enfin ces travailleurs eux-mêmes, parmi lesquels j'aime à distinguer M. Frédéric Payot, de leur courageuse persévérance.

*C. R. Acad. Sc.*, Séance du 2 novembre 1891, T. 113, p. 573.
Reproduit dans *La Nature*, numéro du 14 novembre 1891, p. 374.

VI

## REMARQUES SUR LA COMMUNICATION DE M. C. RAYET, RELATIVE A L'OBSERVATION DE L'ÉCLIPSE TOTALE DE LUNE DU 15 NOVEMBRE 1891 A L'OBSERVATOIRE DE BORDEAUX.

Les photographies prises sous la direction de M. G. Rayet, directeur de l'Observatoire de Bordeaux, pendant la totalité de la dernière éclipse de Lune, présentent un réel intérêt, ainsi que l'a fait remarquer notre éminent confrère, M. Wolf.

Ces photographies montrent, en effet, que la Lune, en passant dans le cône d'ombre projeté par la Terre, recevait encore assez de lumière solaire pour donner une image en un temps relativement court.

Ceci nous montre que, quand on voudra appliquer les méthodes de Photométrie photographique (en particulier, celle que j'ai proposée), on pourra déduire d'observations de ce genre la nature et l'intensité très variables de la lumière qui pénètre dans le cône d'ombre en un point donné, et qui est principalement due, comme on le sait, à la réfraction de l'atmosphère terrestre, qui jette dans le cône d'ombre des rayons depuis le sommet de ce cône jusqu'à une distance de la Terre égale à environ quarante rayons terrestres.

La discussion des éléments de l'éclipse montre que la Lune, quand elle était plongée tout entière dans le cône d'ombre, recevait de la lumière solaire qui, sans avoir subi toutefois l'action maximum d'absorption que notre atmosphère peut exercer, en avait éprouvé une très forte, voisine de ce maximum ; ce qui explique du reste la couleur de la Lune éclipsée. On obtiendrait la valeur photographique de la lumière qui, alors, était réfléchie par la Lune, en photographiant la pleine Lune, avec une portion de la même plaque et en cherchant le temps d'action qui donnerait une image de même intensité. Le rapport des temps de pose donnerait le rapport inverse des pouvoirs photographiques.

A Meudon, je m'étais proposé de me servir de cette lumière solaire de la totalité qui a éprouvé une si forte action de la part de notre atmosphère, pour vérifier (ce qui a de l'importance théorique) la présence, dans le spectre solaire, de certaines bandes de l'oxygène qui sont difficilement visibles dans les circonstances ordinaires.

Les bandes de l'oxygène dans la région rouge du spectre et dans le jaune sont faciles à constater dans le spectre solaire dès que le Soleil s'abaisse au-dessous de 4° à 5° sur l'horizon. Au contraire, celles du vert et du bleu sont d'une constatation plus difficile. L'analyse de la lumière qui éclairait la Lune quand M. Rayet en a fait prendre des photographies aurait donné d'intéressants résultats à cet égard. Mais on sait que, malheureusement, à Paris, la vue du phénomène a été absolument contrariée par le mauvais temps.

*C. R. Acad. Sc.*, Séance du 23 novembre 1891, T. 113, p. 736.


# VII

## LA PHOTOGRAPHIE ASTRONOMIQUE

Conférence donnée le 20 décembre 1891 au Conservatoire national des Arts et Métiers

Mesdames, Messieurs,

L'Astronomie est la science des sciences. C'est à elle que viennent aboutir tous les systèmes de nos connaissances quand ces circonstances sont assez élevées, assez profondes pour éclairer à quelque point de vue que ce soit les problèmes que soulève l'étude des cieux.

Il y a plus, c'est la marque de l'importance et de la haute portée d'une branche du savoir humain, soit dans l'ordre du calcul, soit dans celui de l'observation ou de l'expérience, que de se prêter à ces sublimes applications, et une science n'a vraiment conquis tous ses titres de noblesse et montré la vérité absolue des principes qu'elle énonce que quand elle a prouvé que ces principes peuvent franchir les limites de notre monde et s'appliquer à l'ensemble de l'Univers.

C'est ainsi que la Géométrie a agrandi son domaine et ennobli son but en quittant les mesures terrestres pour la mesure des cieux. C'est encore ainsi que les hauts calculs, en devenant la base de la Mécanique céleste, ont participé à la sublimité des lois qu'ils ont permis de découvrir. Et que la Chimie a prouvé la légitimité et la haute portée de ses théories quand elle a montré que les corps simples qu'elle avait été amenée à considérer dans la matière de notre globe se retrouvent dans l'ensemble des astres qui peuplent les espaces célestes.

Oui, Messieurs, les sciences physiques et chimiques ont été transformées par leurs applications astronomiques.

La création de l'analyse spectrale est un fait immense dans l'histoire des sciences.

D'abord, en lui-même ; faire l'analyse chimique des corps à la distance qui nous sépare du Soleil, des étoiles, des nébuleuses, c'est une merveille qui dépasse tout ce que l'imagination pouvait rêver.

Mais en outre, et c'est ce qu'on n'a pas assez remarqué, les sciences naturelles, ce jour-là, ont fait un pas immense.

Il a été démontré que les principes et les vérités à la connaissance desquels elles étaient parvenues à l'aide d'études telluriques, d'études faites sur notre globe, étaient valables pour l'ensemble des astres. Et ce qui est démontré pour la Chimie et la Physique peut être pressenti pour les autres sciences naturelles. Nous commençons à comprendre qu'il y a une Géologie céleste, comme il y a une Physique et une Chimie célestes.

Et, si l'esprit de l'homme était assez pénétrant, il édifierait toutes les sciences de l'Univers avec les seules études du globe où il a été jeté.

Ainsi les sciences se transforment quand elles entrent dans le domaine de l'Astronomie.

Elles s'enrichissent, elles se complètent, leurs vérités s'étendent, leurs principes se généralisent et elles deviennent des doctrines de l'absolu et de l'universel.

Messieurs, c'est ce qui est arrivé à la Photographie le jour où elle a été adoptée par l'Astronomie.

Vous connaissez son histoire. Née des recherches et des méditations d'un homme de génie, simple, modeste et droit, elle s'est présentée au monde après que ce premier inventeur eût reçu la collaboration d'un homme qui apporta à l'œuvre un concours considérable, sans doute, et surtout un caractère beaucoup plus habile et positif.

Son apparition, placée sous le patronage d'un savant illustre, fit un grand bruit et une immense sensation.

Mais cet enthousiasme ne fut pas durable, et la raison en est que, d'une part, les savants et les artistes se désintéressèrent de l'art nouveau, et qu'à part quelques amateurs distingués, la Photographie fut surtout pratiquée par des personnes qui n'avaient que la préoccupation d'en tirer profit sans souci de son avancement.

Il faut bien le dire, Messieurs, c'est à partir du moment où la Photographie a reçu d'importantes applications à l'Astronomie qu'elle a commencé à être comptée comme un art utile, respectable, pouvant être cultivé par des hommes de science.

Jusqu'à ses applications astronomiques, la Photographie était délaissée, contestée. Les portraits et les paysages, tel était le domaine où l'opinion publique la considérait comme à jamais confinée.

Mais, quand on vit les merveilles de ses applications astronomiques, quand on vit les savants ne pas craindre d'en faire l'auxiliaire de leurs études journalières, l'opinion publique fut éveillée. Les autres applications se multiplièrent à l'envi : la Médecine, la Chirurgie, l'Histoire naturelle, la Géologie, puis les différentes branches des arts, et aujourd'hui, Messieurs, il serait aussi difficile d'énumérer toutes les applications de la Photographie que de prévoir toutes celles qui lui sont encore réservées.

La Photographie devra donc toujours conserver un souvenir reconnaissant à cette Astronomie, qui a été sa première émancipatrice et lui a restitué sa dignité et son importance.

Voyons donc, Messieurs, rapidement l'histoire de ces applications.

Après avoir exposé l'histoire des applications de la Photographie à l'étude de la surface de la Lune, à celles du Soleil, des comètes et des nébuleuses, l'orateur aborde un des points les plus intéressants de ces applications astronomiques par l'exposé sommaire de la méthode qu'il a proposée depuis longtemps pour mesurer, par la Photographie, les intensités relatives des rayonnements des astres.

### Photométrie photographique.

Messieurs,

Un des objets les plus importants de la Photographie est son application à la Photométrie céleste.

On sait que la Photométrie a pour but de déterminer le rapport d'intensité de deux sources lumineuses.

Par exemple, déterminer le rapport du pouvoir lumineux d'une bougie et d'une lampe Carcel est un problème de Photométrie. Estimer en nombre de lampes Carcel le pouvoir d'une source électrique de lumière est également une opération de Photométrie.

Dans le ciel, nous avons fréquemment à faire des comparaisons de ce genre. Elles présentent toujours un grand intérêt et peuvent devenir la source de belles découvertes.

Nous savons, par exemple, que la Lune est un globe opaque qui n'est pas lumineux par lui-même, mais qui emprunte au Soleil la lumière dont il brille. Or, nous pouvons nous demander quelle proportion de la lumière reçue à sa surface il nous renvoie, dans quelle mesure cette surface joue le rôle de miroir parfait et quelle est la valeur relative de cet éclat de la pleine Lune par rapport à celui du grand astre dont elle emprunte les rayons.

Indépendamment de l'intérêt que présente en elle-même une telle question, il est évident qu'une étude de ce genre, si elle est suffisamment approfondie, peut conduire à d'importantes conclusions relativement à la nature des matériaux qui constituent la surface de la Lune.

Des observations photométriques, appliquées de même à l'étude des planètes, conduiraient à d'intéressants résultats sur le pouvoir lumineux de leurs surfaces et des atmosphères dont elles sont entourées.

Mais, à l'égard des étoiles, ces études de Photométrie photographique acquièrent une importance toute particulière.

La quantité de lumière qu'une étoile nous envoie dépend principalement de sa distance et de son pouvoir rayonnant intrinsèque, et la connaissance de l'un de ces deux éléments conduit à la détermination de l'autre.

Si nous connaissons, par exemple, la parallaxe d'une étoile et la valeur de son rayonnement à la surface de la Terre, nous pourrons en conclure la valeur absolue de ce rayonnement, c'est-à-dire le rang que tient l'astre dans l'ensemble des soleils auxquels on le compare. Ajoutez à cette connaissance celle de la qualité des radiations étudiées, et vous aurez un ensemble propre à définir d'une manière presque complète la grandeur, la constitution, l'activité de l'astre en question.

Les comètes, les nébuleuses donneraient lieu à des remarques semblables.

La Photométrie céleste constitue donc une des méthodes les plus importantes de l'Astronomie et il est bien intéressant de voir quel secours la Photographie peut lui apporter.

Voici, à cet égard, la méthode que j'ai proposée et appliquée (1).

On sait que, dans la méthode photométrique ordinaire, le rapport d'intensité des sources lumineuses est obtenu en ramenant, par un déplacement convenable de l'une des sources, l'égalité des ombres ou des éclairements qu'elles produisent.

En Photographie, nous n'avons pour juger la puissance d'un objet lumineux ou éclairé que le résultat de son action photo-

----

(1) *Comptes rendus de l'Académie des Sciences*, t. XCII, séance du 4 avril 1881.

graphique, c'est-à-dire l'opacité plus ou moins grande du dépôt métallique qu'il provoque sur la couche sensible.

L'importance de ce dépôt est bien loin d'être proportionnelle au temps de l'action lumineuse, et si l'on pouvait, par un artifice convenable, provoquer ce dépôt au fur et à mesure de l'action de la source, on le verrait augmenter d'abord rapidement, ensuite plus lentement, et enfin rester presque stationnaire pendant l'action toujours égale cependant de la source lumineuse.

On ne peut donc pas prendre pour mesure de l'intensité d'une source lumineuse le degré d'opacité du dépôt métallique qu'elle provoque, puisque cette opacité n'est pas proportionnelle à son action pendant un temps déterminé.

Mais si, au lieu de considérer les degrés divers d'opacité en rapport avec l'égalité des temps d'action, on considère, au contraire, les temps variables nécessaires pour obtenir un dépôt de même opacité, on aura une base sûre pour les comparaisons, et c'est ce qui, en effet, résulte des expériences.

C'est qu'en effet pour provoquer, dans une couche sensible, un dépôt métallique d'une valeur déterminée, il faut une certaine somme d'actions radiantes, et que cette somme peut être réalisée dans un temps plus ou moins long suivant la puissance de la source, mais qu'elle paraît invariable dans sa grandeur, d'où il suit que l'énergie d'une source se trouve mesurée par le temps qui lui est nécessaire pour atteindre cette valeur déterminée.

D'après ce principe, deux sources sont entre elles en raison inverse des temps qui leur sont nécessaires pour produire des dépôts de même valeur sur une même couche sensible, ou si l'on veut, pour réaliser des travaux photographiques égaux.

Tel est le principe que j'ai adopté dans mes recherches de Photométrie photographique.

Je me suis assuré expérimentalement de la légitimité de ce principe en cherchant les valeurs respectives des temps nécessaires pour obtenir des teintes de même opacité sur une même couche sensible placée à des distances croissantes d'une source lumineuse. On trouve que ces temps croissent comme les carrés des distances à la source.

Ainsi, pour des distances égales à 1, 2, 3, 4, ..., 8, etc., les temps sont entre eux comme 1, 4, 9, 16, ..., 64, etc..

Il faut, bien entendu, opérer avec une même couche, éviter toutes les actions lumineuses étrangères, développer les plaques dans le même bain ; en un mot, s'entourer de toutes les précautions nécessaires.

Remarquons encore que, pour obtenir de la méthode les meilleurs résultats possible, il faut avoir soin de choisir l'opacité qui correspond à la variation la plus rapide sous l'action de la source, ce qui arrive vers le début de l'action.

Examinons maintenant comment cette méthode peut être appliquée à l'étude photométrique des astres.

Depuis longtemps les astronomes et les physiciens ont cherché à déterminer l'intensité lumineuse de la Lune, par rapport à celle du Soleil.

Bouguer paraît être celui qui s'est le plus approché de la vérité.

En se servant de l'intermédiaire d'une bougie, il trouva que la lumière de la pleine Lune, dans ses distances moyennes, est environ trois cent mille fois plus faible que celle du Soleil.

On pourrait critiquer l'emploi de la bougie comme terme de comparaison, en raison de la teinte de sa lumière, qui est plus jaune que celle du Soleil, et surtout que celle de la Lune ce qui dut amener des difficultés particulières pour l'estimation des égalités des ombres. Bouguer aurait beaucoup amélioré sa méthode en tamisant la lumière de la bougie au moyen d'un verre bleu de teinte convenable, de manière à en rapprocher la couleur des rayons lunaires.

Quoi qu'il en soit, il est remarquable que cette détermination déjà ancienne concorde très sensiblement avec les mesures photographiques que j'ai obtenues en prenant des séries d'images solaires et lunaires, et comparant les temps de pose auxquels correspondaient des images de même intensité ou opacité.

Il faut encore remarquer que la détermination de Bouguer s'adressait à l'ensemble des rayons qui agissent sur l'œil, tandis que les images photographiques sont formées avec des faisceaux plus réfrangibles.

On en pourrait déjà conclure que les rayons lunaires sont très photographiques et ont une action énergique dans le bleu et le violet. C'est du reste ce que la teinte de la lumière lunaire permettait de prévoir.

Remarquons en passant combien ce résultat des mesures photométriques est intéressant, puisqu'il nous révèle l'élasticité vraiment admirable de notre organe visuel.

Quand une région terrestre est éclairée par la pleine Lune, elle ne reçoit qu'une quantité de lumière deux à trois cent mille fois plus faible que celle qui correspond au plein jour. Il semblerait qu'une si prodigieuse diminution d'éclairement des objets doit amener une nuit complète. Et cependant, notre organe prend alors une telle sensibilité que non seulement nous pouvons nous conduire, distinguer les objets, en percevoir les détails, mais encore jouir du paysage et quelquefois même, dans les belles régions tropicales et par des nuits sereines, avoir presque l'illusion du jour lui-même.

Avant de quitter la Lune, disons un mot de la lumière cendrée.

Vous savez que quand la Lune est nouvelle, le léger croissant qui se dessine est souvent complété par une lumière infiniment plus pâle qui nous permet d'apercevoir le disque lunaire tout entier. Dans les régions tropicales dont je viens de parler, cette illumination est souvent assez forte pour qu'on puisse distinguer parfaitement dans une lunette, non seulement les grandes mers de la Lune, mais encore les grands cratères et les principaux accidents de sa surface.

Le génie de Léonard de Vinci avait deviné que cette partie du globe lunaire rendue ainsi visible, quoique non éclairée par le Soleil, devait sa lumière à la Terre. La Photométrie photographique peut encore nous donner le rapport d'intensité de cette lumière cendrée, comme on la nomme, à celle que le globe lunaire nous envoie quand il est éclairé par le Soleil.

Or, dans une expérience faite avec un télescope de o m. 5o d'ouverture et 1 m. 6o de distance focale, j'ai obtenu une image de globe lunaire rendue visible par la lumière cendrée en soixante secondes, et cette image, qu'on va projeter devant vous, montre les grands accidents de la surface lunaire. D'un autre côté, dans une série d'images de la pleine Lune réalisée avec le même instrument, on trouve qu'il faut prendre l'image obtenue en un quatre-vingtième de seconde pour avoir une épreuve de même intensité que celle donnée par la lumière cendrée.

Ces résultats conduisent à admettre que le pouvoir photographique de la lumière cendrée est environ cinq mille fois plus faible que celui de la pleine Lune. Arago avait trouvé dans une observation le chiffre de quatre mille, et, dans une autre observation subséquente, sept mille.

Le nombre cinq mille paraît plus près de la vérité.

Ces déterminations ne doivent être considérées que comme de premiers résultats, qui devront être complétés par une étude détaillée dans laquelle on fera entrer les diverses circonstances de positions respectives des astres en présence, qui influent sur l'intensité et la qualité de cette lumière.

Aux foyers des lunettes ou télescopes, les étoiles forment, sur les plaques photographiques, des points qui se prêtent difficilement aux comparaisons qui forment la base de la méthode de Photométrie photographique ; aussi ai-je proposé pour cette étude, au lieu de mettre la plaque sensible au foyer même de l'instrument, de la placer un peu en avant. On obtient ainsi, pour chaque étoile, au lieu d'un point, un petit cercle résultant de la section par la plaque du faisceau conique des rayons qui forment l'image stellaire. Si la lunette est bonne, ce petit cercle sera uniformément éclairé.

Je nomme ce cercle : cercle stellaire. Avec les étoiles des premières grandeurs et un instrument de pouvoir modéré, il suffit de quelques secondes pour en obtenir l'image. On peut donc facilement produire, sur la même plaque, une série de cercles à poses croissantes et graduées.

En répétant la même série avec la seconde étoile à comparer, il ne restera plus qu'à chercher après développement, dans les deux séries, deux cercles d'égale intensité. Les pouvoirs lumineux photographiques des deux étoiles seront entre eux en raison inverse des temps respectivement employés à la production des cercles considérés.

Si l'on veut comparer l'étoile au Soleil, il faut employer un artifice particulier à cause de l'énorme pouvoir lumineux de cet astre.

On peut employer alors le *photomètre photographique*.

Imaginons un châssis pouvant recevoir une plaque sensible et, sur celle-ci, une plaque obturatrice métallique percée de trous de la grandeur des cercles stellaires. Devant cette plaque, se meut, par le moyen d'un ressort, une seconde plaque portant une ouverture ou fenêtre triangulaire. Quand la fenêtre, par suite de l'action du ressort, passera devant les trous de la plaque obturatrice, elle déterminera pour chacun d'eux une action lumineuse, qui sera mesurée par la grandeur de la fenêtre au point qui lui correspond, et par la vitesse de la trappe estimée au diapason.

On obtient ainsi une série de cercles d'intensités croissantes, qui peuvent être comparés aux cercles stellaires.

Ces cercles sont obtenus avec le Soleil agissant directement. Il est nécessaire, pour rendre les résultats plus comparables, de placer devant la fenêtre l'objectif de la lunette qui a servi à obtenir les cercles stellaires. Les rayons solaires auront alors, dans les deux cas, subi les mêmes actions d'absorption et de réflexion que ceux de l'étoile de comparaison.

Cette méthode, dont les résultats ont été communiqués à l'Académie (1), a été appliquée à l'étude des pouvoirs rayonnants de plusieurs étoiles. Notamment, elle a servi à obtenir une comparaison entre le pouvoir rayonnant de notre Soleil, et celui de la plus grande étoile de notre ciel, Sirius, et elle a montré que ce Soleil colossal a une puissance de rayonnement décuple de celui du nôtre.

Mais, Messieurs, où la Photométrie photographie montre sa supériorité, c'est quand il s'agit de mesurer le pouvoir lumineux de parties déterminées d'un objet dont on ne veut pas se contenter de considérer la radiation d'ensemble.

---

(1) Séance du 4 avril 1881.

C'est ainsi que nous avons pu estimer l'illumination des diverses parties de la queue de la comète $b$ 1881, dont nous avions obtenu une photographie, et assigner, très approximativement, la loi suivant laquelle cette illumination décroît avec la distance au noyau.

Voici, dans ce cas, quel était le dispositif employé.

Sur la plaque photographique, placée dans un châssis, on place un écran portant une ouverture qui figure la queue de la comète. Devant l'appareil, est placé un obturateur dans lequel on a découpé un triangle dont la base est rectiligne, mais dont les côtés sont des courbes qui, partant des extrémités de la base, vont se rejoindre au sommet. On conçoit que, quand cette fenêtre triangulaire passera devant la plaque, la lumière agira sur les divers points de cette plaque pendant un temps qui sera réglé en chaque point par la largeur de la fenêtre en ce point. A la base du triangle, la durée de la pose sera plus longue : c'est celle qui déterminera la formation de la queue près du noyau de la comète. Au sommet, au contraire, l'action lumineuse sera nulle ; ce sera le point où la queue s'évanouit. Dans les points intermédiaires, la durée de l'action lumineuse dépendra de la largeur de la fenêtre en ces points, c'est-à-dire de la forme des courbes latérales. Or, comme nous venons de le dire, nous sommes partis de la parabole générale $ay = x^m$, et nous avons choisi les formes particulières de manière à obtenir une série de comètes artificielles dans lesquelles l'action lumineuse décroît, dans une première, suivant la raison inverse de la distance au noyau ; dans une seconde, suivant la raison inverse du cube, etc.,

On obtient ainsi une série d'images de la queue de la comète, dans lesquelles l'intensité décroît, suivant une raison croissante des puissances de la distance au noyau.

Le résultat de ces comparaisons pour la comète de 1881, que nous avons étudiée, a permis de placer la loi du décroissement du pouvoir lumineux photographique de la queue de cette comète entre la quatrième et la sixième puissance de la distance au noyau.

On voit avec quelle énorme rapidité le pouvoir lumineux décroît dans les appendices de ces astres.

La méthode de Photométrie par les cercles stellaires reçoit encore une intéressante application quand il s'agit d'obtenir une mesure des conditions dans lesquelles la photographie d'un astre a été obtenue, et spécialement à l'égard des nébuleuses.

Une nébuleuse n'est pas un objet à contours arrêtés comme le Soleil, la Lune et les autres objets célestes. Son image présente l'aspect de nuages dont les diverses parties ont un pouvoir lumineux extrêmement variable. Il en résulte que, suivant la puissance de l'instrument, le temps de pose, la sensibilité de la plaque photographique, la transparence de l'atmosphère, etc., on obtient d'une même nébuleuse des images plus ou moins complètes, plus ou moins étendues, qui pourraient même se présenter comme ne se rapportant pas au même objet. Par exemple, si une nébuleuse présente des parties brillantes, reliées par des parties plus sombres, et qu'on prenne de cette nébuleuse des images de poses très différentes, les images correspondant aux poses les plus courtes pourront ne montrer que les seules parties brillantes sans aucune trace des parties intermédiaires figurant ainsi plusieurs nébuleuses distinctes, tandis que les images de poses plus prolongées seront de plus en plus complètes.

C'est ainsi que nous avons obtenu à Meudon, en 1881, une série d'images de la nébuleuse d'Orion, qui montre combien l'aspect de cet astre change avec la longueur du temps de pose.

Et cependant, si nous voulons laisser aux temps futurs des documents qui permettent de constater d'une manière certaine les changements que le temps aura amenés dans ces astres, il faut que les images qui seront prises plus tard soient comparables à celles que nous obtenons aujourd'hui.

C'est ici que l'emploi des cercles stellaires peut être d'un précieux secours.

Supposons que, sur la plaque qui vient de recevoir l'impression lumineuse devant donner l'image de la nébuleuse, on forme les cercles stellaires de quelques belles étoiles bien choisies, non variables et situées dans le voisinage, on obtiendra alors, après développement, avec l'image de la nébuleuse, celles des cercles stellaires de comparaison. Les rapports des temps de pose de l'image nébulaire et des cercles doit être noté soigneusement.

Plus tard, quand on voudra obtenir de cette même nébuleuse une image comparable, il n'y aura plus qu'à chercher le temps de pose qui donnera à nos cercles de comparaison la même intensité, et le rapport dont nous venons de parler conduira à la connaissance du temps de pose nécessaire pour donner à l'image de la nébuleuse l'intensité qui la rendra comparable à celle de l'époque actuelle.

Ceci suppose, bien entendu, que le rapport entre les diamètres de l'image de la nébuleuse et ceux des cercles sera maintenu, afin que les intensités de la lumière ayant formé les uns et les autres conservent le même rapport.

Il est remarquable que l'on puisse ainsi, grâce à cet artifice, obtenir après un intervalle de temps quelconque, et quelle que soit la différence des conditions qui président à la formation de l'image, une image tout à fait comparable à la première.

Messieurs, vous venez de voir, par ce trop rapide exposé, l'importance des applications de la Photographie à l'Astronomie ; et cependant, on peut dire que ces applications ne sont, en quelque sorte, qu'à leur début. Leur avenir est immense et il est impossible d'en prévoir les bornes. Souhaitons que la France y prenne une part digne d'elle.

La Photographie est une découverte française, et, j'ajoute, presque un art français, car, si à sa découverte se rattachent les noms de Niepce et de Daguerre, son patronage et son développement nous rappellent ceux d'Arago, de Fizeau, de Becquerel, de Faye, de Davanne, de Lippmann, de Cornu, de Marey, etc., et de tant d'éminents praticiens qui joignent l'art à l'habileté professionnelle.

Il faut continuer dans cette voie ; aussi, Messieurs, devons-nous applaudir aux efforts de M. le Directeur du Conservatoire des Arts et Métiers pour y fonder un cours complet de Photographie théorique et appliquée. La Photographie a pris un tel développement sous ses formes diverses, elle apporte un concours si puissant aux arts et à l'industrie, qu'il est de la dernière importance d'en répandre largement l'enseignement. Or, un tel enseignement ne peut être mieux placé qu'ici, au foyer même de cette industrie parisienne qui déploie tant d'intelligence et de goût, et qu'il faut armer de tout ce qui peut lui maintenir sa supériorité reconnue dans le monde entier.

C'est ce que nous avons tous compris, Messieurs, aussi avez-vous vu avec quel empressement des membres nombreux de l'Académie des Sciences et tant d'autres éminentes personnalités ont donné leur concours et ont voulu témoigner de l'importance qu'ils attachaient à cette création. Messieurs, l'année dernière, je recevais la visite d'un savant autrichien qui venait me faire part de la création, à Vienne, d'une grande école de Photographie, placée sous le patronage de l'Empereur. J'ai applaudi, mais, en même temps, j'ai pensé à mon pays, et je me suis demandé si nous ne suivrions pas bientôt cet exemple. Suivons-le, Messieurs, et si l'école de Vienne est placée sous le patronage de l'Empereur, plaçons la nôtre sous celui de l'opinion publique. Qu'elle demande cette indispensable création, sa grande voix sera écoutée et les pouvoirs publics seront heureux de faire ce léger sacrifice, réclamé dans l'intérêt de notre supériorité industrielle, artistique, intellectuelle.

*Annales du Conservatoire national des Arts et Métiers*, deuxième série, T. IV, p. 249.

## VIII

## DIX-SEPTIÈME DINER DE LA CONFÉRENCE SCIENTIA OFFERT A M. J. JANSSEN, LE 24 DÉCEMBRE 1891

Discours de M. JANSSEN,
en réponse à celui de M. Gaston TISSANDIER, Président.

MON CHER PRÉSIDENT,
MESSIEURS,

Je suis extrêmement fier de l'honneur que la *Scientia* veut bien me faire aujourd'hui, et je suis particulièrement touché de ce qu'elle vous a choisi pour m'adresser la parole en son nom. Elle a compris qu'en empruntant la voix de l'amitié pour être son organe, elle doublait pour moi le prix de l'honneur qu'elle me décernait. Vous avez dépassé son attente, et la bienveillance avec laquelle vous avez rappelé mes travaux, si elle m'a été au cœur, ne m'aveugle pas cependant sur la part trop grande que je dois à votre vive et constante amitié. Ce que je veux retenir, c'est seulement ce que vous accepteriez pour vous-même, s'il était question de vos travaux : c'est-à-dire un dévouement complet et désintéressé pour la science, un amour sans limites pour la France.

Oui, mon cher Président, la France connaît votre patriotisme, et quand tout à l'heure, vous vouliez bien rappeler cette sortie du *Volta* pendant le siège, tout le monde ici vous a répondu par la part si grande, si belle, si patriotique que vous et votre frère avez prise à la défense nationale. Vos sorties de Paris assiégé vos efforts réitérés pour y rentrer par la voie des airs, vos ser, vices à l'armée de la Loire, services si appréciés de l'héroïque soldat qui luttait encore pour sauver l'honneur de la France, qu'il vous avait voué une amitié dont la source était sûrement une haute estime pour votre science et une vive admiration pour votre patriotique dévouement.

Plus tard, vous avez réalisé une des premières et des plus importantes contributions au grand problème de la direction des ballons par votre emploi de l'électricité comme agent moteur de l'appareil aérien, et vous avez prouvé l'efficacité de vos ingénieuses dispositions par un voyage dont les résultats n'ont peut-être pas été assez remarqués.

Si j'avais à rappeler tous vos titres à la reconnaissance de la science aéronautique, je devrais parler encore de cette ascension célèbre vers les hautes régions de notre sphère, ascension qui s'est terminée d'une manière si tragique, et où vous avez été si miraculeusement épargné. Plus tard, n'en doutons pas, la science pourra conjurer les terribles dangers de ces hautes ascensions qui n'ont pas fait reculer votre héroïsme.

Quand ce grand problème aura été résolu, quand on saura se servir de ces hautes régions pour éclairer d'importantes parties de la physique du globe et de celle de l'atmosphère, on n'oubliera pas que c'est vous qui en avez montré la route.

Mais je m'arrête, ne voulant pas renverser les rôles et oublier qu'aujourd'hui, je suis votre hôte et que vous me faites les honneurs de la maison.

Cette maison, mon cher Président, donne une hospitalité justement enviée, j'ai répété souvent que ces réunions de la *Scientia* avaient une très heureuse influence scientifique et morale, et qu'on ne saurait assez louer et remercier les fondateurs de leur excellente idée et des soins donnés à sa réalisation et à sa continuation.

En effet, quelle plus douce récompense, quelle manifestation allant plus au cœur d'un homme d'études que ces marques de sympathie et d'estime données par nos pairs, par ceux qui suivent la même carrière, se livrent aux mêmes études, connaissent les mêmes joies et les mêmes amertumes, et sont dès lors les juges les plus autorisés et les plus irrécusables pour apprécier nos travaux et les actes de notre vie ? Ces suffrages-là, Messieurs, sont les plus incontestables, et dans une réputation, dans une renommée, ils forment la partie la plus solide et la plus durable.

C'est une monnaie qui, si elle n'est pas formée d'un métal brillant et retentissant, n'en est que plus solide, rare et précieuse. Aussi, Messieurs, je me persuade que, après notre mort, quand il s'agira de traverser le fleuve d'oubli et de fléchir le nautonnier qui tient la barque conduisant aux rives du pays de mémoire, c'est avec cette monnaie-là seule qu'on obtiendra le passage.

Mais il y a plus, Messieurs, je dis que si ces réunions constituent une récompense enviée pour ceux qui en sont l'objet, elles sont non moins utiles pour les exemples qu'elles donnent et les enseignements qui en résultent.

Chacun des hommes que vous avez honorés ici a donné une leçon morale et un exemple particulier à notre jeunesse savante. Il suffit de parcourir la liste de vos élus pour s'en convaincre.

Tout d'abord, avec le vénérable Chevreul, ne voyons-nous pas combien une vie si longue, mais tout entière consacrée à la

science, s'est honorée et a gagné en véritable grandeur, en prenant la science pour but unique et dédaignant tout le reste ?

Le grand Pasteur ne nous montre-t-il pas que le génie lui-
même a besoin d'être soutenu par une méthode de travail exi-
geante et sévère, qui ne permet pas de s'arrêter aux premiers
résultats, mais qui oblige à se faire à soi-même les plus incessantes objections, et à poursuivre les travaux et les expériences
jusqu'à ce que la vérité éclate aux yeux, sans doute possible ?

Voilà la méthode que M. Pasteur offre en exemple à tous ceux
qui veulent donner d'inébranlables fondements à leurs travaux.

Aussi, aujourd'hui, ce maître peut-il déjà jouir du jugement
de la postérité.

Ses découvertes font partie de la science même, elles reçoivent
chaque jour leurs développements réguliers et la révolution
qu'elles contenaient s'accomplit sous nos yeux et dépasse en
grandeur tout ce qu'on pouvait espérer.

M. Léon Say nous montre à quelle grande situation on peut
parvenir, et quels grands services on peut rendre à son pays
quand on sait mettre à son service un esprit supérieur, un savoir
économique consommé, une grande fortune.

Avec M. de Lesseps, nous apprenons que les plus hautes
fortunes peuvent avoir des retours cruels, mais nous pouvons
espérer aussi que les voiles momentanés se dissiperont, et que,
quoi qu'il arrive, la postérité plus calme et plus juste, n'oubliera
pas Suez et gardera au nom de de Lesseps la reconnaissance
qui lui est due.

Avec les généraux de Nansouty et Perrier, vous avez montré combien l'armée ajoute à la sympathie et à la reconnaissance que nous avons toujours pour elle, quand elle met son courage ou sa science au service d'œuvres scientifiques et nationales.

Ç'a été une belle soirée que celle où M. Renan complimentait
ici, en votre nom, M. Berthelot.

Deux grandes illustrations unies par l'amitié, deux gloires
égales, mais de caractères bien différents. Une science aussi
étendue que profonde revêt, chez l'un, les formes d'un langage

plein de séductions et de poésie ; chez l'autre, l'expression sévère
de la logique des faits, rigoureusement observés ; l'un, en son-
dant les grands mystères et en nous montrant les faces diverses
des problèmes de l'âme et de ses destinées, ne peut que nous
laisser dans le doute, mais c'est un doute transcendant et qu'il
sait rendre plein de charmes ; l'autre nous enferme dans le cercle que la science peut éclairer de ses certitudes : entre ces deux
grands esprits, entre ces deux synthèses aussi différentes que les
points de vue qui les ont engendrés, gardons-nous de prendre
parti ; et sans les vouloir juger, jouissons de ces grandes manifestations du savoir et de la pensée humaine.

C'est moi que vous avez bien voulu charger de présider le
dîner que vous offriez à M. Savorgnan de Brazza, dîner qui eut
lieu le jour même de cette mémorable séance au Cirque d'Hiver, où, on peut le dire, la France acclamait les magnifiques
succès du grand voyageur. Ces succès, qui nous valurent une
contrée plus grande que la France, étaient dus, comme vous le
savez, plus encore à la prudence, à l'esprit politique du voyageur qu'à son admirable énergie, et c'est là la grande leçon que
M. de Brazza a donnée aux explorateurs futurs.

MM. Richet et Verneuil nous ont donné, avec l'exemple d'un
grand talent professionnel, éclairé par une haute science, de
beaux travaux, de longs services rendus, celui non moins rare et
touchant de deux célébrités suivant la même carrière et unis
d'une sincère amitié ; en sorte que vous avez pensé ne pouvoir
être plus agréables à l'un d'eux, l'éminent doyen, qu'en char-
geant son ami de le complimenter.

Pour rendre hommage à la géologie, vous avez choisi M. Daubrée, que de beaux travaux de synthèse et d'éminents et longs
services ont placé à la tête de la géologie française.

Il avait le vif plaisir d'avoir en face de lui M. Friedel, son
ancien élève, qui est devenu un grand chimiste, mais qui a toujours été grand par le cœur et la noblesse des sentiments.

M. de Lacaze-Duthiers nous montre combien un savant,
quelle que soit l'importance de ses travaux et de ses découvertes, peut ajouter aux services rendus à la science par d'heureuses initiatives. Les magnifiques créations de laboratoires de

17

zoologie sur les côtes de l'Océan et de la Méditerranée seront, pour la science, la source de progrès dont il est impossible de mesurer l'importance et, pour nos jeunes zoologistes, d'admirables instruments de travail.

Vous ne pouviez oublier notre grande Exposition de 1889, qui a jeté tant d'éclat, et pour la représenter, vous avez choisi M. Berger, son habile et infatigable organisateur. C'est encore à l'occasion de cette mémorable Exposition que vous avez voulu donner un témoignage de reconnaissance à celui qui avait contribué, peut-être plus que tout autre, à l'illustrer.

C'est moi qui ai eu l'honneur de féliciter en votre nom le grand ingénieur dont l'œuvre générale fait tant d'honneur au génie civil français.

Depuis, M. Eiffel a voulu que la science pure soit aussi sa créancière. Les installations scientifiques à la tour, les travaux de sondage au Mont Blanc sont dus à sa généreuse intervention, la science ne l'oubliera pas.

M. Jules Simon a reçu aussi vos hommages. La *Scientia* pouvait venir après tant d'autres lui témoigner son admiration et ses respects. Elle s'honorait elle-même. Et puisque nous parlons d'exemples à donner, vous ne pouviez en offrir un plus éloquent et plus considérable à notre jeunesse savante.

Le nom de Darwin a reçu aussi les honneurs de la *Scientia*. Ce nom rappelle une des plus hardies solutions du grand problème de la genèse et de la succession des êtres à la surface de notre globe. Mais, quelle que soit l'opinion qu'on porte sur la solution proposée, on ne peut s'empêcher d'admirer la science profonde, la bonne foi et la sincérité qui ont toujours présidé chez le grand naturaliste à l'exposé de ses doctrines et à ses discussions avec ses adversaires. C'est encore là un enseignement.

Votre dernier hommage a été offert à M. de Quatrefages. La belle et longue carrière de ce grand naturaliste nous offre encore plus d'un bel enseignement.

Nous savons tous ce que le nom de Quatrefages éveille d'idées de science étendue et de profonde sagacité, de hauteur philosophique dans les jugements des questions et des systèmes. Nous savons aussi quels modèles de bienveillance et de courtoisie il nous offre. Mais il est encore un point qu'il faut mettre en évidence, c'est le salutaire exemple qu'il donne à nos jeunes savants en leur montrant combien de fortes études littéraires et une instruction scientifique très solide et très étendue sont nécessaires à celui qui veut devenir un savant dans la haute acception que ce mot devrait toujours comporter.

Voilà les grands exemples et les salutaires excitations que donne la *Scientia*. Avais-je tort de dire que ses promoteurs sont créanciers de la science ?

Messieurs, je bois à la *Scientia*, je bois à ceux qui m'ont précédé à cette place ; je bois surtout à ceux qui m'y suivront, où beaucoup ici sont déjà dignes de s'asseoir, et que, pour ma part, je serai si heureux de fêter à mon tour.

# 1892

I

Les Observatoires de montagne

## UN OBSERVATOIRE AU MONT BLANC

Les progrès de la Science nous mettent aujourd'hui en présence de divers ordres de questions, en Astronomie, en Physique céleste, en Météorologie, et même dans le domaine des Sciences biologiques, qui ne peuvent être résolues que par l'intervention des hautes stations.

L'histoire des observations et des découvertes faites depuis Saussure sur des plateaux ou sur des montagnes élevées le démontre surabondamment, et cette vérité est aujourd'hui admise par les hommes les plus considérables parmi ceux qui ont étudié la question.

Pour moi, ma conviction à cet égard est formée depuis longtemps.

Les études que j'ai faites sur le Faulhorn, en 1864, pour décider définitivement de l'existence des raies d'origine terrestre dans le spectre solaire ; celles de 1867 sur le sommet de l'Etna pour la constatation de la vapeur d'eau dans l'atmosphère de Mars ; l'expédition de 1868-1869, pendant laquelle j'ai passé un hiver dans l'Himalaya, consacré à des études de spectroscopie solaire et stellaire ; celle de 1871 aux Neelgherries, qui a amené la constatation de l'atmosphère coronale du Soleil ; le séjour que j'ai fait à l'Observatoire du Pic du Midi en 1887 ; enfin, les ascensions de 1888 et 1890 aux Grands-Mulets et vers le sommet du Mont Blanc pour l'étude de la question de la présence de l'oxygène dans les enveloppes gazeuses solaires, etc. : toutes ces observations, dis-je, m'ont fourni des éléments bien nombreux et décisifs de démonstration.

Cette Notice sera consacrée à l'étude de cette question si important tante et si actuelle.

Nous examinerons la nature des obstacles que l'atmosphère apporte aux observations et l'avantage qui résulte de l'élévation de la station.

Nous ferons un rapide résumé des résultats obtenus en ces dernières années par les astronomes et les physiciens qui ont eu l'occasion d'observer dans ces conditions.

Nous signalerons ensuite les observatoires qui se créent actuellement pour entrer dans cette voie nouvelle.

Enfin nous terminerons cette Notice par l'examen de la question de l'érection d'un Observatoire au Mont Blanc et un aperçu des travaux qu'on y pourrait exécuter.

## I. — L'ATMOSPHÈRE

Le globe que nous habitons et qui nous sert de nourricier et de demeure est entouré d'une enveloppe fluide, formée de gaz, de vapeurs, de poussières solides et liquides, de germes de divers genres.

La formation et la genèse de cette atmosphère se rattache à la formation et à la genèse terrestre elle-même.

Les phénomènes dont elle est le théâtre sont liés aux éléments qui la forment et à ses rapports avec la croûte solide et liquide du globe qu'elle entoure. La succession de ces phénomènes forme un cycle qui a pour effet de maintenir, dans leur intégrité, les conditions indispensables à la manifestation et à l'entretien de la vie, et l'harmonie de cet ensemble doit être un éternel sujet d'étude, de réflexion, d'admiration.

Mais l'atmosphère n'est pas seulement le principal facteur de l'entretien de notre vie terrestre ; c'est encore elle qui en fait le charme et la poésie. Que serait, en effet, ce séjour sans cette admirable voûte bleue qui l'entoure, sans les nuages qui y flottent, sans aurores, sans crépuscules, sans ces beaux levers et couchers de Soleil dont les admirables effets sont tous empruntés à l'atmosphère, sans tous ces jeux de la lumière solaire brisée, réfléchie, diffusée, colorée de mille manières par l'action atmosphérique ? Sans l'atmosphère, et en supposant même, par impossible, notre globe encore habitable, il ne nous offrirait qu'un séjour affreux.

Ainsi, l'atmosphère remplit admirablement les deux grandes fins qui visent l'entretien de la vie et son charme, et il est étonnant que des buts si différents soient atteints par des moyens si simples.

Mais l'esprit de l'homme a voulu aller plus loin. Il ne lui a pas suffi de contempler les admirables phénomènes dont il est entouré et de jouir des harmonies extérieures et sensibles, il a voulu pénétrer les causes et s'élever jusqu'aux lois et aux harmonies intellectuelles. Il a voulu porter sa vue au delà des confins de sa demeure et interroger le Ciel.

Ici, la nature l'a abandonné, et cette atmosphère qui tout à l'heure était une source incessante de jouissance s'est dressée comme un obstacle et une barrière entre lui et l'Univers.

L'atmosphère nous laisse, il est vrai, la vue des cieux, et nous permet de franchir du regard les limites de notre demeure ; mais elle fausse la vraie position des astres, trouble les images que nous voulons en obtenir, colore, absorbe et dénature les radiations qui la traversent, et l'univers qu'elle nous présente ne nous offre qu'une image déformée et transposée de la réalité.

Est-ce à dire que, tandis que la nature prend tant de soucis et met en jeu de si admirables ressorts, pour assurer notre existence et le charme qui doit nous y attacher, elle entend nous refuser les moyens d'élever notre esprit jusqu'à la connaissance de ses lois ?

Evidemment non.

Reconnaissons seulement que la Science est un fruit qui n'est pas donné spontanément, parce qu'il n'est pas immédiatement indispensable. Sans doute, elle est fille d'un besoin impérieux de notre esprit, et elle donne à l'âme les plus hautes et les plus pures jouissances qu'elle puisse éprouver. Mais ces jouissances, par leur nature même, doivent être achetées au prix de longs et persévérants efforts. En particulier, la science du ciel offre à notre esprit des problèmes si ardus, si grands, si profonds, que l'humanité a dû, pour les résoudre, y donner de longs siècles d'efforts et des générations de génies. La difficulté ajoutée par l'atmosphère à leur solution était insignifiante. Si l'esprit humain eût été incapable de franchir ce léger obstacle, il devait abandonner la pensée de pénétrer l'univers.

Pour l'astronome et l'astronome physicien, nous avons seulement à considérer l'atmosphère au point de vue du trouble et des modifications qu'elle apporte aux observations.

Tout d'abord, l'atmosphère réfracte les rayons qui nous viennent des astres, c'est-à-dire qu'elle les dévie de leur vraie direction et donne à ces astres une place apparente d'autant plus éloignée de leur vraie position qu'ils sont plus abaissés sur l'horizon.

Mais, surtout, l'atmosphère diffuse la lumière, en sorte qu'un faisceau lumineux qui la traverse en illumine une portion plus ou moins considérable et fournit de la lumière qui se répand dans toutes les directions.

C'est ainsi que l'atmosphère nous donne le spectacle d'un dôme immense bleu céleste sous l'action de la lumière solaire.

C'est cette diffusion et cette illumination de l'atmosphère, surtout au voisinage des corps célestes, qui apporte le plus grand obstacle aux observations.

Mais, en outre, l'atmosphère absorbe dans une mesure considérable la lumière et, en général, les radiations des astres ; et non seulement elle absorbe une partie très notable de ces radiations, mais encore, cette absorption ne portant pas d'une manière égale sur tous les éléments de ces radiations, il en résulte qu'elle en modifie la nature, et que nous ne pouvons nullement conclure de la composition de ces radiations, quand elles nous parviennent à la surface de la terre, à ce qu'elle serait si nous les recevions avant leur entrée dans l'atmosphère.

Ainsi, altération de la vraie position des astres, illumination gênante pour la vision, absorption des radiations et altération de leur composition, tels sont tout d'abord les obstacles que l'astronome et le physicien doivent surmonter.

Je prendrai pour exemple le mouvement diurne apparent du

Soleil dans le ciel, depuis son point culminant jusqu'à son coucher, en montrant comment ces diverses causes agissent sur l'apparence des phénomènes.

Nous sommes, je suppose, dans un lieu situé entre les tropiques, et le Soleil est au zénith à midi vrai.

Là, le disque est aperçu à sa vraie place, mais l'action de l'atmosphère ne s'en fait moins pas sentir sous d'autres rapports ; elle n'altère ni la place apparente, ni la forme de l'astre, si elle est homogène et tranquille, mais elle en altère la couleur et, d'après M. Langley, cette altération serait considérable et aurait pour effet de donner au Soleil une teinte beaucoup plus jaune.

Mais, à mesure que le Soleil va descendre dans le ciel, les perturbations vont se prononcer de plus en plus. Le disque sera vu dans une position plus élevée que sa position réelle, et l'écart sera d'autant plus grand que l'astre s'abaissera davantage.

En même temps, la rondeur de l'image s'altérera. Le diamètre vertical diminuant de plus en plus, tandis que le diamètre horizontal reste sensiblement le même, le disque tend à s'aplatir.

En outre, ce disque, qui, tout à l'heure, était d'un blanc un peu jaune, mais éclatant, tend non seulement à devenir moins lumineux, mais se colore de plus en plus : d'abord en jaune, puis en jaune plus prononcé, puis en orangé, en rouge, en rouge foncé, et finalement en rouge sang dans nos climats du Nord.

Alors l'écart entre le Soleil aperçu et le vrai Soleil est si prononcé que celui-ci est déjà tout entier sous l'horizon, qu'on a encore sous les yeux la figure aplatie, sanglante, déchirée de sa trompeuse image.

Ce que nous venons de reconnaître à l'égard du Soleil doit être dit évidemment pour tous les autres astres. Les constellations, par exemple, sont altérées dans leur forme et la couleur des astres qui les constituent d'une manière analogue.

Aussi, les astronomes se gardent-ils des observations qui ne sont pas faites dans des conditions où les altérations sont faibles et où les corrections peuvent s'appliquer sûrement.

Mais l'atmosphère peut encore produire d'autres troubles que ceux que nous venons de constater.

Les phénomènes, dits de halos, les parhélies, les mirages de tous genres, etc., sont dus à l'action de l'atmosphère.

Nous ne pouvons nous y arrêter ici. Je rapporterai seulement ici deux phénomènes dont j'ai été témoin et qui me paraissent particulièrement intéressants.

Le premier est un lever de Soleil dans le golfe de Siam, au moment où je conduisais la mission du Japon pour l'observation du passage de la planète Vénus, en 1874.

Le lever a débuté par un point brillant, lequel, circonstance remarquable, se montrait non pas sur la ligne d'horizon de la mer, mais à quelques minutes d'arc au-dessus.

Ce point brillant s'élève et s'élargit ; il forme une lentille, et cette lentille augmente en largeur et en hauteur. Elle devient ensuite un cercle complet qui serait coupé dans sa partie inférieure.

Puis l'image solaire présente, à la hauteur où tout à l'heure le Soleil commençait à poindre, un étranglement qui va en se rétrécissant de plus en plus, et l'image ronde ordinaire se dégage enfin.

Mais cette image est toujours accompagnée au-dessous d'elle d'une portion de disque qui s'en sépare et s'enfonce de plus en plus dans la mer pour disparaître enfin, laissant le disque supérieur dans les conditions ordinaires.

Toutes ces apparences bizarres s'expliquent parfaitement en admettant que l'air, au contact de ces mers chaudes de Siam, se charge de vapeurs et acquiert ainsi une densité inférieure à celles des couches un peu plus élevées.

Le mirage du désert, le mirage de Monge a lieu ici, mais par un mécanisme différent : la vapeur d'eau joue ici le rôle de la chaleur communiquée par les couches de sable échauffées par les rayons solaires, elle communique à l'air un pouvoir réfracteur plus faible, d'où résulte un phénomène analogue à celui qu'on observe en Egypte et en Algérie.

En fait, le phénomène se passe comme s'il y avait au-dessus de la mer une surface réfléchissante, une glace, dans laquelle le Soleil se réfléchirait en s'élevant au-dessus de son plan. Toutes les particularités observées s'expliquent alors parfaitement.

J'ai observé en Algérie, sur le chott Melrir, dans la région des dunes de sable qu'on appelle le Souf, un phénomène de mirage d'une tout autre nature, et j'ai pu en prendre une photographie qui montre le phénomène dans tous ses curieux détails.

En regardant cette photographie, on dirait qu'on a sous les yeux la vue d'une plage de la Manche avec ses dunes, ses eaux basses et son horizon de mer. Quand j'étais en face du chott, l'illusion était si complète que, malgré ma connaissance de la véritable nature du phénomène, des doutes traversaient encore mon esprit. Il était alors 5 heures du soir, le Soleil allait se coucher ; toute cette plage avait une belle couleur bleue et un petit tremblement, qui faisait comme frissonner ces eaux, ajoutait encore à l'illusion.

Tout à coup, quand le Soleil eut disparu derrière l'horizon, la scène changea brusquement, et, à cette scène d'une belle plage maritime succéda celle d'une immense plaine couverte de neige et d'une solitude glacée. Le tableau riant d'une rive méditerranéenne avait été subitement remplacé par celui d'un paysage d'hiver en Sibérie.

J'ai analysé les causes de ce curieux phénomène, mais cette discussion serait déplacée ici : nous avons à nous occuper d'effets de notre atmosphère qui nous intéressent plus directement.

Si l'atmosphère est une gêne pour l'Astronomie générale, elle devient un obstacle très sérieux pour l'Astronomie physique. Nous allons prendre encore pour exemple le Soleil.

La constitution du Soleil, telle que nous la connaissons aujourd'hui, est une conquête toute récente. Les grands progrès ont été faits depuis trente ans environ, et c'est le spectroscope qui en est l'auteur.

Or une des propriétés du spectroscope est précisément de nous affranchir, dans certains cas, de l'illumination atmosphérique. C'est ainsi que, aujourd'hui, on peut étudier journellement les protubérances en plein Soleil, parce que la lumière fournie par l'atmosphère s'étale suivant tout le spectre, tandis que celle des protubérances, concentrée en quelques lignes, conserve toute son intensité relative et peut, dès lors, être perçue.

L'atmosphère nous dérobe la vue de tous les phénomènes

solaires qui sont situés au delà de la photosphère, c'est-à-dire au delà du disque que nous voyons dans les lunettes. C'est avec ce disque et avec les taches qu'il présente, que les astronomes ont édifié tout ce que nous savions sur le Soleil, de 1610 à 1859, c'est-à-dire pendant deux siècles et demi. Cette période représente le règne exclusif de la lunette et du télescope, et il faut ajouter le règne de l'illumination atmosphérique, car c'est uniquement cette formidable illumination qui, dans les lunettes, borne notre vue au globe photosphérique et nous cache le reste, et cependant ce reste est peut-être le plus intéressant.

Il est vrai que nous avions la ressource des éclipses totales pendant lesquelles, cette illumination étant détruite à peu près complètement dans l'intérieur du cône d'ombre que la Lune interposée produit alors dans notre atmosphère, nous pouvons apercevoir ces phénomènes extraphotosphériques. Mais ces instants sont trop rares et trop fugitifs, et, de, fait, avant l'intervention de l'analyse spectrale, on se demandait encore si les protubérances étaient des phénomènes réels.

Voyons donc quelle idée nous nous formons actuellement du Soleil, et quels secours les hautes stations peuvent apporter à nos études.

Le Soleil consiste en un globe formé, d'une manière générale, des matériaux du système dont il est le centre et le régulateur. Ce globe est porté, surtout dans son intérieur, à des températures que nous ne pouvons assigner, mais qui doivent être extrêmement élevées. La surface est lumineuse ; elle est formée par des vapeurs incandescentes où flottent de petits nuages (les granulations) dont la Photographie nous a révélé la véritable forme, ainsi que l'unité de constitution dans toutes les parties de la surface solaire.

Cette surface présente des taches bien connues qui ont servi de base pendant deux siècles et demi à toutes les études et aux discussions sur la constitution du Soleil.

Voilà le Soleil des lunettes.

Maintenant, au-dessus de cette surface photosphérique, nous trouvons une première enveloppe gazeuse ou vaporeuse qui a 10 à 12 secondes d'arc de hauteur, c'est-à-dire 10 à 12 fois 719 kilomètres, soit 2 000 lieues : c'est fort peu pour le Soleil. Aussi faut-il des soins particuliers pour son étude. C'est le spectroscope qui a relevé son existence d'une manière certaine, bien qu'elle ait été souvent entrevue pendant les éclipses totales.

Au-dessus de la chromosphère, ainsi qu'on nomme cette couche gazeuse, se trouvent les immenses jets des protubérances dont la nature et les mouvements journaliers sont encore révélés par le spectroscope.

Tous ces phénomènes se trouvent enveloppés et comme baignés dans une immense et dernière enveloppe de gaz raréfiés, dont les dimensions colossales sont révélées par les occultations solaires. Cette atmosphère produit le spectacle le plus magnifique pendant les éclipses ; c'est à elle que le phénomène emprunte toute sa splendeur.

Elle est formée par du gaz hydrogène et par des corps encore inconnus. Cette dernière enveloppe a, sans doute, pour but de séparer le globe incandescent des espaces vides et glacés qui le refroidiraient trop rapidement.

Il y a encore les essaims qui circulent autour du grand astre, et la lumière zodiacale dont la cause précise est inconnue.

Tel est, d'une manière très générale, l'ensemble des parties qui constituent le Soleil tel que nous le connaissons aujourd'hui.

De tout cet ensemble, l'atmosphère terrestre ne nous laisse apercevoir que le globe limité par la photosphère, c'est-à-dire en quelque sorte le noyau central. L'existence de tout le reste nous a été dévoilée par les éclipses totales, mais n'a pu être étudiée et comprise que par l'intervention du spectroscope.

Ainsi un observateur qui regarderait le Soleil aux limites de notre atmosphère verrait, sans recourir à aucun artifice, tout ce magnifique ensemble du globe, de ses diverses atmosphères, de ses appendices flamboyants, de son immense couronne lumineuse, c'est-à-dire qu'il verrait le Soleil dans toute sa gloire.

Mais il est bien évident que, si notre atmosphère produit une action si considérable sur ces phénomènes, cette action doit s'exercer en raison de la densité et de l'épaisseur des couches illuminées, et que, en s'élevant dans cette atmosphère, le voile qu'elle oppose s'affaiblit successivement pour s'évanouir aux limites atmosphériques. Ainsi, pour reprendre l'exemple de tout à l'heure, si notre observateur, au lieu d'être transporté tout à coup aux limites de notre atmosphère, s'élevait dans celle-ci par degrés, il verrait apparaître successivement, d'abord l'atmosphère coronale, puis les protubérances, et enfin, en s'élevant assez haut, l'atmosphère coronale elle-même.

Voilà donc l'action de notre atmosphère bien déterminée et, en même temps, le rôle et l'utilité des hautes stations nettement précisés.

Et il ne faut pas croire qu'il faille s'élever bien haut pour obtenir déjà de notables améliorations dans les observations. Nous allons voir, dans la rapide énumération des observations astronomiques faites, en ces derniers temps, en stations de montagne, combien une élévation, même faible, agit favorablement à cet égard.

## II. — Observations faites dans les hautes stations

Les grands résultats obtenus pendant l'éclipse de 1868, qui avait inauguré l'ère des études spectroscopiques des régions circumpolaires, avait excité une grande émulation dans le monde astronomique.

A l'occasion de l'éclipse de 1871, plusieurs observateurs eurent la pensée de combiner la hauteur de la station avec les circonstances favorables de l'occultation.

M. C.-A. Young alla observer l'éclipse au mont Sherman à 8 300 pieds de hauteur.

Il rapporte qu'à l'œil nu il voyait les étoiles de la 7e grandeur.

Les lignes spectrales de la chromosphère étaient, dit-il, *trois fois* plus nombreuses que dans la plaine.

M. C.-A. Young en conclut que les grands instruments placés sur des points élevés permettraient de faire faire à la science des progrès qui, autrement, se feraient attendre pendant bien des *décades*.

Pendant que M. Young était au mont Sherman, une mission française observait à Schoolor, sur les Neelgherries, et elle y faisait des observations qui démontraient définitivement la réalité de cette dernière enveloppe solaire que nous avons nommée *atmosphère coronale*, laquelle, comme je le disais tout à l'heure, sépare le globe solaire des espaces sidéraux.

Ainsi, voilà, d'une part, l'observation du spectre de la chromosphère donnant trois fois plus de lignes que dans la plaine et, d'autre part, la découverte assurée de l'atmosphère coronale, et ces deux observations ont été faites en stations élevées.

Mais poursuivons.

Une éclipse très favorable se présente en 1878. Elle est observable dans l'Amérique du Nord. Les observateurs se sont échelonnés sur de hautes stations. (La ligne de l'éclipse y obligeait.)

MM. Eartman, Pritchet observèrent à Las Animas (Colorado), à 3.976 pieds. Ils sont frappés de la clarté du ciel. Point de scintillations au zénith, voie lactée détaillée d'une façon étonnante, satellites de Jupiter visibles à l'œil nu. A Jaho Spring (7.800 pieds) on voyait continuellement les satellites de Jupiter à l'œil nu, même avec la Lune à 10°. La Voie lactée prenait l'aspect de chaines de collines couvertes de neige avec des espaces sombres dont l'existence fut confirmée plus tard.

M. Holden et ses collaborateurs observent à Central City (Colorado) à 9.013 pieds. Ils constatent l'intensité extraordinaire de la couronne qu'ils attribuent à la hauteur de la station.

M. Langley choisit Pikes Peak, à 14.100 pieds (4.200 mètres). Tous les contours étaient d'une netteté surprenante et le ciel tout près du Soleil restait bleu (criterium).

M. Asaph Hall, l'auteur de la découverte des satellites de Mars, observe à la Junta (Colorado), 4.187 pieds ; ciel d'une clarté extraordinaire. Très grand nombre d'étoiles visibles à l'œil nu. Voie lactée présentant une netteté merveilleuse.

Il est temps, dit M. Hall, de profiter des avantages qu'offrent les stations élevées, et de résoudre cette question d'une importance capitale.

Mais, avant ces observations d'éclipse, on avait utilisé, pour des recherches spéciales, les hautes stations.

En 1856 et 1857, M. Piazzi Smith s'était servi du pic de Ténériffe pour y étudier le spectre solaire et se loue beaucoup de cette station.

En 1868 et 1869, étant monté dans l'Himalaya, à la suite de mon expédition à la côte de Coromandel pour l'observation de l'éclipse du 18 août 1868, j'ai pu constater les immenses avantages des stations élevées. J'y passai tout un hiver.

L'atmosphère très sèche et très pure de ces hautes régions m'a permis la recherche de la présence de la vapeur d'eau dans les planètes et les étoiles sans être gêné par la présence de cette vapeur dans l'atmosphère. A Simla, dans l'Himalaya, pendant la première moitié de l'hiver 1868-1869, l'air était d'une sécheresse extrême et donnait souvent des signes singuliers d'électrisation ; le papier de mes notes rendait des étincelles par le simple attouchement. Je n'y ai point vu de reptiles et fort peu d'insectes. La chair des moutons que les montagnards m'apportaient pour notre nourriture se conservait indéfiniment, et les parties qui en restaient finissaient par se sécher en conservant une belle couleur rosée. Les senteurs balsamiques des belles forêts de cèdre dont nous étions entourés embaumaient notre atmosphère. La nuit, ce ciel de l'Himalaya me déroulait ses trésors et je ne pouvais suffire à toutes les observations auxquelles il me conviait. C'était tout d'abord le puissant Sirius, dont la lumière bleuâtre brillait d'un éclat extraordinaire et révélait par les lacunes de son spectre l'énorme atmosphère d'hydrogène dont il est entouré et, sans doute aussi, la rapide rotation de son globe immense. C'était Arcturus dont la lumière rouge semble indiquer un soleil sur son déclin. C'était encore l'admirable constellation d'Orion, une des premières qui aient fixé l'attention des hommes et dont les étoiles semblent résumer toutes les phases de la vie solaire, comme sa belle nébuleuse, la plus grande du ciel, nous en présente la genèse. C'était enfin nos planètes dont j'interrogeais la lumière au point de vue des éléments aqueux de leurs atmosphères et auxquelles il faudra demander, par des études que je n'ai pu, hélas ! que commencer, et leur âge géologique et le mystère des formes de vie qu'elles recèlent.

J'ai passé là bien des nuits, oubliant les heures dans l'étude et la contemplation de ces merveilles.

Bien souvent j'étais surpris par l'aurore qui mettait fin à tout ce spectacle en y jetant son voile de lumière douce et nacrée et me renvoyait à mon chalet solitaire, où je m'étendais sur ces peaux de chamois de l'Himalaya dont le poil a la chaleur de la plume.

C'est à regret que j'ai dû quitter ces belles et hautes solitudes qui ont de tout temps servi de refuge à la vie cénobitique et contemplative, et où la pensée est portée, comme d'elle-même et sans effort, vers le domaine des choses extra-terrestres.

J'ai beaucoup observé et surtout sur les montagnes. Je ne crois pas qu'il existe sur notre globe des stations astronomiques plus favorables que celles que peuvent nous offrir l'Himalaya et les Neelgherries. Il faut peut-être y ajouter le Thibet, d'où nous revenaient naguère l'héroïque Bonvalot et son noble et jeune compagnon.

On voit combien l'usage des hautes stations a déjà fait faire de progrès à la Science ; aussi n'est-il pas étonnant qu'on commence à se préoccuper de l'érection d'Observatoires en des points élevés et bien choisis. L'Amérique possède déjà de nombreuses stations météorologiques de montagne. Elle a érigé au mont Hamilton, que j'ai visité, un bel Observatoire, dirigé par le savant M. Holden, où l'on a déjà fait de très importantes observations.

L'Italie place un Observatoire sur l'Etna.

La France en a construit un au pic du Midi, grâce à l'initiative du général de Nansouty et de M. Vaussenat, et où ce dernier passe héroïquement l'hiver.

Le mont Ventoux en possède un également. On en construit un à l'Aigoual, près de Montpellier.

A ma demande, le Club alpin érige une cabane-observatoire aux Grands-Mulets, sur les flancs du Mont Blanc, à 3.050 mètres.

Un autre chalet-observatoire est construit encore plus haut par les soins généreux de M. Vallot, aux Bosses-du-Dromadaire.

Le Club alpin italien va faire établir un observatoire sur une des aiguilles du mont Rose.

Enfin, je propose d'en ériger un au sommet même du Mont Blanc.

### III. — Projet d'observatoire au Mont-Blanc.

Ici l'auteur reproduit la note qu'il a présentée à l'Académie des Sciences, le 2 novembre 1891. Cf. ci-dessus 1891, article V.

### IV. — Les études au Mont-Blanc

*Astronomie.*

Au point de vue astronomique on ne sait, en vérité, quelles sont les études qui ne seraient pas favorisées par l'usage des hautes stations, puisque notre atmosphère ne peut qu'apporter un obstacle aux observations.

Cependant nous pouvons signaler plus spécialement les observations dont les résultats sont entravés ou faussés, soit par l'action d'absorption que les gaz et vapeurs de l'atmosphère exercent sur les radiations des astres, soit par l'effet d'illumination qui masque plus ou moins leurs images.

*Etudes des planètes Vénus et Mercure.*

On sait, par exemple, que les planètes Vénus et Mercure ne s'éloignent jamais beaucoup du Soleil en raison de la situation de leurs orbites par rapport à celle de la Terre. Or, dans les belles études que M. Schiaparelli a faites de ces astres, il a préféré les suivre pendant la journée, malgré la gêne de l'illumination atmosphérique, afin d'éviter les troubles si grands qui entravent les observations vers l'horizon. Ces études seraient faites dans des conditions infiniment plus favorables sur des stations très élevées où l'illumination atmosphérique est très faible, comme cela arrive au Mont Blanc. Il restera seulement à savoir si les remous atmosphériques amenés par le rayonnement solaire sur les flancs de la montagne ne seraient pas quelquefois une cause de perturbation des images.

Ainsi, au sommet du Mont Blanc, toutes les observations astronomiques pour lesquelles l'illumination atmosphérique est un obstacle seront favorisées dans une mesure considérable.

Et ce bénéfice s'applique aussi bien aux études par la photo
graphie qu'à celles dont l'œil humain est l'agent.

Disons que notre station serait bien favorable pour tenter
d'obtenir photographiquement l'image de la couronne solaire
par la méthode de M. Huggins, méthode dont l'application, dans
les circonstances ordinaires, a laissé des doutes.

### Spectre tellurique et spectre solaire normal.

La station du Mont Blanc, de laquelle on voit le Soleil se lever
sur les plaines de l'Italie, à plus de deux degrés sous l'horizon,
se prêterait à des études oculaires ou photographiques sur le
spectre tellurique dans des conditions qui n'ont pas encore été
réalisées.

D'un autre côté, aux environs du méridien en été, on obtiendrait le spectre solaire avec un degré de pureté et d'affranchissement des actions telluriques qui seraient bien précieux pour
permettre de faire le départ entre les raies d'origine solaire et
celles qui sont dues à l'action de notre atmosphère.

Quant aux spectres des régions circumsolaires, à savoir : ceux
de la chromosphère, des protubérances et de l'atmosphère coronale, il n'y a évidemment que des stations très élevées, comme
celle du Mont Blanc, qui permettent de semblables études.

Les spectres des autres objets célestes : ceux de la Lune, des
planètes, des étoiles et des nébuleuses, seraient obtenus dans des
conditions également exceptionnelles.

Pour l'étude des atmosphères planétaires, pour lesquelles notre
atmosphère est un si grand obstacle, ces conditions sont indispensables.

Il n'est pas nécessaire d'ajouter que, dans le domaine des
spectres comme dans celui des images, la Photographie recueillera les mêmes avantages.

### Radiation calorifique des astres. — Constante de la radiation solaire.

Une des questions qui nous intéressent le plus dans nos rapports avec le Soleil est celle qui concerne l'énergie de son rayon-

nement. Quelle est la valeur de ce rayonnement et quelles variations peut-il éprouver ? Est-il en décroissance et dans quelle mesure ? Subit-il, comme les taches, des variations périodiques ?

Ce sont là autant de questions capitales dont l'importance dépasse même le domaine de la Science pure.

Or la Science, si elle a cherché à obtenir une valeur approchée de cet élément si important pour notre vie terrestre, n'a même pas osé aborder les questions infiniment plus délicates de ses variations.

Le grand obstacle à ces études réside dans notre atmosphère, dont l'action d'absorption sur la chaleur solaire est énorme, d'où résulte une incertitude extrême sur la valeur des corrections à appliquer pour déduire, de la valeur observée à la surface du sol, celle qui correspondrait aux limites de notre atmosphère.

On ne pourra tenter avec succès cette étude capitale que dans les stations où l'atmosphère est d'une pureté extrême et surtout presque entièrement dépouillée de la vapeur d'eau qui est le principal agent de l'absorption calorifique de notre atmosphère.

Les belles études de M. Violle au Mont Blanc, de M. Langley au mont Whitney, démontrent combien les hautes stations peuvent faciliter ces études. C'est aussi l'avis de M. Crova, si hautement compétent sur cette matière et qui lui a fait faire de si importants progrès.

Pour ces observations, la station du Mont Blanc semble prédestinée : dans les circonstances favorables, elle donnera la solution de ce problème, l'un des plus importants de l'Astronomie solaire.

Ce que nous venons de dire de la radiation solaire s'applique *a fortiori* à celles de la Lune et des étoiles.


### *Météorologie.*


La station du Mont Blanc emprunte sa grande importance autant à sa situation centrale et dominante qu'à son élévation.

Du sommet du Mont Blanc, la vue embrasse un horizon de près de 250 kilomètres de rayon, qui comprend la haute Italie jusqu'à Gênes, tout notre Dauphiné, le Jura, les Vosges, le bassin du Rhône jusqu'à Orange, celui du Rhin jusqu'à Colmar, toute la Suisse centrale, etc.

Au point de vue météorologique, cette situation est unique ; elle domine une atmosphère de 4 à 5 kilomètres d'épaisseur, reposant sur les sols les plus divers comme climats et constitution physique, depuis les plaines ensoleillées du Piémont et de la Lombardie jusqu'aux massifs neigeux de la Suisse centrale. Elle est au centre des conflits que des conditions climatologiques si opposées ne peuvent manquer d'amener ; elle les domine et en permet l'étude, soit par la vue, soit par les instruments.

Du sommet du Mont Blanc, on pourra faire les études les plus précieuses, soit oculaires, soit photographiques sur la formation des nuages, leurs aspects, leur constitution, leurs mouvements, leur disparition en rapport avec les conditions de pression, d'humidité, d'électricité, etc., des régions au sein desquelles ils se forment et se meuvent.

Déjà, suivant notre conseil, M. Vaussenat a bien voulu commencer au pic du Midi de très importantes études sur ce projet et sur celui des manifestations lumineuses de l'électricité atmosphérique, la foudre, les éclairs, etc. Combien ces travaux seraient encore plus favorisés au Mont Blanc !

Il faut insister d'une manière toute particulière sur l'importance des études que la station du Mont Blanc permettra sur les hautes régions de l'atmosphère, et principalement sur les cirrus, leur constitution et leurs mouvements. A la surface du sol, les phénomènes qui ont lieu dans les hautes parties de notre atmosphère nous sont dérobés tant par les diverses couches de nuages interposées que par l'illumination atmosphérique. Au sommet du Mont Blanc, dans l'atmosphère bleu-noir qui le surmonte, les cirrus les plus délicats peuvent être perçus et surtout photographiés, et cette étude est d'une grande importance pour la connaissance de ces hautes régions atmosphériques et des mouvements dont elles sont le siège.

On sait combien la théorie de ces grands accidents atmosphériques qu'on nomme les orages, les cyclones, etc., est encore obscure et donne lieu à des opinions contradictoires. Ce n'est que par des études combinées dans les hautes stations et dans les plaines, ou mieux en des stations échelonnées en hauteur comme en surface, qu'on pourra arriver à la solution de ces importants problèmes ; la station du Mont Blanc s'impose encore comme la plus haute et l'une des mieux situées pour cet objet.

On sait encore que les météorologistes sont de plus en plus sollicités à donner des avertissements et à faire des prédictions du temps probable.

Dans cet ordre d'idées, qu'il faut sans doute aborder avec prudence, n'est-il pas évident que la station du Mont Blanc, qui domine une si vaste étendue, est dans une situation en quelque sorte unique pour des avertissements de ce genre ?

Ajoutons toutefois qu'on ne peut songer pour le moment aux prédictions qui ne résulteraient pas des indications données par les instruments, et qui nécessiteraient la présence permanente de l'observateur.

Disons enfin que la Météorologie, dont l'objet est important, dont les études sont si belles, si difficiles et si complexes, doit chercher à se constituer comme science distincte, se suffisant à elle-même et prenant enfin pour but principal de ses travaux son propre avancement.

Pour avancer rapidement dans cette voie, il faut que la Météorologie embrasse dès maintenant, dans ses études, l'ensemble des phénomènes dont l'atmosphère est le théâtre, ce qui conduit à se servir des stations échelonnées aussi bien en hauteur qu'en surface.

Dans cet ordre d'idées, les stations qu'on peut établir sur les flancs du Mont Blanc et à son sommet ont une importance de premier ordre.

*Physiologie, etc...*

Depuis longtemps on a fait des travaux sur la flore et la faune des montagnes. Dans ces derniers temps surtout, on y a ajouté des études physiologiques sur l'influence des atmosphères raréfiées. Le moment semble venu où ces études nécessiteront des stations fixes, de véritables laboratoires où l'on pourra séjourner et faire les expériences nécessaires. L'étude des modifications

que l'organisme subit à une altitude semblable à celle du Mont
Blanc ne peut manquer d'avoir un haut intérêt.

*Annuaire du Bureau des Longitudes* pour l'année 1892.
Certains passages de cette étude ont été publiés dans *Lectures
académiques, Discours*, p. 92-111.

## II

## NOTE SUR L'ÉDICULE PLACÉ AU SOMMET DU MONT BLANC

L'Académie se rappelle qu'au mois d'octobre dernier je l'informais de l'édification, au sommet du Mont Blanc, d'une petite
cabane destinée à nous instruire sur les dangers qu'une construction pouvait avoir à redouter, soit des intempéries, soit du
mouvement des neiges.

En quittant Chamonix, au mois d'octobre dernier, j'avais
laissé à un guide très expérimenté le soin de surveiller cet édicule,
et, au mois de décembre, il m'en avait donné de bonnes nouvelles,
mais voici, à cet égard, des documents beaucoup plus précis et
tout récents.

M. Dunod, fils de l'éditeur bien connu et officier dans l'un de
nos bataillons alpins, m'avait fait part de son intention de faire
l'ascension du Mont Blanc, en janvier. M. Dunod était déjà connu
par de difficiles ascensions qu'il avait parfaitement réussies : je
ne trouvai donc pas le projet imprudent, surtout s'il était exécuté dans de bonnes conditions comme état de l'atmosphère,
guides et outillage.

Je donnai à M. Dunod un petit programme d'observations à
faire au sommet, programme où figurait surtout l'examen minutieux de l'état de la cabane et des mouvements qu'elle avait pu
éprouver.

M. Dunod fit l'ascension avec les deux frères Simond, guides
excellents, auxquels s'était joint à ma demande Frédéric Payot,

dont la grande expérience devait être, à mes yeux, une nouvelle garantie de succès.

L'ascension fut favorisée par un temps très beau et réussit complètement. Ces messieurs couchèrent aux Grands-Mulets, dans la cabane-observatoire élevée à ma demande par le Club alpin et construite de concert avec lui. La cabane était en parfait état et les voyageurs se louent beaucoup des séjours d'aller et de retour qu'ils y ont faits.

Le 21 janvier, nos voyageurs quittaient les Grands-Mulets vers 3 heures du matin, montaient par l'arête du Dôme du Goûter et arrivaient à $9^h50^m$ à la cabane-observatoire que M. Vallot a fait ériger aux Bosses du Dromadaire. Là ils trouvaient une température de — 20°. Cet abri leur fut précieux pour se réconforter.

Ils en partaient à $11^h45^m$ pour monter au sommet, où ils arrivaient vers 2 heures de l'après-midi.

Au sommet, la température était de — 21° à — 22°.

M. Dunod se mit en devoir de prendre la densité de la neige à 1 mètre au-dessous de la surface, par le procédé très simple que je lui avais indiqué. Il la trouva égale à 0,46, c'est-à-dire presque égale à la moitié de la densité de l'eau. A 12 mètres de profondeur, la densité de la neige de la galerie a une densité (d'après mes mesures) très légèrement plus forte, ce qui montre que la densité de la neige au sommet augmente peu avec la profondeur. J'aurai à revenir sur les conséquences de ces faits.

Quant à la cabane, ces messieurs la trouvèrent en très bon état. La neige n'avait même pas pénétré dans l'intérieur, et le niveau extérieur de cette neige a paru être sensiblement le même qu'au moment de l'érection.

Au moment de cette érection, j'avais donné à M. Payot un niveau à bulle d'air qu'on avait placé sur les arêtes des poutres intérieures dans deux sens perpendiculaires et bien repérés. Or, cette même opération, répétée par nos voyageurs, ne leur a pas montré de mouvements appréciables. Dans le sens est-ouest, c'est-à-dire de la plus grande dimension de l'édicule, la bulle semblait indiquer, dit M. Dunod, un très léger déplacement, mais si faible que la pression du doigt pouvait le faire disparaître.

Si l'on songe aux intempéries que l'édicule a dû supporter pendant ces quatre derniers mois et au jeu que les pièces de bois ont pu prendre sous ces influences, on en doit conclure que rien n'autorise à admettre un mouvement quelconque dû aux neiges elles-mêmes.

J'ai toujours pensé que l'épaisseur de la croûte glacée qui recouvre les rochers du sommet et détermine la forme de celui-ci doit avoir atteint depuis bien longtemps un état stationnaire. Les petites variations qu'il présente sont liées aux changements des conditions météorologiques de l'année, mais ne dépassent pas une faible amplitude. Il y a sans doute aussi des variations séculaires, mais plus faibles encore.

Une construction érigée au sommet, si elle est installée de manière à résister aux vents, n'aura donc à compter qu'avec de très faibles mouvements.

Les constatations dont je viens de parler étant terminées, ces messieurs redescendirent du sommet et allèrent passer la nuit aux Grands-Mulets.

Le lendemain matin ils étaient de retour à Chamonix en excellente santé.

Comme circonstance remarquable, je dirai que j'étais informé à Meudon de l'arrivée de nos voyageurs au sommet, moins de deux heures après le moment même où ils y mettaient le pied. M. Coutet, qui surveillait l'ascension de Chamonix, avec une bonne lunette, me télégraphia de suite l'heureux événement.

En résumé, je suis persuadé que l'Académie verra avec satisfaction les résultats intéressants de cette courageuse ascension, qui fait le plus grand honneur à l'officier distingué qui l'a exécutée et aux guides qui l'ont assisté.

*C. R. Acad. Sc.*, Séance du 1er février 1892, T. 114. p. 195.

## III

## SUR UNE TACHE SOLAIRE
### OBSERVÉE A L'OBSERVATOIRE DE MEUDON
### DU 5 AU 17 FÉVRIER 1892.

M. J. Janssen met sous les yeux de l'Académie les photographies du Soleil, obtenues les 5, 9, 12 et 17 février courant et sur lesquelles on remarque une des taches les plus considérables observées pendant les dernières périodes solaires.

Ce qui rend cette tache particulièrement remarquable et qui en a permis l'observation facile à l'œil nu, c'est l'étendue de la surface perturbée (dont le diamètre est environ de 1/7 du diamètre du disque solaire) et le grand nombre des noyaux distribués sur cette surface. Deux de ces noyaux confondus dans la même pénombre ont de 6/10 à 8/10 de minute sexagésimale d'arc de diamètre, ce qui approche beaucoup des dimensions des plus grands noyaux observés.

La grande échelle à laquelle ces photographies ont été obtenues permet l'étude des mouvements et les transformations que les noyaux ont subis depuis l'apparition de la tache le 5 février jusqu'au 19, jour où elle s'approchait de l'extrême bord. Cette étude est très complexe parce qu'il y entre comme éléments la variation de vitesse de rotation avec la latitude solaire, variation très sensible ici, en raison de l'étendue de la tache dans le sens des méridiens solaires, puis certains mouvements propres et enfin la variation des forces qui ont produit cette grande perturbation photosphérique. Si cette étude donne d'intéressants résultats, l'Académie en sera informée.

A l'égard de la question des rapports entre les phénomènes de taches solaires et les perturbations magnétiques terrestres, M. Janssen ne voit, dans les faits constatés jusqu'ici, rien qui autorise encore à admettre cette corrélation. Cependant, comme on ne doit rien rejeter *a priori* et que l'étude de cette question ne peut qu'être profitable aux progrès de la Science, il voudrait qu'on multipliât les observatoires météorologiques et magnétiques à la surface du globe, et principalement dans l'hémisphère sud, de manière à pouvoir démêler, au milieu des manifestations électriques et magnétiques, celles qui auraient un caractère général et simultané pour tout un hémisphère terrestre, car il est évident qu'il n'y a que des phénomènes de cet ordre qui peuvent être attribués à une action solaire.

Dans cet ordre d'idées, M. Janssen serait heureux que son Confrère M. Mascart, qui a des relations étendues avec les observatoires météorologiques étrangers, voulût bien demander si, pendant la production de la grande aurore observée en Amérique et en Europe et à laquelle on doit attribuer les grandes perturbations magnétiques observées, il s'est manifesté quelque phénomène de cet ordre dans l'hémisphère sud. Sans doute, l'hémisphère sud étant surtout un hémisphère aqueux, les phénomènes auroraux y sont moins fréquents et moins intenses que dans le nôtre, et d'un autre côté les observatoires sont plus éloignés des régions aurorales. Les constatations sont donc ici beaucoup plus difficiles.

Néanmoins, s'il était bien constaté que rien d'analogue et de simultané aux phénomènes observés dans l'hémisphère nord ne s'est produit dans le sud, on serait en possession d'un fait qui rendrait bien improbable la théorie de l'action solaire.

Il paraît, dans tous les cas, que c'est par des études et des constatations de ce genre qu'on parviendra à élucider la question, encore si obscure, de la corrélation entre les accidents de la surface solaire et les phénomènes électriques ou magnétiques terrestres.

*C. R. Acad. Sc.*, Séance du 22 février 1892, T. 114, p. 389.


## IV


## ALLOCUTION
### PRONONCÉE A LA SÉANCE DU 6 MAI 1892
### DE LA SOCIÉTÉ FRANÇAISE DE PHOTOGRAPHIE

Au nom de la Société, M. Davanne, vice-président, remit la Médaille Peligot à M. Janssen, qui, après avoir exprimé ses vifs remerciements pour cette marque d'estime, continua en ces termes :

« MESSIEURS,

Je suis grandement votre débiteur, le débiteur de cette vieille et glorieuse Société française de Photographie qui, déjà, date de bien loin, et qui a été la première à grouper tous ceux qui aiment votre bel art, qui a si grandement contribué à sa prospérité et à son extension et qui va bientôt lui rendre un service encore plus grand, en prenant l'initiative de la fondation d'une Union de toutes les Sociétés françaises de Photographie.

Permettez-moi donc, Messieurs, non pas pour m'acquitter envers vous, mais au moins pour vous donner un faible témoignage de ma reconnaissance, de fonder à mon tour un prix semblable à celui que nous devons à M. Peligot. Seulement, et pour me donner le plaisir de voir récompenser les travaux et les découvertes qu'il pourra provoquer, je le fonde dès aujourd'hui, et par une exception que motive l'éclat de la découverte à laquelle tout le monde photographique pense encore et à laquelle tous applaudissent, je vous demanderai d'en disposer pour la première fois et de l'attribuer à notre collègue M. Lippmann.

Mon cher confrère, cette médaille n'a pas en elle-même une grande valeur, ce n'est qu'une médaille d'argent, mais elle deviendra une médaille d'or, quand elle aura passé par vos mains, car tous considéreront comme un insigne honneur de la recevoir après vous. Quant à moi, vous avez réjoui mon cœur de savant et de Français en nous apportant cette belle découverte qui marque une nouvelle et glorieuse étape dans l'histoire de la Photographie française. »

*Bulletin de la Société française de Photographie*, 2ᵉ série, tome VIII, nᵒ 10, mai 1892.

## V

# DISCOURS PRONONCÉ A LA RÉUNION DES DÉLÉGUÉS DES SOCIÉTÉS PHOTOGRAPHIQUES DE FRANCE
## LE 16 MAI 1892

Le lundi 16 mai 1892, à $2^h30^m$, les délégués des Sociétés photographiques de France se sont réunis au siège de la Société française de Photographie, 76, rue des Petits-Champs, sous la présidence de M. Janssen, Président de cette Société, qui les avait invités à se rendre à Paris pour y fonder une *Union nationale des Sociétés photographiques de France.*

M. Janssen a ouvert la session par le discours suivant :

« MESSIEURS,

Je vous souhaite la bienvenue au nom de la Société française de Photographie, au nom de la Photographie de Paris, car c'est Paris tout entier qui vous reçoit, qui vous fête, qui veut concerter avec vous cette union amicale, fraternelle, de toutes les Sociétés répandues à la surface de notre cher pays ; et, par cette union, indispensable aujourd'hui, établir les contacts, coordonner les efforts, faire circuler partout une vie plus active et plus intense, union encore dont le résultat sera d'aider au développement de chacun des centres existants, de provoquer la création de nouveaux et, en réunissant en un faisceau toutes les forces éparses aujourd'hui, de vous donner une puissance irrésistible et une autorité souveraine, soit qu'il s'agisse de défendre ou de plaider la cause de vos intérêts auprès des pouvoirs publics, soit qu'il s'agisse de représenter au dehors la France photographique.

Messieurs, les bases de cette union si désirable vont bientôt vous être soumises. Vous en connaissez déjà les dispositions générales puisqu'on en a donné connaissance à chaque Société en particulier. Nous espérons que vous reconnaîtrez et que vous apprécierez l'esprit qui les a inspirées.

Nous avons voulu, avant tout, faire une œuvre libérale et

d'union fraternelle, non une œuvre de centralisation et d'autorité.

Ce n'est, pas, Messieurs, au moment où la vie intellectuelle se réveille si heureusement dans toutes les parties de la France, où nous voyons des Ecoles, des Facultés, des Universités, des Institutions de tous genres s'élever partout, ce n'est pas au moment où la France se ressaisit en quelque sorte elle-même, pour se donner toutes les activités, toutes les libertés, toutes les initiatives compatibles avec l'unité nationale qu'on pourrait songer à un retour en arrière.

Si je ne me trompe, Messieurs, l'esprit qui doit présider à l'union que nous voulons fonder est celui-ci :

Ne toucher en quoi que ce soit à la liberté, à l'initiative, au gouvernement, en un mot à l'autonomie complète des Sociétés adhérentes ; créer seulement l'organisme qui sera appelé à les relier entre elles, à s'occuper de leurs intérêts généraux, soit d'ordre matériel, soit d'ordre moral, à les représenter en toutes circonstances ; en un mot, à créer cette vie de collectivité qui n'existe pas aujourd'hui.

La vie propre et indépendante de chacune des unités continue donc comme par le passé ; elle ne fait seulement que se développer et gagner en importance ; mais, à côté de celle-ci, une vie nouvelle apparaît, c'est la vie de relation, c'est la vie de collectivité, c'est celle qui anime un corps dont les membres étaient jusque-là séparés et impuissants.

Pour atteindre ce but, le projet vous propose de constituer à Paris un Conseil qui sera votre émanation propre, car il sera composé des délégués des Sociétés adhérentes, Conseil qui sera toujours dans vos mains, puisqu'il sera soumis à la réélection annuelle ainsi que le Bureau qu'il choisira dans son sein.

C'est ce Conseil, Messieurs, qui aura pour mission de faire naître cette vie nouvelle dont je parlais à l'instant. Il devra s'attacher à développer les relations amicales des Sociétés entre elles, à faciliter à celles-ci la connaissance et l'essai des nouveaux appareils et des nouveaux produits par des prêts judicieusement faits, surtout à permettre aux Sociétés de tenir leurs Bulletins et publications au courant des découvertes, des méthodes, des faits de tout genre pouvant intéresser leurs lecteurs par l'envoi rapide d'une circulaire chaque fois que les circonstances le réclameront. C'est lui qui présidera à la tenue des sessions générales de l'Union des Sociétés françaises de Photographie sur différents points du territoire, qui en réglera le programme et l'organisation, et fera auprès des Compagnies les démarches nécessaires.

C'est encore le Conseil qui s'occupera des rapports de l'Union française avec l'Union internationale, soit qu'il s'agisse des documents à transmettre pour la rédaction de l'*Annuaire* et du *Bulletin* de celle-ci, soit qu'il s'agisse de résolutions à présenter au nom de l'Union française dans les sessions ou les Congrès internationaux.

Voilà, Messieurs, d'une manière générale, sur quelles bases nous pensons qu'on doit fonder notre Union. Nous espérons que nous sommes, à cet égard, en communauté d'idées et de sentiments avec vous. Nous sommes persuadés que, comme nous, vous sentez l'immense importance de cette Union qui transformera la Photographie française, lui fera faire des progrès dont on ne peut prévoir maintenant toute l'étendue et l'importance, et enfin lui assurera devant l'étranger la place à laquelle elle a droit et qui grandira chaque jour.

Messieurs, après avoir pris l'initiative du projet de cette Union que nous croyons si utile et que nous espérons si féconde, après en avoir étudié les bases avec tout le soin et la maturité dont nous étions capables, après vous avoir conviés à venir en discuter les statuts avec nous et enfin, après vous avoir exposé dans quel esprit nous avons conçu nos propositions, nous considérons notre tâche comme terminée. Nous pensons qu'un Bureau doit être constitué par l'Assemblée pour présider à la discussion des articles et à la promulgation de l'œuvre. Je vais donc, Messieurs, vous prier de procéder à cette élection que, pour ma part, et avec la majorité de mes collègues, nous considérons comme indispensable.

Messieurs, comme une assemblée doit toujours être dirigée, je crois qu'il est convenable, pendant la constitution du Bureau, de prier le doyen de l'assemblée de nous présider. »

*Bulletin de la Société française de Photographie*, 2<sup>e</sup> série, T. VIII, n° 11, juin 1892, p. 289.

# VI

## L'AÉRONAUTIQUE

Discours prononcé a la séance de cloture du Congrès
des sociétés savantes a la Sorbonne le samedi 11 juin 1892

Monsieur le Ministre,
Messieurs,

Le domaine entier offert à l'activité de l'homme sur le globe
où il a été jeté pour en faire la conquête affecte trois états différents, qui sont les états mêmes sous lesquels la matière se présente à nous : il est de nature solide, liquide, gazeuse.

C'est sur la croûte solide du globe que l'homme est apparu ;
c'est pour y vivre et s'y développer qu'il a été formé, et la disposition de son corps et de ses organes a été appropriée à cette fin.

Aussi est-ce sur cet élément que l'homme a pris sa racine et
son appui ; est-ce là qu'il a grandi, qu'il s'est développé et qu'il
a subi les phases si longues qui devaient le conduire de l'état sau-
vage primitif jusqu'à ces hauts degrés de civilisation que nous
offrent l'Orient dans l'antiquité, l'Occident dans les temps
modernes.

Mais si l'homme est avant tout un enfant de la terre, il a
cherché de très bonne heure à étendre son domaine par la conquête de l'élément liquide.

Ses essais de navigation remontent aux premiers âges. Le
fleuve s'opposait au passage d'une rive à l'autre, ou bien il offrait
un moyen facile de se transporter à de grandes distances ; il
fallait donc le traverser ou naviguer à sa surface. Les troncs
d'arbres arrachés des rives par les eaux en donnaient l'idée et
en offraient le moyen, et voilà la navigation qui se crée et le
second domaine offert à la conquête de l'homme.

Mais, si la navigation, dans ses premiers essais au moins, paraît
dater de l'apparition de l'homme, ses progrès ont été bien lents
et sont restés liés à l'état de l'industrie et aux besoins plus ou

moins grands de commerce et de communications maritimes des
sociétés humaines. C'est ainsi que les Chinois, dont la civilisation
est cependant si ancienne et si avancée, ne savaient construire
que des jonques que les gros temps mettaient en pièces, tandis
que les Océaniens, montés sur de magnifiques pirogues de guerre,
franchissaient sur le Pacifique d'énormes espaces et s'orientaient
par des moyens qui nous sont restés inconnus.

L'homme a donc pris de très bonne heure possession du domaine liquide, tandis qu'il est encore aux premiers pas qui doivent le conduire à la conquête de l'élément gazeux. C'est que
l'homme a trouvé de suite dans les corps flottants des exemples
et des auxiliaires qui l'ont immédiatement servi. Il en fut autrement pour l'atmosphère. Les oiseaux qui la parcourent ne peuvent être pratiquement utilisés et les exemples de vol qu'ils nous
offrent ne peuvent être instructifs et féconds que pour ceux qui
possèdent la Science ; pour les autres, il n'est que décevant et ne
conduit qu'aux catastrophes, ainsi que l'histoire nous en offre
tant d'exemples.

Il semble même que ce sont ces tentatives de vol nécessairement malheureuses dans l'antiquité et ces désastres sur mer
également inséparables d'une navigation peu savante et mal
pourvue, qui avaient amené cette croyance que l'homme, en
voulant franchir les mers et s'emparer des airs, s'élevait contre
la volonté des dieux et commettait des actes sacrilèges.

Horace, dans l'ode si belle où il recommande aux divinités
de la mer son ami Virgile, « cette moitié de lui-même », et le vaisseau qui l'emporte vers les rives de l'Attique, se fait l'écho de
cette croyance et déplore l'audace impie de la race humaine.

« Il avait, dit-il, un cœur formé de chêne le plus dur et trois
fois cuirassé de bronze celui qui, le premier, osa confier un frêle
esquif à la fureur des flots, qui ne redouta ni le vent impétueux
d'Afrique, ni la rage des vents du midi, qui contempla d'un œil
tranquille les monstres marins, la mer gonflée de courroux et
ces rochers acrocéroniens fameux par tant de naufrages.

« C'est donc en vain, poursuit-il, que la sagesse éternelle voulut
séparer par un inviolable océan les différentes parties de la

terre, si des navires impies osent franchir ces barrières sacrées.

« La race humaine, que rien n'effraye, se jette avec fureur sur tout ce qui lui fut défendu. L'audacieux fils de Japhet dérobe le feu céleste et vient l'apporter aux mortels. Dédale, avec des ailes refusées à l'homme, se confie hardiment au vide des airs. Hercule force le Tartare. Rien n'est impossible aux mortels. Bientôt nous demanderons le ciel lui-même dans notre démence, et nos crimes ne laissent pas reposer la foudre entre les mains irritées du maître des dieux. »

Que dirait Horace aujourd'hui ?

Eléverait-il encore plus haut son indignation, ou bien, en présence de tant de merveilles, de tant de progrès réalisés, aussi bien dans l'ordre moral que dans l'ordre physique, ne serait-il pas plutôt désarmé et forcé de reconnaître que cette activité et ces conquêtes ne sont pas impies et qu'en les accomplissant l'homme ne fait, au contraire, qu'obéir à un instinct supérieur qui l'oblige à user des facultés qu'il a reçues pour les employer à s'élever dans l'échelle intellectuelle et morale des êtres et accomplir par là un dessein d'ordre divin dans le plan général de l'univers ?

Laissons donc l'homme suivre sa destinée et voyons comment il a enfin réussi à résoudre la première partie du problème de l'atmosphère.

On peut dire qu'au moment où Joseph Montgolfier fit sa première expérience, la question était mûre. On peut même ajouter que c'est la persistance des expérimentateurs à chercher la solution dans l'imitation du vol des oiseaux qui l'avait tant retardée.

Sans doute, il paraissait bien naturel à ceux qui voulaient s'élever et se diriger dans les airs de chercher à s'armer des organes des êtres que la nature a si admirablement formés pour cette fin et qu'ils avaient constamment sous les yeux.

Il y avait là cependant une faute de direction scientifique que l'histoire des inventions de l'homme met en pleine lumière.

En effet, si la navigation, pour prendre un exemple très voisin de notre sujet, si la navigation, dis-je, a emprunté à l'origine quelques principes à la natation des êtres aquatiques, elle n'a dû ses grands progrès qu'à l'emploi d'engins spéciaux créés par la science mécanique, sans rapports directs avec les organes des poissons et mettant en œuvre des forces spéciales que l'homme s'est appropriées. C'est ainsi qu'aujourd'hui nos grands navires de guerre ou de commerce sont mus par un organe d'ordre purement mécanique, l'hélice, empruntant sa force aux radiations solaires accumulées pendant les longs âges géologiques. C'est encore ainsi que, quand l'homme a voulu se donner une progression puissante et rapide, il l'a trouvée, non plus dans l'utilisation de la force des animaux, mais dans la création de ces machines mues par la vapeur et qui emportent des populations entières avec la vitesse des anciens projectiles. Sans doute, le problème de l'aviation n'est pas insoluble, mais il n'était pas mûr à l'époque des Montgolfier. Il exigera pour sa solution l'emploi de forces nouvelles ou tout au moins un nouvel emploi des forces connues et mises au service d'engins créés par une science de la mécanique des fluides qui ne fait que débuter.

Au contraire, le problème de l'aérostation, c'est-à-dire celui de s'élever et de flotter dans l'atmosphère, ne demandait que l'emploi des appareils les plus simples. Une enveloppe assez légère contenant un gaz ou une vapeur spécifiquement plus légers que l'air ambiant.

Joseph Montgolfier eut le grand mérite de chercher dans la voie où il fallait d'abord entrer : voie toute ouverte, voie qui attendait en quelque sorte depuis Archimède son expérimentateur et où le succès devait couronner les premiers efforts.

Ce fut ce qui arriva. L'expérience secrète du cube de taffetas à Avignon, celle du ballon de grandeur médiocre à Annonay, enfin l'expérience publique devant les États du Vivarais assemblés, se succédèrent naturellement et sans autres changements que celui de la différence des échelles.

Mais le mérite de Montgolfier n'est pas diminué par la facilité de ces heureux débuts. C'est le propre même du génie de sentir par un instinct secret dans quelle direction il doit porter ses efforts, et plus le succès est prompt et éclatant, plus il a prouvé sa clairvoyance et sa justesse.

Je ne referai pas ici l'histoire de ces premiers débuts de l'Aérostatique. Elle est dans toutes les mémoires. On sait quel enthousiasme cette découverte si mûre et cependant si inattendue excita partout. On sait avec quelle ardeur on construisit les nouvelles machines et avec quelle avidité on se donnait le spectacle de leur enlèvement.

Ces montgolfières montant majestueusement dans les airs, planant au-dessus des villes, des fleuves, des campagnes et allant doucement déposer à terre les voyageurs qu'elles avaient emportés, ne pouvaient lasser la curiosité, l'étonnement, l'admiration. Aussi l'année 1783, à jamais célèbre dans l'histoire des inventions humaines, n'était-elle pas écoulée, que l'aérostation était complètement créée, car Charles, physicien de grand mérite, avait de son côté inventé le ballon à gaz hydrogène et l'avait doté, sauf le guide-rope, de tous les organes dont nous nous servons aujourd'hui.

Cependant, cet enthousiasme si grand et si légitime ne se soutint pas. D'une part, de regrettables accidents et, ensuite, des essais nombreux et infructueux de direction amenèrent une sorte de désenchantement à l'égard de la nouvelle découverte. La grande Révolution qui éclatait bientôt imprimait d'ailleurs à l'Aérostation une direction toute nouvelle.

La nation, en effet, cherchant partout des auxiliaires pour la défense du sol, s'empara de l'Aérostation et en fit un instrument de guerre.

Non seulement il ne fut plus question de la direction des aérostats, mais les ascensions libres elles-mêmes se convertirent en ascensions captives destinées à servir les reconnaissances militaires.

Dans cette voie toute patriotique, nous trouvons les noms de Coutelle et Conté qui ont laissé un souvenir glorieux.

Ici, Messieurs, les études aérostatiques vont subir un long temps d'arrêt. Après la République, qui ne fit qu'utiliser les ballons pour ses guerres, l'Empire, qui lui succéda, les délaissa complètement. Les ascensions justement célèbres de Robertson, de Biot et de Gay-Lussac n'étaient elles-mêmes qu'une belle utilisation des ballons pour les études scientifiques, et il faut franchir plus de la moitié de notre siècle pour rencontrer une reprise sérieuse des études aéronautiques.

Elle est due à l'un de nos plus grands ingénieurs, Henry Giffard, auquel nous devons de belles inventions, et qui eut un amour et une sollicitude toujours éveillés pour les Sciences qu'il sert encore après sa mort par ses legs généreux et magnifiques.

Henry Giffard veut appliquer la vapeur à l'Aérostation... Il construit un ballon de forme allongée, l'arme de tous ses organes et actionne son hélice par une machine à vapeur. Tout étant prêt et ne voulant exposer que lui dans un premier essai, il s'élève seul sur sa machine et exécute imperturbablement différentes manœuvres il peut même, à certains instants, tenir tête à un vent assez fort.

Cette belle expérience avait lieu le 24 septembre 1852. Trois ans plus tard, Giffard la reprenait sur une échelle plus considérable et confirmait ses premiers résultats.

Peu après il créait son injecteur et s'appliquait ensuite à construire de magnifiques ballons captifs de dimensions de plus en plus colossales, admirablement construits et manœuvrés par la vapeur. Mais les belles expériences de 1852 et 1855, qui, cependant, préoccupaient toujours son puissant esprit, ne furent pas reprises.

Quinze ans plus tard, la guerre que la France soutenait contre l'Allemagne ramenait l'attention sur les ballons et remettait en mémoire les services qu'ils avaient rendus à la défense nationale sous la première République. Aussi se mit-on avec ardeur à la création d'une Aérostation militaire. Mais les services que l'Aérostation devaient rendre furent alors d'un ordre tout nouveau ; car les reconnaissances militaires par ballons captifs, si bien préparées cependant pour l'armée de la Loire par MM. Tissandier frères, ne purent malheureusement être utilisées. Ce fut Paris seul qui bénéficia, et sous une forme toute nouvelle, de l'Aérostation.

La capitale, séparée du reste du pays par un blocus rigoureux et implacable, ne dut qu'à l'emploi combiné des ballons et des pigeons de rester en communication avec la France. Soixante-quatre voyages aériens eurent lieu au-dessus des lignes prussiennes. Mais plusieurs de ces héroïques serviteurs de la patrie auxquels manquait la science aéronautique payèrent de leur vie leur beau dévouement. Parmi ces voyages, il convient de citer celui qui permit au Ministre de l'Intérieur de sortir de Paris et donna à la France une voix qui releva son courage, l'enflamma de patriotisme et lui fit faire des efforts héroïques qui, s'ils ne purent lui donner la victoire définitive, sauvèrent du moins son honneur.

La Science, elle aussi, voulut prendre sa part dans ces dévouements patriotiques. A la fin de décembre, un grand phénomène devait se produire dans le bassin de la Méditerranée et au nord de l'Afrique. Notre Académie des Sciences, toujours jalouse des intérêts de la Science et de la part d'honneur national qui lui sont confiés, accueillit avec bienveillance la proposition d'un savant auquel elle avait donné déjà plusieurs missions et qui lui proposait de suivre la voie des airs pour franchir avec ses instruments les lignes de l'ennemi et aller représenter la France au rendez-vous que les nations savantes s'étaient donné à cette occasion.

Le départ eut lieu le 2 décembre, le jour même où Paris faisait un suprême effort pour briser le cercle de fer qui l'enserrait et où il déployait encore un héroïsme qui aurait pu être employé d'une manière plus fructueuse.

Mais il était écrit que la fortune de la France devait alors rester toujours voilée : l'état du ciel ne permit pas l'observation, et ce n'est que l'année suivante, aux Indes, que le savant dont nous parlons put constater la présence d'une dernière enveloppe solaire, l'atmosphère coronale, dont il avait espéré la découverte du phénomène algérien.

Ce siège mémorable amena une tentative nouvelle de navigation aérienne dirigée.

Elle était encore due à un grand ingénieur, mais à un ingénieur maritime, à Dupuy de Lôme, l'illustre créateur de notre flotte cuirassée.

Dupuy adoptait le ballonnet intérieur de Meusnier et s'en servait pour maintenir son ballon toujours gonflé ; il avait, pour relier la nacelle du ballon porteur, imaginé un système funiculaire très ingénieux qui rendait l'ensemble absolument rigide.

Enfin toutes ces dispositions étaient savamment étudiées.

Dans l'essai qui fut fait en 1872, l'hélice était mue à bras d'hommes, ce qui ne pouvait être considéré comme un progrès, mais on sait que, dans l'esprit de l'auteur, il n'y a là qu'un moyen transitoire de locomotion et non un système proposé comme définitif.

Nous arrivons maintenant à l'emploi de la force qui est la favorite de notre époque : à l'électricité.

MM. Tissandier frères, frappés des inconvénients de la machine à vapeur, qui déleste constamment le ballon par la consommation d'eau et de charbon qu'elle amène, ont eu la belle idée de recourir à l'électricité. Dans leur appareil, celle-ci était fournie par une pile, et elle actionnait une machine dynamo-électrique. Par une série de dispositions très ingénieuses, bien étudiées, et qui, toutes, avaient pour but de réduire le poids des appareils tout en conservant le maximum d'action, ils arrivèrent à construire un ballon allongé, très maniable, très obéissant, avec lequel ils purent faire des évolutions variées, et même tenir tête au vent pendant quelques instants ; en un mot, démontrer la navigabilité et la vitesse propre de ce navire aérien ou *aéronat*, ainsi que j'ai proposé d'appeler les ballons destinés à se mouvoir dans l'atmosphère, tandis qu'il faut conserver celui d'*aérostat* à ceux qui ne font que s'y soutenir et y flotter.

L'électricité était entrée en navigation aérienne avec MM. Tissandier ; elle s'y maintient. C'est à elle qu'eurent recours MM. Renard et Krebs à l'Ecole aérostatique de Meudon pour les ascensions qui eurent un si grand retentissement.

Ces Messieurs, en s'inspirant des travaux de leurs prédécesseurs, et plus spécialement de ceux de Dupuy de Lôme, obtinrent un ballon dirigeable qui réalisait un grand progrès. La résistance à la marche était très diminuée, la stabilité plus grande, le mouvement perturbateur de stabilité amoindri ; enfin l'appareil pouvait réaliser, et c'est là le résultat le plus remarquable, une vitesse propre qui put arriver à dépasser 6 mètres par seconde ; c'était près du double des vitesses obtenues jusque-là.

Souhaitons à l'établissement de Chalais de continuer dans une voie si brillamment ouverte.

Tel est, Messieurs, l'état de la question.

Vous voyez que nous n'avons encore que des expériences, mais elles sont pleines de promesses. Grâce aux efforts des savants et des ingénieurs français, grâce aux Guyton de Morveau, aux Meusnier, aux Giffard, aux Dupuy de Lôme, aux Tissandier, aux Renard et Krebs, des étapes fécondes ont été marquées sur la route qui doit nous conduire au succès définitif. Nous savons aujourd'hui qu'il est possible de construire une machine aéronautique douée d'une vitesse propre, de lui faire exécuter les évolutions voulues, de la conduire à un but déterminé, de la ramener même au point de départ, si la vitesse du fluide qui la porte n'est pas supérieure à celle qui lui est propre, et si sa réserve de force est suffisante.

Parallèlement à ces essais dirigés dans la voie des ballons, on n'a cessé d'en faire dans la voie plus difficile encore de ce qu'on nomme l'*aviation*, c'est-à-dire dans celle des appareils qui, à l'exemple de l'oiseau, veulent se soutenir et progresser par le seul effort mécanique.

C'est dans cette voie, comme nous l'avons vu, que l'homme a commencé ses essais dans le domaine aérien, et c'est là aussi qu'il a rencontré tant de mécomptes et payé si chèrement son audace et son ignorance.

Mais la question a été reprise par des esprits distingués armés des connaissances scientifiques, et les études se poursuivent en suivant la voie plus lente, mais sûre, de l'expérience et du calcul.

Dans cette direction, il serait impossible d'analyser tous les essais si nombreux et de genres si divers qui ont été tentés.

Les uns, comme Launay et Bienvenu, Ponton d'Amécourt, de la Landelle et Nadar, préconisent l'emploi de l'hélice ascensionnelle.

D'autres, comme du Temple, Penaud, veulent trouver dans l'emploi des surfaces plus ou moins voisines du plan et dans les réactions mécaniques qu'elles produisent en présence de l'atmosphère le principe de leurs appareils.

Enfin on a réalisé aussi de très intéressantes imitations d'oiseaux mécaniques, et, dans cette direction, il convient de citer les savantes recherches de MM. Marey, Hureau de Villeneuve,

Penaud jeune, savant de grand avenir dont la carrière a été si prématurément brisée.

Cette partie de la Science est nécessairement moins avancée, puisque, comme nous avons déjà eu occasion de le constater, le problème est ici d'une solution plus difficile encore. Les générateurs de force qui auront à produire et à maintenir longtemps les efforts considérables nécessaires pour soutenir et faire progresser l'appareil aérien devront être plus puissants et plus légers encore que ceux que réclament les ballons et qui, cependant, n'ont pas été réalisés.

Gardons-nous toutefois de conclure que l'avenir n'est pas de ce côté.

La Science ne permet pas ces *a priori*, et nous ne savons pas si une découverte imprévue, sur un mode d'obtenir une énergie mécanique extrêmement considérable sous un poids très faible, ne viendra pas tout à coup donner la supériorité aux appareils d'aviation. Tout ce qu'on peut affirmer, c'est que l'aéronautique devait commencer comme elle l'a fait, par les ballons, et cette proposition est encore vraie aujourd'hui.

Messieurs, peut-être l'avenir verra-t-il ces deux grandes formes de la navigation aérienne employées concurremment, suivant les circonstances. Je serais, pour mon compte, tout à fait porté à le croire.

Nous ne nous occupons ici, Messieurs, que de l'aérostation considérée dans ses progrès et non dans ses applications ; aussi ne pouvons-nous que rappeler en passant les noms de Robertson, Biot, Gay-Lussac, Bixio et Barral, Welsh, Glaisher et Coxwel, de Fonvielle, Flammarion, Jobert, Albert et Gaston Tissandier, Sivel, Crocé-Spinelli, qui ont mis l'aérostation au service de la Science et dont plusieurs ont été martyrs. Je dis « martyrs », car tous nous nous rappelons encore le drame du *Zénith* et l'héroïque dévouement des trois derniers savants que je viens de citer, qui ont voulu parvenir aux régions de notre atmosphère les plus hautes qui aient été explorées et dont M. G. Tissandier, par un miracle que nous bénissons, est seul revenu.

Tel est, Messieurs, le tableau bien imparfait, bien incomplet, et où j'ai dû omettre bien des tentatives intéressantes et des noms méritants, des efforts qui ont été faits pour commencer la conquête de ce troisième domaine de l'homme dont je parlais au début de ce discours.

Ces efforts et ces résultats, Messieurs, sont très diversement appréciés. Les uns, pleins d'enthousiasme et de confiance, voient la conquête comme déjà presque réalisée ; les autres, bien plus nombreux, estiment que ces tentatives sont au-dessus des forces de l'homme et ne sont pas destinées à un succès définitif.

La vérité, Messieurs, j'en suis convaincu, est entre ces deux opinions extrêmes et beaucoup plus près de la première que de la seconde.

La multiplicité des tentatives, la difficulté et la lenteur avec lesquelles les résultats ont été obtenus, ne doivent ni nous décourager ni nous effrayer.

L'histoire des travaux et des luttes que l'homme a eu à soutenir dans chacune de ses conquêtes sur la nature nous instruit à cet égard.

Mesurez, en effet, le temps qu'il a fallu à l'homme pour asseoir la navigation maritime sur ses bases actuelles, depuis le moment de ses premières tentatives jusqu'à notre époque ; depuis le radeau et la pirogue jusqu'à ces grands paquebots qui emportent à travers les océans, avec la vitesse d'une locomotive et sans se soucier ni des vents contraires, ni des tempêtes, un chargement et une population qui offre l'image et la réduction d'une de nos grandes cités avec sa vie, ses habitudes et tous les raffinements de son luxe et de ses plaisirs ; et demandons-nous si nous sommes en retard pour la solution du problème de la navigation aérienne, infiniment plus difficile que l'autre, et qui est posé seulement depuis un siècle.

Non, nous ne sommes pas en retard, et il y a plus. Malgré la difficulté du problème, la conquête de l'atmosphère ne demandera pas un temps comparable à celui que l'homme a employé à réaliser celle de la mer. L'admirable développement des Sciences et la puissance des moyens industriels dont nous disposons hâteront singulièrement la solution.

Pour revenir à cette navigation maritime, qui est comme notre point de départ et notre modèle, voyez la lenteur des premiers progrès, et, peu à peu, à mesure que l'homme s'éclaire et dispose de moyens plus puissants, considérez la rapidité toujours croissante des transformations.

Après avoir mis tant de siècles pour parvenir à la dernière expression du navire à voiles, il n'en a pas fallu un seul pour opérer l'étonnante révolution réalisée par l'application de la vapeur.

Aujourd'hui, quelle chose est impossible à l'homme ? Il élève des tours qui touchent aux nuages, il perce des montagnes et des isthmes, il se joue des océans et des tempêtes, il déplace avec des fils le siège des forces naturelles et sa pensée fait le tour de la terre.

Oui, Messieurs, le $xx^e$ siècle, auquel nous touchons et dont nous pouvons dès maintenant saluer l'aurore, verra réalisées les grandes applications de la navigation aérienne et l'atmosphère terrestre sillonnée par des appareils qui en prendront définitivement possession, soit pour en faire l'étude journalière, soit pour établir sur le globe des communications qui se joueront des accidents de sa surface.

La France, qui a été jusqu'ici l'initiatrice des grands progrès scientifiques et humanitaires, ne peut se désintéresser d'une question qui est née chez elle, qui a été posée par deux de ses enfants, qu'elle a poursuivie, conduite presque seule au point où nous la voyons aujourd'hui.

Sans doute le problème présente de grandes difficultés, mais elles ne sont pas actuellement au-dessus du pouvoir de la Science et des forces de l'industrie.

Mais il est nécessaire que la question attire l'attention et les efforts des physiciens, des mécaniciens, des ingénieurs.

C'est de ce concours bien concerté et longtemps soutenu qu'on doit attendre les progrès qui formeront les étapes successives et nécessaires de la solution du grand problème.

Messieurs, en formulant ces vœux pour que la grande œuvre qui nous occupe reçoive chez nous sa solution définitive, je n'oublie pas que je parle devant les représentants de la France littéraire et savante, devant son élite. Aussi est-ce de votre concours, du concours de la France tout entière que nous attendons le grand résultat que nous espérons. Partout, en effet, Messieurs, l'activité intellectuelle renaît chez nous, partout on voit les hommes d'étude se grouper, s'unir, et tendre à reformer ces centres intellectuels qui avaient donné tant de force et tant d'éclat à l'ancienne France. C'est, Messieurs, que notre chère patrie, sûre désormais de cette unité nationale, œuvre du temps, mais que des fortunes si diverses et des épreuves inouïes ont depuis un siècle encore resserrée et rendue plus indissoluble s'il était possible, veut se ressaisir elle-même et reprendre cette activité et cette vie générale qu'elle sent devoir être un des plus puissants facteurs du rajeunissement de ses forces et de son action dans le monde.

Revenons donc, Messieurs, à nos anciennes et glorieuses traditions en demandant non seulement à notre Gouvernement, à nos pouvoirs publics, mais à la France tout entière de s'emparer d'une question qui intéresse son honneur et sa gloire. Dans la distribution mystérieuse des rôles que les nations reçoivent pour l'accomplissement des destinées de l'humanité, la France a été élue pour voir sur son sol l'aurore de cette ère d'un monde nouveau. Elle ne faillira pas à ce mandat qui est dans son génie, dans son histoire, dans ses destinées.

*L'Aéronaute*, numéro de juillet 1892, p. 147.

Reproduit dans *L'Annuaire du Bureau des Longitudes* pour l'an 1893.


# VII

## NOTE SUR L'OBSERVATOIRE DU MONT BLANC

L'Académie a bien voulu s'intéresser aux travaux de Physique céleste que j'ai exécutés depuis 1888 au Mont Blanc et à la

création de l'observatoire que j'ai proposé d'y ériger et auquel
se sont si noblement associés de généreux amis des Sciences,
dont les noms sont actuellement connus et parmi lesquels nous
distinguons, pour la part si grande qu'ils ont voulu y prendre,
un Confrère dont le nom restera associé aux plus belles créations astronomiques privées de ce siècle et le Prince qui porte
un des grands noms de notre histoire et qui se crée tous les jours
des titres de plus en plus nombreux à la reconnaissance de la
Science française (1).

Je viens, dans cette Note, donner à l'Académie des nouvelles
des travaux qui ont été exécutés cette année.

L'Académie se rappelle que tout d'abord j'ai insisté sur la
nécessité, pour toute une classe d'observations, de s'établir sur
le sommet lui-même, où les phénomènes sont le plus affranchis
des actions perturbatrices des flancs et des surfaces latérales de
la montagne. L'année dernière, on a exécuté des sondages qui
avaient pour but de nous renseigner sur l'épaisseur de la croûte
glacée qui recouvre le sommet, en vue de fondations à établir
sur le rocher. Ces sondages, commencés par le grand ingénieur
M. Eiffel, et dont il a voulu faire les frais, ont été continués par
nous.

Deux galeries, chacune de 23 mètres de longueur, creusées
horizontalement à 12 mètres environ du sommet en distance
verticale, l'une aboutissant à l'aplomb du côté Est de la crête du
Mont Blanc et l'autre inclinée à 45° environ sur la direction de
la première et se dirigeant vers le versant sud, n'ont pas rencontré de rocher.

Le sommet du Mont Blanc est formé par une arête de rochers
très étroite et de plus de 100 mètres de longueur, orientée de
l'Ouest à l'Est. Cette arête, terminée en aiguilles, a été empâtée
par la neige qui s'est formée autour d'elle, et il en est résulté une

---

(1) Depuis, à ma demande, les généreux coopérateurs de l'observatoire
du Mont Blanc se sont constitués en une société dont M. le Président de la
République a voulu être membre d'honneur et dont le bureau est formé
ainsi : M. Léon Say, Président d'honneur ; M. Janssen, Président ; M. Bischoffsheim, Secrétaire ; M. Ed. Delessert, Trésorier ; Prince Roland Bonaparte, baron Alphonse de Rothschild, comte Greffulhe, membres.

calotte étroite mais très longue, et qui doit être bien plus épaisse du côté nord, c'est-à-dire vers Chamonix, que du côté sud, versant italien d'où viennent les vents moins froids, en sorte que le sommet du Mont Blanc est très probablement rejeté d'une manière notable vers la France.

Les galeries dont nous venons de parler ont déjà fourni d'intéressantes indications sur la température intérieure de cette croûte glacée et la constitution de la neige dans un état particulier qui la constitue. Nous aurons à revenir sur ce point, ainsi que sur la nature des poussières minérales qu'on trouve dans l'eau de fusion de ces neiges.

Pendant le cours de ces travaux et même, je dois le dire, avant qu'il fût question de les entreprendre, j'avais eu la pensée qu'il ne serait pas impossible d'asseoir l'observatoire sur la neige dure et compacte du sommet. Cette pensée m'était venue à la suite de la lecture des récits des ascensions du siècle dernier, notamment celui de Saussure, qui montraient que les petits rochers situés près du sommet émergent à peu de chose près comme il y a un siècle et que, dès lors, l'épaisseur de la neige vers le sommet et la configuration de ce sommet lui-même ne subissent que des changements qui doivent osciller autour d'une position moyenne d'équilibre. Sans doute, il pourra se produire des changements séculaires analogues à ceux que nous présentent les glaciers euxmêmes, mais ces changements seront par leur nature même extrêmement lents, et, par suite, peu à craindre.

Il pourra aussi se produire quelques fissures vers le sommet, mais il ne paraît pas que ces phénomènes puissent avoir une grande importance.

Mon ascension au sommet, en 1890, et les conversations avec les guides les plus expérimentés de Chamonix m'avaient confirmé dans cette opinion.

Ainsi la calotte neigeuse du sommet ne peut subir que des mouvements très lents, ce qu'indique du reste sa position culminante. Il en résulte que, si une construction est agencée de façon à former un tout rigide et que cette construction soit munie des engins propres à lui faire reprendre sa position première, quand elle viendrait à en être écartée, cette construction, dis-je, pourra y être placée avec sécurité et elle n'aura pas à compter avec des mouvements trop rapides pour qu'on puisse aisément y porter remède.

Mais la question de la stabilité relative des neiges du sommet n'est pas la seule dont j'avais à me préoccuper : il restait encore celle de la résistance que la neige du sommet pouvait offrir pour y asseoir notre édifice. A cet égard, on possédait des données générales qui semblaient de nature à encourager cette tentative, mais des données précises manquaient. J'ai donc jugé indispensable de procéder à des expériences. Je rapporterai ici une de celles de ce genre qui m'a paru donner le résultat le plus remarquable.

Pendant l'hiver, j'avais fait élever, dans une des cours de l'Observatoire de Meudon, un monticule de neige de la hauteur d'un premier étage. La neige de ce monticule avait été tassée à la pelle au fur et à mesure de la mise en place de manière à lui donner la même densité que celle qui couvre le sommet du Mont Blanc à 1 mètre ou 2 mètres de profondeur, laquelle densité est égale, d'après les mesures prises par M. le lieutenant Dunod, à notre prière, à la moitié environ de celle de l'eau liquide.

Le sommet de ce monticule ayant été bien nivelé, on commença à y placer, les uns sur les autres, des disques de plomb de 35 centimètres de diamètre, pesant chacun 3o kilogrammes environ. Les premiers disques firent à peine leur empreinte sur la neige foulée, comme nous venons de le dire. On continua à élever la colonne et, quand elle comprit douze disques, formant un poids d'environ 36o kilogrammes, on enleva les disques et l'on mesura l'empreinte. Celle-ci fut trouvée de 7 millimètres à 8 millimètres.

Les jardiniers qui faisaient le travail ne pouvaient en croire leurs yeux. Cette haute colonne de plomb, s'élevant peu à peu sans paraître peser sur la neige, semblait s'y tenir par quelque pouvoir magique. Moi-même, quoique préparé par des remarques et des expériences antérieures à ces effets, je trouvai que le résultat dépassait mon attente, et j'en fis la base de mes calculs.

La base de la colonne de plomb mesurait 962 centimètres

carrés. Le poids de 36o kilogrammes donne donc 374 grammes par centimètre carré ou 3 74o kilogrammes par mètre carré. Ainsi, une construction de 1o mètres sur 5 mètres à la base, qui représente la surface inférieure de celle que nous voulons placer au sommet du Mont Blanc, pourrait peser 3 74o × 5o = 187 ooo kilogrammes, et y trouver un appui suffisant en ne s'enfonçant pas même de quelques centimètres.

Ce résultat montrait que, non seulement la résistance de la neige durcie du sommet permettrait d'y placer notre construction, mais même qu'il suffirait de plans d'appui réalisant la surface de quelques mètres carrés, pour permettre le fonctionnement des vérins destinés à relever la construction en cas d'abaissement.

Voilà donc deux points acquis : la fixité relative des matériaux qui doivent supporter la construction et leur résistance plus que suffisante à son poids.

Il restait à prendre les mesures propres à comparer les effets des tourmentes si violentes dont souvent le sommet du Mont Blanc est le théâtre. Pour atteindre ce but, j'ai eu, dès l'origine, la pensée de donner à notre construction la forme d'une pyramide tronquée, c'est-à-dire ayant une base bien plus large que le sommet, et d'enfouir dans la neige tout son étage inférieur. Par là on donnait à l'édifice une assise considérable et une résistance à l'arrachement intéressant toute la masse de neige environnante et, d'autre part, l'inclinaison des mêmes parois doit favoriser le glissement du vent et diminuer énormément ses efforts.

Telles étaient les lignes principales du projet. Il restait à réaliser ces idées et à faire un plan précis, permettant de passer à l'exécution.

Ici, je dois dire que j'ai eu la bonne fortune de rencontrer dans un de mes amis, M. Vaudremer, l'éminent architecte membre de l'Académie des Beaux-Arts, un conseiller précieux. M. Vaudremer, qui approuvait mes idées sur la possibilité de placer une construction sur la neige durcie, voulut bien me donner, tout amicalement, son concours pour le détail des dispositions et des agencements qui devaient assurer à notre édifice

une grande rigidité et la faculté de pouvoir être remis en place
au besoin. C'est d'après les plans gracieusement dressés sous
sa direction par M. Bichoff, son chef d'atelier, que la construction a été faite.

Cette construction est à deux étages, avec terrasse et balcon.
L'ensemble forme une pyramide tronquée, dont la base rectangulaire, laquelle sera enfouie dans la neige durcie, a 10 mètres
de long sur 5 mètres de large. Les pièces du sous-sol sont éclairées par des baies larges et basses, situées en dehors de la neige ;
l'étage supérieur servira aux observations. Un escalier en spirale règne dans toute la hauteur de l'édifice et dessert les deux
étages et la terrasse, au dessus de laquelle il s'élève même de
plusieurs mètres pour supporter une petite plate-forme destinée aux observations météorologiques.

Tout l'observatoire a des parois doubles pour protéger les
observateurs contre le froid. Les fenêtres et ouvertures sont
dans le même cas et sont, en outre, munies extérieurement de
volets fermant hermétiquement.

La partie inférieure de l'observatoire est également à double
plancher, et possède un système de trappes permettant d'accé-
der à la neige qui supporte l'observatoire, et d'exécuter les
manœuvres des vérins dont on a déjà parlé. L'observatoire sera
muni des appareils de chauffage et de tous les objets mobiliers
nécessaires pour l'habitation à cette altitude (1).

L'observatoire a été démonté et transporté à Chamonix par
les soins de la Compagnie de Paris-Lyon-Méditerranée. Quant
aux travaux exécutés au Mont Blanc lui-même, ils sont les suivants :

1° Edification, aux Grands-Mulets, d'un chalet destiné aux
travailleurs et aussi à abriter les matériaux de l'observatoire du
sommet. Ce chalet, terminé de bonne heure, a déjà beaucoup
servi à nos travailleurs.

______________

(1) Il est intéressant de rappeler ici que l'année dernière, au mois de septembre, j'ai fait placer au sommet du Mont Blanc un édicule, réalisant, sur
une plus petite échelle, la construction dont nous parlons ici, et que cet édicule pendant quinze mois, s'est très bien comporté et n'a pas subi de déplacements sensibles.

2º Construction et mise en place d'un chalet au grand Rocher-Rouge, en un point qui est à 3oo mètres seulement du sommet et très bien situé pour servir d'observatoire au besoin et d'habitation aux travailleurs qui, l'année prochaine, doivent entreprendre les travaux du sommet.

3º Transport des trois quarts environ des matériaux de l'observatoire du sommet aux Grands-Mulets (3 ooo mètres) et du quart au Rocher-Rouge (4 5oo mètres).

L'année prochaine, on devra achever ces transports et commencer l'érection de l'observatoire du sommet. On devra également s'occuper de la coupole astronomique qui doit compléter l'observatoire.

Il est impossible de dire dès aujourd'hui quel sera l'état précis des constructions achevées l'année prochaine, car cela dépendra surtout de l'état de l'atmosphère pendant la période si courte qui peut être utilisée pour ces travaux si difficiles.

On sait déjà que M. le D$^r$ Capus, l'héroïque compagnon de M. Bonvalot dans le célèbre voyage au Pamir, a bien voulu nous promettre son concours pour certaines observations au sommet.

Je n'ai pas besoin d'ajouter que l'observatoire aura un caractère international et sera ouvert à tous les observateurs qui désirent y travailler.

En terminant, je veux remercier nos travailleurs qui ont réalisé dans le transport des matériaux au milieu de ces glaciers de véritables prodiges de force et de courage. Les charges ordinaires des porteurs au Mont Blanc sont de 12 kilogrammes à 15 kilogrammes ; or, un grand nombre de nos travailleurs ont porté jusqu'à 28 kilogrammes et 3o kilogrammes.

Nous n'avons eu à déplorer aucun accident, ce dont je suis bien heureux.

*C. R. Acad. Sc.*, Séance du 28 novembre 1892, T. 115, p. 914

## VIII

## RAPPORT SUR LE PRIX JANSSEN, DÉCERNÉ PAR L'ACADÉMIE DES SCIENCES A M. TACCHINI (1)

Dans l'histoire des travaux qui ont fondé l'astronomie physique et plus particulièrement l'astronomie spectrale, M. Tacchini a sa place marquée.

Dès 1870, M. Tacchini prenait une part active aux observations que la découverte de la méthode spectro-protubérantielle suscitait de toutes parts.

Plus spécialement, il reconnut et observa assidument les injections métalliques de magnésium, de calcium, etc., qui surgissent de la photosphère et s'élèvent dans les enveloppes gazeuses supérieures. Ses très nombreuses observations ont grandement contribué à éclairer des points importants de la constitution du Soleil.

On lui doit, en outre, la plus grande part dans la fondation d'un recueil important où sont rassemblées, sous sa direction, les observations d'ordre spectroscopique qui se font en Italie. Ce recueil, fondé en 1872, forme un ensemble très précieux pour les travaux spectroscopiques italiens et souvent même pour ceux étrangers à l'Italie.

M. Tacchini a pris une part très active et très distinguée aux principales expéditions qui, depuis un quart de siècle, ont eu pour objet, soit les passages de Vénus et Mercure sur le Soleil, soit les éclipses totales.

M. Tacchini est actuellement directeur de l'Observatoire de Rome et du Bureau météorologique central italien. Il a fondé les Observatoires de l'Etna, de Catane, etc..

C'est en raison de l'ensemble de ces nombreux et très importants travaux que la Commission a décerné le prix Janssen à M. Tacchini.

*C. R. Acad. Sc.*, Séance du 19 décembre 1892, T. 115, p. 1142.

---

(1) Commissaires : MM. Faye, Lœwy, Tisserand, Wolf, Janssen, rapporteur.

# 1893

I

ALLOCUTION PRONONCÉE A LA SÉANCE DU 6 JAN-
VIER 1893, DE LA SOCIÉTÉ FRANÇAISE DE PHOTO-
GRAPHIE.

MESSIEURS,

Au moment d'entrer dans une nouvelle année, il n'est peut-
être pas inutile de jeter un coup d'œil sur celle qui vient de finir
et qui a été, à des points de vue divers, vraiment féconde pour
la Photographie.

Tout d'abord, nous avons à enregistrer la fondation de l'Union
des Sociétés françaises de Photographie. C'est un gros événement, désiré et attendu depuis longtemps. Cette Union établira
des liens indispensables aujourd'hui entre les sociétés trop isolées jusqu'ici et par là elle donnera à la vie photographique, en
France, un essor tout nouveau. Souhaitons seulement que toutes
nos Sociétés françaises, qui forment maintenant comme une
même famille, restent toujours unies et évitent surtout ces divisions qui sont l'écueil de semblables institutions.

Messieurs, ces associations nationales ont un complément
obligé qui leur donne toute leur efficacité : c'est l'union internationale les réunissant toutes en un seul faisceau et jouant à
l'égard des associations nationales le rôle de celles-ci vis-à-vis
des sociétés particulières. Les fondements de l'Union internationale ont été posés en 1891 à Bruxelles, mais c'est cette année
à Anvers que les statuts ont été sanctionnés et que l'Union a
réellement commencé d'exister. Ce Congrès d'Anvers a été très
brillant, il a été illustré par de magnifiques fêtes et des excursions que l'esprit, la cordialité, la gaieté de nos collègues ont

rendues vraiment charmantes. Je dois ajouter que la Photographie et, en particulier, la Photographie instantanée n'y ont pas été oubliées, loin de là, et nos séances verront encore longtemps, sur notre tableau à projection, les témoignages du zèle et de l'ardeur qui ont été déployés à cet égard.

Puisque je parle du Congrès d'Anvers, je suis heureux de constater devant vous le rôle considérable que les délégués français y ont joué et l'influence heureuse qu'ils ont exercée sur les décisions prises, spécialement en ce qui concerne les publications de l'Union.

Aussi, Messieurs, devons-nous des remerciements et une gratitude particulière à MM. Davanne, Général Sebert, Pector, qui ont si bien représenté la France en cette circonstance. Adressons également nos remerciements à nos hôtes d'Anvers, et en particulier à M. Maës, Président du Congrès, qui ont fait tous leurs efforts pour nous bien recevoir et qui y ont si bien réussi.

Messieurs, l'année écoulée n'a pas été moins féconde en progrès photographiques qu'en fondations importantes. Avec l'année 1891, elle marquera surtout par la belle découverte de M. Lippmann. Je n'ai pas à revenir sur cette découverte qui a été analysée plusieurs fois devant vous. Je voudrais seulement vous faire remarquer que c'est peut-être la première fois qu'une grande découverte photographique a été faite en vertu d'une déduction scientifique rigoureuse.

C'est qu'en effet, Messieurs, l'histoire des arts et des sciences comporte deux époques plus ou moins accusées, mais toujours distinctes cependant : la période de fondation, où les faits qui serviront de bases à l'édifice sont découverts par le génie tout d'instinct et d'intuition des premiers inventeurs, et ensuite la période qu'on pourrait appeler scientifique, dans laquelle les principes fondamentaux sont mis en œuvre logiquement et scientifiquement pour compléter l'édifice et lui donner toute sa grandeur. La découverte de M. Lippmann semble marquer le point de départ d'une période nouvelle en Photographie. Souhaitons-lui tous les beaux développements qu'elle promet.

Notons encore l'intéressante application qui vient d'être faite de la Photographie à la recherche des petites planètes. Elle a été inaugurée par M. Wolf et continuée, avec grand succès, par M. Charlois, à Nice. Sur la plaque photographique qui est mise en rapport avec l'instrument optique, dont le mouvement est réglé sur les étoiles, on obtient de celles-ci des images qui sont des points plus ou moins accusés ; mais si la partie du ciel photographique contient quelques astres à mouvements propres bien accusés, les images de ceux-ci se traduiront par des traînées ou lignes plus ou moins longues suivant la rapidité de ce mouvement et, par là, la présence de ces astres sera décelée. C'est ainsi que nombre de petites planètes ont déjà été découvertes cette année par ce procédé aussi nouveau qu'original, ce qui augmente encore l'importance déjà si grande des applications de la Photographie à l'Astronomie.

Voilà, Messieurs, quels sont les événements les plus saillants de l'année photographique écoulée, qui a du reste vu, comme ses devancières, les appareils se perfectionner de plus en plus, les procédés se multiplier, l'habileté et le goût des praticiens et des amateurs grandir chaque jour. Quant à notre chère Société, l'année 1892 sera aussi une date pour elle, car c'est pendant cette année qu'elle a reçu cette consécration officielle de la reconnaissance d'utilité publique, qui n'a été qu'un hommage rendu à l'ancienneté de sa fondation, à sa sage gestion et aux éclatants services qu'elle a rendus à la Photographie française.

Souhaitons, Messieurs, que l'année qui s'avance soit aussi féconde et aussi utile ; souhaitons surtout que nous nous retrouvions tous unis et réunis l'année prochaine pour jeter ensemble le même coup d'œil rétrospectif sur nos travaux et que les seuls événements que nous aurons à enregistrer soient ceux d'importants progrès accomplis, d'adhésions nouvelles et nombreuses, de bonnes amitiés ajoutées à celles que nous comptons déjà.

*Bulletin de la Société française de Photographie*, deuxième série, T. IX, 1893, n° 1.

## II

## SUR LA MÉTHODE SPECTRO-PHOTOGRAPHIQUE QUI PERMET D'OBTENIR LA PHOTOGRAPHIE DE LA CHROMOSPHÈRE, DES FACULES, DES PROTUBÉRANCES, ETC..

Les physiciens astronomes obtiennent aujourd'hui, avec un succès croissant, la photographie de la chromosphère solaire, des protubérances et même des facules.

Parmi eux, M. Hale se distingue tout spécialement par les très intéressantes photographies qu'il a obtenues et dont il a envoyé des spécimens à l'Académie.

Le principe de la méthode employée réside essentiellement dans l'emploi d'une seconde fente placée devant la plaque sensible et destinée à isoler dans le spectre le faisceau de rayons avec lequel on veut obtenir l'image en question.

Je demanderai à l'Académie la permission de lui faire remarquer que le principe de cette seconde fente a été très nettement indiqué par nous dans les Communications faites à l'Académie en 1869, et, avec plus de détails, dans une Communication faite au Congrès de l'Association britannique tenu à Exeter la même année (1).

La méthode est très générale et permet d'obtenir successivement l'ensemble des images monochromatiques d'un corps lumineux.

M. Hale a substitué le mouvement rectiligne au mouvement rotatif. C'est par le choix judicieux des radiations à isoler pour obtenir l'image que M. Hale a obtenu les succès auxquels nous applaudissons tous.

Je ne veux ici que constater que la méthode que je proposais lès 1869 a été le point de départ et sert actuellement de base aux

---

(1) L'auteur reproduit ici la note intitulée : *Méthode pour obtenir les images monochromatiques des corps lumineux.* Voyez Tome I, 1869, article IX.

méthodes employées actuellement pour obtenir la photographie des phénomènes circumsolaires.

*C. R. Acad. Sc.*, Séance du 6 mars 1893, T. 116, p. 456.


## III

## SUR LA PROCHAINE ÉCLIPSE TOTALE DU 16 AVRIL 1893

Le monde astronomique se préoccupe en ce moment de la grande éclipse totale qui doit se produire le 16 avril prochain.

C'est principalement sur la côte occidentale d'Afrique et dans nos établissements du Sénégal que le phénomène sera observé. Le temps paraît devoir y être très favorable. C'est sous la direction du Bureau des Longitudes que les observateurs ont été placés.

M. de la Baume, bien connu de l'Académie par les observations déjà nombreuses de ces phénomènes qu'il a accomplies, et notamment par son expédition de Candie qui a eu un plein succès, m'a demandé encore l'assistance de l'Observatoire de Meudon pour préparer une expédition indépendante,

M. de la Baume avait déjà reçu le concours de l'Observatoire pour deux expéditions analogues, celle de la Guyane française et celle de Candie ; aussi, n'ai-je pas besoin de dire que sa demande fut bien accueillie et que nous lui donnâmes toute assistance, tant pour la discussion du programme que pour les instruments dont l'Observatoire pouvait disposer. Pour les observations photographiques, nous avons même mis à la disposition de l'expédition M. Pasteur, chef de la Photographie à l'Observatoire. Le caractère des observations sera surtout d'ordre photographique.

M. de la Baume a disposé ses appareils de manière à obtenir des photographies de la couronne dans les conditions les plus variées comme intensité d'action lumineuse. Le spectre de la couronne en diverses régions du phénomène sera également photographié. Enfin, on a préparé également des appareils fondés sur la méthode de Photométrie photographique que j'ai proposée et qui permettront sans doute d'obtenir à ce point de vue une mesure de l'intensité lumineuse photographique de la couronne.

A ma demande et pour donner à cette expédition toutes les facilités désirables, M. le Ministre de l'Instruction publique a bien voulu lui donner son appui officiel.

Il ne nous reste qu'à souhaiter bon succès à tous nos observateurs.

*C. R. Acad. Sc.*, Séance du 20 mars 1893, T. 116, p. 607.

# IV

## SUR L'OBSERVATION DE L'ÉCLIPSE TOTALE DU 16 AVRIL 1893

J'ai reçu hier au soir un télégramme de M. Pasteur, envoyé par l'Observatoire de Meudon pour remplacer M. de La Baume-Pluvinel que des circonstances impérieuses avaient empêché d'accomplir la mission qu'il avait si bien préparée.

M. Pasteur me télégraphie que la plupart des instruments ont bien fonctionné, notamment ceux qui se rapportent à la mesure de l'intensité photographique de la couronne, mais que le ciel a été légèrement voilé pendant l'éclipse et que le vent a apporté un certain trouble aux observations.

J'ajouterai qu'à Meudon, j'avais fait prendre les dispositions pour obtenir de grandes photographies solaires au moment de la plus grande phase.

Ces photographies ont été obtenues ; mais le ciel, à Meudon, n'a pas été non plus favorable à l'obtention parfaite de ces grandes photographies qui exigent une atmosphère particulièrement pure.

Ces grandes photographies qui donnent, comme on sait, les détails les plus délicats de la surface solaire, sont éminemment propres, en raison même de cette circonstance, à résoudre la question du degré de raréfaction de l'atmosphère lunaire, s'il

en existe une, car il est évident que dans ces conditions la granulation de la surface solaire, près des bords de la Lune, doit
être altérée dans les détails de ses formes par la raréfaction de
cette atmosphère, qui agit alors dans les conditions les plus favorables à la manifestation de son existence.

Je reviendrai sur cette intéressante question, qui a déjà reçu
un commencement de solution par les photographies que nous
avons prises pendant l'éclipse partielle du 19 juillet 1879 observée à Marseille.

*C. R. Acad. Sc.*, Séance du 17 avril 1893, T. 116, p. 774.


V

## ALLOCUTION PRONONCÉE PAR JANSSEN AU DOUZIÈME DINER DE LA RÉUNION DES VOYAGEURS FRANÇAIS LE 10 JUIN 1893 (1).

Le président du Comité, M. de Bizemont, remercia d'abord
Janssen d'avoir bien voulu accepter de présider la réunion :

« Nous avons ce soir aussi bien des remerciements à adresser...
Et tout d'abord à M. Janssen qui a bien voulu accepter de présider la présente réunion. L'année dernière, occupant la même
place, il s'excusait presque de n'être pas un voyageur ; je me suis
promis alors de lui répondre un jour ou l'autre ; l'occasion se
présente et je la saisis. Il est vrai, Monsieur le Président, que
vous n'avez pas traversé l'Afrique de part en part, ce qui est le
cas de plusieurs d'entre nous, mais vous avez traversé l'Océan,
ce qui est bien quelque chose. Et puis, si vous n'avez pas fait
d'explorations terre à terre, soit dit sans diminuer l'importance
et le mérite de celles-ci, n'avez-vous pas exploré les régions élevées, depuis la cime du Mont-Blanc jusqu'aux mondes presque
invisibles qui étoilent les espaces célestes ? Vous avez donc droit
parmi nous à une place spéciale et tout à fait supérieure. En

_______

(1) Ce dîner eut lieu à Paris au Restaurant Marguery.

outre, et c'est peut-être là votre meilleur titre à notre accueil chaleureux, nous ne saurions oublier l'extrême bienveillance que vous avez toujours témoignée aux voyageurs désireux de s'instruire dans la pratique des observations astronomiques. »

M. de Bizemond remercia ensuite de leur présence M. le prince d'Arenberg, président du Comité de l'Afrique française, MM. Harry Alis, le R. P. Lecron, préfet apostolique du Dahomey. Il souhaita chaleureusement la bienvenue à M. Casimir Maistre et à ses compagnons de voyage, en l'honneur desquels la réunion était organisée, puis il donna la parole à Janssen, qui prononça l'allocution suivante :

Vous savez, mon cher Président, avec quel empressement j'ai répondu à votre appel pour venir prendre ma part de cette fête qui est comme ses devancières une fête pour nos cœurs français, puisqu'il s'agit d'applaudir une fois de plus aux efforts et aux succès de nos héroïques missionnaires d'Afrique qui accomplissent en ce moment une tâche non seulement importante dans l'intérêt de la civilisation, mais encore si nécessaire, si urgente même pour les intérêts économiques et l'expansion de notre cher pays.

Aussi permettez-moi de vous dire, mon cher comte, que tout en vous remerciant des paroles trop bienveillantes que vous venez de prononcer à mon égard et qui m'ont profondément touché, je ne puis que considérer comme un très grand honneur d'être associé, et surtout à la place où votre bienveillance m'a appelé, à l'hommage que nous rendons aujourd'hui.

C'est qu'en effet, Messieurs, la France d'aujourd'hui, plus libre de la manifestation de ses sentiments et instruite d'ailleurs par les leçons du passé, comprend toute la grandeur et toute l'importance de ces œuvres et de ces dévouements et entend manifester elle-même les sentiments dont ils l'animent. Sous ce rapport, elle veut rompre avec les traditions du passé. Ce passé, Messieurs, vous le connaissez, il abonde en actions héroïques, en entreprises extraordinaires, en œuvres et en résultats merveilleux, mais aussi hélas ! en abandons coupables, en désaveux criminels. en ingratitude allant jusqu'à la persécution. Parmi ces victimes de l'amour de la grandeur nationale se détache et domine la grande et tragique figure de Dupleix, Dupleix dont le génie avait deviné les principes qui doivent présider à l'action européenne dans les Indes pour que cette action soit tutélaire et devienne un bienfait, principe que nos rivaux et nos successeurs n'ont eu qu'à appliquer pour fonder la plus riche, la plus grande et la plus merveilleuse colonie qui soit à la surface du globe. Aussi, Messieurs, sommes-nous en quelque sorte obligés de détourner notre pensée de ce drame et de cette conduite d'un gouvernement indigne, de peur d'être obligés d'en rougir pour la France.

Aujourd'hui que cette France s'est ressaisie et veut inaugurer une ère nouvelle de solidarité, d'appui, de reconnaissance envers ceux de ses fils qui servent ses intérêts et sa grandeur à l'extérieur, ne conviendrait-il pas de commencer par un grand acte de réparation envers la mémoire de Dupleix, en lui élevant une statue à Paris, au centre et au cœur de la France ? Ne serait-ce pas une réparation nécessaire, l'acquittement d'une dette envers le génie et le patriotisme méconnus et le signe que nous voulons fermement inaugurer des temps nouveaux.

Mais je ne veux pas insister davantage sur le passé et sur le grand acte que je recommande à votre patriotisme, et je viens au sujet même de notre réunion.

Permettez-moi, Monsieur Maistre, de vous féliciter au nom de toute cette assemblée que j'ai l'honneur de présider et qui compte des voyageurs éminents et illustres même, sur les traces desquels vous venez de marcher : tout d'abord, M. Grandidier, le grand et savant explorateur de cette île si importante et zoologiquement si singulière de Madagascar où vous avez fait vos premières armes et qui élève maintenant à l'histoire naturelle de cette contrée un monument digne de ses travaux et digne de la France ; M. Capus, le courageux et savant voyageur, qui, en compagnie de MM. Bonvalot et Pepin, a traversé le Pamir, *ce toit du monde*, suivant l'expression imagée des Asiatiques ; M. le commandant Monteil qui, à peine revenu d'une héroïque et fructueuse exploration des régions au nord de celles que vous venez de parcourir, veut y retourner et ajouter encore à sa gloire et à nos obligations. Vos travaux vous méritent une place dans cette grande famille

que nous entourons de tant de sympathies et de reconnaissance.

Je ne vous louerai pas de votre courage, de votre persévérance et des autres qualités qui forment en quelque sorte le fond
commun et indispensable à tous les grands explorateurs, mais il
en est d'une nature plus rare, que la lecture de votre mémorable
voyage m'a révélée et dont je demande à dire quelques mots
parce que nous touchons ici aux principes mêmes qui doivent,
suivant nous, présider à nos entreprises coloniales et qui intéressent et leurs succès et leur avenir.

J'ai été frappé, en effet, de l'esprit qui a dicté vos relations
avec les populations que vous avez visitées ou avec lesquelles
vous avez été en rapport.

Partout, vous vous êtes présenté en ami et vous avez toujours
cherché à persuader que notre protectorat était un appui et non
une servitude, que vos armes étaient des armes défensives et non
offensives. Aussi, dès que les actions répressives et le châtiment
nécessaire de quelques guets-apens que vous avez eu à punir ont
été accomplis. êtes-vous immédiatement revenu à votre attitude
pacifique et amicale, Permettez-moi de vous en féliciter. Par là
vous avez montré, suivant moi, les qualités d'une politique et une
compréhension supérieure des conditions qui doivent nous ouvrir
largement cette Afrique, continent immense comptant des régions
si peuplées, si fertiles, réservant un grand avenir aux nations colo-
nisatrices, mais en même temps réclamant de leurs protecteurs,
habileté, prudence, bienveillance et justice, pour motiver et faire
accepter une tutelle féconde et durable.

M. de Brazza, qui, sous ce rapport, est un maître, vous avait
déjà donné l'exemple et c'est là le secret de son grand succès et
des immenses résultats qu'il a obtenus au Congo dans les régions
où M. Stanley avait laissé de si terribles souvenirs.

J'ajoute que cette manière de conquérir est dans le génie et
l'histoire de la France, et c'est là ce qui explique les souvenirs
que nous avons laissés dans l'Inde et dont j'ai été témoin, dans
l'Amérique, au Canada, où les Indiens nous regrettent encore ;
partout enfin où nous avons passé.

En Afrique, si cette politique est suivie, elle aura d'immenses conséquences, elle distinguera et recommandera la domination française entre celles de nos émules européens.

Je n'insiste pas, mais je ne veux pas terminer sans vous féliciter, vous et vos chers collaborateurs, du succès de ce magnifique voyage, qui ajoute considérablement à nos connaissances géographiques, qui ouvre à notre influence de grandes et riches régions et qui, enfin, par le courage, la prudence, l'habileté que vous avez déployés, vous honore grandement et honore une fois de plus notre chère France qui se reconnaît en vous.


## VI

## NOTE SUR L'HISTORIQUE DES FAITS QUI ONT DÉMONTRÉ L'EXISTENCE DE L'ATMOSPHÈRE CORONALE DU SOLEIL.

On sait que l'existence de l'atmosphère coronale, qui est considérée aujourd'hui comme démontrée, fut mise en doute longtemps encore après la célèbre éclipse totale de 1868 qui ouvrit un champ tout nouveau et inaugura la série des découvertes contemporaines sur la constitution du Soleil.

L'éclipse de 1868 nous révéla la nature et l'origine des protubérances, mais on ne tenta même pas l'étude de cette magnifique auréole ou gloire qui entoure le Soleil éclipsé et qu'on a appelée la *couronne*.

Cette étude fut abordée pendant les éclipses de 1869 et 1870, mais les astronomes furent loin de s'accorder sur l'origine du phénomène.

L'éclipse de décembre 1871, qui devait avoir lieu dans les Indes et passer notamment sur les hauts plateaux des Neelgherries, fournissait une excellente occasion d'aborder de nouveau cette étude.

Jugeant que les insuccès des études tentées jusque-là tenaient principalement à la faiblesse lumineuse du spectre donné par la couronne dans les instruments trop dispersifs employés, nous nous attachâmes à obtenir un spectre beaucoup plus lumineux, par l'emploi d'un télescope de très court foyer et d'un spectroscope approprié.

Aidé de ces dispositions toutes spéciales et favorisé d'une part par la hauteur de la station et la pureté de l'atmosphère au moment de l'éclipse, nous pûmes fixer un certain nombre de points qui résolvaient la question :

1° Que l'aspect de la couronne reste le même pendant la durée de la totalité et malgré le changement des positions relatives de la Lune et du Soleil ; phénomène qui n'aurait pas lieu avec une couronne due à des effets de diffraction.

2° Que le spectre coronal présente les raies brillantes des protubérances avec une intensité qui indique une émission propre et en outre la raie dite 1474 plus forte dans ce spectre que dans celui des même protubérances, fait de la plus haute importance pour accuser une émission propre du milieu coronal et démontrer que le phénomène de la couronne est bien dû à la présence d'un milieu gazeux incandescent.

3° Enfin et en outre des phénomènes de polarisation radiale présentés par la couronne, nous pûmes reconnaitre dans le spectre coronal l'existence de plusieurs raies sombres du spectre de Fraunhofer, notamment la raie D ; ce phénomène de réflexion de la lumière solaire sur le milieu coronal montrait bien la matérialité de celui-ci.

Les conclusions de nos observations furent généralement admises par les astronomes et l'existence de l'atmosphère coronale ne parut plus faire de doute.

Cependant l'existence des raies fraunhofériennes obscures dans le spectre coronal ne paraissait pas rencontrer toutes les adhésions. Elles furent cependant revues par certains observateurs, d'abord oculairement pendant l'éclipse de 1878 et ensuite, en 1882, pendant l'éclipse d'Égypte par M. Schuster, à l'aide de la Photographie.

L'éclipse de 1883, que nous observâmes à l'île Caroline, nous les montra d'une manière complète puisque nous vîmes alors dans le spectre coronal une centaine environ de lignes obscures. Ce spectre était obtenu, il est vrai, avec un télescope et un spectroscope extrêmement lumineux.

Ces observations avaient complètement formé notre conviction à cet égard. Cependant, nous désirions que l'existence de ces raies fraunhofériennes qui, en accusant la réflexion de la lumière solaire sur la matière du milieu coronal donnent la preuve de sa réalité matérielle, nous désirions, disons-nous, que cette existence fût démontrée pour tous par la méthode à laquelle on demande aujourd'hui la certitude qui résulte de l'enregistrement impersonnel, c'est-à-dire par la Photographie. Or, M. le comte de La Baume-Pluvinel, qui est profondément versé dans la théorie et la pratique de la Photographie scientifique, était particulièrement préparé pour combiner les dispositions nécessaires à l'obtention d'un beau spectre de la couronne, et c'est ce qu'il fit.

Aussi, malgré les conditions atmosphériques peu favorables pendant l'éclipse, et l'insuffisance des secours personnels que M. Pasteur trouva à sa station, put-il rapporter un spectre photographique de la couronne présentant un haut intérêt au point de vue qui nous occupe.

Ce spectre photographique se rapporte aux parties basses et moyennes de la couronne. Les parties basses montrent, avec une grande intensité, les raies brillantes des protubérances et du milieu coronal, ainsi que la Note de M. de La Baume-Pluvinel le signale.

Mais la partie du spectre qui correspond à une région moyenne et plus élevée présente le spectre fraunhoférien de réflexion mêlé au spectre coronal. Le nombre des raies sombres est assez considérable et ne peut laisser aucun doute.

De H qui est renversée à $h$, on constate notamment les raies du fer $\lambda = 400,45$, du manganèse $\lambda = 403$ et $403,5$ ; de $h$ à G, les raies $\lambda = 413,15$ et $413,4$ du calcium ; $\lambda = 413,3$ et $418,7$ du fer ; $422,6$ du calcium ; $\lambda = 427,2$ du fer ; $\lambda = 429,8$ du calcium et $\lambda = 430,7$ du fer ; la ligne $\lambda = 434$ H$g$ renversée et $\lambda = 438,2$ et $440,4$ du fer, etc. ; de G à F les lignes $438,2$ et $440,4$ du fer ; etc.. Les positions de ces raies ont été relevées par M. de La Baume et nous, à l'aide de la machine à mesurer de MM. Brunner qui appartient à l'Observatoire.

Dans l'ultra-violet, indépendamment des raies brillantes de

l'hydrogène signalées dans la Note de M. de La Baume, on reconnaît encore des parties fraunhofériennes.

On peut donc considérer le fait de la réflexion de la lumière solaire sur la matière de l'atmosphère coronale comme définitivement établi.

Mais on doit ajouter que ce phénomène de réflexion, qui est un phénomène de faible intensité et d'observation délicate, ne peut se constater que dans certaines parties de la couronne, là où l'émission lumineuse n'est pas trop forte et où cependant la densité du milieu est encore assez grande pour permettre une réflexion suffisamment abondante. En outre, il faut que l'appareil spectroscopique donne au spectre une dispersion et une intensité bien appropriées à la manifestation du phénomène. Ces considérations expliquent la rareté des circonstances dans lesquelles il a été vu.

J'ajoute que l'importante observation de M. Deslandres sur le mouvement de rotation de l'atmosphère coronale par la belle méthode de M. Fizeau vient encore corroborer ces résultats.

En résumé, on nous permettra de constater qu'il ressort de tous ces faits que les observations de 1871 à Schoolor, qui concluaient à l'existence d'une nouvelle atmosphère solaire, que nous proposions de nommer *atmosphère coronale*, se trouvent aujourd'hui pleinement confirmées.

*C. R. Acad. Sc.*, Séance du 10 juillet 1893, T. 117, p. 77.


# VII

## L'OBSERVATOIRE DU MONT BLANC

Télégramme de M. JANSSEN adressé, de Chamonix, le 12 septembre 1893, à M. BISCHOFFSHEIM, qui l'a communiqué à l'Académie, à la Séance du 18 septembre.

L'Observatoire est en place, le gros œuvre est terminé ; il ne reste plus rien à faire que les aménagements intérieurs.

C'est un succès auquel tout le monde ne croyait pas, et qui est dû à l'entrain de nos courageux travailleurs, dont plusieurs sont restés plus de vingt jours sans descendre, et aussi au temps extraordinairement favorable d'août.

Les treuils adoptés pour usage sur la neige, que je leur avais mis entre les mains, ont parfaitement fonctionné et grandement contribué au succès et soulagé les travailleurs.

Je m'en suis beaucoup servi pour mon ascension. C'était chose curieuse, extraordinaire, de voir les matériaux, mis en mouvement par ces engins, gravir les pentes glacées de la cime, chantier d'un genre nouveau que la science seule pouvait vouloir et réaliser.

J'espère qu'on pourra utiliser l'Observatoire pour certaines observations cet automne. Nous n'avons eu aucun accident de quelque gravité à déplorer, ce dont je suis bien heureux. Je remercie encore mes collaborateurs parmi lesquels vous comptez grandement. Détails par lettre suivront pour Académie et collègues de notre Société.

*Revue Scientifique*, n° du 23 septembre 1893, p. 408.


# VIII

## SUR LES OBSERVATIONS SPECTROSCOPIQUES FAITES A L'OBSERVATOIRE DU MONT BLANC, LES 14 ET 15 SEPTEMBRE 1893.


**Lettre de M. Janssen à M. le Président de l'Académie.**

L'Académie a pu s'étonner de n'avoir pas été la première à recevoir des nouvelles de mon ascension et de l'installation de l'observatoire du sommet. La raison en est simple.

Membre de l'Académie des Sciences, je désirais, avant tout, lui donner des nouvelles d'ordre scientifique. Or, les observations dont je vais rendre compte n'ont pu avoir lieu, à cause du mauvais temps qui nous a surpris presque dès notre arrivée à l'observatoire, que quatre et cinq jours après ; mais alors, il est vrai, par un temps admirable.

D'un autre côté, dès que j'eus examiné l'état de la construction, j'ai tenu à donner des nouvelles de notre entreprise à notre confrère M. Bischoffsheim, au Prince Roland Bonaparte, à MM. Léon Say, de Rothschild, etc., que je savais impatients d'en connaître l'issue, plus encore comme amis des Sciences que comme coopérateurs.

Je ne donnerai pas ici les détails de l'ascension. Elle a présenté cependant de grandes difficultés, en raison de l'état des glaciers que ce dernier été, si chaud et si long, avait dépouillés de leur revêtement neigeux et qui étaient sillonnés par d'énormes crevasses.

Ce qui a donné à cette ascension un caractère nouveau, c'est l'emploi qui a été fait, pour la première fois, des treuils à neige, pour le remorquage du traîneau portant le voyageur. On sait que j'avais combiné, fait construire à Paris et mis entre les mains de nos entrepreneurs, pour le montage des matériaux au sommet, des treuils qui ont beaucoup facilité le travail ; je me servis pour mon ascension de treuils du même modèle, et, de l'avis des guides, le glacier était, cette année, en si mauvais état qu'il eût été impossible de réaliser l'ascension, sans l'emploi de ces engins.

Partis de Chamonix, le vendredi 8 septembre, à 7 heures du matin, nous parvenions à la cime le lundi 11 septembre, à 2 heures et demie du soir. L'observatoire se dressait devant nous.

Cette construction à plusieurs étages, dont l'ossature est formée de poutre larges et massives, croisées en tous sens pour assurer la rigidité de l'ensemble, produit une grande impression ; on se demande comment elle a pu être transportée et édifiée à cette altitude ; on se demande surtout comment on a pu oser l'asseoir sur la neige. Cependant, si l'on examine attentivement les conditions offertes par ces neiges si dures, si permanentes, si peu mobile de la cime, on reconnaît, d'une part, qu'elles peuvent supporter les poids (1) les plus considérables, et, d'autre part,

---

(1) Voir ci-dessus, 1892, article VI, les expériences faites à Meudon sur la résistance des neiges tassées.

qu'elles n'amèneront que bien lentement des déplacements nécessitant un redressement de la construction qu'on y assoit.

Dès mon arrivée, je me livrai à une visite rapide. Je reconnus que la construction n'avait pas été enfoncée dans la neige autant que je l'avais demandé aux entrepreneurs, ce que je n'approuvai pas.

Mes guides et moi prîmes alors possession d'une des chambres de l'observatoire, la plus grande du sous-sol. J'avais fait monter d'abord les instruments, pour pouvoir commencer immédiatement les observations, et les vivres étaient restés au Rocher-Rouge. Cette circonstance nous mit un instant dans l'embarras ; le temps étant devenu subitement très mauvais, nous restâmes deux jours séparés de nos vivres. La tourmente dura du mardi au jeudi matin. Alors, le temps se mit tout à fait au beau, et je pus commencer les observations.

Ces observations avaient principalement pour objet la question de la présence de l'oxygène dans les atmosphères solaires. L'Académie sait que j'avais déjà abordé cette importante question dans mes ascensions aux Grands-Mulets (3 050 mètres) en 1888, et à l'observatoire de M. Vallot en 1890.

Mais ce qui constitue la nouveauté des observations de 1893, c'est, d'une part, qu'elles ont été effectuées au sommet même du Mont Blanc, et surtout que l'instrument employé était infiniment supérieur à celui des deux précédentes ascensions. Le premier, en effet, était un spectroscope de Duboscq, incapable de séparer le groupe B en lignes distinctes, tandis que l'instrument qui vient d'être employé au sommet du Mont Blanc est un spectroscope à réseau de Rowland (que je dois à son amitié) avec lunettes de 0,75 de distance focale, donnant tous les détails connus sur le groupe B.

Cette circonstance a une importance toute particulière, parce qu'elle permet de trouver, dans la constitution de ce groupe B, des éléments précieux pour mesurer en quelque sorte les effets de la diminution de l'action de notre atmosphère à mesure qu'on s'élève dans celle-ci, et, par suite, d'apprécier si cette diminution correspond à une extinction totale à ses limites. En effet, on sait que les lignes doubles dont l'ensemble constitue le groupe

B vont en diminuant d'intensité à mesure que leur réfrangibilité diminue, ou, si l'on veut, avec l'augmentation de leur longueur d'onde.

Cette circonstance peut être mise à profit, sinon pour mesurer, au moins pour apprécier la diminution de l'action d'absorption élective de notre atmosphère. On constate, en effet, que les doublets les plus faibles s'évanouissent successivement à mesure qu'on s'élève dans l'atmosphère, c'est-à-dire à mesure que l'action d'absorption de celle-ci diminue. Par exemple, dans les circonstances ordinaires, à la surface des mers ou dans nos plaines, les cartes du groupe B nous montrent, en dehors de ce qu'on nomme la tête de B, 13 à 14 doublets. Déjà, à Chamonix, à 1.050 mètres, le treizième doublet est plus difficile à constater. Aux Grands-Mulets (3 050 mètres), ce n'est que du dixième au douzième, que la constatation peut se faire. Enfin, au sommet du Mont Blanc, je ne pouvais guère dépasser le huitième.

Il est bien entendu que nous n'établissons pas de proportionnalité entre la diminution numérique des doublets et celle de l'action atmosphérique : la loi est évidemment plus complexe ; mais la constatation de cette diminution suffit, si on la rapproche d'expériences faites avec des tubes pleins d'oxygène et amenés à reproduire la série des phénomènes atmosphériques dont nous parlons, pour conclure à la disparition totale du groupe B aux limites de l'atmosphère.

Cependant n'est-il pas remarquable que, si l'on établit d'une part le coefficient qui représente la diminution d'action atmosphérique au sommet du Mont Blanc d'après les pressions barométriques $\left( \dfrac{0,43}{0,76} = 0,566 \right)$ et qu'on multiplie par ce coefficient 0,566 le nombre 13 représentant les doublets, bien visibles généralement dans la plaine, on trouve 7,4, c'est-à-dire, à bien peu de chose près, le nombre (8) de doublets visibles pour moi au sommet du Mont Blanc.

Ce résultat est évidemment remarquable, mais je répète que, pour moi, c'est la comparaison avec les tubes, en se plaçant dans des conditions optiques aussi identiques que possible, qui peut seule conduire à des conclusions certaines. Ces expériences comparatives ont déjà été commencées dans le laboratoire de l'Observatoire de Meudon ; elles conduisent au même résultat, à savoir la disparition des groupes A, B, α aux limites de l'atmosphère. Mais, en raison de l'importance de la question, elles seront reprises encore et complétées.

On pourrait se demander si les températures élevées, auxquelles sont soumis les gaz et vapeurs des atmosphères solaires, ne sont pas capables de modifier leur pouvoir d'absorption élective, et, en particulier, si celui de l'oxygène qui pourrait se trouver dans ces atmosphères ne serait pas tout autre que celui que nous lui reconnaissons dans nos expériences, faites aux températures ordinaires.

J'ai déjà institué des expériences en vue de répondre à cette objection. J'en rendrai compte à l'Académie, mais je veux déjà dire que les spectres d'absorption de l'oxygène, soit celui des bandes non résolubles, soit celui des raies, ne paraissent pas se modifier d'une manière appréciable quand l'oxygène est porté aux températures allant aux environs de 400° à 500°.

*En résumé*, je dirai que les observations qui viennent d'avoir lieu au sommet du Mont Blanc permettent de donner, à l'étude de cette question de l'origine purement tellurique des groupes de l'oxygène dans le spectre solaire, des bases nouvelles et beaucoup plus précises, et qu'elles conduisent aux conclusions déjà énoncées.

Indépendamment de ces observations, j'ai encore porté mon attention sur les qualités de transparence atmosphérique de cette station presque unique ; sur les phénomènes atmosphériques qu'on embrasse dans une si grande étendue et à travers une épaisseur si considérable. J'en parlerai à l'occasion.

L'observatoire, bien entendu, n'est pas terminé ; il reste encore bien à faire (1), indépendamment des aménagements intérieurs et de l'installation des instruments ; mais la grosse difficulté est vaincue. On est désormais à l'abri pour travailler,

_______

(1) Ma dépêche a été inexactement rendue sur ce point. Je disais : « Il reste encore bien à faire, plus les aménagements. » On a mis : « Il ne reste plus rien à faire que les aménagements. »

on n'a plus à compter avec les tourmentes de neige ; le reste viendra en son temps.

J'espère que l'observatoire pourra bientôt se prêter à un séjour plus confortable que celui que j'y ai fait ; cela dépendra du temps.

Quoi qu'il en soit, je ne regrette rien ; je désirais ardemment voir notre œuvre en place et, plus ardemment encore, l'inaugurer par des observations qui me tiennent à cœur. Je suis heureux qu'il m'ait été donné, malgré quelques misères, d'avoir pu les réaliser.

*C. R. Acad. Sc.*, Séance du 25 septembre 1893, T. 117, p. 419.


## IX

## L'OBSERVATOIRE DU SOMMET DU MONT BLANC ET LES OBSERVATOIRES DES GLACIERS

Ce qui, à mon sens, donne surtout de l'intérêt à l'érection de l'Observatoire du sommet du Mont Blanc, ce sont les conditions toutes nouvelles dans lesquelles il a été établi.

Tout d'abord, l'établissement sur la neige durcie du sommet. On me permettra de constater ici que c'était une idée hardie et nouvelle que celle de songer à fonder sur des bases si inusitées une construction à plusieurs étages, et d'une certaine importance.

Cette idée s'est présentée à mon esprit avant les travaux de sondages, et pendant qu'on agitait la question de savoir quelle pourrait être l'épaisseur de la croûte glacée du sommet et jusqu'à quelle profondeur il serait possible d'asseoir des fondations pour soutenir l'Observatoire,

J'en parlai alors à M. Kœchlein, ingénieur distingué de la maison Eiffel, qui ne me désapprouva pas.

Cette idée même me parut si intéressante pour l'avenir qu'elle pouvait ouvrir aux constructions sur les glaciers, que je m'y attachai d'une manière toute spéciale.

Je fis de nombreuses expériences sur la résistance de la neige tassée et amenée à la densité qu'elle possède au sommet du Mont Blanc à quelques mètres de profondeur.

Ces expériences, j'en ai rendu compte à l'Académie. Elles démontraient que la neige tassée peut supporter des poids énormes, en ne subissant que des enfoncements insignifiants.

A Meudon, j'ai conservé sur un monticule de neige tassée, dont la densité avait été amenée à égaler la moitié environ de celle de l'eau liquide, une colonne de quarante disques de plomb de 3o centimètres de diamètre, et pesant 3o kilogrammes chacun en moyenne, avec un enfoncement insignifiant de moins d'un centimètre. Cette colonne est restée en place jusqu'à la fusion naturelle de la neige.

La neige peut donc servir parfaitement de fondation, à la condition de se trouver à une hauteur où elle demeure permanente. A la condition aussi d'être placée en des points où elle ne subit pas de mouvements très sensibles, comme ce serait le cas sur les pentes des glaciers.

Je dois dire que j'ai été moi-même quelque temps à m'habituer à l'idée de confier notre Observatoire à de semblables fondations et il m'a fallu envisager la question dans ses éléments les plus certains, dépouillés de tout préjugé et de toute habitude d'esprit pour me rendre à l'évidence.

Mais si j'avais de la peine à me convaincre moi-même de ce qu'il y avait de rationnel dans cette idée, je dois dire qu'autour de moi je ne rencontrais qu'incrédulité, polie et bienveillante sans doute, mais très persistante. Et mes coopérateurs, membres de notre Société, m'ont donné une preuve de confiance dont je les remercie vivement ici, en voulant bien me suivre dans cette voie.

Dans tous les cas, il sera hautement intéressant de suivre les mouvements qui pourront survenir dans l'assise de l'Observatoire. Je prends déjà les dispositions pour me rendre compte de ce qui pourra arriver à cet égard.

Il y a là, en effet, une question d'une certaine importance pour la science.

En effet, la conquête de sommets glacés ne peut guère intéresser que la science, mais il sera important de savoir qu'on peut fonder, dans ces conditions, des postes d'observation ou même des établissements importants, pour y faire les études et les observations qui s'imposent de plus en plus aujourd'hui.

*Revue Scientifique*, numéro du 15 octobre 1893, p. 473.

# X

## LES SPECTRES PLANÉTAIRES ET L'OBSERVATOIRE DU MONT BLANC (1)

Parmi les questions dont l'étude sera tout indiquée à l'Observatoire du sommet du Mont Blanc, celle des spectres planétaires se place en première ligne.

C'est la découverte de l'analyse spectrale céleste qui a permis d'aborder cette question, si importante pour nous, de la composition chimique des atmosphères planétaires, et, par suite, des similitudes ou des différences que ces atmosphères peuvent présenter avec notre atmosphère terrestre.

Quand Kirchhoff eut inauguré l'analyse spectrale céleste par celle de l'atmosphère solaire, on crut d'abord que cette merveilleuse méthode ne pouvait s'appliquer qu'à des atmosphères incandescentes comme celle du Soleil, et c'est ainsi qu'on l'appliqua aux étoiles.

------

(1) Dans le *Supplément* de notre dernier numéro, nous signalions l'heureux succès des efforts déployés par M. Janssen pour fonder un observatoire astronomique et météorologique au sommet même du Mont Blanc. Cette audacieuse entreprise, qui à certains avait paru chimérique, est aujourd'hui réalisée. L'illustre savant a doté notre pays de la plus haute station scientifique qui soit au monde. En raison même de cette altitude, l'observatoire qui couronne depuis trois semaines le géant des Alpes permettra d'aborder des études d'Astronomie physique et de Météorologie demeurées jusqu'à présent inaccessibles à nos moyens d'investigation. Nous avons pris occasion de cet événement pour demander à M. Janssen, à l'intention de nos lecteurs, une Note sur l'une des plus importantes questions que, grâce à lui, l'Astronomie se trouve maintenant en mesure de résoudre. C'est à cette demande que répond le présent article.

(Note de la Direction de la *Revue Générale des Sciences*.)

Mais un physicien français, par la découverte des *raies* tulluriques dans le spectre solaire, c'est-à-dire en montrant que le spectre solaire est réellement constitué par la superposition de deux spectres, un d'origine solaire, et un second constitué aussi par tout un ensemble de raies fines comparables aux premières mais produites par l'action de l'atmosphère terrestre, prouva que les gaz aux températures ordinaires peuvent, aussi bien que les gaz incandescents, produire le phénomène, si important et si fécond en conséquences, de l'absorption élective.

Cette découverte ouvrait à la science l'étude chimique des atmosphères planétaires.

On sait que ce premier résultat fut suivi de la découverte du spectre de la vapeur d'eau, ce qui permettait de rechercher la présence de cette vapeur, c'est-à-dire de l'élément le plus important pour le développement de la vie, dans les mondes de la famille stellaire.

C'est ainsi que l'auteur en question constata sur l'Etna la présence de la vapeur d'eau dans les atmosphères de Mars et de Saturne.

Depuis, à Meudon, ces études furent continuées, et, à l'aide du spectre de l'oxygène, on constata la présence très probable de ce gaz dans Mars, Jupiter et Vénus. Dans ces études, la plus grande difficulté qu'on rencontre est celle qui provient de l'atmosphère terrestre.

Comment constater d'une manière sûre la présence de la vapeur d'eau, de l'oxygène, etc., dans une atmosphère planétaire, lorsque les rayons émanés de l'astre sont obligés de traverser notre atmosphère qui contient ces corps en si grande quantité ? Il faudrait que l'effet de l'atmosphère planétaire fût assez prononcé pour dominer celui de notre atmosphère. Or, c'est le contraire qui arrive. La lumière qui nous vient des planètes n'a pénétré que peu, en général, dans leurs atmosphères ; elle est réfléchie par les nuages qui y flottent et, dès lors, elle n'a reçu qu'une faible empreinte de leurs actions.

Pour étudier dans des conditions moins défavorables ces difficiles questions, il faut se placer dans les circonstances où l'atmosphère terrestre se trouve réduite à son minimum d'action.

C'est ce qui arrive au sommet du Mont Blanc. Souvent sur cette cime, surtout en hiver, l'air est d'une sécheresse extrême et les caractères de la vapeur d'eau sont presque totalement absents du spectre. C'est alors que, si l'on constate ces caractères dans le spectre d'une planète, on pourra vraiment les attribuer à l'action de celle-ci. Il en est de même de l'oxygène et des autres gaz, dont la rareté de l'air de ces hautes régions diminue l'influence spectrale dans une mesure très importante.

C'est ainsi que cette haute et si intéressante station pourra contribuer à résoudre tout un ordre de questions du plus haut intérêt pour la philosophie naturelle et la constitution de l'Univers.

*Revue Générale des Sciences pures et appliquées*, numéro du 15 octobre 1893, p. 621.


## XI


RAPPORT SUR LE PRIX JANSSEN, DÉCERNÉ PAR L'ACADÉMIE DES SCIENCES, EN 1893, A M. SAMUEL LANGLEY (1).


M. Langley (Samuel), astronome physicien, ancien directeur de l'Observatoire d'Alleghany et secrétaire de la Smithsonian Institution à Washington, est un des savants les plus éminents de l'époque actuelle et celui qui a fait faire à la Physique solaire les plus importants progrès.

La science lui doit les plus belles études sur la constitution de la surface solaire et la distribution de la chaleur et de la lumière à la surface du disque, ce qui le conduisit à fixer la nature du pouvoir absorbant de l'atmosphère solaire.

Il détermina ensuite le pouvoir émissif pour la lumière des noyaux des taches, qu'il reconnut être plus de cinq mille fois

---

(1) Commissaires : MM. Faye, Wolf, Tisserand, Lœwy ; Janssen, rapporteur.

plus grand que celui de la Lune. M. Langley s'est aussi occupé
de la température du Soleil, et sa détermination, tout en assi-
gnant à cette température une valeur très élevée, supérieure à
celle de la fusion du platine, supérieure même à celle assignée
par M. Violle, reste cependant dans les limites admissibles par
des physiciens et ne se chiffre pas par des centaines de mille
degrés, comme l'avait imaginé le P. Secchi.

Mais le travail le plus important et le plus remarquable de
M. Langley est celui qui se rapporte à la distribution de la chaleur dans le spectre normal du Soleil et à l'influence exercée sur
cette distribution par les atmosphères solaire et terrestre.

Ces belles études, exécutées sur une très haute station et à
l'aide d'un instrument d'une sensibilité extrême inventé par
l'auteur, ont conduit l'auteur à classer notre Soleil, au point de
vue de sa couleur et de sa température, dans l'ensemble des étoiles et ont fait époque dans la science.

Depuis, M. Langley s'occupe d'importantes études sur la
résistance opposée par les gaz et l'air en particulier, aux corps
en mouvement, études faites en vue des progrès de l'aviation.

L'ensemble de ces longues et belles études a valu à M. Langley
une grande et légitime réputation dans le monde savant. Il est
correspondant de notre Académie depuis 1888.

Il était désigné à nos suffrages pour le Prix d'Astronomie physique.

*C. R. Acad. Sc.*, Séance du 11 décembre 1893, T. 117, p. 899.

# 1894

I

## ALLOCUTION PRONONCÉE PAR M. JANSSEN, LE 5 JANVIER 1894, EN QUITTANT LA PRÉSIDENCE DE LA SOCIÉTÉ FRANÇAISE DE PHOTOGRAPHIE.

MESSIEURS,

Avant de remettre à mon éminent Confrère et successeur cette présidence que j'ai due à votre grande bienveillance et dont je me suis tenu pour si honoré, je dois vous rendre compte, au moins sommairement, des faits qui ont intéressé la Photographie pendant sa durée.

Cette période des trois années qui viennent de s'écouler a vu s'accomplir des événements fort importants pour l'avenir de la Photographie. Elle a vu aussi surgir de belles découvertes, se réaliser de grands progrès et d'utiles applications, mais elle nous a coûté aussi des pertes vivement ressenties.

Donnons d'abord un souvenir à celles-ci.

C'est tout d'abord celle de mon prédécesseur, M. Peligot, qui fut un grand chimiste, qui laissa à la Monnaie le souvenir de l'autorité de sa science et aux Arts et Métiers celui de son sympathique enseignement. M. Peligot, sans avoir pris une part directe aux progrès de la Photographie, l'aimait tout particulièrement et en sentait toute l'importance et tout l'avenir. Aussi s'honorat-il toujours du titre de président de votre Société et vous sutil gré infini de le lui avoir conservé malgré l'inaction à laquelle le condamnait pendant ses dernières années une maladie cruelle. Le prix qu'il a fondé a été dans son esprit la marque sensible de sa reconnaissance.

Je vous remercie, à mon tour, Messieurs, d'avoir voulu me

l'attribuer pour la première fois. C'est un honneur que j'ai vivement ressenti.

Le nom de M. Edmond Becquerel rappellera toujours un premier et admirable pas accompli dans cette voie si difficile, mais si belle et qui conduira à une transformation complète de l'art photographique : je veux parler de la reproduction des images des objets avec leurs couleurs naturelles, voie dans laquelle M. Lippmann vient de réaliser un progrès si beau et si décisif.

Donnons aussi, Messieurs, un souvenir à M. Civiale, le fils du grand chirurgien, membre de l'Institut, qui fut un grand amateur de la Photographie et dont le beau panorama des Alpes, œuvre étonnante pour l'époque, est encore dans toutes les mémoires.

M. Roger, membre du Comité d'administration de la Société, a laissé parmi nous le souvenir de l'aménité de son caractère, de la haute dignité de sa vie et des grands services qu'il avait rendus au point de vue photographique au service de l'artillerie.

Notre Société doit également un souvenir à M. Paul Gaillard, qui fut pour elle un ami de la première heure et avait fondé une médaille de 500 francs.

Un événement que je ne saurais passer sous silence parce qu'il marque une date dans l'histoire de notre Société est celui de sa reconnaissance d'utilité publique.

C'est un résultat considérable non seulement pour notre Société, mais pour toutes les Sociétés de Photographie, qui pourront s'appuyer sur ce précédent pour obtenir d'être revêtues du même caractère si elles montrent qu'elles en sont dignes.

A cette occasion, remercions encore une fois les membres de votre Bureau, au zèle et à l'influence desquels vous devez cet important résultat.

Du reste, ils se plaisent à reconnaître qu'en cette circonstance, ils ont été puissamment secondés par M. le Comte de Salverte, maître des requêtes au Conseil d'Etat.

Messieurs, cette période des trois dernières années a été féconde en événements qui intéressent l'avenir et le développement de la Photographie. Elle a vu la création de l'Union internationale, celle de notre Union nationale et un Congrès.

C'est par ce Congrès que j'ai inauguré la présidence dont vous veniez de m'investir. Il s'est tenu à Bruxelles et il était destiné à compléter celui tenu à Paris en 1889 pendant notre grande Exposition universelle.

Au sein de ce Congrès vos délégués ont eu à défendre les résolutions arrêtées à Paris et ils ont obtenu que ces résolutions seraient considérées comme acquises et qu'elles seraient seulement complétées et étendues. Aujourd'hui on peut considérer l'œuvre de ces deux Congrès comme définitivement acquise.

C'est pendant ce Congrès que le projet d'une Union internationale de Photographie a été présenté par notre collègue, M. Pector et que les bases de cette importante création furent discutées et arrêtées.

L'année suivante, en 1892, la première session de cette Union internationale se tenait dans la ville d'Anvers. Vous vous rappelez, Messieurs, la réception que nous y avons reçue. Les excursions si originales en Zélande, celles sur l'Escaut, les visites à ces admirables musées, enfin cette fête splendide, résurrection de ces fêtes si originales et si pleines de caractère du moyen âge nous ont laissé des souvenirs qui ne s'effaceront pas.

C'est la même année que vous fîtes appel à toutes les Sociétés photographiques de France pour les réunir en un même faisceau et constituer cette Union nationale qui peut avoir tant d'influence sur l'avenir de la Photographie française et établir entre tous ceux qui, chez nous, pratiquent et aiment ce bel art des liens fructueux et amicaux. Il est bien à souhaiter, Messieurs, que nous parvenions à rendre forte et prospère cette Union si nécessaire.

Pendant l'année qui expirait il y a quelques jours avaient lieu deux sessions : celle de l'Union internationale à Genève et celle de l'Union nationale au Havre.

A Genève, nous avons trouvé un admirable cadre de beautés naturelles et une hospitalité que nos amis genevois se sont efforcés de rendre digne de ce cadre. L'excursion sur le lac, l'hospitalité reçue chez Mme la baronne Adolphe de Rothschild nous ont laissé de charmants souvenirs. Il faut se rappeler aussi l'exposition photographique qui fut organisée à cette occasion. Nous avons pu constater les progrès vraiment étonnants que la Photographie fait tous les jours. C'est surtout dans la direction de l'Art que ces progrès me frappent. Je vois des œuvres qui prennent de plus en plus le caractère artistique, et il faut le dire, ainsi que je le pressentais il y a déjà longtemps, la Photographie formera une branche de l'Art, très distincte, non seulement comme moyens, bien entendu, mais encore sous le rapport de la poésie très particulière qu'elle prêtera à la Nature.

Et dire, Messieurs, que ces œuvres si remarquables et si personnelles et qui ont demandé un si habile emploi des ressources de votre art et un sentiment si élevé de l'esthétique attendent encore d'être reconnues comme des œuvres d'art !

Messieurs, c'est au Havre, comme je viens de le dire, que nous avons inauguré les sessions de l'Union nationale et je crois qu'il eût été difficile de faire un meilleur choix.

La ville du Havre a tenu à honneur de nous recevoir de la manière la plus distinguée. L'hôtel de ville fut mis à la disposition de l'Union et M. le Maire du Havre, magistrat aussi actif que distingué et qui s'est acquis des droits à la reconnaissance de la ville entière pendant la dernière épidémie de choléra, a tenu à honorer de sa présence l'ouverture de la session. M. le Sous-Préfet nous faisait également l'honneur d'y assister.

Les travaux de cette session n'ont pas manqué d'intérêt, mais il faut citer surtout les savantes conférences de MM. Vidal et Londe et les exhibitions très humoristiques d'instantanés pris sur le vif pendant les excursions si pittoresques et si intéressantes dont les environs du Havre ont fourni la matière. Celle de Tancarville en particulier, nous a laissé un charmant souvenir.

En résumé, Messieurs, nos amis du Havre ont donné un exemple qui, nous l'espérons, sera suivi.

Tel est, Messieurs, le résumé trop incomplet des réunions d'ordre général qui ont eu lieu en 1891, 1892, 1893.

Si nous voulions maintenant analyser tous les progrès d'ordre photographique proprement dit, qui ont été réalisés pendant la période qui nous occupe, cela nous entraînerait bien loin et dépasserait les bornes que je dois m'imposer ici. Je prie donc les auteurs de tant de progrès importants, de tant d'appareils ingénieux, et les auteurs de toutes les belles photographies que j'ai vues passer au Bureau pendant ces trois années, de recevoir ici mes excuses, et en même temps mes félicitations.

Mais vous ne me pardonneriez pas, Messieurs, de ne pas rappeler au moins la belle découverte de M. Lippmann. Je l'ai appréciée ici en son temps et j'en ai expliqué la théorie. Je veux ajouter à ce que j'en ai dit de nouvelles félicitations à M. Lippmann : c'est d'avoir rencontré en MM. Lumière fils des interprètes qui ont été à la hauteur de la découverte et ont su lui donner toute sa valeur et tout son éclat.

Messieurs, je ne veux pas quitter ce fauteuil sans vous remercier du très grand honneur que vous m'avez fait en m'y appelant, et de la bienveillance et du concours que vous m'avez constamment accordés, pendant l'exercice de ma fonction ; aussi, ma tâche a-t-elle été douce et facile, et me laissera-t-elle les plus agréables souvenirs.

Je veux remercier aussi mes Collègues du Bureau et du Comité d'administration de leur si excellent concours et, au nom de la Société, des services si dévoués et si éminents qu'ils lui rendent.

Avant de céder ce fauteuil à mon successeur, permettez-moi de caractériser, en deux mots, l'œuvre considérable qu'il a accomplie dans l'ordre des sciences physiologiques, et la part si grande qu'il a voulu réserver, dans cette œuvre, à la Photographie, et qui lui a valu à si juste titre vos suffrages.

M. Marey s'est toujours occupé avec prédilection des problèmes de la mécanique animale. Cette mécanique, créée par la Nature pour permettre aux êtres qu'elle produit l'accomplissement de leurs fonctions, et que l'homme a eue sous les yeux pendant si longtemps, avant de songer à l'imiter et à y chercher les exemples et les principes de celle qu'il a inventée à son tour pour la satisfaction de ses besoins, cette mécanique-là, Messieurs, restera toujours un éternel modèle qu'on étudiera, qu'on imitera, dont on s'inspirera, mais qu'on ne surpassera pas ! Oui, dans les mouvements coordonnés de la marche, de la course, dans le vol des oiseaux et des insectes, dans la natation des poissons, il y a une adaptation si parfaite des moyens au but, des solutions si simples données aux plus hautes difficultés qu'on ne saurait trop méditer de si admirables modèles.

Aussi M. Marey a-t-il eu une inspiration bien heureuse et de la plus haute portée en se consacrant à cette partie si importante et si peu explorée jusqu'ici de la physiologie des êtres.

M. Marey s'est tout d'abord adonné à l'étude de certaines fonctions à l'aide de dispositions mécaniques des plus ingénieuses et qui furent de véritables découvertes. Tel fut, par exemple, le sphygmographe pour l'étude des mouvements du cœur. Tels sont ceux qui se rapportent au vol des oiseaux, etc.. Mais bientôt M. Marey sentit toute l'importance du secours que la Photographie pouvait apporter dans ces difficiles études par l'enregistrement des mouvements.

Mais, si la Photographie contenait virtuellement les éléments de solutions du problème, il fallait les en faire sortir et la difficulté résidait principalement dans la rapidité et le grand nombre des images qu'il fallait obtenir pour saisir et rendre les phases d'un mouvement soit dans la marche, la course, le vol, la natation.

Il faut reconnaître que les diverses solutions données aux problèmes si multiples de cette matière furent, par leur ingéniosité et leur succès, de véritables triomphes.

Aujourd'hui, il est bien peu de mouvements des animaux ou de l'homme qui n'aient été enregistrés et analysés photographiquement, et les conséquences scientifiques de ces études s'affirment tous les jours.

Je vous félicite donc, Messieurs, d'avoir donné vos suffrages à M. Marey et je le félicite, lui, de les avoir si bien mérités.

*Bulletin de la Société française de photographie*, 1894, p. 1.

## II

## REMARQUES SUR UNE NOTE DE M. DUNÉR, INTITULÉE : « Y A-T-IL DE L'OXYGÈNE DANS L'ATMOSPHÈRE DU SOLEIL ? » (1).

Dans cette Note, le savant directeur de l'Observatoire d'Upsal cherche à établir que la question complexe de la présence de l'oxygène dans les enveloppes gazeuses du Soleil peut être considérée comme résolue par les observations que l'auteur a faites au cours de ses recherches sur la rotation du Soleil.

Je dois dire ici que, malheureusement, je ne partage pas cette opinion. J'ai été conduit, en effet, par des études longues et approfondies de la question, à reconnaître l'insuffisance de la méthode, admirable d'ailleurs, du déplacement des raies, pour donner une solution du problème. Si la question de la présence ou de l'absence du métalloïde oxygène dans les atmosphères solaires pouvait être résolue par une simple expérience de balancement de raies, il serait bien inutile de se livrer à des observations longues et pénibles, tant à la surface de la Terre avec des tubes pleins d'oxygène à des pressions variées, qu'en de hautes stations.

La distinction de l'origine solaire ou terrestre d'une ligne du spectre en s'appuyant sur le changement de réfrangibilité dû à la rotation du Soleil a été faite pour la première fois par Thollon. Elle a constitué alors une des preuves les plus décisives de la réalité du principe énoncé d'abord par Döppler, mais qui, entre les mains de M. Fizeau, est devenue une admirable méthode de constatation et de mesure des mouvements célestes. En 1884, M. Cornu a donné à cette méthode, pour distinguer l'origine solaire ou terrestre d'une raie du spectre, une forme extrêmement élégante par un dispositif qui amène dans la raie d'origine solaire une sorte de balancement qui permet une dis-

_______

(1) Séance du 26 décembre 1893.

tinction immédiate avec les raies fixes d'origine tellurique ou terrestre.

M. Dunér, dans ses importantes recherches sur la rotation du Soleil, qui sont très postérieures à ces travaux, n'a pu certainement que les confirmer.

Mais il faut remarquer maintenant que, si la distinction entre une raie obscure d'origine exclusivement solaire et une autre due entièrement à l'atmosphère terrestre peut être obtenue en effet avec sécurité par la méthode du balancement ou du déplacement des raies, parce que le phénomène se présente alors dans toute sa simplicité, il n'en est plus de même si la raie est due à la fois aux deux atmosphères solaire et terrestre : on peut craindre alors que le déplacement de la partie de la raie d'origine solaire ne soit masqué par la largeur de la partie fixe d'origine tellurique ; et quand il s'agit de l'oxygène, cela est d'autant plus à redouter que nous savons aujourd'hui que l'action de l'atmosphère terrestre donne aux raies de l'oxygène une très grande intensité et dès lors que, si une action solaire pouvait exister, elle ne pourrait être que très faible.

Mais le phénomène est encore plus complexe, car la question de l'oxygène solaire vise nécessairement aussi l'atmosphère coronale et nous savons que cette atmosphère est le siège de mouvements violents, mais très mal connus. Or, si des raies obscures prenaient naissance dans cette atmosphère, les phénomènes du changement de réfrangibilité dus aux mouvements de la source seraient nécessairement sous la dépendance de ces mouvements et pourraient modifier dans une mesure inconnue l'effet de la rotation probable de cette atmosphère coronale.

On voit combien la question est complexe et combien la méthode qui s'appuie sur le déplacement des raies est insuffisante pour la résoudre. Ce sont ces considérations qui m'ont fait aborder la question par une autre face.

J'ai pensé qu'il fallait tout d'abord faire la part de l'atmosphère terrestre et n'aborder le phénomène solaire que lorsque cette première partie de la question serait bien élucidée.

L'installation qui existe à l'Observatoire de Meudon permit une expérience absolument décisive sur l'origine des groupes de raies de l'oxygène dans le spectre solaire. On a introduit dans le tube d'acier doublé de cuivre rouge de 60 mètres de long de l'oxygène à 28 atmosphères de pression. C'est la quantité qui représente celle qui est contenue dans l'atmosphère terrestre par rapport à un rayon zénithal, et l'on a constaté avec une source puissante de lumière électrique que les groupes A, B notamment y prenaient une intensité comparable à celle de ces groupes dans le spectre solaire, en été, quand l'astre est très élevé. Il y a là un phénomène où l'on n'a à juger que de l'égalité de deux effets, ce qui constitue les conditions les plus favorables que l'on puisse réaliser dans des recherches de ce genre.

Cette expérience avait été faite sous une autre forme en 1889, à l'aide d'une lumière électrique puissante installée au sommet de la tour Eiffel. Entre la tour et l'Observatoire de Meudon, la couche d'air interposée représente juste la valeur, comme effet d'absorption, de l'atmosphère terrestre. Ici encore, on put juger de l'égalité très sensible des effets avec le spectre solaire.

En 1888, aux Grands-Mulets, j'ai abordé la question sous une autre forme : il s'agissait d'étudier le décroissement d'intensité des groupes en question avec la hauteur de la station.

Cette observation, déjà concluante, fut reprise en 1890 aux Bosses-du-Dromadaire, et tout dernièrement au sommet du Mont Blanc, avec un grand spectroscope à réseaux donnant avec une grande perfection les lignes élémentaires des groupes A, B, α ; on en connaît les résultats.

Je crois qu'il résulte de ces recherches que l'atmosphère terrestre peut être considérée comme seule cause de la présence des groupes oxygéniques dans le spectre solaire et que cette première partie de la question ne pouvait être résolue que par l'étude de l'atmosphère terrestre où les phénomènes nous sont absolument connus. On peut donc dire que les enveloppes gazeuses du Soleil ne contiennent pas d'oxygène, tout au moins à l'état où il serait capable de donner par absorption les phénomènes que nous lui voyons produire dans nos tubes et dans l'atmosphère terrestre.

Il faut maintenant aborder le Soleil considéré en lui-même, et c'est ce que j'ai commencé à faire en examinant le spectre de l'oxygène porté à haute température. Je rendrai compte de ce nouveau travail à l'Académie.

En résumé, la méthode qui a servi à M. Dunér dans ses importantes recherches sur la rotation du Soleil, recherches dans lesquelles du reste l'auteur ne s'était pas proposé la question de la présence de l'oxygène dans le Soleil, ne peut être, à mes yeux, considérée comme pouvant élucider à elle seule la question complexe qui fait l'objet de cette Note.

*C. R. Acad. Sc.*, Séance du 8 janvier 1894, T. 118, p. 54.

## III

## SUR LES SPECTRES DE L'OXYGÈNE PORTÉ AUX TEMPÉRATURES ÉLEVÉES. MÉTHODE ÉLECTRIQUE POUR L'ÉCHAUFFEMENT DES GAZ.

La question de la présence de l'oxygène dans les enveloppes gazeuses du Soleil présente des cas distincts.

En premier lieu, celui où le gaz oxygène se trouverait dans les parties extérieures de l'atmosphère coronale, c'est-à-dire dans un milieu où la température peut se rapprocher des températures de l'atmosphère terrestre.

Dans ce cas, les manifestations spectrales de ce gaz seraient semblables à celles qu'il présente dans l'atmosphère terrestre, et, pour prouver son absence dans ces parties de l'atmosphère coronale, il suffit de montrer que les raies et bandes dues à ce corps dans le spectre solaire sont produites en totalité, comme nombre et intensité, par l'atmosphère terrestre. On sait que ce point a été le sujet de mes trois ascensions au Mont Blanc et d'expériences spéciales à l'Observatoire de Meudon.

Mais, comme je viens de le dire, le cas qui vise les températures ordinaires ne représente qu'une partie de la question. L'oxygène qui existerait dans les parties moyennes et basses de l'atmosphère coronale, dans la chromosphère et dans la photosphère, serait porté à des températures de plus en plus élevées, et pour décider sur sa présence dans ces milieux à l'aide de l'analyse spectrale, il faut, avant tout, connaître les modifications que l'élévation de température peut apporter aux manifestations spectrales de l'oxygène.

Aussi me suis-je préoccupé de cette face de la question presqu'à l'origine de ces études et avant même de commencer mes ascensions au massif du Mont Blanc.

Cette étude présente des difficultés spéciales. Les raies et bandes de l'oxygène exigent pour leur production de très fortes épaisseurs de ce gaz. Le groupe B, notamment, est seulement naissant dans le spectre d'un faisceau lumineux qui a traversé une épaisseur de 6o mètres de ce gaz, sous la pression de deux atmosphères.

La bande sombre située près de la raie D et qui est la première à se manifester demande, avec l'épaisseur susdite de 6o mètres, 6 atmosphères de pression. On conçoit la difficulté de porter à de hautes températures de semblables colonnes gazeuses. On pourrait, il est vrai, réduire les épaisseurs de ces colonnes en augmentant la pression, mais alors la fermeture des joints serait compromise par la chaleur qu'ils auraient à supporter.

Pour surmonter cette difficulté, j'ai eu la pensée de recourir à l'électricité.

Par une disposition spéciale dans l'emploi de cet agent, j'ai pu porter une colonne gazeuse à l'incandescence sans échauffer sensiblement le tube qui contenait le gaz et, par conséquent, en laissant intactes les fermetures.

Voici la disposition adoptée :

Un tube en acier de 2 m. 20 de longueur et de 6 centimètres environ de diamètre a été foré de manière à y pratiquer un canal intérieur de 3 centimètres de diamètre. Ce tube, qui pourrait résister à des pressions intérieures de plus de 1.000 atmosphères, est fermé à ses extrémités par des manchons vissés portant les canons de verre ou de quartz permettant le passage de la lumière dans l'axe du tube. Un robinet en acier à pointeau permet l'introduction du gaz à la pression voulue.

L'élévation de température est obtenue au moyen d'une spirale formée par un fil de platine d'un diamètre approprié à sa longueur et à la puissance de la source d'électricité qui doit le porter à la température désirée. Cette spirale traverse tout le canal intérieur du tube et le fil dont elle est formée sort par ses extrémités. Elle est isolée électriquement du tube au moyen d'une chemise d'amiante qui s'oppose en outre à la transmission de la chaleur de la spirale aux parois du tube. Aux extrémités de la spirale, le fil de celle-ci pénètre dans un petit canal de même diamètre pratiqué dans un gros fil de cuivre rouge formant borne, lequel traverse sans la toucher électriquement la paroi du tube et met en communication le fil de la spirale avec la source d'électricité. Cette borne, de forme cylindrique, est légèrement renflée dans sa partie inférieure au point où elle reçoit le fil de la spirale.

L'isolement de la borne est obtenu au moyen d'un anneau d'ivoire ou de fibre comprimée, fortement serré entre la borne et les parois. Ce serrage est réalisé, d'une part, au moyen d'un écrou vissé dans la paroi du tube et agissant sur la surface supérieure de l'anneau sans contact avec la borne de cuivre rouge ; d'autre part, par un autre écrou, vissé celui-là sur la borne, mais isolé du tube par une rondelle de substance isolante et dont l'effet est de remonter la borne. L'anneau se trouve ainsi engagé dans un espace qui se rétrécit à volonté et exerce en conséquence sur lui une compression en rapport avec l'effort du gaz intérieur auquel il faut résister.

Par cette disposition et au moyen de résistances extérieures appropriées, on peut amener la spirale à la chaleur désirée, depuis la température ordinaire jusqu'à celle du rouge blanc, et communiquer ces températures à la colonne gazeuse sans échauffement bien sensible des parois du tube d'acier.

Quant aux fermetures des extrémités, elles sont obtenues à la manière ordinaire avec des canons en verre ou en quartz. Je dirai seulement que nous avons l'habitude de doubler les verres en mettant à l'intérieur ou du côté où la chaleur doit se faire sentir, le verre le moins épais, c'est-à-dire celui qui est le moins susceptible de se casser sous l'influence des variations de température. Cette disposition des doubles verres est importante ; elle écarte le danger qui pourrait résulter du bris d'un verre et de la projection de ses éclats ; nous la pratiquons dans toutes nos expériences, alors même qu'il ne s'agit d'opérer qu'aux températures ordinaires.

J'ajouterai encore comme détail d'expérience que, pour remplir l'espace compris entre les verres de fermeture et l'extrémité de la spirale, espace où le gaz mis en expérience ne serait pas soumis à l'action de celle-ci, nous y plaçons des canons en verre du diamètre intérieur du tube. Par cette disposition aucune portion de la masse gazeuse n'échappe à l'élévation de température qu'on veut lui communiquer.

Les sources lumineuses employées ont été, soit la lumière de l'arc, soit celle de Drummond, soit, dans certains cas, celle du Soleil. Il faut avoir soin de rendre le faisceau parallèle avant son entrée dans le tube et de le concentrer à sa sortie sur la fente du spectroscope par le moyen de lentilles convexes ou cylindriques.

Nous avons été amenés à faire ces expériences en donnant au tube la position verticale.

Les remous et les mouvements que prend la masse gazeuse, sous l'action de la spirale portée au blanc, arrivent souvent à diminuer dans une proportion énorme la transmission de la lumière. Dans la position verticale, toutes les couches gazeuses sont amenées à se disposer horizontalement, et sont attaquées normalement par les rayons, ce qui augmente dans une proportion considérable et presque inattendue la quantité de lumière transmise. Dans ce cas, on ramène l'étude optique du faisceau aux conditions ordinaires au moyen de prismes à réflexion totale.

La méthode dont je viens de décrire le principe permet de porter une colonne gazeuse sous pression, à une température donnée, jusqu'à celle qui représenterait la fusion du fil, et cela sans échauffement sensible de l'enveloppe métallique, et en laissant, par conséquent, aux fermetures la température qui assure leur efficacité.

Je pense que cette méthode, que j'emploie déjà depuis plusieurs années, pourra rendre des services pour l'étude des gaz à hautes températures ; c'est pourquoi j'ai jugé utile de la décrire.

Dans une Communication ultérieure, je ferai connaître les résultats obtenus à l'égard de l'oxygène.

*C. R. Acad. Sc.*, Séance du 9 avril 1894, T. 118, p. 757.

## IV

## SUR LES SPECTRES DE L'OXYGÈNE AUX HAUTES TEMPÉRATURES

J'ai entretenu l'Académie dans une des précédentes séances d'une méthode fondée sur l'emploi de l'électricité et propre à porter à une très haute température les gaz sous pression, sans chauffer sensiblement les récipients qui les contiennent.

Avant de rendre compte des expériences réalisées sur l'oxygène au moyen de cette méthode, je parlerai d'abord de celles qui ont précédé celle-ci et dans lesquelles la température ne dépassant pas 300° environ a pu être réalisée au moyen d'une rampe de gaz agissant directement sur le tube contenant le gaz oxygène.

Le dispositif est celui-ci : un tube en acier, long de 10 mètres, doublé intérieurement de cuivre rouge et fermé à ses extrémités par des glaces suivant nos modes ordinaires de fermeture, est placé dans une cuve en tôle pouvant recevoir un bain de sable. Cette cuve est chauffée directement par une rampe de cent becs de gaz.

La température du tube est mesurée au moyen de thermomètres réunis métalliquement et intimement au tube.

Après avoir introduit l'oxygène à la pression voulue et avant l'échauffement du tube, on se procure un bon spectre de la source lumineuse dont le faisceau traverse le tube, et ce de manière à pouvoir apprécier les modifications que l'élévation de la température pourra amener dans la constitution du spectre d'absorption donné par le gaz.

On allume alors la rampe et on suit le spectre pendant que la température s'élève ainsi que la pression.

Les constatations faites, on éteint la rampe et laisse la température et la pression revenir à leur point de départ.

Pour obtenir ce résultat, il faut qu'il ne se produise aucune perte de gaz au cours de l'expérience.

Une des principales causes de ces pertes provient de l'allon-

1894. Fig. 1.

Appareil spectroscopique de l'Observatoire d'astronomie physique
de Meudon.

gement par l'effet de la chaleur des boulons qui réunissent les pièces d'acier formant les joints. Pour détruire l'effet de cet allongement, nous plaçons entre les têtes des boulons et les disques qu'ils réunissent des manchons de laiton dont la longueur a été calculée de manière à compenser par leur dilatation celle des boulons. On obtient ainsi, pour une grande étendue, dans l'échelle des températures, le même degré de serrage.

Les expériences ont été faites avec des pressions variées du gaz oxygène. Elles ont montré que, depuis la température ordinaire jusqu'à 300° environ, les bandes et raies du spectre d'absorption du gaz oxygène ne subissent pas de modification appréciable.

Mais un fait tout nouveau s'est produit ; nous voulons par-

1894. Fig. 2.

Expériences avec tube vertical et la spirale incandescente.

ler de l'augmentation très remarquable de transparence de la colonne gazeuse avec l'élévation de la température, transparence qui a été décelée par une augmentation considérable de la vivacité et de l'étendue du spectre, surtout du côté du rouge, ce qui amène une perception beaucoup plus nette des raies spectrales.

Nous aurons à revenir sur les conséquences théoriques de ce fait important.

Pour monter davantage dans l'échelle des températures,

nous avons alors abordé l'emploi du tube à spirale de platine rendue incandescente par le passage du courant.

Je ne reviendrai pas sur les dispositions générales déjà décrites de l'expérience : l'incandescence de la spirale est d'autant plus difficile à obtenir que la pression du gaz est plus forte.

Pour apprécier la température à laquelle la spirale se trouve portée, on peut employer divers moyens : 1º Le couple thermo-

1894. Fig. 3.

Appareil pour les expériences à haute pression.

électrique ; 2º l'observation de l'augmentation de pression du gaz provoquée par le passage du courant ; 3º enfin la vivacité et l'étendue du spectre données par la spirale incandescente quand celle-ci fournit seule la lumière à l'appareil spectral.

L'expérience se dispose donc ainsi :

Le tube étant placé dans une position verticale, ainsi que nous l'avons dit, on règle la lampe qui doit fournir le faisceau à analyser après son passage dans le tube, et enfin l'appareil spectral. On donne alors la pression et, la constitution du spectre étant bien notée, on fait passer un courant de puissance appropriée à la température qu'on veut atteindre.

La pression monte immédiatement et s'arrête quand l'équilibre est établi. Les phénomènes spectraux sont alors comparés à ceux du début.

Dans les expériences que nous avons faites avec le tube de 2 m. 10 et avec des pressions gazeuses allant jusqu'à 100 atmosphères, nous n'avons pas constaté de modifications sensibles dans la constitution du spectre qui a pu être observé. Les températures atteintes doivent être estimées entre 800° et 900°, d'après la constitution du spectre donné par la spirale.

Pour atteindre des températures plus hautes, nous avons besoin d'augmenter la puissance de nos générateurs électriques, et c'est ce que nous nous proposons de faire.

*C. R. Acad. Sc.*, Séance du 7 mai 1894, T. 118, p. 1007.

Cette Note fut reproduite dans *La Nature*, numéro du 19 mai 1894, p. 385. L'auteur ajouta la conclusion suivante :

Il faut remarquer qu'au point de vue des phénomènes solaires, ce sont les parties extérieures et moyennes de l'atmosphère coronale qui ont le plus d'intérêt pour nous. Ce sont celles-là, qui, si elles contenaient de l'oxygène, produiraient avant toutes les autres de la vapeur d'eau, en raison de leurs températures moins élevées. Or, les températures de 800 à 900° que nous avons déjà réalisées correspondent à des parties déjà profondes de l'atmosphère coronale et pour celles-là, ainsi que pour celles qui sont extérieures, et, par conséquent plus froides, on peut affirmer l'absence d'oxygène.


V


ALLOCUTIONS PRONONCÉES PAR JANSSEN DURANT
LA SESSION DE CAEN DE L'UNION NATIONALE
DES SOCIÉTÉS PHOTOGRAPHIQUES DE FRANCE.
(12-15 mai 1894).

L'Union Nationale des Sociétés photographiques de France tint à Caen du 12 au 15 mai 1894, sa troisième session générale. Janssen qui en était le président, eut l'occasion de prononcer deux allocutions.

### RÉCEPTION OFFICIELLE A L'HOTEL DE VILLE DE CAEN

Les délégués des Sociétés adhérentes furent reçus le 12 mai à l'hôtel de ville. Après que M. le D^r Fayel, président de la société caennaise de Photographie et M. Lebret, maire de la ville de Caen et député du Calvados, leur eurent souhaité la bienvenue, Janssen s'exprima en ces termes :

### MONSIEUR LE MAIRE,

Je savais que vous étiez un ami de la Photographie et que vous appréciiez ce bel art, né en France, en homme éclairé, en ami du progrès et en patriote.

Mais, par un sentiment d'extrême courtoisie, vous avez voulu voir en moi, non seulement le Président de l'Union nationale des Sociétés Photographiques, mais encore l'homme d'études qui a cherché à mettre au service de la Science et d'une patrie qu'il adore le peu de talents qu'il peut avoir et toutes les forces qu'il a reçues de la nature. Vos éloges, Monsieur le Maire et Monsieur le Député, dans la bouche d'un homme aussi éminent et aussi hautement placé, ont une rare valeur ; mais je sais, néanmoins, faire la part de votre bienveillance, et j'en retiens surtout le sentiment qui les a dictés et dont je suis très touché.

C'est l'Union, Monsieur le Maire, qu'il faut voir seulement ici. Elle vous est profondément reconnaissante de la réception que vous lui ménagez, et elle vous remercie particulièrement de mettre à sa disposition, pour ses réunions et ses séances, votre maison municipale.

Vous avez compris l'importance de ces manifestations de la vie intellectuelle de notre cher pays ; elles sont aujourd'hui l'agent le plus puissant du progrès des Sciences et des Arts.

Quant à notre Union photographique, elle n'est encore qu'à ses débuts, mais son avenir, j'en suis persuadé, est assuré, car elle répond à un besoin que nous sentons tous. La vie de sociétés locales ne peut atteindre tout son développement que par ces contacts et ces communications qui agrandissent les points de vue, répandent les idées et les découvertes, provoquent l'émulation et font naître des amitiés qui survivent à la réunion qui les a vues se nouer. La Photographie française ne pourra atteindre au développement que nous voulons tous pour elle, que par une Union riche, forte, respectée.

Cette session, Monsieur le Maire, est la seconde que nous tenons en province. Bien que la première ait eu lieu près d'ici, au Havre, et que cette réunion ait laissé les plus charmants souvenirs, nous n'avons pas hésité à accepter l'invitation de votre cité. Nous savions, en effet, combien la Société caennaise est florissante, nous pressentions la gracieuse réception qui nous était ménagée, et les relations fructueuses et charmantes qui nous attendaient.

Monsieur le Maire, l'Union n'oubliera pas que c'est dans cette belle Normandie qu'elle aura reçu ses premiers développements, et elle vous remercie, ainsi que M. le Président et ses Collaborateurs, de votre si cordiale invitation.

A la séance générale du 14 mai, Janssen annonça qu'il mettait une médaille de vermeil à la disposition du jury chargé de juger les épreuves envoyées à l'Exposition photographique inaugurée pendant la session.

### BANQUET DU 14 MAI

Le même jour, Janssen présida le banquet final de la Session qui eut lieu dans la salle des fêtes de l'Hôtel de ville.

Il prononça l'allocution suivante :

MESSIEURS,

L'Union nationale des Sociétés Photographiques vient de recevoir, à Caen, une réception qui l'a profondément touchée et dont elle tient tout d'abord à remercier ses chers hôtes.

C'est tout d'abord vous, Monsieur le Préfet, qui avez bien voulu honorer le banquet de votre présence et qui avez donné à

la Société caennaise les preuves les plus efficaces de votre bienveillance et de votre appui. C'est ensuite vous, Monsieur le Maire,
qui, par le sentiment que vous possédez à un si haut degré de
l'importance de toutes les manifestations de la vie intellectuelle
de notre chère France, avez tenu à honorer particulièrement ces
assises de nos Sociétés françaises et avez voulu que nos réunions,
nos séances et ce banquet lui-même eussent lieu à l'hôtel de ville.

Nous saluons en vous le savant professeur, le Maire hautement
estimé et dont on espère une longue magistrature, le Député
savant et patriote, jaloux de la grandeur intellectuelle de la
France, comme de sa prospérité matérielle, et sur lequel nous
comptons pour défendre ces grands intérêts au sein de nos as-
semblées.

Quant à vous, mon cher Président, nous sommes en quelque
sorte Confrères et nous marchons presque dans la même voie.
De tous temps, en effet, les médecins ont aimé et pratiqué les
sciences et c'est un médecin qui est le père de la Science magnétique moderne. Il y aurait même un gros et long inventaire à dresser des travaux et des découvertes des médecins dans la science.
On verrait même que ce sont les plus éminents dont le génie a fait
le plus volontiers des incursions dans le domaine de la science
pure. C'est sans aucun doute à ce titre, mon cher Président, que
non content de vos beaux travaux en médecine et en physiologie,
non content des services que vous aviez organisés, vous avez été
encore attiré vers cette grande magicienne qu'on nomme la Photographie et, en deux années, vous avez créé une Société qui est
actuellement une des plus importantes de l'Union.

Je n'ai pas besoin de vous dire combien nous avons été touchés
de votre excellente réception, et combien nous avons compris
tout le talent d'organisation, toute la peine, tous les soins qu'elle
a exigés. Nous vous en remercions de cœur et pour répondre, j'en
suis sûr, à vos sentiments les plus intimes, nous associons à nos
remerciements vos chers collaborateurs.

C'est tout d'abord, M. Liégard, votre sympathique secrétaire,
qui vous a si bien secondé et envers qui j'ai des obligations particulières, car il a bien voulu m'assister dans ma visite à vos admirables édifices religieux ;

M. Lévesque, votre trésorier si actif et si dévoué auquel je souhaite, pour donner à son zèle un aliment digne de lui, une caisse énorme à gérer ;

M. Vrac, qui a rendu les plus précieux services, comme Secrétaire général de l'Exposition de Photographie ;

M. Belloc, auquel nous devons d'avoir pu passer deux charmantes soirées de projections photographiques et sans lequel, notamment, nous n'aurions pu voir ces admirables photographies en couleurs de M. Lippmann, que vous avez saluées comme une des plus belles manifestations du génie français.

Enfin, je dois citer encore M. Magron, qui n'est pas seulement savant en droit, mais qui est encore fort distingué en Photographie, et a grandement contribué à l'organisation de l'Exposition ; nous lui devons, en outre, le groupe de cette session, il est du jury et, par conséquent, hors concours ; aussi, Messieurs, je serais heureux que la médaille de vermeil que j'offre au Jury de l'Exposition lui fût attribuée. Ce serait une récompense bien méritée pour son dévouement et son talent ; j'en suis sûr, vous applaudirez tous à ce choix.

Messieurs, je ne m'acquitterais pas complètement de ma tâche, si je ne remerciais encore nos hôtes des belles excursions qu'ils nous ont ménagées.

Vous êtes encore sous le charme de ces sites accidentés, pittoresques et si imprévus pour nous en basse Normandie. Aussi, malgré les riches provisions que vous aviez faites et qui, dans votre prévoyance photographique, devaient largement suffire à tous les besoins, avez-vous été pris, en quelque sorte, au dépourvu et êtes-vous restés souvent sans munitions dans ce grand combat que vous livriez au pittoresque.

J'avoue, Messieurs, qu'en présence de ces charmants tableaux, je pensais involontairement à la Suisse et je me demandais comment il était possible que des accidents naturels si considérables pussent se rencontrer dans cette basse Normandie, que certainement nous savions riche et plantureuse, mais que nous étions habitués à considérer comme uniquement formée de plaines.

Mais, Messieurs, notre éminent collègue, M. Monod, qui n'est pas seulement une des lumières de la Cour de cassation, et un hôte obligeant et charmant, mais encore très versé en Géologie, m'a donné de si savantes explications sur la nature des terrains, les causes des soulèvements de ces collines et toute la géologie de cette contrée, que j'ai compris la raison des accidents si pittoresques que j'avais sous les yeux.

Livrez-vous donc, Messieurs, en toute sécurité aux joies et aux émotions du développement. Je vous préviens seulement que vous étonnerez beaucoup nos chers Parisiens en leur montrant ces belles vues ; vous leur ferez faire une fois de plus une découverte géographique en France, dans cette belle France, qui est si variée, si riche en beautés naturelles de tous genres et que nous, Français, nous connaissons encore si peu !

Messieurs, cette session de Caen aura été très fructueuse pour notre chère Union. Malgré tout ce que la session du Havre a eu de brillant et de charmant, nous devons considérer cette session de Caen comme plus importante encore. Le nombre des Sociétés qui se sont fait représenter a été ici beaucoup plus considérable. En outre, nous avons fait deux expériences qui doivent nous instruire et nous dicter la voie dans laquelle nous devons marcher.

Frappé de l'intérêt et du succès de l'Exposition organisée par les soins de la Société caennaise, je proposerais d'en augmenter l'importance et la portée en faisant de ces expositions un des principaux buts de nos sessions. Elles deviendraient un grand concours entre toutes nos sociétés françaises de Photographie.

Le Bureau inviterait d'avance toutes les Sociétés de l'Union à envoyer, à la session suivante, toutes les photographies de leurs membres, présentant un intérêt d'exécution ou de nouveauté de procédé. On y pourrait admettre aussi les Mémoires et Ouvrages sur la Photographie ayant paru dans l'année.

Un jury d'admission nommé à l'élection et d'avance prononcerait sur l'admission, laquelle serait déjà considérée comme un honneur. A la fin de la session, le même jury décernerait les récompenses dont il pourrait disposer en les répartissant suivant les genres et les spécialités.

On procéderait de même, à l'égard des clichés à projections ; les clichés admis auraient les honneurs de la projection en séance publique et seraient également récompensés avant la fin de la session.

Le résultat de ces concours serait proclamé dans la séance de clôture de l'Union, et un palmarès serait ensuite imprimé et distribué à toutes les sociétés.

Voilà déjà, Messieurs, des dispositions bien faites pour exciter l'émulation, récompenser les efforts et qui donneront une raison d'être nouvelle et puissante à nos sessions. Celui qui aura fait une œuvre intéressante, soit au point de vue technique, soit au point de vue de l'Art, de la Science ou d'une application industrielle, celui qui aura écrit un mémoire ou un ouvrage remarquable, verra son œuvre portée à la connaissance de la France photographique tout entière et acclamée si elle le mérite.

Ce sera pour la photographie une manifestation toute parallèle à celle de nos Expositions annuelles de peinture et de sculpture.

Il sera également nécessaire que nous arrivions à la création d'un annuaire et d'une publication mettant toutes les sociétés au courant des découvertes et des progrès dès leur apparition.

Soyez assurés, Messieurs, que notre institution se développera avec le temps. Elle est opportune, indispensable même et dans les nécessités de notre époque, qui a un besoin impérieux de tous ces échanges, de tous ces rapprochements et de toutes ces communications.

Messieurs, notre chère Photographie produit encore des fruits que n'avaient prévus ni les Niepce, ni les Daguerre, ni même le grand Arago, malgré toute l'admiration qu'il lui avait vouée et tout l'avenir qu'il entrevoyait pour elle, je veux parler d'une récente conquête de la Société caennaise, dont son Président est heureux et fier.

En effet, M. le comte d'Osseville, qui appartient à l'une de plus anciennes familles de cette contrée, a voulu faire partie de la Société photographique de Caen et noue maintenant les relations les plus amicales avec tous ses membres.

Ce sont là, Messieurs, entre les représentants de l'ancienne France et de la nouvelle, des rapprochements excellents et que, quant à moi, je voudrais voir se produire dans toutes les parties de notre ordre social.

Notre chère France a grand besoin du concours de tous ses enfants pour reprendre son rang et son influence dans le monde. Si la politique nous divise trop souvent, réunissons-nous aux grands noms de la Science et de l'Art.

C'est un domaine neutre et sacré où nous pourrons travailler de concert à la grandeur de la Patrie.

Buvons donc, Messieurs, à l'Union, à la bonne confraternité et, puisque notre Société porte ce beau nom d'Union, buvons à sa prospérité et aux heureux fruits qu'elle doit porter.

*Compte rendu de la Session de Caen de l'Union nationale des sociétés photographiques de France*, 1894.


# VI

## NOTE SUR UN MÉTÉOROGRAPHE A LONGUE MARCHE, DESTINÉ A L'OBSERVATOIRE DU MONT BLANC

J'ai l'honneur de présenter à l'Académie une série de photographies donnant la description d'un météorographe à très longue marche, construit à ma demande par M. Richard, pour l'Observatoire du Mont Blanc.

On sait que, en raison de la difficulté d'atteindre l'Observatoire en hiver, on devait s'attacher, pour obtenir l'enregistrement des principaux phénomènes météorologiques du sommet, à construire un instrument à très longue marche, c'est-à-dire pouvant passer l'hiver et le printemps sans être remonté. C'est là le problème dont j'ai demandé la solution à M. Jules Richard, et qui l'a conduit à la construction du remarquable instrument dont je présente aujourd'hui des photographies, et que M. J. Richard mettra sous les yeux de l'Académie lundi prochain.

Tout l'instrument est actionné par un poids d'environ 90 kilogrammes descendant de 5 à 6 mètres en huit mois. Ce poids

donne le mouvement à une pendule qui communique, en le
réglant, le mouvement à l'appareil. Il fallait une pendule dans
laquelle les variations grandes de température intervinssent le
moins possible. M. Richard a choisi la pendule à échappement

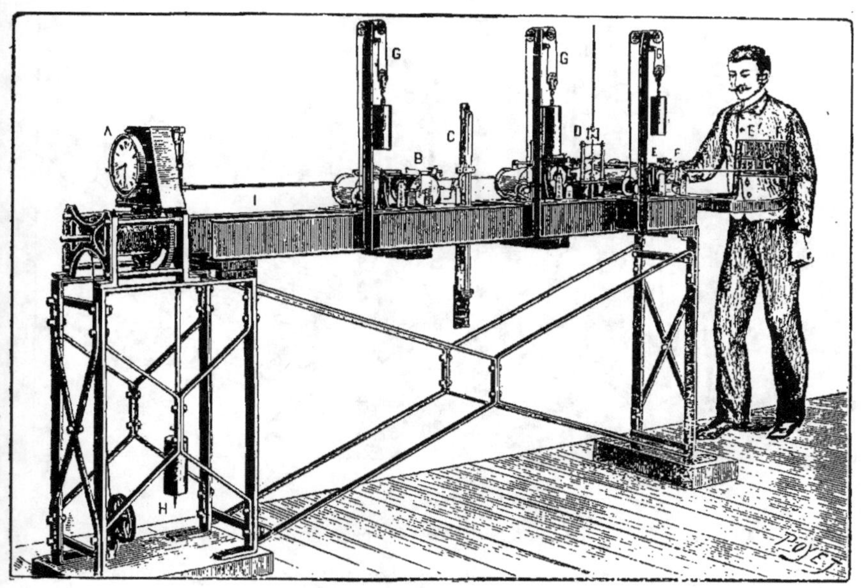

1894. Fig. 4.

Météorographe à longue marche de l'Observatoire du Mont Blanc.

Vue d'ensemble de l'appareil. — A. Horloge motrice fonctionnant huit
mois. — B. Système enregistreur du baromètre. — C. Baromètre à mercure. — D. Anémomètre et anémoscope enregistreurs. — E. Plume du
thermomètre. — F. Plume de l'hygromètre. — E'. Réservoir du thermomètre. — F'. Cheveux de l'hygromètre. — G, G, G. Contrepoids moteurs
assurant le déplacement régulier du rouleau de papier. — H. Pendule
régulateur de l'horloge. — I. Transmission du mouvement de l'horloge
aux différents systèmes enregistreurs.


Denison, en la perfectionnant. Les avantages de cet échappement sont, d'une part, de permettre l'emploi d'une très petite
quantité d'huile, qui peut même être tout à fait nulle quand
l'atmosphère ambiante est exemple de poussière. Denison rapporte même qu'on n'a pu observer aucune variation dans les

amplitudes de l'arc du balancier, lorsque l'huile était gelée, et avait la consistance du suif.

Tous les mouvements du météorographe lui sont donnés par un arbre horizontal qui reçoit son mouvement de la pendule,

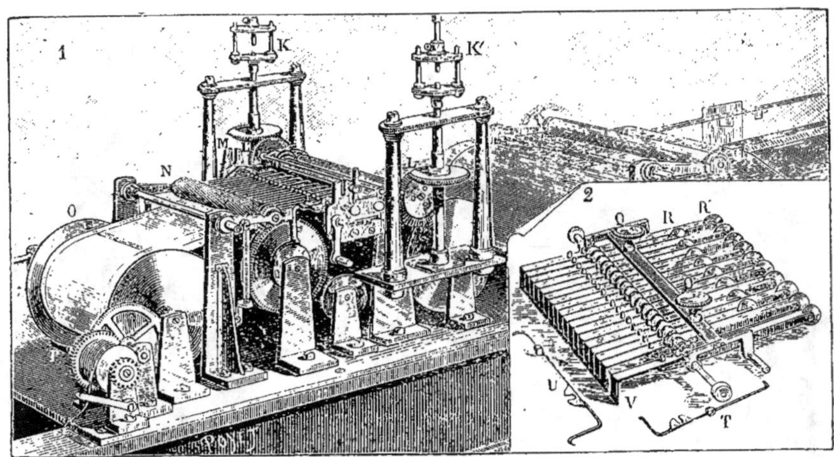


1894. Fig. 5.

Météorographe à longue marche de l'Observatoire du Mont-Blanc.

Détail du système enregistreur de l'anémoscope-anémomètre représenté en D dans la gravure ci-dessus. — N° 1. — K' K. Embrayages des tiges de la girouette et de l'anémomètre avec le système enregistreur. — L. Rouleau à came pour la vitesse du vent (anémomètre). — L'. Rouleau à came pour la direction du vent (anémoscope). — M. Groupe des aiguilles écrivantes. — N. Rouleau entraineur du papier. — O. Magasin du papier après enregistrement. — P. Système actionné par les contrepoids G et servant à enrouler le papier après enregistrement. — N. 2. Vue d'ensemble du système écrivant. — Q, Q'. Boutons permettant d'enlever à volonté les aiguilles. — R, R'. Galets actionnés par les cames L et L'. — T. Détail d'une plume-tube de l'anémoscope. — U. Détail d'une plume-tube de l'anémomètre. — V. Série des porte-plume-tubes. (D'après des photographies.)

à raison d'un tour en vingt-quatre heures, et le communique aux bobines et aux divers organes des enregistreurs. Ces bobines déroulent, avec une vitesse variable pour chaque instrument, le papier sur lequel les plumes de ces enregistreurs doivent écrire.

*Enregistreur barométrique.* — C'est d'abord l'enregistreur des variations de la pression barométrique. Les mouvements de l'aiguille sont commandés par ceux du mercure dans la branche inférieure d'un baromètre système Gay-Lussac, à très large cuvette. J'ai beaucoup tenu à l'emploi du mercure, qui offre une très grande garantie d'exactitude.

*Thermomètre et hygromètre.* — Pour l'enregistrement de la température et de l'humidité, nous avons été obligés de recourir, pour la température, aux réservoirs métalliques, système Bourdon, et pour l'humidité, à l'hygromètre à cheveux de de Saussure.

Le réservoir thermométrique et le câble formé par les cheveux sont reliés à leurs plumes respectives par de longues tiges, de manière que ces organes puissent être exposés à l'action de l'atmosphère extérieure, tout en conservant l'enregistrement à l'intérieur.

*Anémomètre enregistreur de la vitesse et de la direction du vent.* — L'enregistrement de ces deux éléments se fait sur le même papier. Voici le principe de la solution adoptée par M. Richard : un cylindre portant un certain nombre de cames disposées en hélice reçoit son mouvement d'une girouette ou d'un moulinet Robinson, et agit, par le moyen de ces cames, sur les talons d'un nombre égal de plumes, qu'il soulève successivement et force à écrire pendant tout le temps de l'action de la came. Pour la direction, l'appareil porte huit plumes, représentant les huit directions principales du vent. Pour la vitesse, le cylindre est muni de dix cames, agissant successivement sur dix plumes. Chaque plume est en prise pendant un dixième de rotation du cylindre, lequel représente un parcours de vent de 10 kilomètres. La vitesse est donc représentée ici par la longueur plus ou moins grande des traces laissées par les plumes.

La perfection avec laquelle tout l'appareil est exécuté fait honneur à M. Jules Richard, et je suis sûr d'être l'interprète de ses sentiments en adressant aussi des éloges à MM. Emile Honoré et Henri Libert, qui ont été spécialement chargés de l'exécution de ce bel appareil.

Pour assurer à ce météorographe une température plus égale et le soustraire aux poussières que le va-et-vient des travailleurs, dans la salle de 45 mètres cubes où il sera placé, pourrait soulever, on lui a construit un cabinet spécial et fermé, qui n'en permettra l'accès que dans les cas où cela sera nécessaire.

Tel est l'instrument tout nouveau qui va être monté au sommet du Mont Blanc. Je ne me dissimule pas, malgré les précautions minutieuses qui ont été prises, que nous sommes en présence d'un certain inconnu. Mais l'intérêt de la question de ces enregistreurs à longue marche, qui rendront tant de services dans les stations élevées, ou dans lesquelles on ne peut demeurer, est si grand, à mes yeux, que je n'ai pas hésité à commencer de suite cet essai, laissant à l'expérience le soin de nous instruire sur les modifications qu'il conviendra d'apporter à ces instruments pour leur assurer une marche sûre et tout à fait satisfaisante.

*C. R. Acad. Sc.*, Séance du 13 août 1894, T. 119, p. 386.

Cette Note a été reproduite dans la *Nature*, n° du 25 août 1894, p. 195.
Cette Note a été également reproduite dans *L'Annuaire du Bureau des Longitudes* pour l'an 1895, appendice C, avec l'addition suivante :

En attendant l'installation de l'instrument qui n'a pu avoir lieu cette année, nous avons fait placer à l'Observatoire, ainsi qu'aux Grands-Mulets et en divers autres points des thermomètres à maxima et à minima destinés à nous faire connaître les températures extrêmes atteintes pendant l'hiver à ces stations.

Nous avons également pris des dispositions pour mesurer la loi de la pénétration de la chaleur d'origine atmosphérique ou solaire dans la calotte de neige du sommet du Mont Blanc.

Enfin, dès l'automne dernier, des photographies à très large échelle ont été prises avec un de nos grands instruments de l'Observatoire de Meudon. Ces photographies sont destinées à nous faire connaître la nature et la valeur des mouvements qui pourront se produire au sommet du Mont Blanc. Depuis l'année dernière, ces photographies n'ont pas révélé de mouvement sensible de l'observatoire.

M. Whymper, l'éminent voyageur auquel est due la célèbre ascension du Chimborazo, est monté cet été au Mont Blanc et a séjourné à l'Observatoire où il a fait des observations dont il doit rendre compte. Il a visité le tunnel. L'entrée de la galerie est plus ou moins obstruée, mais à une certaine distance, cette galerie ne paraît pas avoir subi de changements appréciables. Il s'y est seulement formé des cristallisations du plus bel effet. Il sera intéressant de suivre les modifications qui pourront se produire dans cette galerie avec le temps, mais tout fait pressentir qu'elles seront extrêmement lentes.

M. le D<sup>r</sup> de Thierry a également fait une courageuse ascension dans un but scientifique ; cette ascension a été aussi contrariée par les intempéries.

## VII

## SUR LE PASSAGE DE MERCURE

Le passage de la planète Mercure sur le disque solaire qui a eu lieu samedi dernier se présentait, pour Paris, dans des conditions extrêmement défavorables, le premier contact extérieur ne devant avoir lieu que très peu de temps avant le coucher du Soleil.

Néanmoins, nous nous étions préparés à Meudon pour le cas où le ciel permettrait cette observation.

Nous avions dirigé les préparatifs en vue de reprendre et de confirmer une observation de 1874, importante au point de vue de la constitution du Soleil. Je veux parler de la vision de la planète Vénus qui alors fut aperçue, avant le premier contact, se détachant en noir sur le fond lumineux du ciel, entre deux et trois minutes d'arc du bord solaire qu'elle allait atteindre. Cette observation, imprévue alors, démontrait la présence d'un milieu lumineux autour du Soleil, et ce milieu ne pouvait être que l'atmosphère coronale dont nos observations de 1871 aux Neelgherries avaient révélé l'existence.

Il était donc très intéressant de confirmer ce fait avec la planète Mercure. Malheureusement, comme je viens de le dire, les circonstances, à Paris, étaient bien défavorables.

A Meudon, notre horizon du couchant est masqué par les bois de la forêt qui forment un rideau s'élevant de 2° à 4° pour un observateur placé près du bord de la grande terrasse. Notre grand équatorial atteint l'horizon rationnel, mais la plate-forme métallique que j'ai fait établir sur le sommet de notre grande coupole et à laquelle on accède par un escalier extérieur domine tout à fait les bois environnants. C'est cette terrasse que j'ai fait mettre à la disposition de M. de La Baume-Pluvinel, bien connu de l'Académie, et qui désira se charger de cette observation. On y installa une des lunettes de 8 pouces qui servirent précisément, en 1874, pour l'observation du passage de Vénus. On prit les dispositions pour masquer le disque solaire et augmenter ainsi les chances de visibilité de la planète au dehors du disque.

De mon côté, j'observais avec l'équatorial de 16 m. 50 de foyer de la grande coupole et j'avais pris les dispositions pour l'observation de l'heure des deux premiers contacts.

En même temps, on devait photographier avec la lunette solaire les phases d'entrée.

Un nuage très épais et très persistant s'opposa à l'observation des premiers contacts.

M. de La Baume, grâce à l'élévation de sa station, put observer la planète à la sortie du nuage et après son entrée de $4^\mathrm{h}10^\mathrm{m}$ à $4^\mathrm{h}20^\mathrm{m}$ environ.

Pendant ces observations, on a pu voir que la Tour Eiffel eût constitué un excellent poste d'études, car elle resta constamment illuminée dès que le Soleil fut sorti du nuage dont je viens de parler. Ceci montre combien cet édifice, qui domine si complètement Paris et qui est déjà si bien utilisé au point de vue météorologique, pourrait rendre de services d'ordre scientifique et combien il serait fâcheux de le détruire.

Nous n'avons donc pas pu remplir complètement le programme que nous nous étions tracé et même ce n'est que grâce à l'élévation de sa station que M. de La Baume a pu observer une partie du passage. J'espère que les observateurs américains, qui furent si bien placés pour ces observations, auront pu réussir complètement et j'apprendrais avec plaisir que l'observation de 1874 relative à la visibilité de Vénus en dehors du disque solaire aurait été confirmée avec la planète Mercure.

Je regrette de n'avoir pas appelé d'une manière spéciale leur attention sur ce point.

Les observatoires de montagne, qui suppriment une partie plus ou moins grande de l'action de notre atmosphère et de son illumination, présenteront sous ce rapport, dans l'avenir, un grand intérêt.

J'ajoute que le fait de la visibilité d'un corps opaque à une certaine distance du disque solaire montre que la lumière qui est envoyée par l'atmosphère coronale n'est que partiellement masquée par l'élimination atmosphérique, et que, dès lors, nous pouvons espérer, à l'aide de moyens optiques appropriés, obtenir des images plus ou moins étendues de la couronne sans l'intervention des éclipses. C'est là le principal intérêt de l'observation de 1874.

*C. R. Acad. Sc.*, Séance du 12 novembre 1894, T. 119, p. 828.


## VIII

## RAPPORT SUR LE PRIX JANSSEN, DÉCERNÉ PAR L'ACADÉMIE EN 1894 A M. GEORGES HALE (1)

M. Georges Hale s'est appliqué principalement à mettre en œuvre une méthode proposée en 1869, par M. Janssen, fondée sur l'emploi d'une seconde fente dans l'appareil spectroscopique et destinée à isoler dans le spectre une radiation déterminée.

M. Hale a appliqué avec succès cette méthode à l'obtention, par la photographie, des facules et protubérances du disque solaire. Les résultats montrent tout le parti qu'on pourra obtenir dans cette voie nouvelle. M. Hale a, en outre, le mérite d'avoir

---

(1) Commissaires : MM. H. Faye, Tisserand, Wolf, Lœwy ; Janssen, rapporteur.

créé un observatoire important et de mettre libéralement ses ressources personnelles au service de la science, en même temps qu'il la fait progresser par ses travaux.

Par ces motifs, la Commission propose de lui donner le Prix Janssen pour l'année 1894.

*C. R. Acad. Sc.*, Séance du 17 décembre 1894, T. 119, p. 1068.

# 1895

## I

## PRÉSENTATION A L'ACADÉMIE DE L'ANNUAIRE DU BUREAU DES LONGITUDES POUR L'AN 1895

J'ai l'honneur de présenter, comme Président, *L'Annuaire* du Bureau.

Le Bureau ayant été créé par la *Convention* en 1795, cette publication a juste aujourd'hui un siècle d'existence et il est curieux de comparer le volume minuscule qui fut le premier de cette collection, et qui n'avait pas cinquante pages, avec celui d'aujourd'hui, qui en compte près de neuf cents.

Les premiers annuaires, rédigés par Lalande, ne contenaient en outre du Calendrier donnant le lever, le coucher et le passage au Méridien du Soleil, de la Lune et des planètes, que quelques explications et tableaux très sommaires sur les *nouvelles mesures*, la surface et la population des principales parties de la Terre, celles des départements français, etc..

Aujourd'hui, les données et les renseignements fournis par notre publication embrassent presque toutes les parties de l'Astronomie pratique et sont l'objet des soins constants de la part de notre savant confrère, M. Lœwy. Les monnaies françaises et étrangères, l'amortissement et l'intérêt, les poids et mesures, la mortalité, les données physiques relatives aux densités, à l'élasticité, à la dilatation, aux points critiques, à l'acoustique, à l'optique et à l'électricité, y forment la matière de tableaux très complets et très étendus, pour lesquels la collaboration de nos éminents confrères, MM. Fizeau, Cornu, Sarrau, et celle de M. Mathias, nous ont été bien précieuses.

Je citerai encore le travail si complet de Géographie statistique de notre savant confrère M. Levasseur, et enfin celui de notre secrétaire perpétuel, M. Berthelot, sur la Thermochimie, qui est presque tout entière sa création, et qui occupe à juste titre une grande place dans le volume.

Une des principales causes du succès de *L'Annuaire* est due aux notices dont les astronomes les plus célèbres du siècle se sont plu à l'enrichir, les Lalande, les Laplace, les Humboldt, les Arago, les Delaunay pour ne citer que ceux qui ne sont plus. Parmi eux, la figure sympathique d'Arago se détache d'une manière toute spéciale. Il a personnifié, en quelque sorte, *L'Annuaire*, depuis 1824 jusqu'à sa mort, par la part si grande qu'il prenait à sa rédaction et par les notices si intéressantes, si autorisées, si nombreuses, dont il l'enrichissait.

Le volume de cette année renferme de belles et intéressantes notices de nos confrères MM. Bouquet de la Grye, Tisserand, Poincaré.

En résumé, nous pouvons dire que le Bureau s'est surabondamment et brillamment acquitté de la tâche, que la Convention lui avait imposée, en lui demandant la rédaction d'un *Annuaire propre à régler tous ceux de la République.*

*C. R. Acad. Sc.*, Séance du 14 janvier 1895, T. 120, p. 71.


## II


## SUR L'ÉCLIPSE TOTALE DE LUNE DU 11 MARS 1895


Les éclipses totales de Lune ont repris, ainsi que je le disais ici-même, il y a quelques années, un véritable intérêt, en raison des moyens nouveaux d'étude que l'analyse spectrale et la photographie mettent actuellement entre nos mains.

A Meudon, nous nous étions préparés pour des observations photographiques et spectroscopiques de l'éclipse totale qui eut lieu cette nuit. Pendant la totalité, nous avons aperçu la Lune à de rares intervalles et chaque fois seulement pendant quelques instants. Son disque était visiblement moins rouge que pendant les éclipses que j'ai eu l'occasion d'observer, ce qui tient évidemment à ce que notre satellite, cette fois-ci, a traversé une partie du cône d'ombre où pénétraient beaucoup moins de rayons réfractés par l'atmosphère terrestre.

Il y a tout un programme d'intéressantes études à faire actuellement pendant les éclipses totales de Lune ; mais ces études demandent que, pendant la production du phénomène, le ciel reste très pur, et c'est ce qui arrive rarement en un même point du globe pour une succession d'éclipses embrassant une période un peu longue permettant un ensemble d'études. Il est donc très désirable que les astronomes physiciens qui sont actuellement répartis sur les principales régions du globe veuillent bien ne pas négliger des observations qui peuvent conduire à de très importants résultats, touchant la constitution de notre atmosphère.

Ces observations se rapportent principalement à la photographie et à l'analyse spectrale.

La photométrie photographique peut nous instruire sur la quantité de lumière que le globe lunaire nous envoie quand il est placé en un point déterminé du cône d'ombre, et, par suite, nous faire connaître les effets de réfraction et d'absorption de l'atmosphère terrestre, pour les régions de cette atmosphère qui prennent part au phénomène.

En même temps, l'analyse de cette lumière complétera et éclairera ces premières indications.

Je crois qu'on pourrait tirer de ces observations, bien conduites, de précieuses lumières sur la constitution des hautes régions de l'atmosphère terrestre, encore si mal connue.

Il est, en outre, une question relative à la constitution du spectre de bandes de l'oxygène, qui peut être très utilement abordée ici.

Les bandes du spectre de l'oxygène se retrouvent dans le spectre solaire, au lever et au coucher de cet astre, et il y a là une des preuves les plus manifestes que ces bandes d'abord découvertes à l'aide de colonnes gazeuses d'oxygène, ne sont pas dues à des impuretés ou à de petites quantités de gaz étrangers ; mais, pour certaines d'entre elles, la manifestation même à l'horizon est assez difficile. Or, comme la lumière solaire qui pénètre dans le cône d'ombre pendant les éclipses totales de Lune a traversé une épaisseur atmosphérique double de celle que traverse pour nous cette lumière au lever ou au coucher du Soleil, elle sera très propre à mettre en évidence ces bandes de difficile production.

Il y aura seulement à lutter ici contre la faiblesse de cette lumière réfléchie alors par le globe lunaire. Il faudra donc employer des dispositifs optiques donnant beaucoup de lumière.

Je n'insiste pas davantage aujourd'hui. J'aurai peut-être l'occasion de revenir sur cet intéressant sujet.

*C. R. Acad. Sc.*, Séance du 12 mars 1895, T. 120, p. 524.

## III

## LA CRÉATION DE L'OBSERVATOIRE DU PIC DU MIDI

I. — Lettre de Mme VAUSSENAT adressée à M. J. JANSSEN.

Bagnères-de-Bigorre, 21 mars 1895.

MONSIEUR,

Quelques précieux que soient vos moments, j'ose encore une fois recourir à votre obligeance. Le souci, que je porte à tout ce qui touche à la mémoire de mon regretté mari, sera ma seule excuse.

Depuis quelques jours, et au sujet de la mort du Général de Nansouty, les articles nécrologiques se succèdent dans les journaux, et presque tous attribuent à M. de Nansouty, **seul**, la fondation de l'Observatoire du Pic du Midi. Que le grand mérite du Général soit reconnu, ce n'est que toute justice ; mais qu'il ne le soit pas au détriment de son fidèle collaborateur, c'est tout ce que je demande.

A. VAUSSENAT.

## II. — Note de M. JANSSEN.

La mort du Général de Nansouty a appelé l'attention sur la création de l'Observatoire du Pic du Midi à laquelle il a pris une part si prépondérante, que, dans l'opinion générale, il en reste la personnification et le seul créateur.

Tout en rendant pleine justice à l'initiative généreuse, au dévouement, au courage vraiment admirable avec lequel le Général s'est donné à cette création, il serait injuste de méconnaître l'aide considérable qu'il a trouvée dans son collaborateur, M. Vaussenat. On vient de lire la lettre que, dans un sentiment de piété à la mémoire de son mari, et tout à sa louange, Mme Vaussenat m'adresse, en me priant de faire rendre à M. Vaussenat, dans cette occasion, la part de mérite qui lui est due.

Tous ceux qui ont suivi la création de l'Observatoire trouveront, je pense, qu'il est très légitime d'associer le nom de M. Vaussenat à celui du Général, dans la reconnaissance publique. Quant à moi, j'ai été témoin de l'activité et du dévouement déployés par M. Vaussenat, tant pour provoquer les souscriptions, que pour l'édification de l'Observatoire du sommet.

Aussi, consulté par Paul Bert et plusieurs autres députés sur l'utilité de l'Observatoire, ai-je pu rendre un témoignage qui n'a pas été étranger à l'appui que le Gouvernement donna alors à cette intéressante création.

En résumé, on peut dire que le Général de Nansouty, en apportant son nom et son généreux concours à cette œuvre, et surtout en s'y dévouant avec le courage qu'il a montré, rendit cette œuvre sympathique et populaire, et gagna la cause de l'Observatoire devant l'opinion et les pouvoirs publics, mais que, sans le concours actif, dévoué, compétent à tant d'égards,

de son collaborateur M. Vaussenat, l'œuvre n'eût pu être menée
à bonne fin.

Disons encore que si le Général de Nansouty a été admirable
par son courage et son endurance pendant les hivers qu'il passa
à la station de Plantade, M. Vaussenat s'est acquis les mêmes
droits à notre reconnaissance, par ses longs séjours d'hiver au
sommet, séjours qui ont compromis sa santé et abrégé ses jours.

*La Nature*, n° 1140, 6 avril 1895, p. 298.


## IV


## SUR LES TEMPÉRATURES MINIMA
## OBSERVÉES CET HIVER AU SOMMET DU MONT BLANC


J'ai l'honneur de rendre compte à l'Académie de quelques
observations que j'avais préparées l'automne dernier, en vue
d'obtenir les températures minima qui devaient se produire
pendant l'hiver au sommet du Mont Blanc et sur quelques sommets environnants.

Les thermomètres employés, de construction très soignée,
sont de la fabrication de M. Tonnelot. Pour mettre ces instruments en observation, j'ai fait construire à Chamonix de petites
armoires, dont la porte ainsi que les parois du haut et du bas
sont à jour et garnies de toile métallique. Ces thermomètres
sont placés horizontalement dans l'armoire, sur des tasseaux
qui les isolent du fond. L'armoire est, en outre, munie de joues
en bois léger, qui préservent les thermomètres du rayonnement
du Soleil levant ou couchant en été, quand le Soleil est dans
l'hémisphère nord. La disposition nouvelle que présentent ces
abris thermométriques consiste dans l'adjonction d'un appendice placé au-dessus de l'armoire, communiquant avec elle
et formant cheminée d'appel chaque fois que celle-ci est frap-
pée par les rayons solaires.

Cette cheminée, quand elle est assez haute, a une très heureuse influence sur l'exactitude des observations. On constate
en effet qu'elle détermine presque toujours des mouvements

gazeux dans l'armoire, mouvements qui sont très propres à mettre les thermomètres en équilibre de température avec l'atmosphère ambiante. Sans doute, cette disposition n'est pas aussi efficace que le mouvement de fronde imprimé au thermomètre à l'aide d'un cordon, mais elle s'en rapproche beaucoup.

Je crois que cet appendice pourra être très utilement ajouté aux abris thermométriques quand ceux-ci doivent être appliqués à une paroi, comme c'est le cas au Mont Blanc, où l'abri à air libre ne pourrait être employé à cause des tourmentes de neige.

Avant de quitter Chamonix, j'avais fait placer un de ces appareils dans la vallée de Chamonix, au sommet du Brévent, au sommet du Buet, et j'avais préparé celui qui était destiné au sommet du Mont Blanc.

Quant à ce dernier sommet, les dispositions furent plus complètes. Elles visèrent non seulement les températures minima et maxima de l'air extérieur, pendant l'hiver 1894-1895, mais encore celles de l'intérieur de l'observatoire et celles de la neige à diverses profondeurs.

Pour obtenir ces dernières températures, voici le moyen qui a été employé :

Dans une planche épaisse, de 2 m. 5o de longueur environ, on a pratiqué de petites chambres munies de tasseaux pour recevoir, dans la position horizontale, des thermomètres à minima et à maxima ; ces chambres sont fermées, en arrière et en avant, par des plaques de tôle vissées.

La distribution de ces chambres dans la hauteur de la planche n'est pas arbitraire : elle doit être combinée de manière à donner les éléments de la courbe qui représente la pénétration du froid à travers la neige, et la dernière chambre doit se trouver placée assez profondément pour donner la limite de cette pénétration, c'est-à-dire atteindre la couche de température constante annuelle.

Je n'ai pas encore reçu tous les résultats, et notamment ceux qui concernent la pénétration du froid dans la calotte neigeuse du sommet du Mont Blanc. Voici ceux qui me sont parvenus : au Mont Brévent, le minimum de l'hiver, relevé par MM. Payot et Bossonney, a été de — 26º ; au Mont Buet, M. Charlet, qui avait bien voulu se charger de l'installation d'un abri du genre de celui que je viens de décrire, a trouvé — 33°.

Enfin MM. Payot et Bossonney viennent de me télégraphier qu'ils ont réussi l'ascension du Mont Blanc et que le minima relevé a été trouvé de — 43°.

M. Gauthier, directeur de l'Observatoire de Genève, qui avait bien voulu, à ma demande, s'informer des températures minima observées dans le Jura suisse, m'avait écrit que le froid y avait été rigoureux : en certains points, on avait observé des températures atteignant 3o et quelques degrés sous zéro.

Pendant cette période de grands froids que nous venons de traverser, il est intéressant de voir que ces basses températures s'étendaient jusqu'aux plus hauts sommets. Il eût été désirable de connaître les époques où ces minima se sont successivement produits. Ce sont des résultats dont nous disposerons l'année prochaine, si le météorographe peut être installé cet été au sommet du Mont Blanc.

Je présente en même temps à l'Académie la photographie d'un équatorial de 12ᵖ monté en sidérostat polaire, destiné également à l'Observatoire du Mont Blanc. L'optique de cet instrument nous a été offerte par MM. Henry frères ; le mécanisme est de M. Gautier. Je donnerai ultérieurement la description de ce bel instrument.

*C. R. Acad. Sc.*, Séance du 16 avril 1895, T. 120, p. 807.


## V

## SUR L'OBSERVATOIRE D'ASTRONOMIE PHYSIQUE DE MEUDON

J'ai le plaisir d'annoncer à l'Académie que notre grande coupole est prête à fonctionner, et que la Commission nommée par l'Administration pour la réception définitive se réunit vendredi prochain.

Quant à la lunette, à la fois astronomique et photographique qu'elle abrite, et qui est l'œuvre, pour la partie optique, de MM. Henry frères, et pour la partie mécanique, de M. Gautier, elle est terminée depuis plus d'une année, mais l'état de la coupole empêchait de s'en servir.

On a pu s'étonner que l'observatoire, dont la création fut arrêtée en principe en 1876, ait mis un temps aussi long à se terminer (et il ne l'est pas encore).

Il est donc nécessaire, ne serait-ce que pour dégager notre responsabilité, de donner à cet égard quelques explications.

Je dirai même que ces explications, je les dois à l'Académie, car c'est à l'avis favorable qu'elle a bien voulu émettre à la demande du Gouvernement ; c'est à sa haute autorité, et au concours si bienveillant et si autorisé de sa Commission, qu'est due la création de cet observatoire, le premier en France exclusivement consacré à l'Astronomie physique.

D'une manière générale, on peut dire que si cette création a été aussi retardée, c'est qu'elle s'est déroulée à travers deux périodes financières bien différentes : une première, encore favorable, où les crédits de création ont été votés ; une seconde où les difficultés financières s'accusaient de plus en plus et dans laquelle non seulement les ressources nécessaires pour l'achèvement n'ont pu être accordées, mais où nous avons dû subir de cruelles réductions du budget ordinaire lui-même, réductions qui, ne pouvant porter sur le personnel, mirent en souffrance nos publications et nos travaux.

Les crédits accordés par les Pouvoirs publics à l'Administration des Bâtiments civils pour la restauration de l'édifice, son appropriation et l'édification de la grande coupole ayant été insuffisants et des crédits supplémentaires n'ayant pu être accordés, nous dûmes prendre sur nos crédits pour les instruments et les publications, le coût de la grande coupole et de celles qui abritent le télescope de 1 mètre et la lunette photographique.

J'étais très désireux en effet de terminer ce qui concernait notre grande lunette dont j'étais impatient de me servir.

Si l'on totalise les dépenses qui ne nous incombaient pas, mais que nous dûmes subir, sous peine de voir tout arrêté, on arrive à la somme de plus de cent trente-cinq mille francs qui fut distraite de nos crédits, pour instruments, travaux et publications extraordinaires.

Dans cette situation, nous fûmes obligé de renoncer, pour le moment, à la construction des petites coupoles pour les lunettes de 8po, pour le cercle méridien que nous possédons, pour le magnétisme dont nous avons les principaux instruments. Nous dûmes également renoncer provisoirement à une publication très coûteuse, mais qui aurait eu un haut intérêt, à savoir, celle des meilleurs clichés parmi les quatre mille clichés de grandes images solaires obtenus à l'Observatoire depuis 1876 et qui forme une partie importante de l'histoire de la surface solaire pendant ce siècle.

Je me contentai de reproduire les plus remarquables de ces images au point de vue des faits nouveaux que ces études firent découvrir ; à savoir, les vraies formes de la granulation solaire dans les facules, dans les stries des taches et à la surface générale du Soleil ; et surtout les formes périodiquement variables du réseau photosphérique découvert par la Photographie à Meudon.

Ces spécimens ont figuré à l'Exposition de 1889 et valurent à l'Observatoire un diplôme d'honneur.

Cette publication, quoique beaucoup trop réduite, fit cependant connaître ces faits nouveaux dans le monde savant, et nos photographies, qui n'ont pas été surpassées, formeront école, je l'espère, à l'étranger.

Mais notre budget ordinaire subissait aussi de cruelles réductions.

D'un autre côté, les études que j'avais entreprises sur les gaz de l'atmosphère dans le laboratoire créé dans les écuries du château, et qui visent les applications aux atmosphères planétaires, nous entraînaient à des dépenses nouvelles pour lesquelles le crédit extraordinaire, dû à la bienveillance de l'Administration supérieure de l'Instruction publique, fut bientôt épuisé.

Dans ces circonstances, je n'hésitai pas à sacrifier, comme je l'avais déjà fait depuis dix ans, la forme au fond.

Et voilà comment j'ai été amené, pour ne pas arrêter nos

études, à retarder la publication de nos *Annales* et à demander
aux *Comptes rendus* la publicité de nos travaux.

Du reste, cette publication si efficace et si appréciée est parfaite pour notre genre de travaux dont les résultats peuvent se
résumer en quelques pages.

Dans cette circonstance encore et quoique d'une manière
indirecte, l'Académie est venue à notre secours, et son aide nous
a permis d'employer aux travaux eux-mêmes des ressources
qui eussent été absorbées en publications.

Mais, je désire ajouter que les matériaux de plusieurs volumes
de nos *Annales* sont prêts et n'attendent que les crédits nécessaires pour paraître.

Je viens de parler de la Photographie solaire créée à Meudon
et qui, certainement, a été le point de départ de la Photographie
stellaire, si brillamment reprise par MM. Henry frères et dont le
centre est à l'Observatoire de Paris.

Mais, à Meudon, nous avons encore inauguré la photographie
des comètes, la photométrie photographique.

Nous avons continué l'étude des raies telluriques, tant à
Meudon qu'au Mont Blanc et tout dernièrement en Afrique,
dans un voyage dont je rendrai compte à l'Académie, celle des
spectres d'absorption des gaz de l'atmosphère terrestre et spécialement celle des spectres d'absorption de l'oxygène, spectres
si importants obéissant à des lois si imprévues, et qui ouvrent
des perspectives nouvelles en Mécanique moléculaire.

En 1891 et 1892, nous avons repris aussi l'étude des atmosphères planétaires de Mars, Vénus, Jupiter, au télescope de
1 mètre d'ouverture. Cette étude, que j'avais commencée en
1867, immédiatement après la découverte du spectre de la
vapeur d'eau et à la suite de laquelle j'avais annoncé notamment la présence de la vapeur d'eau dans l'atmosphère de la
planète Mars, a confirmé ces premiers résultats. Ils l'ont été
encore, tout récemment, par MM. Huggins et Vogel.

Je demande pardon à l'Académie de ces détails, dont plusieurs regardent spécialement l'Administration ; mais je tenais
à lui rendre compte, en quelque sorte, de mon mandat, à lui
exposer les difficultés que nous ont créées les circonstances

financières si difficiles où nous avons été placés, et à lui montrer que nous avons fait tout ce qui dépendait de nous pour
achever l'œuvre dans ce qu'elle avait de plus essentiel, et servir
de notre mieux les intérêts de la Science.

J'ai l'honneur d'offrir à l'Académie l'ensemble des Communications qui lui ont été faites depuis 1876 et relatives à tous ces
travaux.

*C. R. Acad. Sc.*, Séance du 10 juin 1895, T. 120, p. 1237.

## VI

## UNION NATIONALE
## DES SOCIÉTÉS PHOTOGRAPHIQUES DE FRANCE

SESSION DE LYON, DU 10 AU 15 JUIN 1895, SOUS LA DIRECTION
DU PHOTO-CLUB DE LYON

Allocution prononcée par M. JANSSEN, au cours d'une excursion
des Membres de l'Union à Neuville-sur-Saône, le 11 juin 1895.


MESDAMES,

Il a été entendu entre nous que cette excursion avait un caractère tout intime et qu'en conséquence cette collation ne comporterait aucun discours.

Je suis, Mesdames, un Président trop obéissant pour ne pas
me conformer à ce désir de nos collègues, mais je pense que si
je ne puis m'adresser à eux, il me sera permis de vous dire un
mot pour vous soumettre une réflexion et former un vœu.

Je constate en effet que la Photographie, qui est aujourd'hui
une si grande dame, qui est si fière de son grand rôle et de l'enthousiasme qu'elle excite à bon droit chez ses adeptes, qui revendique parmi les arts et les sciences une si grande place, je constate, dis-je, que cette Photographie est, sous un rapport capital,
déplorablement arriérée et bien loin encore de la plupart de ces

arts et de ces sciences dont elle fait aujourd'hui et de plus en plus ses tributaires.

Je veux parler, Mesdames, de la part légitime que les arts et les sciences vous ont toujours faite et que vous attendez encore de la Photographie.

Pour ne parler que d'une science qui me touche plus spécialement, l'Astronomie, ne savons-nous pas en effet, combien cette science vous est redevable ? Sans parler de la Marquise du Châtelet et de sa traduction des *Principes* de Newton, qui ne sait combien le grand Herschel devait à sa sœur Caroline, sa collaboratrice dévouée dans ses observations et ses calculs ? Quel astronome ignore la collaboration savante de Mme Yvon Villarceau ? Plus récemment encore, M. Asaph Hall, l'éminent astronome qui a découvert les satellites de Mars, ne me confiait-il pas que c'était aux conseils de persévérance prodigués par sa femme qu'il devait sa belle découverte ?

C'est ainsi encore que dans un banquet de Congrès astronomique à Vienne, en 1883, ayant été amené à parler des femmes de savants et du rôle bienfaisant qu'elles jouent si souvent comme soutiens, conseillères, consolatrices au cours de carrières sévères, arides et semées si souvent de déceptions et d'ingratitude, le gendre du grand astronome Hansen me dit, après le toast, en venant me serrer la main et les larmes aux yeux : « Vous venez de faire la peinture de ma femme. »

Voilà, Mesdames, ce que vous avez donné à l'Astronomie en retour de la confiance qu'elle vous a toujours témoignée.

Or, au point de vue photographique, quelle collaboration vous demande-t-on actuellement ? Tout au plus, au cours des excursions auxquelles vous êtes admises, vous prie-t-on, et j'en suis confus, de vous charger de quelque chambre ou de quelque photo-jumelle.

Est-ce là un rôle digne de vous ? Non ! Il faut que vous deveniez de véritables collaboratrices, il faut que vos maris vous initient aux règles et aux difficultés du choix du paysage et du point de vue, au jugement du temps de pose. Surtout, Mesdames, il faut qu'on partage avec vous les émotions et les joies du développement. Mesdames, vous qui êtes alliées à des adeptes passionnés de l'art, n'ayez une confiance absolue dans la solidité et la plénitude de votre union que le jour où vous serez appelées à partager ces émotions qui dominent le cœur d'un amant de la lumière.

Réclamez donc hautement, cette part qui vous appartient. Vous avez l'adresse et la délicatesse des mains, vous avez le soin, la propreté, l'attention qui sont les bases matérielles de l'art, vous avez le sentiment du pittoresque et du beau qui en sont l'âme, vous êtes donc prédestinées à la Photographie.

Je bois, Mesdames, à ce progrès nécessaire ; je bois à la femme collaboratrice de son cher mari.


Discours prononcé par M. JANSSEN, à l'issue de la Session, le 15 juin 1895.


MESSIEURS,

M. le Président du Photo-Club lyonnais a montré, à l'égard de ses hôtes, une courtoisie et une bonne grâce dont nous garderons le plus charmant souvenir. Il vient encore d'y ajouter par les paroles si éloquentes et infiniment flatteuses que vous venez d'entendre.

Les éloges que M. le Président vient de donner aux membres les plus éminents de l'Union sont certainement mérités et la voix publique les ratifiera. A mon égard seulement, M. le Président a été emporté par sa bienveillance naturelle et, de ses paroles, je ne puis retenir que le sentiment qui les a dictées, et dont je suis infiniment touché. M. le Président vient de rappeler de moi un portrait moral qu'il attribuerait volontiers, dit-il, à un photographe. Si cela était, Messieurs, ce photographe aurait singulièrement abusé de la méthode dite d'*agrandissement*. Je n'ai, hélas ! rien de la taille du Législateur des Hébreux.

Je n'ai pas conversé avec l'Être suprême sur la montagne sainte et au milieu du tonnerre et des éclairs. Si j'ai eu quelques rapports avec le Ciel, ce n'a été, Messieurs, que de très loin, et au moyen des lunettes, tout simplement. Ah ! par exemple, j'ai eu peut-être une supériorité sur le grand Législateur israélite, c'est qu'il a souvent prêché dans le désert, peu écouté par ses compatriotes, tandis que j'ai eu le bonheur d'être suivi quand j'ai pratiqué et recommandé les applications de la Photographie à la Science. Mais ce mérite-là, Messieurs, appartient plutôt à ceux qui ont bien voulu m'écouter qu'à moi-même.

Peut-être faudrait-il y voir que les adeptes de cette grande magicienne que l'on nomme la *Lumière* sont plus enthousiastes et moins divisés entre eux que ceux qui appartiennent à d'autres cultes. Ce serait encore, Messieurs, un singulier honneur pour la Photographie.

Ces réserves bien nécessaires étant faites, je dirai, Messieurs, que je savais déjà, et avant le commencement de la session, combien nous serions bien reçus à Lyon.

J'ai encore, en effet, le souvenir de l'après-midi intime et charmante que j'ai passée, grâce à M. Flachat, à mon passage à Lyon, en revenant d'Afrique. J'ajoute que M. Flachat a été bien secondé par ses collaborateurs, et je suis bien sûr de répondre à ses sentiments en remerciant ici en votre nom M. du Bouchage, qui a organisé cette session avec une compétence si reconnue et un dévouement complet. Saluons également, parmi nos collègues éminents de Lyon, M. Begule, le grand artiste, le grand peintre verrier qui fait grand honneur à la Photographie d'art. Nous devons aussi des félicitations à M. Delaroche pour ses splendides photographies de glaciers, à M. Lagrange, notre spirituel collègue, ancien magistrat, conseiller général, qui jouit d'une estime aussi grande que méritée.

Messieurs, parmi les travaux de cette session, je dois signaler la stéréojumelle du Colonel Moëssard, les diapositifs de M. Vidal, l'éminent professeur qui poursuit la réalisation d'une œuvre capitale, le Musée des documents photographiques.

Vous avez remarqué aussi, Messieurs, les savants travaux de M. Londe qui continue d'appliquer la Photographie aux études anatomiques. Ces études sont sévères, elles ne peuvent être bien appréciées que par les physiologistes et les médecins.

Néanmoins, l'auditoire, qui comptait même des dames, a bien senti qu'il y avait là des études d'une haute portée scientifique.

Messieurs, on va vous faire connaître les récompenses accordées à la suite du Concours institué à l'occasion de cette session. Ce Concours a été excellent et je me félicite d'avoir proposé à nos collègues d'instituer ainsi, à chaque session, un Concours entre tous les membres de l'Union ; je crois qu'il y aura là les éléments de l'émulation la plus féconde et l'un des meilleurs éléments de succès pour l'Union.

Je dois remercier ici les membres du Jury et, en particulier, M. Davanne, du dévouement qu'ils ont apporté à l'accomplissement de leur tâche.

Nous pouvons remercier encore notre si distingué Secrétaire général, M. Pector, toujours si dévoué et dont le concours nous est si précieux.

Messieurs, le gros événement de cette session a été le résultat obtenu en Photographie animée par MM. Lumière. Vous vous rappelez combien nous avons admiré, à Caen, la mise en œuvre déjà si complète de la méthode Lippmann par MM. Lumière ; aujourd'hui, nous assistons à d'autres merveilles. Tout d'abord, cette reproduction des couleurs naturelles par un procédé tout différent de celui des interférences, mais surtout le résultat obtenu dans la voie des photographies animées. Dans cette voie, on connaissait surtout les intéressants résultats obtenus par MM. Muybridge et Edison. Mais le tableau animé créé par ces inventeurs ne pouvait être perçu que d'une personne à la fois. Avec MM. Lumière, c'est toute une assemblée qui est appelée à jouir de l'étonnante illusion.

Le point de départ de cette nouvelle branche de la Photographie est le *revolver photographique*, créé à l'occasion du passage de Vénus sur le Soleil en 1874. Le revolver donnait, sans intervention de la main humaine, et par l'effet d'un rouage moteur, quarante-huit images successives du bord solaire où le contact de la planète, à son entrée ou à sa sortie, devait se produire. De la connaissance de l'image qui montrait ce contact et de l'ordre de cette image dans la série, on déduisait le temps auquel le contact s'était produit, ce qui était précisément le but de l'observation.

En présentant cet instrument à la Société de Photographie en 1876, l'auteur insistait sur les applications qu'il pouvait recevoir pour l'étude des phases successives d'un phénomène variable et, spécialement, pour l'étude de la marche, de la course et du vol, etc..

On sait avec quel succès l'éminent Président actuel de l'Académie des Sciences et de la Société française de Photographie s'est emparé du principe de l'instrument qu'il a d'ailleurs complètement transformé. Mais, Messieurs, si le revolver et ses dérivés nous donnent l'analyse d'un mouvement par la série de ses aspects élémentaires, les procédés qui permettent de réaliser, par la Photographie, l'illusion d'une scène animée, doivent aller plus loin. Il faut qu'après avoir fixé photographiquement tous les aspects successifs d'une scène en action, ils en réalisent une synthèse assez rapide et assez exacte pour offrir à notre vue l'illusion de la scène elle-même, et telle que la nature nous l'eût présentée. C'est ici, Messieurs, que grâce à MM. Lumière, la Photographie, que je proposerai de nommer la *Photographie animée*, pour la distinguer de la Photographie analytique des mouvements, a fait un pas considérable.

Maintenant, Messieurs, on peut dire que le problème est presque résolu, et qu'il le sera tout à fait quand ces Messieurs, par un dernier perfectionnement de leur méthode, auront fait disparaître une certaine trépidation des images, trépidation qui, du reste, ne nuit que très légèrement à l'illusion complète de la scène représentée, laquelle est déjà étonnante et très complète.

Vous voyez, Messieurs, de quel pas rapide avance cet art admirable qui a nom la *Photographie*.

En vérité, bien que nos sessions ne soient séparées que par l'intervalle d'une année, il semble que ce soient des siècles qui les séparent, tant les résultats sont nouveaux et considérables. Aussi, Messieurs, réjouissons-nous toujours, et de plus en plus, que cet art merveilleux soit né en France, et applaudissons de tout cœur, lorsqu'il s'enrichit chez nous de quelque branche nouvelle. Honneur donc, aujourd'hui, à MM. Lumière frères.

## VII

# NOTE SUR LA LOI D'ABSORPTION DES BANDES
# DU SPECTRE DE L'OXYGÈNE

Je viens rendre compte à l'Académie d'observations faites au cours d'un voyage dans le Sahara algérien pendant le mois qui vient de s'écouler et qui se rattachent à celles de 1890, à Biskra.

J'ai déjà eu l'occasion d'entretenir l'Académie des études que je poursuis sur le spectre de la vapeur d'eau et ceux des gaz de l'atmosphère terrestre et spécialement de l'oxygène.

Je compte résumer prochainement devant l'Académie ces dernières études sur l'oxygène. Aujourd'hui, je l'entretiendrai d'un point particulier de ces études, à savoir la loi suivant laquelle le pouvoir absorbant de l'oxygène pour la lumière s'exerce à l'égard des bandes non résolubles de son spectre.

J'ai déjà fait connaître la loi d'absorption relative à ces bandes sombres qui ne paraissent pas résolubles avec les pouvoirs optiques que j'ai pu employer. Cette loi est celle du carré de la densité, c'est-à-dire que le pouvoir absorbant du gaz oxygène, relativement à ces bandes, est proportionnel à l'épaisseur de la masse gazeuse multipliée par le carré de sa densité.

Cette loi étant tout à fait imprévue et paraissant fort importante pour la mécanique moléculaire, nous avons cherché à l'établir par les expériences les plus variées et les plus décisives.

Quand les expériences de laboratoire nous eurent révélé l'existence de ces bandes sombres s'ajoutant au système des raies et suivant une loi toute différente de production, nous eûmes naturellement la pensée, après avoir épuisé toutes les épreuves destinées à démontrer l'origine oxygénée du phénomène, de demander à notre atmosphère, en raison de l'oxygène qu'elle contient, la confirmation de nos résultats.

Mais notre atmosphère peut non seulement nous servir à confirmer nos expériences relativement à l'origine de ces bandes, elle peut encore conduire à vérifier l'exactitude de la loi en question, et c'est peut-être là son rôle le plus précieux, en raison des circonstances particulières qu'elle présente, l'oxygène se trouvant réparti dans l'atmosphère terrestre depuis la densité nulle jusqu'à celle égale à environ un cinquième d'atmosphère.

C'est précisément cette vérification qui a formé, avec les études sur le spectre de la vapeur d'eau, le but de nos voyages dans le Sahara algérien en 1890 et en 1895, le mois dernier.

Le climat saharien est, en effet, précieux pour ce genre d'études : d'une part, en raison de la sécheresse extrême de son atmosphère, qui permet de faire un départ très net entre les raies d'origine aqueuse et celles de l'oxygène et des autres gaz atmosphériques, et surtout en raison de ce fait remarquable que, dans les régions sahariennes, le Soleil se lève presque toujours dégagé de vapeurs et avec un éclat qui se prête merveilleusement aux observations et aux mesures.

La mesure de la hauteur de l'astre, au moment où les bandes disparaissent au lever et apparaissent au coucher, peut conduire, disons-nous, à la vérification de la loi en question.

Voici par quelles considérations on peut établir ces hauteurs du Soleil qui doivent donner les bandes naissantes si la loi se vérifie pour l'atmosphère terrestre.

Un tube de 60 mètres, qu'on remplit d'oxygène dont on augmente successivement la pression, montre la bande près de D, $\lambda = 0\,\mu,580$ à $0\,\mu,572$, naissante à 6 atmosphères, à très peu près.

Le produit de la longueur par le carré de la pression donne 60 mètres $\times\ 6^2 = 2.160$ mètres. C'est ce produit que nous avons constamment obtenu dans les expériences de laboratoire dans lesquelles nous faisions varier les longueurs et les pressions.

Voyons à quelles épaisseurs atmosphériques il faut recourir pour obtenir une équivalence de cette longueur.

Considérons d'abord l'action de l'atmosphère quand elle agit sur un rayon la traversant verticalement.

Soient H la hauteur d'une colonne atmosphérique reposant sur le sol et ayant l'atmosphère pour hauteur, $d$H l'épaisseur d'une tranche infiniment mince en un point déterminé et $\delta$ la densité de l'atmosphère en ce point ; on aura, $d\mathrm{F}$ étant la différentielle de la force qui représente l'absorption,

$$d\mathrm{F} = \delta^2\,d\mathrm{H}.$$

Mais la densité est sensiblement proportionnelle à la pression barométrique $h$.

On peut donc poser :

$$\delta = kh,$$

d'où :

$$d\mathrm{F} = k^2h^2\,d\mathrm{H}.$$

Remarquons maintenant que pour $h = 760$, $\delta = 1$, d'où $k = \dfrac{1}{760}$ et prenant pour $\mathrm{H} = 18\,336\,\log\dfrac{760}{h}$, on trouve $d\mathrm{H} = -\,18\,336\,\log e\,\dfrac{dh}{h}$ et, par suite, $d\mathrm{F} = \dfrac{18\,336}{(760)^2}\,\log eh\,dh$.

Cette équation intégrée de $h = 0$, à $h = 760$ conduit à la valeur $\mathrm{F} = 3\,981$ mètres.

Mais ce résultat suppose que l'atmosphère est entièrement formée d'oxygène, et ce gaz n'en représente que le cinquième ou plutôt le 0,208 dont le carré est 0,43 ; il faut donc multiplier par ce nombre, et l'on trouve $\mathrm{F} = 172$ mètres.

Ainsi, l'action de l'atmosphère sur un faisceau qui la traverse normalement équivaut à celle d'une colonne d'oxygène de 172 mètres environ à la pression d'une atmosphère.

Or, le tube de 60 mètres ne commençant à donner les bandes (celle de D qui est la première à apparaître) qu'à la pression de 6 atmosphères, ce qui équivaut, suivant la loi, à 2 160 mètres d'oxygène à 1 atmosphère, c'est-à-dire à une action douze fois plus forte que celle de l'atmosphère, suivant la direction zénithale, on a l'explication péremptoire de l'absence des bandes dans le spectre solaire pendant la journée.

Mais les épaisseurs atmosphériques traversées par les rayons solaires, au lever ou au coucher de l'astre, sont douze à quinze fois plus considérables que pour le zénith. On conçoit donc qu'il soit possible que, dans ces circonstances, les bandes puissent apparaître, et c'est ce qui arrive.

Le calcul étant beaucoup plus complexe que dans le cas si simple du rayon zénithal, nous ne pouvons l'exposer ici : nous dirons seulement qu'il montre que la bande près de D, à laquelle se rapporte le nombre 2 160 mètres, doit se montrer quand le Soleil est à la hauteur d'environ 4° au-dessus de l'horizon.

Or, le Soleil saharien, très pur aux environs du lever, nous a permis de vérifier cette indication du calcul, et nous l'avons obtenue, soit par la vue directe, soit par la Photographie.

J'insiste sur l'intérêt de ces résultats, puisque d'une part, ils montrent, d'une manière incontestable, l'origine oxygénée de ces bandes, et que, d'autre part, ils confirment, dans des conditions toutes nouvelles et très concluantes, l'exactitude de cette loi du carré de la densité, si imprévue, et qui certainement aura des conséquences pour la mécanique moléculaire des gaz.

Je rendrai compte ultérieurement des phénomènes qui se rapportent au spectre de la vapeur d'eau, phénomènes étudiés spécialement au cours de ce voyage.

Je ne veux pas terminer cette communication sans remercier M. le Ministre de la Guerre et M. le Gouverneur général de l'Algérie, qui ont bien voulu me donner de précieuses recommandations pour les régions sahariennes que j'avais à traverser.

Je remercie également M. le Commandant du 19e Corps d'Armée et MM. les Généraux de Leschères et Ruyssen de leur excellent appui.

Enfin, je dirai que, pendant mon séjour à Ghardaïa dans le M'zab, j'ai été reçu par M. le Colonel Didier et ses officiers, MM. Bresse, Baudu, Toulat, Perrot et Grenade avec une cordialité dont je conserve un charmant souvenir. M. le Colonel Didier a accompli les travaux les plus remarquables et rendu les plus grands services à la France dans cette province du M'zab.

C'est notre vaillante armée qui occupe seule ces régions avancées de nos possessions d'Afrique, et elle supporte les privations et les fatigues qu'imposent le climat et la difficulté des communications avec un courage, une gaieté, un entrain et j'ajoute, une impatience d'aller en avant qui font mon admiration et doivent commander toute notre sollicitude et nos sympathies.

Mais ce n'est pas une raison pour abuser de tant de dévouement et, à cet égard, nous devons faire des vœux pour que les voies de communications de ces régions soient améliorées et notamment que Laghouat, qui prend tous les jours plus d'importance et forme un de nos centres d'occupation, soit relié aux voies ferrées du Sud d'Alger par un chemin de fer à voie étroite, chemin dont les éléments sont déjà presque prêts sur une grande étendue du parcours.

Ceci dit sans rien préjuger sur le mérite des autres voies de pénétration dans le Sud Oranais et dans celui de la province de Constantine qui se recommandent également.

*C. R. Acad. Sc.*, Séance du 17 juin 1895, T. 120, p. 1306.


## VIII

## SUR LA PRÉSENCE DE LA VAPEUR D'EAU DANS L'ATMOSPHÈRE DE LA PLANÈTE MARS

Les études spectroscopiques sur les atmosphères planétaires et tout spécialement sur la planète Mars ont été reprises depuis quelque temps.

L'année dernière, à la suite d'un travail remarquable exécuté à l'Observatoire du Mont Hamilton, M. W.-W. Campbell avait cru pouvoir conclure à la non-présence de la vapeur d'eau dans l'atmosphère de cette planète. Cette conclusion a produit une certaine émotion dans le monde astronomique.

D'une part, les grands instruments dont s'était servi M. Campbell, le soin et le talent avec lesquels l'auteur avait dirigé ses recherches donnaient un grand poids à ses assertions. Mais, d'autre part, les astronomes étaient habitués à considérer Mars comme entourée d'une atmosphère très analogue à la nôtre et cette opinion était basée non seulement sur certaines particularités physiques de sa surface, mais surtout d'après les résultats fournis depuis une trentaine d'années par l'analyse spectrale.

M. Huggins, en 1867, étudiant l'atmosphère de Mars, y avait constaté de grandes analogies spectrales avec notre atmosphère, sans se prononcer toutefois sur le point particulier de la vapeur d'eau. La même année j'avais abordé ce point spécial et, armé de la connaissance précise du spectre de la vapeur d'eau que j'avais découvert depuis peu, j'annonçais la présence de cette vapeur d'eau dans l'atmosphère de Mars.

Plus tard, ces études avaient encore été reprises et les résultats corroborés, notamment, par M. Vogel dans son très important travail sur les spectres des planètes.

Tous ces travaux avaient formé la base d'une opinion qui, en particulier pour Mars, se trouvait en opposition avec les conclusions de M. Campbell.

Cette divergence engagea plusieurs astronomes physiciens et, en particulier, MM. Huggins et Vogel, à reprendre la question et il paraît que ces Messieurs sont conduits à maintenir leurs conclusions antérieures et ils le font en discutant à leur tour les observations de M. Campbell.

Tout dernièrement, dans un article inséré au numéro de juin 1895 de *The Astrophysical Journal*, et qui contient une *Revue* des observations spectroscopiques sur Mars, M. Campbell répond aux observations de M. Vogel et, au cours de cette revue, il est amené à citer mes observations publiées en 1867, et exprime le désir d'avoir plus de détails spécialement sur celles qui concernent la présence de la vapeur d'eau dans cette planète.

Je vais déférer à ce désir. J'aurai en même temps l'occasion de parler des conditions les plus propres à assurer, selon moi, le succès de ces recherches qui sont d'une extrême difficulté.

La lumière qui nous est envoyée par les planètes n'a, en général, traversé que les couches supérieures et, par conséquent, les moins denses de leurs atmosphères. C'est le cas pour Vénus, Jupiter et les planètes, dont les atmosphères sont très chargées de nuages. Ce n'est pas le cas pour Mars ; mais, d'un autre côté, tout indique pour cette planète une atmosphère très rare.

Or, on sait que les raies telluriques ne sont très facilement perceptibles, surtout en hiver, que quand le Soleil est assez abaissé sur l'horizon, c'est-à-dire quand ses rayons ont traversé une épaisseur atmosphérique considérable.

Si nous n'avions eu, pour découvrir les raies telluriques, que les observations méridiennes, il est très probable que nous serions encore dans l'ignorance de leur existence ou, du moins, que cette connaissance eût été bien retardée.

Cela est si vrai que l'illustre Brewster, qui, comme on sait, avait découvert, dès 1833, les bandes sombres dont se charge le spectre solaire au lever et au coucher de cet astre, n'avait jamais pu conclure à une action normale des gaz de notre atmosphère, parce que ces bandes s'évanouissent dès que le Soleil s'élève sensiblement.

Ayant été amené à découvrir ces bandes en 1862, sans connaître, du reste, les observations de Brewster, j'ai dû employer des spectroscopes très puissants et prendre des précautions toutes spéciales pour constater la présence, dans le spectre méridien, des raies fines dans lesquelles les bandes de Brewster se résolvaient dans mes instruments.

Il résulte de ceci que, si de la planète Mars on analysait la lumière solaire réfléchie normalement à la surface de la Terre, il serait très difficile d'y constater les groupes telluriques de la vapeur d'eau, et, s'il s'agissait de la lumière réfléchie dans les hautes régions de notre atmosphère à la surface de nos cirrus glacés, cela serait à peu près impossible.

Si l'on considère maintenant que l'atmosphère de Mars doit être beaucoup moins importante que la nôtre, et moins riche en vapeurs, on conçoit toute la difficulté de son analyse au point de vue de la vapeur d'eau.

Ceci explique les différences d'opinions que des observateurs éminents, comme ceux que je viens de citer, peuvent avoir à cet égard.

Mais, si la question est difficile, elle est loin d'être hors de la portée de nos moyens d'investigation et, à cet égard, voici comment je pense que cette question doive être abordée.

Puisque l'effet d'absorption de la planète est très faible, il faut se placer dans les conditions où celui de notre atmosphère est aussi réduit que possible. Ceci conduit à l'emploi des hautes stations, combiné avec une atmosphère très froide et en outre l'observateur doit s'adresser aux groupes de la vapeur d'eau qui, dans les circonstances où il est placé, ne peuvent être produits d'une manière sensible par l'action de l'atmosphère terrestre s'il est obligé de s'adresser à des groupes pour lesquels intervient notre atmosphère ; il faut y constater nettement une augmentation d'intensité, mais ceci est plus délicat, et c'est ici que la Lune peut fournir un bon terme de comparaison. Mais les hautes stations sont plus sûres. Quant à l'appareil, tout en reconnaissant qu'un grand instrument présente des ressources dont on peut tirer parti, je ne pense pas qu'il soit indispensable. En effet, la lumière planétaire est si faible par rapport à celle du Soleil, que même avec nos plus puissantes lunettes ou télescopes, on ne peut résoudre les groupes spectraux de la vapeur d'eau en raies individuelles bien distinctes. On est donc obligé de considérer les groupes dans leur ensemble. Heureusement ces groupes, quand la dispersion est bien appropriée et l'éclairage convenable, présentent une physionomie individuelle, un facies en quelque sorte qui les font reconnaître immédiatement par un observateur exercé. Avec une dispersion beaucoup plus faible, chaque groupe ne présente qu'une bande ombrée et l'identification est beaucoup plus incertaine.

Or, en 1867, après avoir étudié le spectre de la vapeur d'eau avec le tube de 37 mètres de l'usine de la Villette, je m'étais familiarisé avec cet aspect particulier de chaque groupe et j'étais arrivé à les reconnaître immédiatement dans un spectre donné. Du reste, en annonçant la découverte de cette action élective de la vapeur aqueuse, j'avais signalé l'importante application qu'elle pourrait recevoir pour l'étude des atmosphères planétaires et, pour mettre ce programme à exécution, après avoir commencé ce travail à l'Observatoire de Paris, pour Jupiter, Mars, Saturne, etc., je résolus de monter sur l'Etna, afin de me placer dans des conditions qui pussent lever tous les doutes.

Voici, dans quelles conditions cette observation eut lieu :

J'observais sous le sommet de l'Etna, à la maison des Anglais, au point, je crois, où M. Tacchini a fait placer un observatoire, et dont l'altitude est près de 3 000 mètres.

Les observations eurent lieu du 12 au 15 mai 1867.

A son passage au méridien, la planète avait, le 13, une hauteur de 72° et, au coucher du Soleil, au moment où commençaient les observations, elle en conservait une de plus de 60°.

Sous ce rapport, les observations étaient faites dans de bonnes conditions ; mais, à l'égard de la vapeur d'eau atmosphérique, elles étaient meilleures encore, car le froid fut excessif pendant mes nuits d'observation et la quantité de vapeur aqueuse contenue dans les parties d'atmosphère qui étaient au-dessus de moi était incapable de produire dans mon spectroscope, de manière à être perçu, le groupe tellurique de C et encore moins celui de D (ceci résulte d'expériences que j'ai faites depuis sur les quantités de vapeur d'eau nécessaires à l'apparition des groupes). D'un autre côté, la Lune, qui avait dépassé le premier quartier et qui était plus basse que Mars, fournissait *a fortiori* un excellent terme de comparaison.

Or, je constatai dans le spectre de Mars la présence, faible il est vrai, mais certaine, des groupes de C et de D avec la position à l'égard des échelles et avec la physionomie qui leur était propre dans mes expériences de l'année précédente sur le tube de vapeur de l'usine de la Villette.

C'est à la suite de cette constatation, confirmée ensuite à Palerme, où M. Cacciatore voulut bien mettre son équatorial à ma disposition, et à Marseille, avec le grand télescope de 0 m. 80 d'ouverture de M. Stéphan, que j'annonçai la présence de la vapeur d'eau dans l'atmosphère de Mars,

Mais c'est l'observation sur l'Etna qui, en raison de la hauteur de la station et de la très basse température de l'atmosphère, est la plus probante.

C'est la première constatation de la vapeur d'eau qui ait été faite, dans l'atmosphère d'une planète, et j'ai confiance que l'avenir la confirmera.

Je reviendrai plus tard, du reste, sur les observations du même genre que j'ai faites depuis.

*C. R. Acad. Sc.*, Séance du 29 juillet 1895, T. 121, p. 233.

# IX

## SUR LES TRAVAUX ENTREPRIS, EN 1895,
## A L'OBSERVATOIRE DU MONT BLANC

Lettre à M. le Secrétaire perpétuel.

Chamonix, 31 août 1895.

Je viens donner à l'Académie des nouvelles des travaux entrepris cette année par la Société de l'Observatoire du Mont Blanc.

Dans le programme de ces travaux, figurait la détermination de l'intensité de la pesanteur en différents points du massif du Mont Blanc et, s'il était possible, au sommet même de cette haute montagne.

L'instrument destiné à ces mesures nous a été prêté par M. le Ministre de la Guerre, sur la bienveillante demande de M. le Général de la Noé, chef du Service géographique de l'Armée : c'est M. Bigourdan, astronome de l'Observatoire de Paris, bien connu de l'Académie, et très au courant de ces délicates déterminations, qui a bien voulu s'en charger.

Nous avons dû prendre des dispositions spéciales pour le transport et la mise en expérience de cet instrument, dont les organes sont lourds, délicats, et qui demande une grande stabilité.

La traversée du glacier, l'installation même aux Grands-Mulets (3 050 mètres) n'ont pas été sans difficultés ; elles ont fini par être heureusement surmontées, et la détermination paraît devoir inspirer confiance. M. Bigourdan en a fait une autre très soignée à Chamonix, près de notre chalet. Ces mesures seront rapprochées de celles qu'on obtiendra à Paris et à Meudon.

Quant au sommet du Mont Blanc lui-même, il est réservé pour l'année prochaine, et l'expérience de cette année sera, nous l'espérons, un élément de succès pour aborder cette difficile station.

Tous les amis de la Science doivent féliciter M. Bigourdan du courage, de l'activité et du dévouement qu'il a montrés dans cette rude campagne.

De plus, M. le D^r de Thierry a fait une ascension difficile et courageuse au sommet ; il a séjourné un jour entier à l'Observatoire, et y a fait des expériences sur l'ozone atmosphérique et sur la microbiologie, dont il rendra compte à l'Académie.

Les circonstances atmosphériques n'ont pas été d'abord favorables, pendant le commencement du mois d'août : de fréquents orages ont éclaté sur la vallée. Néanmoins, grâce au courage, à la force et à l'expérience acquise aujourd'hui par nos porteurs, toutes les pièces, dont plusieurs sont très volumineuses, de la lunette parallactique de 12^p (33 centimètres) que nous désirions placer au sommet du glacier, sont actuellement transportées et attendent les mécaniciens qui doivent les assembler.

Je me félicite tout spécialement que, dans les nombreux voyages de ces lourdes charges, à travers les chaos du glacier, aucun accident ne soit arrivé à nos porteurs.

*C. R. Acad. Sc.*, Séance du 2 septembre 1895, T. 121, p. 391.

La substance de cette lettre a été publiée dans *La Nature*, n° 1162, 7 septembre 1895.

X

## SUR UNE ASCENSION AU SOMMET DU MONT BLANC ET LES TRAVAUX EXÉCUTÉS PENDANT L'ÉTÉ DE 1895 DANS LE MASSIF DE CETTE MONTAGNE.

Dans ma Lettre à l'Académie, du 2 septembre dernier, je lui annonçais que M. Bigourdan avait réussi à prendre une mesure de l'intensité de la pesanteur à la station dite des *Grands-Mulets*, à 3050 mètres d'altitude, et à Chamonix (1050 mètres), et que M. le D^r de Thierry avait fait, au sommet, des observations sur l'ozone atmosphérique et la microbiologie.

Dans cette Lettre, j'informais également l'Académie que

toutes les pièces de la lunette parallactique de o m. 33 d'ouverture (12ᴾ) qui est destiné à l'Observatoire y avaient été heureusement transportées, malgré les difficultés amenées par l'état du glacier, le poids et le volume des pièces de cette grande lunette.

Je considérais comme très important de m'assurer moi-même que toutes les parties de l'instrument étaient parvenues au sommet et placécs de manière à pouvoir y passer l'hiver sans dommage. D'un autre côté, j'avais été prévenu que le météorographe qui avait été assemblé et mis en marche par les soins de M. Libert, mécanicien de M. Jules Richard, s'était arrêté. Dans ces conditions, je jugeai une ascension indispensable.

Je résolus d'en profiter pour commencer une étude dont je parlerai tout à l'heure ; aussi, pris-je avec moi le spectroscope Duboscq qui m'accompagne toujours dans ces ascensions.

Le temps était fort beau depuis la seconde quinzaine d'août, mais aussi, en raison de la continuité du rayonnement solaire sur le glacier, les neiges de celui-ci étaient presque partout converties en glace et en verglas. Partis de Chamonix, le jeudi 26 septembre à 7 heures du matin, nous arrivions à l'Observatoire du Club Alpin, aux Grands-Mulets, vers 5 heures du soir. Pour ce trajet, nous employâmes la chaise-échelle que j'ai décrite dans ma relation de l'ascension aux Grands-Mulets en 1888 (*Comptes-rendus*, séance du 29 octobre).

La traversée de la jonction des glaciers des Bossons et de Tacconaz fut laborieuse. Les pentes glacées qui viennent ensuite étaient bien difficilement praticables ; mais la vigueur et la sûreté de pas de mes guides en triomphèrent. Du reste, pour l'expérience des dispositions arrêtées entre nous, je me confiai à eux d'une manière absolue.

Aux Grands-Mulets, nous réparâmes la chaise-échelle qui avait souffert des efforts pendant le voyage. Je fis là quelques observations météorologiques, et le lendemain, à 6 heures du matin, nous repartions avec le traîneau pour le sommet.

Le bon fonctionnement du traîneau exige une certaine épaisseur de neige ; or, comme je viens de le dire, le glacier en était presque dépouillé. Il en résultait, pour la marche, des secousses et des cahots inévitables. Aux pentes rapides du coin du Dôme, du petit plateau, du grand plateau, du corridor, du mur de la côte, nous employâmes les treuils, ce qui soulagea beaucoup les guides (1).

Enfin, vers 5 heures du soir, nous arrivions à la cabane construite par notre Société au Rocher-Rouge (4.500 mètres) et nous y passions la nuit.

Cette journée du vendredi 27 avait été splendide.

Placé dans mon traineau, laissant entièrement à mes guides le soin de l'ascension, je me livrais sans réserve à la contemplation des scènes qui se déroulaient successivement sous mes yeux à mesure que je m'élevais dans ces solitudes glacées. Je notais les phénomènes et les impressions. Cette fois-ci, j'ai particulièrement suivi le cycle des transformations que les vapeurs et les nuages ont subies sous l'action solaire pendant cette radieuse journée, dans cette couche atmosphérique de 4 kilomètres d'épaisseur, depuis le lever jusqu'au coucher de l'astre. Au moment où nous quittions les Grands-Mulets, le Soleil était encore derrière le grand mur de rochers formé par les Aiguilles de Charmoz, de Blaitière, du Plan, du Midi, des Monts-Maudits, etc.. La vallée de Chamonix était encore plongée dans les ombres du matin, elle était couverte de vapeurs qui formaient comme un lac bleuâtre aux eaux dormantes. Du côté de l'Est, les têtes déchirées du grand mur de rochers qui domine la vallée resplendissaient de lumière et se frangeaient d'une auréole de rayons. Au loin, c'était comme une mer immense de vapeurs stratifiées baignant les contreforts du Jura et s'étendant jusqu'aux Vosges, dont les lignes bleuâtres se dessinaient à l'horizon,

Mais bientôt, l'astre s'élevant, ses rayons commencèrent à pénétrer dans la vallée et à y produire des mouvements singuliers dans les vapeurs dormantes de la nuit. Il commença à s'élever de légers flocons semblables à ceux que le vent emporte au moment de la maturité du coton dans les plaines de la Louisiane.

---

(1) La manœuvre de ces treuils a été décrite dans la Notice de *l'Annuaire du Bureau des Longitudes*, an 1894.

Ces flocons se réunirent bientôt et formèrent de petits nuages qui s'élevèrent lentement, longeant les massifs rocheux qui semblaient les attirer. Ils finirent par s'en détacher pour s'élever au-dessus d'eux et flotter dans les couches libres de la haute atmosphère.

C'est alors que des assises formées par ces nuages commencèrent à monter des colonnes aux formes bizarres figurant les végétations qui s'élèvent au fond des bassins des attolls dans les mers corallifères du grand Pacifique.

Il était alors 10 heures et ce singulier phénomène des colonnes nuageuses ascendantes était dans tout son développement. L'ardeur du Soleil était extrême. Aussi tout ce monde de nuages et de vapeurs ne put-il résister plus longtemps à la puissance de ses rayons. Ces édifices aériens se disloquèrent. La plus grande partie monta dans les hautes régions de l'atmosphère, fort au-dessus de la tête du Mont Blanc, sans doute à plus de 6 000 mètres d'altitude, et s'y dissipèrent.

Alors l'atmosphère prit une teinte bleue plus intense et la vue s'étendait sans limites et fouillait les profondeurs de l'océan aérien qu'on domine de ces hauteurs et dont l'immensité produit toujours une impression extraordinaire.

Comme je viens de le dire, vers 5 heures nous arrivions à la cabane du Rocher-Rouge après une ascension longue et pénible à travers le corridor et le mur de la côte. Alors le Soleil était très abaissé sur l'horizon ; l'atmosphère se refroidissait rapidement. Les vapeurs dissoutes commençaient à se condenser et à descendre vers les vallées où elles tombèrent en rosée avant la nuit, qui fut resplendissante, mais glaciale (1).

Ainsi, sous l'action solaire, l'eau et les vapeurs des vallées s'étaient élevées sous forme de nuages, avaient gagné les hautes parties de l'atmosphère, s'y étaient dissoutes, avaient communiqué à cette atmosphère les propriétés si importantes que celle-ci emprunte à la vapeur d'eau, élément capital de sa constitution, et ensuite, avec l'affaiblissement de cette action solaire, elles s'étaient séparées et avaient regagné le fond des vallées où

______

(1) A 6$^h$3o$^m$ du soir, le thermomètre était à — 11°.

leur rôle tout différent n'est pas moins important, fermant ainsi un cycle de transformations dont le Soleil est l'origine et le régulateur.

Ces phénomènes sont bien connus dans leur cause et leurs manifestations, mais il est d'un haut intérêt de pouvoir les observer, non plus de la plaine, mais de stations élevées où on les domine et où l'on peut suivre leurs transformations dans toute l'épaisseur de la couche atmosphérique qui en est le théâtre.

Cette belle journée m'a rappelé plusieurs de celles que j'ai passées à Simla, dans l'Himalaya, pendant l'hiver de 1868-1869, où mon petit observatoire dominait aussi un grand horizon de montagnes et de vallées.

Le lendemain matin samedi, nous partions de la cabane des Rochers-Rouges à 6 heures du matin et, à 8 heures et demie, nous étions au sommet.

Je visitai immédiatement les pièces de la lunette de 12 pouces et l'emplacement qui lui était réservé et je m'assurai que toutes les pièces de cet instrument pourraient sans danger passer l'hiver à l'observatoire.

Cette lunette sera montée en sidérostat polaire. Un miroir de 0 m. 60 de diamètre, offert à la Société par MM. Henry frères, ainsi que l'objectif de cette lunette, sera placé de manière à renvoyer dans l'instrument, dont l'axe coïncide avec l'axe du monde, les images célestes. Ce miroir fait corps avec la lunette et est entraîné avec elle, en sorte que les positions relatives des astres ne changent pas pendant le mouvement diurne.

Tous les mouvements sont commandés du poste où se tient l'observateur, en sorte que celui-ci n'a pas besoin de se déplacer et qu'il peut se tenir dans un cabinet, chauffé au besoin, circonstance capitale quand il s'agit d'observations à faire la nuit au sommet du Mont Blanc. Le mécanisme de ce bel instrument est dû à M. Gautier, notre habile constructeur.

J'étais impatient de voir le météorographe, lequel, ainsi que je l'ai dit, s'était arrêté. L'examen de son installation m'a montré qu'il manquait de stabilité. Bien qu'il ne fût pas possible de le démonter pour changer cette installation, je m'entendis avec M. Bossonney, notre entrepreneur, pour faire une modification qui n'entraînait pas le démontage. On plaça sur la glace de fortes planches, qu'on souda à cette glace au moyen d'eau liquide et, au moyen de nos vérins, on fit porter l'instrument sur cette base solide, et qui se trouve indépendante du plancher sur lequel l'instrument portait auparavant. M. Libert, que j'avais fait monter avec nous, constata que les battements de la pendule étaient aussi réguliers qu'à Paris.

Néanmoins, je ne me dissimule pas la possibilité de nouveaux arrêts, causés cette fois par le froid. Il est nécessaire que les constructeurs de ces appareils combinent tous les organes en vue des conditions de marche si différentes dans ces hautes stations, et où le froid, les vents violents, etc. créent des difficultés considérables et toutes nouvelles.

Mais l'intérêt de cette question des instruments à longue marche, qui nous procureront des données sur des stations importantes pour lesquelles nous ne possédons rien, est si grand et la question si pleine d'avenir qu'on peut se résigner à en acheter la solution par de sérieuses études.

J'aborde maintenant l'étude à laquelle je faisais allusion tout à l'heure.

Bien que la lunette de 12 pouces, qui eût parfaitement convenu pour cette étude, ne fût pas montée, j'ai voulu cependant aborder la question.

Le samedi, vers midi, la température était aux environs de zéro, mais le point de rosée s'abaissait jusqu'à — 18°. L'atmosphère que j'avais au-dessus de moi était donc non seulement très rare, mais encore d'une sécheresse extrême. C'étaient là des conditions extrêmement favorables pour élucider un point de Physique céleste qui se relie à la question de l'oxygène solaire ; je veux parler de la présence de la vapeur d'eau dans les atmosphères de cet astre.

Je fis cette observation avec le spectroscope Duboscq, à deux prismes, qui me sert ordinairement dans ces études, et, comme il ne s'agissait pas d'analyser les différentes parties du disque solaire, mais seulement, dans une première étude, la lumière d'ensemble, je me contentai d'un miroir ordinaire qui se trouvait dans l'observatoire. Le spectre était absolument dépouillé de ses raies d'origine aqueuse, tout le groupe de D était absent, ainsi que celui de C ; $a$ était si pâle qu'on avait peine à décider s'il était à sa place. Il était évident qu'encore un pas de plus et toute manifestation spectrale aqueuse aurait disparu.

Pour aller plus loin, il faudra, dans des conditions atmosphériques analogues, comparer très soigneusement le centre du disque avec ses bords, et voir s'il y a la plus légère augmentation pour les groupes comme $a$, qui demandent une très petite quantité de vapeur pour se manifester.

Pour moi, la question est déjà résolue, mais ces questions de la présence de l'oxygène et de l'eau dans les enveloppes gazeuses solaires, et de l'état physique dans lequel ils peuvent s'y trouver, est si importante, que l'on ne saurait accumuler trop d'observations à cet égard.

Nous avons quitté l'observatoire le lundi à 11 heures du matin et à 9 heures du soir, nous étions à Chamonix. J'avais obtenu de mes guides de descendre en une journée. Avant de partir, j'ai encore porté mon attention sur les mouvements que l'observatoire avait pu éprouver depuis son établissement. J'ai constaté qu'il y avait eu un léger mouvement d'abaissement vers Chamonix, mais ce mouvement, d'après M. Bossonney, l'un des deux entrepreneurs qui ont édifié l'observatoire, aurait eu lieu de 1893 à 1894, et se serait à peu près arrêté depuis l'année dernière.

Il est évident qu'il était fort difficile d'asseoir l'édifice dans des conditions où la neige offrit partout la même résistance ; il n'est donc pas étonnant qu'il se soit produit un certain tassement. Il y a lieu d'espérer que les mouvements seront maintenant insignifiants. Du reste, comme je l'ai dit, nous avons des moyens de remettre l'observatoire dans sa position normale, quand cela sera reconnu nécessaire.

Je crois donc que cette question des constructions sur les cimes neigeuses des hautes montagnes peut être considérée comme en bonne voie de solution. On nous accordera au moins que, dans cette direction si nouvelle, nous avons pris une initiative pour laquelle nous n'étions guère encouragés, et qui inspirait à tous l s alpinistes (1) les craintes les plus naturelles et les doutes les plus persistants.

Je crois que cette initiative ne sera pas sans fruits. Les hauts sommets dans les Andes, l'Himalaya, en Europe même, sont couverts de neiges éternelles. Ces hautes stations, actuellement si importantes pour les progrès de la Météorogie et de l'Astronomie, nous seront ouvertes si nous savons y placer des constructions et des instruments bien appropriés aux conditions dans lesquelles ils devront durer et fonctionner.

*C. R. Acad. Sc.*, Séance du 7 octobre 1895, T. 121, p. 477.

Communication reproduite dans *La Nature*, numéro du 19 octobre 1895, dans l'*Annuaire du Bureau des Longitudes* pour l'an 1896, et dans la *Revue Scientifique*, numéro du 29 février 1896.

XI

## SUR LE CLIMAT DE L'HIMALAYA

Société Météorologique de France

*Séance du mardi 5 novembre 1895.*

A l'occasion de la communication de M. Raulin sur la pluie en Asie, M. Janssen, Président de la Société, rappelle que, pendant son séjour dans l'Himalaya en 1868-1869, à la suite de l'observation de l'éclipse totale de Soleil du 18 août, il a pu fré-

---

(1) Dans un article publié dans la *Revue scientifique* du 21 mars 1891, M. Vallot, l'éminent alpiniste auquel on doit le premier observatoire construit près du sommet, au rocher des Bosses, en examinant et discutant les différents emplacements qui auraient pu convenir à l'établissement de son observatoire, s'exprime ainsi à l'égard du sommet : « Il est donc infiniment probable que la calotte du Mont Blanc ne se trouve pas sur une pointe rocheuse cachée, et que l'épaisseur de la glace peut atteindre une cinquantaine de mètres. C'est donc un vrai glacier, et cet emplacement instable *devait être rejeté.* »

quemment constater l'extrême sécheresse de l'air dans la région
supérieure du bassin de l'Indus :

« A Simla, dit-il, en décembre 1868, l'air était fréquemment
électrisé et l'on voyait des étincelles jaillir de différents objets,
notamment du papier lorsqu'on le touchait. Les nuits étaient
belles, et, malgré l'abaissement de la température vers 0°, j'ai
pu fréquemment en passer à des observations astronomiques
sans souffrir du froid. Mais les choses changèrent complètement vers la fin de janvier ; alors les vents du Sud-Est amenèrent d'énormes quantités de vapeur du golfe de Bengale, et avec
elles une grande humidité et de violents orages. J'ai observé une
fois un éclair d'une énorme étendue et d'une durée d'une seconde
un tiers.

A la suite de ces grands orages ,j'ai constaté qu'un grand cèdre,
dans mon voisinage, avait été abattu par la foudre avec un bruit
formidable. Le tronc avait été coupé en deux endroits, et la partie située au milieu réduite en morceaux qui furent projetés à 20
et 30 mètres autour. Cependant, aucune trace de brûlure ne se
montrait sur les fibres. Il n'est pas douteux que l'explosion avait
été produite par la vaporisation subite de la sève sur le passage
de l'électricité. »

*Annuaire de la Société Météorologique de France*, 43e année,
1895, p. 281.


## XII


## ALLOCUTION PRONONCÉE PAR M. JANSSEN AUX OBSÈQUES DE M. ÉMILE BRUNNER, LE 24 NOVEMBRE 1895.


Messieurs,

Le grand artiste qui vient de nous être enlevé si prématurément appartenait encore à cette époque de l'art de la construction des instruments de haute précision, dont Gambey a été la

plus haute expression chez nous ; époque dans laquelle le constructeur, épris de l'honneur que lui procuraient ses belles créations, exerçait son art d'un amour tout désintéressé, et trouvait sa meilleure récompense dans la haute estime des savants
ses clients et dans le sentiment qu'il éprouvait de concourir à
d'importantes observations ou à de belles découvertes.

C'était en effet une époque heureuse que celle où l'artiste, par
son désintéressement et son talent, se rendait digne de devenir
l'ami du savant qui lui confiait le soin de réaliser ses conceptions, et où ces sentiments, descendant davantage encore dans
l'échelle sociale, faisaient du patron le guide affectueux et aimé
de ses ouvriers, auxquels il communiquait souvent l'amour de
son art et le désir de l'imiter.

C'est ainsi, pour ne citer qu'un exemple, que Ramsden, « le
plus grand de tous les artistes », disait Delambre, fut l'ami de
Bradley, et qu'animé, envers ses ouvriers, de sentiments qui
tenaient bien plutôt de la paternité que de la maîtrise, leur
laissa en mourant la meilleure part du modeste avoir qui soutint ses dernières années.

Gambey, qui fut l'ami du grand Arago, continua chez nous,
comme je viens de le dire, ces belles traditions.

Or, les frères Brunner, par leur talent, par la dignité de leur
caractère et l'amour désintéressé avec lequel ils ont exercé leur
art, méritent d'être considérés comme les continuateurs de ces
grands devanciers.

Leur réputation était universelle, et leurs œuvres si recher-
chées furent trop peu nombreuses au gré des savants du monde
entier.

C'est que leur haute conscience, la volonté ferme de ne laisser
sortir de leurs ateliers que des instruments d'une perfection ache-
vée, ne leur permettaient qu'une production très limitée.

Leur œuvre est néanmoins considérable : nous ne pouvons
ici songer à l'analyser. Rappelons seulement les beaux instruments que leur doivent les Observatoires de Paris, de Nice,
de Toulouse, de Lisbonne, du Caire.

Rappelons encore la belle machine à mesurer les grandes
images solaires de l'Observatoire de Meudon, celles qui ont servi

pour les observations du passage de Vénus en 1874. Rappelons
encore leurs instruments si parfaits destinés soit à la mesure de
la pesanteur, soit à celle des éléments de la force magnétique du
globe.

Mais rappelons surtout cet admirable ensemble d'instruments géodésiques, ce magnifique appareil destiné à mesurer
les bases, ces cercles méridiens portatifs, ces cercles azimutaux,
tous instruments si bien conçus dans leur plan, si parfaits dans
leur exécution et qui, entre les mains du Général Perrier et de ses
successeurs, ont fait atteindre à une précision jusqu'alors inconnue et permis l'emploi de méthodes nouvelles qui ont renouvelé
la Géodésie française.

Ce sera là, pour la mémoire des frères Brunner, un honneur
impérissable.

Dans cette association des deux frères, qui ont continué en
l'agrandissant si singulièrement l'œuvre de leur père, Émile,
l'aîné, le collègue auquel nous disons maintenant le dernier
adieu, avait su par sa bonté, son caractère si sûr et si droit, sa
modestie voilant son haut mérite, s'attirer l'estime et la sympathie de tous les savants qui l'approchaient. Mathieu, Laugier,
le Général Perrier lui avaient voué une estime profonde.

Quant à moi qui le connaissais depuis près de trente ans, j'avais
appris à l'estimer et à l'aimer chaque jour davantage.

Tant de services rendus à la Science française, tant de beaux
instruments qui allaient au loin répandre le renom de notre
construction, auraient dû, à défaut de fortune, attirer depuis
longtemps à Émile Brunner les récompenses du Pouvoir ; mais
la modestie et la noble fierté de cet homme éminent lui inter-
disaient toute sollicitation. Le Général Perrier et moi, nous en
souffrions tout spécialement. Enfin, en 1883, à l'occasion de la
construction de ce beau comparateur destiné au Bureau international des Poids et Mesures, Émile Brunner reçut la croix de
la Légion d'honneur. Cette croix, si méritée, venait bien tard.
Depuis la dissolution de son association avec son frère, Émile
Brunner vit sa santé s'altérer de plus en plus, et l'événement qui
nous rassemble aujourd'hui n'était pas tout à fait imprévu pour
ceux qui l'approchaient, surtout pour cette chère fille qui reste

seule maintenant, et à laquelle vont toutes nos sympathies.

Quant à nous, Messieurs, nous perdons en Brunner un collègue que nous estimions hautement, et dont les lumières nous étaient précieuses dans toutes les questions qui dépendaient de son art. La France perd en lui un grand artiste qui a porté son renom dans toutes les parties du monde savant, et qui, par son talent, son caractère, ses nobles sentiments, mérite de servir de modèle à ceux qui lui succéderont dans la carrière, et parmi lesquels nous comptons cependant de grands talents.

Adieu, mon cher Brunner, adieu !

*Annuaire du Bureau des Longitudes* pour l'année 1896.


## XIII

## ALLOCUTION PRONONCÉE PAR M. JANSSEN, A L'ASSEMBLÉE GÉNÉRALE DE LA SOCIÉTÉ DE GÉOGRAPHIE, TENUE LE 20 DÉCEMBRE 1895.

MESSIEURS,

C'est la première fois, depuis que vous m'avez fait l'honneur de m'appeler à ce fauteuil, que j'ai l'avantage de présider la Société. Je vous en remercie profondément. C'est un grand honneur dans la vie d'un savant que d'avoir été Président de la Société de Géographie.

Vous avez montré, Messieurs, à plusieurs reprises, que vous entendiez que le domaine des sciences appelées à concourir aux progrès de la géographie fût très étendu, et vous avez toujours donné à ce mot une acception aussi large qu'élevée. C'est ainsi que vous avez appelé successivement à votre tête d'anciens ministres amis de la géographie, d'éminents amiraux, un grand promoteur d'entreprises qui ont révolutionné les rapports économiques des nations, et pour lequel, on peut le dire, la justice se fait de plus en plus ; un grand savant voyageur, un grand anthropologiste, un géologue éminent et respecté, et enfin un très savant géographe. Aujourd'hui, vous avez pensé à l'Astronomie et je me rends cette justice que c'est au titre de cette science que je dois l'honneur d'avoir été désigné par vous. Vous avez pensé qu'il était peut-être temps que l'Astronomie entrât à son tour dans la lice pour apporter son contingent aux sciences géologiques, météorologiques et géographiques.

L'Astronomie, en effet, n'est plus ce qu'elle était dans les temps passés, une science de calculs, de géométrie et de mécanique célestes ; celle-là n'avait en quelque sorte aucun point de contact avec la géographie. Mais depuis que les méthodes de la physique et de la chimie ont pénétré si largement dans l'Astronomie ; depuis que l'invention admirable des lunettes a permis de scruter la surface des planètes, d'y constater l'existence de continents, d'océans, d'atmosphères, de pôles ; enfin depuis que dans ces derniers temps et par des travaux français, on a pu aborder l'analyse chimique des atmosphères planétaires, vous avez pensé avec raison que le moment était venu de faire concourir notre science à la géographie et de lui demander d'agrandir le cadre des théories et des idées que la géographie terrestre a pu nous donner.

C'est, en effet, Messieurs, une quatrième époque dans l'histoire des planètes que celle à laquelle nous assistons aujourd'hui. Dans la première époque, les planètes n'ont été distinguées du reste des étoiles que comme des points brillants qui se déplaçaient dans le ciel, et ne conservaient pas leurs positions relatives par rapport aux étoiles voisines, mais qui possédaient des mouvements que les anciens ont étudiés, et qui les avaient conduits à leur donner le nom de planètes. Par une intuition de génie, ils avaient compris que c'étaient des astres qui n'avaient rien de commun avec les étoiles, mais qui devaient être des mondes plus ou moins semblables au nôtre. Cette idée a été émise dès la plus haute antiquité, mais elle a subi à travers les âges bien des vicissitudes.

Plus tard, lorsque Copernic, avec le véritable système du monde, a montré que tous ces points tournaient autour du Soleil, et formaient avec celui-ci une seule et même famille dont le Soleil était le régulateur et le centre, l'idée de la similitude planétaire a encore gagné en probabilité.

Bientôt quand le grand Képler fit connaître la vraie nature de la courbe décrite par ces astres, et assigna les lois qui régissent leurs mouvements et la durée de leurs révolutions, il avança encore la solution.

Mais c'est l'invention admirable de la lunette découverte en Hollande, retrouvée presque aussitôt par Galilée, qui fit faire le pas le plus décisif. Galilée constata en effet que ces points se résolvaient en des disques bien déterminés montrant des continents, des mers, des pôles, des atmosphères. Alors il ne fut plus possible de douter que tout ce système ne formât une seule et même famille dont la terre était un membre au même titre que ses compagnes.

Enfin, Messieurs, parut l'analyse spectrale, et les découvertes qu'elle amena, touchant la nature chimique des atmosphères planétaires, forment une quatrième et dernière époque pour nous dans l'histoire astronomique de ces astres.

Or, voici comment cette analyse chimique des atmosphères planétaires a été inaugurée par des travaux français.

En 1862, celui qui a l'honneur de vous présider aujourd'hui découvrait le spectre tellurique, c'est-à-dire l'ensemble des raies que notre atmosphère fait naître dans le spectre solaire et, bientôt après, montrait que la plus grande partie de ces raies sont dues à la vapeur d'eau atmosphérique. Appliquant de suite cette découverte à l'étude des atmosphères des planètes, il annonçait la présence de cette vapeur dans les atmosphères de Mars et de Saturne.

Comme il est très difficile de démêler, dans les spectres des planètes, la part qui revient à notre propre atmosphère, l'observateur dont nous parlons, pour s'affranchir autant que possible de cette action, fit ces observations en 1867 sur l'Etna et en 1868 et 1869 poursuivit des études analogues sur les hauts plateaux de l'Himalaya. On voit, d'après ces considérations, combien l'Observatoire du Mont Blanc, quand il sera muni d'instruments assez puissants, sera favorable à ces belles études.

Plus tard la découverte du spectre de l'oxygène et celle de ses bandes spectrales faites à l'Observatoire de Meudon permettaient d'étendre et de compléter cette étude des atmosphères planétaires.

Parmi les planètes, c'est Mars qui a été la plus étudiée. L'atmosphère de cette petite planète est très pure, très transparente et n'apporte aucun obstacle à l'étude de sa surface où l'on a constaté de si singuliers détails géographiques. (Vous voyez, Messieurs, que la géographie commence à s'emparer du ciel.) Cette atmosphère contient de la vapeur d'eau, comme je l'ai annoncé en 1867, malgré une opinion contraire émise par un astronome américain distingué. Mes observations sur l'Etna et à Meudon ne me laissent pas de doute à cet égard.

Mais, je le répète, ces études si difficiles et si délicates exigent l'emploi des hautes stations et cela montre, comme je viens de le dire, tout l'intérêt que nous devons porter à l'achèvement de cet Observatoire du Mont Blanc, qui formera le plus haut poste astronomique de l'Europe.

En résumé, Messieurs, l'histoire astronomique des planètes entre dans une période nouvelle, celle où va s'ajouter, aux données astronomiques que nous possédions sur ces astres, la connaissance des gaz et vapeurs qui constituent leurs atmosphères. C'est une phase nouvelle dans leur histoire ; c'est celle qui nous rapprochera le plus de la solution de ce grand problème de la vie extra-terrestre, le plus ancien que les hommes se soient proposé, et sans doute le plus important, touchant la constitution de l'univers. Félicitons-nous, Messieurs, que ces hautes études aient été inaugurées en France !

*Comptes rendus des Séances de la Société de Géographie*, 1895, p. 367.

# 1896

## I

ALLOCUTION PRONONCÉE A LA SÉANCE EXTRAORDI-
NAIRE DE LA SOCIÉTÉ DE GÉOGRAPHIE, TENUE LE
MERCREDI 11 MARS 1896, DANS LE GRAND AMPHI-
THÉATRE DE LA SORBONNE, POUR LA RÉCEPTION
DU PRINCE HENRI D'ORLÉANS.

MESDAMES, MESSIEURS,

La Société de Géographie, qui a pour raison d'être exclusive
les progrès de la géographie au double point de vue de la science
et de la grandeur morale de notre pays, considère comme un devoir
de faire un accueil particulier aux voyageurs qui ont rendu de
grands services dans l'ordre des travaux dont elle s'occupe, et
elle est particulièrement heureuse quand les travaux qu'elle doit
honorer sont des travaux français.

A maintes reprises, Messieurs, vous avez été convoqués sous
ce toit si largement hospitalier de notre grande Sorbonne pour
entendre nombre de nos grands voyageurs.

C'est ainsi, pour n'en nommer que quelques-uns, que vous
avez applaudi ici le Colonel Gallieni, le Colonel Monteil, le Lieutenant de vaisseau Mizon et M. Bonvalot que nous aurions été
heureux de voir au bureau, lui qui a donné, au voyageur que
nous allons entendre, des leçons et un exemple dont celui-ci a
su si largement profiter. Je n'ai donc pas à vous présenter le
Prince Henri d'Orléans. Il l'a fait lui-même, et de la meilleure
manière, par le retentissement de son voyage au Tibet avec
M. Bonvalot, et depuis par d'autres travaux très remarquables
encore.

Dans le voyage dont il va vous rendre compte, le Prince Henri
a eu des collaborateurs, et je sais que je réponds à ses sentiments
les plus intimes et à son désir formel, en mentionnant d'une

manière spéciale le concours si précieux de M. E. Roux, enseigne
de vaisseau, qui a apporté dans l'accomplissement de la tâche
d'ordre spécialement géographique dont il s'était chargé, un
savoir, une énergie, un dévouement qui l'honorent, et qui honorent également le corps auquel il appartient, cette chère Marine
nationale où tous ces sentiments et ces mérites sont de tradition.

Je veux signaler aussi les services rendus à l'expédition par
M. Briffaud, colon au Tonkin, dont l'expérience, l'habileté, le
dévouement ont été si utiles pour l'organisation des transports
et des escortes.

Ne devons-nous pas encore un souvenir de gratitude à ces
Missions françaises avec lesquelles les voyageurs ont été mis en
rapport et qui les ont aidés de leur influence et de leurs précieux
conseils ?

Quant au voyage lui-même, je pourrais laisser au voyageur
le soin exclusif de vous en parler, mais je craindrais que sa modestie ne le fit passer trop légèrement sur l'importance des résultats ; j'essayerai donc de les caractériser en quelques mots.

Ces résultats sont considérables.

Tout d'abord la traversée et l'étude d'une région inconnue
entre le fleuve Rouge et le Mékong, région déclarée intraver-
sable par les Anglais eux-mêmes, et qui paraît offrir un intérêt
particulier. Ensuite, vous élevant toujours vers le Nord, vous
explorez géographiquement les régions du grand fleuve Mékong,
sur un parcours de plus de 700 kilomètres à travers le territoire
chinois, et dans une partie de son cours encore inexplorée, complétant ainsi les travaux de la célèbre expédition Doudart de
Lagrée et Francis Garnier.

L'exploration attentive et judicieuse de ces régions vous a
encore permis de rectifier une grave erreur hydrographique relativement à la Salouen dont les sources, au lieu d'appartenir à ces
régions, descendraient des profondeurs du Tibet.

C'est alors que vous allez quitter cette marche vers le Nord
qui n'offrait plus un intérêt direct, pour couper brusquement
vers l'Ouest, vous proposant de gagner les Indes par la voie la
plus directe et la plus courte.

Mais il faut traverser des régions inconnues, coupées de grands cours d'eau, de hautes montagnes, de forêts impénétrables et par-dessus tout, ces régions sont, dit-on, occupées par des populations guerrières, ennemies les unes des autres, mais toutes hostiles aux Européens.

Cependant, rien n'arrête vos courages ; vous vous engagez crânement dans ce terrible inconnu, et après les péripéties les plus terribles, amenées par les obstacles de la nature, l'inclémence du climat, la maladie, même le manque de vivres, vous sortez de cette épreuve unique, tentée déjà sans succès plusieurs fois avant vous, et vous apparaissez saufs sur la frontière des Indes anglaises.

Cette étonnante traversée n'a pas été seulement un acte d'énergie, d'endurance et de persévérance extraordinaires, elle a donné aussi de sérieux résultats pour la géographie, l'ethnographie, la philologie et l'histoire naturelle.

Coupant, en effet, à travers les régions du Haut Iraouaddy, vous avez reconnu que ce grand fleuve reçoit ses eaux d'affluents qui descendent d'un grand massif montagneux, lequel ne serait qu'un prolongement de la célèbre chaîne himalayenne.

Ces importants résultats sont appuyés et complétés par de nombreuses déterminations de latitudes, de longitudes, de déclinaisons magnétiques, de mesures hypsométriques.

L'expédition rapporte en outre de nombreux volumes d'idiomes inconnus, des collections de botanique, de zoologie, d'ethnographie, et enfin une série de photographies donnant la description des régions traversées et les types de leurs habitants.

Ajoutons enfin que cette expédition, par la conduite courageuse et toute empreinte du caractère de loyauté, de générosité et de justice que vous avez su lui donner, laissera dans les régions qu'elle a parcourues, un souvenir durable, qui entourera le nom de la France d'une auréole d'admiration et de sympathie.

*Comptes rendus des Séances de la Société de Géographie*, 1896, p. 107.

## II

ALLOCUTION PRONONCÉE AU VINGT-DEUXIÈME
DINER DE LA RÉUNION DES VOYAGEURS FRAN-
ÇAIS, LE 23 MARS 1896 (1).

Messieurs,

Je dois d'abord remercier votre si sympathique Président,
M. le Comte de Bizemont, de ses sentiments trop bienveillants
à mon égard. Au très petit mérite qu'il vient de rappeler, je
pourrais opposer celui incomparativement plus grand de cette
fondation si utile, si nécessaire, si urgente même qu'on est
étonné qu'elle n'existe pas depuis longtemps. Je veux parler
de cette caisse de secours destinée à venir en aide aux voyageurs et que M. de Bizemont a fondée de concert avec plusieurs
de nos collègues. C'est là, Messieurs, un des premiers et des meilleurs fruits de ce rapprochement fécond entre les voyageurs que
réalise et que consacre cette réunion confraternelle.

Quant à cette médaille que notre cher et éminent Président
voulait bien rappeler tout à l'heure, je vous dirais qu'elle est
pour moi le sujet d'une sorte de remords. Je m'en veux de ne
pas avoir réalisé plus tôt cet utile emploi. Il y a en effet plus de
vingt ans que la Société Royale voulait bien m'attribuer ce prix.
J'étais retenu par un scrupule. Il me semblait que je devais laisser dans ma famille ce témoignage à un de ses membres. Mais
la science, Messieurs, a des droits souverains, et pour la servir,
nous devons faire taire toute autre considération d'intérêt ou de
sentiment.

Messieurs, je m'attarde un peu par la faute de votre trop
bienveillant Président. J'ai hâte de saluer de votre part M. le
Prince Henri d'Orléans et ses collaborateurs. Je ne reviendrai
pas, à propos de ce mémorable voyage, sur ce qui est si connu
maintenant, sur ces beaux résultats obtenus au prix de dures

---

(1) Ce dîner fut donné au Restaurant Marguery à Paris.

fatigues, d'une admirable persévérance et surtout par cette audace toute française à laquelle le poète latin promettait déjà, il y a dix-huit siècles, les sourires de la fortune. Je veux, Messieurs, spécialement féliciter le Prince Henri du noble exemple qu'il a donné à notre chère jeunesse française, aussi bien aux fils de notre haute bourgeoisie qu'à ceux de la noblesse, par le courage et le mérite qu'il a eus d'avoir su s'arracher aux douceurs, je dirais presque aux délices, d'une vie élégante et facile, pour se vouer aux labeurs, aux fatigues, aux dangers de la grande exploration scientifique. Par là, mon cher Prince, vous avez donné un exemple qui aurait de bien grandes conséquences s'il était universellement suivi. En effet, Messieurs, quel élément nouveau et puissant pour la direction de nos affaires et la solution de ces redoutables problèmes sociaux qui se posent aujourd'hui si impérieusement, si l'élite de notre jeunesse voulait se servir des avantages qu'elle tient de la naissance ou de la fortune pour se préparer à jouer dans notre Société actuelle un rôle qui pourrait aider singulièrement à conjurer de grands dangers, et à changer le cours des événements. C'est dans cette voie, Messieurs, qu'a marché M. le Prince Henri et par là, il s'est noblement acquitté de la dette que lui imposait son grand nom et lui a ajouté un lustre nouveau.

Messieurs, je bois à M. le Prince Henri d'Orléans et à ses dévoués collaborateurs.


## III


## ALLOCUTION PRONONCÉE A L'ASSEMBLÉE GÉNÉRALE DE LA SOCIÉTÉ DE GÉOGRAPHIE, PAR M. JANSSEN, PRÉSIDENT DE LA SOCIÉTÉ, LE 24 AVRIL 1896.


Messieurs,

Nous assistons à un grand spectacle : c'est le partage, entre les principales nations, de toutes les parties du monde qui sont ou qui peuvent devenir colonisables. Ces nations ne se contentent

plus de chercher, pour le présent, des débouchés à leur industrie et des théâtres à leur activité extérieure ; elles veulent
enchaîner l'avenir et s'assurer, pour de longs espaces de temps,
des éléments d'expansion, de richesse et de grandeur.

De là, Messieurs, ces négociations, ces conférences, ces traités
dont l'Afrique et l'Asie sont plus spécialement l'objet, et où, par
des lignes idéales, tracées à travers d'immenses espaces, on défi-
nit des zones d'influence et des limites aux expansions futures.

Vous savez, Messieurs, que dans ce grand concert, dans ces
accords et dans ces partages, la France a largement revendiqué
sa part, et la grandeur de cette part, elle la doit surtout à l'initiative, au courage, au dévouement de ses enfants, dont plusieurs, en accomplissant de prodigieux voyages, ou en donnant
à la mère-patrie, par leur hardiesse et leur habileté politique, des
contrées entières, se sont élevés jusqu'à la plus haute illustration. Messieurs, c'est le caractère même de notre race française,
que cet esprit d'initiative hardie, d'amour des dangers, de courage allant jusqu'à la témérité, avec la seule perspective d'une
gloire qui sera souvent réduite à la satisfaction du témoignage
intérieur d'avoir été un noble et généreux instrument de lumière,
de civilisation et de progrès.

Trop souvent, surtout dans le passé, nos généreuses initia-
tives françaises n'ont trouvé que l'abandon et l'ingratitude.
Mais notre temps voit s'élever une puissance nouvelle, l'opinion.
Or, l'opinion est toujours juste quand elle est éclairée.

Pour éclairer cette opinion, pour lui désigner ceux qui ont
droit à ses suffrages et à sa reconnaissance, il faut dans chaque
ordre de travaux et d'action, des réunions d'hommes compétents,
impartiaux et animés de l'amour de la science et de la patrie. Ici,
Messieurs, l'Institut de France nous offre un modèle, mais c'est
là une élite qui a besoin d'être secondée par des Sociétés particulières, plus directement en rapport avec l'opinion publique. Ces
Sociétés, en groupant autour d'elles un grand nombre d'adhérents auxquels elles demandent un concours pécuniaire et personnel, les intéressent plus directement à leur œuvre, et elles
deviennent par là de précieux éléments d'action sur l'opinion
publique, souvent même d'indispensables conseillères du pouvoir.

Voilà quelle a été la raison d'être et le rôle des Sociétés comme la vôtre, Messieurs, mais dans les conjonctures actuelles, je dis que votre rôle grandit encore. Vous devez vous efforcer de seconder de tout votre pouvoir ces efforts nationaux qui intéressent à un si haut point l'avenir et la grandeur de la patrie.

Vos moyens d'action sont tout d'abord les programmes et les conseils si autorisés que les voyageurs trouvent ici, quand ils les réclament ; puis les encouragements et l'appui dont vous les entourez au cours de leurs voyages ; au retour, la parole que vous leur donnez pour faire connaître, sur un théâtre digne de leur importance, les travaux accomplis ; enfin, vous les couronnez avec les lauriers dont vous disposez et qui, hélas ! ne sont pas assez abondants entre vos mains pour récompenser tous les mérites.

Vous voyez, Messieurs, que notre Société, ne disposant d'aucune subvention des pouvoirs publics, ce qui devient de plus en plus nécessaire en présence du rôle et des obligations que je viens de définir ; vous voyez, dis-je, que nos moyens d'action consistent surtout dans la publication accordée aux bons travaux et les encouragements honorifiques. Voilà pourquoi nous devons une grande reconnaissance à tous ceux dont les libéralités nous donnent les moyens d'instituer ces récompenses.

Et voilà aussi pourquoi nous faisons un énergique appel au patriotisme de tous les Français, soit pour venir à nous, et en venant à nous, augmenter notre influence morale et nos ressources, soit pour nous donner les moyens d'instituer ces fondations qui sont la base même et la force des Sociétés.

Aujourd'hui, Messieurs, faire partie de la Société de Géographie n'est plus seulement une satisfaction d'un ordre élevé donnée au besoin de se tenir au courant des progrès d'une science, c'est, en outre, un acte patriotique, l'accomplissement d'un devoir en présence d'une situation extérieure qui appelle le concours, sous toutes les formes, des bons Français.

Messieurs, les noms de ces collègues qui ont voulu devenir d'une manière plus particulière nos collaborateurs et nos appuis vont être rappelés par l'énumération même des prix qu'ils ont institués. Permettez-moi seulement d'insister d'une manière plus particulière sur celui du si regretté William Huber, le collègue dont la collaboration éminente fut si utile à la Société et dont la noble veuve a voulu consacrer la mémoire en instituant un prix sous son nom. Ce prix est donné pour la première fois.

Je voudrais rappeler aussi le nom de Henry Duveyrier, le modèle des voyageurs, dont le caractère fut si grand et si généreux. L'ami de sa vie, celui qui est l'âme de notre Société, notre cher Secrétaire général, a voulu consacrer sa mémoire en instituant un prix sous son nom. C'est l'hommage pieux de l'amitié à l'amitié. La Société a aussi un devoir envers cette chère mémoire. Nous demandons aujourd'hui même, Messieurs, que le Gouvernement nous donne les moyens de placer son buste dans la salle de nos séances.

*Comptes rendus des Séances de la Société de Géographie*, 1896, p. 143.


## IV

## LA GRANDE LUNETTE DE L'OBSERVATOIRE D'ASTRONOMIE PHYSIQUE DE MEUDON

La lunette astronomique porte un objectif de 83 centimètres de diamètre, celui de la lunette photographique est de 62. Ces deux objectifs ont sensiblement le même foyer, qui se forme à 16 m. 16 pour l'objectif astronomique, et à 15 m. 90 pour l'objectif photographique.

Les deux instruments sont réunis dans un même corps de lunette formé par une série de sept manchons d'acier de forme quadrangulaire, de 90 centimètres de largeur sur 1 m. 70 de hauteur. Le manchon central est plus court et formé avec de la tôle plus forte ; il reçoit, à chaque extrémité, trois manchons de même diamètre, mais plus longs. L'ensemble forme un tube rectangulaire très rigide. Ce tube est divisé à l'intérieur par une cloison longitudinale qui le décompose en deux corps distincts et s'oppose au mélange des rayons.

1896. Fig. 1.

Lunette astronomique de l'Observatoire d'Astronomie physique de Meudon

Les objectifs sont fixés à la tête du tube, et dans un même plan. Pour les protéger dans l'intervalle des observations, cette extrémité du tube porte deux volets qui doivent se joindre et se fermer comme les portes d'une armoire. Pendant les observations, ces volets doivent s'appliquer sur les parois du tube où ils sont retenus par des verrous.

La lunette astronomique est munie de deux micromètres. 1° Un micromètre à fils de platine pour les mesures de déclinaison. Son champ est de trente minutes environ. La vis qui commande le fil mobile a un pas correspondant à vingt secondes et son tambour est divisé en 100 parties. Ce micromètre possède une série de trois oculaires qui, étant portés sur des coulisses, peuvent parcourir tout le champ. 2° Un micromètre à fils d'araignée ayant un champ de seize secondes ; son cadre intérieur porte une série de fils fixes horaires et de déclinaison. Pour l'étude des vis qui commandent les fils mobiles, on a muni le micromètre d'un équipage portant trois fils distincts entre eux et distants de : un dixième de tour de vis, un demi-tour et un tour. Cet équipage peut se déplacer dans le champ, de manière qu'en mesurant la distance de ses fils en différents points du champ, on obtient les valeurs relatives du tour de vis pour ces points. Chaque tour de vis donne les dix secondes et leurs tambours sont divisés en 100 parties. Les fils sont rendus brillants par le moyen de quatre petites lampes à incandescence, placés dans l'intérieur de la boîte. Les tambours sont éclairés par des lampes fixées dans leur voisinage. Les oculaires de ces micromètres donnent des grossissements variant de 600 à 2 400.

Dans la lunette photographique, l'objectif de cette lunette a, comme nous venons de le dire, un diamètre de 62 centimètres. Le châssis portant la plaque sensible donne un champ de 60 centimètres. Il est susceptible de mise au point par le moyen d'une vis de rappel portant une aiguille qui se déplace sur un cercle divisé permettant d'estimer un dixième de millimètre. En avant du châssis, on a disposé un volet intérieur indépendant qui, mobile autour d'un axe, peut s'abaisser ou se relever, pour permettre ou interdire l'accès de la lumière quand le volet du châssis a été tiré ; on évite ainsi les inconvénients qui résulteraient, pour l'image, de l'ébranlement qui se produit toujours sur la lunette, quand on tire le volet du châssis pour les poses.

Cette lunette est munie de plusieurs chercheurs. L'un d'eux, de 6 pouces d'ouverture, forme une excellente lunette, les autres sont à grand champ. Un quart de cercle muni d'un fil à plomb et mobile autour d'un axe qui lui permet de se placer toujours dans un plan vertical donne la position de la lunette à un quart de degré près.

La déclinaison se lit à l'aide d'une lunette spéciale placée à côté de l'oculaire de la lunette et, en ce point, sont également placées deux manettes pour le rappel et le fixage en déclinaison.

Nous allons parler à présent de l'ascension droite. Quoique le mouvement d'horlogerie et le cercle horaire soient très éloignés de l'observateur, et que la plate-forme prenne des déplacements considérables, on a pu néanmoins conduire les transmissions relatives aux mouvements en ascension droite. Ces mouvements sont commandés en outre par des manettes placées près du mouvement, et c'est en ce point également que se font les lectures du cercle horaire.

Le cercle denté qui accompagne le cercle horaire n'a ici pour fonction que de commander les déplacements en ascension droite de la lunette. C'est un arc de cercle denté avec une grande précision qui, sous l'action du mouvement d'horlogerie, entraîne la lunette pendant les observations ou pendant les poses photographiques. L'optique de ce bel instrument est due à MM. Henry frères, et toute la partie mécanique est l'œuvre de M. Gautier.

*La Nature*, n° 1197, 7 mai 1896, p. 359.

## V

## DISCOURS PRONONCÉ PAR M. JANSSEN, LE 27 MAI 1896 A LILLE, A L'ISSUE DE LA SESSION DE L'UNION NATIONALE DES SOCIÉTÉS PHOTOGRAPHIQUES DE FRANCE.

MESSIEURS,

Je remercie M. le Président de la Société Photographique de Lille des paroles aimables qu'il vient de prononcer à mon égard. Si l'éloge dépasse de beaucoup la réalité, le sentiment qui l'a dicté m'est précieux, parce qu'il est donné par un savant distingué, un éminent professeur de Physique, un confrère.

Je suis heureux, Messieurs, de cette occasion de témoigner ici toute l'estime qui entoure la personne et les travaux de M. Damien. Il a su donner à son enseignement une haute autorité, prendre une belle part aux découvertes qui se sont produites dernièrement en Photographie, et relatives à ces actions mystérieuses, mais qui commencent à rentrer dans les grandes lois de la Physique et de la Mécanique moléculaire. Cela a été, Messieurs, une bonne fortune pour la Médecine Lilloise, de trouver en M. Damien un physicien initié à la Photographie, ce qui lui a permis de tirer des nouvelles découvertes tout le fruit qu'elle en pouvait attendre.

Je félicite, Messieurs, la Société Photographique de Lille, d'avoir à sa tête un savant qui l'honore, et la maintiendra à la hauteur de tous ces progrès.

Ainsi que je vous le disais samedi dernier, quand vous avez souhaité la bienvenue à l'Union, celle-ci compte sur vous, mon cher Président, pour développer la Photographie à Lille, et nous comptons sur un grand développement photographique, à notre prochaine visite à Lille, dans quelques années.

Messieurs, nous devons des remerciements aux membres de votre Société qui se sont si aimablement occupés de nous recevoir.

Tout d'abord à votre Président, à vos vice-Présidents, à votre Secrétaire, M. Bernard, et surtout à M. Dulieux, auquel je dois des remerciements particuliers pour l'empressement avec lequel il s'est mis à ma disposition.

Messieurs, on va vous donner la liste des récompenses que le Jury a attribuées aux travaux des plus remarquables qui ont été présentés au concours de cette session.

Je me félicite de plus en plus, Messieurs, de vous avoir proposé d'instituer, à chacune de nos sessions, ce Concours national entre les Sociétés. Ils sont tous excellents, et pour l'émulation qu'ils excitent, et par la connaissance qu'ils donnent, à tous les membres de l'Union, des travaux exécutés dans la France entière, enfin, par les relations d'amitié qu'ils établissent entre les membres des Sociétés.

Je crois, Messieurs, qu'il faut en développer l'importance et le prix par la haute impartialité et la compétence des jugements.

Quant aux résultats du Concours, je dirai que la palme (sans jeu de mots), a été attribuée à M. Bucquet, Vice-Président de l'Union, pour l'ensemble de ses œuvres remarquables.

Je le félicite de tenir haut le drapeau de la Photographie d'art dont j'ai désiré si vivement la réalisation, et qui aura une influence décisive sur la reconnaissance des œuvres photographiques comme œuvres d'art.

M. Monpillard a remporté la médaille *Janssen*, pour ses habiles photographies de coupes micrographiques et de diatomées.

M. Londe, pour les progrès qu'il fait faire à la Photographie scientifique médicale.

M. S. Pector, notre cher Secrétaire général, pour le charme artistique de ses photographies et ses procédés d'éclairage.

Si M. Pector a mérité une médaille de vermeil pour ses talents en Photographie, je trouve qu'il en mériterait une d'or pour les précieux services qu'il rend à notre Union, dont il mérite toute la reconnaissance.

M. le Comte des Fossez, mon aimable compagnon de route, a obtenu également une médaille, pour les mêmes motifs et les mêmes succès.

MM. Charrel et Pasquier en ont remporté une pour le mérite

de leurs épreuves ; M. Rouchonnat, pour son magnifique portrait par transparence ; MM. Lagrange et Delaroche, pour leurs
belles projections.

Remercions aussi le jury : MM. *Gravier, Damien, Balagny,
Cousin, Poulain, Berthaud, Pauli, Boutique, Dulieux* et *Riston.*

Messieurs, devant toutes ces œuvres où éclate un sentiment si
personnel qu'on pourrait les dire signées de leurs auteurs, on se
demande comment on peut encore soutenir que la Photographie
est une œuvre purement mécanique et à laquelle l'opérateur
reste étranger. En vérité, il y a là une chose inouïe. Comme j'ai
eu souvent l'occasion de le répéter : si celui qui se sert de la chambre joint à un vif sentiment de la nature une connaissance assez
approfondie des procédés photographiques pour que ceux-ci
développent entre ses mains toutes leurs ressources, il pourra
nous faire sentir le genre de beauté ou de pittoresque qu'il aura
senti lui-même ; il aura fait, par conséquent, une œuvre d'art.
Sans doute, le procédé photographique est plus complexe que
celui du dessin ou de la peinture, mais il n'échappe pas davantage à l'action et à la volonté de celui qui sait le manier. Entre
des mains habiles, la chambre devient un instrument docile ;
ce sont des crayons, des pinceaux nouveaux qui entrent en
scène ; c'est un art nouveau qui surgit, et grâce à lui la nature
va être célébrée par une voix qui n'avait pas encore été entendue.

Messieurs, depuis notre dernière session, de grands événements photographiques se sont produits.

En vérité, chaque année est aujourd'hui marquée par
une découverte. A Caen, nous célébrions la Photographie des
couleurs, de M. *Lippmann* ; à Lyon, le cinématographe de
MM. *Lumière* ; aujourd'hui, ce sont ces mystérieux rayons de
*Rœntgen* qui occupent tous les esprits.

Après la réalisation des plus audacieuses espérances, voilà
que c'est en quelque sorte l'invraisemblable et l'absurde qui
deviennent des réalités.

Messieurs, je vois tous les jours d'excellents esprits qui, en
présence de vos résultats, déclarent ne plus rien comprendre à
vos phénomènes photographiques et abdiquent tout jugement
à leur égard.

Messieurs, gardons-nous de semblables défaillances, gardons notre sang-froid et n'oublions jamais que les phénomènes les plus extraordinaires de la nature rentrent toujours, tôt ou tard, dans les lois générales et qu'ils sont seulement une occasion de généraliser ces lois et d'étendre les horizons de l'esprit.

C'est ce qui arrive pour les mystérieux phénomènes photographiques auxquels je fais allusion.

Ce qui a rendu l'explication des résultats observés si difficile, c'est qu'on a voulu les assimiler aux phénomènes ordinaires de la Photographie.

Il est clair, en effet, que les rayons qui impressionnent la rétine, les rayons lumineux, ne traversent pas les plaques métalliques épaisses ni les piles de feuilles de papier. Il en faut même dire autant des rayons ultra-violets ordinaires et même des rayons de chaleur obscure.

Mais si, au lieu de ces radiations dont la constitution est bien connue, on considère les phénomènes que celles-ci peuvent provoquer en se détruisant et en cédant la force vive ou l'énergie qu'elles possèdent, il en sera tout autrement.

Par exemple, quand un auteur nous dit que, si l'on recouvre une couche sensible d'une plaque métallique et qu'on l'expose aux rayons solaires, on impressionne la plaque, il avance un fait inexact ; mais si l'on place sur cette plaque métallique une lame de verre fluorescent d'urane, on obtiendra, en effet, une action photographique, parce que les rayons solaires se détruiront en partie dans le verre et provoqueront une fluorescence, laquelle pourra exercer une certaine action à travers la plaque.

C'est donc en se transformant que la lumière a pu traverser la plaque, et alors tout le prodige cesse et nous rentrons dans les lois ordinaires. Mais il y a plus, M. Henri Becquerel a constaté que certains sels d'urane n'ont même pas besoin des excitations lumineuses pour agir sur la plaque sensible et qu'ils peuvent le faire dans l'obscurité pendant un long temps et sans aucune intervention de lumière.

Alors, il faut admettre que l'action de ces sels est empruntée au milieu ambiant, peut-être à sa chaleur obscure, et que, dans ce cas, ils agissent comme des transformateurs de force, transformations dont nous avons tant d'exemples dans la nature. Tout rentre donc encore dans les grandes lois de la Mécanique moléculaire.

Mais quel chemin, Messieurs, parcouru par la Photographie en moins de soixante ans !

Ce ne sont plus seulement les rayons lumineux oculaires que nous savons fixer, ce ne sont plus même les rayons invisibles ultra-violets et ceux de la chaleur obscure dont nous savons déceler l'existence par la Photographie, ce sont encore des actions mécaniques moléculaires inconnues.

Ainsi le mot de *Photographie* qui était devenu insuffisant, le jour où l'art a su fixer les radiations ultra-violettes et de chaleur obscure, et qu'il a fallu remplacer par celui de *radiographie*, c'est-à-dire par un terme qui embrassât, dans son acception, l'ensemble de toutes les radiations, est à son tour devenu trop étroit, et il faut maintenant trouver un terme qui indique que toutes les actions, que toutes les forces, que toutes les énergies peuvent, en se transformant par l'action de certains corps, donner des modifications d'ordre photographique, c'est-à-dire révélables pour ces opérations mystérieuses que vous nommez le *développement*.

Messieurs, quels horizons s'ouvrent devant nous et surtout devant ceux qui vont nous succéder. Ah ! Messieurs, si l'on dut jamais souhaiter, ne fût-ce que pour quelques instants, de revenir après la mort sur la scène du monde pour jouir du spectacle des progrès accomplis, ne serait-ce pas aujourd'hui ?

Malheureusement, je n'oserais vous le promettre, mais du moins jouissons d'avance de ces belles moissons promises à l'avenir et, pour qu'on ne nous oublie pas alors tout à fait, donnons nous-mêmes l'exemple de la reconnaissance en rendant, une fois de plus, hommage aux créateurs de cet art étonnant qui a eu de si humbles débuts, mais qui contenait, en puissance, de si étonnantes perspectives.

Messieurs, je bois aux grands disparus, à Niepce, à Daguerre, à Talbot, à Poitevin, et pour ne citer aucun nom de vivants, j'ajoute à tous nos chers contemporains qui, par leurs découvertes, leurs enseignements, leurs services, ont dignement continué cette lignée illustre.

Je vois à cette table plusieurs de nos chers et éminents Collègues que ce toast vise ; qu'ils veuillent bien en accepter l'hommage.


# VI

# REVUE ANNUELLE D'ASTRONOMIE

La science astronomique embrasse aujourd'hui des branches si nombreuses et si diverses, les méthodes nouvellement découvertes sont encore si neuves et si fécondes, les instruments que nos artistes mettent à notre disposition sont à la fois si parfaits et si puissants, que rien ne limite l'étendue et la fécondité des champs ouverts à l'activité de ceux qui veulent travailler à cette grande œuvre de la connaissance de l'Univers.

Tous trouvent devant eux des voies nouvelles et fécondes ; tous peuvent rapporter une belle moisson. C'est là ce qui a été universellement compris. Aussi, le nombre des branches de l'Astronomie cultivées avec ardeur et succès est-il aujourd'hui si considérable que les travaux et les progrès réalisés dans une année de notre époque, représentent peut-être ceux d'un siècle entier des temps anciens, et qu'il serait matériellement impossible d'en donner une analyse, même succincte, dans le cadre étroit d'un article. Bornons-nous donc à esquisser la physionomie générale de ces récents travaux si fertiles en résultats, et qui ont fait avancer la science d'un pas si rapide et si sûr.


## I. — ASTRONOMIE MATHÉMATIQUE

C'est d'abord l'Astronomie mathématique. Cette belle branche trouve dans la précision des observations actuelles des moyens de perfectionner ses hautes théories. Tandis que Le Verrier a trouvé un successeur, en Amérique, dans l'éminent M. Newcomb, M. Tisserand chez nous s'efforce de continuer Laplace, et il est dignement suivi dans cette voie par M. Callan-

dreau. M. Tisserand vient de terminer son grand traité de Mécanique céleste. M. Newcomb nous donne les tables du Soleil, de
Mercure et de Vénus. M. Hill, qui partage avec lui ce grand
labeur, publie les tables de Jupiter et de Saturne. Déjà, nous
avions, de M. Newcomb, un ouvrage de haut prix : *Les éléments
des quatre planètes intérieures et les constantes fondamentales de
l'Astronomie*, ouvrage qui résume les travaux de l'auteur pendant les dix-huit dernières années. Ces importants travaux de
M. Newcomb complètent et étendent l'œuvre de Le Verrier,
en la confirmant dans ses grandes lignes. Il est remarquable que
la difficulté qui avait arrêté Le Verrier à l'égard du périhélie de
Mercure et qui le conduisit à admettre l'existence de planètes
intra-mercurielles, ainsi qu'il m'en a souvent entretenu, s'est
rencontrée encore sous la plume de M. Newcomb. Pour lever
cette difficulté si persistante, le Professeur Hall propose de toucher très légèrement à la loi newtonienne, en augmentant l'exposant 2 (exprimant le carré de la distance) de 1 612 dix-bil-
lionièmes d'unité.

Nous pensons que c'est une chose bien grave que de toucher
à la loi de Newton, et surtout il ne nous paraît pas qu'on puisse
le faire en s'appuyant sur les mouvements d'une planète circu-
lant aussi près du Soleil. En effet, les régions circumsolaires
nous sont encore presque inconnues. Sans admettre l'existence
des planètes intra-mercurielles, que les observations de l'éclipse
totale de 1883, à Caroline, et celles des éclipses subséquentes ne
semblent pas confirmer, il paraît très probable qu'il existe dans
ces régions de la matière sous une forme et dans une dépendance du Soleil qui nous sont inconnues. Nous pensons donc
que c'est par des études rentrant dans le cadre de l'Astronomie
physique et en profitant surtout des circonstances favorables
que nous offrent les éclipses totales, qu'on trouvera le nœud de
la difficulté et qu'on acquerra une connaissance plus exacte de
la constitution physique de ces régions circumsolaires.

Si les grandes planètes de notre système solaire offrent toujours à la Mécanique céleste un beau sujet d'études, les petites
planètes, dont le nombre augmente si rapidement (nous en con-
naissions près de quatre cents à la fin de 1894, et le nombre s'est

accru d'une douzaine cette année), fournissent aussi une ample matière aux travaux des calculateurs pour la détermination des éléments de leurs orbites, c'est-à-dire pour faire leur état civil, suivant une expression pittoresque de Le Verrier. Ces travaux sont, du reste, indispensables si l'on veut mettre de l'ordre et obtenir des identifications sûres parmi tant d'astres si voisins. On ne saurait donc trop encourager ceux de nos collègues qui sont en état d'aborder ces calculs, à les entreprendre. Notre Académie des Sciences, qui a déjà récompensé parmi nos nationaux M. Coniel, calculateur au Bureau des Longitudes, pour des travaux de ce genre, sera toujours heureuse d'étendre à cet égard ses récompenses et ses encouragements.

Du reste, ces travaux peuvent révéler des circonstances, imprévues dignes d'attirer l'attention des Géomètres, ainsi que cela s'est produit récemment entre les mains de MM. Gilden, Tisserand et Callandreau.

On s'est demandé si, en raison même de la méthode actuellement suivie pour la découverte de ces astéroïdes, c'est-à-dire de la méthode photographique employée avec tant de succès par MM. Wolf et Charlois, on s'est demandé, dis-je, si la récolte ne serait pas bientôt épuisée. Sans doute l'appareil photographique donne sur la plaque tout ce qui, dans son champ, peut être atteint par son pouvoir photographique ; mais, si l'on augmente cette puissance, dans laquelle nous comprenons le pouvoir optique, le temps de pose, la sensibilité de la plaque, etc., on pourra atteindre une nouvelle classe d'astres plus petits ou moins lumineux. Mais, pour continuer avec succès dans cette voie, on sera bientôt conduit à l'emploi des stations élevées, car l'atmosphère est le grand obstacle en photographie.

Ces travaux permettront d'élucider une importante question, à savoir que si cet anneau de petites planètes comprend des corps descendant jusqu'aux plus petites dimensions, ou bien si ces dimensions s'arrêtent à une limite déterminée. Il faudra encore se demander si ces planètes minuscules possèdent des atmosphères, et quelle est la nature des gaz qui pourraient les entourer. Voilà donc, de ce côté encore, bien des travaux en perspective et d'intéressants résultats à obtenir.

II. — Astronomie solaire, lunaire, planétaire et stellaire

La photographie des petites planètes, qui est une branche de
la Photographie céleste, nous conduit naturellement à celle du
Soleil, de la Lune, des étoiles. Celle du Soleil a fait à Meudon un
dernier progrès. Les photographies solaires obtenues dans les
conditions les plus favorables, montrent que les facules et même
les stries des pénombres sont formées par les éléments granulaires comme le reste de la surface solaire. En sorte qu'on peut
dire que le grain ou le petit nuage photosphérique est un élément de la photosphère, comme la cellule est celui des tissus
organisés. Ces éléments granulaires sont fort petits, ils peuvent
descendre en diamètre jusqu'à un ou deux dixièmes de seconde.
Il faut, il est vrai, des circonstances atmosphériques bien exceptionnellement favorables pour obtenir ces révélations sur la
constitution de la surface solaire. Le premier volume des *Annales
de l'Observatoire de Meudon*, qui va paraître incessamment, con-
tiendra un mémoire sur ce sujet.

L'activité solaire — si l'on admet pour sa mesure, ce qui est
loin d'être irréprochable, le nombre et l'étendue des taches constatées à sa surface, — a continué de décroître, pendant l'année 1895, quoique assez faiblement, et cette diminution a été
plus marquée pour l'hémisphère sud. Les taches se sont tenues
dans les basses latitudes. Dans l'ordre de ces travaux, il convient de citer, avec ceux accomplis en Italie, en Amérique et en
Allemagne, ceux de M. Guillaume, de l'Observatoire de Lyon,
qui suit avec assiduité et talent ces phénomènes.

Les protubérances ont subi également une diminution de
leur manifestation, et cette diminution a été plus sensible pour
l'hémisphère sud. M. Tacchini et quelques autres observateurs
ont assigné les parallèles de 50 à 55° Nord et Sud comme limite
n'ayant pas été dépassée pour ces manifestations protubéran-
tielles.

Parmi celles-ci, les protubérances métalliques ont été relativement nombreuses, suivant les observations de M. Evershed.
Enfin M. Hale, qui applique avec tant de talent et de succès,

dans son grand spectrographe, le principe du spectroscope à deux fentes, que j'ai proposé en 1869, et que je suis très heureux de voir si bien utilisé, a obtenu de belles photographies de ces phénomènes faculaires et protubérantiels. Il a pu relever une protubérance dont la hauteur atteignait plus de dix minutes, c'est-à-dire un tiers du diamètre solaire, ce qui approche beaucoup du maximum de hauteur observé jusqu'ici.

Ces études sur les taches et toutes les manifestations extérieures de l'activité solaire ont une immense importance ; aussi, ne saurions-nous trop engager les astronomes à les entreprendre et à imiter M. Schmoll, qui a montré une si louable persévérance à cet égard, persévérance qui sera certainement récompensée.

Je dois citer, comme se rapportant à ce sujet, la publication du dixième volume des *Annales de l'Observatoire de Potsdam*, qui contient les dernières publications du Professeur Spörer, observations qui embrassent une période de neuf années, 1884 à 1893. C'est une précieuse contribution à ces études.

La Photographie céleste et l'Analyse spectrale, qui sont aujourd'hui comme les deux bras de l'Astronomie physique vont avoir à jouer encore un rôle spécial et important le 9 août prochain. On sait, en effet, qu'une éclipse totale, dont la ligne centrale de totalité part du Nord du Japon pour aboutir vers le Cap Nord en passant par la Sibérie, préoccupe actuellement les nations savantes. Le Bureau des Longitudes a demandé au Gouvernement de confier à.M. Deslandres la mission de représenter la France au Japon, où une importante expédition anglaise va se rendre. Les succès de M. Deslandres au Sénégal, les travaux antérieurs accomplis par cet astronome-physicien, ceux de cette année sur la clévéite et sur les anneaux de Saturne, où la constitution de ces anneaux a été mise en évidence par une observation aussi ingénieuse que probante, tous ces travaux, dis-je, nous sont un sûr garant de la réussite de cette importante mission. Accompagnons-donc M. Deslandres de nos vœux, et que le Ciel les entende et les exauce.

Nous souhaitons également le succès à un voyage d'un ordre

tout différent. C'est celui de M. Andrée, qui se propose de passer au-dessus du Pôle Nord au moyen d'un ballon.

Je connais la question des voyages aéronautiques, les difficultés et les dangers qui les entourent. Ces dangers seront, dans cette circonstance, accrus dans une proportion inconnue en raison de l'inhospitalité des régions dans lesquelles le ballon atterrira bien probablement. Mais, en présence de la résolution si ferme et si arrêtée de M. Andrée, je ne puis qu'admirer son courage et celui de ses compagnons et leur souhaiter ardemment le succès. Si le vers du poète : *Audaces fortuna juvat*, fut jamais d'une application désirable et souhaitable, c'est bien à l'égard de cette héroïque entreprise.

J'avoue, que, témoin depuis si longtemps déjà des tentatives si courageuses, mais toujours si infructueuses, qu'on a faites pour parvenir au Pôle, je m'étais formé une toute autre opinion sur la marche à suivre pour résoudre le problème. Au lieu de vouloir parvenir au but en une ou deux campagnes, j'aurais voulu qu'on attaquât le problème méthodiquement, en créant successivement des stations d'approche bien reliées entre elles et au point de départ. On fonderait une station en la munissant non seulement de tout ce qui est nécessaire pour y vivre en sécurité mais encore pour y faire les observations, qui sont, en somme, le principal but de ces expéditions. Cette station deviendrait bientôt un point de départ pour en créer une nouvelle plus avancée, et l'on réaliserait ainsi peu à peu la conquête sûre et durable de ces régions polaires qui nous appartiendraient depuis longtemps, si, au lieu de vouloir les atteindre d'un coup, on en avait fait le siège patient et méthodique. Je ne puis ici développer plus longuement mes idées à cet égard ; j'aurai peut-être l'occasion d'y revenir, car il y a là un intérêt géographique et scientifique de premier ordre.

Dans l'ordre de la Photographie céleste, je rappellerai encore le grand succès obtenu par MM. Lœwy et Puiseux avec la Lune. Cette année, ces savants ont continué leurs belles recherches et se sont attachés surtout à perfectionner la reproduction des clichés.

Quant à la carte du Ciel, la prise des clichés et les travaux immenses de réduction qu'ils nécessitent continuent régulièrement leur cours. Une réunion des astronomes intéressés vient de se tenir dans ce but à Paris.

L'année 1895 n'a pas été très riche en découvertes cométaires. A citer celle de Swift, encore visible au commencement de l'année et dans les grands instruments seulement ; il y aura à décider la question de son identité avec celle de Vico 1884, I.

Cette comète est la première découverte en 1895 (le 20 août). Les observations permettent non seulement de lui attribuer un caractère périodique, mais même d'affirmer avec grande probabilité son identité avec celle de Lexell, quoique le critérium de M. Tisserand ne soit pas absolument satisfaisant pour les deux astres.

Le mois de novembre a amené deux découvertes de comètes, celle de M. Perrine, le 17, à l'Observatoire de Lick, et celle de M. Brooks, le 21 du même mois. La question de l'identité de cette dernière avec celle de 1652 a été posée.

Il en est de même à l'égard des étoiles filantes et surtout des météorites, dont les apparitions ont été accompagnées de circonstances qui soulèvent d'importants problèmes de Mécanique, de Physique et de Chimie célestes.

Signalons, en passant, le bel ouvrage de M. Stanislas Meunier, auquel on doit de si intéressants travaux sur ces questions.

On sait que, parmi les questions qui préoccupent le monde astronomique et qui restent encore en suspens, celle de la durée de la rotation de Vénus occupe le premier rang. M. Schiaparelli lui assigne une durée de rotation égale à celle de sa révolution sidérale. Cette conclusion, qui avait d'abord rencontré beaucoup d'incrédulité, semble rallier à peu près l'assentiment des observateurs. Du moins, c'est à cette conclusion que les dernières observations très soignées de M. Perrotin au Mont-Mounier le conduisent. Il est vrai que M. Léo Brenner maintient toujours son opinion en faveur d'une rotation diurne tellurique. Il est évident que l'opacité de l'atmosphère de Vénus rend ces observations très difficiles. Nous avons rencontré les mêmes diffi-

cultés dans l'analyse spectrale de l'atmosphère de Vénus pour
la constatation de la vapeur d'eau qui y existe.

Le planète Mars, dont la constitution de la surface donne lieu
également à de grandes divergences d'opinion, a été étudiée
cette année avec le plus grand soin et dans d'excellentes conditions par M. Lowell. Ici encore, les faits annoncés par
M. Schiaparelli se confirment de plus en plus. M. Lowell a fait
une étude très soignée sur la visibilité des canaux en rapport
avec les saisons de Mars, et arrive à cette conclusion que le développement des canaux s'accentue d'une manière notable avec
le retour de l'été de la planète, fait qui tendrait à faire admettre
pour ces canaux une origine en rapport avec une végétation et,
par conséquent aussi, que l'eau joue un grand rôle dans ces
manifestations. L'eau ferait donc partie de l'atmosphère de
la planète, ainsi que nous l'avions annoncé dès 1867.

M. Bigourdan nous a donné cette année une belle série de
mesures d'étoiles doubles. L'étude des étoiles variables constitue un champ du plus haut intérêt pour l'astronome physicien. C'est par des études très persévérantes d'Analyse spectrale qu'on arrivera à pénétrer la cause de ces phénomènes si
curieux de variabilité d'éclat.

L'Analyse mathématique pourra ensuite s'emparer des résultats obtenus et en tirer de belles conséquences. A cet égard, je
citerai les résultats remarquables obtenus par M. Tisserand pour
l'explication de certaines anomalies dans la variation d'éclat
d'Algol.

### III. — Astronomie terrestre

Pendant l'année 1895, on a continué naturellement à s'occuper de la question de la variation des latitudes.

La Société Royale Astronomique de Londres a décerné à
l'Astronome américain M. Chandler sa médaille d'or pour l'ensemble de ses travaux sur ce sujet.

En France, à part M. Gonessiat, nous nous sommes à peu près
désintéressés de la question. Cependant, M. Brunner a construit
un·instrument destiné à ces études, et dont le principe a été

arrêté par le Bureau des Longitudes. On peut dire que la question est encore fort obscure. Il ne ressort en aucune façon, des observations, que l'extrémité de l'axe terrestre, si des mouvements sont réellement constatés, décrive une courbe fermée, et que le mouvement soit périodique.

Il est évident qu'il faut des observations instituées dans des conditions toutes spéciales, comme rigueur et choix des stations, pour élucider cette obscure question.

M. Forster, Président de la XI<sup>e</sup> Conférence de l'Association internationale de Géodésie, a publié dans cette *Revue* un article sur ce sujet (1). Il y a exposé la nécessité de nouvelles observations faites dans de petits observatoires spéciaux avec des instruments appropriés et un choix judicieux des stations au double point de vue de leur position et de la pureté de l'atmosphère. On ne peut que désirer la réalisation de ces propositions, afin de décider définitivement une question aussi importante et qui ne peut rester en suspens.

Relativement à la Physique du globe, nous aurions à signaler les déterminations d'intensité de pesanteur faites dans les Alpes, en Autriche, puis celles que M. Bigourdan a, sur notre demande et avec notre concours, exécutées dans le massif du Mont Blanc et dont il rendra compte. Il est très désirable que ces déterminations sur la pesanteur se généralisent : avec les mesures de magnétisme, elles forment des éléments indispensables aux études géologiques et géodésiques.

Je viens de parler du Mont Blanc. Cette année, nous comptons compléter l'installation des instruments : le météorographe et la grande lunette de 12 pouces. On doit y faire des observations sur le rayonnement solaire, et M. Bigourdan pourra obtenir, je l'espère, une détermination de l'intensité de la pesanteur au sommet.

## IV. — Conclusion

Tel est le résumé bien incomplet des travaux astronomiques de l'année écoulée. Je prie tous les astronomes et physiciens que

_______________

(1) Voyez Forster : Déplacements de l'axe de rotation de la Terre dans la *Revue générale des Sciences* du 30 septembre 1894, t. V, pp. 682 à 684.

je n'ai pas pu citer de m'excuser. Ce petit résumé n'est qu'une esquisse et non une analyse méthodique de tous les travaux récents.

Cette esquisse est néanmoins suffisante pour nous montrer toute la richesse des méthodes qui sont mises aujourd'hui à la disposition des travailleurs. Et cependant, nous ne sommes en quelque sorte qu'à l'aurore des applications d'ordre physique à l'Astronomie. La Photographie ne s'est faite jusqu'ici que par des rayons limités au spectre visible et ultra-violet ; il faut en étendre l'usage à un spectre trois ou quatre fois plus étendu, et on réalisera une nouvelle moisson de découvertes.

L'Analyse spectrale, elle aussi, n'est qu'à ses débuts. Malgré les résultats considérables obtenus, on peut dire qu'elle n'en est encore qu'à la méthode empirique. Elle constate la présence d'un corps par le système des rayons émis ou absorbés par ce corps, mais elle ignore encore les relations analytiques qui unissent ces rayons entre eux. Il y a là à faire, dans l'ordre des radiations, des découvertes parallèles à celles de Képler et Newton.

Il y a encore à pousser l'étude des rapports de la Lumière, de l'Électricité, du Magnétisme. De ce côté encore, on pressent de grandes découvertes de synthèse et de généralisation.

Voilà, pour nos jeunes savants, de sublimes études en perspective. Je souhaite que la France y prenne une part digne de son passé et des grands Géomètres qui, chez elle, ont continué Képler et Newton.

*Revue générale des Sciences pures et appliquées*, numéro du 30 mai 1896, p. 485.

# VII

## LA VAPEUR D'EAU DANS L'UNIVERS

*Séance de la Société Astronomique de France du 3 juin 1896.*

MESSIEURS,

La séance étant peu chargée, je pourrai la compléter en disant quelques mots d'un sujet que des récentes recherches ont remis à l'ordre du jour, je veux parler de la composition des atmosphères planétaires.

L'histoire astronomique des planètes peut se diviser en quatre époques.

La première serait celle où les premiers observateurs ont remarqué que certains astres se déplacent par rapport aux autres dans la voûte étoilée.

Le deuxième comprendrait la période où, avec Copernic et Képler, on découvrit les lois des mouvements de ces astres.

La troisième s'inaugurerait avec Galilée, le jour où avec l'admirable instrument qu'il avait réinventé, il découvrit à ces corps célestes des continents, des pôles, des satellites, établissant ainsi les plus étroites analogies avec la Terre.

La quatrième est celle qu'on pourrait nommer l'époque chimique, c'est celle que nous traversons. Elle a sommencé le jour où, en 1862, on découvrit en France les raies telluriques, c'est-à-dire les raies que l'atmosphère terrestre fait naître dans le spectre solaire et où l'on sut faire la part de chacun des éléments de notre atmosphère dans ce spectre tellurique. Le spectre de la vapeur d'eau en particulier a eu une importance capitale pour ces analyses.

Alors, on put commencer à analyser spectralement les atmosphères des planètes et avec ces analyses asseoir des analogies encore bien plus décisives avec la Terre.

Vous savez que la vapeur d'eau et par conséquent l'eau elle-même a été reconnue dans l'atmosphère de Mars, de Saturne et avec grande probabilité dans celles de Vénus et de Jupiter.

Mais j'ai été encore amené à reconnaître l'eau dans certaines étoiles. En sorte que ce corps admirable, qui jouit de propriétés si bien adaptées aux exigences des phénomènes de la végétation et de la vie, se trouve répandu dans tout l'univers.

Et ceci nous montre combien la Nature est uniforme dans ses lois.

A ce sujet, Messieurs, nous pouvons encore ajouter des considérations d'ordre géologique en comparant l'atmosphère solaire à celle de la Terre.

Nous pouvons, en effet, trouver dans le Soleil la preuve que nos océans, qui sont salés, comme chacun sait, ne se sont pas formés en empruntant leur salure aux roches terrestres, mais qu'ils ont dû se former tout salés. En effet, si nous interrogeons la composition et l'ordre de superposition des métaux au-dessus de la photosphère et dans la chromosphère, nous voyons que c'est le sodium qui est le plus important, le plus répandu ; ensuite viennent le magnésium et le calcium, en sorte que si, par suite d'un refroidissement subit, l'hydrogène venait à se combiner avec de l'oxygène sorti du corps solaire pour former un océan, cet océan emprisonnerait immédiatement les chlorures de sodium, de magnésium, de calcium et présenterait exactement la composition de nos mers terrestres. Quelle puissante raison pour penser que l'atmosphère terrestre des premiers âges géologiques, qui contenait abondamment les chlorures métalliques que nous venons de nommer, s'est formée de cette manière !

Vous voyez, Messieurs, que voilà une intéressante question de géologie terrestre qui trouve sa solution dans l'étude de l'atmosphère solaire.

Et combien d'autres, Messieurs.

Le Soleil est notre Grand Livre. Il a pour nous, astronomes, une importance immense, parce qu'il est un spécimen de ces étoiles, de ces soleils répandus dans l'immensité des cieux et que ce spécimen est à notre portée, et que son formidable rayonnement se prête à toutes nos analyses et à toutes nos études.

Etudions le Soleil, nous n'épuiserons jamais la moisson de

découvertes qu'il nous réserve. Et par ces découvertes, nous nous élèverons sans cesse vers ces grandes lois, vers ces sublimes harmonies qui sont les délices et l'honneur de l'esprit humain.


## VIII

## SUR LES TRAVAUX EXÉCUTÉS EN 1896
## A L'OBSERVATOIRE DU MONT BLANC

Je viens rendre compte à l'Académie des travaux qui ont été exécutés cette année à l'Observatoire du Mont Blanc. Ces travaux ont été singulièrement entravés par les intempéries atmosphériques qui, à Chamonix comme en tant d'autres points de la France, ont duré tout l'été.

M. Crova s'était proposé de prendre au sommet des mesures du rayonnement solaire et il est venu effectivement à Chamonix dans cette intention ; l'état de l'atmosphère ne lui a pas permis de mener à bien ce travail important.

M. Bigourdan a continué les études commencées l'année dernière sur la valeur de l'intensité de la pesanteur au sommet du Mont Blanc et en différents points du massif. L'Administration de la Guerre a bien voulu nous continuer le prêt de l'appareil de M. le Commandant Desforges pour ces mesures et M. le Sous-Secrétaire d'État aux Postes et Télégraphes nous autorisa à nous servir des lignes nécessaires pour avoir à des instants déterminés l'heure de l'Observatoire de Paris.

Le temps a apporté de grands obstacles à ces travaux, et malgré le courage déployé par M. Bigourdan et l'assistance de son aide, M. Claude, nous devons avouer que la question a fait peu de progrès.

Nous avons été plus heureux à l'égard de la grande lunette parallactique de 33 centimètres d'ouverture, construite par M. Gautier et dont la partie optique a été gracieusement offerte à l'Observatoire par MM. Henry frères.

Ce bel instrument est monté en sidérostat polaire, disposition qui a l'avantage de permettre à l'observateur de ne pas se déplacer et de se tenir dans une pièce close placée dans le sous-sol de l'observatoire et chauffée au besoin. Le corps de la lunette est entraîné avec le miroir qu'il porte à son extrémité supérieure, disposition qui a pour effet de conserver, dans le champ ou sur la plaque photographique, la position relative des astres. L'oculaire est muni de micromètres à gros fils et à fils fins. Enfin, l'instrument est muni des organes nécessaires pour se prêter à des études d'analyse spectrale et de photographie céleste.

La mise en place de cette lunette a présenté de grandes difficultés en raison des orages et des chutes de neige qui ont eu lieu dans la montagne. Les mécaniciens de M. Gautier, MM. Lelièvre et Dandrieux, qui étaient chargés de ce montage, ont dû accomplir plusieurs ascensions avant de réussir. Grâce à leur persévérance, à leur énergie et à l'aide des équipes de guides excellents que je leur avais données, ils ont pu enfin réussir.

Espérons que l'année prochaine, le temps se prêtera aux observations que nous comptons faire avec ce bel instrument.

Un météorographe a été également monté à l'Observatoire des Grands-Mulets.

Dans une prochaine Communication, je rendrai compte des observations météorologiques de l'année qui vient de s'écouler.

*C. R. Acad. Sc.*, Séances du 19 octobre 1896, T. 123, p. 585.

IX

## DISCOURS PRONONCÉ AUX OBSÈQUES DE M. FRANÇOIS FÉLIX TISSERAND, MEMBRE DE L'ACADÉMIE DES SCIENCES, LE VENDREDI 23 OCTOBRE 1896.

Messieurs,

C'est à peine si nous pouvons croire à l'événement qui nous réunit au bord de cette tombe.

Lundi dernier, Tisserand était au milieu de nous, à l'Académie, paraissant en pleine santé, et le lendemain matin, je recevais un télégramme m'annonçant qu'il venait de succomber subitement pendant la nuit (1).

Cette nouvelle a causé dans le monde scientifique, et j'ajouterai dans tout Paris, une émotion de douloureuse surprise.

Tout le monde sentait que la science et la France venaient de faire une grande perte.

Messieurs, la vie de Tisserand restera comme un bel et grand exemple.

Elle montrera que le travail et le mérite seuls peuvent conduire à l'autorité scientifique la plus incontestée, à l'estime la plus générale, aux situations les plus éminentes.

Né au commencement de l'année 1845 dans une famille des plus honorables, mais dont les ressources étaient modestes, le jeune Tisserand montra de bonne heure des dispositions si décidées pour les sciences que ses parents firent tous les sacrifices pour lui ouvrir l'accès d'une carrière en conformité avec ses goûts.

Entré à l'École Normale en 1863, dans un rang modeste, paraît-il, il gravissait successivement tous les degrés et en 1866, il en sortait, nous apprend-il, le premier.

Après un mois de suppléance au Lycée Louis-le-Grand, Tisserand entrait à l'Observatoire comme astronome adjoint.

Sa thèse de doctorat, soutenue en juin 1868, était remarquable et fut remarquée. Le jeune géomètre y exposait d'après les principes de Jacobi la méthode suivie par Delaunay dans sa théorie de la Lune et il montrait que cette méthode était susceptible d'applications beaucoup plus étendues. Il l'applique, par exemple, au problème des trois corps, le Soleil, Jupiter et Saturne, et, plus tard, au cas des inégalités à très longues périodes en montrant qu'elles ne peuvent troubler la stabilité du système du monde.

M. Poincaré, notre si éminent confrère, me parlait dernièrement de cette thèse et trouvait très remarquable la simplicité des moyens employés par le jeune géomètre.

---

(1) F.-F. Tisserand mourut le 20 octobre 1896 à Paris.

Citons de suite une intéressante découverte faite vers la même époque, mais qui ne fut publiée que longtemps après. Nous voulons parler du *criterium*.

En partant d'une intégrale de Jacobi, relative à l'influence exercée sur les éléments d'une comète par une grosse planète, Tisserand, par d'heureuses simplifications, arrive à une égalité à laquelle doivent satisfaire les éléments de deux comètes, apparues successivement, pour qu'elles puissent être considérées comme ne formant qu'un seul et même astre.

C'est-à-dire que l'emploi du *criterium* permet de rejeter de fausses identités.

La thèse de Tisserand était soutenue, comme nous venons de le dire, en 1868. C'est cette même année que Leverrier le chargeait avec MM. Stéphan et Rayet d'aller observer à Malacca la célèbre éclipse du 18 août.

J'eus le plaisir de faire route avec ces Messieurs jusqu'à Pointe-de-Galle, et pendant la traversée, j'admirai les goûts studieux de Tisserand. Pendant que tous étaient captivés par le spectacle des mers traversées et des tableaux si pittoresques offerts par les ports d'escale, Tisserand restait plongé, sans distractions, dans la lecture de D'Alembert.

De retour à Paris, Tisserand était successivement attaché à l'Observatoire de Paris, au service du méridien, au service géodésique et à celui des équatoriaux.

En 1875, la direction de l'Observatoire de Toulouse était confiée au jeune astronome. Il réorganisa cet établissement, le meubla d'instruments importants, y fit d'intéressantes observations et forma des élèves dont plusieurs ont marqué dans la science.

Ces mérites lui valurent en 1874 le titre de correspondant de l'Académie.

Cette même année, le passage de la planète Vénus sur le Soleil préoccupait le monde savant tout entier. L'Académie me fit l'honneur de me désigner pour diriger la mission envoyée au Japon.

Parmi mes collaborateurs, j'eus le plaisir de compter Tisserand, qui était chargé avec moi d'observer les instants des contacts et de déterminer les coordonnées de la station. Là encore, je pus constater combien la passion de mon collaborateur pour l'Astronomie mathématique était grande et combien déjà il était distingué.

Aussi, lorsque, quatre ans plus tard, Tisserand se présenta à l'Académie, je fus heureux de lui donner mon appui et de voir que l'estime que j'avais de lui était universellement partagée.

Entré à l'Académie, Tisserand avança rapidement et brillamment dans sa carrière. D'abord suppléant de Liouville à la Faculté des Sciences, il passa plus tard à celle de Puiseux, qui convenait mieux à la direction de son savoir, et il y réussit d'une manière tout à fait remarquable. Aussi, quand la mort enleva Puiseux à notre si haute estime et à notre affection, Tisserand fut-il désigné comme son successeur.

Cependant, au milieu de tant d'occupations et de devoirs, Tisserand trouvait encore le temps de continuer ses importants travaux d'Astronomie mathématique et nos *Comptes rendus* témoignent d'une activité vraiment surprenante.

Ces travaux portent sur presque tous les sujets de la mécanique céleste.

L'auteur les aborde un à un, les expose avec une clarté magistrale, en perfectionne toujours quelques points et souvent y obtient des résultats qui sont de véritables découvertes.

Ces importants mémoires seront appréciés par nos confrères compétents et je sais du reste en quelle estime ils tiennent les travaux de Tisserand.

Mais je ne saurais passer sous silence le beau *Traité de Mécanique céleste* en quatre volumes que, par une singulière et heureuse circonstance, il venait de terminer.

Ce traité restera comme l'œuvre maîtresse de sa vie.

Il était admirablement préparé pour l'écrire, et par son talent d'exposition, et par la méthode et la clarté de son esprit, et enfin par l'étendue et la solidité de ses études.

Dans cet ouvrage, le lecteur voit défiler, suivant l'expression même de l'auteur, tous les travaux, toutes les méthodes relatives aux points les plus importants et célèbres de la science. Un de nos confrères de la section, en me parlant de la haute estime dont ce traité jouit à l'étranger, me rapportait la parole d'un savant éminent :

Dans cet ouvrage, « il règne, me disait-il, une clarté toute française ».

Le Traité de mécanique céleste de Tisserand marquera l'état de la science à notre époque.

En 1892, M. Tisserand était appelé à la direction de l'Observatoire de Paris.

Dans cette direction, il sut par son ferme désir d'être juste, par la modération de son caractère et la simplicité de ses manières, gagner chaque jour en respect et en sympathie. L'âge si peu avancé de notre confrère promettait à l'Observatoire de longs jours de prospérité. Cette prospérité, il voulait s'y consacrer de plus en plus, maintenant qu'il avait terminé l'œuvre principale de sa vie, et augmenter encore le renom de l'Observatoire de Paris.

Tout cet avenir et toutes ces espérances sont brisés, et nous ne pouvons que déplorer une telle perte et en même temps assurer Mme Tisserand de notre respectueuse sympathie, de la part que l'Académie prend à son grand malheur, du souvenir durable qu'Elle conservera de son éminent confrère et de son regret pour le temps, si court, hélas ! qu'il a passé au milieu d'Elle.

Adieu, mon cher confrère et collaborateur, adieu !

X

RAPPORT SUR LE PRIX JANSSEN, DÉCERNÉ EN 1896, PAR L'ACADÉMIE DES SCIENCES A M. DESLANDRES [1]

M. Deslandres a débuté dans sa carrière scientifique par l'étude des spectres à un point de vue qui a une haute importance théorique, mais qui, en même temps, présente des difficultés considérables ; nous voulons parler des relations qui lient

---

[1] Commissaires : MM. H. Faye, Wolf, Lœwy, Callandreau : Janssen, rapporteur.

entre elles les longueurs d'ondes des rayons appartenant à un
même corps.

Cette étude l'a occupé plusieurs années et il y a obtenu des
résultats intéressants, dont plusieurs ont été confirmés par des
savants qui se sont occupés du même sujet.

La belle méthode que la Science doit à Fizeau, le grand physicien que nous venons de perdre, a fourni à M. Deslandres la
matière de travaux nouveaux et importants, notamment à l'égard
de l'étoile Altaïr, pour laquelle il a reconnu l'existence de deux
oscillations de la vitesse qui se superposent, la première ayant
une période de quarante-cinq jours, et la seconde une de cinq
jours. L'auteur en conclut que l'étoile est au moins double.

La même méthode, appliquée à l'anneau de Saturne, confirme l'opinion générale des astronomes, relativement à la constitution de cet anneau qui serait formé de corpuscules solides.

On doit à M. Deslandres d'importantes recherches solaires
par la Photographie. Concurremment avec M. Hale, il s'est
occupé de la Photographie des protubérances, étudiées au bord
et sur le disque, par la méthode des deux fentes, proposée en
1869, par M. Janssen, et il y a obtenu des résultats importants.
L'emploi habile d'un spectroscope ordinaire, de faible dispersion, lui a même permis d'obtenir la distinction entre les facules
et les vapeurs chromosphériques.

On sait qu'en 1895, M. Ramsay, un des auteurs de la brillante
découverte de l'Argon, constata que la clévéite émettait une
radiation de même réfrangibilité que la raie solaire D, dite de
l'hélium.

M. Deslandres put compléter ce beau résultat en montrant
que ce minéral émettait encore deux autres radiations solaires
($\lambda = 447$ et $\lambda = 766$).

L'observation des éclipses solaires tient une large place dans
la carrière de M. Deslandres et fait honneur à son talent et à
son dévouement à la Science.

En 1893, le Bureau des Longitudes et l'Observatoire de Paris
chargeaient M. Deslandres de l'observation de l'éclipse totale du
16 avril, qu'on pouvait observer avantageusement au Sénégal.
Pendant cette éclipse, M. Deslandres se livra à deux études

extrêmement intéressantes, à savoir l'obtention photographique
du spectre ultra-violet de la couronne et celle du mouvement
supposé de rotation de celle-ci. M. Deslandres trouve des résultats qui tendraient à démontrer que l'atmosphère coronale suit
le globe solaire dans son mouvement.

Ce résultat, très intéressant, est d'une constatation très délicate. Il y aura lieu d'y revenir aux prochaines éclipses.

Nous devons à M. Deslandres un important Rapport sur cette
éclipse, Rapport qui a été inséré dans les *Annales du Bureau des
Longitudes*, du Japon, où il avait été chargé, par le Gouvernement et le Bureau des Longitudes, d'aller observer l'éclipse du
mois d'août dernier.

Ce long voyage, très complètement préparé, n'a pas donné
tous les résultats qu'on en espérait, en raison de l'état du ciel au
moment du phénomène. Néanmoins, M. Deslandres a pu obtenir des photographies de la couronne, qui semblent promettre
d'intéressants résultats.

Tout cet ensemble de travaux a paru, à votre Commission,
mériter les encouragements de l'Académie, et elle lui décerne
le Prix Janssen pour l'année 1896.

*C. R. Acad. Sc.*, Séance du 21 décembre 1896, T. 123, p. 1120.

# 1897

## I

## DISCOURS PRONONCÉ AU CINQUANTENAIRE ACADÉMIQUE DE M. FAYE, LE 25 JANVIER 1897

Messieurs,

Le lundi 25 janvier 1847, c'est-à-dire il y a juste cinquante ans jour pour jour, un jeune savant venait prendre séance à l'Académie des Sciences.

Il y entrait patronné par deux hommes illustres : Arago et Humboldt.

Ce dernier, qui portait une affection toute particulière au savant traducteur de son Cosmos, étant alors absent de Paris, avait écrit dix-huit lettres (aujourd'hui dix-huit précieux autographes), pour recommander son jeune ami aux suffrages de ses confrères.

Les travaux déjà importants du candidat et, surtout, la brillante découverte d'une comète qu'on venait de reconnaître périodique et qui augmentait d'une manière si intéressante le nombre alors très restreint des astres de cette classe, formaient déjà des titres importants ; et, si l'on y ajoute l'estime en laquelle il était tenu par les hautes personnalités de l'Académie, on comprendra l'éclatant succès de cette élection. M. Faye, en effet, obtenait quarante-deux suffrages sur quarante-quatre votants.

Le nouveau membre justifia tout de suite la confiance de l'Académie par le nombre, la valeur, l'importance des sujets qu'il traitait devant elle ou dont il lui rendait compte.

Toutes les parties de l'Astronomie, toutes ses méthodes et celles mêmes des sciences qui peuvent avoir des points de contact avec elle et lui fournir des éléments de progrès étaient l'ob-

jet de lumineuses expositions, de savantes discussions, d'ingénieuses hypothèses, qui séduisaient et charmaient l'Académie.

Ce n'est pas le lieu, ici, d'analyser tous ces travaux. Rappelons seulement le beau travail sur les parallaxes stellaires, celui
relatif aux déclinaisons absolues des étoiles fondamentales :
travail dont on s'inspire encore aujourd'hui.

Rappelons encore l'idée de cette ingénieuse disposition qui
permet à une lunette de viser le zénith, tout en restant indépendante de la graduation du cercle vertical.

On reprend aujourd'hui l'idée de la lunette zénithale, et nul
doute qu'on n'en tire bientôt un précieux parti. La constitution des comètes et les singuliers phénomènes qu'elles présentent quand elles s'approchent du Soleil ont fourni à M. Faye
l'occasion de savantes discussions et, en particulier, l'idée d'une
force répulsive due à l'énorme chaleur solaire, laquelle opérerait
une sorte de triage dans les matériaux divers qui composent la
matière de la comète et produirait la majeure partie des singuliers phénomènes dont les périhélies cométaires nous rendent
témoins.

La constitution physique du Soleil a longtemps occupé
M. Faye, et il y revenait toujours avec prédilection.

Indépendamment de sa belle théorie sur la nature de la photosphère et des courants qui ont pour effet d'en entretenir la
haute température, nous devons à M. Faye d'importantes Études
analytiques sur les vitesses de rotation des zones solaires en
fonctions de la latitude, ainsi que sur la nécessité d'avoir égard à
la parallaxe de profondeur pour expliquer complètement le
mouvement des taches, etc..

Ce sont ces belles Études sur le Soleil qui ont suggéré à M. Faye
les idées qui ont servi de base à sa théorie des cyclones. Exemple précieux à nos yeux, car il montre combien on peut trouver
de lumières pour l'explication de certains phénomènes terrestres
dans l'étude des phénomènes célestes similaires.

Messieurs, tous ces travaux, malgré leur importance, ne formeront peut-être pas, aux yeux de la postérité, le titre principal
de la belle et longue carrière à laquelle nous adressons aujour-
d'hui nos hommages. Il en est encore de plus importants.

M. Faye a eu, en effet, la bonne fortune de se trouver au point culminant de la carrière à l'époque où les applications de deux immortelles découvertes étaient mûres pour opérer une révolution complète en Astronomie.

Il a eu la clairvoyance d'en sentir toute la portée et tout l'avenir : le mérite de les signaler, de les recommander à l'attention du monde savant, et il a soutenu de son influence ceux qui voulaient entrer dans la carrière. Par là, il a bien mérité de la Science et a droit à toute sa reconnaissance.

En effet, Messieurs, combien sont rares les hommes, même les plus éminents, qui accueillent et encouragent les innovations qui doivent transformer la Science ou l'Art qu'ils cultivent ?

Sans remonter jusqu'aux découvertes de la vaccine et de la circulation du sang, ne nous rappelons-nous pas tous encore, car c'était hier, les oppositions si ardentes et si passionnées qui furent faites aux méthodes de Pasteur et les luttes qu'il eut à soutenir pour les faire accepter ? Aujourd'hui, il est vrai, toutes les oppositions sont tombées, les méthodes et les idées pastoriennes entrent à pleines voiles dans toutes les parties de la Physiologie et de la Médecine, et c'est à l'envi qu'on les applique et qu'on les étend.

En rendant hommage au Maître qui est entré aujourd'hui dans la grande gloire, celle que décerne la reconnaissance de la postérité, je suis également heureux de féliciter ses successeurs, dont plusieurs sont à ce banquet, et qui tiennent si haut et si ferme le glorieux drapeau qu'il leur a légué.

Messieurs les Astronomes de notre époque, et c'est à leur honneur, nous ont donné un tout autre spectacle, et M. Faye, en particulier, s'est montré, comme je viens de le dire, l'apôtre des applications des nouvelles découvertes. En agissant ainsi, il se montrait le vrai disciple d'Arago et son digne continuateur. En effet, ce grand et lumineux esprit avait pressenti tout ce que les découvertes modernes de la Physique pouvaient apporter de progrès à l'Astronomie. Son rapport de 1839, sur le Daguerréotype, contient tout un programme à cet égard, et si les applications astronomiques de la polarisation n'ont pas été plus fécondes entre ses mains, c'est à la méthode elle-même qu'on doit l'attribuer.

Mais, depuis Arago, les progrès et les découvertes marchèrent à pas de géant. Tandis qu'Arago n'avait en face de lui que le procédé, délicat sans doute, mais bien lent de Daguerre, M. Faye voyait naître et se succéder les plus admirables progrès de la Photographie. Et tandis encore qu'Arago ne disposait que des ressources limitées de la polarisation, M. Faye assistait à la naissance et aux merveilleux développements de l'analyse spectrale, de cette méthode dont les applications sont pour ainsi dire inépuisables, et qui, malgré les merveilles accomplies jusqu'ici, n'est encore qu'à l'aurore des découvertes qu'elle recèle. C'est ce que notre vénéré doyen comprit admirablement.

A l'égard de la Photographie, nous le voyons, en effet, tenter avec Porro l'installation d'une Méridienne enregistrant les passages par la Photographie.

Les éclipses de 1851, de 1858, de 1860 sont l'objet de ses analyses au point de vue physique et photographique ; en 1858, notamment, M. Faye montrait à l'Académie une photographie du disque solaire exécutée par Porro sur ses indications, et qui montrait les marbrures les plus délicates sillonnant les bord du Soleil. N'est-ce pas alors que M. Faye prononçait cette parole remarquable qui était une prophétie, à savoir : Que la Photographie amènerait en Astronomie une révolution comparable à celle qu'avait produite l'invention des lunettes.

L'analyse spectrale et les travaux de Kirchhof ne sollicitèrent pas moins son attention et l'amenèrent à se former sur la constitution de la photosphère solaire, des idées que les observations ultérieures ont, en grande partie, vérifiées.

Aussi, lorsque en 1868, il y eut une éclipse totale d'une durée si exceptionnelle qu'il faut remonter à Thalès pour en trouver une semblable, M. Faye employa tous ses soins, toute son autorité, tout son crédit pour la faire fructueusement observer par la France.

Jusqu'alors, on n'avait pas encore appliqué les méthodes de l'analyse spectrale à l'étude des phénomènes des éclipses totales. Ces gigantesques protubérances, ces gloires, cette couronne res-

plendissante, en un mot tout ce cortège grandiose de manifestations lumineuses était encore un mystère, et leur explication
avait épuisé les hypothèses, déjoué la Science et la sagacité des
astronomes et des physiciens. On se demanda alors si l'analyse
spectrale, cette clef d'or qui avait ouvert tant de portes immua-
blement fermées jusque-là, allait encore nous procurer cette
nouvelle conquête.

M. Faye n'en douta pas, et c'est à sa foi et sa haute influence,
que le Bureau des Longitudes dut de pouvoir envoyer dans les
Indes un missionnaire pour cet objet.

Le succès dépassa son attente sans l'étonner. Non seulement l'analyse spectrale révéla la nature des protubérances et
déchira le voile que des siècles d'observations n'avaient pu soulever, mais elle fournit elle-même les bases d'une méthode qui
permet l'étude journalière de ces phénomènes et les soumet
docilement à nos études, sans que nous ayons à attendre les
rares et fugitives occasions des éclipses totales.

Messieurs, notre éloge et notre analyse seraient incomplets
si nous ne rappelions encore les services que M. Faye a rendus
comme écrivain et comme professeur. Comme écrivain, rappelons ses savants Traités et son beau Livre sur l'origine et la constitution des mondes. Comme professeur, rappelons cet enseignement à l'école, si brillant, si goûté qui a laissé un souvenir inef-
façable et dont nous allons avoir tout à l'heure un touchant
témoignage.

Enfin, Messieurs, un dernier hommage était réservé à notre
vénéré Confrère. On sait quelle part M. Faye a toujours prise aux
progrès de la Géodésie ; on sait combien, de concert avec nos
Confrères du Bureau, il a su guider d'abord, soutenir ensuite, le
Général Perrier dans ses efforts heureux pour la restauration
de la Géodésie française, et notamment dans cette magnifique
opération de la jonction de l'Espagne avec l'Algérie, par dessus
la Méditerranée. Le premier Lieutenant du Général, celui qui
l'aida si puissamment dans cette belle opération, et qui, aujour-
d'hui, est son digne successeur, a tenu par sa présence, et l'assistance qu'il m'a donnée, à témoigner de sa reconnaissance
envers M. Faye. Or, Messieurs, l'Association géodésique inter-

nationale, dont M. Faye est membre depuis longtemps, voulant lui témoigner sa haute estime, vien de lui décerner la Présidence pour dix années. C'est un beau couronnement de carrière pour le savant, c'est une gloire pour la France.

Nous savons, Messieurs, qu'à tous ces hommages, le Gouvernement, voulant bien déférer à notre demande, va y ajouter la suprême récompense que le pays réserve à ses plus glorieux enfants. Que le Gouvernement me permette de le féliciter de s'être ainsi honoré en honorant la science dans la personne d'un de ses représentants les plus vénérés et les plus illustres.

Je dois remercier encore M. le Ministre de la Guerre, les Membres des Pouvoirs publics et le Bureau de l'Académie d'avoir bien voulu nous honorer de leur présence.

Cher et vénéré Confrère, en terminant et pour répondre au sentiment de tous nos Confrères, de tous vos amis, et je puis ajouter des savants du Monde entier, je forme le vœu que nous vous conservions longtemps encore, bien au delà de votre glorieuse présidence, et je suis bien sûr de satisfaire vos plus chers désirs en associant à ce vœu, la compagne qui vous a été si dévouée, qui vous a si bien compris et si bien complété, et à laquelle revient une grande part dans la sécurité, le succès, le bonheur de votre longue vie.

Discours prononcé au Cinquantenaire académique de M. Faye le 25 janvier 1897.

*Annuaire du Bureau des Longitudes* pour l'an 1898.


## II

### REMARQUES SUR UNE NOTE DE M. PERROTIN, INTITULÉE : « SUR LA PLANÈTE MARS » (1)

Le grand intérêt de la Note de M. Perrotin réside surtout dans ce fait que les résultats qu'elle contient résultent d'observations comparées, faites à Nice, au Mont Mounier et à Meudon.

_______

(1) *Comptes rendus*, t. 124, p. 340.

Nous pensons, en effet, que lorsqu'il s'agit de phénomènes très délicats et d'une visibilité très difficile, il est indispensable de contrôler les résultats des observations en répétant celles-ci dans des conditions très différentes, tant au point de vue du Ciel que des instruments. C'est par là seulement qu'on peut atteindre au plus haut degré de certitude que comportent les observations.

Sous ce rapport, la fondation du magnifique Observatoire de Nice et celle du Mont Mounier, muni d'instruments si puissants, et placés tous deux dans une région très favorable aux observations, constitue un service de premier ordre rendu à la Science par la libéralité éclairée de notre Confrère, M. Bischoffsheim. En effet, indépendamment de toutes les observations ordinaires qu'ils permettent, ces observatoires offrent, dans certains cas spéciaux, très importants pour l'Astronomie, des éléments de comparaison et de contrôle avec nos Observatoires du Nord de la France, contrôle que rien ne saurait remplacer. C'est ce qui arrive dans la circonstance présente.

Nous possédons, en effet, à Meudon, un équatorial double, astronomique et photographique, le plus puissant des instruments de ce genre en Europe. Il était donc possible de comparer les observations si délicates faites sur Mars, à Nice et au Mont Mounier, avec celles qu'on instituerait à Meudon.

Aussi, en présence de l'opposition favorable de Mars en décembre dernier, et bien que j'eusse commencé sur Jupiter une importante série d'observations, je n'hésitai pas à mettre notre grand instrument entre les mains de M. Perrotin qui venait d'entrer à l'Observatoire.

On voit, par la Note ci-dessus, que cet habile observateur a pu, non seulement confirmer ses observations de Nice et du Mont Mounier, ce qui donne un grand poids à celles-ci, mais encore constater des faits nouveaux très délicats. Il y a là, comme on voit, des résultats très importants pour la Science et aussi en faveur de la puissance et des qualités optiques de notre grand instrument, ainsi qu'à l'égard du ciel de Meudon.

Notre grand équatorial a demandé pour sa construction, et surtout pour les dispositions à prendre, afin d'en faciliter l'usage dans les diverses positions des observations, de longues études de la part du Constructeur et du Directeur. Je suis heureux de constater que le succès a répondu à nos efforts.

La distinction des zones, établie par M. Perrotin, est importante, et le fait que la couleur si connue de la planète proviendrait uniquement de la zone des canaux, est très remarquable et conduira sans doute à d'importantes conséquences. Enfin, la constatation de la plus grande visibilité des détails de la surface, quand on s'approche des régions polaires, est encore d'un très haut intérêt.

Qu'il me soit permis de faire remarquer que ces résultats, qui tendent à montrer que l'atmosphère de Mars contiendrait des corps pouvant se condenser et augmenter ainsi la transparence atmosphérique vers les régions polaires, paraissent en accord avec nos observations sur la présence de la vapeur d'eau dans l'atmosphère de cette planète.

*C. R. Acad. Sc.*, Séance du 15 février 1897, T. 124, p. 346.

## III

## PROGRÈS DE L'ASTRONOMIE EN 1896

*Discours prononcé à la Séance générale annuelle*
*de la Société Astronomique de France, le 7 avril 1897.*

Messieurs,

Dans le si court espace de temps que me laisse cette séance très chargée, je ne puis avoir la prétention d'analyser tous les progrès accomplis dans l'année qui vient de s'écouler. Je vous signalerai donc seulement les travaux qui ont une importance spéciale ou qui peuvent provoquer des réflexions intéressantes pour nous.

Mais nous devons tout d'abord donner un souvenir aux grands serviteurs de la science astronomique que nous avons perdus pendant l'année qui vient de s'écouler.

Parmi le nombre trop grand, hélas ! de nos pertes, citons plus spécialement :

L'éminent astronome américain Dr Gould, dont la carrière fut si pleine et qui nous laisse son grand catalogue d'étoiles du ciel austral, monument scientifique qui représente près de trente années de travaux assidus ;

Hugo Gylden, géomètre-astronome dont la science profonde a touché à tant de questions de mécanique céleste et qui nous laisse notamment un beau Mémoire sur la théorie des orbites absolues ;

Auson Newton, qui s'est illustré par ses travaux analytiques sur les météorites, sur l'origine des comètes, etc., etc., dont la bonté, la bienveillance doivent encore ajouter aux regrets de sa perte ;

Félix Tisserand, dont nous avons exposé, ici même, les travaux et qui laissera par son grand Traité de Mécanique céleste un souvenir fécond et durable.

Regrettons, Messieurs, que le manque de temps nous force à ces citations si incomplètes et à omettre tant de noms méritants et distingués.

## Petites planètes

Vingt-trois nouvelles petites planètes ont été découvertes en 1896, dont neuf à l'Observatoire Bischoffsheim de Nice, par M. Charlois ; treize à Heidelberg par M. Wolf, et une à Berlin par M. Witt.

On voit que le nombre de ces petits astres qu'on découvre annuellement se soutient assez bien, mais on doit s'attendre à ce que la moisson s'épuisera bientôt et, ainsi que je le disais l'année dernière, il convient de créer dès maintenant des instruments plus puissants et surtout plus lumineux qui permettent de photographier les dernières grandeurs de ces astéroïdes.

Il est désirable, en effet, d'arriver à la connaissance de la masse totale que représente l'anneau d'astéroïdes. M. Gustave Ravené, en s'occupant de cette question, arrive à penser que la masse du groupe entier serait égale aux deux tiers de celle de la

Lune pour produire l'accélération de cinq secondes par siècle dans le mouvement du Périhélie de Mars. Mais M. Harzer conteste ce résultat et estime qu'il faudrait une masse dix-huit fois plus forte pour produire l'effet en question.

L'action que la planète Jupiter peut exercer sur quelques-unes des planètes les plus inférieures de l'anneau a été examinée par M. Ludendorff, qui a même publié d'utiles tables pour faciliter les calculs.

### Comètes

En 1896, on a découvert six nouvelles comètes et on en a retrouvé une ancienne.

Comètes nouvelles :

1° *Perrine-Lamp*, découverte le 14 février 1896 à l'Observatoire Lick par M. Perrine, et le 15 février par M. Lamp, à Kiel (1) ;

2° La comète *Swift*, découverte à Echomountain (Californie), le 13 avril 1896, par M. Swift ;

3° La comète *Sperra*, découverte le 31 août 1896, à Randolph (Ohio) ;

4° La comète *Giacobini*, découverte à l'Observatoire de Nice, le 4 septembre, par Michel Giacobini (2) ;

5° La comète *Perrine*, découverte à Lick, le 2 novembre 1896 ;

6° La comète *Perrine*, découverte également à Lick, le 8 décembre de la même année (3).

La comète *Brooks* a été retrouvée à Nice, par M. Javelle, le 20 juin 1896.

Sur les six comètes découvertes, deux ont des orbites elliptiques.

### Étoiles filantes

Les apparitions d'août et de novembre, Perséides et Léonides, ont été observées et n'ont pas présenté une abondance

---

(1) Eléments incertains.

(2) La périodicité de cette comète a été annoncée pour la première fois par M. Perrotin, qui en a calculé les éléments.

(3) Paraît avoir des éléments assez rapprochés de la comète Biéla.

remarquable. En décembre, on a observé, vers le 11, une pluie assez abondante de Géminides (plus d'une centaine).

Il est toujours très important de rechercher les rapports qui peuvent exister entre les Comètes et ces météores. C'est un sujet qui préoccupe plusieurs astronomes-géomètres et notamment le professeur A.-S. Herschel ; mais, jusqu'ici, cette relation si importante pour les théories astronomiques n'a pu être établie.

## Le Soleil

L'activité solaire a été décroissante en 1896. Les régions polaires ont été particulièrement calmes. Le plus remarquable des groupes de taches de l'année a été observé du 10 au 22 septembre, et il a présenté de très intéressantes particularités de structure.

Il nous faudrait de longues pages pour analyser toutes les particularités de l'activité solaire en 1896. Nous aurons sans doute l'occasion d'y revenir plus tard.

Renvoyons pour le moment le lecteur au premier volume des *Annales de l'Observatoire de Meudon*, paru cette année et où les grands traits de ces phénomènes sont exposés et analysés ; notamment ceux qui se rapportent à la découverte du Réseau photosphérique, à ses variations en rapport avec la période des taches et avec les latitudes solaires, à la constitution granulaire des facules et des stries des pénombres, etc., etc., résultats obtenus par vingt années d'études photographiques du Soleil.

## Éclipse du 9 août 1896

Messieurs, parmi les événements astronomiques remarquables de l'année, il convient de citer l'éclipse totale de Soleil du mois d'août 1896.

La bande de totalité commençait à attaquer le continent européen au Nord de la Norvège, au dessous du Cap Nord et s'engageait dans les régions Nord de la Sibérie pour venir déboucher dans l'Océan Pacifique Nord, à l'île de Yeso qu'elle traversait de part en part.

A Yeso, le Soleil était plus élevé que dans le Nord-Ouest de la Sibérie, mais, par contre, les chances de beau temps bien plus faibles.

M. Deslandres vous a rendu compte de ses observations au Japon où il a conduit une importante Mission, savamment organisée et qui a fait honneur à la France. Le Directeur de l'Observatoire de Meudon avait été heureux, sur la demande de M. Deslandres, de l'aider dans cette organisation par le prêt d'un équatorial. Bien que l'état du ciel, à Yeso, n'ait pas été satisfaisant, M. Deslandres a pu obtenir une photographie de la Couronne, et il conclut de l'examen de cette photographie que, conformément à l'opinion émise par M. Janssen, à la suite de l'observation de l'éclipse totale de 1871 qui avait amené la découverte de l'atmosphère coronale, cette atmosphère ou cette couronne paraissent avoir un développement en rapport avec l'activité solaire.

A la Nouvelle-Zemble, les expéditions russes et anglaise ont été plus favorisées par le Ciel, du moins pendant la totalité. Elles ont pu obtenir plusieurs photographies de la Couronne qui présentent un réel intérêt. M. Hanski en a exposé ici même les résultats. M. Costynski, astronome distingué d'une de ces expéditions, m'a envoyé, très gracieusement, des diapositifs de ces photographies.

M. Stoney, chef de l'expédition anglaise, pense avoir découvert une ligne nouvelle dans le spectre de la Couronne.

L'expédition sibérienne, dans le Gouvernement d'Irkoutsk, aux bords du fleuve La Lena, a joui d'un très beau temps et a obtenu de très belles photographies de la Couronne.

Celle de M. Belopolsky, sur les bords du fleuve Amour, s'est attachée entre autres objets à déterminer le mouvement de la Couronne.

Les autres stations, et notamment celles du Cap Nord, n'ont pas été favorisées par le Ciel, ce qui est très regrettable, en raison des observateurs éminents qu'elles comptaient dans leur personnel. M. Antoniadi, envoyé par l'Observatoire de Juvisy, nous a donné ici la description de son pittoresque voyage.

En résumé, le résultat le plus important de ces courageuses

expéditions parait être de nous avoir avancés sur la connaissance de l'atmosphère coronale et confirmés dans la réalité du
rapport soupçonné entre le développement de la Couronne et
celui de l'activité solaire.

## Les Planètes

*Vénus.* — Plusieurs astronomes ont publié cette année (1896),
le résultat des observations qu'ils ont faites sur cette planète,
M. Mascari, qui a étudié la planète sur l'Etna, conclut à une
durée de rotation qui concorde avec celle de Schiaparelli.
M. Cerulli (de Teramo), dit que, durant les observations de
novembre et décembre 1895, la persistance de certains détails
notés sur la surface du disque confirme pleinement cette manière
de voir. M. Villiger, de Munich, est du même avis. Seul, à peu
près, parmi les observateurs de ces dernières années, M. Léo
Brenner est d'un avis contraire.

Dans le courant de 1896 (août, septembre et octobre) (1),
M. Percival Lowell a fait d'importantes observations sur la
durée de rotation de Vénus et les caractères présentés par la
surface de cette planète. Les dessins faits par cet observateur
éminent et son assistant, M. Drew, l'ont conduit à admettre
que la planète tourne sur elle-même, dans le temps même qu'elle
emploie à effectuer sa révolution autour du Soleil. M. P. Lowell
ajoute que l'axe de rotation de Vénus est perpendiculairement
au plan de l'orbite.

Pour ce qui regarde le globe de Vénus, M. Lowell pense qu'il
doit être entouré d'une atmosphère très lumineuse et très dense.
La présence de cette atmosphère a été mise en évidence par des
mesures de diamètres. Ces mesures révèlent l'existence d'un arc
ou frange crépusculaire, phénomène observé aussi sur Mars,
tandis que la constatation du même fait n'a pu être observée sur
Mercure.

La planète serait dépourvue d'eau et de végétation ; ce qui
permettrait de le supposer, c'est qu'on n'aperçoit nulle part des

______

(1) *Monthly Notices* de janvier 1897 et *Astronomische Nachrichten*, nº 3406.

traces de coloration ou des nuances variées sur la surface du disque.

Rappelons aussi les observations de M. Perrotin faites sur le Mont Mounier au commencement de l'année 1896.

En résumé, la découverte de Schiaparelli concernant la durée de rotation de Vénus, se trouve confirmée par plusieurs astronomes. Seul, parmi eux, M. Brenner donne pour la durée de cette rotation $23^h 57^m 7^s,5$.

*Mars.* — Plusieurs études ont été publiées au sujet de cette planète, à propos de l'opposition de l'année 1896.

Mentionnons, en premier lieu, le livre de M. Lowell, intitulé *Mars.* Cet ouvrage qui fait suite (chronologiquement parlant tout au moins) à celui de M. Flammarion, a été composé avec les observations mêmes de l'auteur.

Les observations qui sont énumérées et discutées dans ce livre ont été faites à Flagstaff (Arizona), à 2.000 mètres d'altitude, par l'auteur et MM. W. Douglas et W. Pickering.

Il estime que les irrégularités du terminateur et les protubérances lumineuses sont le fait de nuages placés à des hauteurs variables dans l'atmosphère de la planète.

M. Lowell ne croit pas à l'existence des mers et base son opinion sur les deux faits suivants :

1° Disparition dans un temps très court d'espaces ayant une étendue considérable ;

2° Les observations au polariscope ne donnent aucune indication de polarisation (?).

Pour M. Lowell, les taches d'un bleu verdâtre que l'on aperçoit sur la planète seraient le fait de la végétation. Il a d'ailleurs observé que les nuances varient avec les saisons.

Quant à la duplication des canaux, M. Lowell ne l'explique pas.

A Juvisy, M. Antoniadi a fait une série d'observations allant du 17 septembre au 10 novembre 1896. Le résultat de cette étude est publié dans le *Bulletin de la Société Astronomique de France* de janvier 1897.

Les conclusions en sont les suivantes :

1º Des changements s'accomplissent actuellement à la surface de Mars ;

2º Certaines régions de la surface de la planète sont soumises à des variations périodiques ;

3º Ces variations sont causées par la circulation des eaux et sont probablement dues à la végétation.

De plus, M. Antoniadi a constaté, phénomène rare sur Mars, la présence de brouillards s'étendant à des distances variables autour de la calotte polaire. On a pu prendre autrefois ces agglomérations de brouillards pour une extension de la calotte polaire elle-même. M. Antoniadi a fait des mesures concernant ces apparences.

M. Cerulli, à Teramo, a constaté également en 1896 divers changements sur Mars. Il a vu des canaux qui n'avaient pas été notés dans les oppositions précédentes.

M. Brenner a vu cent vingt et un canaux dont quatre-vingt-deux de Schiaparelli, douze de Lowell et vingt-sept nouveaux, ainsi que quatre lacs également nouveaux.

Le 28 août 1896, au Mont Hamilton, on a observé une protubérance brillante sur le terminateur de Mars.

M. Perrotin a présenté à l'Académie une note résumant ses travaux sur Mars, soit à Nice, soit au Mont Mounier, soit à Meudon. Les travaux de M. Perrotin à Meudon, avec la grande lunette de 83 centimètres d'ouverture, confirment et étendent même davantage ses observations à Nice et au Mont Mounier.

L'auteur arrive à partager la surface de la planète en quatre zones. Les deux zones polaires, la zone moyenne Nord où dominent les canaux, et enfin celle du Sud où l'on remarque surtout les mers.

La couleur rouge de la planète serait donnée par la région des canaux.

Enfin l'auteur a constaté que la transparence atmosphérique de la planète augmente avec la latitude, ce qui indiquerait que le froid de ces régions polaires condenserait toutes les vapeurs atmosphériques. Or, on sait que dans l'atmosphère terrestre, c'est la vapeur d'eau qui est l'élément condensable et aussi celui qui altère la transparence de notre atmosphère. Il y a là une nouvelle raison de penser que l'atmosphère de Mars contient de la vapeur d'eau, ainsi que le fait avait été annoncé dès 1867, d'après des observations spectroscopiques faites au sommet de l'Etna par M. Janssen.

*Jupiter*. — Pendant l'automne de 1895, M. Antoniadi, de Juvisy, avait cru découvrir (M. Denning, de Bristol, prétend avoir fait cette observation en 1894-1895) une tache de couleur « grenat » sur la planète. En 1896, Rambank, de Dunsink, a communiqué à la Société Royale de Dublin plusieurs obervations de cette tache et en a déduit la durée de rotation de la planète pour la latitude correspondante. L'intérêt de la note de M. Rambank réside dans la constatation de ce fait (déjà pressenti) que pour Jupiter comme pour le Soleil, la durée de rotation de la planète est variable avec la latitude. Toutes corrections faites, l'auteur trouve pour cette durée :

$$9^h\ 55^m 33^s,36 \pm 0^s,53 \ \text{(à la latitude} + 13°)$$

valeur qui représente à peu près la durée moyenne de rotation de la zone dans laquelle se trouve la tache. Elle s'accorde, en effet, à $0^s2$ avec le nombre déduit, il y a plus d'un siècle, par Schrœter, de deux cent quarante-deux révolutions d'une tache, ce qui tendrait à prouver qu'il n'y a pas eu de changements dans la durée de rotation de cette zone depuis cette époque (*Observatory*, page 317, année 1896).

Au sujet de la même tache, M. Brenner fait une sorte de réclamation de priorité contre M. Denning, dans *The Observatory* de 1896, page 376.

Revenant sur cette question de la durée de rotation de Jupiter, M. Oudemann, dans le n° 3401 des *Astronomische Nachrichten*, communique le résultat des nombreuses mesures de taches faites à Utrecht par M. Nyland.

Voici le tableau qu'il public à ce sujet :

| Latitude | Durée de rotation<br>h m s | Latitude | Durée de rotation<br>h m s |
|---|---|---|---|
| — 33° | 9 56 24,5 | — 9° | 9 55 25,7 |
| — 27° | 9 55 44,3 | + 11°,7 | 9 55 30,9 |
| — 15° | 9 55 1,2 | + 12° | 9 55 34,3 |
| — 12°,5 | 9 54 59,9 | + 23°,5 | 9 56 1,6 |
| — 11° | 9 55 9,3 | + 28° | 9 56 0,3 |
| — 10° | 9 55 25.7 | | |

De 1891 à 1896, M. Schur a fait à Gœttingen de nombreuses mesures héliométriques du diamètre de Jupiter. Il obtient 37″42 pour le diamètre équatorial, 36″,13 pour le diamètre polaire. Ces valeurs sont inférieures d'une seconde à celles déduites des meilleures mesures micrométriques.

Puisque nous parlons de Jupiter, je veux consigner ici la glorieuse récompense accordée tout récemment par la Société Astronomique de Londres à M. le Professeur E. Barnard, pour sa belle découverte du cinquième satellite.

*Saturne.* — L'étude physique de cette planète n'a pas fait de grands progrès en 1896. Elle a seulement provoqué une intéressante discussion entre les observateurs munis de petits instruments et ceux qui en possèdent de plus puissants. Ce sont les premiers qui prétendent voir le mieux et davantage.

A l'équatorial de o m. 24 de l'Observatoire de Juvisy, M. Antoniadi a noté trois nouvelles divisions de l'anneau, une première fois en 1895, la deuxième en 1896. (Voir sur le même sujet, la notice de M. Perrotin, p. 77.)

M. Flammarion admet des variations d'aspect dans les anneaux et se demande si ce fait ne serait pas le résultat de l'attraction des satellites sur les corpuscules qui constituent l'anneau.

Au mois d'avril 1896, M. Brenner a pu apercevoir l'une des divisions « Antoniadi ».

Il convient d'ajouter que M. Barnard (*A. N.* 3365) a observé Saturne le 13 juin 1896 avec le 18 pouces de l'Observatoire de Dearborn, en compagnie du Professeur Hough, et qu'il n'a rien vu de pareil. M. Barnard ajoute que Saturne était plus beau dans cet instrument qu'il ne le voit habituellement avec le 36 pouces de Lick. Les images étaient d'ailleurs excellentes, puisque ce soir-là, les observateurs ont dédoublé des couples d'étoiles distantes de o″,25 seulement.

M. Denning, avec un réflecteur de 10 pouces, a réussi à voir deux bandes étroites sur la planète.

Un dessin de M. Fauth, à Landstuhl, le 11 mai 1896, montre six taches sur le disque de Saturne. Le même observateur a vu également les divisions signalées par M. Antoniadi.

*Uranus.* — M. Barnard a fait des mesures des satellites de cette planète en 1894 et 1895, mais qu'il a seulement publiées en 1896.

Il a également déterminé les valeurs des diamètres polaires et équatoriaux d'Uranus. M. Barnard conclut de ses observations que le globe d'Uranus est certainement aplati vers ses pôles.

M. Barnard obtient pour les diamètres :

Diamètre polaire : 3″,90.

Diamètre équatorial : 41″,15, à la distance moyenne d'Uranus.

En même temps qu'il faisait ces mesures, M. Barnard comparait entre eux les satellites en ce qui concerne l'éclat. Les observations semblent indiquer une variation pour *Titania* et *Obéron*. Ces deux satellites étaient souvent aussi lumineux l'un que l'autre. Cependant on a remarqué que parfois l'intensité relative des deux satellites a varié de plus d'une grandeur.

M. Barnard trouve que l'angle de position du plus grand diamètre d'Uranus était, en 1894-1895, de 27°.

## Étoiles doubles

Cet important sujet a continué à faire l'objet soit de travaux historiques, soit d'observations.

Parmi les observateurs, citons MM. Tebbutt, Schur, See, Schaeberle, Schwarzschild, Sellors, Aitken, Bigourdan, Scott.

Le D$^r$ See a annoncé avoir observé le compagnon de Sirius à sa réapparition, mais les mesures ne s'accordent pas avec la position assignée. Le Professeur Schaeberle et M. Aitken, après avoir observé un corps qu'ils considèrent comme le compagnon, en prirent la position et ces mesures s'accordèrent avec les éphémérides, mais ils ne purent retrouver le corps signalé par le D$^r$ See.

Le Professeur Schaeberle a retrouvé le compagnon de Procyon, qui n'avait pas été revu depuis les observations de Otto-Struve en 1873 et 1874.

Parmi les travaux de calcul sur ce sujet, signalons ceux de Miss Everett, qui nous donne une intéressante liste d'orbites d'étoiles doubles avec la position de leurs pôles ; de F. Sviers, qui a donné et appliqué à l'orbite de Sirius une méthode nouvelle de calcul des orbites ; de M. Burnham, qui a publié un catalogue, discuté et classé d'un nombre considérable d'étoiles doubles. Enfin le Dr See a publié un important travail embrassant toute l'Astronomie théorique des systèmes binaires, qui contient même de très nouveaux et très importants résultats sur les orbites de ces astres.

A l'égard des *étoiles variables*, signalons la publication du troisième catalogue de M. Chandler. Cet astronome se félicite qu'à l'égard de l'hémisphère Nord, très peu d'étoiles n'ont pas été suivies, mais pour l'hémisphère Sud, il fait appel à la bonne volonté des observateurs.

Le catalogue du Dr Auwers, ainsi que celui du Professeur Pickering, qui constituent des travaux si importants et si considérables, se sont poursuivis avec grande activité. Le Dr Gill a commencé une carte photographique du Ciel du Sud de la déclinaison — 18 au pôle sud.


## CARTE DU CIEL

Après une longue interruption des conférences, une nouvelle réunion a eu lieu, en mai 1896, à l'Observatoire de Paris.

Cette réunion avait pour but de constater l'état d'avancement des travaux et de statuer sur un certain nombre de questions intéressant la précision des mesures des clichés, l'estimation des grandeurs photographiques des étoiles, le choix des étoiles de repères, la publication des coordonnées rectilignes des astres photographiées, la réduction des étoiles à 1900, la publication des mesures obtenues, celle de catalogues provisoires, le format des publications, etc..

Dans cette réunion, treize observatoires sur dix-huit étaient représentés.

Il résulte des rapports des Directeurs des Observatoires associés à l'œuvre de la Carte du Ciel, que pour un certain nombre de ces Observatoires, le travail photographique du catalogue est achevé, très avancé dans plusieurs autres et en bonne voie d'achèvement partout.

Mais à l'égard de la carte du Ciel qui vise un nombre infiniment plus considérable d'étoiles, le travail est beaucoup moins avancé.

Sans pouvoir entrer dans l'analyse des résolutions adoptées par l'assemblée, je dirai que ces résolutions ont eu pour but de mettre autant de précision et d'uniformité que possible dans les estimations et les mesures, dans l'obtention des clichés, dans les mesures à prendre pour leur conservation et enfin dans le format des publications.

En outre, l'assemblée a voté une mesure excellente, celle d'engager les Observatoires associés à publier, aussitôt que possible les coordonnées rectilignes des étoiles photographiées avec les données nécessaires pour la conversion de ces coordonnées en coordonnées équatoriales.

Et enfin l'assemblée exprime le désir que des catalogues provisoires, résumant les travaux effectués dans chaque Observatoire, soient publiés.

Lorsqu'il s'agit d'une œuvre qui demandera encore de longues années pour son entier achèvement, on comprend toute l'importance de ces publications anticipées qui permettront de jouir des résultats de cet immense travail au fur et à mesure qu'ils sont obtenus.

Une Conférence internationale qui avait pour but un accord afin de mettre de l'uniformité dans les éléments qui servaient de bases aux calculs des éphémérides astronomiques a été tenue à Paris en 1896.

Parmi les résolutions adoptées par la Conférence, signalons celles-ci :

Les observations solaires seront seules employées à la détermination de l'Equinoxe pour le catalogue fondamental.

La Conférence recommande l'emploi des valeurs suivantes des constantes de la nutation, de l'aberration, de la parallaxe solaire. Savoir : nutation, $9'',21$ ; aberration, $20'',47$ ; parallaxe solaire, $8'',80$.

Le Professeur Newcomb est chargé de préparer un catalogue fondamental provisoire en accord avec les valeurs adoptées par la Conférence, et le Professeur Auwers est invité à continuer ses recherches pour compléter son grand catalogue.

Si les décisions et les travaux indiqués peuvent être réalisés, une ère nouvelle pour les éphémérides sera inaugurée au commencement du vingtième siècle.

## SPECTROSCOPIE

Le Professeur A. Rowland a continué l'année dernière la publication des belles cartes donnant la description photographique et la longueur d'onde des raies du spectre solaire.

On peut espérer que sous peu nous posséderons un ensemble de cartes donnant seize mille lignes. Les longueurs d'onde sont mesurées par M. E. Jewell, d'après les photographies.

## L'OXYGÈNE DANS LE SOLEIL

Les Professeurs Runge et Paschen ont cru pouvoir annoncer l'origine solaire de lignes situées dans l'extrême rouge du spectre de l'oxygène.

M'étant beaucoup occupé de cette question, je me réserve d'apprécier le bien fondé de cette conclusion dans une prochaine communication.

A cette occasion, je rappellerai les observations faites au sommet du Mont Blanc en 1896. On y a commencé une étude sur la présence de la vapeur d'eau dans les taches solaires, question résolue affirmativement par le P. Secchi, mais que tout indique devoir être résolue négativement.

M. Jewell a cherché à se servir du spectroscope pour l'étude de la vapeur d'eau répandue dans l'atmosphère. Il arrive à cette conclusion déjà indiquée par M. Janssen aussitôt après la découverte du spectre de la vapeur d'eau en 1866, à savoir que l'emploi du spectroscope serait surtout précieux pour l'étude de la distribution de la vapeur d'eau dans l'atmosphère.

J'ajoute que cet emploi est indispensable pour étudier la présence et la quantité de cette vapeur dans les hautes et inaccessibles régions de notre atmosphère.

L'analyse spectrale a coutume d'être appliquée avec succès à l'étude des systèmes lunaires, ainsi qu'à la mesure des mouvements suivant la ligne de visée. A ces travaux se rattachent les noms bien connus de MM. E.-C. Pickering, Orbinsky, Maunder, Deslandres, etc..

Tel est, Messieurs, trop sommairement, le tableau des principaux travaux effectués pendant l'année écoulée.

Si nous jetons maintenant un coup d'œil sur l'avenir et sur les méthodes qui paraissent les plus riches en promesses de découvertes et de progrès, je crois qu'en dehors du calcul, qui reste toujours un merveilleux instrument, c'est à l'analyse spectrale que les astronomes physiciens doivent s'adresser s'ils veulent faire grandement avancer la science.

En effet, Messieurs, la plus mémorable découverte pour la science du ciel, celle qui balance, et peut-être même surpasse celle de la gravitation, c'est la découverte de l'analyse spectrale, c'est-à-dire la constatation que l'émission radiante des gaz et vapeurs, et réciproquement, leur absorption est élective et porte sur des faisceaux très limités de rayons constants et déterminés que le spectre met en évidence, et qui peuvent nous faire connaître avec une précision et une richesse de moyens inimaginables, non seulement les espèces chimiques, mais encore tout un ensemble de propriétés physiques et jusqu'aux mouvements relatifs des sources radiantes et de l'œil qui les perçoit.

C'est ainsi, Messieurs, que cette admirable analyse spectrale nous permet d'aborder la chimie des astres incandescents, la mécanique de leurs mouvements, et par une extension dont nous sommes actuellement témoins, la chimie des atmosphères planétaires.

Mais jusqu'ici, et sauf quelques exceptions, aucune loi n'est venue relier entre elles ces raies mystérieuses qui dans l'ensemble du spectre caractérisent l'espèce chimique d'un corps. Le fer, le magnésium, le calcium, etc., sont caractérisés dans leur spectre d'émission ou d'absorption par un système de raies brillantes ou obscures ; mais quelle loi les relie les unes aux autres, comment pourrions-nous, par exemple, avec l'une d'entre elles, reconstituer le système entier ? Nous avons la loi pour l'hydrogène, nous avons la connaissance de quelques rapports dans les groupes de raies pour l'oxygène, l'azote, le carbone, etc., mais

ce ne sont là que des ébauches de théorie. La théorie complète
nous échappe et cependant, combien elle serait belle et féconde !
Elle formerait le digne pendant, comme fécondité et comme
beauté, à la doctrine de la gravitation universelle.

Vous le voyez, Messieurs, ce n'est pas l'ouvrage qui manque
aux ouvriers. Dans toutes les directions, les plus intéressants
travaux, les plus importants résultats, les plus sublimes découvertes vous sollicitent et vous appellent. Succédez-nous, conti-
nuez nos efforts, nos vœux vous accompagnent ; puissions-nous,
avant d'entrer dans le grand repos, vous voir tenir le gouvernail
d'une main ferme pour la gloire de la France et au profit intellectuel de l'humanité.


## IV


## REMARQUES SUR LA COMMUNICATION DE M. HANSKY SUR LES « OBSERVATIONS DES ÉTOILES FILANTES LES LÉONIDES A L'OBSERVATOIRE DE MEUDON » (1).


Il est important de constater que l'apparition attendue a fait
presque complètement défaut. J'ai télégraphié à San Francisco
pour demander si, en raison des circonstances beaucoup plus
favorables dans lesquelles se trouvait cette station, on avait été
plus à même d'observer un phénomène plus important, mais je
n'ai encore reçu aucune réponse (2).

La constatation d'une couleur différente pour les Léonides,
par rapport aux sporadiques, est intéressante, et il sera bon de
la bien constater à l'avenir. Il y a là un premier pas dans la spé-
cification des essaims et des anneaux par des caractères d'ordre
physique et chimique.

*C. R. Acad. Sc.*, Séance du 15 novembre 1897, T. 125, p. 760.

---

(1) *Comptes rendus des Séances de l'Académie*, séance du 15 novembre
1897, T. 125, p. 759.

(2) Je reçois à l'instant de San-Francisco la nouvelle qu'on n'y a observé
aucune manifestation d'étoiles filantes plus abondante que d'ordinaire.

## V

## SUR LES LÉONIDES

A la séance du lundi 15 novembre 1897, j'informais l'Académie, ainsi que notre confrère M. Lœwy, que l'apparition des étoiles filantes de novembre, attendue dans la nuit du 13 au 14 novembre, avait à peu près fait défaut. Comme le maximum était annoncé pour 10 heures du matin, le 14, je télégraphiai à San Francisco pour demander si l'on y avait observé le phénomène. M. Schæberlé voulut bien m'informer qu'on n'y avait remarqué aucune apparition d'étoiles plus abondante qu'à l'ordinaire.

La pluie de novembre a donc fait presque complètement défaut cette année et cependant nous approchons du maximum de 1899. Cette constatation a son importance, relativement à la constitution de l'anneau près du maximum de condensation.

On a vu, par la Note de lundi dernier, que les étoiles filantes venant du Lion avaient une vitesse plus grande et paraissaient d'une couleur plus bleuâtre que les autres.

Il y a là une indication qu'il sera intéressant de contrôler l'année prochaine, et surtout la suivante, pendant la grande pluie du maximum. La couleur de ces trainées lumineuses est sans doute liée à la vitesse relative des corpuscules, à leur masse et à leur nature minérale. Sous ce rapport, le spectre des traces serait d'un haut intérêt, et il est très important de prendre les dispositions propres à l'obtenir. En général, je voudrais recommander l'étude physique et chimique de ces curieux phénomènes qui sont liés à la constitution encore si peu connue des comètes et qui peuvent nous faire faire de grands progrès dans cette connaissance.

*C. R. Acad. Sc.*, Séance du 22 novembre 1897, T. 125, p. 803.

## VI

# ÉTUDE DE LA CONSTANTE SOLAIRE
# AU SOMMET DU MONT BLANC

Communication faite a la Société Astronomique de France,
*Séance du 1er décembre 1897.*

Messieurs,

La Société Astronomique s'est toujours montrée très sympathique à la création et aux travaux de l'Observatoire du Mont Blanc.

Aussi, n'ai-je jamais manqué de vous rendre compte des études que nous y exécutons, soit par nous-même, soit par les savants qui veulent bien nous demander d'y travailler, et que nous aidons, dans ce cas, de tout notre pouvoir.

C'est ce dernier cas qui s'est présenté cette année, et M. Hansky, jeune astronome russe de grand avenir, attaché en ce moment à l'Observatoire de Meudon, à titre d'élève étranger, va vous rendre compte, dans un moment, de son ascension au Mont Blanc, et des travaux qu'il y a exécutés en collaboration avec M. Crova, sur la Constante solaire.

Cette détermination de la Constante solaire exige en effet, non seulement une atmosphère très transparente et très pure, mais encore aussi peu dense et aussi dégagée de vapeurs que possible, afin de réduire les absorptions à leur minimum. Dans ces conditions, les observations des hautes montagnes sont particulièrement désignées.

Nous sommes conduits, en effet, Messieurs, à aborder maintenant un ordre tout nouveau de questions, desquelles dépend l'avenir même de la science astronomique, et qui exigent l'emploi de stations aussi élevées que possible.

Parmi ces questions, figurent en premier lieu celle de la composition et des éléments des atmosphères planétaires.

On sait que c'est la découverte du spectre tellurique, faite en

1862, complétée par celle du spectre de la vapeur d'eau, réalisée en 1866, qui a permis d'aborder cette question si importante pour la connaissance de notre système planétaire, à savoir si les atmosphères des planètes nos sœurs, sont constituées des mêmes éléments matériels que la nôtre, et par conséquent si la vie y rencontre les mêmes conditions de développements que sur notre Terre. Or, cette étude exige que l'action d'absorption élective de notre atmosphère soit aussi annulée que possible, et dès lors l'emploi des hautes stations s'impose.

C'est ainsi, Messieurs, qu'au moment où je commençais cette étude des atmosphères planétaires par celle de Mars, j'ai été conduit à monter sur l'Etna, et à y observer, par de très grands froids, afin d'annuler l'action de la vapeur d'eau de notre atmosphère, et à pouvoir ainsi reconnaître et constater la présence de cette vapeur dans l'atmosphère de cette planète, qui en contient infiniment moins que la nôtre.

Voilà, Messieurs, les conditions qui sont réalisées à l'Observatoire du Mont Blanc, et qui rendent cette station unique pour l'étude et la solution des questions de cet ordre.

Pour aujourd'hui, je reviens aux travaux principaux qui y ont été complétés cette année, c'est-à-dire à la *Constante solaire*.

Voici de quoi il s'agit :

Le Soleil qui est, comme on sait, le centre, le régulateur, le vivificateur des Mondes qui gravitent autour de lui, a deux grandes fonctions qui dominent toutes les autres.

Tout d'abord, par sa masse incomparable, il enchaîne toutes ses planètes et les fait graviter autour de lui dans des orbes fermés, de dimensions qui permettent l'efficacité du second rôle dont nous parlons.

Ce second rôle réside dans la dispensation de ces effluves prodigieuses de chaleur, de lumière, et sans doute d'électricité et d'autres forces encore inconnues, mais qui ont peut-être un rôle aussi nécessaire et aussi admirable dans l'ensemble de ces fonctions.

Ces effluves solaires, Messieurs, nous commençons à peine à les connaître, dans leur quantité, encore moins dans leurs qualités et dans leurs admirables propriétés.

Quand on a abordé l'étude du rayonnement solaire, c'est naturellement par son ensemble, et par ses propriétés les plus tangibles et les plus facilement mesurables qu'on a commencé. C'est donc l'effet calorique ou la chaleur de la radiation solaire qu'on a cherché à mesurer.

Cette chaleur, on l'a tout naturellement mesurée à la surface de la Terre, mais on n'a pas tardé à lui chercher une mesure plus constante, en l'affranchissant des effets d'absorption si variables que lui imprime l'atmosphère, et alors on a été conduit à chercher quelle valeur prendrait cette radiation aux limites mêmes de cette atmosphère, et comme on a considéré que c'étaient la présence et l'interposition seules de l'enveloppe gazeuse de notre globe qui donnaient aux résultats cette variabilité extrême, on a nommé *Constante solaire*, la puissance mesurée de cette radiation solaire dans ces nouvelles conditions.

Mais cette radiation solaire, alors même qu'on la considère en dehors de notre atmosphère et qu'on l'affranchit de son action, est-elle absolument constante ?

Evidemment non.

Tout d'abord, nous savons que le Soleil a des taches qui sont autant de lacunes dans son pouvoir rayonnant, et que ces taches sont assujetties, dans leur nombre et leur importance, à des périodes qui entraînent nécessairement des périodes correspondantes dans la valeur et la qualité du rayonnement solaire. En outre, nous ne savons pas si, dans les espaces qui nous séparent du Soleil, le rayonnement de cet astre ne subit pas des pertes particulières de la part des essaims et de la matière cosmique qu'il peut rencontrer.

La *constante solaire*, c'est-à-dire l'invariabilité dans l'émission calorifique du Soleil n'existe donc pas.

Mais la Science n'arrive que par degrés à la connaissance exacte de phénomènes ; et ce caractère de constance qu'on supposait au rayonnement solaire n'a fait qu'exciter les observateurs à en rechercher la valeur.

Nous ne pouvons ici faire l'historique des travaux auxquels cette difficile recherche a donné naissance. A ces études se rattachent aux siècles antérieurs les noms les plus célèbres de la science, les Newton, les Herschel, les Saussure, les Pouillet, etc., et de notre temps, ceux de MM. Violle, Desains, Langley, Crova, Savelief, etc..

Comme c'est la méthode de M. Crova, perfectionnement de celle de Pouillet, qui a été employée au Mont Blanc, c'est de celle-ci dont je dirai un mot.

Pouillet employait la méthode dite dynamique, c'est-à-dire celle dans laquelle on cherche à déterminer la valeur de l'échauffement que prendrait un corps de masse et de capacité calorifique déterminée sous l'influence du rayonnement solaire, ce rayonnement s'exerçant sans pertes et pendant un temps également déterminé.

Le pyrrhéliomètre de Pouillet se compose, comme on sait, d'un réservoir de forme cylindrique très aplati et rempli d'eau, et dont une surface noircie est exposée au Soleil. Un thermomètre plongé dans la masse d'eau en accuse le réchauffement sous l'action solaire.

L'instrument de Pouillet a nécessité certaines modifications, notamment la substitution du mercure à l'eau, une surface rendue plus absorbante ; mais surtout, dans l'observation, un mode d'opérer qui affranchit les résultats des erreurs dues aux retards d'échauffement ou de refroidissement de la masse calorimétrique.

Pouillet trouva pour la constante solaire le nombre 1,763, ce qui signifie qu'une couche d'eau de 1 centimètre d'épaisseur placée aux limites de l'atmosphère et y recevant intégralement l'action de la radiation solaire, s'y échaufferait de $1°,763$ en une minute.

Ce chiffre est beaucoup trop faible. L'erreur provient surtout de ce que dans ses calculs, Pouillet ne tenait pas compte de la modification en *qualité* que subit la radiation solaire à mesure qu'elle pénètre dans l'atmosphère.

La formule de Pouillet suppose que l'absorption des radiations est toujours représentée par une même fraction de l'intensité du faisceau qui se présente pour traverser une nouvelle couche atmosphérique de même valeur, tandis que ce coefficient d'absorption varie constamment.

La loi serait vraie pour une radiation simple et déterminée ;
mais quand on considère l'ensemble des radiations et la manière
dont elles se comportent dans l'atmosphère, on voit qu'à mesure
que le faisceau complexe avance, il se dépouille des radiations
les plus absorbables et acquiert ainsi le pouvoir de traverser de
nouvelles couches avec des pertes beaucoup moindres.

Si donc on déduit la perte suivant la verticale des pertes
observées pour des épaisseurs doubles, triples, etc., on sera conduit à attribuer à l'absorption suivant la verticale des valeurs
beaucoup trop faibles et par suite à assigner à la constante une
valeur également trop faible.

M. Crova a fort habilement perfectionné la méthode de Pouillet, ses longues recherches font époque dans la science. Il a été
conduit à augmenter beaucoup la constante de Pouillet.

Rappelons à ce sujet que M. Violle, voulant étudier l'importante question de la température du Soleil fit, en 1875, au Mont
Blanc, de belles observations actinométriques qui le conduisi-
rent à une constante égale à 2,54.

Le Mont Blanc était donc indiqué, comme je l'ai dit, pour
ces belles études.

Déjà, l'année dernière, M. Crova, à ma demande, était venu à
Chamonix pour les commencer. Cette année, ces travaux ont
été repris et j'en ai confié l'exécution à M. Hansky.

M. Hansky est allé à Montpellier pour comparer nos instruments avec ceux de M. Crova et prendre ses derniers conseils.
Plus tard, M. Crova vint lui-même à Chamonix. M. Hansky s'est
tiré tout à fait à son honneur de ces difficiles études. Il a obtenu
au Brévent et au sommet des résultats fort importants qui conduisent à une constante solaire égale à 3,4, nombre égal ou supérieur aux valeurs obtenues jusqu'ici et malgré un ciel qui n'a
pas été absolument pur.

Ce qui montre, Messieurs, combien cette station à 4.810 mètres
peut être précieuse pour ces recherches. M. Hansky vous rendra
compte tout à l'heure de ses observations.

Maintenant, Messieurs, examinons quelques-unes des conséquences de cette valeur de la constante solaire.

Pouillet avait cherché un terme de comparaison à cette formidable puissance rayonnante du Soleil en calculant l'épaisseur de la couche de glace enveloppant la Terre entière qu'elle serait capable de fondre en une année, et il était arrivé à reconnaître que cette couche aurait environ 3o mètres d'épaisseur.

Ce résultat est déjà intéressant, mais il ne donne pas cependant une idée suffisante de la puissance calorifique que le Soleil nous envoie et à côté de laquelle s'anéantissent en quelque sorte toutes nos sources terrestres de chaleur.

En effet, si pour nous rendre compte de cette puissance nous la comparons à celle que pourrait développer nos principaux combustibles, la houille, le bois et le pétrole que nous extrayons chaque année des entrailles de la Terre, nous arrivons à des résultats infiniment plus saisissants et plus instructifs.

Voici les éléments de cette comparaison :

L'extraction de la houille à la surface du globe produit environ 58o millions de tonnes de charbon dans lesquels l'Angleterre figure pour 192 millions, les États-Unis pour 175, l'Allemagne pour 72, la France pour 28, la Belgique pour 20, l'Autriche pour 10, la Russie pour 9, et l'ensemble des autres contrées pour le complément, c'est-à-dire 75.

Pour nous rendre compte de cette formidable quantité de combustible, imaginons qu'elle soit placée dans des charrettes traînées par des chevaux et contenant chacune un mètre cube de charbon, c'est-à-dire un poids égal à une tonne et un tiers. La file de ces charrettes ferait trente-sept fois le tour du globe.

Comparons maintenant à la chaleur solaire.

Le rayonnement solaire développe, avant l'entrée dans notre atmosphère, en une minute et sur chaque surface de un centimètre carré, une chaleur capable de porter de 0° à 3°,4 un gramme d'eau, c'est-à-dire trois calories, quatre dixièmes.

Voyons de combien de centimètres carrés se compose la surface recevant normalement ce rayonnement.

Or, la base du cylindre qui envelopperait le globe avec son atmosphère a pour expression :

$$\pi\,(R + h)^2 \ \text{ou} \ \pi\,(6.371^k + 15o)^2 \ = \ \pi\,\overline{6.521}^{\,2}$$

C'est-à-dire 133 millions 566 ooo kilomètres carrés.

Le kilomètre carré représentant 1 million de mètres carrés et le mètre carré 10 000 centimètres carrés, le nombre de centimètres carrés au kilomètre carré sera de dix milliards, et, par suite, celui des calories pour la base du cylindre en question :

454 quatrillions de calories.

Tel est le nombre de calories développé par le Soleil, en une minute, sur le globe entouré de son atmosphère.

Pour une année, cette quantité devient :

2.380 sextillions de calories.

Or, nos 600 millions de tonnes de charbon (en y comprenant le bois, le charbon et le pétrole) représentent, à raison de 6.000 calories par gramme, un nombre de calories exprimé par .

3.600 quatrillions.

Le rapport des deux nombres est égal à 600 000 environ.

C'est-à-dire qu'il faudrait le produit de six cent mille années d'extraction de charbon sur le pied du rendement actuel pour égaler en chaleur produite ce que le Soleil nous fournit en une seule année !

Cette donnée a un haut intérèt. Elle nous montre que quand nous voudrons nous adresser à l'énergie solaire, nous aurons là une source immense de force à mettre au service des besoins de la civilisation.

Pour utiliser cette chaleur solaire, nous pourrons sans doute chercher à la capter directement comme l'a proposé M. Mouchot ; mais, tout d'abord, il y aura sans doute avantage à utiliser ces immenses sources d'énergie que nous pouvons trouver dans les grands mouvements des eaux et des gaz à la surface de la Terre et, sous ce rapport, le transport de la force par l'électricité, méthode qui doit tant à notre illustre confrère et ami, M. Marcel Deprez, est appelé au plus magnifique avenir.

Quand ces grands progrès seront réalisés, l'humanité entrera alors dans une voie vraiment rationnelle et prudente. Jusqu'ici, nous avons vécu sur les réserves accumulées par les âges qui nous ont précédé. Imitant en cela ces enfants prodigues qui dissipent le patrimoine des ancêtres au lieu de vivre sagement sur leur revenu.

C'est à la science, Messieurs, que nous devons les lumières qui nous conduisent à ces vues si rationnelles et si sages, c'est elle encore qui nous fournira les moyens de les réaliser, montrant par là qu'elle n'est pas seulement une source de jouissances intellectuelles, mais encore l'inspiratrice des vrais progrès.

## VII

### SUR LES TRAVAUX EXÉCUTÉS EN 1897 A L'OBSERVATOIRE DU MONT BLANC

Les travaux exécutés cette année à l'Observatoire du Mont Blanc se rapportent principalement à la détermination de la constante solaire.

Déjà, l'année passée, M. Crova, à ma demande, avait bien voulu venir à Chamonix et s'occuper de cette importante question.

Le temps n'avait pas favorisé nos études. Néanmoins, notre savant Correspondant avait cru pouvoir conclure de ses observations à Chamonix et aux Grands-Mulets une constante d'une valeur d'environ trois unités.

Cette année, on a pu aller plus loin, malgré la persistance du temps orageux pendant la durée de l'été presque entier.

On sait que ces conditions météorologiques ont affecté à peu près toute l'Europe Centrale.

Néanmoins, au commencement de l'automne, nous avons eu quelques beaux jours, dont nous avons immédiatement profité.

Pour cette détermination délicate, j'ai choisi un jeune savant russe, de bel avenir, M. Hansky, qui est en ce moment attaché en qualité d'élève étranger à l'Observatoire de Meudon et qui était préparé à ces études.

J'aurais désiré monter moi-même au Mont Blanc, mais un grave accident à la jambe gauche, causé par une chute de nuit dans l'escalier de notre grande coupole, m'en a absolument empêché. Grâce aux soins excellents et à l'appareil que m'ont posé mes amis les D$^{rs}$ Duplay, Hénocque et Rochard, j'ai pu aller en civière à Chamonix et présider aux expéditions et observations.

J'avais envoyé M. Hansky à Montpellier pour faire étalonner les instruments par M. Crova, qui voulut bien en outre lui en confier d'autres et venir ensuite lui-même à Chamonix.

On voit, par la Note que MM. Crova et Hansky m'ont prié de remettre à l'Académie, et qui est insérée dans le numéro précédent, que M. Hansky a observé au Brévent, aux Grands-Mulets et enfin au sommet.

Ces observations conduisent à une constante solaire dont la valeur serait d'environ 3,4, c'est-à-dire notablement plus grande que celle obtenue l'année passée.

Cela ne m'étonne pas. Mes études sur les raies telluriques et l'absorption élective de l'atmosphère terrestre m'ont conduit depuis longtemps à penser qu'on n'avait pas tenu assez compte, dans les observations, de la complexité de la radiation solaire, de la variabilité si considérable de coefficients d'absorption des radiations dont elle est formée.

Les radiations à grande et courte longueur d'onde subissent seules de grandes absorptions dans l'atmosphère. C'est le faisceau central, correspondant à la partie la plus lumineuse du spectre, qui se propage avec le moins de pertes relatives.

Il en résulte que si l'on déduit, par le calcul, des transmissions observées pour de grandes épaisseurs atmosphériques, celle qui est relative à la direction zénithale, on sera conduit à attribuer à celle-ci une valeur beaucoup trop forte et par suite une valeur beaucoup trop faible à la radiation solaire relative aux limites de notre atmosphère, c'est-à-dire à la constante solaire. C'est en tenant compte de plus en plus exactement des absorptions qui ont lieu dans les hautes parties de l'atmosphère qu'on sera surtout conduit à la vraie valeur de la constante solaire.

Puisque je parle des observations faites au mont Blanc, disons qu'après avoir rendu hommage à de Saussure, dont les observations remontent au siècle dernier et dont l'intérêt est surtout historique, il convient de citer celles de notre très éminent Confrère M. Violle, dont les belles observations, favorisées en outre par un beau ciel, l'ont conduit à porter cette constante de 1,763 à 2,54, ce qui constituait un progrès considérable.

On sait que notre savant Correspondant M. Crova, qui s'est occupé pendant longtemps et si fructueusement de cette question, non seulement au point de vue astronomique, mais aussi sous le rapport de la Météorologie, lui a fait faire de nouveaux progrès.

M. Savelief, à l'exemple de M. Crova et en se servant du principe de ses instruments, a été conduit à un chiffre très voisin de celui que nous venons d'obtenir au Mont Blanc.

Je suis persuadé qu'on sera conduit à augmenter encore cette valeur. Mais, au fur et à mesure qu'on étudie plus profondément la question, on constate la complexité des éléments qui y entrent. Indépendamment des propriétés des éléments de la radiation solaire, dans leurs rapports avec l'atmosphère, il existe d'autres causes perturbatrices. Par exemple, la présence de la vapeur d'eau portée accidentellement dans les hautes régions atmosphériques, celle des nuages de glace et des poussières de provenance végétale, mais surtout minérale.

Pour la vapeur d'eau, le spectroscope peut nous donner de précieuses indications, en décelant la présence et l'importance des vapeurs aqueuses réparties dans la direction du rayon qu'il analyse ; à l'égard des poussières et des cirrus, le polariscope si commode de M. Cornu a été employé avec succès.

En résumé, on est conduit à faire les observations dans les conditions où l'atmosphère intervient aussi peu que possible, c'est-à-dire dans les hautes stations, en ballon même, si l'on peut munir ces engins d'appareils d'un fonctionnement assez sûr et assez précis pour qu'on puisse en déduire avec sécurité la valeur de la radiation solaire dans ces hautes régions de l'atmosphère.

Mais, si les stations, comme celle du Mont Blanc, n'offrent pas des hauteurs comparables à celles qu'un ballon peut atteindre, en revanche, elles permettent l'emploi d'instruments et de méthodes plus précises et plus délicates.

Sous ce rapport, l'Observatoire du Mont Blanc offre des ressources précieuses, et par sa hauteur, et surtout par son isolement au milieu des montagnes environnantes qu'il domine.

Ce sont ces considérations qui m'ont engagé à faire faire ces observations à notre Observatoire.

Je m'en applaudis et remercie ici les savants qui ont bien voulu répondre avec tant d'empressement à mon appel.

Je n'oublie pas non plus les généreux amis qui, pour l'érection de cet Observatoire, m'ont donné leurs concours pécuniaire ou personnel : MM. Bischoffsheim, Prince Roland Bonaparte, Baron Alphonse de Rothschild, Comte Greffulhe, Édouard Delessert (notre Trésorier) et le si regretté Léon Say.

Que ces Messieurs reçoivent ici, au nom de la Science, tous mes remerciements (1).

*C. R. Acad. Sc.*, Séance du 13 décembre 1897, T. 125, p. 992.

---

(1) On s'est occupé aussi, cette année, d'analyses d'air recueilli en divers points du massif, et au sommet. Ces analyses, dont nous ferons connaître les résultats, sont confiées à notre confrère, M. Müntz, si hautement compétent en ces matières.

# 1898

I

## SUR LES TRAVAUX EXÉCUTÉS A L'OBSERVATOIRE DU MONT BLANC EN 1897

Les travaux de l'Observatoire du Mont Blanc ont été très entravés cette année par la continuité des pluies et des orages qui se sont fait sentir dans la vallée de Chamonix, comme dans presque toute l'Europe Centrale.

Néanmoins, on a pu obtenir, relativement à la constante solaire, des résultats nouveaux et importants.

M. le D^r Maurice de Thierry avait préparé de nouvelles études sur l'ozone atmosphérique au sommet du Mont Blanc, question d'un haut intérêt, tant au point de vue physiologique que de la constitution de notre atmosphère dans les hautes régions. N'ayant pu prolonger son séjour, il a dû remettre une partie de ses études à l'année prochaine.

A ma demande, notre éminent confrère M. Muntz, qui a une si haute compétence sur toutes les questions qui se rapportent à la constitution chimique de l'atmosphère, nous avait préparé des tubes disposés de manière à pouvoir recueillir les gaz atmosphériques en différents points du massif et au sommet même.

Ces tubes ont été transportés à Chamonix avec le plus grand soin. On en a ouvert quelques-uns à Chamonix, d'autres au Brévent, aux Grands-Mulets, enfin au sommet. Les précautions les plus minutieuses ont été prises pour qu'au moment de l'ouverture, les tubes se remplissent d'air ambiant, sans aucun mélange de vapeurs ou substances étrangères. Ces prises d'air pourront nous renseigner sur la composition de l'atmosphère à ces diverses hauteurs, tant au point de vue des proportions des gaz constituants, oxygène, azote, argon, que des corps également important au point de vue de la végétation, comme la vapeur d'eau, l'acide carbonique, l'ammoniaque, etc.. Pour l'argon, il sera particulièrement intéressant de constater que les proportions de ce gaz restent les mêmes jusqu'au sommet du Mont Blanc, c'est-à-dire jusqu'aux régions où la densité atmosphérique n'est plus que moitié environ de celle qu'elle possède à la surface du sol.

Nous avons voulu aussi continuer les études de radiation solaire commencées l'année dernière.

J'ai profité de la présence de M. Hansky, jeune savant russe attaché en ce moment à l'Observatoire de Meudon, pour lui confier ces études.

M. Hansky a été envoyé à Montpellier pour y recevoir l'initiation de M. Crova, si hautement compétent dans les études actinométriques. Il en a rapporté des instruments soigneusement comparés.

Plus tard, M. Crova voulut bien venir lui-même à Chamonix. M. Hansky monta d'abord au Brévent, et il y fut favorisé par un temps fort beau.

Il y mit en observation l'actinographe de M. Crova, et il obtint des courbes très intéressantes, conduisant à admettre une constante solaire oscillant entre 3,23 et 3,26 (1).

Cependant, le temps était devenu défavorable à nos observations. Nos observateurs, un peu découragés, pensaient à quitter Chamonix. Je les retins, leur promettant un temps meilleur pour la fin de septembre et octobre, ainsi que je l'ai souvent observé dans des circonstances semblables.

En effet, le temps se remit à la fin de septembre.

M. Hansky monta alors au sommet et y observa pendant les journées des 29 et 30 septembre.

La journée du 29 fut la meilleure.

Or, il résulte des observations actinométriques faites pen-

---

(1) On appelle *constante solaire* le nombre qui exprime en calories la puissance du rayonnement solaire avant son entrée dans l'atmosphère terrestre ; l'action de cette radiation étant ramenée à celle produite sur une surface de 1 centimètre en une minute.

dant ces deux journées, une constante solaire s'élevant à 3 cal. 4,
et même, d'après certaines portions de courbes, à 3 cal. 9. Mais
nous ne donnerons, pour le moment, que le nombre 3 cal. 4,
comme étant plus incontestable.

C'est une valeur qui indique une puissance de rayonnement
solaire égale, sinon supérieure, aux plus grandes qui ont été
calculées ; et si l'on remarque que, pendant ces journées des 29
et 30 septembre, le ciel n'était pas absolument pur, on voit combien cette station du sommet du Mont Blanc, la plus élevée de
l'Europe, sera précieuse quand les circonstances seront tout à
fait favorables pour toutes les études et les recherches qui exigent un affranchissement aussi complet que possible de l'action
de l'atmosphère terrestre, et il y a aujourd'hui dans la Science
un grand nombre de questions de premier ordre qui sont dans
ce cas.

*Annuaire du Bureau des Longitudes* pour l'an 1898.


## II


## RAPPORT SUR LE PRIX LALANDE, DÉCERNÉ PAR L'ACADÉMIE DES SCIENCES A M. PERRINE, EN 1897 (1).


M. Perrine, de l'Observatoire du Mont Hamilton, s'est signalé
par la découverte de cinq comètes, dont une est périodique et
présente dans son orbite des particularités intéressantes.

La première comète découverte par M. Perrine est l'avant-
dernière de 1895. Elle fut découverte dans la matinée du
17 novembre. La distance périhélie n'était que le cinquième de
la moyenne de la Terre au Soleil. Elle fut très brillante au périhélie.

La deuxième comète découverte par M. Perrine fut la pre-

_______________

(1) Commissaires : MM. Faye, Wolf, Lœwy, Callandreau ; Janssen, rapporteur.

mière de 1896, découverte le 14 février 1896. Elle est parabolique.

La troisième comète fut découverte le 2 novembre 1896. Elle est également parabolique.

La quatrième a été découverte le 8 décembre 1896. C'est la dernière de l'année 1896. Elle est elliptique et elle se meut dans l'orbite de la comète de Biela, ce qui a fait supposer qu'elle pouvait provenir d'une explosion qui l'aurait très anciennement détachée de celle-ci. Mais les calculs auxquels on s'est livré à cet égard n'ont conduit à aucune conclusion certaine.

Cette circonstance n'en est pas moins remarquable.

La cinquième comète, dont la découverte est due à M. Perrine, l'a été tout récemment. Elle n'est pas elliptique.

M. Perrine a retrouvé la comète périodique de d'Arrest, le 28 juin 1897, quatre-vingts jours avant son passage au périhélie. Elle était très difficilement visible et il y a un véritable mérite à avoir fait cette importante observation dans ces conditions.

En raison de ces intéressantes découvertes réalisées en deux années, et des circonstances qui ont démontré une grande habileté d'observation, votre Commission attribue le Prix Lalande pour 1897 à M. Perrine.

*C. R. Acad. Sc.*, Séance du 10 janvier 1898, T. 126, p. 73.


## III


REMARQUES SUR UNE NOTE DE M. LOUIS RABOURDIN INTITULÉE : « SUR QUELQUES PHOTOGRAPHIES DE NÉBULEUSES OBTENUES A L'OBSERVATOIRE DE MEUDON » ET SUR LA MÉTHODE PROPRE A DONNER DES NÉBULEUSES DES IMAGES COMPARABLES.


Le succès obtenu en 1871 avec un télescope à très court foyer, qui m'avait permis de reconnaître la véritable nature de la couronne, comme enveloppe gazeuse entourant le globe solaire, me fit penser à en faire construire un du même genre et plus puissant pour l'Observatoire de Meudon. Ce sont MM. Henry frères et Gautier qui le construisirent.

Ce télescope a 1 mètre d'ouverture et 3 mètres de distance focale. En raison de son foyer si court, la construction du miroir présentait de très grandes difficultés, que MM. Henry ont très habilement surmontées.

Ce télescope est précieux pour l'étude oculaire ou photographique des objets célestes très peu lumineux, spécialement pour les nébuleuses.

Aussi quand M. Rabourdin, anciennement attaché à l'Observatoire d'Alger, est venu me demander de faire de la photographie à Meudon, l'ai-je vivement engagé à aborder la photographie des nébuleuses avec cet instrument. On voit de quel succès les efforts, très habiles, du reste, de M. Rabourdin ont été couronnés.

Les temps de pose, relativement si courts, qui ont suffi pour obtenir avec ce télescope des photographies de nébuleuses qui ont exigé avant nous des poses de quatre à dix fois plus considérables nous ont montré sa grande puissance lumineuse, circonstance bien précieuse quand il s'agit de très faibles nébuleuses.

La découverte de deux nébuleuses dans les Pléiades, que signale M. Rabourdin, est très intéressante et montre tout le parti qu'on pourra tirer de l'instrument.

Je viens maintenant à la méthode que j'ai proposée en 1881 (1).

On voit, par les épreuves photographiques que je viens de présenter à l'Académie, combien le temps de pose influe sur l'aspect et la constitution de ces images. On comprend que s'il s'agit d'images obtenues avec des instruments différents, à des intervalles très éloignés, etc., les différences pourront être encore plus considérables. Il est donc indispensable dès maintenant, si nous voulons léguer à l'avenir des documents comparables, de faire ces photographies dans des conditions définies et qui permettront ces comparaisons.

---

(1) *Comptes rendus*, séance du 7 février 1881.

A cet effet, j'ai proposé l'emploi des *cercles stellaires*, c'est-à-dire le cercle qu'on obtient avec une étoile lorsque la plaque photographique est placée hors du foyer de l'instrument.

Il faut bien remarquer que, comme le degré d'opacité de ces cercles stellaires est influencé, non seulement par le temps de l'action de la lumière, mais par toutes les autres circonstances de sensibilité des plaques, de transparence photographique de l'atmosphère, etc., ils peuvent être considérés comme une résultante de tous ces facteurs et constituent le témoin que nous cherchons. Si donc une photographie de nébuleuse est accompagnée de deux ou trois de ces cercles, obtenus avec des étoiles voisines et dans les mêmes conditions de pose qu'elle, ils permettront aux observateurs de l'avenir de se placer dans des conditions, non pas semblables pour chacune d'elles, mais équivalentes dans leur résultat final, ce qui est le but cherché.

Dans cette méthode, l'observateur qui voudrait obtenir une photographie d'un objet céleste susceptible d'être comparée, commencerait d'abord par chercher à déterminer le temps qui a servi à obtenir les cercles dont le temps de pose a été le même que celui de la photographie ; ce temps obtenu serait précisément celui qui devrait être donné à l'image de l'objet céleste en question.

Je ne fais ici que rappeler le principe de la méthode, sur laquelle il y aura à revenir au moment des applications que nous comptons en faire dès que cela sera possible.

*C. R. Acad. Sc.*, Séance du 31 janvier 1898, T. 126, p. 383.

# IV

## DISCOURS PRONONCÉ A NANCY, LE 30 MAI 1898, A L'ISSUE DE LA SESSION DE L'UNION NATIONALE DES SOCIÉTÉS PHOTOGRAPHIQUES DE FRANCE.

Messieurs,

Je croyais n'avoir à adresser à notre cher Président que des félicitations et des remerciements, pour la réception si cordiale et si charmante que l'Union reçoit ici, et me voilà forcé d'y mêler de graves reproches. En effet, Messieurs, ne venez-vous pas d'entendre notre hôte faire de moi un éloge où la bienveillance a vraiment dépassé toutes les bornes. Si encore ces éloges étaient échappés à l'orateur dans le feu et dans l'entraînement de l'improvisation, on pourrait peut-être lui pardonner, mais cette circonstance atténuante n'existe même pas.

Vous avez pu voir, en effet, que les paroles de M. le Président étaient fixées d'avance et, par conséquent, pesées et voulues. Il n'a donc aucune excuse. Cependant, Messieurs, j'aime à me persuader que M. Riston, en adressant ces paroles au Président de l'Union, aura voulu surtout faire honneur à celle-ci et, dans ce cas, Messieurs, c'est à vos suffrages et à la charge dont vous m'avez revêtu que je dois ces trop bienveillantes appréciations. Permettez-moi, alors, de vous en reporter tout l'honneur et toute la gratitude.

Pour moi, Messieurs, je ne retiens des paroles de M. le Président que le sentiment qui les a dictées et auquel je suis très sensible.

Je ne suis, Messieurs, qu'un vieux serviteur de la Science et un très ancien ami de la Photographie, et si j'ai pu rendre quelques services, je le dois à des circonstances favorables et surtout à deux sentiments profonds, deux buts qui ont dominé toute ma vie : la passion de la Science et celle de la France ; heureux, bien heureux des modestes succès qui pouvaient agrandir le domaine de l'une et ajouter à la gloire de l'autre.

Aussi, Messieurs, à l'âge où l'on doit s'inquiéter surtout de l'avenir et du sort réservé à ce patrimoine de découvertes et de hautes connaissances que nous allons laisser après nous, je voudrais qu'il me fût permis de recommander ces deux grands objets aux jeunes talents qui vont entrer après nous dans la carrière. Ils verront combien l'amour désintéressé de la Science procure de hautes et pures jouissances et combien aussi le sentiment que nos travaux et nos succès ajouteront à l'honneur du pays donne la plus haute et la plus noble récompense qu'une belle âme puisse désirer.

Je reviens à vous, mon cher Président, et je veux vous redire combien nous avons été touchés de la belle réception que vous nous avez faite.

Cette réception a dépassé tout ce que nous pouvions en attendre. Vous vous rappelez, Messieurs, ces charmantes excursions de Malzeville et de Liverdun, qui vous ont offert la matière de tant de clichés intéressants dont votre Président a fourni, sans qu'il soit consulté, une bonne part. A ce sujet, Messieurs, je dois un remerciement particulier à M. Bellieni, pour les épreuves qu'il vient de m'offrir et qui témoignent d'un tour de force dont je ne savais pas capables les procédés les plus rapides et les plus perfectionnés.

Nous regrettons qu'un deuil récent nous prive de la présence de Mme Riston ; sa présence eût encouragé les autres dames, et nous serions ainsi revenus à une tradition à laquelle, pour ma part, je tiens beaucoup : celle de la présence de nos chères compagnes à nos banquets.

Vous avez été tous frappés, Messieurs, de l'importance de la Société lorraine de Photographie.

Cette Société est une des plus considérables de notre Union, et nous vous devons des félicitations, mon cher Président, pour le grand développement que vous avez su lui donner.

Je sais que, dans ce succès, vous n'avez garde d'oublier vos collaborateurs, et c'est au nom de l'Union que je remercie plus particulièrement :

MM. Richon, votre Vice-Président ;
    Burtin, Secrétaire général ;
    Drouet, Bibliothécaire ;
    Spilmann, Secrétaire adjoint.

L'Union vous félicite aussi de votre magnifique exposition, que nous ne nous attendions pas à trouver si complète et si remarquable.

Ici encore vous avez voulu me signaler vos collaborateurs, auxquels nous adressons également nos félicitations.

Ce sont MM. Collesson, Purnot, Chenu, le Commandant Barbier, Chapelain, Bellieni, du Robert, Frécot, Goury, de Haldat du Lys, Hubert, de Jaudin, Lespine, Pierre, etc..

N'oublions pas le jury, Messieurs, dont les fonctions ont demandé à la fois une grande compétence et beaucoup de dévouement.

Le jury était composé de MM. le Comte des Fossez, Président ; Roy, Rapporteur ; Delcominette, Geisler et Vibert.

Messieurs, après avoir remercié nos hôtes, je veux payer aussi la dette de l'Union envers les membres de son Bureau et spécialement envers M. Pector, dont le concours nous est si précieux et que nous ne saurions trop remercier.

Messieurs, pendant cette session, nous avons eu deux belles conférences : celle de M. Pfister, le savant professeur d'histoire, qui a bien voulu s'effacer et oublier qu'il a un grand talent de parole pour nous faire mieux connaître, par un nombre très considérable de photographies, la Lorraine et l'Alsace par leurs sites et leurs monuments.

Celle de M. Dillaye, qui nous a fait une magistrale dissertation sur les conditions d'ordre divers qui doivent être remplies pour qu'une photographie présente un arrangement logique et conforme aux règles de la raison et du goût et par là commence à devenir une œuvre d'art.

M. Dillaye a touché là un sujet de première importance pour la Photographie et qui m'intéresse beaucoup. Il y a, en effet, relativement à la station à choisir pour prendre une vue, des règles qui formeront l'éducation et le goût de l'artiste-photographe et le prépareront à la création de ces œuvres d'un art nouveau que j'ai toujours pressenti et annoncé et sur lequel je vais revenir tout à l'heure.

M. Dillaye a touché aussi à l'histoire de la Photographie, et, à cet égard, il doit être encore félicité d'avoir soutenu les droits de la France dans les découvertes qui ont fondé ce bel art. Je le remercie personnellement d'avoir bien voulu rappeler mes travaux sur les transformations successives des images, du négatif au positif avec retour du positif au négatif au fur et à mesure que le temps de pose se prolonge.

Messieurs, vous vous rappelez que j'ai été un des premiers à proclamer que la Photographie pouvait nous donner de véritables œuvres d'art, c'est-à-dire qu'il était possible que le sens esthétique de celui qui prend une photographie se révélât dans son œuvre.

Aujourd'hui, Messieurs, cette vérité se fait jour de plus en plus, et il viendra bientôt un moment où l'on ne comprendra pas qu'elle ait pu être contestée.

Ce que je voudrais bien préciser, c'est que dans ma pensée la Photographie n'est pas seulement destinée à nous donner des imitations des œuvres d'art données par le dessin, la peinture, etc., mais qu'elle doit tendre à produire des œuvres caractérisant un art nouveau, ayant ses moyens d'expression propres, un charme particulier, une esthétique nouvelle.

C'est qu'en effet, Messieurs, chaque procédé d'art, chaque méthode, chaque moyen d'expression ont comporté une esthétique nouvelle. C'est ainsi que le crayon et le fusain, la peinture à l'eau, celle à l'huile, la fresque ont caractérisé des expressions spéciales d'art. Il en sera de même de la Photographie. Il faut même dire qu'elle aussi comportera des branches multiples de l'art suivant les procédés qui relèvent d'elle ; par exemple : le daguerréotype, le collodion, la gélatine et les méthodes aujourd'hui si variées de développement et de tirage.

Pour arriver à ce résultat, vers lequel il faut résolument marcher aujourd'hui, il faut d'abord que l'adepte ait une première éducation d'art, qu'il possède au moins une de ses branches, c'est-à-dire que son goût et son sentiment esthétique soient complètement formés. Il faut, en second lieu, qu'il soit également maître des procédés et de la pratique de la Photographie. C'est à ces deux conditions essentielles que l'adepte pourra tenter le mariage d'où sortira l'enfant nouveau, c'est-à-dire une nouvelle expression d'art.

Mais, je le répète, il ne s'agit pas seulement d'imiter une des expressions de l'art ancien, dessin ou peinture : il faut arriver à créer un art nouveau, qui sortira des expressions nouvelles qui sont appelées à le manifester.

Sans doute, Messieurs, on fait bien, quand on marche dans cette direction, de commencer par chercher à imiter les manifestations d'art connues, et, dans cette voie, on a déjà obtenu des résultats remarquables ; mais il ne faut pas s'en tenir là, il faut aller au delà, et voici comment :

Dans ces imitations des œuvres d'art, vous ne tarderez pas à reconnaître que la Photographie donne certains effets nouveaux ou des effets anciens, mais plus complètement rendus. Attachez-vous alors à pousser dans cette direction, et peu à peu vous créerez des œuvres où ces effets nouveaux, qui découlent des procédés mêmes de la Photographie, apparaîtront clairement et en même temps ils auront un charme et procureront un plaisir encore inconnus.

Voilà, Messieurs, l'œuvre d'art découlant de la Photographie, voilà celle que je pressens et que j'appelle de tous mes vœux. Quand elle sera pleinement réalisée, une classe nouvelle d'artistes surgira, et, comme je le disais, il y a déjà longtemps dans une circonstance semblable, *alors*, disais-je, *la nature sera célébrée par une voix qui n'avait pas encore été entendue.*


V


SUR L'OBSERVATION DES LÉONIDES, FAITE EN BALLON, PENDANT LA NUIT DU 13 AU 14 NOVEMBRE 1898.

L'observation de l'essaim des Léonides, contrariée à Paris par l'état du ciel, pendant la nuit du 13 au 14 de ce mois, et réalisée grâce à l'emploi d'un ballon, nous montre une application scientifique nouvelle et très intéressante de l'Aéronautique.

A l'approche du moment où l'on devait surveiller l'apparition de l'essaim des Léonides, on se préoccupa, à la Société de

Navigation aérienne, et notamment M. de Fonvielle, d'assurer l'observation, dans tous les cas, par l'emploi d'un ballon, et l'on me demanda mon concours. Je le donnai d'une manière complète, estimant qu'il y avait là une voie très intéressante dans laquelle on devait entrer.

Il fut décidé qu'un aérostat emportant des observateurs s'élèverait assez haut pour se trouver au-dessus de la couche des nuages, en cas de mauvais temps. M. Besançon voulut bien mettre à notre disposition un ballon de 1 200 mètres cubes et MM. Dumuntct et Hansky, attaché actuellement à l'Observatoire de Meudon, y prirent place ; M. Colbazar se chargea de la conduite de l'aérostat.

La Commission permanente du Congrès aéronautique de 1889, dont je suis président, mit à la disposition de ces Messieurs, sur son reliquat, une somme suffisante pour couvrir les frais de l'ascension.

Le départ eut lieu à l'usine de la Villette le 14, à 2 heures du matin. Le ballon s'était à peine élevé de 150 mètres à 200 mètres que ces Messieurs jouissaient de la vue d'un ciel admirable ; M. Hansky surveillait spécialement la constellation du Lion. Les autres observateurs s'occupaient du reste du ciel.

De 2 h. 45 à 4 h. 30, M. Hansky enregistra 14 étoiles, dont 13 dans la région du radiant ; les autres observateurs ont vu 10 à 12 Léonides et autant de Sporadiques.

A l'aube, ces Messieurs atterrissaient dans une large forêt et la descente fut particulièrement difficile en raison du danger que les branches des arbres faisaient courir au ballon.

On ne put songer à une nouvelle ascension pour la nuit suivante, en raison des pertes de gaz et de lest qui avaient dû être faites. On acheva donc de vider le ballon et on le rapporta.

Quoique l'observation n'ait pu être aussi complète qu'on eût pu le désirer, cette ascension présente un haut intérêt, comme démonstration du parti qu'on pourra tirer, dans l'avenir, des ascensions aérostatiques pour les observations de la nature de celle-ci.

Il faut remarquer en effet que, pour avoir l'histoire complète d'une apparition, celle-ci doit être suivie sans lacunes pendant tout le temps où elle doit se produire. Or si, parmi les stations appelées à prendre part successivement à l'observation du phénomène, l'état du ciel vient en mettre quelques-uns hors de cause, l'observation devient incomplète et les conclusions sur l'abondance et la distribution de l'essaim ne peuvent plus être certaines. Or, on sait combien la connaissance de toutes les particularités de ces apparitions sont nécessaires pour pénétrer la nature, l'origine et les rapports de ces phénomènes avec ceux que nous présentent les comètes.

Jusqu'ici nous n'avons pas de nouvelles des observations américaines, que nous savons avoir été préparées avec soin.

Pour l'année prochaine, nous comptons organiser ces ascensions d'une manière beaucoup plus complète, afin d'assurer l'observation aérostatique pendant toute la période de la manifestation du phénomène.

Nous serions heureux de voir les observatoires intéressés entrer dans cette voie toute nouvelle et fort intéressante.

*C. R. Acad. Sc.*, Séance du 21 novembre 1898, T. 127, p. 799.

## VI

### DISCOURS
PRONONCÉ AUX OBSÈQUES DE M. BERTHOT,
LE 24 NOVEMBRE 1898.

MESSIEURS,

C'est avec une émotion bien profonde que je viens dire un dernier adieu à un vieil ami de cinquante ans, enlevé si soudainement et si cruellement à ma profonde et douce affection.

C'est, Messieurs, que le caractère de Berthot était aussi bon, aussi affectueux, aussi charmant que sa science était étendue et élevée.

Berthot a été un des Ingénieurs les plus distingués de l'École Centrale. Il y était entré dans un bon rang, et sorti le premier.

Il y avait contracté des amitiés qui ont duré autant que sa vie. Parmi ces amitiés, nous distinguons surtout celle qu'il lia avec un des plus grands Ingénieurs de notre temps, avec celui dont les grands travaux à l'étranger et en France, ont illustré le génie civil français : nous avons nommé M. Eiffel.

Berthot, indépendamment de sa science d'Ingénieur, avait un goût particulier pour l'analyse mathématique et ses applications aux théories les plus élevées des sciences physiques. Les questions de mécanique moléculaire dans leurs parties les plus délicates le préoccupaient sans cesse.

Dans ces dernières années, il m'avait entretenu d'une théorie qui tendait à comprendre dans une même formule, la gravitation newtonienne et les forces qui régissent les actions moléculaires. Je fus assez heureux pour obtenir de l'Académie de Bruxelles qu'elle insérât cet intéressant travail dans le recueil de ses *Mémoires*. Quel que soit l'avenir réservé à cette théorie, on la consultera toujours avec intérêt et avec fruit.

Si l'on considère l'étendue des connaissances de Berthot, son goût si vif pour la théorie, son talent d'exposition, on sera amené à regretter qu'il n'ait pas dirigé sa carrière vers le professorat. Sorti le premier de l'Ecole Centrale, il était en quelque sorte désigné pour y devenir professeur, et certainement il en eût été un des maîtres les plus aimés et les plus distingués. C'était bien là l'atmosphère calme et sereine qui convenait à sa nature spéculative. C'est ce goût inné et impérieux des hautes Etudes qui ont rendu Berthot trop oublieux de la conduite de sa carrière, et trop peu soucieux de ses intérêts. Mais dans cette âme tout éprise de beautés intellectuelles et qui y trouvait toute satisfaction, il n'y eut jamais place pour le moindre sentiment d'amertume ou de jalousie.

C'est là, Messieurs, ce qui lui méritait de notre part, une si haute estime et une profonde sympathie ; c'est là encore ce qui assurera à sa mémoire un souvenir ému et durable.

Adieu, Berthot, adieu mon cher et vieil ami, tu ne seras pas remplacé dans mon affection.

VII

## RAPPORT SUR LE PRIX JANSSEN
## DÉCERNÉ PAR L'ACADÉMIE DES SCIENCES EN 1898
## A M. BELOPOLSKY (1).

M. Belopolsky, chef du Service d'Astronomie physique à l'Observatoire impérial de Pulkowo, près Saint-Pétersbourg, s'est fait un nom justement estimé par ses longs et importants travaux qui ont porté avec succès sur presque toutes les branches de l'Astronomie physique.

L'Astronomie physique actuelle étend tous les jours singulièrement son domaine. La Photographie sert aujourd'hui non seulement à nous faire obtenir les images des astres, mais elle nous en donne des descriptions qui dépassent ce qu'on peut obtenir des images oculaires ; elle s'applique avec non moins de succès aux spectres des étoiles, des nébuleuses, des planètes.

La Photographie, combinée avec l'admirable méthode Dopler-Fizeau, nous fait aujourd'hui découvrir la duplicité d'étoiles qui avaient échappé par leur petitesse au pouvoir séparateur de nos lunettes ; elle explique, ou tout au moins, nous met sur le chemin de l'explication de la variabilité pour un grand nombre d'entre elles. Appliquée au Soleil et aux planètes, cette méthode spectrophotographique est venue corroborer les résultats des mesures d'après les anciennes méthodes, et y a ajouté presque toujours des résultats nouveaux. C'est ainsi qu'on démontre aujourd'hui la véritable loi de rotation des éléments formant les anneaux de Saturne, et qu'on a obtenu sur les mouvements de la couronne solaire des résultats du plus haut intérêt.

En faisant cette énumération, j'ai en quelque sorte tracé l'historique des travaux de M. Belopolsky, car ses études ont porté sur tous les points de la science que je viens d'énumérer.

L'habileté, la science, la volonté et, il faut ajouter, le secours

_______________

(1) Commissaires : MM. Faye, Lœwy, Callandreau, Radau ; Janssen, rapporteur.

que M. Belopolsky a trouvé dans le grand instrument mis à sa disposition, lui ont permis d'obtenir des mesures plus précises que celles de ses prédécesseurs et de faire même d'importantes découvertes. Nous pourrions rappeler, par exemple, ces petites étoiles variables à courte période, non seulement reconnues comme doubles par M. Belopolsky, mais dont il a pu assigner même les mouvements relatifs et montrer leur concordance avec les variations d'éclat.

Tous ces travaux si variés, si nombreux, si distingués, ont paru à la Commission mériter pleinement à M. Belopolsky le prix Janssen pour 1898.

*C. R. Acad. Sc.*, Séance du 19 décembre 1898, T. 127, p. 1083.

# 1899

1

## LES TRAVAUX AU MONT BLANC EN 1898

Le temps a favorisé cette année les travaux à l'Observatoire du Mont Blanc.

Les résultats de ces travaux n'étant pas encore entièrement connus, nous en indiquerons seulement le programme, nous réservant d'y revenir l'année prochaine.

Ces travaux ont porté sur l'intensité du rayonnement solaire dans ses rapports avec l'atmosphère terrestre.

La constante solaire avait déjà été étudiée avec succès l'année dernière ; on avait été conduit au chiffre très élevé de 3,4 qui a montré tout le parti qu'on pourra tirer de cette haute station pour ces difficiles études.

### Pesanteur.

L'année dernière, M. Bigourdan avait entrepris de mesurer l'intensité de la pesanteur au sommet du Mont Blanc, aux Grands-Mulets et à Chamonix ; l'état de la santé de M. Bigourdan ne lui a pas permis de les terminer.

Cette année, j'ai fait reprendre ces travaux par M. Hansky, jeune savant russe, attaché à l'Observatoire de Meudon.

M. Hansky est monté deux fois au sommet et il y a étudié l'intensité de la pesanteur avec l'appareil de Sternek. Cet appareil est d'un emploi facile et donne rapidement une détermination ; mais les résultats ne doivent être considérés que comme relatifs et ont besoin de s'appuyer, aux stations principales, sur des mesures plus rigoureuses. Il est précieux, néanmoins, pour une étude comparative de l'intensité de la pesanteur dans une région déterminée.

Nous ferons connaître les résultats obtenus par M. Hansky à Chamonix, aux Grands-Mulets et au sommet. Ils constituent une première et très intéressante étude de la pesanteur dont les valeurs peuvent nous éclairer sur la constitution intérieure de ce grand massif montagneux.

M. le Comte de la Baume Pluvinel est monté, à ma demande, à l'Observatoire du sommet pour y étudier photographiquement les raies de l'oxygène du spectre solaire. C'était la continuation par la Photographie des études entreprises par moi en 1888, 1890, 1893, et qui m'ont conduit à penser que l'oxygène ne peut exister dans les enveloppes gazeuses extérieures du Soleil. L'habileté et le savoir de M. le Comte de la Baume en photographie donneront une haute valeur à ses observations.

M. Lespicau, docteur ès sciences et professeur au collège Chaptal, est monté également à l'Observatoire du sommet, muni d'un certain nombre de tubes vides, et y a recueilli de l'air atmosphérique. Il se propose d'en faire l'analyse chimique et au besoin spectroscopique. Les résultats ne peuvent être que très intéressants.

M. Robert Charlet est monté également pour exécuter certaines observations dont je lui avais donné le programme et qu'il a faites à ma satisfaction.

Diverses autres études ont été faites, dont les auteurs rendront compte, s'ils le jugent à propos.

Nous avons continué à améliorer les aménagements de l'Observatoire, et l'année prochaine nous espérons pouvoir commencer des observations avec la grande lunette qui vient d'y être placée.

*Annuaire du Bureau des Longitudes*, pour l'an 1899.

## II

## REMARQUES SUR LA COMMUNICATION
## DE M. A. DE LA BAUME PLUVINEL : «OBSERVATIONS
## DU GROUPE DES RAIES B DU SPECTRE SOLAIRE
## AU SOMMET DU MONT BLANC »

On sait que la question de la présence ou de l'absence de l'oxygène tel que nous connaissons ce corps dans les enveloppes gazeuses du globe solaire m'occupe depuis plusieurs années. Je crois avoir démontré avec une certitude presque complète la solution négative (1).

Cependant cette question a une si grande importance pour la connaissance de la constitution physique du Soleil et de l'avenir réservé aux fonctions de cet astre que j'ai pensé à faire confirmer mes observations oculaires par la Photographie, et alors je ne pouvais mieux faire que de prier M. de la Baume Pluvinel de vouloir bien se charger de ces observations.

S'il était démontré que les groupes des raies de l'oxygène dans le spectre solaire s'évanouissent complètement aux limites de notre atmosphère, la question serait résolue. Cette solution n'est pas à notre portée, au moins actuellement ; mais nous pouvons atteindre indirectement ce résultat en montrant que la décroissance des intensités des raies en question est en rapport avec la diminution des épaisseurs atmosphériques traversées.

---

(1) Il est bien entendu, ainsi que je l'ai expliqué plusieurs fois, que je n'entends parler ici que de l'oxygène tel que nous le connaissons et tel qu'il existe dans notre atmosphère. Les études spectrales sur ce corps et spécialement l'existence de deux spectres d'absorption obéissant à deux lois si différentes semblent indiquer une complexité de constitution moléculaire qui permet de supposer l'existence pour ce corps d'un état plus simple ou d'un dédoublement, qui seraient dus à la haute température du globe solaire et qui précéderait celui que nous connaissons. Dans cette hypothèse cet oxygène de premier état ou ces éléments posséderaient d'autres propriétés physiques et chimiques et, en particulier, ils ne pourraient se combiner avec l'hydrogène des enveloppes solaires et produire la vapeur d'eau, fait capital, comme je l'ai indiqué, pour assurer l'avenir des fonctions de radiation de l'astre.

On sait que cette étude a fait l'objet d'une expérience instituée, en 1889, entre la Tour Eiffel et Meudon (1) et qu'elle a été le but principal de mes ascensions aux Grands-Mulets, en 1888, et au sommet du Mont Blanc, en 1890 et 1893.

En 1893, je me servais d'un spectroscope à réseau très comparable à celui qui a permis à M. de la Baume de photographier le groupe B.

Ce qui est remarquable, c'est que j'ai indiqué alors, en rapportant mes observations oculaires sur ce groupe, que les doublets paraissent se réduire à 8 comme doublets bien visibles ; or les photographies de M. de la Baume montrent, en effet, une chute très sensible d'intensité après le huitième doublet ; la photographie s'accorde donc ici d'une manière remarquable avec l'observation oculaire.

Maintenant il faut bien remarquer que la présence des raies de la vapeur d'eau qui, dans le spectre, sont mêlées à celles de l'oxygène apporte un certain trouble dans la netteté des observations, ainsi que M. de la Baume Pluvinel le fait remarquer avec raison. Au sommet du Mont Blanc, cette vapeur étant nécessairement moins abondante que dans la plaine, la visibilité des doublets doit être meilleure, toutes choses égales d'ailleurs.

Aussi, pour que les résultats soient absolument comparables, sera-t-il nécessaire que les observations dans les basses stations soient faites par un temps très sec, donnant des groupes de la vapeur d'eau aussi faibles que ceux qui existeront au sommet du Mont Blanc au moment de la prise des photographies.

Il me paraît donc nécessaire d'introduire, dans ces importantes observations, un élément nouveau, celui de l'intensité des groupes aqueux, qui doit être sensiblement la même dans les deux stations et aussi faible que possible.

------

(1) La couche d'air interposée entre la tour Eiffel et Meudon est sensiblement équivalente, comme absorption, à notre atmosphère. Or une lumière électrique très puissante, installée au sommet de la tour et analysée à l'observatoire de Meudon, nous a donné le groupe B avec une intensité qui a paru sensiblement égale à celle qu'il possède dans le spectre solaire observé en juin vers le méridien.

Alors de ce côté rien ne viendra masquer la visibilité des groupes oxygénés.

Il existe encore dans ces observations un facteur qui ne peut être négligé. C'est celui de l'intensité de la lumière qui donne le spectre soit oculaire, soit photographique. Cette intensité modifie nécessairement le degré de visibilité des raies et peut induire en erreur sur leur intensité véritable. En une station très élevée, comme celle du sommet du Mont Blanc, la lumière solaire, qui n'a à traverser que l'équivalent d'une demi-atmosphère environ, est nécessairement bien plus forte que dans la plaine. Les raies spectrales et, en particulier, les raies du groupe B, dégagées d'une part des raies d'origine aqueuse et formées par une lumière plus intense, doivent être plus visibles, toutes les autres circonstances étant égales.

On ne doit pas perdre de vue que l'augmentation d'intensité d'une raie est toujours accusée non seulement par une teinte plus foncée, mais encore par une augmentation apparente de sa largeur.

Il faut tenir compte de ces circonstances dans l'appréciation des intensités, et ne pas considérer uniquement la visibilité. Alors les comparaisons deviendront irréprochables.

J'espère que M. de la Baume Pluvinel voudra bien, comme il me l'a laissé espérer, compléter ces importantes études et mettre encore une fois au service de la Science son savoir éminent et bien connu en Photographie.

*C. R. Acad. Sc.*, Séance du 30 janvier 1899, T. 128, p. 272.

## III

## REMARQUES
### SUR UNE COMMUNICATION DE M. H. DESLANDRES, RELATIVE AUX PHOTOGRAPHIES STELLAIRES OBTENUES AVEC LA GRANDE LUNETTE DE L'OBSERVATOIRE DE MEUDON (1).

A l'occasion de la communication que M. Deslandres m'a demandé de présenter à l'Académie je donnerai quelques détails sur les deux grands instruments que possède l'Observatoire de Meudon.

Les progrès de la Science, principalement dans la direction de l'Astronomie physique exigent aujourd'hui l'emploi de grands instruments possédant des propriétés spéciales.

Ce sont, d'une part, les instruments à très long foyer, doués par cela même d'un pouvoir séparateur considérable, instruments précieux pour l'étude de la structure des astres très brillants et de petit diamètre ; par exemple : certaines nébuleuses ou portions de nébuleuses, et surtout pour l'étude des amas stellaires sur la constitution desquels il y a de si importantes études à faire.

D'autre part, au contraire, les instruments à large ouverture et de très court foyer relatif, précieux pour la découverte ou l'étude des astres de très faible pouvoir lumineux, comme, par exemple, les nébuleuses, pour lesquelles ces instruments servent soit à en découvrir de nouvelles, soit à marquer l'extension et les véritables limites de leurs parties les plus faibles et les moins lumineuses.

A Meudon, l'instrument qui répond à la première condition est notre lunette double, oculaire et photographique, dont les objectifs ont respectivement o m. 83 et o m. 62 de diamètre avec un foyer de 16 mètres.

C'est la lunette placée dans notre grande coupole. La partie

---

(1) *Comptes rendus des Séances de l'Académie,* T. 128, p. 1375.

optique de ce bel instrument, qui est actuellement le plus puissant, comme instrument double, est due à MM. Henry frères et
la partie mécanique à M. Gautier.

Entre les mains de M. Perrotin la lunette oculaire a permis de
découvrir de nouveaux et importants détails touchant la structure de la surface de la planète Mars (1).

On voit par la communication précédente que la lunette photographique n'est pas moins intéressante et qu'elle a permis
également la constatation de faits nouveaux et importants, par
exemple, ceux qui se rapportent à la structure de la partie centrale de la nébuleuse d'Orion et la question du nombre des étoiles
variables dans certains amas, ainsi que celle de la constitution
en spirale de la nébuleuse planétaire d'Andromède, celle du
Dragon, etc...

Ces résultats appellent sans doute une confirmation ultérieure ; ils tendent néanmoins à prouver les qualités des objectifs
construits par MM. Henry frères.

Notre second grand instrument est, comme on sait, le télescope de 1 mètre d'ouverture et 3 mètres de distance focale.

J'ai été amené à la construction de cet instrument par le
succès que m'a valu l'emploi d'un instrument analogue, de moindres dimensions, et qui m'avait permis, pendant l'éclipse de
décembre 1871, à Schoolor, de découvrir la véritable nature de
la couronne, question alors controversée, et à y reconnaître une
dernière et immense atmosphère solaire.

Le miroir du télescope de Meudon est dû à MM. Henry frères ;
la taille en est parfaite. La partie mécanique de l'instrument est
due à M. Gautier qui n'a pas moins bien réussi la monture, monture qui permet de régler l'instrument pour toute la latitude.

On a vu par la Communication de M. Rabourdin (2) qui, sur sa
demande, a eu l'instrument entre les mains, combien cet instrument est précieux pour son énorme pouvoir lumineux. Je suis
persuadé que son emploi habile conduirait aux plus importantes
découvertes.

---

(1) *Comptes rendus*, 15 février 1897.
(2) *Comptes rendus*, 23 janvier 1899.

Pour nous résumer, nous dirons que les progrès de la Science exigent aujourd'hui qu'on spécialise de plus en plus les instruments, qu'on augmente leurs dimensions, et, comme conséquence inéluctable, qu'on place ces instruments en des stations où l'intervention et les troubles causés par notre atmosphère soient réduits à leur minimum, ce qui conduira de plus en plus vers les stations élevées et bien choisies.

*C. R. Acad. Sc.*, Séance du 5 juin 1899, T. 128, p. 1378.
Cette communication a été reproduite dans le *Bulletin astronomique*, T. XVII, février 1900, p. 77.


## IV

## ÉLOGE DE GASTON TISSANDIER

Discours prononcé a la séance du 5 octobre 1899,
a la Société française de navigation aérienne

Messieurs,

L'année dernière était marquée pour la Société par la perte de Hureau de Villeneuve, cette année notre séance de rentrée est attristée par une perte nouvelle et cruelle : Gaston Tissandier nous a été enlevé pendant les vacances, le 3o août dernier.

C'est une grande perte, en effet, non seulement pour notre Société à laquelle Gaston Tissandier était si profondément dévoué et pour laquelle il était une force et un ornement, mais encore pour ces sciences physiques et chimiques qu'il a cultivées et vulgarisées par de nombreux ouvrages ou recueils qui eurent tant de succès, surtout enfin pour cette aéronautique qui fut la passion de sa vie, à laquelle il revenait toujours avec prédilection, et qui lui doit des innovations et des progrès dont l'histoire gardera le souvenir.

Gaston Tissandier naissait à Paris en 1843, dans une famille très honorable qui avait compté un académicien parmi ses membres. De bonne heure, il manifestait un goût très vif pour la chimie et les expériences. Admis dans le laboratoire de notre confrère et ami, M. Dehérain, il y recevait une excellente direction qui le mettait à même d'entrer au laboratoire de l'Union nationale comme préparateur et d'en devenir un an après le Directeur.

Mais bientôt poussé par ce goût des recherches et cet amour des voies nouvelles, qui a été la caractéristique de son esprit, il conçoit le projet de faire servir les ballons aux progrès de la météorologie et à une connaissance plus complète des phénomènes de la haute atmosphère ; pensée juste et féconde que j'ai recommandée à plusieurs reprises à la Société de Navigation aérienne dès 1873, quand j'ai été son président, et qui, aujourd'hui plus que jamais, préoccupe le monde de la science et de l'aérostation.

C'est en 1868 avec l'aéronaute Duruof que Gaston Tissandier fit sa première ascension. Début brillant d'une série de voyages aériens qui devait être si longue, si fertile en progrès, en incidents, en péripéties de toutes sortes. Je dis, Messieurs, que ce début fut brillant ; c'est en effet dans ce voyage que les aéronautes surent réaliser une des manœuvres les plus remarquables de la navigation aérienne, à savoir l'utilisation des courants superposés et contraires de l'atmosphère pour revenir sains et saufs à terre.

Ce remarquable début attira sur Gaston Tissandier l'attention du grand ingénieur Henry Giffard qui, bientôt, l'apprécia à toute sa valeur et lui voua depuis, ainsi qu'à son frère, une affection profonde. Cette amitié précieuse leur fournit les moyens de satisfaire leur goût pour l'aéronautique et leur permit d'y devenir des maîtres. Aussi, quand la guerre éclata, les frères Tissandier devinrent-ils de bien précieux auxiliaires pour la défense, en mettant avec une ardeur toute patriotique leur habileté et leur expérience au service de nos armées.

Nous les trouvons, en effet, d'abord à Rouen, tentant de rentrer à Paris par la voie des airs, et bientôt après à l'armée de la Loire où Chanzy accomplissait sa retraite célèbre. La croix de la Légion d'Honneur, accordée à l'un des deux frères, récompensa ce beau dévouement.

Si nous voulons rester dans le domaine de l'aéronautique, nous devons dire maintenant un mot de ce drame du *Zénith* qui suivit de peu le voyage que ce même ballon accomplissait dans une ascension remarquable par sa longue durée.

Cette fois, c'était vers les plus hautes régions qu'on voulait tenter de s'élever, en s'aidant du secours de l'oxygène. On sait quelle fut la malheureuse issue de cette courageuse tentative : Crocé-Spinelli et Sivel y perdirent la vie, Gaston Tissandier seul, et par miracle, y survécut. A cette occasion, félicitons M. Glaisher, le célèbre aéronaute qui affronta les mêmes périls et qui en est revenu sain et sauf.

Mais, Messieurs, chez ceux que possède la passion scientifique, le péril ne compte pas, et les dangers sont impuissants à leur faire abandonner la poursuite de leur idéal.

C'est ce qui arriva à Gaston Tissandier ; car, peu de temps après le terrible drame, et devant le monument que la piété des amis et des admirateurs des victimes avait élevé à leur mémoire, Gaston proclamait hautement, qu'échappé seul à la catastrophe, il n'en continuerait pas moins à poursuivre la carrière aéronautique.

Et, en effet, trois ans plus tard, pendant la grande Exposition Universelle de 1878, nous le voyons chargé par Giffard de la conduite de son magnifique ballon qui fut un chef-d'œuvre de construction.

Peut-être, Messieurs, l'aérostation voulut-elle se montrer reconnaissante de ce beau dévouement de son adepte, car il paraît que c'est pendant une de ces ascensions du ballon Géant, que Gaston fit connaissance de la charmante personne qui devait bientôt devenir sa femme et qui lui donna un bonheur parfait, mais trop court, hélas !

Jusqu'ici l'aérostation avait été pratiquée d'une manière supérieure par notre collègue, mais elle ne lui avait pas fourni la matière d'invention très notable. Il devait en être bientôt différemment. En effet, à l'Exposition d'électricité de 1881, on remarquait dans la grande nef un petit modèle d'*aéronat* (1) qui était mu par l'électricité.

_______

(1) Au Congrès de 1889, j'ai proposé le mot d'aéronat pour le ballon des-

Deux années plus tard Gaston et son frère Albert procédèrent à des essais en grand et firent un voyage de leur atelier d'Auteuil à Marolles-en-Brie. Ils purent constater alors que par un vent très modéré, il est vrai, l'*aéronat* pouvait manœuvrer et le surmonter.

Ici, Messieurs, ce n'est pas le résultat pratique qu'il faut considérer, mais bien l'intérêt d'une première application d'un principe fécond, plein d'avenir et qui, en effet, peu après dans les mains des savants et habiles ingénieurs aéronautes de Chalais, MM. Renard et Krebs, conduisit à la création de ce ballon *La France* avec lequel ils firent ce voyage à Paris avec retour à Chalais qui eut un si grand retentissement.

C'est alors, Messieurs, que Gaston Tissandier fut nommé président de la Société Française de navigation aérienne et qu'il recevait la Médaille d'Or de la Société d'Encouragement. Peu auparavant il avait reçu la Médaille Janssen.

Cette belle application de l'électricité restera le titre le plus considérable parmi les services rendus à l'aéronautique par notre collègue.

Mais cet infatigable travailleur a encore bien d'autres droits à notre estime et à notre reconnaissance.

Tout d'abord ses ouvrages de vulgarisation qui brillent par un style clair, attachant et facile.

Rappelons aussi cette admirable collection d'objets et d'ouvrages se rapportant à l'histoire de l'aérostation, qui a figuré à l'Exposition de 1889, et qui sera complétée par celle que son frère, M. Albert Tissandier, se propose de faire figurer à celle de 1900.

C'est encore à Gaston Tissandier et à ses amis, Max de Nansouty et Richet, que nous devons la fondation du dîner *Scientia*, réunion amicale qui eut un si légitime succès et qui permit de rendre à nos illustrations scientifiques un hommage dont chacun se montre particulièrement touché.

Mais, Messieurs, dans l'ordre de la vulgarisation scientifique,

---

tiné à se mouvoir dans l'atmosphère et de conserver celui d'aérostat à celui qui ne fait qu'y flotter ou s'y élever.

il faut citer tout à fait à part la création du journal *La Nature*, création si heureuse qui fit revivre sous une autre forme l'œuvre si intéressante du vénéré Charton : le *Magasin Pittoresque*, en lui donnant un caractère exclusivement scientifique.

A cette création, Gaston s'attacha avec un amour et une ardeur infinis, et il sut grouper autour de lui des collaborateurs éminents qui devinrent tous des amis. Cette belle publication se répandit dans le monde entier. Elle lui valut, ainsi qu'à son frère qui y apporta une magnifique collaboration par ses grands voyages et son talent de dessinateur et d'architecte, une bien juste notoriété. Aussi, Messieurs, dans un dîner offert aux collaborateurs de *La Nature*, dîner qui avait lieu dans la grande salle de l'Hôtel Continental, ai-je pu dire à Gaston, faisant allusion au nombre si considérable des amis qui avaient répondu à son appel, qu'il avait en vérité une grande supériorité sur un célèbre philosophe grec nommé Socrate, lequel faisant construire une maison, à ce que nous dit La Fontaine, la voulait très petite, trop heureux, disait-il, si elle pouvait être remplie de vrais amis. Car, disais-je alors, mon cher Gaston Tissandier, on vous donne non la maison de Socrate, mais la grande salle de l'Hôtel Continental, et vous savez l'emplir tout entière de vrais et affectueux amis, heureux de venir vous donner le témoignage de leur haute estime et de leur affection. Et j'ajoutais, vous avez encore une supériorité sur le philosophe grec, car il paraît qu'il avait une femme fort désagréable, tandis que la vôtre est charmante, qu'elle ne vit qu'en vous et n'a d'autres joies que celles que lui donnent vos succès.

Messieurs, c'est par ce dernier trait que je veux terminer ce trop court éloge. A tous ses mérites de science, de travail, d'originalité et d'invention, Gaston Tissandier joignait des qualités de cœur qui lui attachaient tous ceux qui l'approchaient. Sa femme et ses frères le chérissaient et toute cette famille a donné le rare exemple d'une union parfaite qui ne s'est jamais démentie.

Aussi, Messieurs, la mort si prématurée de cette femme adorée a-t-elle été un coup qui ébranla la santé de Gaston et contribua certainement à hâter sa fin.

Il meurt en effet relativement jeune, à 56 ans, mais si sa carrière fut courte, elle a été si pleine d'œuvres, de services rendus, de beaux exemples et si parfumée des plus beaux et des plus doux sentiments, que sa mémoire provoquera toujours un souvenir ému de reconnaissance et de haute sympathie.

*L'Aéronaute*, numéro de novembre 1899.


## V

### NOTE SUR LES OBSERVATIONS
### DES ÉTOILES FILANTES DITES LÉONIDES
### FAITES SOUS LA DIRECTION DE L'OBSERVATOIRE
### DE MEUDON

J'ai l'honneur de rendre compte à l'Académie des observations faites à l'Observatoire de Meudon ou sous sa direction à l'occasion de l'apparition des étoiles filantes de novembre, dont le maximum était attendu pour cette année.

En raison de cette circonstance que ce phénomène ne se reproduit comme on sait que tous les tiers de siècle, l'observation de cette année avait une importance et un intérêt tout particuliers.

Il s'agissait en effet de bien constater que la pluie météorique si extraordinaire de 1799, celle de 1833, et celle de 1866 reviendrait encore en 1899 et quels seraient son abondance et son point d'émanation ; ces diverses circonstances étant indispensables pour se rendre compte des modifications que les masses planétaires ont pu apporter dans la distribution des petites masses météoriques sur l'orbite des essaims et jusqu'à un certain point sur la forme même de cette orbite et la position de ses nœuds avec l'orbite terrestre.

Ces questions intéressent la constitution de notre système solaire et présentent en outre un grand intérêt au point de vue de la Physique céleste.

La partie la plus importante de ces observations réside donc dans la constatation de l'époque de l'apparition du *maximum*, suivant l'expression consacrée et de l'importance de ce maximum comparée à ceux des époques antérieures.

Mais cette constatation exige évidemment pour être certaine que le phénomène soit suivi sans lacunes pendant toute la durée de son apparition probable.

Cette condition, dont l'importance est évidente, nous conduit à rechercher les moyens d'empêcher que les stations placées sur la ligne d'observation ne fassent défaut par suite de circonstances atmosphériques.

C'est ainsi qu'on est conduit, pour éviter des lacunes qui vicieraient toute conclusion sur l'apparition du maximum en question, à l'emploi de ballons permettant aux observateurs de s'élever au-dessus des brumes, des brouillards, et même des nuages. On voit de suite combien un pareil emploi peut être intéressant.

Cette nouvelle application de cet art si français de l'aérostation m'a paru pleine d'avenir, même à l'égard d'autres objets astronomiques, et j'ai conseillé d'en tenter l'emploi depuis bien des années déjà, mais d'une manière plus effective l'année dernière et cette année même, à l'occasion des observations des Léonides. ·

On sait que l'année dernière, M. Hansky, alors élève de l'Observatoire de Meudon, s'élevait en ballon et qu'à une hauteur très modérée il jouissait d'un ciel qui lui permit une observation complète tandis qu'à terre un brouillard épais s'opposait à toute vision du ciel.

Ce succès nous a engagés à reprendre ces observations à l'occasion du passage si important de cette année.

Deux ballons ont été mis à notre disposition.

Le premier, propriété de l'Aéro-Club, monté par MM. les Comtes de Lavaulx et Castillon de Saint-Victor, qui m'avaient gracieusement offert deux places dans leur nacelle, ce dont je les remercie ici.

Ces deux places ont été occupées par M. Tikhoff, élève de l'Observatoire de Meudon, et M. Lespieau, professeur de Chimie au Collège Chaptal. Ces Messieurs s'étaient entendus avec moi avant le départ sur le programme des observations.

Le deuxième ballon, propriété de M. Mallet, constructeur et

aéronaute bien connu par de nombreuses et très belles ascensions,
était conduit par lui-même. Il avait à bord comme observateur
Mlle Klumpke, attachée à l'Observatoire de Paris, que mon éminent confrère, M. Lœwy, son directeur, avait bien voulu, sur ma
demande, autoriser à faire l'ascension. M. Wilfrid de Fonvielle,
si versé dans l'histoire et la littérature scientifiques et spécialement dans l'aérostation, voulait bien l'accompagner pour enregistrer les observations.

Ces ballons partirent de l'usine du Landy, près Saint-Denis,
usine appartenant à la Compagnie parisienne du Gaz, qui donna
tous ses soins à ces ascensions.

M. le Prince Roland Bonaparte voulut très aimablement faire
les frais du gaz du ballon *L'Aéro-Club*, nous nous chargeâmes
de l'autre.

Résumons maintenant les observations :

Première ascension : nuit du 14-15 novembre. Ballon *L'Aéro-
Club*, monté par MM. les Comtes Henri de Lavaulx et Castillon
de Saint-Victor. Observateurs : MM. Tikhoff et Lespieau. Départ
le 15 à 1 heure du matin.

A 200 mètres, le ballon est au-dessus du brouillard.

1 h. 45, commencement des observations.

De 1 h. 45 à 2 heures, on compte 2 Léonides.

De 2 heures à 3 heures, on compte 13 Léonides.

De 3 à 4 heures on compte 10 Léonides.

De 4 heures à 5 heures, on compte 26 Léonides.

De 5 à 6 heures, on compte 40 Léonides.

En plus 9 étoiles de $4^e$ grandeur qui furent visibles quand la
Lune s'abaissa à l'horizon.

Parmi les étoiles observées, M. Tikhoff estime qu'il y en eut
19 de $1^{re}$ grandeur, 43 de $2^e$, 29 de $3^e$ et 9 de $4^e$ grandeur comme
il vient d'être dit ; il est évident que sans la présence de la Lune,
le nombre des étoiles de faible éclat eût été beaucoup plus considérable.

En outre, il faut remarquer que quand le radiant s'éleva vers
45° le ballon cacha une grande partie du ciel où le phénomène
devait se produire. M. Tikhoff estime que, sans cette circonstance, le nombre des Léonides observées eût été certainement

doublé. Il faut donc estimer à 200 environ le nombre des apparitions d'étoiles de la 1re à la 4e grandeur qui sillonnèrent le ciel dans les régions du radiant pendant la nuit du 14 au 15 novembre.

A l'égard des couleurs manifestées par ces météores, M. Tikhoff estime qu'elles se sont partagées en parties à peu près égales entre le jaune foncé très brillant et le blanc bleuâtre, les météores de 1re grandeur laissant des traces qui ont persisté pendant quatre et cinq secondes.

Du reste, le détail de ces intéressantes observations sera donné par M. Tikhoff dans une Note ultérieure qu'il aura l'honneur de présenter à l'Académie.

L'atterrissage du ballon eut lieu dans les meilleures conditions dans le département de l'Eure, au village de Plessis-Sainte-Opportune, arrondissement de Bernay, à 130 kilomètres de Paris.

Seconde ascension, Ballon *Le Centaure*, monté par M. Mallet, Mlle Klumpke et M. de Fonvielle.

Parti de l'usine du Landy le 15 à 13 heures, c'est-à-dire le 16 à 1 heure du matin. Ciel très pur.

1 h. 20, commencement des observations : une Léonide.

1 h. 41, une Sporadique.

2 h. 1, une Léonide très brillante supérieure à la 1re grandeur · belle traînée irisée de 2 s. de durée.

2 h. 15, une seconde près de Z Lion ; traînée blanchâtre.

2 h. 30, une Léonide blanche inférieure à la 1re grandeur.

2 h. 52, une Léonide partant de δ du Lion vers la Grande-Ourse ; traînée 1 s.

2 h. 55, Sporadique de 1re grandeur.

3 h. 34-3 h. 35, Sporadique.

4 h. 16, Léonide passant près de ζ Lion.

4 h. 38, Sporadique partant de l'Hydre.

4 h. 46-4 h. 48, deux Léonides, dont une avec traînée de 2 s.

4 h. 57, une Sporadique traversant Hercule.

5 h. 10, une Léonide vers la Vierge.

5 h. 21,5 h. 39, cinq Sporadiques.

6 heures, coucher de la Lune. Ciel très pur du côté du radiant ; magnifique halo lunaire.

Atterrissage à Saint-Germain-sur-Ay, canton de Lessay, arrondissement de Coutances (Manche).

Telle est en substance le résumé de ces observations.

Il faut remarquer que la nacelle de *L'Aéro-Club* était beaucoup trop près du ballon, ce qui a nui beaucoup aux observations.

A ma demande, la nacelle du deuxième ballon (*Le Centaure*) avait été plus éloignée par allongement des câbles d'attache, et les observations ont été beaucoup moins gênées.

Je pense que pour un ballon de 14 mètres à 15 mètres de diamètre, une distance d'environ 10 mètres entre la nacelle et le ballon serait suffisante.

Cet éloignement de la nacelle aurait encore pour avantage de diminuer beaucoup les chances d'inflammation du gaz par les lampes placées à bord.

On pourrait également employer des ballons et des nacelles de forme allongée. Dans ce cas, si le grand axe de la nacelle était placé perpendiculairement à celui du ballon, on pourrait avoir la vision du zénith.

J'ajoute ici que des cartes postales affranchies avaient été préparées à Meudon. Elles portaient l'adresse de l'Observatoire, avec l'invitation aux personnes qui les trouveraient d'y inscrire très exactement l'indication du lieu où elles auraient été trouvées. Avant de les laisser tomber, l'observateur y inscrivait l'heure exacte de l'observation. Un certain nombre de ces cartes nous ont été retournées.

Les indications qu'elles contenaient ont permis de reconstituer l'itinéraire suivi par les ballons et de connaître les coordonnées des points d'observation et les temps correspondants.

Je suis persuadé que cette méthode si simple permettra de donner une grande précision aux observations faites en ballon.

L'Académie comprendra que j'aie désiré connaître quels résultats on avait obtenus sur la ligne des observations, afin d'avoir une idée générale du phénomène en 1899.

Dans ce but j'ai envoyé des télégrammes à la plupart de nos collègues des observatoires étrangers ou nationaux où le phénomène pouvait être observé.

Avec un empressement dont je suis reconnaissant, on m'a fait parvenir des nouvelles qui embrassent la région partant de Delhi, dans l'Inde, où M. Auwors allait si courageusement observer, jusqu'à San-Francisco, c'est-à-dire sur une zone embrassant plus de la moitié de la Terre.

Le 16 à Delhi, les Léonides ne sont pas apparues.

A Pulkowo, M. Hansky, ancien élève de l'Observatoire de Meudon, s'est élevé en ballon jusqu'à 2 500 mètres et n'a rien vu, me télégraphie M. Babklund.

A Odessa, on a observé les Léonides pendant quatre jours, mais l'essaim a été faible.

De Vienne, M. Palisa, mon si distingué compagnon de 1883 pour l'observation de l'éclipse totale visible dans le Pacifique, m'écrit que le 14, le ciel a été découvert, mais qu'on n'a rien observé de remarquable ; le 15 et le 16, le ciel a été couvert.

De Potsdam, M. Vogel me télégraphie qu'aucune Léonide n'a été observée.

Strasbourg, du 14 au 15, maximum vers 6 heures, 60 météores par heure ; du 15 au 16, en ballon, étoiles filantes isolées.

Madrid. Je n'ai pas encore reçu de nouvelles.

De Cambridge (Etats-Unis) M. Pickering me télégraphie qu'on n'a pas observé de brillants météores, mais environ 200 Léonides.

De Chicago, à l'Observatoire Yerkès, on n'a pas observé de météores, me télégraphie M. Hale.

San-Francisco. Une dizaine de météores par heure dans la nuit du mardi. Le jeudi, temps couvert.

Voici quelques observations françaises :

D'Alger, M. Trépied. Le 14, 35 Léonides ; le 15, 16 Léonides ; le 16, temps couvert ; durée des observations : chaque jour, six heures.

De Nice, M. Perrotin. Ciel très défavorable, estime néanmoins que le passage a dû être très médiocre.

De Bordeaux, M. Rayet. Ciel parfaitement beau, observations poursuivies jusqu'au matin. Du 12 au 13, étoiles filantes inférieures à la moyenne. Du 13 au 14, 2 à 3 étoiles par heure, probablement pas Léonides. Du 14 au 15, 25 Léonides de 2 h. 30 à 3 h. 30 ; ensuite 3 ou 4 par heure. A l'égard de l'Observatoire de

Paris, son Directeur a fait, à cet égard à l'Académie, une communication très complète.

Il résulte de cette large information, qui n'a laissé en dehors d'elle que les parties maritimes du globe, que le maximum attendu a été considérablement réduit d'importance sans doute par suite de l'action des planètes, notamment Jupiter et Saturne, ainsi que Le Verrier l'avait prévu et annoncé à l'occasion de l'apparition de 1866 : conclusion à laquelle ont été conduits les astronomes qui se sont depuis occupés de la question.

Ces études, dont plusieurs sont dues à des hommes très éminents, ont conduit à des discussions et des conclusions dans le détail desquelles nous ne pouvons entrer ici, notre but étant pour le moment de rendre compte seulement des observations faites à propos du passage de 1899.

Disons maintenant que, pour préciser davantage les observations et obtenir des conclusions théoriques plus certaines, on devra observer avec grand soin l'année prochaine ; aussi voudrais-je appeler l'attention des astronomes et des observateurs sur l'intérêt qu'il y aurait, pour l'année prochaine, à développer encore ce mode d'observation en ballon qui, permettant de s'affranchir des chances de mauvais temps, conduira à tirer des observations des conclusions absolument certaines.

*C. R. Acad. Sc.*, Séance du 20 novembre 1899, T. 129, p. 788.

VI

## NOTE SUR LES TRAVAUX AU MONT BLANC EN 1899

1. *Etude des pertes qu'un câble électrique peut éprouver quand il est placé à nu sur le glacier.* — Cette étude, d'un très haut intérêt pour la Télégraphie en général, et en particulier pour l'Administration des Télégraphes, avait été entreprise par MM. Lespieau et Cauro, et je m'étais mis à leur disposition pour les aider de tout mon pouvoir.

L'Administration des Télégraphes qui, comme je viens de le dire, avait un intérêt direct dans la question, avait bien voulu nous prêter le fil et les appareils nécessaires à la réalisation de cette étude.

On connaît le mortel accident arrivé à M. Cauro au début même des opérations. Ce jeune et très distingué physicien fit une chute dans un sentier de la *montagne de la Côte*, montagne conduisant au glacier sur lequel on devait expérimenter, et il se tua sur le coup. Ce grand malheur, qui brisait une carrière pleine d'avenir, m'atterra. Je fus d'autant plus affecté de cette mort que c'était par amour et amour absolument désintéressé de la Science qu'elle se produisait. Aussi ai-je tenu à rendre à cette si intéressante mémoire tout l'hommage qui lui était dû et à agir en cette circonstance comme s'il se fût agi de mon propre fils. Son ami, M. Lespieau, aussi affecté que moi-même, m'aida de tout son pouvoir dans cette si douloureuse circonstance. Nous nous rendîmes au devant du corps qui fut ramené à Chamonix et mis en cercueil plombé chez moi. Le lendemain un service solennel eut lieu à l'église de Chamonix et nous attendîmes l'arrivée de Mme Bougleux, sœur de M. Cauro, qui vint bientôt et put emmener le cercueil de son frère et le faire placer à Paris dans une sépulture de famille. Une croix, rappelant l'accident et son noble motif, a été placée sur le lieu même par mes soins. M. Lespieau conduisit l'expédition et ma fille m'y représenta.

Indépendamment des études sur le câble, M. Cauro s'était proposé d'instituer entre le sommet du Mont Blanc et Chamonix des expériences de télégraphie sans fil et il avait préparé et apporté dans cette intention les appareils nécessaires. Les connaissances de M. Cauro en électricité le préparaient tout particulièrement à ces intéressantes expériences. Le projet fut nécessairement abandonné, mais nous comptons le reprendre.

M. Lespieau, ayant accompli tout ce qui dépendait de lui pour honorer la mémoire de son ami, voulut bien à ma demande continuer les expériences commencées et je lui donnai les moyens nécessaires à cet effet.

### *Rapport de M. Lespieau*

« Avec l'aide de trois guides de Chamonix, j'ai relié le rocher des Grands Mulets au sommet de la montagne de la Côte par deux fils de fer galvanisé d'un diamètre de 3 millimètres, du modèle de ceux utilisés par l'Administration des Télégraphes. Ces deux fils, distants l'un de l'autre d'au moins 5 mètres, reposent à même sur le glacier, sauf à l'arrivée aux Grands Mulets, où ils courent pendant quelque 100 mètres sur le rocher. La longueur de l'un d'eux est 1 700 mètres environ ; la distance du point de départ au point d'arrivée est plus petite, mais il a fallu faire de nombreux détours et laisser du jeu au fil.

Ces deux fils constituaient une ligne utilisable pour la télégraphie, ainsi qu'il a été vérifié. On s'est préoccupé d'en étudier la résistance et l'isolement.

1° Aux Grands-Mulets, on a monté en série dix-huit éléments Leclanché grand modèle de l'Administration des Télégraphes, puis on a relié en série l'un des fils, la pile, un milliampèremètre et l'autre fil. On n'a observé aucune déviation, alors qu'après avoir bouclé les deux fils à l'autre extrémité on a vu que trois éléments de piles fournissaient une intensité de courant supérieure à 50 milliampères, limite de la graduation de l'instrument.

2° L'ampèremètre étant remplacé par un galvanomètre, le guide Emile Ducroz relie un deuxième galvanomètre du même modèle que le précédent aux deux fils de fer à des distances variables des Grands-Mulets. Les indications des deux instruments sous l'influence du même courant se montrent concordantes.

| Déviations aux Grands Mulets | Déviations observées par M. Ducros à 300 m. des Grands Mulets |
|:---:|:---:|
| 61 | 62 |
| 55 | 56 |
| 54 | 55 |
|  | id. à 600 m. |
| 62 | 61 |
| 60 | 60 |
| 50 | 50 |
|  | id. à 1 700 m. |
| 62 | 60 |
| 52 | 53 |
| 39 | 38 |

Les dernières observations en chaque point sont dues au courant donné par un seul élément quelque peu polarisé.

3° Les deux fils étant soudés, on mesure la résistance de la ligne à l'aide d'un pont de Wheatstone ; on la trouve comprise entre 56 et 57 ohms, mais plus voisine de 57 que de 56. La résistance du fil isolé est de 17,3 ohms à 17,8 ohms par kilomètre (nombres fournis par l'Administration). La ligne devrait donc avoir une résistance de 59 à 60 ohms si elle était parfaitement isolée.

4° Un Leclanché non polarisé fournissait dans la ligne un courant de 24 milliampères, deux éléments en série, un courant de 46,5 milliampères. La résistance de la ligne étant 57 ohms, celui de l'ampèremètre 1,85 ohm, on peut de ces données déduire la résistance intérieure d'un élément et sa force électromotrice par la formule de Ohm. On trouve ainsi $R = 1,96$ et $E = 1,859$ ; or on sait que E égale 1,46. Quant à R, la mesure directe a fourni des nombres oscillant entre 1,8 et 2 ; la température avait une certaine influence.

De ces expériences, il résulte que la ligne constituée par deux fils posés sur un glacier ou sur un rocher émergeant du glacier est parfaitement utilisable pour la télégraphie, que son isolement est bon, même lorsque la glace fond à la surface du glacier, comme cela a eu lieu, enfin qu'un fil de fer de 3 millimètres reposant sur une longueur de 1 700 mètres de glacier, ne constitue pas une terre télégraphique.

Il a été dit que la résistance des piles variait notablement avec la température. Cet effet est dû en partie à l'appauvrissement en chlorhydrate d'ammoniac par suite du dépôt de ce sel. Maintenues à basse température, les piles se refroidissent jusqu'à — 16° en conservant approximativement la même force électromotrice. Elles se congèlent alors lentement. Quand la congélation est totale, la température de la pile s'abaisse de nouveau, mais sa résistance devient énorme. Un élément fermé sur une résistance de 31,85 ohms fournit 43 milliampères à la température de + 15°. Congelé et fermé sur une résistance de 1,85, il ne donne plus qu'un quart de milliampère ; encore cet effet est-il attribuable à une trace de liquide non solidifié.

J'ajouterai que c'est grâce au concours que m'a prêté M. Janssen et, sur sa demande, l'Administration des Télégraphes, que j'ai pu réaliser ces expériences. Qu'il me soit permis de les remercier ici. »

Il résulte de ces intéressantes expériences qu'une ligne télégraphique d'une grande longueur peut être établie, à fil nu, sur les glaciers et fournir un bon service. Le résultat est fort intéressant pour la télégraphie en haute montagne et nous savons que l'Administration en a été très satisfaite.

C'est un nouveau service que le Mont Blanc aura rendu.

Disons maintenant que si l'isolement donné par la glace se prête à l'établissement de lignes à fil nu, d'un autre côté les mouvements de descente des glaciers sont des causes incessantes de rupture des câbles. Cette difficulté n'est pas insurmontable et nous nous proposons de faire ultérieurement des expériences à cet égard.

2. *Sur l'oxygène solaire.* — L'étude de cette difficile question de la présence de l'oxygène dans les enveloppes gazeuses du Soleil a été continuée cette année et le sera encore les années suivantes jusqu'à ce qu'on ait obtenu des résultats absolument décisifs.

On sait qu'il s'agit de démontrer que les groupes A B $z$ du spectre solaire qui se rapportent à la présence de l'oxygène dans notre atmosphère disparaîtraient complètement aux limites mêmes de cette atmosphère et que les enveloppes gazeuses solaires ne sont pour rien dans leur formation.

Pour résoudre cette question d'un intérêt capital, j'ai institué depuis 1886 une série d'expériences.

1º Au laboratoire de l'Observatoire de Meudon avec des tubes contenant des quantités d'oxygène équivalentes à celles de l'atmosphère terrestre ;

2º Par une expérience faite en 1889 entre la Tour Eiffel et Meudon, l'épaisseur atmosphérique traversée en cette circonstance par un faisceau lumineux étant équivalente comme quantité à celle que traverse un rayon atmosphérique zénithal ;

3º Par des expériences comparatives, instituées à Meudon, à Chamonix et au sommet du Mont Blanc et dont M. de la Baume Pluvinel avait bien voulu se charger à ma demande.

4° Par l'intervention des ballons-sondes, lesquels permettent d'obtenir le spectre solaire à une très grande hauteur, et par conséquent en laissant une portion très faible d'atmosphère au-dessus d'eux.

Cette année, sur mes instructions, M. Tikhoff, élève astronome de Meudon, s'est livré à des expériences nouvelles à Meudon, à Chamonix, au sommet du Mont Blanc. Les spectres solaires photographiques qu'il a obtenus seront discutés ultérieurement.

Du reste, je compte en outre reprendre l'expérience de 1889 à la Tour Eiffel pendant le cours de l'année 1900.

*C. R. Acad. Sc.*, Séance du 11 décembre 1899, T. 129, p. 993.


VII

REMARQUES SUR LA NOTE DE M. H. DESLANDRES INTITULÉE : ORGANISATION DE L'ENREGISTRE-MENT QUOTIDIEN DE LA CHROMOSPHÈRE ENTIÈRE DU SOLEIL A L'OBSERVATOIRE DE MEUDON. PRE-MIERS RÉSULTATS (1)

Ainsi que le dit M. Deslandres, la communication ci-dessus vise le commencement d'observations qui doivent être continuées régulièrement et constituer un véritable service de l'Observatoire.

A côté des photographies qui nous donnent l'état de la surface solaire, il est intéressant d'obtenir également des photographies nous renseignant sur l'existence des facules et des protubérances. Ces documents sont même indispensables pour connaître l'état général du globe solaire au point de vue photosphérique et chromosphérique, c'est-à-dire au point de vue des phénomènes de la surface du globe solaire. L'immense atmosphère coronale et ses annexes restent encore en dehors de nos études journalières. A cet égard, il y aura à créer des méthodes nous permettant leur étude journalière. Alors le cycle de ces études sera complet.

_______________

(1) *Comptes rendus*, T. 129, p. 1222.

Les études de M. Deslandres sur ce sujet avaient été commencées par lui à l'Observatoire de Paris. J'ai tenu à lui créer à Meudon une installation qui lui permît de les continuer et de les développer, et, sous ce rapport, nous avons fait tout ce que les ressources de l'Observatoire permettaient. Les fonds que l'Académie a bien voulu lui accorder à ma demande l'ont également beaucoup aidé au point de vue instrumental.

On sait que la méthode employée ici repose en principe sur celle que j'ai proposée en 1869 (1) et qui consiste dans l'emploi d'une seconde fente permettant d'isoler dans le spectre obtenu à l'aide de la première une radiation déterminée.

MM. Hale et Deslandres ont fort habilement appliqué ce principe et, par son aide, ont obtenu les intéressants résultats qu'on connaît et auxquels je suis heureux d'applaudir. A cet égard, et c'est là surtout le but de ces remarques, je voudrais appeler l'attention sur l'intérêt des comparaisons qu'il y aurait à faire, pour un même instant, entre les photographies solaires ordinaires et ces photographies spéciales des facules et des protubérances. Ces comparaisons conduiraient à fixer les rapports qui existent entre ces diverses manifestations solaires.

Il y a là une voie qui serait certainement féconde en résultats.

*C. R. Acad. Sc.*, Séance du 26 décembre 1899, T. 129, p. 1222.

--------

(1) *Comptes rendus*, 11 janvier et 28 mars 1869.

# 1900

## I

DISCOURS PRONONCÉ A LA SÉANCE DU 5 JANVIER 1900
DE LA SOCIÉTÉ FRANÇAISE DE PHOTOGRAPHIE,
PAR M. JANSSEN, PRÉSIDENT DE LA SOCIÉTÉ.

MESSIEURS,

En prenant possession de ce fauteuil, je tiens à vous remercier tout particulièrement de l'honneur que vous avez voulu donner une dernière fois et comme couronnement de carrière à un des plus anciens apôtres de la Photographie scientifique.

Cependant, si je considère mon âge et mes forces déclinantes, ce n'est pas sans une certaine appréhension que j'accepte la charge où vos suffrages m'ont appelé. Mais je dois vous avouer que j'ai été si touché de la spontanéité et de l'unanimité de ces suffrages que je n'ai pas eu la force de me dérober. Permettez-moi seulement de compter un peu sur votre indulgence pour les lacunes involontaires qui pourraient se produire dans l'exercice de ces fonctions, qui deviennent de plus en plus importantes.

C'est qu'en effet, Messieurs, depuis que je prends part aux travaux de la Société, je l'ai vue singulièrement grandir, tant sous le rapport du nombre de ses adhérents que sous celui de l'action qu'elle exerce sur les progrès de l'Art au nom duquel elle s'est créée.

Son existence remonte déjà à près d'un demi-siècle : elle fut fondée par Regnault, le grand physicien, mais on peut dire que c'est à M. Davanne, qui n'a jamais cessé de se dévouer pour elle, qu'elle doit la brillante carrière qu'elle a fournie. Aussi, Messieurs, à la veille de cette grande manifestation de 1900, où la Photographie sera si largement représentée et qui sera, je l'espère, un triomphe pour la France, formerai-je le vœu, qui sera universellement partagé, que M. Davanne reçoive à cette occasion une distinction nouvelle affirmant la reconnaissance de la Photographie pour les si longs et si éminents services qu'il lui a rendus.

Et j'espère même qu'il ne sera pas le seul à recevoir un témoignage si bien mérité par plusieurs d'entre vous, Messieurs.

Mais, puisque je parle de services rendus à la Photographie, plus spécialement au sein de cette Société, comment pourrai-je oublier nos collègues du Bureau : d'abord notre cher trésorier M. Audra, que je connais et estime depuis si longtemps ; M. de Saint-Senoch, envers lequel la Société a également de grandes obligations, et surtout notre secrétaire général, M. Pector, que nous ne pourrons jamais assez remercier du talent avec lequel il s'acquitte de ses fonctions et de son admirable dévouement. M. Pector sert la Photographie non seulement avec sa parole et avec sa plume, mais encore avec sa chambre, car c'est à son égard surtout que l'on peut dire que la Photographie est un art.

Je voudrais, Messieurs, rappeler encore les obligations de la Photographie envers nombre de nos Collègues appartenant à la Société et dont plusieurs sont ici présents : M. Vidal, l'éminent Directeur d'un organe qui rend depuis si longtemps des services considérables à notre Art ; M. Wallon, le profond théoricien, et tant d'autres que je voudrais citer et que je prie de se considérer comme remerciés du concours qu'ils apportent à nos travaux et à nos séances.

Je dois maintenant, Messieurs, vous dire combien il m'est agréable d'être installé par le Confrère illustre et l'ami auquel je succède ; M. Lippmann comptera parmi les Présidents qui auront le plus honoré votre Société. Sa dernière découverte sur la production interférentielle du spectre est une des plus belles qui aient été faites en Photographie.

Ici rien n'est dû au hasard ou à l'empirisme, tout est le résultat éclatant d'une conception scientifique basée sur un principe fondamental de la Science et d'une réalisation obtenue par une persévérance et une ténacité dont le génie qui voit clairement le but est seul capable. Ajoutons que cette belle découverte est française et qu'elle orne et enrichit ce grand Art de la Photographie qui est une des gloires de la France.

Soyons-en doublement fiers et heureux, Messieurs.

## II

## ÉCLIPSE TOTALE DU 28 MAI 1900

L'éclipse totale du 28 mai dernier avait une bien courte durée, mais elle tirait son intérêt des contrées qu'elle traversait :

En effet le phénomène commençait au sud de l'Amérique du Nord, franchissait l'Atlantique et traversait le Portugal, l'Espagne, l'Algérie et la Tunisie.

La proximité des lieux d'observations des grands centres scientifiques d'Europe et d'Amérique avait amené un nombre très considérable d'observateurs.

C'était l'étude de la couronne, étude qui n'a pu encore être rendue journalière par une méthode analogue à celle des protubérances, qui formait l'intérêt principal de ces observations.

L'atmosphère coronale suffit-elle à l'explication de tous les phénomènes présentés par la couronne ? Quelle est l'étendue, la composition chimique et physique de l'atmosphère coronale ? L'importance de la couronne est-elle en rapport direct avec les maxima et minima de l'activité solaire ainsi que cela avait été pressenti et énoncé en 1871 au moment de la découverte de la matérialité et de la composition chimique de l'atmosphère coronale ? L'atmosphère coronale est-elle entraînée par le globe solaire comme une atmosphère ordinaire ? Enfin, quel rôle les phénomènes électriques jouent-ils dans ces immenses manifestations lumineuses ? Telles sont les principales questions que l'Astronomie physique a encore à résoudre ou à confirmer et qui donneront pendant longtemps encore un grand intérêt aux éclipses totales.

En Europe les observations ont été favorisées sur toute la ligne de la totalité par un état du ciel que les rapports s'accordent à considérer comme ayant été exceptionnellement favorable.

L'Observatoire de Paris était très bien et très largement représenté en Espagne.

L'Observatoire de Meudon, bien que n'ayant pas reçu de

ressources spéciales pour cet objet, a tenu à y envoyer un représentant : M. Deslandres. Il a pourvu à la dépense sur son budget ordinaire.

M. le Comte de La Baume-Pluvinel, qui a observé avec succès plusieurs éclipses totales aux îles du Salut, au Sénégal, à Candie, nous avait également demandé notre concours en cette circonstance. L'Observatoire lui a prêté certains instruments et à ma demande M. le Ministre de l'Instruction publique a bien voulu lui donner l'attache officielle du Ministère.

Malgré mon âge, j'aurais vivement désiré me joindre à ces observateurs si distingués, mais ma santé, encore mal remise d'une longue maladie, ne me l'a pas permis.

Voici maintenant deux Notes que je suis chargé de présenter à l'Académie : l'une de M. Landerer (1), savant bien connu de l'Académie et qui observait à Elche, près Alicante, et l'autre de M. le Comte de La Baume-Pluvinel (2) qui observait également à Elche.

M. Landerer s'était proposé de mesurer la proportion de lumière polarisée que présente la couronne en se servant du polarimètre très précis qu'on doit à notre confrère, M. Cornu. La proportion de lumière polarisée trouvée par M. Landerer est très forte, ainsi qu'on en jugera par sa Note insérée ci-après.

M. le Comte de La Baume-Pluvinel s'était tracé un programme très complet :

1º Observation des images de la couronne correspondante à des poses variées ;

2º Le spectre de la couronne ;

3º Les images monochromatiques de la chromosphère ;

4º Une étude spéciale de la raie coronale principale ;

5º Enfin des mesures actinométriques de la lumière coronale.

Toutes ces observations ont été couronnées de succès. On en trouvera le compte rendu sommaire dans la Note que je présente en son nom.

Je n'ai encore reçu aucun rapport de M. Deslandres.

------

(1) Voir *Comptes rendus*, Séance du 5 juin 1900 t. 130, p. 1523.
(2) *Ibidem*, p. 1524.

J'ai reçu de M. le Directeur de l'Observatoire de Madrid un télégramme où, parmi les nouvelles qu'il me donne très obligeamment, se trouve l'annonce que la réfrangibilité de raie verte qui est, comme on le sait, la principale de la couronne, a été mesurée et que les succès ont été grands dans presque toutes les stations de la Péninsule.

D'Alger, M. Trépied, directeur de l'Observatoire, me télégraphie que le temps y a été superbe et qu'on y a fait de nombreuses photographies de la couronne. Etaient à l'Observatoire : MM. Stéphan, Janet, Turner d'Oxford, Newall de Cambridge, Wesley de Londres, Cohn de Strasbourg, Brenner de Manora, Archenhold de Treptow près Berlin, Stroyberg de Copenhague.

Le temps fut également très beau à Ménerville, près d'Alger, où s'étaient rendus MM. Tacchini, Ricco, Gautier de Genève, Riggenbach et Wolfer de Zurich, etc.

A l'égard des observations faites à Meudon, on sait qu'elles ont été très contrariées par l'état du Ciel.

Nous avions préparé l'obtention d'images photographiques de l'éclipse avec la lunette qui nous sert journellement à faire les photographies du Soleil où le disque a o m. 3o de diamètre et qui ont été le point de départ des grandes photographies placées à l'Exposition.

L'état du Ciel ne nous a permis d'obtenir que deux photographies du phénomène, dont une seule est mesurable.

Nous avions encore préparé un grand spectroscope à réseau portant l'objectif de notre lunette de 9ᴾ pour obtenir un spectre très détaillé. de la lumière solaire rasant le bord de la Lune. L'état du Ciel a également empêché cette observation.

Je viens de voir avec satisfaction que notre Confrère M. le Directeur de l'Observatoire de Paris a bien voulu présenter une Note dans laquelle Mlle Klumpke rend compte de l'ascension en ballon qu'elle a faite à l'occasion de l'éclipse.

La navigation aérienne et la prise de possession par l'homme de notre atmosphère sera la grande conquête du xxᵉ siècle.

Parmi les services qu'elle rendra à la civilisation et aux sciences, une part importante sera certainement faite à l'Astronomie.

Elle facilitera considérablement l'étude de certains phénomènes célestes, empêchée soit par la présence des nuages, soit par l'opacité relative des basses régions de l'atmosphère. Il est de clairvoyance scientifique de prévoir ce rôle et d'aider à sa réalisation.

*C. R. Acad. Sc.*, Séance du 5 juin 1900, T. 130, p. 1496.

## III

## SUR L'OBSERVATOIRE DU MONT ETNA

Au cours d'une visite à l'Observatoire de Meudon que voulut bien me faire M. Ricco, le distingué Directeur des Observatoires de Catane et de l'Etna, nous avons été amenés à parler des difficultés que les froids de l'hiver et les chutes de neige apportent tant aux observations qu'aux transmissions télégraphiques entre Catane et l'observatoire de l'Etna.

Pour ce qui concerne les transmissions, elles sont toujours assurées entre Catane et Nicolosi. Entre Nicolosi et une petite station placée à 1 900 mètres environ d'altitude, nommée Cantomera, le téléphone fonctionne encore assez régulièrement ; mais au-delà, c'est-à-dire de Cantomera à l'Observatoire, qui est, comme on sait, placé au pied du petit cône terminal à 2 950 mètres, le fil télégraphique porté par des poteaux est souvent rompu en hiver, par suite de la chute des neiges. C'est là du reste un fait bien connu et que l'on observe fréquemment pour les lignes télégraphiques des régions où les chutes de neige sont abondantes.

Or, les expériences faites l'année dernière au Mont Blanc, sur la transmission électrique d'un fil nu placé sur la neige ou la glace, et qui ont eu un résultat si net et si encourageant, me paraissent avoir ici une application tout indiquée. Nous avons fait connaître en effet qu'un fil télégraphique, placé à nu sur le glacier entre la montagne de la Côte et notre petit Observatoire des Grands Mulets, n'a pas accusé de pertes électriques sensibles, ce qui, du reste, est conforme à ce que nous savons sur la si faible conductibilité de la glace. Ces expériences, si intéressantes par les applications qu'elles peuvent recevoir, seront continuées cette année, avec le concours de M. Lespieau qui les avait commencées l'année dernière avec le si regretté M. Cauro.

J'ai donc proposé à M. Ricco d'utiliser notre expérience du Mont Blanc, faite surtout en vue de ces applications, et dans cette vue de détacher le fil des poteaux après les premières chutes de neige et dès que cette neige formerait une couche suffisamment épaisse sur le sol pour assurer l'isolement du fil. Le télégraphe fonctionnerait ainsi pendant l'hiver, suffisamment isolé et à l'abri de toute rupture. Au printemps, lorsque les surcharges de neige ne seraient plus à craindre, on replacerait le fil sur ses isolateurs.

Cette expérience est intéressante et M. Ricco a bien voulu m'assurer qu'il ne manquerait pas de la tenter et de m'en faire connaître les résultats.

Il faut remarquer, du reste que, sur l'Etna, les chutes de neige n'arrivent pas à former de véritables glaciers et que, par suite, on n'observe pas ces mouvements de glace qui, sur les flancs du Mont Blanc, rendent si difficile l'établissement permanent d'un câble placé sur la neige.

M. Ricco m'a entretenu aussi de la difficulté du fonctionnement des enregistreurs placés à l'Observatoire du sommet, quoique la température, pendant l'hiver, s'abaisse beaucoup moins qu'au Mont Blanc et que le minimum n'ait pas dépassé — $17°$ depuis plus de dix années ; les enregistreurs à longue marche, construits par M. Jules Richard, se sont toujours arrêtés par les froids et on l'on a dû les enlever. M. Ricco cherche à en construire de plus robustes et mieux appropriés aux basses températures qu'ils doivent supporter. Ces enregistreurs étant placés dans un observatoire assis sur le rocher, on ne peut invoquer pour leur arrêt les mouvements de la glace.

Je ferai remarquer que cette question des enregistreurs à longue marche, pouvant fonctionner par les basses températures, a une importance considérable pour la météorologie des hautes régions et des régions polaires. Aussi ne saurions-nous trop engager nos constructeurs à s'occuper d'une question qui a tant d'avenir, et où ils peuvent rendre à la Science de si précieux services.

Je ne veux pas terminer cette Note sans insister sur l'importance de ces observatoires des stations élevées pour l'étude des hautes régions.

Aussi, considérant la situation unique de l'Observatoire de l'Etna, je voudrais qu'il me fut permis de le recommander d'une manière toute particulière à la sollicitude du gouvernement italien.

L'Etna forme le cône terminal du sol de cette magnifique île de Sicile, si heureusement placée au centre de la Méditerranée, entre les Alpes et l'Aurès africain. Les observations sur l'Etna, combinées avec celles du Mont Blanc, du Mont Rose et celles à instituer plus tard sur l'Aurès, forment un ensemble où l'Etna tient une place centrale et tout à fait à part. Il est donc de la plus haute importance que l'Observatoire de l'Etna soit mis à même de nous donner des observations très complètes et continues.

Un observatoire installé sur les flancs de l'Etna n'atteindrait pas le même but. Les observations faites sur les flancs des montagnes sont toujours entachées d'erreur par suite de l'influence des pentes sur la direction des vents, sur la température, etc.. Celles faites aux sommets sont seules irréprochables. C'est donc en la place actuelle qu'il faut maintenir l'observatoire de l'Etna pour conserver la valeur de ses observations.

Il y aurait seulement à prendre les dispositions nécessaires pour garantir les instruments des vapeurs échappées du cratère et que le vent, quoique très rarement, rabat vers l'Observatoire et aussi des chutes encore plus rares de pierres qu'une voûte solide rendrait inoffensives. Du reste, M. Ricco me disait que, depuis la fondation de l'observatoire, aucun observateur n'avait été obligé de le quitter pour l'une de ces causes. En 1867, j'ai moi-même passé trois jours à la place où se trouve placé l'observatoire actuel sans avoir été aucunement incommodé des émanations du sommet.

Puisque je parle de l'importance de l'Observatoire de l'Etna, dans le concert des observations à instituer depuis les Alpes jusqu'à l'Aurès africain, je rappellerai combien la Société de l'Observatoire du Mont Blanc est heureuse de donner l'hospitalité de l'Observatoire et son concours aux observateurs de toutes nations qui demandent à y faire des travaux. Cette invitation s'adresse plus particulièrement encore à nos voisins les savants italiens, et nous pouvons les assurer du plaisir que nous aurons à les recevoir et à les assister de tout notre pouvoir.

*C. R. Acad. Sc.*, Séance du 30 juillet 1900, T. 131, p. 307.


## IV

### DISCOURS PRONONCÉ A LA SÉANCE DU 15 SEPTEMBRE 1900 DU CONGRÈS INTERNATIONAL D'AÉRONAUTIQUE TENU DANS LA GRANDE SALLE DE L'OBSERVATOIRE DE MEUDON.

Messieurs,

Je dois d'abord vous remercier du grand honneur que vous venez de me faire en m'appelant pour la seconde fois à présider ce Congrès. J'y suis très sensible et je m'efforcerai de justifier votre choix.

Je traduirai certainement vos sentiments en remerciant les membres du Comité d'organisation du zèle et du talent déployés par nos collègues dans la préparation de ce Congrès qui réunit dans son sein non seulement des membres de toute nationalité et embrasse les branches les plus diverses de l'aéronautique, mais encore des éléments d'ordre civil et militaire. Je dirai même que grâce à l'élévation d'esprit et de sentiments que chacun a montrés, tout a pu être parfaitement coordonné.

Ce Congrès contribuera certainement à unir dans un même esprit de progrès et de confraternité deux éléments si importants et si nécessaires à la grandeur des Nations.

Je dois maintenant, Messieurs, adresser les remerciements du Comité d'organisation à nos collègues étrangers qui ont répondu avec tant d'empressement et de grâce à notre invitation. Nous en sommes très heureux et très fiers et nous pouvons leur donner l'assurance que nous ferons tous nos efforts pour leur rendre cette visite fructueuse et agréable.

J'ajoute que j'espère bien que nos collègues étrangers noueront, à l'occasion de ce Congrès, des amitiés qui survivront à la réunion qui leur aura donné naissance.

C'est en effet, Messieurs, un des fruits et peut-être même le fruit le plus important de ces réunions, que les rapports personnels qu'ils établissent entre des hommes qui sans doute se connaissaient et s'appréciaient déjà par leurs travaux, mais qui n'avaient pas eu l'occasion de se voir et de causer des sujets de leurs études.

Un auteur ne se donne pas tout entier dans ses écrits. Souvent le meilleur fruit de ses méditations et de ses travaux, reste en lui et à son insu. Une conversation vive et amicale avec un partenaire qui a suivi la même carrière, fait surgir ces trésors et il en résulte des idées, des points de vue nouveaux, des sujets même d'études qui agrandissent et souvent même renouvellent l'horizon intellectuel.

Ajoutons qu'un goût réciproque et une amitié durable résultent presque toujours de ces rapports.

Je ne doute pas, Messieurs, que le Congrès actuel ne porte beaucoup de ces excellents fruits.

Je dois maintenant, Messieurs, jeter avec vous un coup d'œil très rapide sur les progrès les plus importants réalisés dans les diverses branches de l'aéronautique depuis la réunion du dernier Congrès tenu à Paris en 1889.

Ces progrès ont été considérables dans toutes les directions. De nouveaux et très importants sujets d'études ont même été abordés ; aussi cette courte revue sera-t-elle nécessairement incomplète et dois-je prier nos collègues de me pardonner des omissions presque obligées ou des citations très incomplètes.

C'est le siège de Paris, qui, en 1870, attira de nouveau l'attention sur l'emploi des ballons et des pigeons à la guerre, emploi qui avait été tout à fait négligé en France depuis le premier empire.

Le Gouvernement de la République se préoccupa bientôt de la création de services spéciaux d'aérostation et de colombophilie militaires. Le bel établissement central de Chalais fut organisé dans cette intention et prit de rapides développements. Cet Etablissement a pour mandat, non seulement la création du matériel et l'instruction du personnel nécessaire au service aéronautique de nos armées et de nos places de guerre, mais il doit encore étudier les perfectionnements dont ces engins et ces services sont susceptibles et même se livrer à des études pouvant conduire à des créations nouvelles et à des découvertes dans l'ordre de la navigation aérienne.

Si la France fut la première à s'engager dans cette voie, les autres nations européennes, l'Allemagne, la Russie, l'Italie, l'Angleterre l'y suivirent bientôt et il faut même reconnaître que par plusieurs d'entre elles d'importants perfectionnements furent apportés tant dans le matériel que dans le mode d'emploi.

Aujourd'hui, Messieurs, ces services ont acquis une grande importance chez les nations dont nous venons de parler. Il leur arrive, et c'est le cas pour l'Allemagne et la Russie, de venir en aide à l'aérostation civile par le prêt de ballons pour des expéditions d'ordre scientifique.

L'aérostation et l'aéronautique joueront donc un grand rôle dans les guerres futures, mais déjà dans la guerre de Sécession d'Amérique, et tout récemment dans celle du Transvaal, on a pu voir tout le parti que des chefs habiles bien secondés par leur Service aéronautique peuvent en tirer.

Du reste, si nous considérons maintenant que l'effectif des armées grandit sans cesse ainsi que la portée des armes de l'artillerie et de l'infanterie, on est conduit à prévoir un agrandissement parallèle dans le théâtre du combat et par suite l'indispensable nécessité de l'emploi des ballons qu'on sera même conduit à munir de moyens optiques de plus en plus puissants. N'oublions pas enfin le rôle si important des ballons pour renseigner l'artillerie sur l'efficacité et les corrections à apporter à son tir.

Mais, Messieurs, si nous nous plaisons à constater tous les progrès que les puissances militaires, par l'aérostation, ont accompli entre les mains des savants officiers chargés par leurs gouvernements de la création et du fonctionnement de ces services, il faut reconnaître aussi que de grands *desiderata* existent encore.

En effet, si on peut aujourd'hui sortir à peu près impunément d'une place assiégée, il est loin d'en être de même pour la rentrée dans cette place. C'est que cette seconde face de la question se rattache à cette question fameuse de la direction des ballons, question qui a eu, en 1886, à Chalais-Meudon, un commencement de réalisation si encourageant et si brillant, mais qui attend encore d'indispensables progrès.

Depuis 1889 le grand problème de la dirigeabilité des ballons n'a cessé de préoccuper les esprits. Mais nous devons dire que malgré des tentatives très intéressantes et dignes de toute notre sympathie, la question n'a pas fait un pas décisif. A Berlin, deux expériences trop hardies ont donné lieu successivement à un dénouement tragique. Ces échecs n'ont pas découragé les expérimentateurs, M. Santos-Dumont, qui se prépare au concours du prix de 100 000 francs fondé à l'Aéro-Club par M. Deutsch, et M. le Comte Zeppelin qui fait en ce moment, sur le lac de Constance, un effort extraordinaire avec un ballon cloisonné de 117 mètres de long mû par deux machines à pétrole agissant sur quatre hélices.

Mais si le problème de la dirigeabilité des ballons reste toujours le premier et le plus important, il ne faut pas oublier qu'il est du plus haut intérêt de perfectionner l'aéronautique, soit qu'il s'agisse de s'élever à une grande hauteur, soit qu'il faille rester aussi longtemps que possible dans l'atmosphère ou atteindre un point très éloigné. C'est qu'en effet, indépendamment du but immédiat qu'on poursuit, ces pratiques amènent le perfectionnement du matériel et de son maniement et acheminent vers la solution finale.

Dans cet ordre de faits citons, par exemple, le remarquable voyage du comte de Castillon de Saint-Victor de Paris en Suède où le ballon parcourut plus de 1 300 kilomètres, et celui du comte de La Vaulx qui put maintenir son aérostat plus de trente heures sans atterrir. Citons encore le voyage de M. Mallet qui fit avec le même ballon un tour de France de huit jours avec escales. A l'égard de la hauteur le Prix ou si on veut le *record* pour parler le langage du sport, appartient à M. Berson, chef de section à l'Institut Météorologique de Berlin, qui s'est élevé à plusieurs reprises à plus de 9 000 mètres, dépassant ainsi les plus hauts sommets de l'Himalaya. Circonstance digne de remarque : c'est par l'emploi méthodique de l'oxygène, déjà essayé en France, que M. Berson a pu supporter la rareté de l'air à ces énormes hauteurs.

Les ascensions scientifiques ont pris un grand développement en Allemagne grâce à l'initiative de la Société de Navigation aérienne de Berlin qui est soutenue par les libéralités de l'Empereur.

Pendant les cinq dernières années, le nombre de ces ascensions ne s'est pas élevé à moins de soixante-quinze et les résultats obtenus viennent d'être discutés dans un grand ouvrage dû à MM. Assmann, Berson et Gross.

Mais les hauteurs atteintes par ces ballons emportant des observateurs, sont nécessairement limitées. Même avec l'emploi judicieux de l'oxygène, l'observateur a à lutter avec la dépression qui l'entoure et d'où il résulte une expansion de tous les gaz contenus dans l'économie, expansion qui, malgré la réparation respiratoire due à l'oxygène, peut amener la mort.

Puisque nous parlons des morts permettez-moi, Messieurs, de donner ici un souvenir aux savants et aux aéronautes que nous avons perdus. C'est Eugène Godard aîné, créateur des ballons du siège, auquel, pour ma part, je suis redevable d'excellents conseils au moment de mon départ de Paris, le 2 décembre 1870 avec le ballon le « Volta ». C'est Hureau de Villeneuve, le fondateur du journal *L'Aéronaute*, et l'un des fondateurs de la Société de navigation aérienne. C'est Gaston Tissandier, l'aéronaute patriote de l'armée de la Loire, le témoin du terrible drame du « Zénith » et le fondateur du si intéressant journal *La Nature*, avec son frère Albert. C'est enfin Corwell, l'aéronaute de M. Glaisher, dont nous saluons la noble et verte vieillesse.

Tel est, Messieurs, le tableau nécessairement bien incomplet de l'état de l'aéronautique à l'heure actuelle.

Ne suffit-il pas, cependant, pour montrer combien ont été remarquables les progrès accomplis pendant cette période décennale.

Et cependant, Messieurs, nous sommes obligés d'avouer que

l'aéronautique n'a pas été en général, de la part des pouvoirs publics, dotée et encouragée comme il l'eût fallu pour attirer à elle toutes les capacités d'ordres si variés qu'elle réclame et fournir les ressources nécessaires aux études et aux essais indispensables.

Ne nous y trompons pas, Messieurs, la nation qui saura prendre à cet égard une grande avance se donnera une puissance et des avantages dont il est impossible aujourd'hui de prévoir les résultats. Déjà, dans l'antiquité, de grands esprits avaient pressenti toute l'importance du rôle de l'élément liquide dans les rapports des nations. Thémistocle disait : « Celui qui est maître de la mer l'est de la terre. » Cette vue de génie, qui était déjà vraie à cette époque, n'a-t-elle pas atteint de nos jours un degré de vérité encore plus saisissant. En effet, quelle suprématie une nation voisine n'a-t-elle pas su tirer de la supériorité de ses flottes, qui règnent sur les mers, enserrent les continents et arrivent à être maîtresses de presque toutes les communications télégraphiques de la surface du globe.

Or, si la mer a donné un tel pouvoir à la nation qui a su s'en emparer, quel sera le pouvoir de celle qui se rendra maîtresse de l'atmosphère ? La mer a ses limites et ses frontières, l'atmosphère n'en connaît pas. La mer ne livre au navigateur qu'une surface ; l'aéronaute dispose de toute la profondeur de l'atmosphère. La mer sépare les continents : l'atmosphère unit tout et domine tout.

On se demande alors, Messieurs, ce que deviendront ces limites politiques et ces frontières d'Etat à Etat, quand des flottes aériennes, portant des armées, les franchiront avec une si complète impunité.

Sans doute, Messieurs, nous sommes encore éloignés des jours qui verront se réaliser de tels résultats, mais soyez persuadés que ces jours viendront et que l'homme ne s'arrêtera que quand il aura fait la conquête complète de cette atmosphère, dernier domaine réservé à son activité.

Mais alors, Messieurs, on peut se demander avec terreur quelles seront les conséquences d'une telle révolution dans les conditions de la vie économique et des rapports des nations.

Espérons, Messieurs, que ces conquêtes qui supposent une industrie toute puissante et une science transcendante, marqueront l'état d'une civilisation si haute, qu'elle reconnaitra que les intérêts et le bonheur de l'humanité sont du côté de la justice, du droit et de la paix.

Quoi qu'il en soit, de ce vœu peut être trop ambitieux, ces découvertes nous présentent un côté dont les bienfaits sont indéniables, et dont les fruits ne pourront être mêlés d'aucune amertume : c'est le côté scientifique. L'homme prenant possession de l'atmosphère en recueillera, comme premier résultat, une météorologie complète embrassant la connaissance des phénomènes et de leurs causes dans toute l'épaisseur de celle-ci.

Et, croyez-le bien, cette connaissance aura des conséquences qu'on peut à peine prévoir aujourd'hui. Les travaux de la terre, ceux de l'industrie, la navigation en seront transformés. Soyez même persuadés que l'homme saura s'en servir pour mieux utiliser ces immenses réservoirs d'énergie contenus dans les mouvements des marées, dans ceux des grandes chutes et dans cette immense radiation solaire qui déverse à la surface de notre globe, en une année, 600.000 fois l'énergie contenue dans tout le charbon qu'on extrait annuellement des mines répandues à la surface de la terre. C'est sur ces bienfaits qui résulteront pour l'humanité future de ces hautes connaissances et de ces conquêtes toutes pacifiques que j'aime à reposer les regards que je jette sur l'avenir.

Ici, Messieurs, il n'y a que des motifs de se réjouir et d'admirer.

Félicitons-nous donc d'avoir été appelés à apporter notre pierre à un tel édifice, mais félicitons surtout ceux de nos successeurs qui auront la gloire de le couronner.

Cette conquête de l'atmosphère, cette prise de possession d'un domaine dont la nature semblait à tout jamais avoir voulu nous interdire l'accès, formera certainement et par la constance et la grandeur des efforts qu'elle aura coûté, par les découvertes merveilleuses qu'elle aura provoquées, un des plus hauts titres de gloire dont le génie humain pourra s'enorgueillir.

*L'Aéronaute*, numéro de septembre 1900.

# V

## REMARQUES SUR LA COMMUNICATION DE M. LANGLEY INTITULÉE : SUR LES DERNIERS RÉSULTATS OBTENUS DANS L'ÉTUDE DE LA PARTIE INFRA-ROUGE DU SPECTRE SOLAIRE (1).

La communication précédente, que notre éminent Correspondant m'a prié de présenter et d'analyser pour lui à l'Académie, résume, comme on voit, une période considérable d'études de l'auteur.

On sait que M. Langley a fait sur le spectre solaire de mémorables découvertes, grâce d'une part, à l'invention et à l'emploi d'un instrument thermométrique d'une sensibilité extraordinaire, puisqu'il permet de constater des différences de température de moins de un millionième de degré, et, d'autre part, en faisant ses observations sur une très haute station du mont Whitney, à environ 4.000 mètres d'altitude.

L'emploi du merveilleux bolomètre, combiné avec celui de la haute station, a en effet permis à M. Langley de découvrir dans l'infra-rouge du spectre une région nouvelle, l'étendant de $\lambda = 1\mu$ environ, limite généralement admise alors à $\lambda = 5,2\ \mu$.

Et il faut même ajouter que M. Langley a pu constater la présence d'un rayonnement notablement au delà, mais sans pouvoir obtenir des mesures précises, ce qui l'a empêché de faire figurer cette partie extrême du spectre calorifique sur la planche ci-jointe.

La confection de cette Planche a demandé à M. Langley un labeur de longues années et les soins les plus scrupuleux ; aussi doit-on la considérer comme présentant des résultats définitifs à l'égard des régions qu'elle embrasse.

On voit que dans la Note précédente, M. Langley parle de modifications spectrales portant plus spécialement sur l'infra-

---

(1) Cf. *Comptes rendus*, T. 131, p. 734.

rouge et qui lui paraissent en rapport avec les saisons de l'année. Je voudrais appeler l'attention des astronomes physiciens et des météorologistes sur l'intérêt de ces remarques.

Il n'est pas douteux que les saisons, qui sont accompagnées d'un état particulier de l'atmosphère, état qui a une influence bien constatée sur les plantes, les animaux et les hommes, ne doivent produire dans le spectre tellurique certaines modifications qu'on arrivera à constater.

A cet égard, je voudrais spécialement attirer l'attention sur les variations de la quantité d'ozone atmosphérique, en rapport avec les saisons et même avec les années. L'ozone joue un tel rôle dans les phénomènes qui se rapportent à la vie, que son étude a une importance particulière.

Je sais que cette étude se poursuit dans la plupart des observations météorologiques ; mais je fais allusion ici aux observations spectrales qui permettent d'interroger les hautes couches de l'atmosphère. Au Mont Blanc, nous poursuivons cette étude, qui a un grand intérêt en raison même de la hauteur de la station.

M. Langley, qui signale des modifications spectrales en rapport avec les saisons et qui est d'une si haute compétence en analyse spectrale, a le premier tous les droits pour poursuivre ces intéressantes études.

Au moment où non pas les bandes d'absorption, dont la découverte est due à l'illustre Brewster et qui ne pouvaient servir à une analyse quelconque, mais où les *raies telluriques* furent constatées en 1862, on ne connaissait que le fait général de leur production par notre atmosphère.

Depuis, on a constaté la part de la vapeur d'eau dans le phénomène, puis celle de l'oxygène et même la dualité des spectres produits par ce dernier corps ; aujourd'hui ces raies telluriques si bien définies peuvent se prêter non seulement à reconnaître la présence des corps les plus divers pouvant exister dans notre atmosphère, mais permettront encore de constater les variations les plus délicates dans leur quantité.

Pour la poursuite de ces beaux travaux, nous ne saurions trop affirmer notre reconnaissance pour l'admirable méthode thermo-photographique dont M. Langley a doté la Science et pour les belles découvertes qu'il en a tirées.

*C. R. Acad. Sc.*, Séance du 5 novembre 1900, T. 131, p. 737.

## VI

## SUR L'APPARITION PROCHAINE DES LÉONIDES ET LEUR OBSERVATION AÉROSTATIQUE

Je pense que l'Académie apprendra avec intérêt que des mesures ont été prises pour l'observation aérostatique des Léonides.

Indépendamment des observations qui auront lieu à l'Observatoire de Meudon principalement par les soins de M. Deslandres, nous avons concerté avec l'Aéro-Club, pour les nuits des 13-14, 14-15, 15-16 novembre, des ascensions de ballons montés qui s'élèveront aux hauteurs nécessaires pour dominer les nuages ou brumes, s'il s'en produisait, et assurer ainsi l'observation dans tous les cas.

Ces ballons partiront de la terrasse des Tuileries voisine de la place de la Concorde.

Le ballon de la nuit du 13-14 sera monté par M. le Comte de Castillon de Saint-Victor comme conducteur du ballon et par M. Tikhoff, élève de l'Observatoire de Meudon, comme observateur, et M. Lenonque comme secrétaire.

Le ballon suivant sera monté par MM. Jacques Faure comme aéronaute et M. Hansky, observateur.

Enfin le troisième ballon sera placé sous la conduite de M. le Comte de la Vaulx et aura comme observateurs Mlle Klumpke et M. de Fonvielle.

Nous avons pris les mesures pour assurer la connaissance des hauteurs atteintes et de la marche suivie ; cette dernière est obtenue, comme précédemment, par l'emploi de cartes postales jetées en cours de route à des moments déterminés, cartes qui nous sont retournées par les personnes qui les trouvent et sont priées d'indiquer exactement le lieu où elles les ont ramassées.

Bien que les observateurs aient peu de chance d'assister cette fois à une manifestation abondante de météores, il y a néanmoins un très grand intérêt, pour la connaissance des résultats des perturbations éprouvées par l'essaim, à constater d'une manière certaine et sans lacunes sur le parcours du phénomène l'importance de la manifestation de cette année.

Je dois remercier ici l'Administration des Beaux-Arts et celle du Jardin des Tuileries pour le concours très empressé et très bienveillant qu'elles nous ont prêté en cette circonstance.

*C. R. Acad. Sc.*, Séance du 12 novembre 1900, T. 131, p. 771.


# VII


## SUR L'OBSERVATION AÉROSTATIQUE DES LÉONIDES


Je viens rendre compte à l'Académie des observations des Léonides qui ont eu lieu les 13-14, 14-15 du mois courant, suivant le programme indiqué dans ma précédente Note.

Le premier ballon cubant 1 600 mètres et gonflé au gaz d'éclairage, est parti du Jardin des Tuileries le 14 à 2 h. 45 du matin. Il était conduit par M. le Comte Castillon de Saint-Victor avec M. Tikhoff, de l'Observatoire de Meudon comme observateur, et M. Lenonque, secrétaire.

Après avoir traversé deux couches épaisses de nuages, le ballon s'est trouvé à 2 600 mètres en présence d'une troisième couche fort élevée et que les conditions de force ascensionnelle de l'aérostat ne permettaient pas de franchir. Néanmoins, M. Tikhoff a pu profiter de quelques éclaircies pour observer deux étoiles filantes, qu'il ne peut pas rapporter avec certitude aux Léonides. Il est évident que, si l'apparition des météores avait été ce qu'elle devait être, M. Tikhoff en eût observé, même pendant les courtes éclaircies, un bien plus grand nombre, et alors leur origine n'eût point été douteuse.

Ces Messieurs atterrirent à 6 h. 35 près de Reims, à Joncherysur-Vesle. A 2.600 mètres, la température était à 2° au-dessous de zéro.

Le second ballon, cubant seulement 1 000 mètres, et monté par MM. Jacques Faure et Hansky, partit le jour suivant à minuit trente.

On observa sans interruption de 2 heures à 2 h. 15 à l'altitude de 850 mètres et l'on vit deux étoiles filantes, probablement Léonides. On traversa alors un nuage d'une épaisseur de 700 mètres environ et l'on observa encore de 2 h. 45 à 3 h. 10 sans voir aucune Léonide. Alors la constellation du Lion fut cachée par des nuages, dont la hauteur fut estimée à environ 4 000 mètres. L'aérostat resta alors dans un brouillard épais, jusqu'à l'atterrissage qui fut excellent et eut lieu à 7 heures du matin près de Rambercourt (Meuse).

Un troisième ballon, monté par M. le Comte de La Vaulx, Mlle Klumpke et M. de Fonvielle, devait partir dans la nuit du 15 au 16, mais les circonstances atmosphériques si défavorables et qui présentaient même du danger pour les observateurs, n'ont pas permis ce départ. Il en fut de même le jour suivant et nos dévoués et si courageux observateurs durent se résigner, à leurs bien vifs regrets, à renoncer à cette ascension que notre prudence ne pouvait leur permettre d'effectuer.

*Observations à Meudon.*

Pendant qu'on exécutait ainsi les observations aérostatiques, nous avions pris les dispositions nécessaires pour l'observation ordinaire à l'Observatoire de Meudon.

M. Deslandres faisait des observations dont il rend compte (1) à l'Académie et j'avais chargé M. Nordmann, licencié ès sciences, de suivre pendant les nuits des 13-14, 14-15, 15-16, le phénomène et de m'en faire un rapport. En voici les résultats :

« Le 14 vers 10 h. 30 le ciel se découvrit vers le zénith. Une étoile filante émanant des environs de Céphée fut observée ; elle s'éteignit dans la Lyre ; une autre traversa Cassiopée et s'étei-

_______________

(1) Cf. *Comptes rendus*, T. 131, p. 826.

gnit vers ζ du Cygne à 11 h. 40 et successivement, à moins de une minute d'intervalle, trois étoiles filantes sont observées dont deux paraissent émaner de Cassiopée, la troisième traverse la Petite Ourse et va s'éteindre dans le Dragon.

11 h. 45. — Le ciel se découvre complètement, une étoile extrêmement brillante traverse la Grande Ourse et ne s'éteint qu'à l'horizon.

11 h. 47. — Une étoile traverse la même région dans une direction à peu près parallèle.

12 h. 10. — Une étoile traverse Cassiopée et s'évanouit dans le Cygne. Une autre qui émane de la Grande Ourse, s'éteint vers la Polaire, une troisième partie du Lion, s'éteint à l'horizon.

12 h. 20. — Le ciel se couvre.

Nuit du 15 au 16. — M. Nordmann est resté en observation avec M. Tikhoff, mais l'état du ciel n'a permis de voir aucune étoile filante. »

*Observations en France et à l'étranger.*

Afin d'avoir une information complète sur l'apparition des Léonides en 1900, j'ai demandé télégraphiquement aux directeurs des principaux observatoires en situation de pouvoir observer le phénomène de vouloir bien nous envoyer les résultats de leurs observations.

Lyon. — Rien vu des Léonides dans les rares intervalles beau temps. — André.

Toulouse. — Ciel couvert depuis le 8 novembre. — Baillaud.

Bordeaux. — Ciel couvert toutes les nuits. — Rayet.

Nice. — A peine quelques Léonides le 13. — Perrotin.

Alger. — Fréquentes interruptions du 14 au 17. Pour nous résultats Léonides complètement négatifs. — Trépied.

Bruxelles. — Léonides, temps couvert.

Madrid. — Ciel constamment couvert.

Rome. — Ciel couvert. Pas d'observations.

Strasbourg. — Ciel couvert. Pas d'observations.

Berlin. — Etat du ciel empêché observations.

Vienne. — 14 novembre. 30 Léonides sur le Schneeberg. — 15 novembre. Presque rien.

Moscou et Odessa. — Ciel entièrement couvert.

San José (Californie). — 40 Léonides par heure, jeudi matin, ensuite nuages.

Il résulte de cette information, déjà très complète, que l'apparition de 1900 a été à peu près nulle, et l'on en doit conclure que l'essaim qui a fourni de si abondantes apparitions en 1799, 1833 et 1866 (ce dernier déjà moins important), a subi des perturbations planétaires qui l'ont empêché de pénétrer dans notre atmosphère.

Il est vrai que, en beaucoup de points, l'observation a été rendue fort difficile et quelquefois impossible par l'état du ciel, et ceci vient à l'appui de la demande que j'ai faite depuis longtemps déjà, à savoir qu'on emploie les ballons pour faire ces observations si intéressantes, quand l'état du ciel l'exige. Dans le cas présent, nos conclusions seraient certainement beaucoup plus certaines si, sur tout le parcours du phénomène, des observations avec un ciel entièrement dégagé de nuages avaient pu être faites. Et ceci me conduit à parler encore ici des conditions dans lesquelles les ascensions aérostatiques devraient être entreprises, à mon sens, pour porter tous leurs fruits.

La première impression qui se dégage du récit des ascensions de cette année, c'est qu'elles ont été exécutées dans des conditions insuffisantes pour s'élever au-dessus des couches de nuages qui, comme on vient de le voir, se trouvaient à plus de 4 000 mètres d'altitude, ce que nos observations à l'Observatoire du sommet du Mont Blanc nous avaient d'ailleurs appris depuis longtemps.

Il faut donc que les aérostats gréés en vue des observations astronomiques puissent s'élever jusqu'à 6 000 mètres et au delà. Il est évident que c'est par l'emploi de l'hydrogène et d'un cube du ballon assez fort qu'on atteindra ce but.

Il sera également nécessaire de prendre des mesures pour empêcher l'eau de la pluie et des brouillards de s'attacher au ballon et surtout à son filet, ce qui a pour effet de l'alourdir d'une manière considérable. Nous pensons que des enduits appropriés pourraient permettre d'atteindre ce résultat.

Comme les ballons dont nous conseillons l'emploi devront avoir un volume considérable, nous pensons qu'il serait opportun d'étudier les dispositions à prendre pour remplacer la nacelle ordinaire par une nacelle allongée en forme de bateau et solidement reliée au ballon. Cette disposition pourrait permettre aux observateurs de voir le zénith ou au moins très près du zénith. L'éloignement de la nacelle du ballon concourra à atteindre ce but.

L'application des ballons aux observations astronomiques est toute nouvelle. Comme la Photographie, dont j'ai vu les premières applications, elle est appelée à rendre à cette science des services dont il est difficile de mesurer aujourd'hui l'étendue. Mais il faut que cette nouvelle application soit très sérieusement étudiée. Nous pensons que c'est dans le domaine de l'Astronomie physique qu'il faut surtout orienter ce nouveau mode d'étude. On devra surtout chercher à créer des ballons pouvant s'élever très haut, aussi exempts que possible de mouvements giratoires (résultat qui peut s'obtenir par l'emploi d'une hélice à axe horizontal) et munis de nacelles permettant la vue de la région zénithale.

Avec de tels engins et avec le secours de la Photographie rendue presque instantanée, on pourra obtenir des images précieuses de comètes, d'étoiles filantes, d'éclipses et du disque solaire lui-même, etc...

Je voudrais engager nos jeunes astronomes à entrer dans cette voie, leur promettant qu'ils y obtiendront de bien intéressants résultats.

*C. R. Acad. Sc.*, Séance du 12 novembre 1900, T. 131, p. 821.

## VIII

## RAPPORT SUR LE PRIX JANSSEN
## DÉCERNÉ PAR L'ACADÉMIE DES SCIENCES EN 1900
## A M. BARNARD (1).

Votre Commission vous propose de donner le prix Janssen pour l'année 1900 à M. Barnard, astronome à l'Observatoire de Lick, en Californie, pour sa brillante découverte du cinquième satellite de Jupiter.

Nous n'avons aucune considération à ajouter pour justifier cette attribution. Elle sera approuvée par tous les astronomes et le nom de M. Barnard figurera avec honneur dans la glorieuse phalange des créateurs de l'Astronomie physique qui ont obtenu et honoré ce prix.

Disons maintenant que cette découverte si intéressante et si peu attendue nous montre combien il importe aujourd'hui aux progrès de la Science de construire de grands instruments et de les mettre en bonnes mains. En effet, si le cinquième satellite avait échappé jusqu'ici à la vue et aux recherches des observateurs si éminents et si nombreux qui, depuis Galilée, ont étudié le monde de Jupiter, c'est en raison de son extrême petitesse. Aujourd'hui encore ce petit astre ne peut être aperçu que dans les plus grands réfracteurs et avec les conditions atmosphériques les plus favorables.

Les belles découvertes du compagnon de Sirius et des deux satellites de Mars, également réalisées à l'aide de la grande lunette de 66 centimètres d'ouverture de l'Observatoire de Washington, viennent également à l'appui de cette remarque.

Et puisque nous avons en France la bonne fortune d'avoir un constructeur qui a inventé des procédés sûrs pour le travail mécanique des grands miroirs et des grands objectifs, il est bien

---

(1) Commissaires : MM. Lœwy, Wolf, Callandreau, Radau ; Janssen, rapporteur.

désirable que ces moyens soient utilisés au profit de l'Astronomie française.

De grands progrès et des découvertes que nous pressentons n'attendent pour leur réalisation que l'emploi de ces puissants et nouveaux moyens d'investigation.

*C. R. Acad. Sc.*, Séance du 17 décembre 1900, T. 131, p. 1053.

# 1901

I

## NOTE SUR LES TRAVAUX
## EXÉCUTÉS A L'OBSERVATOIRE DU SOMMET
## DU MONT BLANC EN 1900

Les travaux de cette année ont porté :

1º Sur la valeur de la constante solaire ;

2º Sur la question de la présence ou de l'absence de l'oxygène dans le Soleil ;

3º Sur le pouvoir isolant électrique du glacier pour des fils métalliques placés à nu à sa surface ;

4º Sur l'abondance de l'ozone atmosphérique en rapport avec la hauteur ;

5º Inauguration d'études bactériologiques des neiges et glaciers du Mont Blanc ;

6º Le spectre des premiers rayons du Soleil levant observé du sommet du Mont Blanc ; le rayon vert.

7º Observation d'une occultation de la planète Saturne par la Lune.

### CONSTANTE SOLAIRE

A ma demande, M. Hansky est venu de Russie pour continuer au Mont Blanc les observations sur la constante solaire.

M. Hansky est monté au Mont Blanc le 23 juillet et le 1er septembre et y est resté chaque fois six jours.

Pendant la première ascension, il a pu obtenir deux courbes actinométriques calculables, mais qui ont donné une constante solaire évidemment trop faible.

Pendant la deuxième ascension, les conditions météorologiques furent plus favorables : température très basse (— 12° en moyenne), polarisation forte (0,60), état hygrométrique remarquablement faible. La courbe du 4 septembre a été obtenue dans de bonnes conditions et a donné, pour ses parties les plus régulières, une valeur de 3ᶜ,3 pour la constante solaire.

Il n'est pas douteux que, si l'on opère dans des conditions encore plus favorables, on obtienne une valeur encore notablement plus élevée et supérieure à toutes celles obtenues jusqu'ici, ce qui montre combien la station du Mont Blanc est précieuse pour ces belles études. Je remercie ici M. Crova pour le précieux concours qu'il nous a donné.

### ÉTUDE SUR LA DÉCROISSANCE D'INTENSITÉ DES RAIES DE L'OXYGÈNE AVEC LA HAUTEUR DE LA STATION.

Afin de continuer les études que j'ai entreprises sur la question de la présence ou de l'absence de l'oxygène dans les atmosphères solaires, j'ai demandé à M. Tikhoff, élève de l'observatoire de Meudon, de faire de nouvelles études de photographies solaires à Chamonix et au Mont Blanc en procédant de manière à mettre en évidence d'une manière plus sûre la loi du décroissement d'intensité des raies obscures dues à l'oxygène avec la hauteur de la station.

Les photographies de M. Tikhoff se rapportent principalement au groupe B, qui se prête le mieux à ces études.

Pour obtenir aux diverses stations des photographies spectrales de comparaison qui fussent affranchies des causes d'erreur provenant de la différence des sensibilités des plaques, des temps de pose, des modes de développement, il avait été convenu cette fois, avec M. Tikhoff, qu'on prendrait comme terme de comparaison des raies voisines d'origine solaire ; celle qui a été choisie se trouve comprise entre le 8ᵉ et le 9ᵉ doublet.

On a pris des photographies du groupe B à Meudon, à Chamonix, aux Grands-Mulets et au sommet du Mont Blanc.

La comparaison de ces photographies confirme les résultats que j'ai obtenus en 1888, 1890, 1893 avec un spectroscope ocu-

laire, c'est-à-dire conduit à admettre que le groupe B disparaî-
trait complètement aux limites de notre atmosphère.

Mais ces photographies auront surtout une grande importance
en fournissant des termes de comparaison avec celles que l'on
travaille à obtenir à Meudon avec des tubes contenant des quantités bien déterminées d'oxygène.

C'est seulement de la comparaison de tous ces éléments qu'on
pourra tirer une conclusion absolument définitive sur cette si
importante question de la présence ou de l'absence du gaz oxygène dans les atmosphères solaires.

### POUVOIR ISOLANT ÉLECTRIQUE DU GLACIER

Poursuivant les expériences de l'année dernière, M. Lespieau
a relié le rocher des Grands-Mulets au sommet par deux fils de
fer posés à nu sur le glacier, à quelques mètres l'un de
l'autre.

La ligne, commencée le 1er septembre, fut terminée le 13 ; elle
mesure environ deux fois six kilomètres. Son trajet est le suivant :
Grands-Mulets, aiguille de Pitschner, rocher de l'Heureux-Re-
tour, Grand Plateau, mur de la côte et sommet. Durant tout le
temps qu'a duré la pose du fil on a pu téléphoner magnétique-
ment d'un bout à l'autre sans difficulté. Le 14 septembre, la
ligne n'était traversée par aucun courant mesurable avec un
milliampèremètre de faible résistance bien que les deux fils fussent rattachés aux deux pôles d'une pile de six éléments Leclanché disposés en série, on a cherché la cause de cet accident et
l'on a trouvé que le fil avait été coupé à la hauteur du Grand
Plateau. Un téléphone ayant remplacé le milliampèremètre avant
qu'on ait ressoudé le fil, celui-ci ne donnait qu'un bruit très
faible ; cela encore prouve le bon isolement de la ligne.

Ainsi le glacier isole parfaitement un fil métallique placé à nu
à sa surface et pour une longueur de plus de 6 kilomètres, et ce
résultat est très intéressant, puisqu'il démontre qu'on peut établir des communications télégraphiques sur la neige ou la glace,
avec des fils nus, à de très grandes distances.

M. Lespieau a, de plus, commencé une série de mesures comparatives sur la quantité d'ozone contenue dans l'air à diverses altitudes. L'appareil dont il s'est servi n'est qu'une modification de l'appareil utilisé par M. Schlœsing dans le dosage de l'ammoniaque atmosphérique. Ces expériences n'ont pas encore fourni de résultat définitif. Il ne semble pas toutefois que la quantité d'ozone contenue dans l'air croisse aussi rapidement avec l'altitude qu'on l'avait pensé jusqu'ici.

### Étude bactériologique des neiges du Mont Blanc

M. le Dr Binot, de l'Institut Pasteur, a inauguré cette année une étude complète des glaces et neiges du Mont Blanc au point de vue des flores microbiennes qu'elles peuvent contenir.

Cette étude demandée par nous a été, en effet, considérée comme très importante par notre illustre confrère, M. le Dr Roux. Elle a été exécutée avec un courage, une capacité et un succès très remarquables par M. Binot, qui montait au Mont Blanc pour la première fois.

M. Binot a trouvé dans les différentes parties du glacier des flores microbiennes très variées dont on était loin de soupçonner l'existence et dont l'étude, qui sera faite ultérieurement, aura le plus grand intérêt.

Dans un premier voyage, en juillet 1900, puis dans un second en août et septembre, le Dr Binot a étudié la flore microbienne des glaciers.

Il a recueilli, pour en faire l'analyse bactériologique, en divers points du massif du Mont Blanc, un grand nombre d'échantillons de neige fraîche, de neige ancienne, de glace de superficie, de glace profonde exposée au soleil ou, au contraire, à l'abri des rayons solaires. Enfin, des prises ont été faites dans des couches d'âges différents.

Dans certaines crevasses, on peut, sur les parois verticales, suivre nettement la stratification annuelle des neiges.

M. Binot a pratiqué des trous dans chaque couche en suivant une technique spéciale destinée à éviter l'apport de germes étrangers, et a recueilli des échantillons de glace à une profondeur de 50 centimètres à 60 centimètres, pour éviter les germes de la surface et arriver à une température qui varie peu quand les couches sont soustraites à l'action du soleil.

Il a également fait l'analyse des eaux des glaciers : ruisseaux de surface, ruisseaux profonds, torrents du pied des glaciers, eau du fond des crevasses, des trous de la glace et des flaques d'eau ; enfin des différents lacs, ruisseaux et rivières de la région.

Des analyses bactériologiques de l'air ont été pratiquées en divers points : sommet du Mont Blanc, Bosses du Dromadaire, Grand Plateau, Grands-Mulets, Jonction, Plan de l'Aiguille, Montanvert, Mer de Glace, enfin à Chamonix.

Ces diverses études, inaugurées pour la première fois d'une manière aussi complète, font grand honneur au D<sup>r</sup> Binot et promettent des résultats très inattendus et très importants.

### Le Rayon vert au sommet du Mont Blanc

Au cours de ses études de cette année, M. Hansky a eu l'occasion d'observer le lever du Soleil au sommet du Mont Blanc.

« J'ai pu observer, dit M. Hansky, ce phénomène dans de très bonnes conditions au sommet du Mont Blanc, le 4 septembre matin. L'atmosphère était très transparente, l'horizon d'une netteté extraordinaire, on voyait distinctement des montagnes éloignées du Mont Blanc de plus de 100 kilomètres. Au moment du lever, je fus frappé par une lumière verte très vive, très pure, d'une durée d'une demi-seconde environ. Le Soleil apparut ensuite brillant et tout jaune sans aucune teinte rouge. Les observations hygrométriques montraient que l'atmosphère n'avait presque pas de vapeur d'eau, contenait peu de particules solides et était très transparente.

« Voici l'explication du phénomène : Les premiers rayons du Soleil sont dispersés dans l'atmosphère terrestre et, comme ils traversent une très grande couche d'air, les parties du spectre les plus réfrangibles sont absorbées : s'il existe beaucoup de vapeur d'eau, il ne reste du spectre que la partie rouge et une faible bande dans le vert ; mais, si l'air est très sec, la partie verte du spectre est intense et c'est elle que nous voyons au premier moment de l'apparition du Soleil, quand le spectre passe devant l'œil de l'observateur. »

Cette explication est exacte, mais il faut remarquer que c'est encore plus l'absence de brumes que de vapeur d'eau qui importe à la production du phénomène, car j'ai vu très nettement le Rayon vert dans le Pacifique. Il faut encore remarquer que l'énorme épaisseur de la couche d'air traversée par les rayons de l'horizon visible du sommet du Mont Blanc augmente la dispersion et favorise ainsi la visibilité en augmentant la durée du phénomène.

## OBSERVATION DE L'OCCULTATION DE SATURNE PAR LA LUNE, LE 3 SEPTEMBRE 1900, OBSERVÉE AU SOMMET DU MONT BLANC, PAR M. HANSKY.

« Les conditions atmosphériques de cette observation furent très bonnes : les images nettes, les bords de Saturne et de la Lune bien définis ; on voyait sur le disque lunaire des détails qui sont ordinairement très difficiles à percevoir avec une lunette de deux pouces, avec laquelle cette observation fut faite ; on pouvait distinguer, par exemple, que les cirques lunaires A et B ($\varphi = + 5^\circ$, A $= 21^\circ,5$, *Atlas de Schmidt*) sont circulaires, et l'on voyait les petits cratères qui entourent A. Les taches de la Lune paraissaient plus foncées qu'en bas et avaient une teinte plus brune. Quoique la Lune eût déjà neuf jours, la lumière cendrée fut encore visible, surtout si l'on cachait la partie éclairée ; cette apparence m'a aidé dans l'appréciation des contacts.

Le but principal de cette observation fut de chercher s'il ne se produisait pas un ligament grisâtre entre le bord de la Lune et Saturne pendant l'occultation, ou une diminution d'éclat de ce dernier avant sa disparition derrière le bord de la Lune, comme l'avaient observé quelques observateurs très habiles (1), Saturne avait une couleur olivâtre très pâle, surtout après sa sortie, quand il se trouva près du bord éclairé de la Lune ; son intensité me paraissait alors être égale à celle des taches lunaires.

______

(1) Voir *Comptes rendus*, t. 131, n° 11, p. 495.

Le premier contact d'immersion du bord extérieur de l'anneau fut à :

$$20^h 5^m 29^s \text{ (t. m. du Mont Blanc).}$$

ou :

$$19^h 47^m 23^s \text{ (t. m. de Paris)} ;$$

disparition de l'anneau à :

$$20^h 8^m 4^s \text{ (t. m. du Mont Blanc)}$$

ou :

$$19^h 49^m 58^s \text{ (t. m. de Paris)} ;$$

émersion complète à :

$$20^h 40^m 54^s \text{ (t. m. du Mont Blanc)}$$

ou :

$$20^h 22^m 48^s \text{ (t. m. de Paris).}$$

Le moment de la sortie de Saturne ne fut pas saisi, à cause de sa faible intensité lumineuse par rapport à la Lune. Pendant toute la durée de l'occultation, je n'ai remarqué aucun ligament entre la Lune et Saturne ; même quand il ne restait de Saturne qu'un filament très mince, il ne me paraissait pas très affaibli.

Cette observation permet de supposer que le ligament grisâtre, qui fut observé pendant les occultations de Jupiter et de Saturne, est produit par les agitations atmosphériques, qui diminuent la netteté des images. »

Toutes ces observations, dont plusieurs sont entièrement nouvelles, prouvent combien cette station du Mont Blanc est précieuse pour étudier et résoudre une foule de questions d'Astronomie, de Physique du globe et de Météorologie.

*Annuaire du Bureau des Longitudes* pour l'an 1901.

II

## REMARQUES SUR LA COMMUNICATION DE M. RICCO INTITULÉE : LES COMMUNICATIONS TÉLÉPHONIQUES AU MOYEN DE FILS ÉTENDUS SUR LA NEIGE.

Je vois avec grande satisfaction la réussite de la disposition très simple que j'avais conseillée à M. Ricco et qui consiste à ôter le fil télégraphique ou téléphonique de ses poteaux, à le descendre et à le placer tout simplement sur la neige, dès que celle-ci a atteint une épaisseur de quelques centimètres.

D'après les expériences exécutées au Mont Blanc sous ma direction par MM. Lespieau et Cauro, nous avons constaté, en effet, que la neige ou la glace sont des isolants presque parfaits, et qui permettent des transmissions excellentes.

On sait que ces expériences avaient été faites à la demande et avec le concours matériel de l'Administration des Télégraphes, expériences auxquelles elle attachait une importance toute particulière.

La réussite de l'expérience rapportée par M. Ricco présente donc un grand intérêt.

Désormais les communications entre Catane et l'Observatoire de l'Etna ne seront jamais interrompues.

On comprend toute l'importance de ce résultat à l'égard des lignes placées dans des conditions semblables, pour la continuité de leur fonctionnement en hiver. C'est un nouveau service que l'Observatoire du Mont Blanc aura rendu à la Science.

*C. R. Acad. Sc.*, Séance du 11 février 1901, T. 132, p. 323.

III

## ALLOCUTION PRONONCÉE
### A LA SÉANCE DU 28 FÉVRIER 1901 DE LA SOCIÉTÉ FRANÇAISE DE NAVIGATION AÉRIENNE

Messieurs,

Parvenu au terme assigné par nos statuts à mes fonctions de Président, je suis heureux et je félicite la Société du successeur qui m'est donné. A ma demande, M. le prince Roland Bonaparte a bien voulu prendre cette charge.

Ainsi que je le disais, la Société a toutes raisons de se féliciter de cette acceptation. Nous savons tous que le prince Roland Bonaparte, qui porte un nom illustre entre tous, est en même temps un ami éclairé des sciences géographiques et aérostatiques. On sait que le prince a rassemblé et installé dans son hôtel de l'Avenue d'Iéna une magnifique bibliothèque géographique ouverte à tous les travailleurs, et qui deviendra plus tard une des plus importantes et des belles bibliothèques publiques de Paris.

Nous savons encore que le prince est toujours prêt à donner son appui à toutes les œuvres scientifiques de nature à faire progresser la science, ou à faire honneur à la France.

C'est ainsi, notamment, que je signalerai le concours à la fondation de l'Observatoire du Mont-Blanc par une contribution royale, et dont je tiens à le remercier ici au nom de nos collaborateurs.

Messieurs, tout en félicitant la Société du Président qu'elle met à sa tête, et en remerciant le prince d'avoir si gracieusement répondu à mon appel, je veux aussi le féliciter de l'importance de l'œuvre à laquelle il va présider.

En effet, Messieurs, l'aérostation est parvenue à une époque critique de son histoire. Le dernier Congrès a montré combien cette science fixe aujourd'hui l'attention et quels progrès décisifs elle est appelée à réaliser bientôt. L'élite des savants chez la plupart des Nations, travaille à l'envi à son avancement, et ce sera comme je le disais naguère, l'œuvre capitale du siècle qui s'ouvre, que la conquête de l'atmosphère.

L'étude des hautes régions est déjà systématiquement organisée par un concours international.

En même temps, les voyages de durée excitent une émulation parallèle, et à ce propos, nous nous souvenons tous du magnifique voyage de MM. les comtes de La Vaulx et Castillon de Saint-Victor, élus aujourd'hui tous les deux nos Vice-Présidents.

Enfin, le perfectionnement des engins aérostatiques et leur technique sont l'objet des plus sérieuses études.

Messieurs, dans ce grand concours, la Société de Navigation aérienne tiendra sa place, et tout nous fait espérer que des ressources très importantes et toutes nouvelles vont être mises à sa disposition.

Nous demandons, sur un legs Giffard, une somme modeste, mais qui nous permettra d'obtenir la reconnaissance d'utilité publique, laquelle reconnaissance, à son tour, nous rendra aptes à recueillir une magnifique donation qui nous permettrait de donner aux travaux que nous encourageons une grande impulsion.

Ce sera, mon cher Prince, l'honneur de votre présidence que la réalisation de ces grands progrès, et la Société n'oubliera jamais que c'est sous votre direction qu'elle sera devenue majeure et puissante.

En vous félicitant de nouveau et en assurant la Société que je serai toujours heureux de lui continuer mon concours pour tout ce qui pourra contribuer à son développement, je vous prie, cher Prince, de prendre ma place.

*L'Aéronaute*, numéro de mars 1901, p. 53.

## IV

## SUR LA NOUVELLE ÉTOILE APPARUE RÉCEMMENT DANS LA CONSTELLATION DE PERSÉE

L'apparition toute récente d'une nouvelle étoile dans la constellation de Persée, et les phases si rapides de changement d'éclat
qu'elle présente depuis qu'on l'observe, ont rappelé l'attention
des astronomes et même du public sur les causes qui peuvent
produire ces grands phénomènes.

Ces causes nous sont encore inconnues, et il faudra sans doute
de longues études avant qu'elles puissent être reconnues et expliquées avec une entière certitude.

Sans avoir la prétention de proposer et encore moins de donner
une théorie de ces phénomènes, je voudrais ici émettre quelques
idées qui, dans l'avenir, pourront sans doute concourir aux explications que la Science a pour devoir de chercher.

Ces idées découlent en quelque sorte des recherches que j'ai
faites sur la constitution du gaz oxygène et à son absence apparente dans les enveloppes gazeuses qui surmontent la photosphère solaire.

L'Académie se rappelle que j'ai été conduit dans les observations de laboratoire et par celles exécutées au Mont Blanc, soit
par mes collaborateurs, soit par moi-même, à admettre que le
gaz oxygène tel que nous le connaissons ne se trouve ni dans la
chromosphère ni dans l'atmosphère coronale.

Je faisais remarquer, à cette occasion et à la suite de mes observations de 1893 au Mont Blanc, que l'absence de l'oxygène, avec
la constitution que nous lui connaissons, dans le Soleil paraissait
répondre à une nécessité du bon fonctionnement de l'astre ; car
si l'oxygène existait dans l'atmosphère coronale et aux points
où cette atmosphère confine aux espaces vides extérieurs, il se
combinerait inéluctablement avec l'hydrogène, si abondant en
ces points, d'où il résulterait de la vapeur d'eau qui formerait
autour du Soleil une atmosphère plus ou moins opaque pour les
rayons calorifiques, d'où un affaiblissement de la radiation so-

laire, par conséquent, qui irait augmentant rapidement et compromettrait la fonction fondamentale de notre astre central.

D'un autre côté, je faisais remarquer qu'il est bien difficile d'admettre que l'oxygène, corps qui joue un rôle si capital dans le développement et l'entretien de la vie à la surface de la Terre et sans doute des autres planètes de notre système, soit absent dans notre astre central, qui contient tous nos corps terrestres et beaucoup d'autres accusés par le spectre solaire et non encore reconnus.

On est ainsi conduit à admettre ou tout au moins à pressentir que l'oxygène, en raison des si hautes températures du globe solaire, y existe à l'état dissocié (la complexité des spectres de l'oxygène militerait en faveur de cette opinion). Si l'on admettait cette manière de voir, on apporterait un élément tout nouveau d'explication aux phénomènes auxquels les étoiles temporaires nous font assister.

En effet, lorsque les températures des atmosphères d'une étoile se seraient abaissées au point de permettre la genèse de l'oxygène et ultérieurement sa combinaison avec l'hydrogène, gaz qui baigne si largement toutes les atmosphères stellaires, la combinaison des gaz générateurs de l'eau, avec l'énorme dégagement de chaleur et de lumière qui l'accompagne se produirait, et l'étoile passerait rapidement de l'état correspondant à la température relativement basse qui a permis la combinaison des gaz à celui qui résulterait de la conflagration des éléments en question.

L'étoile passerait donc par une croissance d'éclat qui ne serait réglée que par l'abondance des éléments en présence et les conditions de leur entrée en combinaison. Mais en même temps, si l'augmentation et la grandeur de l'éclat devraient être singulièrement rapides puisqu'elles sont les effets d'une combinaison, la décroissance ne le serait pas moins, puisque la combinaison étant effectuée, non seulement la cause de ce rayonnement extraordinaire cesserait, mais la formation d'une vaste atmosphère de vapeur résultant des corps volatilisés, des vapeurs surchauffées et surtout de la vapeur d'eau produite, s'opposerait ensuite et dans une mesure considérable au rayonnement de l'astre.

Je ne donne cette vue que comme contribution à la théorie de ces phénomènes sur lesquels l'analyse spectrale, si elle en suit exactement toutes les phases, pourra mieux que tout autre moyen nous révéler les causes.

*Nota.* — Il faut ajouter qu'au moment de la combinaison des gaz oxygène et hydrogène ce dernier gaz, en raison des pressions et températures développées, doit montrer ses raies considérablement élargies ; or c'est précisément ce que montre la photographie du spectre qu'on a obtenue à Meudon, avec notre grande lunette, et que M. Deslandres m'a prié de soumettre à l'examen de l'Académie. Cependant d'autres causes encore peuvent concourir à cet élargissement généralement si considérable, ainsi qu'en témoignent les descriptions que j'ai reçues de l'étranger.

*C. R. Acad. Sc.*, Séance du 4 mars 1901, T. 132, p. 505.

## V

## REMARQUES SUR MA DERNIÈRE COMMUNICATION RELATIVE AUX LIGNES TÉLÉGRAPHIQUES ÉTABLIES SUR LA NEIGE AU MONT BLANC

A propos de la lettre de M. Ricco, directeur de l'Observatoire de Catane et de l'Etna, et des conseils que j'avais été amené à lui donner, M. Brunhes, directeur de l'observatoire du Puy de Dôme, a communiqué à l'Académie une Note dans laquelle il rappelle des essais faits à son observatoire avec des fils nus posés sur la neige pour raccorder des lignes aériennes interrompues. M. Brunhes veut bien courtoisement reconnaître que ces essais ne pouvaient préjuger le succès d'une ligne très étendue, comme celle qui a fonctionné au Mont Blanc sur une longueur de près de 10 kilomètres.

En communiquant la lettre de M. Ricco, je n'avais pour but que d'attirer l'attention sur cette pratique si simple, et non de faire l'historique de la question.

Je connaissais en effet les essais de communications télégraphiques ou téléphoniques par fils nus posés sur la neige, avant les expériences et l'installation de la ligne du Mont Blanc. Par exemple, les études théoriques de M. Lagarde, insérées dans les *Annales télégraphiques*, année 1879 (p. 130) ; les expériences très intéressantes de M. le Directeur du matériel au Ministère des Postes et Télégraphes, qui, pendant l'hiver de 1881-1882, put rétablir sur une longueur de plus de 1 kilomètre les communications d'une ligne dont les poteaux avaient été renversés par un ouragan, en faisant simplement poser les fils sur le sol couvert de neige. Il paraît même que cette pratique si simple a été employée par les Russes pendant leur dernière guerre avec les Turcs.

Il ne pouvait donc être question pour nous de prétendre inaugurer cette pratique, mais le service que nous avons peut-être rendu, service auquel je me plais à associer, avec le nom de M. Lespieau, celui du regretté M. Cauro dont le dévouement à la Science lui coûta la vie, ce service, dis-je, a été de constater qu'une ligne établie dans ces conditions peut fonctionner sur une longueur de près de 10 kilomètres sans affaiblissement appréciable, et, ce qu'il faut bien remarquer, malgré la fusion superficielle de la neige ou de la glace.

A cette expérience, exécutée ainsi en grand, l'Administration des Télégraphes, qui nous avait communiqué les faits dont je viens de parler, attachait une telle importance, qu'elle nous a prêté généreusement les fils et les instruments nécessaires à sa réalisation, et j'ai reçu les témoignages du prix particulier qu'elle a attaché à notre succès.

C'est la publication et l'intérêt qui s'attachent naturellement aux expériences qui se font au Mont Blanc qui ont attiré l'attention sur ce mode si simple de télégraphie. Et c'est ainsi que M. Ricco a été amené à nous consulter sur son application au rétablissement de ses communications pendant l'hiver. Mais, je le répète, je connaissais les faits isolés et encourageants qui se rapportent à l'isolement des fils par la neige, et nous ne revendiquons que l'application en grand et la constatation que les communications ainsi établies ont lieu alors même que le relèvement

de la température amène la fusion partielle de la neige ou de la
glace à leur surface.

*C. R. Acad. Sc.*, Séance du 11 mars 1901, T. 132, p. 606.


# VI

## LA CONSTITUTION DU SOLEIL ET L'OBSERVATOIRE
## DU MONT BLANC

CONFÉRENCE DONNÉE LE DIMANCHE 24 MARS 1901 A ROUEN
A LA SÉANCE PUBLIQUE DE LA SOCIÉTÉ NORMANDE DE GÉOGRAPHIE


MESDAMES, MESSIEURS,

Votre très sympathique, très distingué et beaucoup trop bienveillant Président (1) m'a demandé, en votre nom, de vous entretenir pendant quelques instants d'un sujet pouvant vous intéresser, parmi les objets les plus ordinaires de mes études.

La Société de Géographie Rouennaise est une très grande
dame, nous la connaissons beaucoup à Paris et nous l'estimons
singulièrement. Nous savons qu'elle réunit un nombre très considérable de personnes éclairées, qui s'unissent pour contribuer à
la propagation d'une science belle par elle-même, la géographie,
et qui, dans une grande cité industrielle comme la vôtre, a une
raison d'être toute particulière. C'est qu'en effet, Messieurs, vous
avez eu souvent, et jadis surtout, maille à partir avec la géographie.

De cette capitale et des ports normands sont parties des expéditions considérables, hardies, qui ont essaimé la race française
sur bien des points du globe, en particulier sur cette côte d'Afrique
où Jean de Béthencourt découvrait les Canaries et le Sénégal et,
sur la côte d'Amérique par la fondation de cette grande colonie
de la Louisiane, qui s'étendait du golfe du Mexique jusqu'au
Canada.

_______________

(1) M. Georges Monflier.

Un membre du Parlement Canadien me disait dernièrement à ce sujet :

« Ça été une chose vraiment admirable que la fondation de la Colonie du Canada. Quand on pense que huit à dix mille Normands seulement, partis de France, ont fondé au Canada une colonie qui compte aujourd'hui plusieurs millions d'habitants. »

Et ce qui est surtout remarquable, c'est que cette colonie créée si rapidement, et qui est si prospère, a su conserver avec les Indiens des rapports excellents et cordiaux, et surtout qu'elle a gardé à la mère-patrie, à son ancienne métropole, des sentiments de reconnaissance et d'affection qui sont vraiment touchants.

La colonisation du Canada est un des faits les plus remarquables de notre histoire et que l'on peut opposer à ceux qui disent que la France n'a pas su faire de colonies.

La Normandie, Messieurs, a eu sa grande part dans ces résultats ; aussi, malgré mes occupations beaucoup trop nombreuses à Paris, ai-je tenu à répondre à l'appel de votre Président et à venir vous entretenir pendant quelques instants d'un sujet de nature à vous intéresser.

J'ai pensé que je pourrais vous parler du Soleil ; le Soleil en effet, Messieurs, est toujours à l'ordre du jour, et c'est à son égard que la science contemporaine a fait les plus admirables progrès. Tout dernièrement nous avons même acquis, sur sa constitution, des faits tout nouveaux, grâce au concours de l'Observatoire du Mont Blanc.

Messieurs, la science astronomique traverse en ce moment une époque critique de son histoire. Aujourd'hui il faut, d'une part, pour la faire progresser, de grands instruments, très puissants, très parfaits, et il faut en outre les placer en des stations où ils puissent donner tout le rendement qu'ils comportent, c'est-à-dire en des points très élevés, afin de les soustraire aux perturbations et aux effets absorbants de l'atmosphère terrestre.

C'est ainsi, par exemple, que si nous jetons les yeux sur les découvertes les plus saillantes de ces derniers temps, nous voyons que c'est à l'aide de grands instruments qu'elles ont pu être réalisées.

Je citerai, par exemple, M. Langley, qui s'est rendu dans les Andes pour étudier le Soleil dans les conditions les plus favorables. Or là, grâce à la hauteur de la station et à l'aide d'instruments nouveaux, créés par lui, il a pu constater que le Soleil n'est pas blanc mais jaune et qu'il appartient déjà à cette classe d'étoiles qui commencent à ne plus être de la première jeunesse, et ont dépassé la période la plus active de leur rayonnement. Toutefois, je puis vous rassurer, cet astre brillera encore pendant de longues périodes de siècles pour la conservation de l'espèce humaine, et nos arrières neveux ne doivent rien craindre à cet égard.

Je citerai encore M. Barnard qui a fait cette découverte si intéressante d'un cinquième satellite à la planète Jupiter. Or c'est en se servant d'une lunette très puissante et en utilisant le beau ciel de Californie, où j'ai passé du reste plusieurs mois, qu'il a fait cette découverte particulièrement intéressante.

Messieurs, voilà deux exemples : il y en a bien d'autres. Si vous voulez bien me le permettre, j'y ajouterai ceux qui me sont personnels.

J'ai eu souvent l'occasion d'observer sur des points élevés, notamment sur le sommet de l'Etna où je suis resté trois jours et où j'ai pu, grâce à ma connaissance du spectre de la vapeur d'eau que je venais de découvrir, où, dis-je, j'ai pu constater la présence de la vapeur d'eau dans l'atmosphère de la planète Mars.

J'ai également constaté la présence de la vapeur d'eau dans l'atmosphère de la planète Saturne.

Ces observations ouvraient une nouvelle voie, celle de l'étude chimique des atmosphères planétaires ; elles nous montraient que ces atmosphères présentent de grandes analogies avec l'atmosphère terrestre et que les formes de la vie y sont sans doute très analogues à celles que nous voyons sur notre Terre : pas nouveau et considérable vers l'unité matérielle et morale de l'Univers.

L'année suivante j'étais envoyé dans l'Inde par l'Académie pour y observer cette éclipse totale du 17 août 1868, la plus longue qu'on ait observée depuis celle de Thalès, et qui, comme on sait, me fournit la bonne fortune de découvrir la méthode qui permet en tous temps l'observation des protubérances et des phénomènes circumplanétaires.

En 1871, j'ai eu l'occasion de retourner dans l'Inde pour observer une nouvelle éclipse, cette observation eut lieu sur une montagne où l'air était d'une transparence parfaite ; j'ai pu constater alors l'existence d'une nouvelle atmosphère solaire, que j'ai proposé de nommer l'atmosphère coronale, et qui est formée principalement d'hydrogène, d'hélium et du corps désigné par le nombre 1474 sur les cartes spectrales de Kirchhoff.

Vous voyez par ces exemples, combien aujourd'hui l'utilité d'Observatoires élevés s'impose. Ce sont ces faits qui m'ont donné l'idée de la création d'un Observatoire au sommet du Mont Blanc. Déjà M. Vallot en avait créé un sur le rocher des Bosses, qui est à 450 mètres au-dessous du sommet.

On avait déjà été tenté d'installer cet Observatoire au sommet, mais le sommet ne montrant point de roches apparentes, la chose ne paraissait pas possible.

Quant à moi, ayant fait l'ascension du Mont Blanc, en 1890, et frappé alors de l'avantage de cette station du sommet, non seulement en raison de l'altitude, mais parce qu'en météorologie il faut établir les Observatoires de manière à mettre les observations à l'abri de toutes les causes qui pourraient les troubler, et par suite éviter les pentes des montagnes et choisir les sommets. C'est ainsi qu'on a été conduit à transporter l'Observatoire du Pic du Midi, de Sancourt au sommet.

Messieurs, j'avais déjà depuis longtemps l'idée d'installer un Observatoire au sommet du Mont Blanc ; cette idée avait enthousiasmé M. Léon Say. M. Bischoffsheim voulut bien s'inscrire le premier pour une somme de 150 000 francs ; de son côté, le prince Roland Bonaparte souscrivit 100 000 francs, et quelques autres personnes généreuses voulurent bien s'intéresser à cette création ; je m'inscrivis moi-même pour 10 000 francs ; de sorte que les ressources étant trouvées, il ne s'agissait plus que de passer à l'exécution.

Néanmoins la réalisation paraissait impossible à beaucoup de personnes, qui faisaient observer que l'épaisseur de la croûte

glacée du sommet devait empêcher d'établir des fondations sur
le rocher ; d'autre part, elles n'admettaient pas la possibilité
d'asseoir une construction quelconque sur la neige, prétendant
qu'elle serait infailliblement entraînée. Il n'en a rien été, comme
on sait.

J'instituai à Meudon des expériences sur la résistance de la
neige tassée, ces expériences donnèrent sur cette résistance des
résultats tout à fait inattendus et concluants. Etant certain dès
lors de pouvoir établir des fondements, j'ai décidé de placer
l'Observatoire au sommet.

La forme de l'Observatoire est celle d'une grande pyramide
tronquée, de 10 mètres de long sur 7 mètres de hauteur ; il contient quatre pièces et une tourelle. Il est construit pour former
un tout rigide comme un navire et de manière que lorsque des
mouvements viendraient à se produire dans la glace on eût le
moyen de rétablir l'horizontalité et de remettre en place l'Observatoire au moyen de vérins. Mais je dirai que depuis 1893, époque
de l'achèvement de l'Observatoire, nous n'avons pas été obligés
de recourir à ce moyen ; le jour où cela sera nécessaire, nous
pourrons l'employer.

J'ai été aidé, pour l'agencement de cette construction, par
mon ami, M. Vaudremer, l'éminent architecte, membre de l'Académie des Beaux-Arts, dont le concours m'a été très précieux.

Pour revenir à l'édification de cet Observatoire, je dirai que
nous l'avons construit et édifié d'abord à Meudon, puis toutes
les pièces ont été transportées à Chamonix et l'on s'est ensuite
occupé de leur transport au sommet ; ce transport fut une grosse
opération ; il s'agissait de monter, de Chamonix au sommet, plus
de 15 000 kilos de matériaux ; or, chaque porteur ne pouvant
transporter plus de 20 à 25 kilos, on voit quel nombre de voyages
l'opération représente. Il faut noter, de plus, la difficulté de
transporter certaines pièces très lourdes et ne pouvant être
divisées.

Chose intéressante à constater : parmi nos porteurs à bras,
que nous avions excités à porter le plus possible en les payant
au kilo, nous en avons eu quelques-uns qui sont arrivés à porter
jusqu'à 38 kilos. C'est presque le triple de ce qu'un porteur porte

le plus généralement, lorsqu'il s'agit d'accompagner les voyageurs. Je suis certain que nous avons ainsi contribué à développer, parmi nos hommes, la vigueur et les facultés portatives.

Nous sommes ainsi arrivés à transporter tous les matériaux au sommet en moins de deux étés. Il fallut alors songer à édifier l'Observatoire. Dans ce but, un certain nombre d'hommes, accoutumés à ces grandes altitudes, furent choisis et on leur adjoignit les charpentiers qui avaient travaillé à Meudon à la construction de l'Observatoire.

Par un bonheur bien rare, et qui semblait vouloir récompenser notre hardiesse et notre amour pour la science, le temps fut admirable pendant toute la période de la construction. Aussi en septembre 1893, année de l'édification, pouvais-je y monter et faire, pendant quatre jours de séjour, les observations qui, suivant moi, démontrent l'absence du gaz oxygène dans les atmosphères solaires ; circonstance capitale de la constitution du Soleil, comme je l'ai fait remarquer à plusieurs reprises.

Cette question de l'oxygène solaire a une importance qui dépasse l'horizon purement scientifique. En effet, s'il y avait de l'oxygène dans l'atmosphère solaire, le fait serait très grave, parce que cet oxygène, lorsque le pouvoir rayonnant de notre Soleil arrivera à diminuer comme la science le prévoit, finirait par se combiner avec l'hydrogène, si abondant dans l'atmosphère solaire, et alors il en résulterait de la vapeur d'eau. Comme la vapeur d'eau est, parmi les fluides élastiques, celui qui possède le pouvoir d'absorption le plus énergique pour la chaleur rayonnante, elle formerait une atmosphère, un voile entre le Soleil et notre globe. La conséquence s'en ferait bientôt sentir à la surface de la Terre : les températures tomberaient partout, le climat des pôles s'avancerait vers l'équateur et les conditions de la végétation et de la vie sur notre globe seraient complètement changées. Ce terrible phénomène de refroidissement serait le même qui s'est produit déjà pour d'autres étoiles, chez lesquelles j'ai pu constater une évolution analogue par la présence de la vapeur d'eau dans leur spectre.

Toutefois, en raison de la masse énorme de notre Soleil et des conditions qui ont présidé à sa constitution, nous pouvons entrevoir encore une longue période avant qu'une pareille catastrophe puisse se produire.

Mais, en raison même de l'immense importance de la question, je compte poursuivre la confirmation de cette absence du gaz oxygène dans les enveloppes de notre astre central.

A l'Observatoire du Mont Blanc, on a étudié aussi une question fort importante, c'est celle de l'intensité du rayonnement solaire. Cette intensité, en un point déterminé du globe, est comme on sait très variable. C'est qu'en effet, l'atmosphère change constamment de transparence : par la présence des vapeurs qui viennent la troubler, par les poussières, les nuages, etc. En outre, l'une des causes qui modifient encore l'intensité de ce rayonnement, c'est la présence de taches plus ou moins nombreuses à la surface du Soleil. On arrive à connaître la puissance de ce rayonnement solaire par des observations en des points aussi élevés que possible ; c'est donc en des stations élevées, où l'atmosphère intervient nécessairement beaucoup moins, qu'on peut faire les meilleures observations, et ceci nous ramène encore au Mont Blanc.

Des observations faites à l'Observatoire du Mont Blanc, il résulte des nombres qui montrent la puissance formidable de ce rayonnement solaire. Pour en donner une idée, disons qu'il faudrait 600 000 années de la production annuelle de toutes les mines de charbon du globe pour égaler, par la combustion de ce charbon, la quantité de chaleur que le Soleil nous envoie annuellement.

Messieurs, bénissons la science de nous faire connaître ces résultats, car elle nous montre que lorsque la production en charbon de notre globe commencera à baisser, nous pourrons recourir à la chaleur solaire. C'est là une de ces forces de la nature qui étaient ignorées autrefois et que la science fait connaître ; il en a été ainsi pour les chutes d'eau que l'on trouve dans des régions comme celle du Mont Blanc, et vous savez qu'en ce moment on est en train d'installer un chemin de fer électrique dont la force motrice sera empruntée aux chutes d'eau et qui sera actionné par des machines convenables. Il est aisé de voir qu'il y a là une mine inépuisable à exploiter, et ceci nous montre une fois de plus l'utilité de notre Observatoire.

Messieurs, il y a encore eu d'autres travaux au Mont Blanc, et, notamment, des études faites par un jeune docteur très distingué, et qui concernent la microbiologie. Ce savant a constaté la présence, dans les crevasses et dans la glace, de colonies entières de microbes. Ces résultats sont d'autant plus intéressants à constater pour la France, qu'ils ont été obtenus sur son territoire et que cet Observatoire astronomique est le plus élevé non seulement de l'Europe, mais du monde, si on considère les instruments dont il est muni.

Voilà, Messieurs, quelques-uns des points dont je voulais vous entretenir, et si j'ai usé de votre bienveillance, c'est que je savais que, dans cette grande et magnifique cité, vous êtes toujours prêts à vous intéresser à tout ce qui peut ajouter à l'honneur de la science française.

Voulez-vous me permettre maintenant de résumer, en quelques mots, nos connaissances sur le soleil. Cet astre est comme le rendez-vous, le résumé de toutes nos connaissances scientifiques. Nous savons qu'il est de 13 à 1400.000 fois plus gros que notre globe, et nous connaissons déjà les traits essentiels de sa constitution, et les conditions destinées à assurer l'abondance et la durée du rayonnement qu'il répand sur les planètes qui l'entourent.

Nous savons que la surface incandescente de faible épaisseur qui entoure l'astre, se régénère elle-même par les réserves de chaleur qu'elle puise dans la masse centrale. La surface rayonnante du Soleil est protégée par plusieurs enveloppes gazeuses dont l'une, appelée l'atmosphère coronale, produit pendant les éclipses totales le splendide phénomène des gloires et de la couronne. Cette atmosphère est principalement composée d'hydrogène, le plus léger et le plus transparent des gaz connus.

Si je pouvais m'étendre davantage, je vous montrerais que tout dans sa constitution est disposé de manière à lui assurer, pour aussi longtemps que possible, cette fonction capitale de son rayonnement d'où dépend la vie du monde de planètes qui l'entourent.

Ainsi, Messieurs, cette grande science de l'astronomie, à mesure qu'elle avance, nous révèle des lois et des harmonies nouvelles. Son immense utilité n'est donc pas contestable. Non seulement elle est indispensable pour régler le temps, pour donner des bases précises à la navigation, à la géographie, à la géodésie, mais encore en nous révélant les lois qui président aux phénomènes de l'univers, et en nous faisant connaître les harmonies sublimes qui se dégagent de ces lois, elle élève l'âme, elle la ravit et lui procure les plus hautes jouissances qu'elle puisse éprouver. C'est par cette conclusion que je voulais finir.

# VII

## RÉUNION DES VOYAGEURS FRANÇAIS

### Quarante-deuxième diner donné le 28 mars 1901 (1)

M. Janssen, président d'honneur de la Réunion, prend la parole après le D$^r$ Hamy, président de la séance, et retrace dans une brillante improvisation les résultats des explorations françaises dans les vingt dernières années du XIX$^e$ siècle.

# VIII

## SUR L'ÉCLIPSE TOTALE DU 18 MAI 1901

J'ai l'honneur de communiquer à l'Académie le contenu d'une dépêche chiffrée que m'envoie M. le Comte de la Baume Pluvinel que M. le Ministre de l'Instruction publique avait bien voulu, à ma demande, charger d'une mission pour observer, à l'île de Sumatra, la grande éclipse qui devait s'y produire le 18 courant dans des circonstances de durée tout à fait exceptionnelles.

---

(1) Ce dîner a eu lieu au Restaurant Marguery, à Paris. Janssen n'ayant pas rédigé son allocution, nous ne pouvons donner que l'extrait du procès-verbal de la Réunion.

D'après le programme arrêté entre M. de la Baume Pluvinel et moi, M. de la Baume devait, indépendamment des photographies de la couronne, porter ses observations sur la question de la rotation de la couronne, sur celle de la présence plus ou moins marquée des raies obscures fraunhofériennes dans la lumière coronale, et enfin sur la radiation calorifique de cette dernière.

Or, d'après la traduction du chiffre que M. de la Baume m'a envoyé, le temps, sauf quelques légers nuages, a favorisé ses observations et tout le programme arrêté entre nous a pu être exécuté.

On conçoit qu'il est indispensable d'attendre la présence de M. de la Baume ou tout au moins un rapport détaillé pour avoir une idée précise des résultats obtenus. Mais déjà, d'après le chiffre envoyé :

La rotation de la couronne n'aurait pu être constatée ;

La présence des raies fraunhofériennes dans la lumière de la couronne n'aurait point été constatée, sans doute au moins comme très marquée, ce qui s'accorde avec cette circonstance que nous sommes à une époque de minima des taches, et comme j'ai eu l'occasion de le faire remarquer, c'est aux époques des maxima que les vapeurs du globe solaire s'élèvent davantage dans l'atmosphère coronale et y permettent ces phénomènes de réflexion de la lumière photométrique accusée par la présence des raies fraunhofériennes. C'est ainsi que je les ai reconnues en 1871 et en 1883.

L'observation de M. de la Baume a donc un grand intérêt à cet égard.

Il en est de même de la constatation par le même observateur d'une chaleur sensible émise par la couronne.

En résumé, on doit reconnaître que les observations de M. de la Baume sont fort importantes, qu'elles contribuent à avancer nos connaissances sur ce grand phénomène de la couronne qui a été si longtemps une énigme pour les astronomes, et dont la connaissance et les rapports avec le Soleil ont une importance capitale.

Qu'il me soit permis de rappeler ici que M. de la Baume a libéralement fait les frais de ce grand voyage et que sous ce rapport, ainsi qu'en raison des services qu'il a déjà rendus à la science, il mérite doublement la bienveillance de l'Académie.

Je n'ai point encore reçu de nouvelles du D^r Binot, chef de laboratoire à l'Institut Pasteur, chargé, dans les mêmes conditions, d'une mission à l'île de la Réunion. Ce fait s'explique du reste par l'absence de câble télégraphique entre la Réunion et Madagascar.

Cependant, nous avons tout lieu d'espérer que le D^r Binot aura été favorisé par le temps, car nous savons que des observations importantes ont pu être faites par des missions anglaises à l'île Maurice, île très voisine de celle de la Réunion.

P. S. — Je reçois à l'instant une dépêche de M. le D^r Binot chargé, à ma demande, par M. le Ministre de l'Instruction publique, d'une mission à l'île de la Réunion, dans les mêmes conditions que celles de M. le Comte de la Baume Pluvinel à Sumatra, une dépêche, dis-je, qui m'informe qu'il a eu un *temps superbe*, d'où l'on peut inférer qu'il a pu exécuter dans les meilleures conditions le programme dont il avait bien voulu se charger.

*C. R. Acad. Sc.*, Séance du 20 mai 1901, T. 132, p. 1201.


## IX


## ALLOCUTION PRONONCÉE A LA SOCIÉTÉ FRANÇAISE DE PHOTOGRAPHIE LE 24 JUILLET 1901 EN L'HONNEUR DE M. A. DAVANNE (1).

M. Janssen, président de la Société, prononce l'allocution suivante :

CHER MONSIEUR DAVANNE,

Quand je considère votre carrière si longue et si bien remplie, la part si considérable que vous avez su prendre aux progrès et

_______

(1) Un objet d'art acquis par souscription fut offert à M. Davanne dans cette séance.

au développement de cette Photographie qui s'affirme de plus
en plus comme une des plus grandes découvertes du siècle qui
vient de finir ; quand je considère l'esprit judicieux, l'esprit de
prudence et de sagesse qui a présidé à tous les actes de votre
vie et le succès constant qui les a couronnés, je suis amené à
penser qu'une bonne fée a dû présider à votre naissance et qu'en
vous prenant sous sa protection elle a dû vous adresser des paroles
analogues sans doute à celles-ci :

Enfant, tu auras une belle et heureuse destinée. Tu verras
naître une des plus étonnantes découvertes de ce xixe siècle si
grand cependant par les conquêtes de l'homme sur la Nature, et
par tes ouvrages, par tes travaux, par la part que tu prendras
à la création et au développement des institutions destinées à la
faire progresser et se développer, tu attacheras si bien ton nom
à celui de cette grande immortelle que lorsqu'on prononcera son
nom le tien viendra naturellement sur toutes les lèvres.

Ah ! Messieurs, que notre doyen a bien fait de suivre les inspirations de la bonne fée ! et de s'attacher tout entier à cette merveilleuse découverte.

La Photographie, Messieurs, nous sommes encore à comprendre
la profondeur et la fécondité des principes sur lesquels elle
repose.

Que nous sommes loin du temps où Niepce et Daguerre envi-
sageaient la fixation de l'image de la chambre noire comme but
suprême de leurs efforts. Aujourd'hui qu'est notre organe visuel
réputé cependant si merveilleux, à côté de cet œil photographique qui saisit et fixe une gamme de radiations qui part de
l'extrême violet invisible jusqu'à ces rayons de chaleur obscure,
dont M. Langley nous a révélé l'énorme étendue et qui nous
promettent les découvertes les plus grandes et les plus inattendues. Et comme si ce n'était pas assez pour cette grande curieuse
qui pousse l'indiscrétion jusqu'au sublime, la voilà qui nous
révèle tout un monde où les obstacles apportés par la chair de
nos os, par les cloisons lignées, par les plaques métalliques mêmes
ne peuvent se défendre contre ses investigations.

La vérité, Messieurs, c'est que la Science, l'Industrie, l'Art
lui-même sont révolutionnés par cette enchanteresse qui est appe-

lé e à nous faire vivre dans un monde tout nouveau dont nous n'avons peut-être encore aucune idée.

Or, Messieurs, avoir eu la bonne fortune de naître juste à temps pour assister à la naissance d'une telle découverte et avoir été appelé à concourir à l'accomplissement d'une si extraordinaire révolution, n'est-ce pas, comme je le disais au début, avoir été un favori des dieux ?

Mon cher Monsieur Davanne, vous pouvez maintenant vous reposer. A la grande et longue journée de labeur et de combat succède un beau soir calme et reposant. Jouissez-en, jouissez-en longtemps pour vous d'abord et pour nous aussi, car nous comptons bien encore sur votre présence et vos conseils dans nos réunions. La manifestation d'aujourd'hui, si bien méritée, doit vous être douce. Mais la dette de la Société, des photographes, de vos amis n'est pas la seule à acquitter. J'estime que le pays tout entier vous doit la récompense qu'il accorde en fin de carrière à ceux qui l'ont servi avec gloire et désintéressement. Je proposerai donc à tous nos collègues et amis de signer une demande au Ministre de l'Instruction publique pour vous faire accorder la croix de Commandeur de la Légion d'Honneur : récompense qui formera le digne couronnement de votre belle carrière.

*Bulletin de la Société française de Photographie*, septembre 1901.

X

## OBSERVATION DES PERSÉIDES
## FAITE A L'OBSERVATOIRE DU MONT BLANC

M. Janssen adresse à l'Académie la dépêche suivante sur l'observation des Perséides faite à l'Observatoire du Mont Blanc.

Chamonix, 26 août 1901, 9 h. 5o.

Dans les observations des Perséides, faites sur les pentes de l'Observatoire du Mont Blanc, M. Nordmann, attaché à l'Observatoire, vient de confirmer l'existence d'un nouveau radiant, situé au-dessus de la constellation de Cassiopée, dans celle des Lézards. Dans la nuit du 23 au 24 courant, à 8 h. 40, il a pu notamment assister au passage d'une magnifique étoile filante, émanée de ce point, et qui avait un éclat bien supérieur à celui de la planète Jupiter. La couleur de cette étoile observée avec certitude en raison de la pureté de l'atmosphère à ces hauteurs était d'un beau bleu ; elle avait une courte chevelure rougeâtre et une longue queue blanche. Nos observations antérieures, du 12 au 20 août, avaient conduit au même résultat. L'existence de ce second point radiant, presque aussi riche que celui de Persée, est donc certaine. Des détails sur ces observations seront donnés prochainement.

JANSSEN.

*Post-Scriptum.* — J'ai reçu de M. Tarry, Président de la Société Flammarion, d'Alger, l'information que l'observation des Perséides par les membres de la Société y a pleinement réussi ; les détails des observations seront donnés ultérieurement.

*C. R. Acad. Sc.*, Séance du 26 août 1901, T. 133, p. 401.


# XI

## OBSERVATION DE L'ÉCLIPSE DU 11 NOVEMBRE 1901

M. le Président donne lecture d'une dépêche que M. Janssen a adressée, de Meudon, à l'Académie :

Je reçois un télégramme de la mission envoyée au Caire pour l'observation de l'éclipse du 11 novembre. M. de la Baume-Pluvinel a photographié, sur ma demande, le spectre des rayons solaires rasant le bord de la Lune et n'a pas constaté la moindre absorption décelant une atmosphère ; M. Pasteur a obtenu de grandes photographies solaires avec granulations. En somme, succès.

*C. R. Acad. Sc.*, Séance du 11 novembre 1901, T. 133, p. 768.

## XII

### RAPPORT SUR LE PRIX LECONTE, DÉCERNÉ PAR L'ACADÉMIE DES SCIENCES A M. FERNAND FOUREAU

L'Académie nous a chargés de lui présenter un rapport sur l'attribution du prix Leconte qui doit être donné par elle cette année.

Votre Commission s'est réunie les 24 juin et 1er juillet et, après avoir examiné les titres des divers candidats, elle vous propose d'attribuer ce prix à M. Foureau, chef de la mission Foureau-Lamy, qui a traversé complètement pour la première fois, et scientifiquement, la région désertique qui s'étend du sud de nos possessions algériennes au lac Tchad, et comblé ainsi la dernière grande lacune qui existait dans nos connaissances du continent africain.

Sans doute cette mémorable expédition scientifique et pacifique a eu des conséquences politiques et morales de la plus haute importance sur l'esprit des populations sahariennes qui nous étaient si hostiles jusqu'ici, surtout depuis la catastrophe de la mission Flatters. Mais, quelle que soit l'importance de ces résultats, nous n'avions pas à les considérer, et c'est le côté scientifique, lequel a formé le caractère exclusif de cette grande mission, ainsi que les résultats de cet ordre obtenus par elle qui ont retenu notre attention et déterminé notre choix.

Un aussi éclatant succès et des résultats aussi importants, obtenus après tant de tentatives infructueuses, ne peuvent s'expliquer que si l'on connaît la carrière de M. Foureau.

Celle-ci, en effet, nous montre combien cet explorateur, par ses études de tout genre et ses nombreux voyages, était admirablement préparé sous tous les rapports à la tâche finale qu'il a accomplie.

En effet, si nous nous reportons à la jeunesse de M. Foureau, nous voyons un jeune homme avide de l'histoire des grands explorateurs, rêvant déjà la gloire des découvertes géographiques et s'imposant la tâche d'acquérir toutes les connaissances, si variées, que doit posséder le voyageur scientifique, quand ce mot est entendu dans sa plus haute acception.

Bien avant l'époque où M. Foureau fut chargé de missions scientifiques, nous le voyons exécutant à ses frais de nombreux voyages dans les régions sud-algériennes et, par là, acquérant la connaissance de la topographie, du climat, de la langue, du caractère, des populations, des régions qui devaient plus tard devenir le théâtre et le point de départ de ses grandes explorations.

C'est en 1890 que M. Foureau reçoit une première mission officielle du Ministère de l'Instruction publique pour le Tademayt, et, depuis cette époque jusqu'en 1897, nous comptons neuf missions du Ministère pour l'étude et l'exploration du Sahara.

Toutes ces missions, dans lesquelles l'auteur dresse des cartes sur données astronomiques, étudie la flore, le magnétisme, compose même un essai de catalogue des noms arabes et berbères de plantes, arbustes et arbres algériens, sont suivies de rapports très complets, très consciencieux et très appréciés, adressés soit au Ministère de l'Instruction publique, soit à l'Académie des Inscriptions, soit à la Société de Géographie.

En résumé, pendant ces diverses missions, l'explorateur parcourait plus de 21 000 kilomètres dont plus de 9 000 kilomètres levés à l'échelle de 1/100 000 en pays totalement inconnu et environ 5 000 kilomètres levés à l'échelle de 1/100 000 en pays déjà entrevus.

Il observait et calculait deux cent quarante latitudes et deux cent vingt-quatre longitudes et faisait, en outre, de nombreuses observations de magnétisme.

Une préparation aussi complète et la connaissance qu'on avait déjà du caractère aussi prudent et politique qu'audacieux de M. Foureau était un gage assuré du succès.

Aussi quand cet explorateur se proposa pour accomplir cette traversée du Sahara, fut-il accueilli avec pleine confiance et fit-on tous les efforts pour lui assurer les moyens de la réaliser.

Notre grande Société de Géographie, qu'on trouve toujours à

la tête de toutes les entreprises de nature à faire avancer les sciences ou à faire honneur à la France, mit à sa disposition le magnifique legs Desorgeries. Le Ministère de l'Instruction publique, celui de la Guerre et le Gouvernement de l'Algérie, apportèrent également leur contribution, en sorte que les moyens matériels étaient assurés.

Nous ne ferons pas ici le récit de cette mémorable expédition qui est dans toutes les mémoires.

Disons seulement pour la résumer, que, par le courage, la prudence, l'habileté consommée déployée dans les rapports et la conduite avec ces terribles populations touaregs, si jalouses de leur indépendance, si avides de pillage, si portées à la mauvaise foi, le chef de mission a tracé le programme et la conduite ultérieure à suivre dans nos rapports avec elles.

Et, si nous ajoutons que, pendant les péripéties d'une aussi longue et si dangereuse expédition, les observations scientifiques qui formaient avant tout le but de l'expédition n'ont jamais été négligées un seul instant, et que les observations de tous genres, astronomiques, météorologiques, magnétiques, géologiques, etc., ont été régulièrement poursuivies, même au milieu des circonstances les plus critiques où l'existence même de la mission était mise en question, il faut avouer qu'il y a là des mérites et des services d'un ordre tout à fait exceptionnel.

Parmi les résultats d'ordre géographique obtenus par la mission, signalons par exemple, cette constatation que la ligne de partage des eaux dans le grand désert, celle qui divise les deux bassins méditerranéen et atlantique, était placée d'une manière inexacte et qu'elle doit être rejetée très notablement vers le Sud.

Signalons de plus ce fait encore plus important, à savoir celui de l'existence d'une chaîne de grandes dunes granitiques, laquelle créerait, pour être traversée par une voie ferrée, des difficultés considérables et nécessairement des dépenses énormes.

Si donc on veut établir un chemin de pénétration de notre Algérie vers le Tchad et nos possessions du Congo, il sera absolument nécessaire d'en rejeter très notablement le tracé soit vers l'Est, soit vers l'Ouest de la région parcourue par l'expédition.

La mission a été également amenée à rectifier le tracé des bord
du lac Tchad dans sa partie orientale.

Elle a constaté, en effet, que, de ce côté, un promontoire impor
tant s'avance dans le lac, circonstance qui aura des conséquence
heureuses pour la navigation du lac.

En résumé, Messieurs, votre Commission, prenant en considération, d'une part, le grand résultat obtenu, à savoir la traversée et l'exploration scientifique d'une immense région qui,
jusqu'ici, nous était fermée et inconnue et l'importance de cette
exploration pour nos possessions africaines et pour la géographie de l'Afrique, dont elle fait disparaître la dernière grande
lacune, et considérant, en outre, combien cette belle et héroïque
expédition, conduite toute pacifiquement et exclusivement au
point de vue scientifique, fait honneur à la France, votre Commission vous propose de décerner le prix Leconte à M. Foureau,
chef de cette Mission.

*C. R. Acad. Sc.*, Séance du 16 décembre 1901, T. 133, p. 1126.


## XIII

## RAPPORT SUR LE PRIX JANSSEN POUR 1901
## DÉCERNÉ A M. FERNAND FOUREAU

Votre Commission vous propose, pour honorer d'une manière
exceptionnelle la mission saharienne, de décerner la Médaille
d'Or Janssen à M. Foureau, chef de la Mission.

Elle demande en outre d'attribuer trois médailles de vermeil
offertes également par M. Janssen à :

M. Noël Villatte, Secrétaire de M. Foureau.

M. Villatte a collaboré aux observations astronomiques et
calculé ces observations en cours de route, ce qui fut précieux
pour éclairer la mission sur la route à tenir. M. Villatte a en
outre pris part aux observations météorologiques qu'il était
chargé d'enregistrer chaque jour. Il a montré un très grand zèle,
une grande application et une longue habitude des instruments.

M. le Lieutenant E. Verlet-Hanus, lieutenant de tirailleurs.

M. Verlet a collaboré aux levés topographiques de l'itinéraire et en a dressé une carte générale qui est en cours d'exécution.

M. le Lieutenant d'artillerie de marine A. Pinenton de Chambrun.

M. de Chambrun a très habilement collaboré aux observations astronomiques, notamment par des observations de hauteur de la Lune et d'étoiles pendant toute la durée du voyage.

Cette collaboration précieuse justifie pleinement l'attribution de la médaille qui lui est décernée.

*C. R. Acad. Sc.*, Séance du 16 décembre 1901, T. 133, p. 1129.


## XIV

## REMARQUES SUR LA NOTE DE M. DE LA BAUME PLUVINEL INTITULÉE « SUR L'OBSERVATION DE L'ECLIPSE ANNULAIRE DE SOLEIL DU 11 NOVEMBRE 1901 » (1).

M. de la Baume Pluvinel a été chargé, à ma demande, d'une mission gratuite du Gouvernement, pour observer en Egypte l'éclipse du 11 novembre dernier.

J'avais prié M. de la Baume, qui s'est construit d'excellents spectroscopes à réseaux et qui s'en sert avec beaucoup de talent, d'obtenir un spectre très précis et très dispersé de la lumière solaire rasant le bord de la Lune, afin de voir si, dans ces conditions, ce spectre décèlerait quelques phénomènes d'absorption attribuables à la présence d'une atmosphère lunaire même très rare.

Le résultat a été négatif ; on est donc conduit à admettre que s'il reste encore autour du globe lunaire une couche gazeuse, elle doit être d'une rareté extrême.

_____________

(1) Voir *Comptes rendus Acad. Sc.*, T. 133, p. 1180.

Il faut que les circonstances dans lesquelles l'observation est faite, pendant une éclipse du globe solaire par la Lune, soient très favorables pour déceler l'existence d'une couche gazeuse autour du globe lunaire, puisque, dans ce cas les rayons solaires traversent une épaisseur d'atmosphère double de celle qui serait parcourue par ces mêmes rayons si l'on observait un coucher de Soleil à la surface de la Lune, circonstance qui serait, comme on sait, la plus favorable à la manifestation des raies sélénuriques.

Dès l'année 1863, au moment où je poursuivais mes études sur les raies telluriques du spectre solaire nouvellement découvertes, je signalais cette observation et le dispositif expérimental propre à la réaliser. J'avais même pris les dispositions nécessaires pour appliquer ce dispositif à l'étude de l'éclipse partielle du 17 mai 1863, mais l'état du ciel empêcha toute observation, et je dus me contenter de signaler le projet et les dispositions à l'Académie.

La grande compétence de M. de la Baume dans ces études et les instruments très parfaits dont il dispose, m'ont engagé à lui recommander cette intéressante observation, et le résultat m'en paraît décisif.

*C. R. Acad. Sc.*, Séance du 23 décembre 1901, T. 133, p. 1185.

# 1902

I

## OBSERVATOIRE DU SOMMET DU MONT BLANC
## (CRÉATION ET TRAVAUX)

Plusieurs de mes confrères et amis ont pensé que, au moment où il s'agit de doter l'Observatoire d'instruments nouveaux et de donner une plus grande impulsion aux travaux qu'on y effectue, il y aurait intérêt à donner dans l'*Annuaire* quelques détails sur les circonstances qui ont amené sa création et les travaux qui y ont déjà été effectués.

Depuis longtemps, j'avais été frappé des conditions exceptionnellement favorables que présentait le massif du Mont Blanc pour des observations astronomiques où intervenait l'atmosphère terrestre.

En 1888, ayant été amené à me poser la question de la présence ou de l'absence de l'oxygène dans les enveloppes extérieures du Soleil, je fis l'ascension des Grands-Mulets et j'y emportai un spectroscope approprié à la recherche en question.

Cette première étude ayant donné un résultat conforme à mes prévisions, je désirais vivement les confirmer par des observations faites au sommet même du Mont Blanc.

En 1890, ayant été prié par M. Vallot de venir à son Observatoire des Bosses à l'occasion de son inauguration, j'en profitai pour me faire conduire ensuite au sommet et là, frappé des conditions si exceptionnelles que présentait ce point pour tout un ordre d'observations astronomiques, météorologiques, de physique terrestre et physiologiques, je résolus de demander à l'Académie et aux amis de la Science de m'aider à y créer un observatoire.

Cet appel fut entendu au delà de mes espérances. Après la

lecture à l'Académie dans laquelle je rendais compte de mon ascension au sommet, et où j'émettais le vœu de la création de cet Observatoire, notre confrère, M. Bischoffsheim, enthousiasmé de ce projet s'inscrivit généreusement pour une contribution de 150.000 francs ; Son Altesse le prince Roland Bonaparte souscrivit pour 100.000 francs, le baron Alphonse de Rothschild pour 20.000 francs et moi-même je m'étais inscrit pour 10.000 francs comme promoteur. Ces ressources permettaient une action immédiate et c'est ce qui fut fait.

L'Observatoire devant subir les assauts des vents et tempêtes du sommet, et, d'autre part, ne pouvant être assis que sur la neige (1), devait former une construction d'une solidité exceptionnelle, dont toutes les parties seraient reliées de manière à ne former qu'un tout. La forme adoptée fut celle d'une grande pyramide tronquée, dont la moitié inférieure serait tout entière encastrée dans la neige durcie du sommet ; cette pyramide, comprenant deux étages, une terrasse et une tourelle d'observation, devait avoir à la base 10 mètres de longueur sur 5 mètres de largeur. Pour les dispositions intérieures et l'agencement de la charpente, je fus aidé très aimablement par mon confrère de l'Académie des Beaux-Arts, M. Vaudremer, architecte éminent auquel nous devons la belle église de Saint-Pierre de Montrouge et tant d'autres œuvres remarquables.

L'Observatoire fut entièrement construit et monté à Meudon, et ce n'est que lorsqu'il fut trouvé répondant aux conditions désirées qu'on s'occupa de le démonter et de le transporter à Chamonix.

Pour le transport des pièces de Chamonix au sommet, et pour l'édification de l'Observatoire, la Société fit un marché avec MM. Frédéric Payot et Jules Bossonney. Ce transport des pièces de la construction n'exigea pas moins de sept à huit cents voyages de porteurs chargés de vingt à trente kilos. Une circonstance dont je ne cessai de m'applaudir depuis, c'est que ces

---

(1) Des fouilles exécutées sous le sommet par les soins et aux frais de M. Eiffel avaient démontré qu'aucun rocher pouvant servir de fondation n'existait à moins de 10 mètres de la surface de la cime.

si nombreux voyages ne donnèrent lieu à aucun accident (1).

En septembre 1893, l'Observatoire était érigé, j'y montai et, pendant quatre jours, j'y fis des observations dont j'ai rendu compte dans ma Communication à l'Académie.

L'Observatoire possède un grand équatorial monté en sidérostat polaire dont l'objectif et le miroir ont été généreusement offerts par MM. Henry frères, de l'Observatoire de Paris.

Nous avons acquis de M. Jules Richard un grand météorographe enregistreur, mais cet instrument n'a jamais pu fonctionner régulièrement ; j'ai songé à le remplacer par des instruments fondés sur un principe différent. Ce principe consiste à emprunter la rotation et la chute du cylindre enregistreur au poids même de ce cylindre. C'est à l'aide d'une vis à pas très allongés, placée au centre du cylindre et portant un écrou relié au cylindre, que ce résultat est obtenu.

Pour régler le mouvement du cylindre, M. Poncet, professeur d'horlogerie à l'Ecole de Cluses, auquel j'ai fait connaître le principe d'emprunter au poids même du cylindre enregistreur la force nécessaire pour déterminer sa rotation et son déplacement dans la verticale, a demandé à l'électricité la force nécessaire pour actionner l'échappement qui doit régler la marche de l'appareil. Mais je pense qu'il est préférable d'emprunter la chute et la rotation du cylindre ainsi que la réglementation de son mouvement à la seule pesanteur, et c'est dans ce sens que je me réserve de poursuivre la réalisation d'instruments enregistreurs qui me paraissent avoir un grand avenir, principalement pour les stations

---

(1) Au cours de ces travaux, le D<sup>r</sup> Jacotet, médecin de la commune de Chamonix, désirant visiter le Mont Blanc, obtint à mon insu, de M. Imfeld, ingénieur géographe chargé par nous de faire le plan du sommet, la permission de l'accompagner dans une de ses ascensions. Il eut l'imprudence, après avoir visité le sommet, de pénétrer dans une galerie de glace qu'on y creusait alors. Il y contracta un refroidissement qui amena une congestion pulmonaire dont il mourut en quelques heures. Le D<sup>r</sup> Jacotet fut très regretté à Chamonix où il prodiguait ses soins aux pauvres. Mais nous devons déclarer ici de la manière la plus formelle que le D<sup>r</sup> Jacotet n'était en aucune façon attaché à la Société, que j'ignorais absolument son ascension, que je n'aurais pas permise si je l'eusse connue, sachant que la santé du docteur ne lui permettait pas semblable entreprise. La Société est donc tout à fait étrangère à cet accident, que nous avons été les premiers à déplorer.

de montagnes ou de contrées très froides pour lesquelles les instruments météorographiques doivent fonctionner d'eux-mêmes
pendant un grand laps de temps.

Je crois que ce principe d'emprunter au poids même du cylindre
la force nécessaire pour déterminer sa rotation, son mouvement
dans la verticale et la réglementation de ces mouvements, est
un principe très fécond qui nous permettra d'obtenir des enregistreurs à très longue marche et susceptibles de fonctionner
dans des stations ou très élevées ou très froides.

A ma demande, M. Poncet a construit un enregistreur pouvant marcher une année ; je compte le faire porter à l'Observatoire du sommet dès que les circonstances météorologiques le
permettront.

Les travaux de cette année exécutés à l'Observatoire du Mont
Blanc ont porté sur l'étude de l'ozone atmosphérique en rapport
avec la hauteur de la station, par M. Lespieau ;

Sur l'étendue du spectre ultra-violet à diverses altitudes, par
MM. Aubert et Sagnac, études qui confirment les résultats obtenus dans cette direction par notre éminent confrère M. Cornu ;

Sur l'intensité des raies de l'oxygène aux divers points du
Mont Blanc, travail demandé par M. Janssen à M. Bloch, professeur de physique au Lycée Saint-Louis ;

Certaines études sur les ondes hertziennes, par M. Nordmann ;
Observations des Perséides, par le même.

L'observation du minimum de température au sommet du
Mont Blanc pour l'hiver dernier, relevé sur un thermomètre
Tonnelot à minima, a donné à M. Nordmann une température
de — 45°. On avait relevé seulement — 43° pendant l'hiver de
1894-95.

Ainsi, au sommet du Mont Blanc, par les hivers rigoureux, la
température s'abaisse toujours au-dessous du point de congélation du mercure.

On voit combien cette station du sommet du géant des Alpes
peut offrir matière à des études intéressantes.

Il serait donc bien à désirer que cet Observatoire fût complété,
développé et mis à même de rendre tous les services qu'on est en
droit d'attendre de cette station unique.

Je ne veux pas terminer sans remercier encore ici publiquement les généreux donateurs, MM. Bischoffsheim, le prince Roland, Alphonse de Rothschild, de m'avoir mis à même de fonder cet Observatoire.

Je veux adresser également un souvenir reconnaissant à la mémoire de M. Léon Say, qui avait pris un intérêt si passionné à cette création et nous fit obtenir de l'Etat une subvention annuelle pour aider à l'entretien.

Nous ne devons pas oublier non plus les services que M. Edouard Delessert a rendus à la Société comme trésorier.

*Annuaire du Bureau des Longitudes* pour l'an 1902.


## II


## ALLOCUTION PRONONCÉE AU DINER DU PHOTO-CLUB OFFERT AUX AÉRONAUTES DU SIÈGE DE PARIS, LE JEUDI 3 AVRIL 1902.


MESSIEURS,

Je suis très touché des paroles beaucoup trop bienveillantes à mon égard de notre si sympathique et si distingué président.

De la part d'un amateur d'aéronautique si habile, si expérimenté, si courageux et si héroïque à l'occasion et qui a accompli de si beaux et mémorables voyages les approbations et les éloges prennent une singulière valeur, mais Messieurs, il faut le dire bien haut parce que c'est la plus exacte vérité.

Nous proclamons, et certes je suis bien sûr en parlant ainsi, d'être de cœur et d'esprit avec tous mes compagnons des ballons du siège, nous proclamons qu'il n'y eut aucun mérite de notre part en accomplissant un devoir aussi impérieusement indiqué envers la Patrie.

Il est, en effet, Messieurs, des circonstances si graves, si critiques, si terribles même dans le salut de la Patrie que ceux, comme nous le sommes tous, qui aiment et chérissent la patrie, sont entraînés d'un mouvement irrésistible vers le devoir, vers le dévouement, vers le sacrifice même de la vie. Il n'y a là aucun mérite. Ce sont toutes les fibres de notre être qui crient et nous entraînent du mouvement le plus irrésistible et le plus impérieux.

Nous n'avons donc pas, Messieurs, à nous féliciter ni permettre qu'on nous félicite, mais nous pouvons nous réjouir du résultat.

L'épisode des ballons au milieu de tant de désastres et d'effondrement a été un motif de consolation et même d'orgueil national. Il est bien dans le génie francais, génie d'initiative, de ressources imprévues, d'invention, de courage, de générosité.

Et non seulement, Messieurs, vous aurez attiré alors sur la défense nationale l'estime et même l'admiration, mais suivant notre génie initiateur, vous avez créé un nouvel élément au service de la défense des places. Votre initiative a été féconde, vous avez ouvert une voie qui a été suivie, et aujourd'hui le service des ballons pour les places de guerre est à jamais adopté.

Ah ! Messieurs, si la défense d'ordre purement militaire avait été ce qu'elle aurait dû être, ce siège de Paris eut été le tombeau des assiégeants et il eut fait époque dans l'histoire, mais jetons un voile sur ce passé et réjouissons-nous de ce que ce passé si douloureux nous a valu l'estime et même l'admiration ; et ici je dois faire la meilleure part à ce grand orateur patriote et homme d'Etat dont la parole enflammée a réchauffé les âmes françaises et l'a fait se ressaisir elle-même.

Messieurs, j'ai tenu à venir m'asseoir à cette table où j'étais très honoré d'abord d'être l'invité des hôtes qui y président, et où je savais rencontrer mes braves aéronautes du siège. Nos rangs s'éclaircissent, car il y a déjà un tiers de siècle que nous montions dans nos nacelles. Je veux leur dire que je suis toujours de cœur avec eux et que si je puis être utile à quelques-uns d'entre eux, je le ferai avec tout le dévouement dont je suis capable.

Messieurs, je bois à nos hôtes en leur disant que je suis de cœur avec eux dans l'œuvre d'ordre si élevé qu'ils poursuivent, je bois à mes compagnons dans l'œuvre des ballons du Siège, auxquels je souhaite de venir encore bien des fois à ce dîner confra-

ternel. Je bois surtout à cette chère France, à cette grande initiatrice, à cette grande généreuse, qui n'a qu'à se ressaisir elle-
même pour être encore à 'a tête des Nations par le génie et par
le cœur.


## III


## SUR DES PHOTOGRAPHIES DE LA COURONNE SOLAIRE


J'ai l'honneur de présenter à l'Académie, de la part du Docteur Jean Binot, des photographies de la couronne solaire
prises par lui à l'île de la Réunion, pendant l'éclipse totale du
17 mai 1901.

On sait que cette éclipse totale avait un grand intérêt, en
raison de sa longue durée. Cette durée atteignait en effet plus de
six minutes et demie pour l'île de Sumatra, où M. le Comte de
la Baume Pluvinel, missionnaire du Gouvernement et de l'Observatoire de Meudon, alla l'observer.

Mais si les conditions astronomiques à Sumatra étaient très
favorables, il n'en était pas de même au point de vue météorologique ; aussi avais-je vivement désiré faire également observer le
phénomène à l'île de la Réunion, où la durée de la totalité était
moindre sans doute, mais où les chances de beau temps étaient
infiniment meilleures. M. le Dr Binot, chef de laboratoire à l'Institut Pasteur et amateur très distingué de Photographie et d'Astronomie, répondit à mon appel et voulut exécuter à ses frais
cette importante mission. Nous lui confiâmes une excellente
lunette de photographie solaire, avec laquelle il obtint les belles
images de la couronne que j'ai l'honneur de présenter à l'Académie. Ces photographies sont précieuses en raison de l'importance
de l'éclipse à laquelle elles se rapportent et aussi par le peu de
succès des observations dans les autres stations. Il est en effet,
d'une haute importance pour l'avancement de nos connaissances
sur la constitution du Soleil, que nous possédions sans lacunes
la série des images de la couronne solaire relatives à toutes les
éclipses totales importantes.

C'est à ce titre que je veux féliciter et remercier ici le Docteur Binot de son généreux dévouement à la Science et que je prie l'Académie d'autoriser la reproduction de cette photographie de la couronne de 1901 dans ses *Comptes rendus*.

*C. R. Acad. Sc.*, Séance du 12 mai 1902, T. 134, p. 1096.

## IV

## SUR LES DISPOSITIONS OPTIQUES PROPRES A REMÉDIER AUX TROUBLES VISUELS DANS LES CAS DE KÉRATOCONE

On sait que cette affection consiste dans une déformation de la partie antérieure du globe oculaire, c'est-à-dire de la cornée transparente qui, au lieu de présenter la forme sphérique (fig. A), affecte celle d'une surface conique à sommet arrondi ou plus exactement parabolique (fig. B).

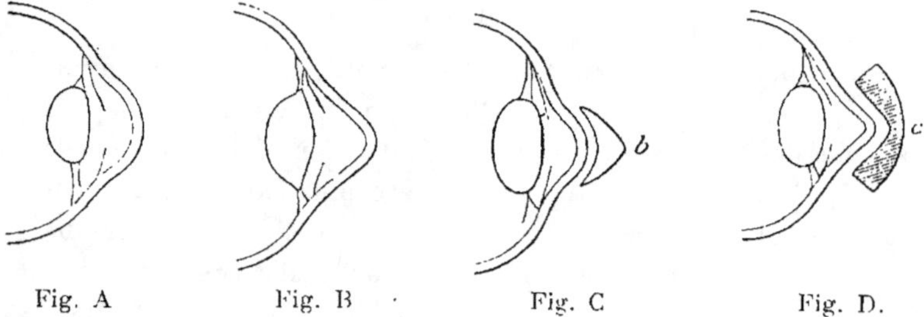


Fig. A          Fig. B          Fig. C          Fig. D.

1902. La cornée affectée de Kératocone.

Le résultat de cette déformation est d'amener, indépendamment des autres troubles visuels, une myopie extrême, en sorte que le sujet qui en est atteint ne peut voir distinctement que les objets extrêmement rapprochés et qui touchent en quelque sorte l'œil lui-même.

Au point de vue optique, cet effet s'explique facilement.

Tout se passe en effet comme si l'on eût placé, devant un œil normal (fig. C) à cornée sphérique, une lentille *b* dont la surface intérieure fût celle d'une cornée normale, mais dont la surface extérieure eût une courbure semblable à celle d'une cornée affectée de kératocone.

Or, une pareille lentille, en raison de la courbure si prononcée de sa surface extérieure, produirait sensiblement l'effet d'une lentille de microscope, et c'est ce qui explique la myopie si prononcée d'un œil affecté de kératocone.

En même temps cette remarque nous conduit à la disposition optique propre à rétablir la vision. On voit en effet que, puisque les choses se passent comme si l'on eût placé devant l'œil normal une lentille semblable à la lentille $b$, il faut, pour rétablir la vision, employer une lentille compensatrice qui annule l'effet de cette lentille $c$. Et l'on atteindra ce but en plaçant devant l'œil affecté de kératocone (fig. D) une lentille $c$ dont la surface intérieure soit précisément celle de la surface extérieure de $b$ (fig. C), c'est-à-dire la surface de la cornée à kératocone et pour surface extérieure celle d'un œil normal.

L'expérience confirme cette donnée de la théorie, d'une manière générale, en ne tenant pas compte, bien entendu, des irrégularités d'ordre secondaire que présentent souvent les cornées affectées de kératocone.

J'ai même été amené à donner à la lentille compensatrice une surface intérieure sphérique au lieu de la forme parabolique, qui est celle des cornées à kératocone. C'est qu'en effet, si la lentille à surface intérieure parabolique corrige plus exactement l'anomalie visuelle en question, elle ne produit cet effet que lorsque l'axe de l'œil coïncide avec l'axe de la lentille compensatrice, et, dès que ces deux axes ne coïncident plus, comme cela arrive quand la vision s'exerce de côté, celle-ci devient extrêmement défectueuse. Cet effet est très atténué avec des lentilles compensatrices à surface intérieure sphérique.

On peut même rendre à un œil affecté de kératocone une vision très sensiblement normale en plaçant devant cet œil une lentille concave-convexe, ou même biconcave, d'un pouvoir bien approprié.

Une série, suffisamment complète, de verres biconcaves permettra d'atteindre ce but. On choisira dans la série le verre qui permettra au sujet de voir de loin d'une manière suffisamment distincte, ou tout au moins plus distincte que celle obtenue avec les verres d'un pouvoir immédiatement plus faible ou plus fort.

Si le sujet était très jeune, le pouvoir d'accommodation du cristallin pourrait ne pas être aboli et se rétablir promptement, et, dans ce cas, le même verre pourrait servir à la vision éloignée et à la lecture, ainsi qu'à la conduite dans les appartements et au dehors.

Dans le cas contraire, on ajoutera au verre, pour la vision éloignée, un second verre approprié à la vision plus rapprochée.

Ces verres peuvent être montés en pince-nez, en lunettes, ou même en monocle, si le sujet ne veut se servir que d'un œil.

C'est à la demande d'une amie de notre famille, dont le fils était affecté de kératocone très prononcé à ses deux yeux, que j'ai été amené à étudier cette affection et à instituer le remède d'ordre optique que je signale ici dans l'intérêt de ceux qui en sont atteints.

Il y a près d'une dizaine d'années que la personne en question fait usage des verres qui ont été construits pour elle, et, par leur aide, elle a recouvré une vue très sensiblement normale.

*C. R. Acad. Sc.*, communication faite dans la séance du 5 mai 1902 et publiée dans le compte-rendu de celle du 20 mai 1902, T. 134, p. 121.

V

## RAPPORT SUR LE PRIX JANSSEN
## DÉCERNÉ EN 1902 PAR L'ACADÉMIE
## A M. AYMAR DE LA BAUME PLUVINEL

Ce prix est accordé à M. le Comte Aymar de la Baume Pluvinel pour ses travaux en Astronomie physique et les importantes missions qu'il a exécutées à ses frais, à la demande et avec les instructions de M. Janssen.

La carrière scientifique de M. le Comte de la Baume Pluvinel est déjà longue.

Dès 1882, nous le voyons attaché à la mission de notre regretté confrère d'Abbadie pour l'observation à l'île de Haïti du passage de la planète Vénus de 1882.

D'Abbadie s'est grandement loué de l'assistance précieuse qu'il reçut en cette circonstance de M. de la Baume Pluvinel.

En 1887, M. de la Baume Pluvinel ne craignit pas de faire un long et coûteux voyage en Russie, à Tver, près de Moscou, pour y observer une éclipse totale. Malheureusement l'état du ciel, au moment du phénomène, ne favorisa pas le dévoué et zélé observateur.

En 1889, M. de la Baume Pluvinel recevait du Bureau des Longitudes la mission d'aller observer aux îles du Salut l'éclipse totale du 22 décembre 1889.

M. de la Baume Pluvinel fit alors l'importante constatation que la structure de la couronne rappelait celles de 1867 et 1878, ce qui établissait une relation entre les phénomènes extra-solaires et la fréquence des taches, relation que j'avais eu l'occasion de signaler à propos de l'éclipse de 1871, observée aux Indes.

M. de la Baume Pluvinel signale à cette occasion la formule curviligne des aigrettes dans la couronne, qu'il considère avec raison comme due à l'existence d'une force de projection combinée avec la rotation du Soleil.

Pendant l'éclipse annulaire du 17 juin 1890, M. de la Baume Pluvinel nous rapportait un spectre de l'extrême bord du Soleil, lequel comparé à celui du centre, ne montrait aucune accentuation des bandes d'absorption de l'oxygène, ce qui démontre une fois de plus que, si l'oxygène existe dans le Soleil, il ne s'y trouve pas dans l'état où il existe dans notre atmosphère.

En 1893, le 26 avril, une éclipse totale avait lieu au Sénégal, M. de la Baume Pluvinel, empêché par des affaires de famille d'aller lui-même observer cette éclipse, voulut faire les frais d'une mission que nous confiâmes à M. Pasteur, chef de la Photographie à l'Observatoire de Meudon.

M. Pasteur rapporta de cette mission des photographies du spectre de la couronne qui montrent que celle-ci contient incontestablement de la lumière solaire réfléchie par elle et qu'en conséquence elle est bien un objet réel.

Le 5 septembre 1898, M. de la Baume Pluvinel voulait bien, à ma demande, monter au Mont Blanc et y obtenait, vers midi, des spectres solaires qui, rapprochés de ceux pris dans les mêmes circonstances à Paris, à Chamonix, montrent incontestablement l'origine tellurique des raies et bandes de l'oxygène.

Ajoutons qu'en 1900 et 1902 eurent lieu d'importantes éclipses en Espagne, à Sumatra et en Egypte, qui, toutes, furent observées par M. de la Baume Pluvinel. Celle d'Egypte, notamment, donna un très intéressant résultat en confirmant ce que nous savions sur l'extrême rareté de l'atmosphère lunaire, s'il en existe une.

A la suite de son observation, M. de la Baume Pluvinel partit pour la Haute-Egypte, où il fit d'importantes observations d'analyse spectrale.

Tous ces travaux, toutes ces missions suffiraient surabondamment pour mériter la médaille que nous prions l'Académie d'accorder à M. de la Baume Pluvinel, mais nous devons ajouter que l'on doit encore à M. de la Baume Pluvinel de très intéressants ouvrages de photographie théorique et pratique qui ont été grandement appréciés.

Les conclusions de ce Rapport sont adoptées.

## ENCOURAGEMENT ET UNE MÉDAILLE JANSSEN ACCORDÉS AU Dr JEAN BINOT

M. le Dr Jean Binot, chef de laboratoire à l'Institut Pasteur, a accompli, dans le massif du Mont Blanc et au sommet même de cette montagne, des travaux très intéressants de bactériologie.

Des fouilles méthodiques et habilement distribuées dans le massif du Mont Blanc lui ont permis de recueillir des échantillons de colonies entières de microbes appartenant à des espèces variées.

Ces échantillons, placés dans des bouillons de culture, sont revenus à la vie, ce qui démontre la vitalité extraordinaire de ces êtres. Il sera d'un haut intérêt de continuer ces études relativement à des colonies existant dans des parties encore plus anciennes du glacier.

L'année dernière une grande éclipse totale avait lieu, comme on sait en Asie.

A ma demande M. le D^r Binot, muni d'un bon appareil photographique et après s'être exercé à l'Observatoire de Meudon, partit, muni d'une mission gratuite du Ministre de l'Instruction publique, pour l'île de France, où les chances de beau temps étaient les plus grandes, et nous rapporta une belle photographie de la couronne qui a été présentée à l'Académie et figure dans nos Comptes rendus.

Ces travaux et ces services rendus à la Science justifient pleinement l'encouragement que l'Académie accorde au D^r Jean Binot.

Je demande à l'Académie d'y joindre ma médaille en vermeil.

Ces conclusions sont adoptées.

*C. R. Acad. Sc.*, Séance du 22 décembre 1902, T. 135, p. 1172.

# 1903

## I

## NOTE SUR LES TRAVAUX EXÉCUTÉS
## A L'OBSERVATOIRE DU SOMMET DU MONT BLANC
### EN 1902

Les travaux scientifiques, à l'Observatoire du sommet érigé par notre Société, ont été continués cette année.

En août, l'Observatoire a été remis en état, et M. Vallet, juge de paix à Chamonix, chargé de l'entretien, m'a informé que cette opération avait été heureusement terminée et qu'elle n'avait donné lieu à aucun accident de personnes.

Le terrible accident qui s'est produit cette année, et qui nous a tous émus à si juste titre, est dû à l'infraction de cette règle constante, dont les voyageurs ne devraient jamais s'écarter, à savoir : de choisir de bons guides et d'écouter scrupuleusement leurs avis. Les deux voyageurs qui ont péri si malheureusement se sont, paraît-il, laissé emporter par leur courage et ont entraîné leurs guides à continuer l'ascension dans des conditions jugées dangereuses par ceux-ci, et l'événement n'a que trop montré la sagesse de ces avis.

Je n'ai jamais cessé de donner ce conseil aux voyageurs avec lesquels je me suis trouvé en rapport, et spécialement aux savants qui veulent bien, avec notre concours, exécuter des travaux à notre Observatoire.

Ces collaborateurs ont été cette année :

M. le Dr Henocque, qui a fait des études sur les modifications que subit l'hémoglobine du sang en rapport avec les efforts musculaires et l'altitude ;

M. le professeur Aubert, du collège Charlemagne, qui a étudié les modifications que l'altitude et la rareté de l'atmosphère apportent à la richesse des rayons violets et ultra-violets du spectre, travail qui, comme on sait, a déjà occupé M. Cornu, de si regrettable mémoire.

Ce travail est exécuté avec un spectroscope à prismes et lentilles de quartz que nous avons fait construire spécialement pour cet objet, et dont l'optique est due à M. Jobin.

M. Le Cadet, astronome attaché à l'Observatoire de Lyon (directeur : M. André, correspondant de l'Académie), s'est également livré à d'intéressantes études sur l'électricité atmosphérique.

Tels sont les travaux qui ont été exécutés cette année au Mont Blanc.

Diverses circonstances m'ont empêché de rendre compte de ces travaux à l'Académie, je compte le faire très prochainement.

J'ajouterai que nous ne négligeons pas les études qui se rapportent à la question si importante des enregistreurs et, à ce sujet, je dirai que j'étudie aussi la construction et la disposition à donner à des thermomètres, baromètres, anémomètres, de dimensions permettant leur lecture de Chamonix avec une lunette suffisamment puissante.

On comprend combien la connaissance, pour ainsi dire instantanée, de ces données météorologiques au sommet du Mont Blanc présentera d'intérêt.

Le regretté M. Berthault, constructeur distingué de thermomètres et de baromètres, avait déjà commencé cette étude sous ma direction quand la mort l'a enlevé à sa famille et à ses travaux.

Je reçois à l'instant (samedi 22 novembre) des nouvelles de l'expédition préparée pour mettre l'Observatoire en état de passer l'hiver, constater l'état des niveaux, et préparer les instruments thermométriques qui nous donneront des minima de température pendant l'hiver.

L'expédition est heureusement arrivée au sommet le lundi 17 novembre. La température au sommet était de 22°,5 sous zéro. L'état des niveaux a permis de constater qu'il n'y avait pas eu de changement appréciable dans l'assise de l'Observatoire.

Aux Grands-Mulets, le météorographe marchait bien. Il a été remonté. L'expédition est rentrée heureusement à Chamonix.

Elle a été accomplie par les guides Édouard Ravanel et Claret
Tournier Antonin.

*Annuaire du Bureau des Longitudes* pour l'an 1903. Cette note
avait été publiée en partie dans les *C. R. Acad. Sc.*, Séance du
18 août 1902, T. 135, p. 633.


## II


ALLOCUTION PRONONCÉE AU DINER OFFERT A
M. SIMON NEWCOMB, ASSOCIÉ ÉTRANGER DE L'INS-
TITUT DE FRANCE, A L'HOTEL CONTINENTAL LE
VENDREDI 29 MAI 1903.


Messieurs,

Je suis bien sûr d'exprimer les sentiments de tous nos collègues
et amis assis à cette table en souhaitant la plus cordiale bienvenue à l'illustre associé étranger de l'Institut de France, M. Newcomb, et à l'assurer que nous serons heureux de répondre à l'invitation si amicale et si flatteuse dont il est chargé.

Il y aura là, Messieurs, une nouvelle occasion de resserrer les
liens de cœur qui nous unissent à nos chers amis d'Amérique
et nous la saisirons avec empressement et bonheur.

Messieurs, il se produit en ce moment, dans le monde de la
science, des habitudes nouvelles qui auront les plus heureuses
conséquences non seulement pour les progrès de la science elle-
même et pour les rapports des savants entre eux, mais même
pour les relations internationales. Je veux parler de ces visites
amicales, qui se font à l'occasion de Congrès ou de grandes réunions savantes ou littéraires.

Ces réunions internationales tenues au nom de la science, de
l'art, de la littérature, ont pour effet indépendamment de leur
objet immédiat, de mettre en contact les hommes les plus éminents des deux Nations et par là de leur permettre de s'apprécier
et de préparer même des rapprochements qui s'étendront jus-

qu'aux Nations elles-mêmes et les amèneront à travailler de
concert à des œuvres intéressant les progrès intellectuels et
moraux de l'humanité tout entière.

Le Congrès auquel on nous convie à Saint-Louis aura certainement ce caractère au plus haut degré, je puis vous assurer,
moi qui suis un vieil ami des Américains, que nous y trouverons
une réception qui nous touchera profondément. Nous avons donc,
Messieurs, tous les motifs pour nous y rendre avec tout l'empressement dont nous sommes capables.

Je vous propose donc, Messieurs, d'acclamer le toast que je
porte à nos chers amis de la République sœur des Etats-Unis et
à son cher et illustre ambassadeur, le D$^r$ Newcomb.


## III

## ALLOCUTION PRONONCÉE A L'ASSEMBLÉE GÉNÉRALE
## DE LA SOCIÉTÉ ASTRONOMIQUE DE FRANCE
### | LE 6 MAI 1903

M. Janssen a ouvert la séance en remerciant la Société de
sa nomination comme président d'honneur. Il a rappelé l'origine
de notre fondation, ce qu'elle doit au dévouement perpétuel
infatigable et désintéressé de M. Flammarion et à chacun de
ses présidents successifs parmi lesquels le regretté M. Faye mérite
tous nos hommages. M. Janssen est heureux de succéder à
M. Faye comme président d'honneur, car, lui aussi, lui a dû
beaucoup dans sa carrière astronomique, notamment en ce qui
concerne ses travaux sur la photographie céleste et l'analyse
spectrale. L'éminent astronome termine son allocution en exprimant le regret que le Gouvernement français n'ait pas encore
offert la Croix d'Officier de la Légion d'honneur à M. Flammarion
qui a reçu depuis longtemps les plus hautes distinctions de tous
les pays.

*Bulletin de la Société Astronomique de France*, juin 1903.

## IV

## SUR LA MORT DE M. PROSPER HENRY

L'accident déplorable qui a causé la mort de M. Prosper Henry pendant une excursion qu'il faisait en Suisse, m'a vivement peiné et c'est une perte sensible pour la France.

J'estimais tout particulièrement MM. Henry.

L'Astronomie leur doit de nombreuses découvertes de petites planètes et d'intéressantes observations ; l'initiative de la Carte photographique du Ciel dont ils ont, avec l'aide de l'Observatoire de Paris, exécuté d'importantes parties. Il faut rappeler encore les grands travaux de construction d'objectifs et de miroirs qui ont répandu le nom des frères Henry dans le monde entier. A Meudon nous leur devons les objectifs de notre équatorial, le plus grand qui existe en Europe, le miroir de 1 mètre de diamètre de notre télescope, miroir d'une rare perfection. Enfin je ne dois pas oublier que MM. Henry ont généreusement donné à l'Observatoire du sommet du Mont Blanc l'optique de la lunette de 16 centimètres d'ouverture montée en sidérostat qui y est placée. Cette mort sera bien cruelle pour M. Paul Henry en raison de la tendre amitié qui unissait les deux frères : je lui offre ici toutes mes condoléances.

*C. R. Acad. Sc.*, Séance du 10 août 1903, T. 137, p. 375.


## V

## ALLOCUTION PRONONCÉE AU DINER OFFERT A M. JANSSEN PAR LE CLUB ALPIN ITALIEN AU RESTAURANT VENETI A ROME LE JEUDI 5 NOVEMBRE 1903.

Après s'être félicité de se trouver une fois de plus dans cette Italie, « pour les beautés de laquelle il professe une admiration sans limites », et en particulier à Rome « la ville unique », Janssen poursuivit en ces termes :

Mais je ne dois pas oublier, Messieurs, que je parle non seulement devant des Romains, mais encore devant des alpinistes.

En France, nous envions un peu nos Confrères d'Italie avec leurs Apennins, leurs hautes Alpes, et leurs belles montagnes volcaniques, le Vésuve et l'Etna,.

Messieurs, il faut encourager ce goût de la montagne qui développe non seulement les forces corporelles et la vigueur du caractère et du corps, mais qui élève encore l'âme par la contemplation des beaux et quelquefois des sublimes spectacles qu'elle nous offre.

Rien en effet ne peut rendre les sensations que j'ai éprouvées dans mes ascensions dans l'Himalaya où j'ai passé un hiver, à l'Etna, au sommet duquel j'ai passé trois jours et deux nuits à étudier les astres et surtout au Mont Blanc où j'ai fait plusieurs ascensions et où je suis resté quatre jours en observation en 1893.

Une ascension au Mont Blanc quand on peut l'exécuter sans fatigues, procure des jouissances d'ordre esthétique incomparables. Ces hautes solitudes glacées avec un monde fantastique de blocs de glace gigantesques donnent à celui qui les traverse le sentiment qu'il va se trouver dans un autre monde et qu'il entre dans des régions inconnues des mortels.

Au sommet du Mont Blanc les nuits sont d'une splendeur dont on ne peut avoir aucune idée dans nos stations ordinaires, le nombre des étoiles s'y trouve triplé, les planètes s'y montrent avec un éclat extraordinaire, éclat qui se prête aux analyses spectrales de leur lumière et à l'analyse des gaz de leurs atmosphères ainsi que j'ai pu le faire.

Mais les levers et les couchers du Soleil y donnent un spectacle que n'oublie plus celui qui en a été témoin...... (1).

---

(1) La président de la Section de Rome du Club alpin italien avait, à l'occasion du séjour de Janssen à Rome, adressé à ses collègues la convocation suivante :

Roma, 31 ottobre 1903.
Vicolo Valdina, 6.

Egregio collega.

È in Roma l'illustre astronomo prof. J. Janssen, lo scienziato insigne della fisica solare e stellare, l'alpinista che sollevò l'ammirazione di tutto il mondo per le singolari ascensioni fatte in grave età al Monte Bianco !

Noi lo abbiamo pregato di volerci dire delle impressioni da lui provate

## VI

## ÉTUDES SPECTROSCOPIQUES DU SANG FAITES AU MONT BLANC PAR M. LE D<sup>r</sup> HENOCQUE.

L'année dernière, j'avais signalé au Dr Henocque, que la Science a si malheureusement perdu, l'intérêt d'études de spectroscopie du sang à diverses altitudes sur les flancs du Mont Blanc.

Le Dr Henocque avait un amour si grand de la Science et, en outre, il se sentait si bien préparé pour ces études qu'il accepta de suite ma proposition et pendant l'automne 1902, il fit de remarquables observations dans le massif du Mont Blanc, observations dont je demande à rendre compte à l'Académie.

Ces observations portent sur le temps de réduction de l'oxy-hémoglobine du sang en rapport avec la fatigue du sujet et l'élévation de la station, c'est-à-dire avec la rareté plus ou moins grande de l'air.

Quant à l'appréciation du degré de cette réduction, elle est donnée par l'apparition et le degré d'intensité de bandes spéciales d'absorption dans le spectre donné par le sang du sujet, suivant la méthode créée par le D[1] Henocque, et qui lui a servi

---

nelle memorande salite sulla più alta vetta delle Alpi, di narrarci qualcuna delle sensazioni da lui si maestrevolmente illustrate nelle sue belle pagini *Science et Poésie*, ed egli ha accondisceso a dedicarci qualche ora del suo breve soggiorno in Roma.

Nell'impossibilità di organizzare un degno ricevimento nella sede Sociale, si è stabilito di riunirci ad un modesto banchetto, cui l'illustre uomo ha promesso di intervenire.

La invito pertanto a trovarsi la sera di giovedì 5 novembre alle ore 7.30 al ristorante *Le Venete* mandando prima la sua adesione alla sede del Club, vicolo Valdina, n. 6, non più tardi di mercoledì mattina 4 novembre.

*Il Presidente*
G. MALVANO.

Les membres de la section de Rome avaient en outre reçu une brochure intitulée : *Note sulla vita di Janssen, scritte in occasione del banchetto a lui offerto dalle Sezione di Roma del Club Alpino Italiano dil 5 novembre 1903 in Roma.*

dans ses belles investigations hématospectroscopiques. Car il
n'est que juste de rappeler que c'est au D^r Henocque que la
Biologie doit la méthode d'étude spectroscopique du sang pratiquée journellement aujourd'hui.

Je viens de dire que la méthode due au D^r Henocque est basée
sur l'examen spectroscopique du sang. Or, au début de ces études,
pressentant tout le service que la Spectroscopie pouvait rendre
ici, le D^r Henocque me demanda un instrument d'analyse spectrale d'une application facile. Je lui signalai le spectroscope à
vision directe que j'avais imaginé, fait construire et présenté à
l'Académie, instrument très maniable et qui permet, en effet, un
examen aussi facile que rapide. Le D^r Henocque l'adopta immédiatement et en fit la base de la méthode si simple, si efficace
que la Science lui doit, et dont on ne saurait trop lui faire honneur.

Quant aux observations du Mont Blanc, je dirai qu'elles ont
pleinement confirmé ses prévisions et je déplore ici que la mort
nous ait enlevé un savant aussi éminent que modeste et dévoué
à la Science.

Je rappelle encore que le D^r Henocque a écrit un Livre d'un
haut intérêt sur la Spectroscopie du sang, Livre qui est aujour-
d'hui entre les mains de tous les physiologistes et les médecins.

*C. R. Acad. Sc.*, Séance du 14 décembre 1903, T. 137, p. 1019.

# 1904

I

## PRÉSENTATION DE L'ATLAS
## DE PHOTOGRAPHIES SOLAIRES EXÉCUTÉES
## A L'OBSERVATOIRE DE MEUDON

J'ai l'honneur de présenter à l'Académie l'Atlas des photographies solaires obtenues sous ma direction, à l'Observatoire de Meudon, depuis sa fondation, en 1876.

Pour composer cet Atlas, nous avons choisi dans nos collections qui s'élèvent actuellement à plus de 6 000 clichés, ceux qui pouvaient résumer les états caractéristiques de la surface solaire, à savoir : la disposition en réseaux, petit réseau, réseau moyen, grand réseau ; puis les facules ; enfin les principaux types de taches vues vers le centre et aux bords.

Cette collection résume donc en quelque sorte les principaux états sous lesquels la surface solaire se présente à nous. Elle sera indispensable aux études ayant pour objet l'histoire de cette surface depuis l'année 1876 jusqu'en 1903.

Les astronomes et les physiciens pourront en déduire les conséquences qui en résultent pour la connaissance de la constitution de notre astre central, et l'on sait que ces notions sont en quelque sorte la base de nos idées sur le système solaire tout entier.

Je dois maintenant décrire rapidement les procédés optiques et photographiques employés dans ces travaux.

DESCRIPTION DE LA LUNETTE

Elle a été construite par Prazmowski, l'opticien de regrettable mémoire, d'après les principes que je lui avais indiqués, et que nous arrêtâmes ensemble.

Le résultat cherché était d'obtenir un objectif donnant des images formées avec un faisceau de rayons les plus actifs et aussi limité que possible.

Pour cela, Prazmowski me tailla des prismes avec les matières qui lui paraissaient les plus propres à conduire à ce résultat. Ayant expérimenté un flint dont un prisme donnait un maximum très limité dans la région violette $HH'$, je demandai à Prazmoswki de construire un objectif avec ce flint, en achromatisant pour cette région.

Nous obtînmes ainsi un objectif donnant des images très sensiblement monochromatiques et formées de radiations violettes, les plus actives pour la photographie.

En même temps, nous réduisîmes le temps de pose à environ 1/3 000 de seconde au moyen d'une fente de construction spéciale (1). Cette durée si courte permettait d'obtenir une image de l'astre formée par une impression en quelque sorte unique et, dès lors, d'une netteté encore inconnue en Photographie solaire.

C'est l'ensemble de ces dispositions, toutes nouvelles, qui nous a permis d'obtenir des images de notre astre central qui n'ont pas encore été égalées ailleurs, malgré les beaux travaux dont le Soleil a été l'objet à l'étranger.

Je me plais à reconnaître ici la part qui revient à mes collaborateurs dans ce grand travail.

Indépendamment de Prazmowski pour la partie optique, M. Arents, habile artiste photographe, attaché à l'Observatoire dès sa fondation, m'a très habilement aidé ; on lui doit les images solaires obtenues à Meudon depuis 1876 jusqu'en 1880. M. Pasteur lui succéda alors, et c'est lui qui a exécuté la majeure partie des belles photographies que comprend le volume déposé sur le bureau. Je dois ajouter, et ici je réponds au désir de M. Pasteur lui-même, qu'il a été très efficacement assisté dans cette belle tâche par M. Corroyer.

---

(1) La description de ce petit appareil formant fente variable et mobile, et qui permit d'atteindre ce résultat, a été donnée dans la Notice sur la Photographie solaire insérée dans l'*Annuaire du Bureau des Longitudes pour l'an* 1879 (voyez *Œuvres scientifiques*, Tome I, p. 379-407). J'ajoute que le principe de cette fente a été employé depuis.

Je ne pense pas qu'il soit nécessaire d'insister aujourd'hui sur l'opportunité de photographier journellement et par des procédés comparables aux nôtres l'état de la surface de l'astre qui nous éclaire : ne suffit-il pas, en effet, de parcourir les feuilles de cet Atlas pour se convaincre de l'importance des études qui en résulteraient. Désormais, nous pourrions à tout instant remonter à une époque antérieure quelconque, avantage immense qui nous permettrait de nous rendre compte de l'état de la surface de l'astre à toute époque de son histoire. N'est-il pas à désirer que l'exemple donné par la France soit suivi dans d'autres contrées ? Alors, les annales du Soleil seraient inscrites jour par jour et affranchies de ces lacunes auxquelles nous expose une station isolée, si bien choisie soit-elle.

Nous pensons, Messieurs, avoir répondu d'une manière satisfaisante à la pensée qui a présidé à la création de l'observatoire que nous avons l'honneur de diriger depuis près d'un quart de siècle, et nous pouvons assurer que nous continuerons nos efforts pour augmenter encore les documents que nous sommes chargés de recueillir.

Depuis que nous sommes entrés dans une nouvelle période d'activité solaire, l'opinion se préoccupe de plus en plus de l'influence que les taches peuvent exercer sur les phénomènes atmosphériques et sur les mouvements du magnétisme terrestre ; il serait donc à désirer que l'on pût mettre, entre les mains des physiciens et des météorologistes, des photographies d'un format plus réduit et moins dispendieux. Notre intention est de demander les ressources nécessaires pour faire une édition nombreuse d'un plus petit format.

*C. R. Acad. Sc.*, Séance du 1er février 1904, T. 138, p. 241.

## II

## DISCOURS PRONONCÉ AUX FUNÉRAILLES
## DE M. CALLANDREAU LE MARDI 16 FÉVRIER 1904 (1)

Messieurs,

Voici une tombe bien prématurément et bien cruellement
ouverte ! Quant à moi, je ne puis croire encore à un tel événement. Je ne puis croire que mon cher Callandreau, naguère si
plein de vie, si jeune encore, et promis à un long et brillant
avenir, ne soit plus, et que cette belle carrière que j'avais vue
se développer avec tant d'intérêt, aux succès et au couronnement de laquelle j'avais été si heureux de contribuer et d'applaudir, soit brisée à jamais. Eh ! Messieurs, la science n'est pas seule
à déplorer une telle perte. Callandreau est enlevé à des élèves
qui avaient toute son affection, qui appréciaient toute la valeur
de son enseignement ; il laisse une famille dont il était l'amour
et l'appui ; une épouse désolée et sept enfants qu'il chérissait
et qu'il se plaisait à diriger et à conduire avec quelle sollicitude
et quel amour ! Car, Messieurs, chez notre jeune confrère, les
plus admirables qualités du cœur furent toujours associées à
celles d'une haute et belle intelligence.

Quant à moi, Messieurs, le coup qui me frappe en mon cher
Callandreau est pour moi si cruel que j'ai peine à maîtriser mon
émotion et je ne pourrais analyser comme il conviendrait, cette
si belle et si méritante carrière.

Disons pour la résumer en quelques mots, que Callandreau sut
allier, avec un rare mérite, l'assiduité aux emplois qui lui furent
imposés ou dévolus, à un grand talent pour les spéculations de
la plus haute théorie.

C'est ainsi qu'il travaillait sans cesse à perfectionner les méthodes de la mécanique céleste pour les mettre en accord avec

---

(1) Octave Callandreau, élu membre de la section d'Astronomie de l'Académie des Sciences le 20 février 1893, est décédé à Paris le 13 février 1904.

les observations ; car il était observateur aussi assidu que savant
théoricien.

Nous pourrions citer notamment ses recherches sur la figure
des planètes, recherches qu'il se plaisait à reprendre et à compléter, ses belles études sur la théorie des comètes périodiques,
celle de leur capture et de leur désagrégation par l'action des
grosses planètes, et notamment le rôle de Jupiter à l'égard des
comètes à courte période.

Ici, M. Callandreau développait la découverte de Schiaparelli
sur les rapports qui lient la génération des étoiles filantes aux
comètes.

Poussant même plus loin ses spéculations, Callandreau exa-
minait la probabilité de l'existence de groupes de comètes qui
proviendraient de la désagrégation de corps plus considérables
sous l'influence de quelque grosse planète, comme par exemple
Jupiter.

Ces recherches jetaient une lumière nouvelle sur l'origine probablement cométaire des essaims périodiques de météores dont
l'apparition est toujours attendue avec tant d'impatience par
les observateurs.

Callandreau a encore touché un point très intéressant du même
sujet, à savoir celui de la reprise d'activité de certains points
radiants.

Disons enfin et pour nous résumer, que Callandreau sut associer à un degré éminent le talent et le goût de l'observation à
celui de la plus haute théorie, préoccupé sans cesse de perfectionner l'une par l'autre pour les mettre de plus en plus d'accord,
et fonder ainsi sur des bases toujours plus précises la science du
ciel.

Adieu, mon cher Callandreau, nous saluons en toi un des
savants les plus méritants.

Ta mémoire ne fera que grandir et attirer sur ton nom l'estime
et les plus hautes sympathies. Nous associons à notre adieu
l'expression de nos respects pour ta digne et aujourd'hui si désolée compagne. Elle peut être assurée de notre respectueuse sympathie et des concours dont elle pourrait avoir besoin pour l'aider
à accomplir la grande tâche qui lui incombe actuellement, celle

d'élever cette famille qui t'a perdu et que tu chérissais de toute la force de ton noble cœur.

III

## REMARQUES SUR LA NOTE DE M. MILLOCHAU RELATIVE A L'ÉTUDE PHOTOGRAPHIQUE DU SPECTRE DE LA PLANÈTE JUPITER

L'étude des spectres des planètes a une importance considérable. C'est par elle en effet que nous pouvons arriver à connaître la composition de leurs atmosphères et par là prononcer sur les similitudes ou les différences que ces astres peuvent présenter, à ce point de vue avec notre Terre.

Dès l'année 1862, j'ai cherché à jeter les bases de cette étude par mes recherches sur les raies telluriques du spectre solaire, c'est-à-dire des raies qui, dans ce spectre, sont dues à l'action de l'atmosphère terrestre.

La découverte du spectre de la vapeur d'eau faite en 1866 a étendu encore le cercle de ces études en permettant la recherche de ce corps si important, qui joue un si grand rôle dans les phénomènes de la végétation et de la vie, dans les atmosphères planétaires et même dans celles des étoiles, ce qui a permis de classer ces dernières et de leur assigner un âge relatif (voir à cet égard la lecture faite à la séance des cinq Académies du 25 octobre 1887 *Sur l'âge des étoiles*).

Ces considérations montrent tout l'intérêt que présente le travail de M. Millochau que j'ai été heureux de provoquer et d'encourager.

*C. R. Acad. Sc.*, Séance du 13 juin 1904, T. 138, p. 1478.

## IV

## DISCOURS PRONONCÉ AU BANQUET FINAL DE LA SESSION DE NANCY DE L'UNION NATIONALE DES SOCIÉTÉS PHOTOGRAPHIQUES DE FRANCE, LE MERCREDI 20 JUILLET 1904, A L'HOTEL DE VILLE.

Messieurs,

Ces réunions annuelles, dans lesquelles toutes nos Sociétés photographiques de France viennent tenir leurs assises, acquièrent chaque année un intérêt et une importance plus considérables.

Cet art, si nouveau encore et qui tient aujourd'hui une si grande place dans la Science, dans l'Art, dans l'Industrie, grandit en effet tous les jours avec une rapidité vraiment extraordinaire.

J'ai dit, dans un de ces Congrès, faisant allusion aux services que la Photographie rend à la Science, « que la couche sensible de la plaque photographique était la véritable rétine du savant ». Cette assertion tend tous les jours à devenir plus exacte, et aujourd'hui, en présence de toutes les œuvres si remarquables que ce Congrès a provoquées, je peux même ajouter qu'elle est aussi celle de l'artiste, car grâce à vous, Messieurs, personne ne pourrait contester que bon nombre de photographies, ici exposées, ne soient de véritables œuvres d'art et, ce qui est d'un intérêt tout à fait supérieur, c'est que, en étant des œuvres ayant tous les caractères d'œuvres d'art, elles nous en montrent en même temps un côté nouveau. Ce qui était du reste à prévoir, car tout procédé d'art conduit à une expression nouvelle de celui-ci ; c'est ainsi que le dessin, l'huile, la fresque, ont conduit à des expressions nouvelles et spéciales de l'art. Il y a plus, les artistes d'un grand génie ont affectionné une forme, un procédé qui était sans doute mieux en rapport avec le caractère particulier de leur génie.

C'est ainsi que le grand Léonard affectionnait surtout le dessin et la peinture à l'huile, que le grand, je dirai presque l'immense

Michel-Ange ne voulait manier que la fresque et le marbre, témoins la Chapelle Sixtine et son Moïse.

Je le dis donc hautement, Messieurs, la Photographie nous donnera de l'art une expression nouvelle et pleine d'intérêt, de saveur et de beauté.

Ajoutez maintenant les grands progrès que la Science attend d'une méthode qui saisit et fixe des rayons qui échappent à notre vue, et même à nos autres moyens d'investigations, et vous ne serez encore qu'au début des services que cette magicienne est appelée à rendre dans toutes les branches du savoir humain, sans compter les immenses applications à l'industrie.

Je vais prier notre distingué Vice-Président de vous rendre compte des progrès réalisés dans l'année qui vient de s'écouler, mais je ne puis lui céder la parole sans féliciter, en votre nom, M. Blondlot des magnifiques succès qui lui ont valu, à juste titre, la plus haute récompense que l'Institut puisse décerner, le prix Lacaze, d'une valeur de cinquante mille francs. Ici, Messieurs, ce qui n'arrive pas toujours, l'argent mesure la gloire. Nous serons unanimes pour l'en féliciter.

Messieurs, je dois remercier la Société lorraine et son éminent Président, M. Riston, qui, pour nous recevoir, a déployé un esprit d'organisation, un empressement, une cordialité dont nous sommes on ne peut plus touchés. Nos hommages à Mme Riston, qui nous a reçus si gracieusement dans sa belle propriété de Malzéville. Nos remerciements à M. Bergeret, le grand industriel, qui s'est mis si aimablement à notre disposition et dont nous avons admiré le bel établissement.

Exprimons aussi notre reconnaissance aux Délégués étrangers qui sont venus se joindre à nous.

Enfin, Messieurs, je remercie en votre nom et au mien en particulier, M. le Maire de Nancy pour sa réception si brillante et si cordiale. Je le félicite d'être le premier citoyen de cette belle ville si intéressante à tant de points de vue, car, outre les souvenirs historiques dont ses beaux monuments sont un témoignage, nous ne pouvons oublier qu'elle a donné naissance à beaucoup d'hommes illustres : le général Drouot, le grand caractère ; le général Hugo, père du grand poète ; Mathieu Dombasle, un des fondateurs de l'Agronomie ; Jacques Callot, le créateur de tant de chefs-d'œuvre dans le dessin humoristique et la caricature ; le D^r Poincaré, père du grand mathématicien, etc...

Ici, Messieurs, au milieu de cette population si énergique, si française de cœur, on sent son patriotisme se réveiller, se raffermir davantage.

Je bois à la ville de Nancy, à son cher et sympathique Maire, à M. Riston, à tous nos amis qui nous fêtent si cordialement.

*Bulletin de la Société française de Photographie*, 2^e série, T. XX, n° 21, 1904.


## V


## RAPPORT SUR LE PRIX JANSSEN, DÉCERNÉ PAR L'ACADÉMIE DES SCIENCES EN 1904 A M. HANSKY


Astronome à l'Observatoire d'Odessa, depuis 1894 jusqu'en 1896, M. Hansky a fait dans cet Observatoire des études de photographie solaire et stellaire. Il a pris une part importante ensuite aux mesures topographiques exécutées dans le Sud de la Russie.

Envoyé en 1896 à Poulkowo, M. Hansky a fait dans cet observatoire des recherches intéressantes sur le Soleil. Invité la même année par l'Académie impériale des Sciences de Saint-Pétersbourg, il est allé observer l'éclipse totale du Soleil à la Nouvelle-Zemble. A son retour il publia plusieurs travaux sur la couronne solaire. Dans un de ces Mémoires, il a démontré la dépendance entre la forme de la couronne et l'activité solaire, et la liaison intime des rayons coronaux avec les protubérances.

En 1897, cet astronome fut envoyé en France où il a travaillé à l'Observatoire de Paris, sous la direction de M. Lœwy, à la photographie de la Lune ; puis à l'Observatoire de Meudon où, sous la direction de M. Janssen, il travailla à la photographie solaire et à l'analyse spectrale.

Invité par M. Janssen à faire des études d'actinométrie à

l'Observatoire du Mont Blanc, il fit une ascension le 29 septembre 1897 et passa trois jours au sommet. Ces observations ont conduit pour la constante solaire à la valeur 3 cal. 2 ; ces résultats ont été publiés dans les *Comptes rendus de l'Académie des Sciences* et dans *L'Annuaire du Bureau des Longitudes*.

Tout l'hiver de 1897-1898, M. Hansky a travaillé à l'Observatoire de Meudon, où il fit, sous la direction de M. Janssen, des observations astronomiques et actinométriques et des études pour la détermination de la pesanteur à Meudon, avec les appareils de Desforges et Sterneck.

En 1898, il a fait deux ascensions au Mont Blanc. Dans le but d'y déterminer l'intensité de la pesanteur, M. Hansky fit successivement des observations au sommet, aux Grands-Mulets, au Brevent et à Chamonix, observations qu'il a reliées ensuite avec l'Observatoire de Meudon.

Pendant la seconde ascension, il s'est occupé d'observations actinométriques simultanément avec M. Crova qui observait au Brévent. Ces travaux sont publiés dans les *Comptes rendus* et l'*Annuaire du Bureau des Longitudes*.

De retour à Paris, suivant le conseil de M. Janssen, M. Hansky prit part aux observations des Léonides faites en ballon. Toute la France était couverte de nuages, il a réussi néanmoins à observer cet essaim et à faire une observation de la lumière zodiacale dans d'excellentes conditions.

Ces différentes études sont publiées dans les *Comptes rendus* et le *Bulletin de la Société Astronomique de France*.

Rappelé en Russie en 1899, il prit part à l'expédition russo-suédoise au Spitzberg pour la mesure de l'arc du méridien ; pendant cette mission, il fut spécialement chargé de la photogrammétrie. Les résultats de ses travaux au Spitzberg sont publiés dans les *Mémoires de l'Académie impériale des Sciences de Saint-Pétersbourg*.

En automne 1899, M. Hansky a fait une ascension en ballon pour observer les Léonides parallèlement aux observations organisées en France par M. Janssen.

Invité en 1900 par M. Janssen à continuer les observations actinométriques au Mont Blanc, il a fait deux ascensions au sommet de cette montagne, où il est resté douze jours. Plusieurs séries d'observations actinométriques faites dans de très bonnes conditions, ont conduit pour constante solaire à la valeur de 3 cal. 3 comme la plus probable. On doit encore à M. Hansky plusieurs observations astronomiques sur l'occultation de Saturne, sur la Lune et une observation du phénomène du rayon vert. Les résultats de ces travaux ont été publiés dans *L'Annuaire du Bureau des Longitudes*.

A Paris, M. Hansky a fait une ascension en ballon pour observer les Léonides.

En 1901, ce savant a été envoyé à Potsdam, par l'Observatoire de Poulkowo pour y faire des études d'analyse spectrale et de géodésie. Il y fit aussi des déterminations de la pesanteur avec l'appareil de Stuckrath.

Envoyé ensuite au Spitzberg par le Gouvernement russe, il a fait les déterminations de la pesanteur à Poulkowo, Stockholm et à différentes stations du Spitzberg. Ce travail est en ce moment sous presse.

En 1902, M. Hansky a été envoyé par l'Académie impériale des Sciences à Potsdam pour continuer des études de géodésie.

En 1902-1903, il a travaillé à l'Observatoire de Poulkowo. Ces travaux sont publiés dans les *Mémoires de l'Académie Impériale de Saint-Pétersbourg*.

En 1904, invité par M. Janssen à continuer les déterminations de la constante solaire au Mont Blanc, M. Hansky a fait deux ascensions au sommet où il fit un séjour de douze jours. Il y obtint huit séries de déterminations actinométriques et y fit des observations sur la lumière zodiacale dans des conditions exceptionnelles. Outre cela, il a fait plusieurs essais intéressants de photographie de la couronne solaire, en dehors des éclipses, avec la grande lunette de l'Observatoire du sommet.

Tous ces travaux sont en ce moment en préparation pour être publiés.

*C. R. Acad. Sc.*, Séance du 19 décembre 1904, T. 139, p. 1075.

# 1905

I

## SUR UNE RÉCENTE ASCENSION AU VÉSUVE

Je viens entretenir l'Académie de ma récente ascension au mont Vésuve. Dans cette ascension, j'étais assisté de M. Millochau, aide astronome à l'observatoire de Meudon, dont je m'empresse de louer ici le courage et le dévouement, autant que l'assistance qu'il m'a donnée pour les observations délicates et assez dangereuses que j'avais résolu d'entreprendre.

Ayant accompagné M. Charles Sainte-Claire Deville au volcan de Santorin, en 1867, fait des études sur l'Etna en 1863, aux îles Sandwich, en 1883, où l'éruption du Kilauea fut si violente et si étendue, je tenais à visiter le Vésuve que j'avais déjà étudié anciennement à deux reprises différentes.

Le 14 décembre 1904, nous partimes à 9 heures du matin par le funiculaire qui gravit une partie de la montagne. A la station terminus, je pris une chaise à porteurs pour monter jusqu'au sommet. Au moment où nous arrivons, un grondement intense se produit, il est bientôt suivi d'une projection considérable de lapilli et de bombes volcaniques qui, lancées à plus de 30 mètres de hauteur, retombent autour de nous ; une de ces bombes, de plus de 30. centimètres de diamètre, roule sur les flancs du cône et passe à 4 mètres environ de ma chaise ; une autre plus petite s'arrête sur le pied de M. Millochau qui était à mes côtés et heureusement ne le blesse que très légèrement. Les guides affolés demandaient à redescendre, ce que je ne leur accordai que quand mes observations furent terminées. Ces projections de pierre étaient accompagnées de cendre produisant l'effet d'une fumée noire très épaisse et de vapeur d'eau en grande quantité.

Je fis prendre quelques photographies du cratère pendant les explosions, et recueillir des échantillons de lapilli tombés autour de nous.

Le cratère du Vésuve a la forme d'un cône renversé, à pentes intérieures très escarpées recouvertes d'une cendre fine ; l'ouverture du cône peut avoir actuellement 120 mètres environ de diamètre. Cet entonnoir est presque toujours rempli de vapeurs et de fumées que le vent balaie parfois ; c'est alors seulement qu'on aperçoit le fond du cratère ; celui-ci est rempli de couches de lapilli d'où partent des fumerolles qui s'élèvent en serpentant le long des parois internes et dégagent une forte odeur de soufre.

En faisant cette ascension je m'étais proposé, notamment, d'examiner les modifications subies par un rayon solaire qui aurait traversé les vapeurs s'échappant du cratère. Mais le bord de celui-ci dépassant la hauteur du Soleil à midi, l'observation n'était pas possible dans la station que j'avais premièrement choisie. L'ombre du cratère devant tomber, à midi, dans l'attrio del Cavallo en un point appelé *colle Margharita*, je décidai d'y faire porter mes instruments et de m'y faire conduire le surlendemain. Cette résolution donna le temps à M. Millochau de recueillir les gaz du cratère et de diverses fumerolles. Le soir, à chaque poussée explosive, le volcan semblait rejeter des flammes pouvant avoir une trentaine de mètres de hauteur.

Le 15 décembre, M. Matteucci, directeur de l'observatoire du Vésuve, se mit très aimablement à la disposition de M. Millochau. Il le conduisit au bord ouest-nord-ouest du cratère, en un point où un amas de matériaux rejetés par les explosions précédentes était venu s'entasser sur le flanc intérieur du cône. D'une large fissure s'échappait une épaisse fumerolle dont les gaz, venant d'une grande profondeur, devaient nous intéresser. Ces Messieurs se mirent à l'œuvre pour les recueillir.

Des bouteilles remplies de sable fin, attachées à une double corde, furent descendues à 10 mètres de profondeur, vidées dans le cratère, remplies de gaz, puis remontées promptement et bouchées hermétiquement.

Ces opérations étaient assez dangereuses. Une explosion pouvait se produire pendant le travail. Mais ce qui était plus périlleux encore, c'était la prise des gaz de la grande fissure décrite, parce que les amas de matériaux qui la laissaient échapper étaient destinés à un éboulement prochain.

M. Millochau se rendit ensuite à une grande fumerolle, dans l'endroit appelé *piano de fumerolles*, où il préleva une bouteille de gaz. Cette fumerolle paraît composée principalement de vapeur d'eau et n'a aucune odeur spéciale. Quelques échantillons de roches furent recueillis en cet endroit.

Ces Messieurs se rendirent ensuite à l'ancienne bouche de 1895, où persistent des fumerolles peu chaudes semblant contenir une faible quantité de vapeur d'eau, huit tubes de gaz y furent recueillis. On préleva en ce point des échantillons de roches ayant subi l'action de la fumerolle. Puis l'expédition revint à l'hôtel du Vésuve recueillant sur sa route des fragments de laves, des scories et des bombes de diverses époques.

Le vendredi 16, nous partîmes à 8 heures du matin pour l'attrio del Cavallo avec les porteurs nécessaires pour le transport de mes instruments.

Un très mauvais sentier nous conduisit jusqu'à 300 mètres du lieu choisi ; obligés bientôt de quitter ce sentier, nos caisses d'instruments furent péniblement transportées à travers les laves, jusqu'à un large champ de scories qui me parut convenable pour l'installation.

Le grand spectroscope à réseau fut rapidement mis en place, ainsi que la lunette de 108 millimètres munie du spectroscope à vision directe de Browning. Je fis prendre les photographies suivantes :

3 épreuves du spectre solaire, le Soleil étant derrière les fumées et vapeurs qui sortaient du cône.

3 épreuves du même spectre, le Soleil commençant à s'écarter un peu des fumées.

2 épreuves de la lumière diffuse du ciel, juste au-dessus du cratère.

6 épreuves de spectres solaires, le Soleil étant assez éloigné du Vésuve pour que l'action des gaz ne puisse produire aucun effet.

Les observations terminées, les instruments remis dans leurs caisses furent reportés à l'hôtel du Vésuve.

M. Millochau, accompagné de M. Matteucci, partit alors pour

la Vallée del Inferno. Ces Messieurs remplirent les tubes vides qui nous restaient dans une fumerolle provenant des laves de l'éruption de septembre 1904.

Pendant le retour, grâce aux précieux renseignements de M. Matteucci, de nombreux échantillons de scories et de laves de diverses époques purent être recueillis.

Je réserve pour de futures Communications les résultats des études spectroscopiques que je fais exécuter en ce moment, et des analyses des divers matériaux qui ont été recueillis au cours de l'expédition.

Mais je ne veux pas terminer sans remercier ici M. Matteucci de l'assistance si aimable et si précieuse qu'il nous a donnée.

*C. R. Acad. Sc.*, séance du 23 janvier 1905. T. 140, p. 200.


## II

## REMARQUES SUR UNE NOTE
## DE M. A. HANSKY INTITULÉE : SUR LA PHOTOGRAPHIE
## DE LA COURONNE SOLAIRE AU SOMMET
## DU MONT BLANC (1).

J'ai l'honneur de présenter à l'Académie une note de M. Hansky sur les travaux à l'Observatoire du sommet du Mont Blanc.

Ces travaux avaient pour objet la photographie de la couronne solaire.

La rareté et la pureté de l'atmosphère au sommet du Mont Blanc permettent en effet d'obtenir la couronne solaire sans qu'il soit besoin d'attendre une éclipse totale, ce qui était jusqu'ici indispensable.

Les photographies que je mets sous les yeux de l'Académie montrent, en effet, la couronne solaire avec une intensité et une perfection qu'on ne constatait que sur des épreuves obtenues pendant les éclipses totales.

*C. R. Acad. Sc.*, Séance du 20 mars 1905, T. 140, p. 771.

---

(1) Voir *C. R. Acad. Sc.*, T. 140, p. 768, note.

## III

### SUR L'ÉCLIPSE TOTALE SOLAIRE DU 30 AOUT 1905

C'est François Arago qui attira surtout l'attention des astronomes sur l'intérêt que peut présenter l'observation des éclipses totales, au point de vue de l'Astronomie physique, et l'on peut dire que c'est l'éclipse du 8 juillet 1842, visible à Perpignan, qui en fut le point de départ.

Depuis cette date, ces observations se sont étendues, multipliées et systématisées. Il n'y a plus maintenant d'éclipse solaire totale ou simplement centrale qui ne soit le but d'expéditions scientifiques organisées par les grands Observatoires, et auxquelles les astronomes les plus expérimentés se font un devoir de participer ; dans ma carrière scientifique, je n'ai pas observé moins de six de ces beaux phénomènes, dont l'observation m'a conduit dans l'Inde, au Japon, dans l'Indochine et dans le Grand Océan, à l'ile Caroline.

La septième, que je me prépare à observer en ce moment, aura lieu en Espagne à Alcosèbre, près de Valence, dans une station choisie avec le plus grand soin par mon éminent ami, l'astronome espagnol, M. Landerer, dont le nom est bien connu de tous les membres de l'Académie.

Cette éclipse se produit dans des conditions exceptionnellement intéressantes. En effet, l'angle que le grand axe de l'ellipse de projection de l'équateur solaire fait avec le plan vertical, passant par le centre du Soleil, sera, au moment de la totalité, de 85°39″, cet angle étant compté dans le sens habituel, en partant du point zénithal du disque. Sa durée est notable, puisqu'elle dépasse trois minutes, et par conséquent atteint environ la moitié du temps que Dyonis du Séjour a fixé pour le maximum possible de ces phénomènes dans les circonstances les plus favorables. En outre, ce phénomène se produit dans des régions facilement accessibles, puisque la ligne d'ombre traverse, comme on le sait, l'Espagne, l'Algérie, la Tunisie et la Haute-Egypte. Elle se produit dans des conditions analogues à celle de 1900, qui a été

étudiée avec un succès remarquable à l'Observatoire d'Alger,
où le ciel est resté absolument pur pendant toute sa durée.

Dans sept ans, en 1912, se produira une autre grande éclipse
ayant une trajectoire semblable à celle des deux autres, mais
qui se rapprochera beaucoup plus de nous et traversera complètement le territoire de la France ; cette éclipse se montrera même
dans toute sa splendeur dans les environs de Paris ; elle rappellera
celle de 1724 que les astronomes de l'Observatoire royal ont
fait admirer à Louis XV encore enfant, dans son château de
Marly. Les travaux auxquels nous nous livrerons bientôt seront
donc une sorte de répétition générale de ceux bien plus importants encore que nous devrons exécuter dans sept ans.

Je compte partir au commencement d'août, accompagné de
M. Millochau, astronome de l'Observatoire de Meudon, de
M. Pasteur, chef du Service photographique du même établissement. M. Milan Stefanik, docteur ès sciences de l'Université
de Prague, accompagnera ces Messieurs.

Nous emportons comme instruments : la grande lunette
photographique, deux spectroscopes, un théodolite, une méridienne, deux chronomètres, divers thermomètres, actinomètres,
etc...


*C. R. Acad. Sc.*, Séance du 24 juillet 1905, T. 141, p. 233.


IV

OBSERVATION DE L'ÉCLIPSE TOTALE DU 3o AOUT 1905
A ALCOSÈBRE (ESPAGNE)

Je viens entretenir l'Académie des résultats obtenus par la
mission que j'avais organisée pour l'observation de l'éclipse du
3o août 1905, et dont la durée relativement grande (3 minutes
42 secondes de totalité au point choisi) rendait l'étude particulièrement importante.

M. Landerer, astronome espagnol, qui avait soigneusement
étudié les conditions météorologiques de la zone traversée par

l'éclipse, m'avait indiqué Alcosèbre comme étant la meilleure station, et ce choix a été pleinement justifié.

J'étais accompagné dans cette expédition par MM. Pasteur, chef du Service photographique, Millochau, aide-astronome et Corroyer, aide-photographe, tous trois de l'Observatoire de Meudon. M. Stefanik, docteur ès sciences de l'Université de Prague, élève astronome à l'Observatoire, sur mon invitation se joignit à la mission.

Je me proposais d'étudier :

1° L'ensemble de la marche du phénomène au moyen de la photographie.

2° La forme et les détails de la couronne et des protubérances ;

3° Les spectres des diverses enveloppes gazeuses du Soleil.

4° Les variations météorologiques produites par l'éclipse.

J'avais fait monter, pour mon usage personnel, un équatorial de six pouces sur lequel on peut adapter à volonté un porte-oculaire et des spectroscopes ; c'est avec cet appareil que j'observai l'éclipse.

M. Pasteur fut chargé de la partie photographique ; l'instrument mis à sa disposition était une monture équatoriale portant habituellement une lunette de douze pouces et sur laquelle étaient fixés trois appareils photographiques :

1° Une chambre avec objectif de neuf pouces et de 4 mètres de distance focale ;

2° Une autre chambre portant un objectif de Suter, de quatre pouces avec o m. 80 de distance focale ;

3° Une lunette composée d'un objectif Steinheil de quatre pouces et de 2 mètres de distance focale, dont l'image était reprise par un oculaire l'agrandissant cinq fois pour obtenir sur la plaque sensible une image solaire de 10 centimètres de diamètre. Une seule photographie à pose longue devait être prise à chaque appareil.

M. Millochau, chargé des recherches spectroscopiques sur les enveloppes gazeuses solaires, disposait d'une monture équatoriale destinée à un 8 pouces ; il avait organisé sur cette monture plusieurs spectrographes.

La lunette photographique qui me sert à Meudon pour l'obtention des photographies de la surface solaire avait été emportée et disposée pour la photographie des phases. Je chargeai M. Corroyer de la manœuvre.

M. Stefanik avait organisé un télespectroscope horizontal fixe, recevant la lumière d'un héliostat de Silbermann, afin d'étudier oculairement les spectres divers qui pouvaient être observés pendant le phénomène.

Une petite lunette méridienne de Gauthier avait été installée pour la vérification de l'heure.

Enfin nous avons installé un poste météorologique comprenant des instruments à lecture directe, un baromètre, un thermomètre et un hygromètre enregistreurs.

Un jeune Espagnol parlant français, M. Henrico d'Yvernois, s'était gracieusement offert pour compter le temps.

Un peu avant la totalité le ciel n'était pas absolument pur, quelques nuages, par instants, gênaient pour la photographie des phases ; mais, quelques minutes avant la totalité, le ciel se découvrit entièrement et la partie la plus intéressante de l'éclipse, la totalité, fut étudiée dans d'excellentes conditions.

M. Pasteur obtint trois belles épreuves de la couronne, une avec le 9 pouces sur plaque Lumière marque rouge, pose de 2 minutes ; une autre avec le 4 pouces sur plaque de même marque, pose de 1 minute ; enfin la troisième avec le Steinheil sur plaque Lumière marque jaune, pose 3 minutes 20 secondes.

M. Millochau put obtenir des photographies de spectres de la couche renversante et de la couronne.

M. Stefanik fit oculairement des observations spectrales intéressantes, surtout sur la raie verte de la couronne et le spectre rouge extrême.

Enfin de nombreuses photographies des phases ont été obtenues ; le temps de leur obtention a été noté soigneusement au chronomètre, ainsi que les deuxième et troisième contacts donnés par M. Millochau, qui suivait les phases du phénomène avec un chercheur téléspectroscopique.

Le chronomètre du temps moyen a été comparé au temps de Madrid envoyé de l'Observatoire par signaux télégraphiques, et la marche du chronomètre sidéral fut suivie avec la lunette méridienne de Gauthier.

Une comparaison faite entre nos chronomètres et ceux de la mission russe de M. Hansky assure la liaison entre les mesures faites par les deux missions et donnera une plus grande valeur à ces mesures.

*C. R. Acad. Sc.*, Séance du 9 octobre 1905, T. 141, p. 509. Reproduit dans l'*Annuaire du Bureau des Longitudes* pour l'an 1906.


# V

## SUR LA CRÉATION
## D'UNE ASSOCIATION INTERNATIONALE
## POUR LES ÉTUDES SOLAIRES

A l'occasion de l'Exposition universelle de Saint-Louis, M. Hale, directeur de l'Observatoire de Yerkes, aux États-Unis, a proposé la création d'une association internationale pour les études solaires, dont l'importance grandit de jour en jour.

Comme le nombre des délégués venus d'Europe était insuffisant, M. Hale a modifié son programme. Il s'est borné à demander aux savants qui avaient répondu à son appel, et parmi lesquels se trouvait notre éminent Confrère, M. Poincaré, que l'on convoquât, à la suite de l'éclipse du 30 août 1905, une commission d'initiative, ce qui a été fait, et cette commission s'est réunie à Oxford les 27, 28 et 29 septembre dernier.

Des invitations furent envoyées par le recteur de cette célèbre Université aux astronomes et physiciens qui s'étaient fait un nom dans les études solaires.

La Science française fut largement représentée. Citons notamment M. Deslandres, notre confrère, de l'Observatoire de Meudon ; M. de la Baume-Pluvinel, membre de la Société astronomique ; M. Perot, du Conservatoire des Arts et Métiers, et M. Ch. Fabry, de la Faculté des Sciences de Marseille.

Nous nous sommes donc rendus à Oxford, où nous avons reçu une charmante hospitalité à New College dont M. Spooner est directeur.

Je dois remercier publiquement mes Collègues du comité d'initiative qui, sur la proposition de M. Turner, directeur de l'Université d'Oxford, ont bien voulu me donner la présidence d'honneur.

Nos délibérations n'ont pas été publiques, mais le résultat des discussions auxquelles mes Collègues français ont pris part d'une façon remarquable sera reproduit dans un Volume que j'aurai l'avantage de mettre sous les yeux de mes Collègues. La distinction dont j'ai été l'objet m'est d'autant plus précieuse qu'à mes yeux elle s'adresse surtout à l'Académie des Sciences et au Gouvernement français qui ont toujours si généreusement secondé mes efforts pour arriver à la connaissance complète du Soleil.

Je crois devoir déjà résumer ici les principales résolutions prises par le Comité d'initiative de l'Université d'Oxford :

1° L'instrument remarquable de M. Angström a été adopté pour servir de base à la mesure des radiations solaires ;

2° Les méthodes de MM. Perot et Fabry, pour l'étude du spectre solaire, ont été déclarées supérieures à l'emploi du réseau de Rowland ;

3° La coopération est désirable dans les différentes branches des recherches solaires, telles que les observations visuelles et photographiques, l'étude de la surface du Soleil, les observations tant des protubérances que de l'atmosphère solaire à l'aide du spectroscope ;

4° Quand un savant fait des recherches solaires en dehors du programme officiel, il est à désirer qu'il mette le résultat de ses travaux à la disposition des établissements qui se livrent à ce genre de recherches ;

5° Dans le cas où le résultat des investigations solaires n'aurait point été résumé et coordonné par les auteurs, l'Union nommera des comités spéciaux chargés d'en résumer les conclusions ;

6° L'Union devra spécialement s'occuper de deux sortes de recherches : A, étude du spectre des taches solaires ; B, étude des phénomènes de l'atmosphère solaire au moyen des groupes de raies H et K;

7° La réunion fait remarquer que, quelque désirable que soit la coopération dans l'étude des questions solaires, on ne doit jamais oublier que l'initiative individuelle est un des plus grands facteurs du progrès dans cette branche de la Science comme dans les autres. Le devoir de l'Association est donc de l'encourager au même titre que l'initiative collective.

Enfin, la Commission a décidé à l'unanimité que la réunion du premier Congrès se tiendrait à l'Observatoire de Meudon au mois de septembre 1907.

J'espère que cette réunion nous fera assister à une série de travaux remarquables, et qu'elle sera inscrite avec éclat dans les annales des études sur notre grand astre central.

*C. R. Acad. Sc.*, Séance du 9 octobre 1905, T. 141, p. 572.


# VI


## ALLOCUTION PRONONCÉE AU BANQUET DONNÉ LE 26 OCTOBRE 1905 DANS LA GALERIE DES CHAMPS-ÉLYSÉES, A L'OCCASION DU CINQUANTENAIRE DE LA SOCIÉTÉ FRANÇAISE DE PHOTOGRAPHIE.


Messieurs,

Représentant ici les Sociétés photographiques de France, je les remercie de m'avoir placé à leur tête, ce qui est un véritable honneur pour moi.

Je suis heureux, Messieurs, de pouvoir adresser nos félicitations et nos remerciements à tous ceux qui ont concouru à la création et au développement de notre Société, à la tête desquels nous voudrons tous placer notre cher doyen, M. Davanne, qui l'a relevée dès son origine, qui s'est associé à tous ses progrès et a puissamment contribué à lui faire prendre la grande place qu'elle occupe aujourd'hui dans le monde photographique.

Notre Société, Messieurs, a été fondée bien peu de temps après la grande découverte de Daguerre ; aussi a-t-elle pris sa part dans les transformations que la Photographie a subies depuis sa naissance : à savoir l'emploi de plaques argentées ou daguerréotype, puis celui des plaques collodionnées, le bromure, les plaques sèches et, à l'égard des appareils, des transformations non moins nombreuses, à savoir : les chambres d'atelier, les chambres portatives, détectives, appareils à magasin, photo-jumelles, appareils stéréoscopiques, astronomiques, géodésiques, etc..., à l'égard des applications : les portraits artistiques, paysages, monuments, scènes diverses ; sans parler de celles concernant les applications industrielles si nombreuses, si importantes, et les applications médicales qui rendent de si grands services. Il faudrait encore, Messieurs, signaler les recherches intéressantes qui se poursuivent pour obtenir la reproduction des couleurs, découverte due à notre éminent confrère, M. Lippmann, l'enregistrement des mouvements, la transmission des images à distance, etc...

La Société a eu souvent la primeur de ces recherches et de ces découvertes ; elle a fait tous ses efforts pour les répandre et les encourager, et elle aime à reconnaître que ses succès, dans cette noble tâche, elle les doit en grande partie à la direction que lui ont donnée les savants qu'elle a toujours tenu à honneur de placer à sa tête.

Notre chère Société, Messieurs, a aussi l'ambition d'aider à l'éclosion et au développement de tous les groupements photographiques qu'une science qui a pris de tels développements doit nécessairement amener à côté d'elle. Elle les considérera toujours comme des enfants auxquels elle doit aide et protection.

Il reste un grand desideratum qui nous tient tous au cœur, Messieurs, c'est celui de faire organiser en France un enseignement supérieur et professionnel de la Photographie à l'exemple des établissements qui existent déjà à l'étranger.

C'est à la réalisation de ce desideratum si important que nous devons nous attacher de toutes nos forces, et insister auprès des pouvoirs publics, qui, je n'en doute pas, comprendront la nécessité de cet enseignement d'une science qui est née dans notre pays et qui est une de nos gloires.

# 1906

## I

## REMARQUES SUR LA NOTE DE MM. G. MILLCCHAU ET STEFANIK INTITULÉE : SUR UN NOUVEAU DISPOSITIF DE SPECTROHÉLIOGRAPHE (1).

J'ai l'honneur de présenter à l'Académie une Note de MM. Millochau et Stefanik sur un nouveau dispositif de spectro-héliographe.

Les auteurs se sont attachés à éviter les vibrations gênantes dans ces sortes d'appareils, en ramenant au minimum le nombre des pièces mécaniques nécessaires au mouvement.

Leur projet réduit les parties frottantes à quatre articulations à pointes. Ils ont également pensé à construire la seconde fente de manière qu'on puisse avoir sur la plaque même où doit être photographiée l'image solaire, un enregistrement de la position de cette fente par rapport au spectre.

Je suis heureux de voir que la méthode que j'ai proposée en 1869, et qui est fondée comme on sait sur l'emploi des deux fentes, ait pris ce développement.

*C. R. Acad. Sc.*, Séance du 2 avril 1906, T. 142, p. 826.

## II

## SUR UNE EXPÉDITION EN BALLON DIRIGEABLE, PROJETÉE POUR L'EXPLORATION DU POLE NORD

Les progrès de la navigation aérienne réalisés dans ces derniers temps devaient forcément appeler l'attention des hardis voya-

---

(1) Voir *Comptes rendus*, Séance du 2 avril 1906, T. 142, p. 825.

geurs cherchant à pénétrer le mystère des régions polaires. Aussi est-ce sans surprise que nous apprenons qu'un des explorateurs les plus célèbres de ces contrées inaccessibles, M. Walter Wellman, fait construire à Paris un ballon dirigeable qu'on va transporter incessamment au Spitzberg d'où il partira pour atteindre le Pôle Nord.

Avant d'entrer dans l'exposé des moyens que M. Wellman compte employer dans cette exploration, nous devons rappeler le beau rapport dont Faye, doyen de la Section d'Astronomie, donnait lecture dans la séance du 4 juin 1895, au nom d'une commission dans laquelle figuraient MM. Daubrée et Blanchard.

Après avoir rendu hommage au courage de cet héroïque martyr des explorations polaires et de ses compagnons, l'illustre doyen de la section d'astronomie exprimait le regret de voir exposer des vies si précieuses dans une expédition entourée de tels dangers. Notre regretté confrère reproduisait sous une forme moins énergique les idées émises quatre-vingt-treize ans auparavant par un des membres les plus illustres de l'Académie, le grand physicien Rochon dans un ouvrage publié en l'an X de la République ; il conseille fortement de faire partir un ballon du Spitzberg pour traverser les régions polaires ; puis après avoir annoncé que sa proposition avait l'appui de Buffon, il ajoute qu'en considération des risques de l'entreprise, l'équipage pourrait être composé de criminels à qui l'on accorderait leur grâce.

Mais depuis cette époque, grâce aux Giffard, Dupuy de Lôme, Gaston Tissandier, Krebs et Renard, Santos Dumont et Lebaudy, nous possédons des ballons dirigeables.

Le chef de l'action américaine dont je viens vous entretenir, s'est déjà fait connaître avantageusement du monde scientifique, par de belles explorations polaires. En 1894, il partait pour dresser la carte complète de la côte du Spitzberg. En 1898, il explorait la terre François-Joseph jusqu'au 82e parallèle et attachait son nom à la découverte d'îles nouvelles.

Le 16 mars 1906, la Société de Géographie de Washington, présidée par M. Willis L. Moore, directeur du Weather Bureau, adoptait à l'unanimité les plans que M. Walter Wellman lui présentait.

Son lieutenant est le major M. B. Hersey, représentant le Weather Bureau des Etats-Unis qui fournit les instruments nécessaires aux observations scientifiques. Lors de la guerre espagnole, ce savant, qui dirigeait l'Observatoire météorologique de l'Arizona, quitta ses fonctions pour se mettre sous les ordres directs du Président Roosevelt et, depuis la conclusion de la paix, il a repris ses fonctions scientifiques.

Les frais de l'expédition, qui sont évalués approximativement à la somme de treize cent mille francs, sont supportés par M. Lawson, M. Wellman lui-même et la Société nationale de Géographie, qui a tenu à donner sa part contributive.

A bord du ballon polaire, la France sera représentée par M. Hervieu, aéronaute bien connu. D'un autre côté les deux chefs d'expéditions emploient leur séjour à Paris à faire des ascensions réitérées ; depuis quinze jours, ils en ont déjà exécuté une dizaine.

Lorsque deux des compagnons d'Andrée ont eu l'honneur d'être présentés à un des secrétaires perpétuels, celui-ci aurait dit : « Je vous approuve à condition que vous aurez commencé par traverser l'Europe avec votre équipage aérostatique. »

Cette parole a été écoutée cette fois, car le ballon de M. Welman sera préalablement essayé au Spitzberg. Les épreuves de direction et de vitesse seront exécutées au-dessus d'un large bras de mer voisin du lieu de gonflement, et l'expédition ne partira que si le vent est favorable et si toutes les expériences préliminaires ont réussi de la façon la plus complète. Dans le cas contraire, l'expédition reviendra en France, où l'on exécutera toutes les modifications reconnues nécessaires.

Je mets sous les yeux de l'Académie un mémoire explicatif dans lequel nos confrères trouveront les éléments nécessaires pour apprécier la construction du ballon. Nous devons ajouter que, préalablement, M. Wellman est venu en France prendre l'avis de nos aéronautes les plus compétents.

L'expédition établit à Hammerfest, le point le plus septentrional de l'Europe, une station de télégraphie sans fil ; une seconde au Spitzberg ; une troisième sur le continent américain et une quatrième à bord du ballon lui-même. La communication électrique avec la Terre sera donnée par le guide-rope compensateur qui est en acier.

De plus, prévoyant le cas où le ballon ferait défaut, M. Wellman emporte des traîneaux à traction de pétrole qui ont été essayés avec succès dans les glaces de la Suède l'hiver dernier. Les épreuves cinématographiques ont été prises pendant les expériences ; elles seront mises sous les yeux de l'Académie lorsqu'elles seront arrivées à Paris.

*C. R. Acad. Sc.*, Séance du 28 mai 1906, T. 142, p. 177.

## III

## SUR L'OBSERVATOIRE DU MONT BLANC

Je désire entretenir quelques instants l'Académie de l'Observatoire du Mont Blanc.

Je compte me rendre bientôt à Chamonix pour rejoindre MM. Millochau et Stefanik, astronomes, qui sont en ce moment au sommet du Mont Blanc pour faire des études importantes de spectroscopie.

M. Beaudouin, architecte du gouvernement, chargé par moi depuis deux années des modifications et améliorations apportées à l'Observatoire du sommet, est revenu ces jours-ci me rendre compte des travaux qu'il a dirigés avec succès. Le refuge destiné aux touristes et séparé des pièces consacrées aux savants est construit et permettra, j'espère, aux voyageurs de respecter la demeure réservée aux savants.

Les travaux de nivellement exécutés en 1904 et en 1906 par M. Beaudouin, l'ont amené à conclure que l'Observatoire n'a pas subi de mouvements appréciables pendant ce laps de temps.

MM. Guillemard et Moog, élèves de mon savant confrère M. Armand Gautier, viennent de faire un séjour de plusieurs jours au sommet pour la continuation des études biologiques entreprises l'année dernière.

Enfin M. Alexis Hansky, astronome à l'Observatoire de Pulkowo, doit venir prochainement de Saint-Pétersbourg pour continuer les études d'astronomie physique qu'il poursuit depuis plusieurs années avec persévérance et succès.

J'aurai l'honneur d'entretenir l'Académie des résultats obtenus par ces diverses missions scientifiques.

*C. R. Acad. Sc.*, Séance du 3o juillet 1906, T. 143, p. 269.


## IV

## SUR LES TRAVAUX EXÉCUTÉS A L'OBSERVATOIRE DU SOMMET DU MONT BLANC

Je viens, au nom de l'Association de l'Observatoire du Mont Blanc, entretenir quelques instants l'Académie de la campagne de 1906, favorisée par une saison exceptionnellement belle et féconde en résultats scientifiques.

Qu'il me soit permis d'abord de remercier ici le prince Roland Bonaparte pour le complément du don si généreux mis à notre disposition au moment de la fondation de l'Observatoire.

Au commencement de l'été, M. Beaudoin, architecte du Gouvernement, a fait construire sur notre demande un refuge séparé de l'Observatoire et pouvant servir en toute saison d'asile aux voyageurs.

L'Observatoire lui-même a subi des améliorations et des agrandissements permettant un séjour plus prolongé au sommet. Les jeunes et courageux savants qui affrontent la fatigue d'une ascension au Mont Blanc peuvent faire chaque année des séjours plus longs sans souffrir de l'altitude.

En juillet, MM. Moog et Guillemard faisaient, d'après les conseils de mon savant confrère M. Armand Gautier, des études biologiques sur eux-mêmes et sur des lapins et des cobayes.

Ces études feront l'objet d'une Note spéciale dont M. A. Gautier vous entretiendra avec toute sa compétence.

En juillet et août, M. Millochau, astronome à l'Observatoire de Meudon et M. Milan Stefanik, docteur ès sciences, restaient au sommet pendant une période de treize jours.

La Note que j'ai l'honneur de présenter aujourd'hui à l'Académie sous le titre : *Contribution à l'étude de l'émission calorifique du Soleil* donne une partie des résultats obtenus par MM. Millochau et Féry.

Les auteurs utilisent le principe du télescope pyrométrique Féry, et appliquent ce principe aux études solaires.

En août, M. Lenonque, attaché au laboratoire du Comte de la Baume Pluvinel, était chargé par lui de faire des études de magnétisme à diverses altitudes et de remplacer son météorographe par un instrument nouveau.

Enfin M. Alexis Hansky, astronome à l'Observatoire de Poulkowo, venu tout exprès de Russie, montait au sommet en septembre et séjournait pendant dix jours à l'Observatoire avec M. Milan Stefanik qui faisait l'ascension pour la seconde fois cette année.

Ces deux Messieurs étudiaient parallèlement les surfaces de Jupiter et de Vénus. Grâce à l'exceptionnelle pureté et tranquillité de l'atmosphère d'une part, d'autre part à l'excellence de la grande lunette de l'observatoire du sommet, ils obtinrent des dessins très détaillés qu'ils publieront ultérieurement. M. A. Hansky a aussi continué ses expériences sur l'actinométrie dont il a fait déjà à plusieurs reprises une étude très complète au Mont Blanc.

Ces différents travaux feront l'objet de plusieurs Notes que j'aurai l'honneur de présenter prochainement à l'Académie.

*C. R. Acad. Sc.*, Séance du 8 octobre 1906, T. 143, p. 488.

V

## RAPPORT SUR LE PRIX JANSSEN
## DÉCERNÉ PAR L'ACADÉMIE DES SCIENCES EN 1906
## A M. RICCO

Nulle part l'étude physique du Soleil n'a été poursuivie d'une manière uniforme et complète, avec autant de continuité que dans les observatoires italiens. Aussi c'est surtout aux résultats obtenus par eux que doivent avoir recours les astronomes quand ils cherchent à établir les lois qui régissent l'apparition, le développement et la disparition des taches, des facules et des protubérances solaires.

A cette œuvre de première importance demeureront attachés les noms du P. Secchi, de Tacchini, etc., et aussi celui de M. A. Ricco. Celui-ci, nommé premier astronome à l'Observatoire de Palerme en 1879, y entreprit aussitôt, sur les taches, facules et protubérances solaires, une série d'observations qu'il continua jusqu'à 1890. Nommé alors directeur des Observatoires de Catane et de l'Etna, il y organisa les mêmes recherches, les poursuivit lui-même jusqu'à 1893, et alors les confia à un de ses meilleurs aides, M. Mascari, qui les a continuées jusqu'à ce jour, et qui, d'ailleurs, a su en tirer d'intéressantes conclusions. De la sorte, la série commencée à Palerme embrasse aujourd'hui une période de vingt-six ans : c'est une des plus longues, des plus complètes et des plus homogènes qui existent.

De la discussion de ces riches matériaux, M. Ricco a conclu d'importants résultats, et nous ne pouvons citer que les principaux ; confirmation de la loi des zones et de la théorie de Wilson, relations entre les taches solaires et les perturbations magnétiques, étude des protubérances blanches, etc...

Pour l'étude de ces curieuses protubérances blanches, il a observé les éclipses totales de 1887, 1900 et 1905 : une de ses conclusions est qu'il existe des protubérances formées exclusivement de vapeurs de calcium ; et, si elles sont visibles directement, elles doivent paraître blanches.

L'activité de M. Ricco n'a laissé inexplorée aucune branche de la spectroscopie céleste, témoin ses recherches sur la visibilité de la couronne en dehors des éclipses, sur les raies d'origine tellurique, sur les spectres des comètes et des étoiles nouvelles, etc. Et il a étudié également le spectre des matériaux incandescents rejetés par l'Etna en 1892.

La météorologie, l'actinométrie, les crépuscules rouges, la déformation de l'image du Soleil à l'horizon, etc., ont été aussi l'objet de ses recherches.

Nulle part l'étude de la pesanteur et de sa variation ne présente plus d'intérêt que dans les régions sujettes aux tremblements de terre. M. Ricco a fait des déterminations de la gravité en quarante-trois stations de la Sicile, de la Calabre et des îles Eoliennes ; il a montré que les anomalies de la pesanteur sont en relation avec la constitution topographique et géognostique ainsi qu'avec la sismicité et les anomalies du magnétisme terrestre : notre confrère, M. Lapparent, a d'ailleurs mis en évidence l'importance de ces conclusions (*Comptes rendus*, T. 137, p. 827).

Ajoutons enfin que l'Observatoire de Catane est une des dix-huit stations qui collaborent à l'exécution de la Carte et du Catalogue photographiques du Ciel, et que l'impression du Catalogue est commencée.

Aussi la Commission est unanime à vous proposer de décerner à M. le Professeur G. Ricco la Médaille Janssen pour 1906.

*C. R. Acad. Sc.*, Séance du 17 décembre 1906, T. 143, p. 1013.

# 1907

## I

## COMMUNICATION RELATIVE A L'ÉCLIPSE DE SOLEIL DU 13 JANVIER 1907

J'ai le plaisir d'annoncer à l'Académie que je viens de recevoir une dépêche de M. Milan Stefanik, missionnaire de l'Observatoire de Meudon et du Bureau des Longitudes. Cette dépêche, datée de Tachkent, en Russie d'Asie, m'annonce que, malgré les difficultés du voyage, les instruments sont arrivés en bon état à Ura-Tubi, point où la mission s'est fixée pour l'observation de l'éclipse du 13 de ce mois.

*C. R. Acad. Sc.*, Séance du 7 janvier 1907, T. 144, p. 19.

## II

## SUR L'OBSERVATION DE MERCURE

M. Janssen transmet à M. le Président de l'Académie la dépêche qu'il a reçue le 14 novembre de M. Landerer, à Valence, en Espagne, sur l'Observation de Mercure.

« Observé Mercure, temps superbe, disque rond plus noir que noyau ; taches dans auréole ». Landerer.

*C. R. Acad. Sc.*, Séance du 18 novembre 1907, T. 145, p. 839.

Cette communication fut la dernière présentée à l'Académie par Janssen, qui mourut à l'Observatoire de Meudon le 23 décembre 1907.

# APPENDICES

---

## I

Sommaire de l'ouvrage de Janssen :

*Lectures académiques, Discours.*

Janssen avait publié en 1903 un ouvrage intitulé : *Lectures académiques, Discours*, où il avait réuni un certain nombre de morceaux de littérature scientifique.

Nous donnons ici le sommaire de ce volume (1) :

Voyage aéronautique du « Volta ».
La chimie céleste.
L'âge des étoiles.
Les époques dans l'histoire astronomique des planètes.
Science et poésie.
Discours prononcé à l'occasion du centenaire de M. Chevreul.
Allocution prononcée à l'occasion de la mort de M. Gosselin.
Une ascension scientifique au Mont Blanc.
Création d'un Observatoire au Mont Blanc.
Quatre jours d'observations au sommet du Mont Blanc.
Funérailles d'Urbain Le Verrier.
Inauguration de la statue de François Arago.
Funérailles de Bréguet.
Funérailles de Paul Bert.
Houzeau.
Inauguration du monument du général Meusnier.
Inauguration de la statue du général Perrier.
Funérailles de Hervé Faye, Membre de l'Académie.

---

(1) Cet ouvrage se trouve en dépôt à la Société d'Éditions géographiques, maritimes et coloniales, à Paris.

Congrès de la Rochelle : Les méthodes en Astronomie physique.

Congrès aéronautique.

Les progrès de l'Aéronautique.

Congrès astronomique à Vienne (Autriche).

Réception de M. de Brazza.

Réception de P.-P. Dehérain.

Légion d'honneur. Distribution des prix à la Maison d'éducation d'Ecouen.

Assemblée générale des Dames françaises pour les secours aux blessés.

Voyage du Tonkin aux Indes anglaises par le prince Henri d'Orléans.

Quatrième centenaire du voyage de Vasco de Gama aux Indes orientales.

De la nécessité actuelle de la topographie : Conférence faite à la Sorbonne sur l'éclipse totale du 18 août 1868.


## II

LISTE DES NOTICES BIOGRAPHIQUES ET NÉCROLOGIQUES
SUR JANSSEN

AIMÉ (Emmanuel). Portraits d'aéronautes contemporains. *L'Aérophile*, Paris, juin-juillet 1894, p. 121-126.

BEAU (M^me Henri). Jules Janssen. *Enfance des célébrités contemporaines*. Paris, p. 23.

BERBERICH (Adolf). Pierre-Jules-César Janssen. *Nachruf*. *Naturwissenschaftliche Rundschau*, Brunswick, T. 23, 1908, p. 78-79.

BIGOURDAN (Guillaume). J. Janssen. *Bulletin astronomique*, T. 25, février 1908, p. 49-58.

BOUCHARD (Ch.). Discours prononcé à la séance publique annuelle du lundi 7 décembre 1908, de l'Académie des Sciences, Paris.

CHAUVEAU (A.). Janssen. *Comptes rendus des séances de l'Académie des Sciences*, 23 décembre 1907, t. CXLV, p. 1318.

FONVIELLE (Wilfrid de). Au sommet du Mont Blanc. *La Vie au grand air*, 1^er septembre 1898, p. 126-128 — L'Observatoire de Janssen et la grande Comète Halley, *Cosmos*, Paris, 58^e année, 16 octobre 1909, p. 440-443. — J. Janssen. *Wiener Luftschiffer-Zeitung*, Wien, marz 1906, p. 46-48.

GRIMAUX DE CAUX (G.). L'Observatoire de Meudon. *L'Union*, 15 janvier 1878.

LA BAUME PLUVINEL (A. de). Jules César Janssen. *The Astrophysical Journal*, september 1908, p. 89-99.

Lacroix (C. de). Jules Janssen. *Bulletin de la Société industrielle de Mulhouse*, 27 décembre 1907.

Lapparent (A. de). Janssen. *Le Correspondant*, 10 janvier 1908, p. 52-63.

Le Grain (Maurice). La prochaine éclipse et M. Janssen. *Revue française politique et littéraire*, Paris, 1re année, 25 août 1905, p. 80-81.

Lemoine (Georges). Notice sur M. Janssen. *Société météorologique de France*, séance du 7 janvier 1908.

Lippmann. La Fête du Soleil. *Bulletin de la Société astronomique de France*, Paris, août 1905, p. 366.

Lockyer (Sir Norman). Dr P.-J.-C. Janssen, 1824-1907. *Proceedings of the Royal Society of London*, séries A, t. 81, 1908-1909, p. 77-80.

Malvano (G.). Janssen. *Club alpino italiano*, Sezione di Roma, 31 ottobre 1903.

Mengarini (G.). Note sulla vita di Janssen. *Club alpino italiano*. Roma, 5 novembre 1903.

Millosevitch (Elia). Commemorazione del socio straniero Pietro Giulio Cesare Janssen. *Rendiconti della R. Accademia dei Lincei* Roma, 1o marzo 1908, p. 293-297.

Nordmann (Ch.). Jules Janssen. *Revue générale des Sciences*, Paris, 19e année, 30 mars 1908, p. 223-225.

Pector (S.). *Bulletin de la Société française de Photographie*. Paris, t. XXIV, 1er février 1908, p. 78.

Puiseux (P.). Jules Janssen. In Memoriam. *Abdruck aus den Astronomischen Nachrichten*, Nr 4228.

Rabourdin. L'Observatoire de Meudon. *Cosmos*, Paris, 47e année 12 février 1898, p. 204-209.

Radau (R.). L'Astronomie expérimentale et l'Observatoire de Meudon. *Revue des Deux-Mondes*, 15 octobre 1900. — L'Astronomie au Mont-Blanc. *Revue des Deux-Mondes*, 15 février 1907.

Roberts (Dorothea-Isaac). Biographie de Pierre-Jules-César Janssen (1824-1907). *Bulletin de l'Observatoire populaire de Rouen*, année 1908.

Sagnet (Léon). Janssen. Notice biographique. *Grande Encyclopédie*, t. XX.

Tissandier (Gaston) Allocution prononcée au 17e dîner de la Conférence Scientia le 24 décembre 1891. *La Nature*, 19 octobre 1895, p. 331.

Vernier (A.). Les progrès récents de la physique solaire. *Le Temps*, 28 janvier 1879.

Articles anonymes :

D<sup>r</sup> P.-J.-C. Janssen. *Nature* (anglaise), january 9, 1908, p. 229-230.

E. B. K. Pierre-Jules-César Janssen. *Monthly Notices of the Royal Astronomical Association*, vol. 68, february 1908, p. 245-249.

Janssen (J.). *Bulletin de la Société française de Photographie*, Paris, t. XXIV, 1<sup>er</sup> février 1908, p. 76-78.

Janssen, de l'Institut. Notice biographique. *Collection encyclopédique des notabilités du XIX<sup>e</sup> siècle*. Paris, 1898.

Janssen, de l'Institut. *Revue d'Europe*, Galerie des notabilités contemporaines, Paris, janvier 1901.

Janssen (Jules), *Dictionnaire Larousse*, 1<sup>er</sup> supplément.

Janssen (Pierre-Jules-César). *Bulletin de la Société de Topographie de France*, 32<sup>e</sup> année, janvier-février 1908, p. 42-44.

Jules Janssen. Obituary. *The Observatory*, january 1908, p. 62-63.

Pietro Giulio Cesare Janssen, *Memorie della Societa degli spettroscopisti italiani*, vol. XXXVII, anno 1908, p. 33-35.

W. T. L. Prof. Janssen. Obituary. *Journal of the British Astronomical Association*, t. XVIII, 1907-1908, p. 132-133.

Vapereau. *Dictionnaire des Contemporains*, Paris, 1893. Article Janssen.

Discours prononcés aux Funérailles de Janssen, le 28 décembre 1907 :

Discours de M. Wolf, au nom de l'Académie des Sciences.

Discours de M. Deslandres, au nom de l'Observatoire de Meudon et de la Société d'Astronomie.

Discours de M. de Lapparent, au nom de la Société de Géographie.

Discours de M. Radau, au nom du Bureau des Longitudes.

Discours de M. Pector, au nom de la Société française de Photographie.

Discours de M. de Fonvielle, au nom de la Société française de Navigation aérienne.

Discours du Commandant Paul Renard, au nom de la Commission permanente internationale aéronautique.

Discours du D<sup>r</sup> Fauveau de Courmelles, au nom de la Société d'Hygiène.

## III

### La statue de Janssen a Meudon

En 1912, un Comité se constitua dans le dessein d'ériger une statue à Janssen dans le parc de Meudon. Le bureau fut ainsi composé : *Président :* Henri Poincaré ; *Vice-Président :* Guillaume Bigourdan ;

*Secrétaire* : P. Puiseux ; *Trésorier* : Henri Dehérain. Il comprit quatorze membres d'honneur, dix-sept membres étrangers et vingt-cinq membres français.

De nombreux souscripteurs français et étrangers répondirent à son appel. Le monument, composé d'une statue en marbre blanc, due au ciseau de M. Hippolyte Lefebvre, membre de l'Académie des Beaux-Arts, et d'un socle édifié par M. Debat-Ponsan, architecte, ancien Grand-Prix de Rome, fut inauguré le dimanche 31 octobre 1920.

Voici la liste des orateurs qui prononcèrent des discours :

M. Bigourdan, au nom du Comité, de l'Observatoire de Paris et de l'Académie des Sciences ;

M. Henri Deslandres, au nom de l'Observatoire de Meudon et du Bureau des Longitudes ;

Le prince Roland Bonaparte, au nom de la Société de Géographie, du Club alpin français, de la Société de Photographie, de l'Association belge de Photographie, de l'Aéro-Club de France ;

M. Camille Flammarion, au nom de la Société astronomique de France ;

M. le Lieutenant-Colonel Paul Renard, au nom de la Commission permanente internationale d'aéronautique et des Sociétés aéronautiques de France ;

M. Dubuisson, au nom des anciens collaborateurs de Janssen à l'Observatoire de Meudon ;

M. Luchaire, au nom de M. le Ministre de l'Instruction publique et des Beaux-Arts (1).

---

(1) Ces discours et une vue du monument ont été publiés par les soins de Mlle Antoinette Janssen : *Inauguration de la statue de Jules Janssen, Membre de l'Académie des Sciences, à Meudon, le dimanche 31 octobre* 1920. In-4°, Paris, Gauthier-Villars, 1920.

L'Observatoire du Sommet du Mont Blanc.

Janssen dans l'Observatoire de Meudon.

# TABLE DES MATIÈRES

## DU TOME II

### 1889

## 1890



## 1891



## 1892



## 1893

### 1894



### 1895

## 1896



## 1897

### 1898



### 1899



### 1900

## 1907



### Appendices

# TABLE DES PLANCHES HORS-TEXTE

## TOME PREMIER

Carte de MM. Brewster et Gladstone présentant les bandes atmosphériques quand le Soleil est près de l'horizon. — Carte de la région C D du spectre solaire prise au méridien et à l'horizon. — Spectres comparés du Soleil et de Sirius.

TOME II



ORLÉANS. — IMP. H. TESSIER. — 5-1930.